Geologie der Alpen

Stratigraphie Paläogeographie Tektonik

von

Prof. Dr. Manfred P. Gwinner

Institut für Geologie und Paläontologie der
Universität Stuttgart

2. Auflage

Mit 394 Abbildungen im Text

E. Schweizerbart'sche Verlagsbuchhandlung
(Nägele u. Obermiller)   Stuttgart 1978

Alle Rechte, auch das der Übersetzung, vorbehalten.
Jegliche Vervielfältigung einschließlich photomechanischer Wiedergabe, auch einzelner Teile und Darstellungen, nur mit ausdrücklicher Genehmigung durch den Verlag.

© E. Schweizerbart'sche Verlagsbuchhandlung (Nägele u. Obermiller)
Stuttgart 1978
Printed in Germany
ISBN 3 510 65315 7

Satz und Druck: Julius Beltz, Weinheim

Einbandentwurf: Wolfgang Karrasch

Vorwort zur 1. Auflage

Der Verfasser ist nicht „Alpen-Geologe".

Dieser Umstand hindert jedoch nicht an der Einsicht, daß die Alpen und ihr Werdegang ein überaus interessantes Sach-Gebiet regionaler Geologie darstellen. Dort, wo der Verband der Gesteine nicht nur auf den ersten Blick so ungeordnet erscheint, besteht auch für den Nicht-Alpen-Geologen, vor allem aber für Studenten die Gelegenheit, die Rekonstruktion einer Gebirgsbildung in Raum und Zeit kennenzulernen, also die Fähigkeit zu erwerben, sich in räumliche und zeitliche Dimensionen der Geologie einzudenken.

Diesem Bemühen steht freilich im Wege, daß die Geologie der Alpen, in ihrer Gesamtheit von Genua bis Wien noch nicht in einer einfachen zusammenfassenden Darstellung vereint wurde, bei der alle Gebiete annähernd gleichwertig behandelt wurden. Dies wird auch erst jetzt überhaupt möglich, nachdem sich die Erforschung in allen Bereichen der Alpen zunehmend über nationale Grenzen hinweg verflechtet und sich ein Gesamtbild abzeichnet.

Soll indes ein so großes Gebiet wie die Alpen beschrieben werden, dann besteht das Hauptproblem darin, das umfangreiche Wissen, das in der Literatur angehäuft ist, entsprechend aufzubereiten und darzustellen.

Es wäre durchaus möglich und auch wünschenswert, ein vielbändiges Werk über die Geologie der Alpen zu schaffen, das obendrein auch noch die Geschichte deren Erforschung zum Inhalt hätte. Dazu ist natürlich ein einziger Geologe allein nicht in der Lage.

So ist eine gedrängte Übersicht die alternative Lösung. Da sie sich, wenn von einem Einzelnen verfaßt, in erster Linie auf die Literatur stützen muß, ist es vielleicht weniger wichtig, ob der Verfasser Alpen-Geologe ist oder nicht. Denn auch ein Alpen-Geologe kann die gesamten Alpen nicht aus eigener Vollkommenheit übersehen. So ist also in dieser Hinsicht der Unterschied zwischen dem Verfasser und den Alpen-Geologen nur graduell.

Der Verfasser kennt zwar weite Gebiete der Alpen aus eigener Anschauung, mußte sich aber bei deren Erwerb wie bei der Abfassung dieses Buches auf das Schrifttum stützen, also auf fremden Fleiß und fremde Mühe, die bei geologischer Arbeit in den Alpen besonders groß ist.

Eine übersichtliche Darstellung setzt eine starke Raffung des Inhalts voraus. Der Verfasser hat versucht, möglichst viele Einzelheiten in graphische Darstellungen einzufügen, um einen synoptischen Eindruck zu vermitteln. Der Buchtext soll eigentlich nur als Leitfaden für den Gebrauch der bildlichen Ausdrucksmittel dienen. Die kurze Fassung vermag übrigens mit zu verhindern, daß regional noch bestehende große Unterschiede in der Erforschung störend in Erscheinung treten.

Die graphische Darstellung führt natürlich zur Schematisierung mit allen damit verbundenen Nachteilen, gerade in der Alpengeologie. Auch in dieser Hinsicht wird im geschriebenen Text immer wieder versucht, eine kritische Einstellung bewahren zu helfen, die es möglich macht, sich im geeigneten Moment von den starren Tabellen zu lösen.

Die Auffassungen der Alpen-Geologen über Bau und Entstehung dieses Gebirges gehen oft weit auseinander. Der Verfasser hat versucht, sich der Mehrheit anzuschließen, wobei sich ein im ganzen auch geschlossenes und abgerundetes Bild ergibt. Abweichende Auffassungen sind zitiert, wenn sie bis in jüngste Zeit aufrecht erhalten werden. Eine eingehende und alle Argumente abwägende Diskussion ist hier aber nicht am Platz. Aufgabe des vorliegenden Buches soll doch zunächst sein, überhaupt einen Überblick über das Alpengebirge zu vermitteln und zwar eher für die seichteren als die tieferen Stockwerke der Erdrinde.

Daß das Buch freilich unter der Unterstellung abgefaßt wurde, die Nördlichen Kalkalpen seien als Decke über die Tauern-Bereiche nach Norden bewegt worden, muß betont werden. Obgleich der Verfasser glaubt, daß diese These auch durch dieses Buch weitere Stütze erfährt, liegt es ihm fern, sich eine Schiedsrichter-Rolle anzumaßen. Es bleibt hier aber kein Platz, Für und Wider erneut abzuwägen.

Sinngemäßes gilt für das „*Mittelostalpin*" im Sinne von A. TOLLMANN. Wie aus dem Text hervorgeht, wird versucht, in dieser Beziehung eine vermittelnde Stellung etwa im Sinne von E. CLAR (1965) einzunehmen, die sich mit den Geländebefunden am ehesten zu arrangieren scheint.

Im Übrigen kann nur empfohlen werden, die zitierte Literatur von Fall zu Fall zu Rate zu ziehen, um sich jeweils ein eigenes Bild zu verschaffen. Die Auswahl aus sehr umfangreichem Schrifttum ist natürlich schwierig. Schlüssel- und Übersichts-Literatur ist bei den Zitaten besonders kenntlich gemacht. Zitierte Schriften können auch gegenteilige Auffassungen zum Inhalt haben, die ebenso wie das Angeführte gewürdigt werden sollten. Ältere Literatur wird meist nicht zitiert, wenn sie durch jüngere Arbeiten ganz oder teilweise überholt oder dort genannt ist. Wer auch nur annähernden Einblick in die einschlägige Literatur über Alpen-Geologie hat, wird einsehen, daß das vorliegende Literaturverzeichnis lückenhaft bleiben muß.

Bezüglich der Schreibweise von geologischen Namen wurde Einheitlichkeit zwar angestrebt, aber nicht erreicht. Die Übersetzung fremder Namen und Begriffe unterblieb. Ferner wurden geologische Begriffe (z. B. „*Decke*" e. a.) meist so angewandt, wie von den lokalen Bearbeitern. So wird also ein tektonischer Körper als „*Decke*" bezeichnet werden, der anderswo nur als eine „*Schuppe*" rangiert. Eine Vereinheitlichung der Ausdrucksweise hätte in vielen Fällen zu einer Entstellung der Tatsachen führen können. Es wird jedoch bei Gelegenheit auf derartige Probleme eingegangen. Es wurde in jedem Fall versucht, die Ergebnisse der Alpen-Geologen ohne Entstellung wiederzugeben, solange sie in ein Gesamtbild passen.

Selbstverständlich erhebt sich die Frage nach Ursache und Antrieb der Gebirgsbildung — in den Alpen, wie auch allgemein. Deren Beantwortung entzieht sich der Verfasser bewußt und zwar aus verschiedenen Gründen. Die auslösenden Kräfte der Gebirgsbildung sind zu einem wesentlichen Anteil endogen, d. h. in den Tiefen der Erde zu suchen, wohin der Blick des Geologen nicht reicht, worüber allenfalls die Geophysik Aussagen machen kann.

Überdies gab und gibt es hinreichend Theorien, die in einschlägiger Literatur nachzulesen sind und hier nur wiederholt würden. Zuletzt bestand die Absicht des Verfassers eben nur darin, das sichtbare Gebirge darzustellen. Bei dieser Gelegenheit wird ohnehin schon ausgiebig in Raum und Zeit hinein extrapoliert! Dies trifft besonders für den ersten Versuch einer umfassenden alpidischen Paläogeographie zu. Erst wer die oberflächennahe Geologie der Alpen einigermaßen überschaut, sollte sich überhaupt Gedanken über deren Entstehung machen!

Man versucht heute, die „Überschiebung" einzelner tektonischer Komplexe übereinander, also — mit anderen Worten — auch die Deckenbildung als Wirkung der Schwerkraft zu erklären, d. h. durch Gleitbewegungen, die einem natürlichen Gefälle folgten. Indes vermag diese Erklärung gewiß nicht alle in den Alpen beobachtbaren Phänomene an tektonischen Konfigurationen befriedigend zu lösen.

Wenn deshalb im Text häufig von „Aufschiebungen" oder „Überschiebungen" von Decken, Schuppen und ähnlichen Körpern die Rede ist, sollen diese Ausdrücke nur formal und der Beschreibung eines Zustandes dienend verstanden werden. Es soll nur der Tatbestand zum Ausdruck kommen, daß an der betreffenden Stelle eine tektonische Einheit über einer anderen liegt. Wie sie dorthin gelangte, unter welchem Antrieb und auch auf welchem Wege im einzelnen, soll damit zunächst nicht präzisiert werden!

Eine Übersicht über ein so großes Gebiet wie die Alpen wird nur durch eine schematische Gliederung des Stoffs erreicht. Daß diese Gliederung der tektonischen oder faziell-paläogeographischen Einheiten in erster Linie ein technisches Hilfsmittel ist, in der Natur weniger typisch entwickelt ist und vom Verfasser entsprechend verstanden wird, dürfte aus dem Text hinreichend hervorgehen.

Bewußt wurde darauf verzichtet, die tektonischen Bewegungen, die zum Bau der Alpen geführt haben, in ein „Phasen"-Schema zu zwängen. Wenn man glaubt, in der alpidischen Geschichte seit dem Permokarbon über 35 Einzelphasen nachweisen zu können, dann kann dies doch nur ausdrücken, daß Bewegungen ständig – wenngleich nicht immer an denselben Orten und mit derselben Intensität – abliefen. Die daraus abgeleitete Nomenklatur muß als schwere Last durch das geologische Schrifttum geschleppt werden.

Damit soll nicht die Häufung tektonischer Aktivität in gewissen räumlichen und zeitlichen Bereichen geleugnet werden. Es wird im Text versucht, den Zeitpunkt oder die Zeitspanne wichtiger tektonischer Ereignisse zu nennen.

Auch im Hinblick auf eine Einteilung etwa der Geosynklinalen in „Eu-", „Para-", „Mio-" und sonstige Geosynklinalen wurde bewußt Zurückhaltung geübt.

Zweifellos wäre eine umfassende Darstellung und Klassifizierung der alpidischen Metamorphose in den Alpen sehr wünschenswert. Einstweilen liegen dazu aber die erforderlichen Unterlagen noch nicht entsprechend gleichwertig aus allen Bereichen vor. So werden in den einzelnen Kapiteln zwar allgemeine Hinweise auf die Metamorphose gegeben, die Mineralfazies jedoch nicht behandelt. Diesbezüglich ist auf die Literatur zu verweisen (Zusammenfassungen bei E. NIGGLI in J. CADISCH 1953, H.-G. WUNDERLICH 1966). Auch in Bezug auf Übersichtsdarstellungen tektonischer Achsen ist auf F. KARL 1958, H.-G. WUNDERLICH 1966 und E. BEDERKE & H.-G. WUNDERLICH 1968 zu verweisen.

Angesichts dieser Mängel muß noch einmal darauf hingewiesen werden, daß beim beschränkten Umfang dieses Buches ganz einfach auch eine thematische Beschränkung geboten ist. Dabei sah es der Verfasser als seine Aufgabe an, die Grundlagen jeder Geologie, nämlich Stratigraphie, Paläogeographie und tektonischen Verband zu beschreiben.

Schließlich ist noch darauf hinzuweisen, daß das Studium des vorliegenden Buches die möglichst gleichzeitige Verwendung geologischer Karten voraussetzt. Die Kenntnis der alpinen Topographie ist unerläßlich. Auch sollte der Leser mit dem Wortschatz der allgemeinen Geologie vertraut sein.

Die graphischen Darstellungen hat der Verfasser durchweg selbst gezeichnet.

Die Absicht, auf Profilen und Karten gleiche Gesteine, also auch stratigraphisch oder petrographisch gleichwertige Komplexe durch dieselben Signaturen kenntlich zu machen, ließ sich nicht verwirklichen. Dazu ist der Inhalt der betreffenden Darstellungen zu ungleichwertig. Die Quellen sind in den Abbildungstexten jeweils zitiert. Die entsprechenden Arbeiten sind dann im Text des betreffenden Kapitels meist nicht mehr genannt! Selbstverständlich wären viele Darstellungen viel übersichtlicher geworden, wenn man sie hätte in Farben drucken können. Dies verboten aber ökonomische Überlegungen. Als Behelf kann man die vorliegenden Bilder selbst kolorieren, natürlich nur in eigenen Exemplaren des Buches! Das Bestreben, möglichst viele Information auf engstem Raum unterzubringen, bedingt zwangsläufig oft sehr kleine Schrift.

Weiter wurde angestrebt, die bei den Abbildungen verwendeten Signaturen nicht in einer jeweils gesonderten Legende zu erklären. Die Namen von geologischen Schichten oder tektonischen Komplexen sind daher so oft wie möglich in die Zeichnung selbst eingetragen. Sie wurden nur dann – oft nur zum Teil – gesondert in Legenden erklärt, wenn in den Abbildungen selbst kein Platz dafür vorhanden war.

Der Verfasser weiß es dankend zu schätzen, daß sich die Verleger zur Herausgabe dieses Werkes entschließen konnten und damit einen Beweis großen Vertrauens lieferten. Insbesondere hat sich Herr Dr. E. NÄGELE mit den Wünschen und Problemen befaßt, die bei der Abfassung auftauchten. Herrn cand. geol. W. MENYESCH danke ich für die Hilfe bei der Erstellung des umfangreichen Registers, Herrn W. KARRASCH für die Ausgestaltung des Einbandes.

Heilbronn, 2. April 1969.

Vorwort zur 2. Auflage

Nach sechs Jahren ist die erste Auflage der „Geologie der Alpen" vergriffen. Dies macht es dem Verfasser zur angenehmen Pflicht, allen jenen zu danken, bei denen das Werk eine unerwartet freundliche Aufnahme gefunden hat. Insoweit hat die Zielsetzung, die bei der Abfassung des Buches zugrunde lag, offenbar Zustimmung und Anklang gefunden: eine Übersicht in allererster Linie über die in den Alpen sichtbare und damit leidlich gesicherte Geologie zu schaffen und sich weitgehend von den Theorien und Hypothesen über den Anlaß dieser Gebirgsbildung fernzuhalten.

Hätte man aufgrund des Wissensstandes der 1960er Jahre eine Stellung zu den Ursachen der Bildung der Alpen bezogen, dann hätte das Werk in sehr kurzer Zeit jegliche Aktualität verloren. Denn seither hat gerade die Lehre von der Platten-Tektonik auch für den Bereich der Alpen zu überaus interessanten Modellvorstellungen geführt – aber keineswegs nur zu einem eindeutigen und widerspruchslosen Konzept. Was übrigens das mögliche Vorhandensein ozeanischer Kruste in den Alpen – früher oder jetzt – anbelangt, wurde schon in der ersten Auflage (S. 290, 315) angeführt. So erscheint es dem Verfasser noch nicht opportun, sich in dieser Hinsicht festzulegen. Es empfiehlt sich heute, am damaligen Konzept weiterhin festzuhalten, nur zu beschreiben, was in den Alpen derzeit am ehesten Bestand hat: die Gesteine und ihr Verband. Daran hat sich auch künftig jede Entstehungs-Hypothese zu orientieren. So vermag also dieses Buch sicher nicht jedem, der über die Entstehung der Alpen erfahren will, volle Befriedigung seiner Ansprüche verschaffen, aber kann doch helfen, eine Übersicht über Gesteinsmaterie, ihren Verband und die daraus ablesbaren Entstehungsbedingungen zu gewinnen. Freilich ist auch in Bezug auf die Feldgeologie in den Alpen seit 1968, als die Vorarbeiten zur ersten Auflage ihren Abschluß gefunden hatten, sehr viel geschehen. Die Literatur wurde ganz beträchtlich bereichert, sowohl um Originalarbeiten als auch um Lehr- und Handbücher wie geologischen Führern. An Übersichtswerken sind zu erwähnen und z.T. nachzutragen: H. BÖGEL & K. SCHMIDT (1976), J. DEBELMAS (ed., 1974), O. GURTNER, H. SUTER & F. HOFMANN (1960), M. A. KOENIG (1972), D. RICHTER (1974), A. TOLLMANN (1973, 1976 und angekündigte Werke). Geologische Führer erschienen aus der Hand von R. CAMPREDON & M. BOUCARUT (1975), J. DEBELMAS (1970), O. GANSS & S. GRÜNFELDER (1977), H. HEIERLI (1974), T. LABHART (1974), B. PLÖCHINGER, S. PREY & W. SCHNABEL (1974) und F. SAXER (1968). Ferner kann darauf hingewiesen werden, daß seit dem Erscheinen der ersten Auflage auch geologische Übersichtskarten aus den Alpen erschienen sind, die das Studium der Alpengeologie ganz entscheidend erleichtern: Geologische und Tektonische Übersichtskarte der Schweiz 1:500 000, eine Übersichtskarte über den größeren Teil der französisch-italienischen Westalpen 1:250 000 (BRGM) und eine „Metamorphic Map of the Alps 1:1 000 000" (erschienen 1973 Sub-Commission for the Cartography of the Metamorphic Belts of the World, Leiden/Paris, UNESCO, 1973).

So wünschenswert es sein mag, auch die überaus umfangreiche neu hinzugekommene Original-Literatur völlig aufzuarbeiten, war dies in der kurzen Zeit neben den anderen Aufgaben des Verfassers einfach nicht möglich. Zwar wurden dem Literatur-Verzeichnis etwa 120 Titel angehängt und die Autoren bei den entsprechenden Kapiteln zitiert. Wollte man jedoch die wichtigsten Neuerungen und Ergänzungen auch in den Text oder in die Abbildungen einarbeiten, dann würde das eine Verzögerung der zweiten Auflage um einige Jahre bedeuten. So sind Veränderungen gegenüber der ersten Auflage im Text und bei den Abbildungen ganz überwiegend nur redaktioneller Art: einige Fehler im Text und bei den Illustrationen mußten beseitigt werden, einige sachliche Änderungen wurden vorgenommen. Bei einigen Abbildungen wurde der Abbildungsmaßstab verändert, um ein homogeneres graphisches Bild zu erreichen. Stratigraphische Stufen- u. ä. Namen wurden nicht verändert, wenngleich sich auch hier Wandlungen und neue Erkenntnisse ergeben haben sollten.

Heilbronn, 2. Dezember 1977

Inhaltsverzeichnis

	Seite
Einleitung	1
Stratigraphie der Gesteinsserien der Alpen	9
Sockel und Deckgebirge	9
Regionale Gliederung in Faziesbereiche	10
Paläogeologischer Werdegang der Faziesbereiche der Alpen	10
Stratigraphie des Sockels	14
Stratigraphie der sedimentären Serien	15
Südalpine Schichtfolgen	18
Oberostalpine Schichtfolgen	27
Unterostalpine Schichtfolgen	44
Schichtfolgen des Piemontese (Südpenninikum)	49
Schichtfolgen von Briançonnais und Subbriançonnais (Mittelpenninikum)	58
Schichtfolgen von Valais (Nordpenninikum)	70
Schichtfolgen der Extern-Zonen (Provençal, Dauphinois, Helvetikum; Ultradauphinois, Ultrahelvetikum)	78
Schichtfolgen der Molasse	97
Schichtfolgen des inneralpinen Tertiärs	97
Paläogeographie	102
Paläogeologische Beziehungen alpidischer Sedimentations- und Faziesbereiche	162
Tektonischer Bau und Werdegang der Alpen	175
Tektonische Gliederung	175
Übersicht	175
Südalpin („Dinariden", pp.)	175
Ostalpin	175
Oberostalpin – Unterostalpin	
Penninikum (= Internzone der Westalpen)	176
Extern-Zone	176
Molasse und inneralpine Tertiärbecken	176
Periadriatische Intrusiva	177
Allgemeines	177
Südalpin	198
Oberostalpin	212
Oberostalpiner Sockel	213
Nördliche Grauwackenzone	233
Nördliche Kalkalpen	237
Unterostalpin	249
Penninikum	258
Penninikum („Zone interne") der Westalpen	259
Regionale Untergliederung	259
Ligurische Alpen und Meeralpen	264
Cottische Alpen	270
Grajische Alpen	277
Penninische Alpen, Walliser Alpen	288
Préalpes	299
Lepontinische Alpen	305
Klippen der Zentral- und Ost-Schweiz	313
Graubünden	313

>>>> Penninikum der Ostalpen 326
>>>>> Unterengadiner Fenster 326
>>>>> Tauern-Fenster 329
>>>>> Wechsel-Fenster, Rechnitz 331
>>>>> Ostalpine Flyschzone 337
>> Extern-Zone 343
>>> Extern-Massive 344
>>>> Argentera-Mercantour-Massiv 345
>>>> Massive der Dauphiné 348
>>>> Aiguilles Rouges - Montblanc-Massiv 354
>>>> Aare-Gotthard-Massiv 357
>>> Deckgebirge der Extern-Zone 366
>>>> Meeralpen, Provence 366
>>>> Dauphiné 370
>>>> Savoyen 371
>>>> Schweiz und Vorarlberg 376
>>>>> Autochthon und Parautochton – Helvetische und Ultrahelvetische Decken (Préalpes, Rawil-Depression – Zentral-Schweiz – Ost-Schweiz – Vorarlberg und westliches Allgäu)
>>>> Ostalpen 400
> Molasse 401

Literaturverzeichnis 410
Literatur-Nachtrag zur 2. Auflage 437
Sachregister 441
Ortsregister 465

Einleitung

Die Alpen umfassen den Gebirgsbogen, der sich von Ligurien bis an die Donau bei Wien erstreckt (Abb. 1, 2). Eine geographische Teilung in Ost- und Westalpen etwa entlang dem Verlauf des Alpenrheins von Norden nach Süden erweist sich in geologischer Hinsicht als komplizierter. Trotzdem muß natürlich häufig auf die geographisch zu verstehenden Begriffe „Ost-" bzw. „Westalpen" zurückgegriffen werden.

Die vorliegende Abhandlung über die Geologie der Alpen gliedert sich in Abschnitte über Stratigraphie, Paläogeographie und Regionale Geologie (Tektonik).

Die Reihenfolge dieser Kapitel ist willkürlich gewählt. Die stratigraphische Gliederung erfolgt beispielsweise innerhalb von Gesteinskörpern und paläogeographisch umgrenzter Bereiche, die erst in den späteren Abschnitten beschrieben werden. Die Rekonstruktion der Paläogeographie ihrerseits setzt die Kenntnis des tektonischen Baus der Alpen voraus, der gedanklich rückgängig gemacht werden soll. So ist also jedes Kapitel auf die anderen bezogen.

Dem wird im Text dadurch Rechnung getragen, daß möglichst viele Hinweise auf den Inhalt anderer Abschnitte und auf die betreffenden Abbildungen erfolgen.

Eine Übersicht über die Lage der zahlreichen Profildarstellungen ergibt sich aus Abb. 3–6. Profile und Karten sind nicht gleichmäßig über das Gebiet der Alpen verteilt. Sie wurden in erster Linie für Bereiche gezeichnet, die für das Verständnis wichtig und/oder verhältnismäßig gut zugänglich sind. Wo die regionale Geologie eher aus Karten deutlich wird, wurden solche dargestellt, wo Profile als Ausdrucksmittel günstiger scheinen, werden diese angeführt. Das ist jedoch immer nur unter der Voraussetzung möglich, daß in der einschlägigen Literatur geeignete Vorlagen vorhanden sind.

Die tektonischen und faziellen Einheiten der Alpen werden nach ihrer ursprünglichen Anordnung geordnet von der Intern-Seite gegen die Extern-Seite zu aufgeführt. Diese Reihenfolge mag auf den ersten Blick ungewohnt erscheinen, wenn man die Alpen mit dem Blick eines Mitteleuropäers von außen her betrachtet. Indessen verläuft die paläogeologische Geschichte der Alpen in vieler Hinsicht mit Tendenzen und Vergenzen von innen nach außen. Die Bezeichnung „innen" („intern") und „außen" („extern") muß verwendet werden, weil der große Bogen der Alpen die Richtung seines Verlaufs ja wechselt und eine Angabe von Himmelsrichtungen daher nicht allgemein für das Gebirge im gleichen Sinne gültig wäre.

Sämtliche Querprofile durch die Alpen sind so gezeichnet, daß die Externseite links, die Internseite rechts auf der Darstellung erscheint. Dies mag zwar bei Profilen, die z. B. mit Blickrichtung nach Westen (Süden in den französischen Westalpen) betrachtet werden, nicht günstig sein. Im Interesse einheitlicher Darstellung glaubte der Verfasser jedoch keine Ausnahme machen zu sollen.

Bei sämtlichen Kartendarstellungen ist Norden oben, eine besondere Kennzeichnung der Himmelsrichtung unterblieb deshalb.

Auf Profilen und Karten sind tektonische Grenzen meist mit kräftigeren Linien bezeichnet als stratigraphische Grenzen. Auf manchen Karten sind allerdings nur wichtige tektonische Grenzen besonders hervorgehoben.

Ein großer Teil der Literatur, die bei eingehenderem Studium unbedingt verwendet werden sollte, wird bereits bei der Quellenangabe für die zahlreichen Abbildungen zitiert. Darüber hinaus sind weitere Werke bei den einzelnen Kapiteln genannt. Um einen Überblick über das jeweils für ein Thema einschlägige Schrifttum zu erlangen, ist dem Leser zu raten, bei allen Kapiteln nachzusehen, die sich mit einem bestimmten Gebiet befassen (Stratigraphie, Paläogeographie und Tektonik)!

Wo monographische Bearbeitungen mit ausführlichen Bibliographien oder Literaturverzeichnissen existieren, wird Einzelliteratur nur ausnahmsweise und unvollständig angeführt. Auf Übersichtswerke wird durch GROSSBUCHSTABEN hingewiesen.

Die am Ende der Buch-Kapitel angegebene Literatur bezieht sich auf den Inhalt des betreffenden Kapitels. Verschiedentlich wird Literatur für ein übergeordnetes Kapitel angeführt und dann bei den Unterabschnitten nicht mehr genannt.

Literatur:

Übersichtswerke: H. BADOUX 1967; J. CADISCH 1953; L. W. COLLET 1927; C. EXNER 1966; A. HEIM 1921/1922; L. KOBER 1938, 1955; M. A. KOENIG 1967; E. KRAUS 1951; F. X. SCHAFFER e. a. 1951; R. STAUB 1924; A. TOLLMANN 1963; R. TRÜMPY 1960.

Tektogenese: J. CADISCH 1953; J. DEBELMAS 1963; P. SCHMIDT-THOMÉ 1968; A. TOLLMANN 1966, 1968, 1969, 1973, 1976; R. TRÜMPY 1971, 1972; H.-G. WUNDERLICH 1964, 1966; W. ZEIL 1962.

Metamorphose: F. ANGEL 1940; P. BEARTH 1962; J. CADISCH 1953; F. KARL 1954; E. NIGGLI 1960; E. NIGGLI & C. R. NIGGLI 1965; W. PLESSMANN & H.-G. WUNDERLICH 1961; H.-G. WUNDERLICH 1966.

Ferner wird verwiesen auf Erläuterungen zu den geologischen Kartenwerken von Frankreich, Italien, Österreich, Schweiz, Liechtenstein und Deutschland.

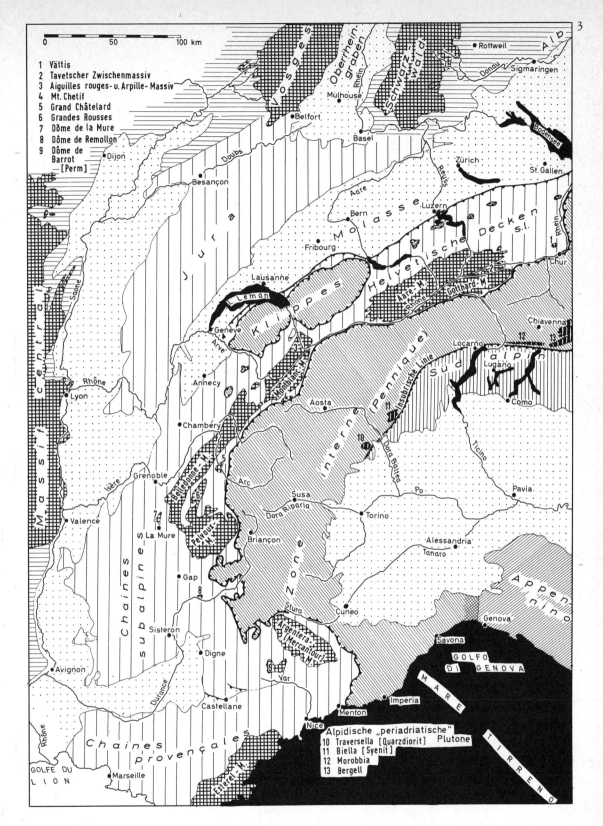

Abb. 1: Übersichtskarte über die Westalpen und benachbarte Gebiete mit Lage der kristallinen Massive der Extern-Zone sowie außeralpiner Gebiete. Detaillierte tektonische Karten finden sich bei den einzelnen regionalen Beschreibungen.

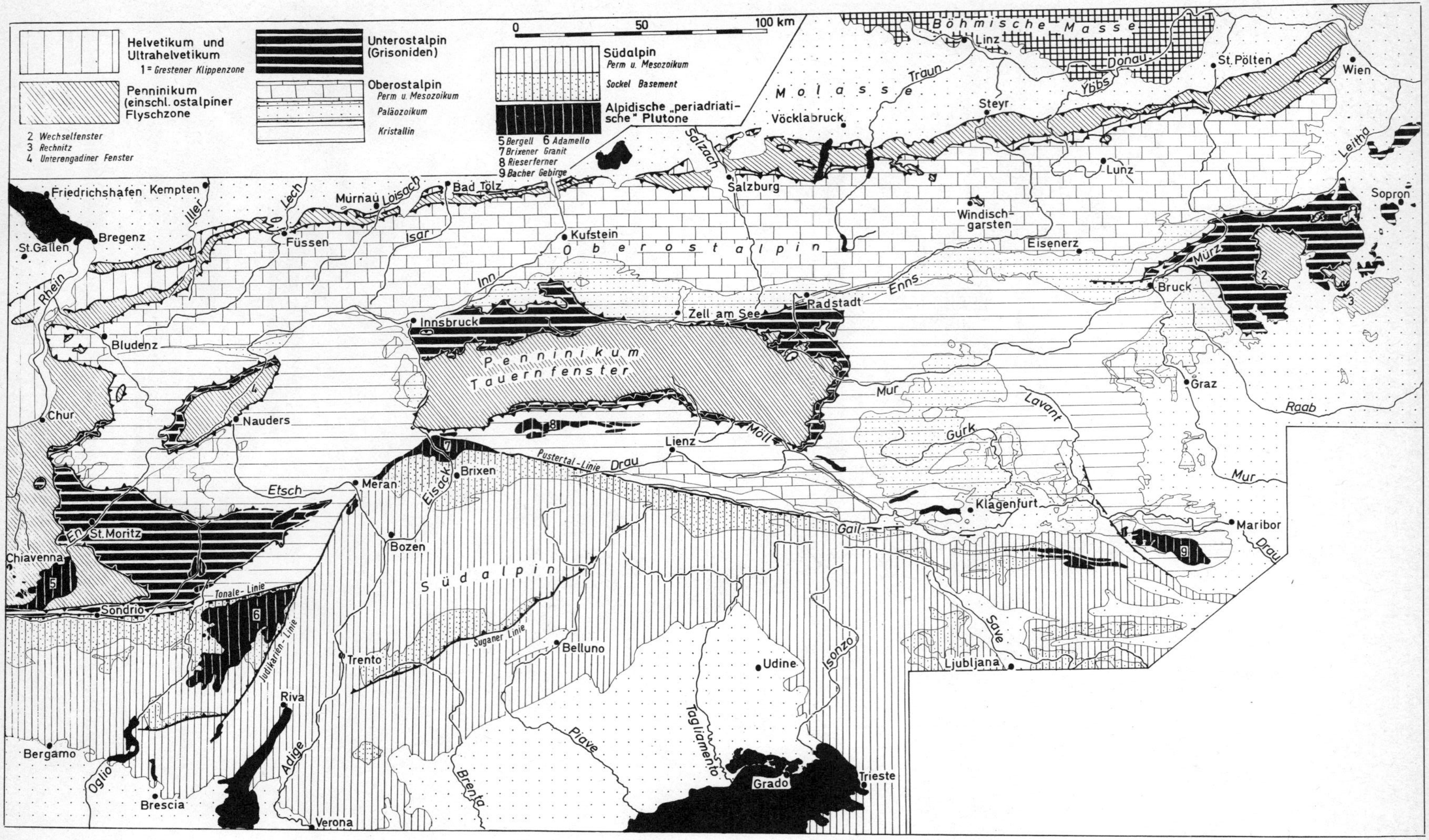

Abb. 2: Übersichtskarte über die Ostalpen und benachbarte Gebiete. Oberostalpin = Mittel- und Oberostalpin im Sinne von TOLLMANN. Unterostalpin = Unter- und Mittelostalpin im Sinne von R. STAUB.

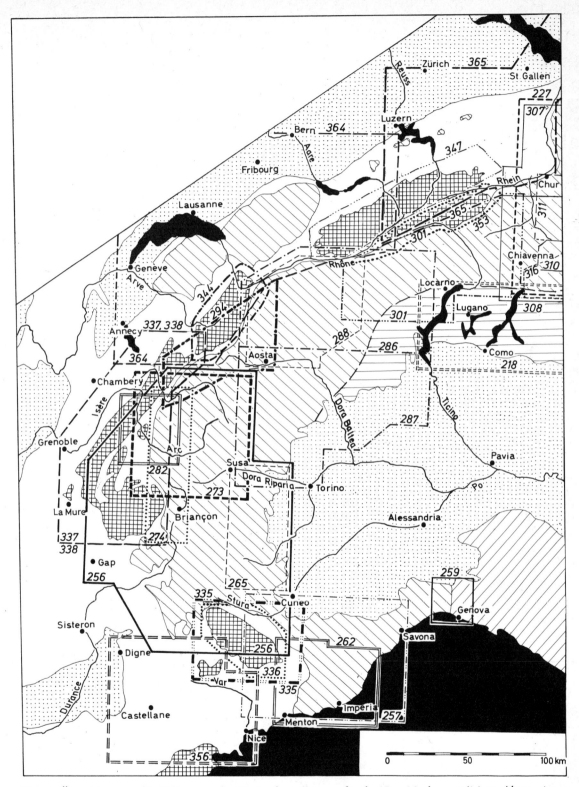

Abb. 3: Übersichtsnetz mit Eintragung der Kartendarstellungen für den Bereich der westlichen Alpen. Angegeben sind die betreffenden Abbildungs-Nummern. Geologische Gliederung vereinfacht dargestellt, vgl. Abb. 1.

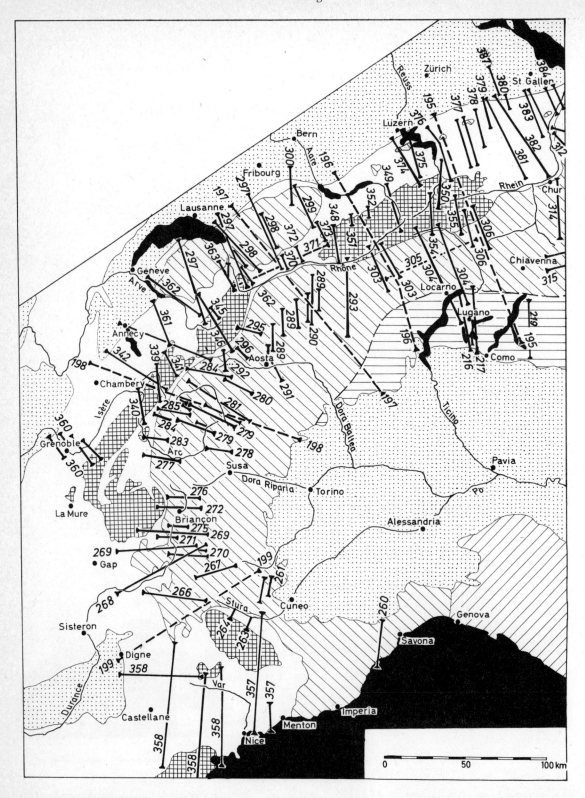

Abb. 4: Übersichtsnetz mit Eintragung der Profildarstellungen für den Bereich der westlichen Alpen. Angegeben sind die betreffenden Abbildungs-Nummern. Geologische Gliederung vereinfacht dargestellt, vgl. Abb. 1.

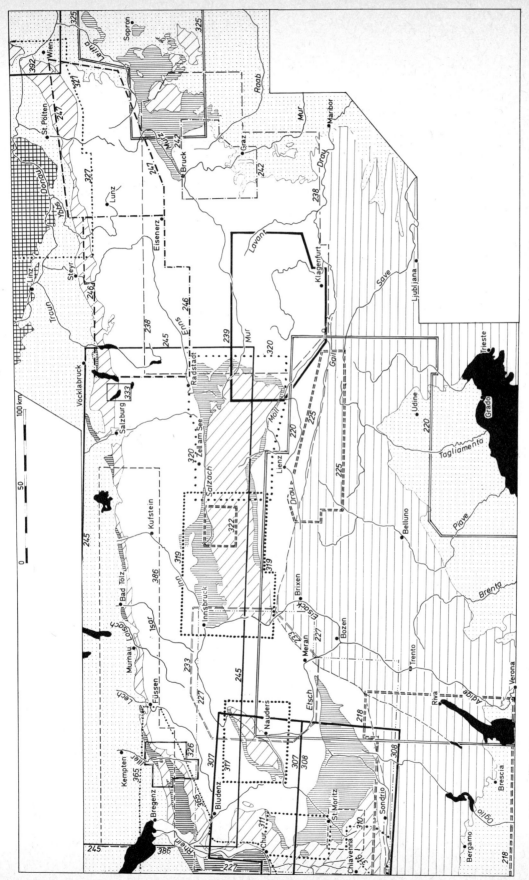

Abb. 5: Übersichtsnetz mit Eintragung der Kartendarstellungen für den Bereich der östlichen Alpen. Angegeben sind die betreffenden Abbildungs-Nummern. Geologische Gliederung vereinfacht dargestellt, vgl. Abb. 2.

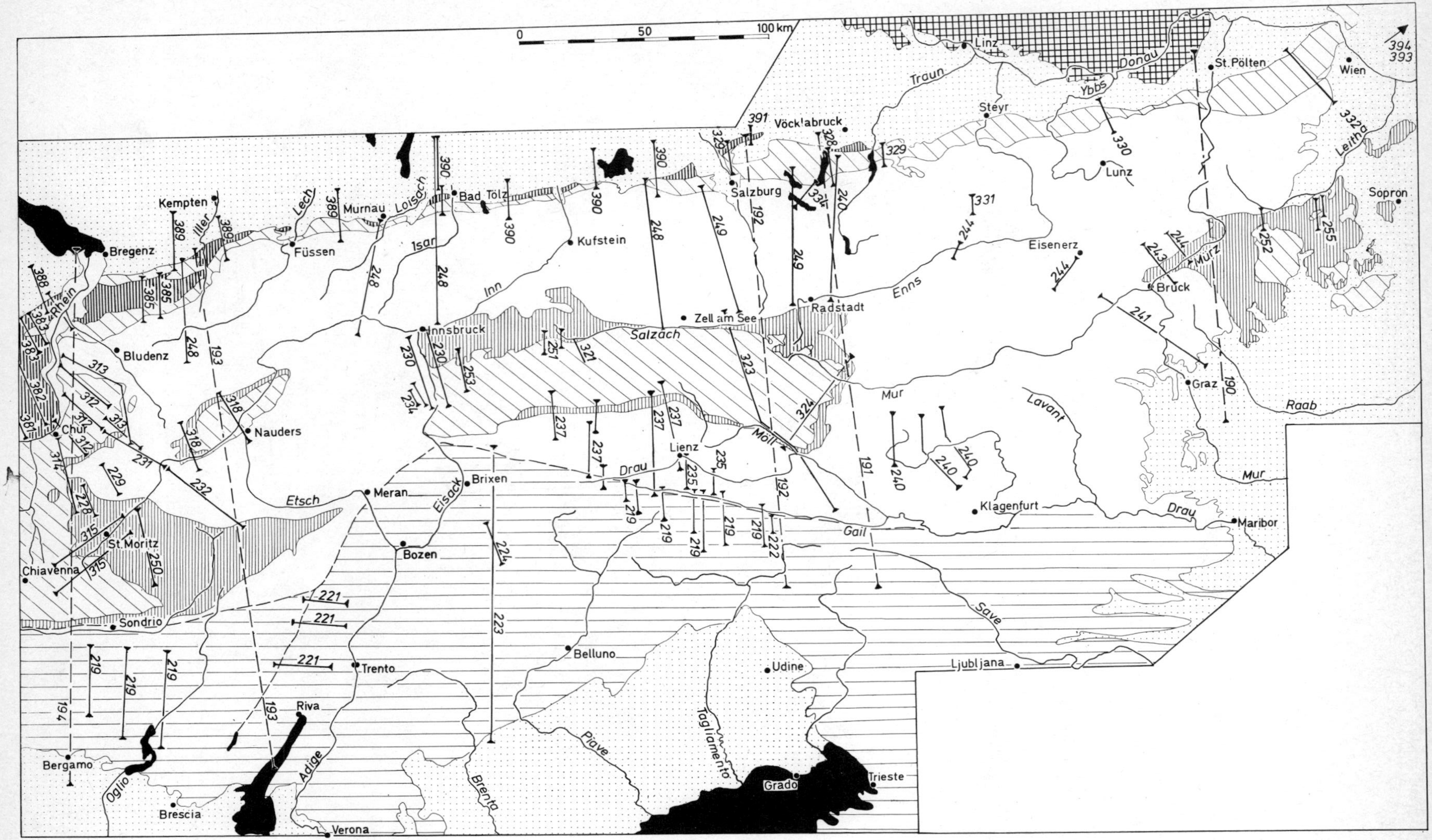

Abb. 6: Übersichtsnetz mit Eintragung der Profildarstellungen für den Bereich der östlichen Alpen. Angegeben sind die betreffenden Abbildungs-Nummern. Geologische Gliederung vereinfacht dargestellt, vgl. Abb. 2.

Stratigraphie der Gesteinsserien der Alpen

Sockel und Deckgebirge

Zur relativen Altersgliederung der in den Alpen vorhandenen Gesteinsserien bietet sich wie im außeralpinen Bereich eine Trennung in Grundgebirge *("Kristallin", "Sockel", "Basement")* und Deckgebirge *("Sedimentary cover")* an. Die Serien des Deckgebirges sind in den Alpen in der Zeit seit dem Perm, lokal schon im höheren Oberkarbon entstanden, wobei es sich in überwiegendem Maße um Sedimentgesteine, nur in geringerem Umfang um Eruptiva handelt. Nur ein Teil dieser permomesozoischen und jüngeren Gesteine hat, zusammen mit Teilen des älteren Grundgebirges, eine Metamorphose erlitten, die also in alpidische Zeit fällt.

Im Gegensatz zum Deckgebirge steht das Grundgebirge. Im weitesten Sinne umfaßt das Grundgebirge alle diejenigen Gesteinskomplexe, über welchen die oben genannten Serien des Deckgebirges transgressiv lagern und die daher altersmäßig der Zeit vor dem Perm und Oberkarbon zuzuordnen sind. Die Zusammensetzung dieser älteren Serien ist auch ganz anders geartet: es überwiegen metamorphe Gesteine („Gneise" s. l.) und Migmatite, die zum Teil eine mehrfache Metamorphose mitgemacht haben *(praevariszisch-praehercynisch, variszisch-hercynisch,* sowie z. T. *alpidisch).* Im Verbande der Metamorphite und Migmatite treten auch Intrusiva auf, meist von hercynischem-variszischem Alter. Sie sind dort als solche erhalten geblieben, wo keine oder doch nur schwache alpidische Metamorphose stattfand. Andernfalls wurden sie in alpidischer Zeit zu Orthometamorphiten umgeprägt, die man ebenfalls mit zum Sockelstockwerk der Alpen rechnet.

Ihrer Verbreitung nach zurücktretend findet man in den Alpen auch Sedimentgesteine und in ihrem Verbande auch Eruptiva aus voralpidischer Zeit (älter als jüngeres Oberkarbon). Aus Gründen der Zweckmäßigkeit pflegt man diese Serien dem Sockel zuzurechnen, mit dem sie in tektonischer Hinsicht auch häufig verbunden geblieben sind.

Solche Sedimente aus praealpidischer Zeit waren ursprünglich in den Alpen weiter verbreitet, sie wurden jedoch im Verlauf der voralpidischen Gebirgsbildungen teils metamorph und sind nun in den Gneismassen gewissermaßen verborgen. Ein Teil dieser paläozoischen Sedimentserien wurde jedoch schon vor der Transgression der alpidischen Gesteinsserien, also vor Oberkarbon und Perm, z. T. auch noch während dieser Zeit erosiv entfernt. Nur solche paläozoischen Sedimente sind als solche erhalten geblieben, die am Ausgang der variszischen-hercynischen Aera tektonisch so tief lagen – in Mulden oder Gräben – daß sie vor Abtragung geschützt waren, aber dabei doch in so seichten Regionen der Erdkruste verblieben, daß sie nicht oder doch nur wenig von regionaler Metamorphose erfaßt wurden.

Eine weitere altersmäßige Untergliederung des Sockelstockwerks ist dann möglich, wenn z. B. die oben erwähnten paläozoischen Sedimente transgressiv über metamorphen Gesteinen lagern. In diesen Fällen ist sowohl Ausgangsmaterial wie auch Metamorphose des Liegenden vorpaläozoisch (z. B. *"Altkristallin"* der Ostalpen).

Bisher unerwähnt blieben Intrusivgesteine, die erst in alpidischer Zeit aufgedrungen sind, die man aber, weil es sich um Tiefengesteine handelt, gewohnheitsmäßig dem Sockel zurechnet. Es handelt sich dabei um die *"periadriatischen Intrusiva"* (vgl. S. 177).

Regionale Gliederung in Fazíesbereiche

Die stratigraphische Vielfalt der in den Alpen auftretenden Gesteinsserien zwingt dazu, eine regionale Untergliederung in einzelne Bereiche vorzunehmen, die jeweils eine typische, gleiche oder wenigstens ähnliche erdgeschichtliche Entwicklung genommen haben. Diese Entwicklung tut sich in der Fazies der betreffenden Gesteinsserien kund. Es werden also Zonen zusammengefaßt, in denen eine gleichartige oder ähnliche Faziesentwicklung in alpidischer Zeit stattfand. Diese Entwicklung wurde weitgehend beeinflußt durch den tektonischen Werdegang des betreffenden Bereiches. Man darf also sicher sein, daß das Einteilungsprinzip in Faziesbereiche den natürlichen Verhältnissen am ehesten entspricht, wenngleich nicht vergessen werden darf, daß eine solche Zusammenfassung eben nur gemeinsame Eigenschaften zum Kriterium nimmt, während stets auch innerhalb der unterschiedenen Faziesbereiche regionale und lokale Unterschiede bestanden.

Derartige Unterschiede zeigen sich beim Vergleich der einzelnen Profile für enger umgrenzte Gebiete, wie sie auf den Abbildungen 7–133 dargestellt sind.

Bei der paläogeographischen Gliederung des alpinen Raumes bezieht man sich auf die Anordnung der Faziesbezirke, wie sie vor Ablauf der tektonischen Bewegungen bestand, die zum heutigen Bau des Gebirges geführt haben. Die tektonischen Bewegungen sind also in Gedanken rückgängig zu machen und die Gesteine an den ursprünglichen Ort ihrer Entstehung zurückzuversetzen. Dies ist natürlich nur möglich bei Kenntnis des gegenwärtigen tektonischen Baues und der Vorgänge, die zu ihm geführt haben.

Die mutmaßliche Anordnung der paläogeographischen Bereiche der Alpen geht aus der Karte auf Abb. 134 hervor, die Methode der Rekonstruktion ist dort beschrieben (S. 126).

Man unterscheidet die folgenden Faziesbereiche:

A) **Externzone**
    a) Alpenvorland, Untergrund der tertiären Molasse
    b) Helvetischer Bereich und Dauphinois, sowie Provençal.
       Als Internbereich dieser Zone kann ein Ultrahelvetikum (bzw. Ultradauphinois) abgeteilt werden, das in Einzelheiten zum Valais vermittelt

B) **Internzone** (Penninikum)
    a) Valais (Nordpenninikum)
    b) Briançonnais einschließlich Subbriançonnais (Mittelpenninikum)
    c) Piemontese (Südpenninikum)

C) **Ostalpin** (Austroalpin)
    a) Unterostalpin (Grisoniden, Lungauriden)
       (vermittelt z. T. zwischen Piemontese und Oberostalpin)
    b) (Mittel- und) Oberostalpin

D) **Südalpin** kann auch als Teil des Dinarischen Gebirges der Balkanhalbinsel aufgefaßt werden.

Die wesentlichen Eigenschaften dieser Faziesbereiche, die z. T. im Gebirge in tektonischen Einheiten vereint auftreten, sind nachfolgend beschrieben.

Paläogeologischer Werdegang der Faziesbereiche der Alpen

Der Ablauf der Sedimentation in den einzelnen Faziesbereichen der Alpen ist unten in genereller Weise gekennzeichnet. Nähere Einzelheiten in einzelnen Querschnitten der Alpen sind aus den Abbildungen 181–189 sowie aus den paläogeographischen Karten zu entnehmen.

Beim Vergleich der einzelnen Entwicklungsgänge zeigt sich, daß sich die einzelnen Faziesbereiche nicht zu jeder Zeit während des Mesozoikums und des Tertiärs voneinander unterschieden, sondern daß ihre Individualisierung jeweils nur zu einem bestimmten Zeitabschnitt der alpidischen Geschichte stattfindet. Es gibt daher Schichtglieder oder auch Schichtlücken, die für einen

Faziesbereich *(„facies belt")* charakteristisch sind und solche, die durchaus atypisch sind. Wenngleich also die zu schildernden Faziesräume nicht zu jeder Zeit bestanden, empfiehlt es sich doch, sie als regionales Gliederungsprinzip auch für andere Zeitabschnitte der alpidischen und voralpidischen Geschichte zu nützen. Die Faziesgürtel, beschrieben von der Internseite nach der Externseite, zeichnen sich wie folgt aus:

Der s ü d a l p i n e Faziesbereich zeigt, wenn auch nur lokal in den karnischen Alpen die früheste marine Ingression in den alpinen Raum nach Ende der variszischen Gebirgsbildung, gewissermaßen noch während dieser. Teile des Oberkarbons und fast das gesamte Perm sind marin entwickelt. Das ist in den Alpen sonst nirgends der Fall. Die Trias dagegen unterscheidet sich nur wenig von den nördlich anschließenden ostalpinen Bereichen, wenn man vom intensiven basischen und submarinen Vulkanismus absieht, der sich in ladinischer und karnischer Zeit in den Südalpen äußerte. Durch Jura und Kreidezeit hindurch ergibt sich eine Aufteilung des Raums in Becken und Schwellen (verschiedenen Typs). Terrigene Sedimente stellen sich erst während der Oberkreide lokal in größerer Mächtigkeit wieder ein. Näheres ist im Kapitel über die Paläogeographie nachzulesen.

Der o b e r o s t a l p i n e Faziesbereich gleicht in vielen Einzelheiten dem südalpinen, was auf ursprünglich enge räumliche Nachbarschaft und einheitlichen Ablagerungsraum hinweist, wenngleich beide Komplexe tektonisch z. T. weit voneinander gerückt sind. Am nächsten ist Oberostalpin heute noch im Drauzug (Lienzer Dolomiten) mit dem Südalpin benachbart, wo man auch Faziesübergänge beobachtet. Im Bakony in Ungarn, wo das Mesozoikum noch im ursprünglichen Verband mit seinem Untergrund steht, kann man oberostalpinen und südalpinen Fazies bereich jetzt noch unmittelbar nebeneinander antreffen. Die Trennlinie beider Bereiche geht also über den eigentlichen alpinen Raum hinaus und ist daher eine übergeordnete Erscheinung. Daneben gibt es aber auch genügend positive und negative Züge, die eine Abtrennung vom Südalpin nahelegen: Oberkarbon tritt nur lokal auf, ebenso das Perm, abgesehen vom etwas weiter verbreiteten salinaren Haselgebirge. Die Trias ist typisch „alpin", also fast durchweg marin. Zu einem großen Teil entstanden auf sinkendem Schelf mächtige Carbonat-Serien, teils in Riff-, teils in *backreef*-Fazies. Salinare Folgen sind eingeschaltet. Im Gegensatz zum südalpinen Raum sind die Spuren eines mitteltriassischen Vulkanismus sehr kümmerlich. Ab Rät, aber vor allem im Jura bilden sich Becken- und Schwellenzonen aus. Neben mächtigen terrigenen Beckensedimenten kommen auch geringmächtige Cephalopoden-Kalke vor, auf den Schwellen herrscht Crinoiden-Fazies, zeitweilig auch Riffe. Der terrigene Einfluß ist erheblich größer als in den Südalpen. Im Oberen Jura finden sich wie in den Südalpen und wie in penninischen Bereichen Radiolarite, die also nicht typisch sind. Sonst sind vor allem pelagische Kalke verbreitet, die auch die tiefere Unterkreide mit umfassen. Erst während der Unterkreide nimmt terrigene Sedimentation wieder zu, sie erstreckt sich mit flyschähnlichen Bildungen und Konglomeraten bis in das Cenoman. Damit endet dann zunächst die Sedimentation im ostalpinen Bereich, der oberostalpine Raum wird landfest und zu Beginn der Oberkreide über das nördlich anschließende Unterostalpin und Teile des Penninikums weggeschoben.

Diese *„vorgosauische"* und erste alpidische Gebirgsbildung der Ostalpen wird belegt durch die Transgression der „Gosau"-Sedimente der Oberkreide. Inwieweit eine solche Transgression auch im Nordteil des südalpinen Bereichs vor sich ging, kann nicht entschieden werden, da entsprechende Sedimente dort nicht mehr überliefert sind.

Der u n t e r o s t a l p i n e Fazies bereich kann leicht summarisch charakterisiert werden. Er gleicht in seiner Entwicklung weitgehend dem oberostalpinen, wobei die Schichtglieder von Trias und Jura durchweg geringere Mächtigkeit aufweisen. Zur Zeit starker geosynklinaler Absenkung im nördlich anschließenden penninischen Raum wurde offenbar das Relief auch im Unterostalpin wohl entlang von submarinen tektonischen Abbrüchen so verstärkt, daß es an diesen Böschungen zur Bildung von orogenen Breccien kam (Jura, Unterkreide), die besonders kennzeichnend für diese Zone sind. Bezeichnend ist auch lokale Verzahnung der „*platform*"-Carbonate der oberen Trias mit buntem Keuper der germanischen Innenbecken-Fazies, die sich damals also bis an den Nordrand des ostalpinen Raumes erstreckte. Fast der ganze unterostalpine Bereich wird in der älteren Oberkreide vom Oberostalpin zugeschoben, die Sedimentation wird damit beendet.

Wie aus Abb. 134 hervorgeht, sind die drei bisher beschriebenen Faziesbereiche nur im östlichen Teil der Alpen verbreitet und enden gegen Westen. Im Gegensatz dazu kann der penninische und Externbereich durch das ganze Alpengebirge verfolgt werden. Da diese Bereiche in sich nicht einheitlich entwickelt sind, werden sie weiter aufgeteilt.

Der Piemont-Faziesbereich (südpenninisch) zeigt im Gegensatz zum Ost- und Südalpin in der Trias nur geringmächtige Entwicklung in germanischer Abfolge: basale Quarzite, mittlere Trias carbonatisch und zum Teil salinar, oberer Teil gipsreicher Keuper. Kennzeichnend ist aber die Entwicklung vom Jura bis in die Untere Kreide: zu dieser Zeit entstehen die mächtigen terrigenen *Bündnerschiefer (Schistes lustrés. Calcescisti)*, die überdies von basischen Magmen submarin und intrusiv durchtränkt werden. Damit wird erst zur Jurazeit und in diesem Fazierraum in den Alpen ein sogenanntes „eugeosynklinales" Stadium erreicht, das durch Bildung mächtiger tonig-sandig-kalkiger Serien und basischem (Ophiolith-) Vulkanismus gekennzeichnet wird. Wie schon oben beschrieben, sind die im Oberen Jura vorkommenden Radiolarite nicht typisch für das Piemontese.

Die terrigene Sedimentation setzt sich auch noch durch die Oberkreide hindurch fort in mächtigen Flysch-Serien, die allerdings nur aus den Westalpen bekannt sind. In den Ostalpen wird der südpenninische Faziesraum der Sedimentation durch Überschiebung des Ostalpins während der Kreide entzogen.

Der Briançonnais-Faziesbereich (mittelpenninisch) hebt sich vor allem im Vergleich mit dem intern anschließenden Piemontese und dem extern folgenden Valais ab. Während diese letztgenannten Bereiche nämlich in Jura und Kreide ausgesprochen geosynklinale Absätze wie Bündnerschiefer, Ophiolithe und Flysch aufweisen, ist im Briançonnais weithin Schwellenfazies zu verzeichnen. Auf dieser Schwelle, die wohl als Horst, begrenzt von steilen und mobilen tektonischen Flanken mehr oder weniger hoch aufragte, entstanden mehr Carbonate als in den benachbarten Räumen, z. T. als neritische *platform*-Sedimente, z. T. auch in geringmächtiger pelagischer Fazies. An den Flanken entstanden brecciöse Gesteine. Typisch sind auch die Schichtlücken in den Briançonnais-Serien. Flysch tritt erst im Eozän auf. Die paläogeographische Entwicklung in den Westalpen ergibt sich aus den Abb. 150–152. In den Ostalpen reicht die Schichtfolge wohl nur bis zur Unterkreide, bedingt durch den Zuschub durch das Ostalpin.

Der Valais-Faziesbereich (nordpenninisch) kann als solcher nur von der Durance nach NE und E verfolgt werden. Während Perm und Trias ist diese Zone, genau wie die externeren Bereiche noch nicht als eigenständig zu erkennen. Die Trias zeigt die schon geschilderte germanische Entwicklung geringer Mächtigkeit. Erst ab Jura, vor allem aber in der Unterkreide kommt es zur Ablagerung von mächtigen terrigenen Folgen, die als *Bündnerschiefer* (z. T. mit Ophiolithen) und seit der jüngeren Unterkreide als flyschähnliche Folgen oder seit der Oberkreide bis ins Alttertiär als Flysch (mit pelagischen Einschaltungen) überliefert sind.

Der helvetische, Dauphinois- und provençalische Faziesbereich ist nicht so einheitlich beschaffen wie die bisher ausgeschiedenen Zonen. Wie im Pennenikum ist die Trias entweder germanisch entwickelt oder (z. B. im Bereich der Ostalpen) nicht vorhanden. Dort transgrediert erst Jura mit litoralen Sedimenten.

Zur Jurazeit stellt der helvetische Bereich der Schweizer Alpen den nördlichen Schelfbereich des im Süden folgenden absinkenden Valais-Troges dar. In der Dauphiné jedoch greift die Verbreitung sehr mächtiger terrigener Tonserien aus dem interneren Valaisbereich in die Externzone hinaus, sich quer über die späteren tektonischen Trennungslinien hinwegsetzend. Dies kann als gutes Beispiel dafür gelten, daß Faziesbereiche und spätere tektonische Komplexe durchaus nicht übereinstimmende Ausdehnung aufweisen!

Auch in der Unterkreide hebt sich der Bereich der Basses Alpes deutlich als *„Vocontischer Trog"* mit mächtiger terrigener Füllung ab, während der übrige Raum der Externzone in den französischen Kalkvoralpen, in den Schweizeralpen, in Oberbayern bis nach Salzburg, eine für Dauphiné und Helvetikum außerordentlich typische Flachwasser-Fazies mit neritischen bioklastischen Kalken, Glaukonitsandsteinen, mit Aufarbeitung, Kondensation und Schichtlücken, entstand.

Nach Süden zu gehen diese Schelf-Ablagerungen in tonreichere Sedimente tieferen Wassers über, damit zum Valais-Trog vermittelnd. Diesen Übergangsbereich nennt man Ultrahelvetikum. Dieses Ultrahelvetikum ist auch besonders in der Oberkreide und im Alttertiär durch mächtige und tektonisch labile Flyschbildungen charakterisiert. In diesem Bereich spielten sich starke tektonische Bewegungen ab, verbunden mit der Einsenkung der Flysch-Tröge. Am Kontinentalabhang gegen diese Tröge, der wohl zum Teil aus tektonischen Abbrüchen bestand, kam es häufig zur Bildung orogener Breccien und von *Olistholithen,* die gerade für ultrahelvetischen Flysch typisch sind *(„Wildflysch").*

In den Ostalpen zeigt das interne Helvetikum pelagische Einflüsse und wird deshalb mit gewisser Berechtigung als Ultrahelvetikum bezeichnet (S. PREY 1962).

Der nördlich an den helvetischen Bereich anschließende Raum ist nur sehr schwer nach faziellen Gesichtspunkten abzugrenzen. Man kann ihn am ehesten als den Bereich kennzeichnen, in dem gegen Ende der alpinen Gebirgsbildung die Molasse seit dem Oligozän verbreitet ist. Der Untergrund, auf dem diese Molasse ruht, ist aber sehr uneinheitlich. In den Westalpen greift die Molasse auf das Dauphinois und das Helvetikum über. Auch aus dem Untergrund der oberbayerischen Molasse ist Kreide in helvetischer Fazies bekannt geworden. Andernorts wird die Molasse von Jura oder, wie in Ober- und Niederösterreich gar vom Kristallin der Böhmischen Masse unmittelbar unterlagert.

Es bleibt an dieser Stelle noch nachzutragen, daß ein beträchtlicher Teil der beschriebenen Sedimentserien heute nicht mehr in ursprünglicher Form vorliegt, sondern vor allem im penninischen Bereich in alpidischer Zeit metamorph wurde. Obwohl sich unsere Beschreibung auf den vormetamorphen Zustand bezieht, ist doch auch zum Teil die Metamorphose noch besonders kennzeichnend für die Zuordnung eines Teils der Sedimentserien. So sind die *Bündnerschiefer (= Schistes lustrés, Calcescisti)* gerade durch ihre stets vorhandene epi- bis mesozonale Metamorphose charakterisiert.

Wären z. B. die terrigenen Tonserien des Dauphinois oder die des ostalpinen Jura denselben Bedingungen unterworfen worden, hätten auch sie sich zu einer Art Bündnerschiefern entwickeln können. So ist also auch der Grad der Metamorphose gelegentlich als Kriterium für die paläogeologische Zuordnung der Gesteinsserien zu verwenden.

Die paläogeographische Entwicklung der Alpen ist zwar im vorliegenden Kapitel schon kurz skizziert, sie wird im Zusammenhang mit den paläogeographischen Karten und Tabellen später ausführlicher geschildert (S. 102—174).

Literatur: R. TRÜMPY 1960

Stratigraphie des Sockels

Die stratigraphische Einstufung der Gesteinsserien des alpinen Sockels muß nach anderen Methoden erfolgen als im sedimentären Deckgebirge. Die voralpidischen Magmatite, Migmatite und Metamorphite sind teilweise nicht nur im Verlauf einer, sondern mehrerer orogener Zyklen der Erdgeschichte entstanden. Manche Gesteine waren also schon vor Ablagerung der alpidischen Gesteinsserien (seit jüngerem Oberkarbon) polymetamorph. Zudem wurde das Grundgebirge der Alpen in deren zentralen Teilen noch weithin von alpidischer Metamorphose erfaßt und damit polymetamorph. Es gibt also polymetamorphe Gesteine in den Alpen, deren letzte Metamorphose vor oder in alpidischer Zeit vor sich ging.

Die oft mehrfache Metamorphose hat natürlich viele stratigraphische Zeugnisse im Gestein getilgt oder wenigstens verwischt. Als wichtigstes Kriterium stratigraphischer Zuordnung einzelner Gesteinskörper des Sockels gilt deren gegenseitiger Verband und der Vergleich der Metamorphose-Grade.

Dazu kann man sich jetzt vielerorts der absoluten Altersbestimmung mit Hilfe radiometrischer Methoden bedienen. Jedoch lassen sich damit oft nur solche Ergebnisse gewinnen, die noch einer Deutung bedürfen und nicht völlig eindeutig sind. Einzelne Mineralien, die zur Bestimmung geeignete Isotopen enthalten, haben sich bei Erwärmung, Wiederabkühlung und Auskristallisation unterschiedlich verhalten. Messungen nach verschiedenen radiometrischen Methoden ergeben daher oft verschiedene Resultate (vgl. E. JÄGER 1973).

Die Stratigraphie des Sockels ist regional sehr vielfältig. Sie wird daher zweckmäßigerweise in den Kapiteln über die regionale Geologie der Alpen behandelt. Dort werden auch absolute Alter einiger wichtiger Gesteinsserien genannt.

Überdies kommt dem Grundgebirge der Alpen – sofern es seine voralpidische Internstruktur angeht – eine geringere Bedeutung zu, wenn man die Entstehung der Alpen behandelt. Im Wesentlichen gibt ja nur die alpidische Deformation und Metamorphose des Sockels sehr wichtige Hinweise auf das Geschehen bei der Gebirgsbildung der Alpen. Die früher im Alpengebiet bestehenden Gebirge hatten einen eigenen Bauplan, der nicht überall im Streichen mit dem jetzigen übereinstimmt.

Es kommt hinzu, daß der alpine Sockel auch noch längst nicht in dem Maße durchforscht ist wie der alpine Oberbau.

An dieser Stelle mag es also genügen, einige Prinzipien der stratigraphischen Gliederung des Sockels zu beschreiben.

Das insgesamt voralpidische Alter des Sockels der Alpen wird durch das transgressiv auflagernde Permomesozoikum belegt (lokal auch jüngeres Oberkarbon).

Eine weitere Untergliederung ist dann möglich, wenn auch sedimentäres älteres Paläozoikum (Ordovicium, Silur, Devon, älteres Karbon) vorhanden ist, wie z. B. in verschiedenen Bereichen des Oberostalpins (vgl. S. 27). Kristallines Grundgebirge, das unter solchem älterem Paläozoikum liegt, gibt sich damit als sehr alt zu erkennen. Es entstand also während des ältesten Paläozoikums oder vorher. Derartiges Grundgebirge wird in den Ostalpen als *„Altkristallin"* bezeichnet. Eine genaue zeitliche Zuordnung ist trotzdem sehr schwierig, weil selbst im sedimentären Altpaläozoikum eine genaue stratigraphische Zuordnung nur lokal gelingt.

Wenn keine paläozoischen Sedimentserien vorhanden sind oder diese durch variszische = hercynische Metamorphose und möglicherweise auch noch durch alpidische Metamorphose verändert wurden, ist die sichere Abtrennung von Altkristallin nicht möglich, wenngleich sein Vorhandensein überall im Grundgebirge der Alpen angenommen werden darf.

Die hercynische = variszische Orogenese hat fast überall in den Alpen gewirkt und älteres Grundgebirge metamorph umgebildet und paläozoische Sedimente in Metamorphite umgewandelt. Ältere Magmatite und Migmatite wurden dabei zu Orthogesteinen.

So lagen also bei Ende der variszischen Aera mono- und polymetamorphe Serien vor. Dazu traten in variszischer = hercynischer Zeit eine starke Migmatisation und magmatischpalingene Intrusionstätigkeit. Die daraus resultierenden Gesteinskomplexe lagen dann bei Beginn der variszischen Aera vielfach nicht metamorph verändert vor.

Das alpidische Schicksal solcher letztgenannter hercynischer = variszischer Granite u. ä. ist regional verschieden: Wo starke alpidische Metamorphose stattfand, also in erster Linie im Penninikum, aber auch in Nachbarbereichen, wurden diese Gesteine in alpidische Orthogneise umgewandelt. Man trifft also in den genannten Bereichen hercynische Granite u. ä. nicht mehr im ursprünglichen Zustand an. Die ältere Gneishülle dieser Komplexe ist in diesen Fällen jeweils polymetamorph.

Die alpidische Metamorphose läßt sich am einfachsten dann nachweisen, wenn sie auch mesozoische Sedimente erfaßt hat. Daneben kommt sie auch in radiometrischen Daten zum Ausdruck.

Die alpidische Gesteinsumwandlung im Sockel ging allerdings häufig noch weiter. In tiefen Stockwerken des Penninikums führte sie zur migmatitischen Regeneration des Grundgebirges. Diese durchdringt dann auch oft Teile mesozoischen Deckgebirges oder gar tektonisch auflagernde Decken (Tessiner, Schneeberger, Tauern-, Seckauer *„Kristallisationen"*). In den Kernbereichen der Migmatisierung findet man dann alpidische *Diatexite* (also im Verband umgeschmolzene Gesteine) oder intrusive *Palingenite.* Die Plutone letzterer Gesteine gehören aber eigentlich nicht mehr zum alpidischen Sockel, sondern sind alpidisch neues Gebirge.

Bei einigen graphischen Darstellungen der Stratigraphie alpidischer Serien wird auch der Sockel mit abgebildet (z. B. beim Briançonnais auf Abb. 72 u. 76). Sonst ist bei den stratigraphischen Säulen stets angegeben, auf welcher jetzigen Unterlage die alpidischen Gesteinsserien aufruhen, gegebenenfalls also, welcher Komplex des Sockels ihre stratigraphische Unterlage bildet (sofern nicht tektonischer Kontakt zum Untergrund besteht).

Stratigraphie der sedimentären Serien

Auf den Abbildungen 8–132 sind die Schichtfolgen der sedimentären Gesteinsserien der Alpen für einzelne Bereiche dargestellt. Die Methode der Darstellung ist zum Teil auf Abb. 7 erklärt. Die Säulenprofile sind so angelegt, daß sie jeweils Bereiche mit etwa einheitlicher Abfolge oder die Schichten in tektonischen Komplexen erfassen. Der Gültigkeitsbereich der einzelnen Profile ist daher unterschiedlich groß.

Die Gesteine sind durch die auf Abb. 7 erläuterten Signaturen gekennzeichnet. Selbstverständlich reichen die Symbole und der knappe zur Verfügung stehende Raum, nicht annähernd aus, eine Schichtfolge vollständig petrographisch zu charakterisieren. Bei der Bearbeitung nach der vorhandenen Literatur stellte sich zudem heraus, daß viele Gesteine aus den Alpen, insbesondere auch die Sedimente einer Beschreibung nach modernen Gesichtspunkten noch harren. Dies trifft besonders auf die Carbonate zu. Eine solche Erforschung könnte zweifellos noch sehr viel zur Kenntnis der geologischen Geschichte der Alpen beitragen.

Die einzelnen Schichtglieder sind in den Säulenprofilen etwa proportional ihrer Mächtigkeit aufgetragen. Da jedoch die Mächtigkeit vieler Gesteinskomplexe außerordentlichen Schwankungen unterliegen, sind diese bei der gewählten Darstellungsweise zeichnerisch nicht auszudrücken. Deshalb ist an den Profilen mit Absicht kein Maßstab angebracht, sondern die Mächtigkeit einzelner Schichtglieder jeweils angeschrieben. Dabei bedeutet z. B. „–700", daß die betreffende Schicht Mächtigkeiten bis 700 m erreicht. Geringmächtige Schichtglieder sind sehr häufig aus zeichnerischen Gründen in übertriebener Dicke eingezeichnet und zwar einfach deshalb, um die entsprechenden notwendigen Signaturen unterzubringen.

Bei den einzelnen Profilen bringt eine besondere Signatur jeweils zum Ausdruck, ob die betreffende Gesteinsserie mit ihrer Unterlage im tektonischen oder im stratigraphischen (=Anlagerungs-) Verband steht. Weiter werden Schichtlücken, Transgressionen und Perioden festländischer Verwitterung kenntlich gemacht. An den Einschnürungen der Profilsäulen ist dabei abzulesen, über welche älteren Schichten eine jüngere Transgression hinweggreift. Verzahnung und Auskeilen von Schichten ist den Darstellungen unschwer zu entnehmen.

Die Darstellung des Fossilinhalts kann natürlich in keiner Weise erschöpfend sein, allein schon deshalb, weil es unmöglich war, aus der Literatur in jedem Falle gleichwertige Angaben zu finden. Es werden also zum Teil solche Fossilien angegeben, die für die Fazies einer Schicht charakteristisch sind, in anderen

Fällen die einschlägigen Leitfossilien. Über die Häufigkeit sagen die verwendeten Signaturen überhaupt nichts aus.

Einheitlichkeit war auch nicht zu erzielen bei der Anwendung von stratigraphischen Stufenbezeichnungen. Es wurden jeweils die in der bezogenen Literatur für den betreffenden Bereich benützten Namen gewählt. Beispielsweise wird für die Untere Trias sowohl die Bezeichnung *„Scyth"* wie *„Werfen"* angewandt.

Mit der Bezeichnung „Verrucano" sind stets die permischen (bis triassischen) grobklastischen, zum Teil metamorphen Gesteine gemeint, die man jetzt auch zur Unterscheidung vom Verrucano der Typlokalität als „Alpiner Verrucano" bezeichnet.

Sind in der neben den Profilen aufgetragenen Säule mit den Formationsnamen keine Trennungsstriche zwischen einzelnen Formationen oder Stufen verzeichnet, so bedeutet das, daß in der betreffenden Schichtfolge diese Stufen zwar nachzuweisen sind oder sicher vermutet werden, daß aber eine echte stratigraphische Trennung nicht vorgenommen werden kann. Bei der Fossilarmut mancher alpiner Gesteinsserien ist überhaupt nur eine lithologische Gliederung möglich, die dann durch Profilkorrelation an stratigraphisch besser bekannte Serien angehängt wird. Daß die daraus resultierende Stratigraphie alpiner Serien nicht die Genauigkeit wie in außeralpinen Bereichen aufweisen kann, darf als bekannt vorausgesetzt werden.

Wenn nur eine unvollständige Abfolge stratigraphischer Stufen genannt wird, z. B. Scyth – Ladin, dann bedeutet das, daß nur diese Stufen nachgewiesen sind, daß aber die nicht genannte Zwischenstufe (also z. B. Anis) trotzdem im Profil enthalten sein dürfte. Schichtlücken sind dagegen durch Unterbrechung der Säule mit den System- bzw. Stufennamen kenntlich gemacht (vgl. Abb. 34 z. B. bei Norischer Stufe).

Aus der Literatur wurden auch stratigraphische Bezeichnungen übernommen, die heute nicht mehr gebräuchlich sind (z. B. Rauracien, Rät u. ä.). Es muß dem Benutzer selbst überlassen bleiben, sich in diesem Falle die Korrelation zu den gegenwärtig geltenden oder üblichen stratigraphischen Einteilungen herzustellen.

Da sich der Werdegang der Alpen besonders auch in wiederaufgearbeiteten und resedimentierten Gesteinen widerspiegelt, wurde deren Kennzeichnung und Herkunft soweit möglich eingehende Beachtung geschenkt. Die Komponenten der grobklastischen Bildungen (Breccien und Konglomerate) sind neben dem Profil genannt *(„Komp".* = Komponenten, in linkskursiver Schrift).

Bestehen im Gebiet, für das eine Profildarstellung gegeben wird, regionale Unterschiede, so sind diese nach Möglichkeit berücksichtigt, indem auf beiden Seiten der Säule verschiedene Eintragungen gemacht wurden. Die beiden Seiten sind dann auch jeweils mit einer betreffenden Überschrift versehen. So ist z. B. auf Abb. 9 für das Gebiet der Karnischen Alpen und Karawanken die linke Seite für die Karnischen Alpen mit dem Trogkofel-Gartnerkofel-Gebiet und die rechte Seite für den Südteil der Karawanken vorgesehen. Auf der rechten Seite reicht die Schichtfolge bis zur Norischen Stufe der Trias, auf der linken Seite ist sie nur bis zum Ladin eingezeichnet.

Rote und rotbunte Schichten als Indikatoren des Ablagerungsmilieus sind besonders gekennzeichnet.

Für einzelne Gesteinskomplexe konnte die übliche Säulendarstellung nicht angewandt werden, weil die stratigraphische Abfolge noch nicht im Einzelnen und überall geklärt ist, sondern nur schwer oder nicht abgrenzbare Schichtglieder ihrem Alter nach mehr oder weniger gut bekannt sind. Dabei herrscht in diesen Bereichen oft noch ein recht buntes Faziesmuster. In diesen Fällen wurde zu einer sehr generellen Darstellungsweise gegriffen. Dies gilt vor allem für die paläozoischen Serien der Ost- und Südalpen.

Die Darstellungsmethode könnte im Übrigen zu dem falschen Eindruck verführen, als ob die angeführten Schichtglieder überall im betreffenden Gebiet anzutreffen wären. Es muß daher betont werden, daß in vielen Fällen, vor allem bei tektonisch sehr zerstückelten Komplexen die da und dort vorkommenden Schichten jeweils zu einem Idealprofil integriert wurden.

Die ursprünglichen Ablagerungsbereiche der auf den stratigraphischen Säulenprofilen dargestellten Einheiten sind auf der paläogeographischen Übersicht Abb. 134 zu finden. Über die jetzige tektonische Position der Einheiten geben die schematischen tektonischen Querschnitte durch die Alpen (Abb. 190–199) Auskunft.

Da großer Wert darauf gelegt wurde, alles Wissenswerte soweit wie nur irgend möglich in die graphische Darstellung der Stratigraphie einzubeziehen, beschränkt sich die nachfolgende Beschreibung eher auf einen Leitfaden, Kommentar und einige Ergänzungen.

Darüber hinaus wird empfohlen, zur Ergänzung die Bände des *„Lexique stratigraphique internationale"* zu benützen, soweit sie erschienen sind (Schweiz, Österreich, Italien).

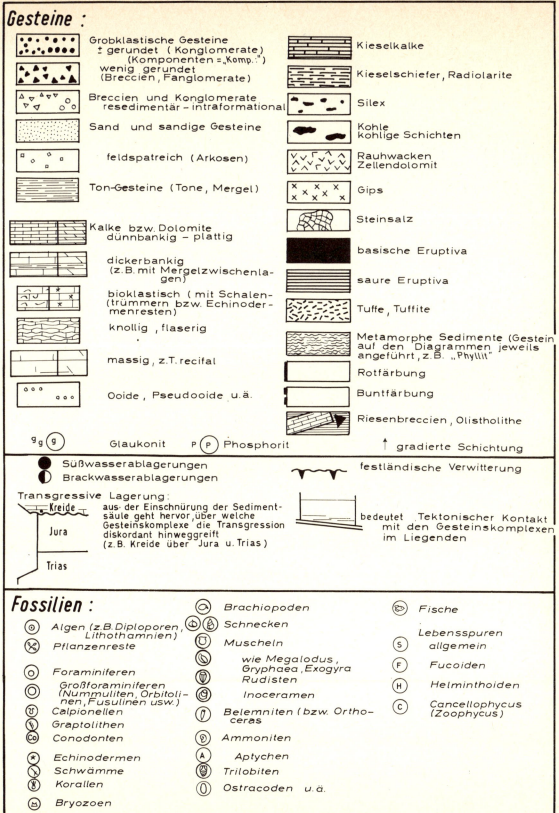

Abb. 7: Legende zu den stratigraphischen Darstellungen (Abb. 8–133). *Über die Methode der Darstellung sollte unbedingt der Text auf S. 15–16 gelesen werden!*

Südalpine Schichtfolgen

Altpaläozoikum baut in den Südalpen die Karnischen Alpen und Teile der Karawanken auf. Die paläozoische Schichtfolge ist durch weitgehende Faziesdifferenzierung bei großen Mächtigkeitsunterschieden auf engem Raum ausgezeichnet. Die flyschartigen Hochwipfelschichten reichen bis ins Unterkarbon, der rhenohercynischen Kulmfazies vergleichbar. Die Schichtfolgen des Paläozoikums der Karnischen Alpen wurden nur in sehr schematischer Weise auf Abb. 8 aufgezeichnet, aus der die Bezeichnungen für die eng verzahnten Faziesbereiche, die Schichtnamen und die nachweisbaren stratigraphischen Stufen hervorgehen.

Die nachvariszische Sedimentation hat in den Südalpen sehr mächtige Schichtfolgen hinterlassen. Es erwies sich als notwendig, einige Profile aufzuteilen, vor allem auch, weil die paläogeographische Differenzierung des südalpinen Raums anders war als zur Triaszeit.

Die Schichtenfolge, die man zwischen Lago Maggiore und Lago di Como antrifft, ist auf Abb. 9 aufgezeichnet. Die östlich anschließenden Bergamasker Alpen sind auf Abb. 10 dargestellt, die Fortsetzung dieses Profils in Kreide und Tertiär findet sich auf Abb. 13. Ein eigenes Profil wurde auch für die Judikarischen Alpen, also das Gebiet zwischen Etsch und Adamello gezeichnet. Die Fortsetzung dieses Profils in die Oberkreide, die transgressiv bis auf norischen Hauptdolomit übergreift, ist Abb. 14 zu entnehmen. Die Schichtfolge der Dolomiten und Venetischen Alpen, zwischen Eisack/Etsch und dem Piave ist aus Abbildung 12 zu ersehen. Die Fortsetzung dieses Profils im jüngeren Mesozoikum und Tertiär ist lokal verschieden: Teilweise gilt im Westen das Profil Trentino mit seiner Schwellenfazies (Abb. 14), zum Teil das des bellunesischen Troges (Abb. 15) oder endlich im Osten das Profil des Friaul (Abb. 16-17). Der paläogeographischen Differenzierung ab Jura ist auf den Abbildungen 13−17 Rechnung getragen. Die Lage der betreffenden paläogeographischen Einheiten ist im Kapitel über die Paläogeographie (S. 102) beschrieben und auf den Abbildungen 164, 165, 166, 154, 149 dargestellt.

Der östliche Bereich der Südalpen ist auf Abb. 18 (Karnische Alpen und Karawanken-Südseite, Julische Alpen z. T.) dargestellt. Die Fortsetzung des Profils im Friaul findet sich, wie erwähnt, auf Abb. 16 und 17. Das Profil der Karnischen Alpen beginnt mit den Auernig-Schichten des Oberkarbons. Hier geht der variszische Sedimentationszyklus mit diesen molasseähnlichen Gesteinen in den Beginn der alpidischen Sedimentation mit der kürzesten Schichtlücke im alpinen Raum und fast durchweg in mariner Entwicklung über.

Die alpidischen Gesteine der Südalpen sind nicht metamorph, wenn man von der Kontaktmetamorphose absieht, welche der spätalpidische tertiäre Adamello-Pluton auf Sedimente bis zum Jura-Alter ausgeübt hat.

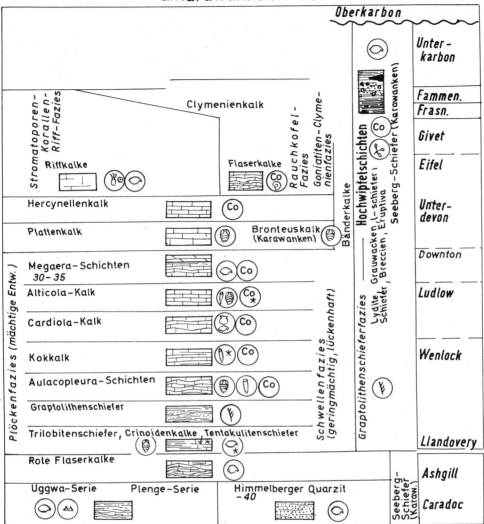

Abb. 8: Karnische Alpen (Altpaläozoikum) und Karawanken (z.T.) (provisorische Übersicht) (H. R. v. GAERTNER 1929, 1934; F. HERITSCH 1929, 1931, 1936; F. KAHLER & S. PREY 1963; F. KUPSCH, J. ROLSER & R. SCHÖNENBERG 1971; H. P. SCHÖNLAUB 1969; R. SELLI 1963; A. TOLLMANN 1963). Jungpaläozoikum und Mesozoikum siehe S. 26 (Abb. 18).

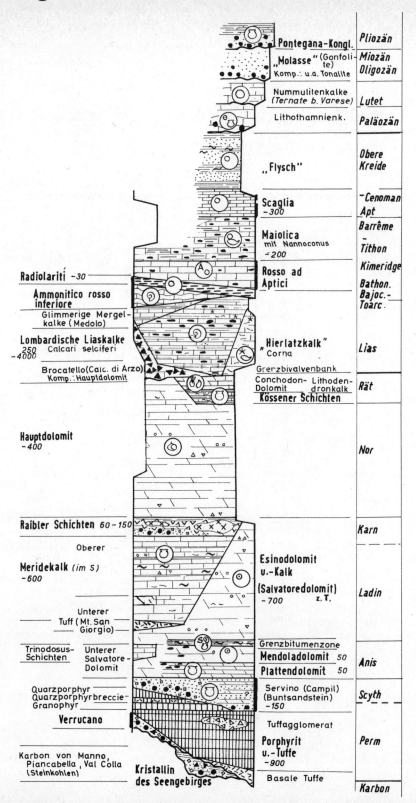

Abb. 9: Luganese – Mendrisiotto – Brianza (D. Bernoulli 1960, 1964; J. Cadisch 1953; D. J. Doeglas & L. U. de Sitter 1930/1939; D. F. Donovan 1958; A. Frauenfelder 1916; H. Rieber 1967; K. P. Rode 1941; A. Senn 1924; L. U. de Sitter 1939; E. Trümpy 1930; A. Wirz 1945).

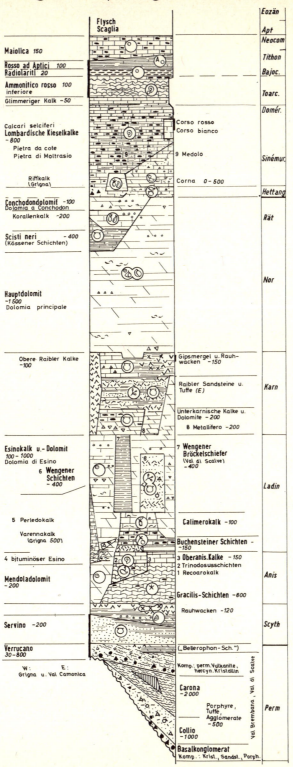

Abb. 10: Grigna – Alpi Bergamasche (Unterkreide bis Tertiär siehe Abb. 13) (J. Auboin 1963, 1964, 1965; J. Cadisch 1953; M. B. Cita 1957, 1965; D. T. Donovan 1958; A. Pollini & G. Cassinis 1963; L. U. de Sitter 1939; A. Tollmann 1963; E. Trümpy 1930; R. Vaché 1962; C. Vecchia 1948, 1949).

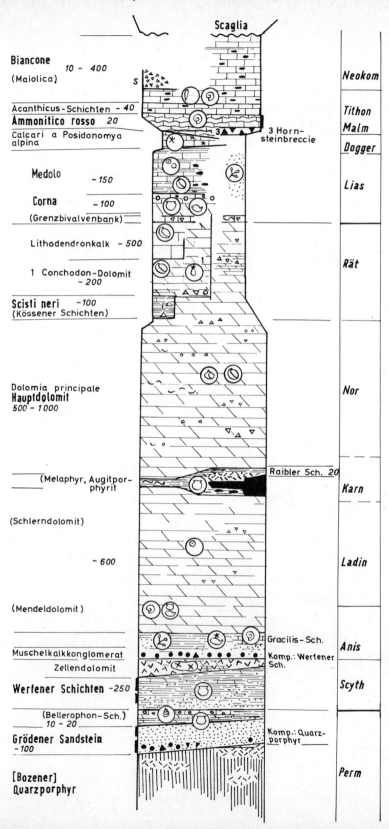

Abb. 11: Alpi Giudicarie (Oberkreide und Tertiär siehe Abb. 14) (C. d'Ambrosi 1960; J. Auboin 1963, 1964; H. Hagn 1956; R. v. Klebelsberg 1935; F. Purtscheller 1962; H. Schaub 1962; L. Trevisan 1939; S. Venzo 1934; J. Wiebols 1938).

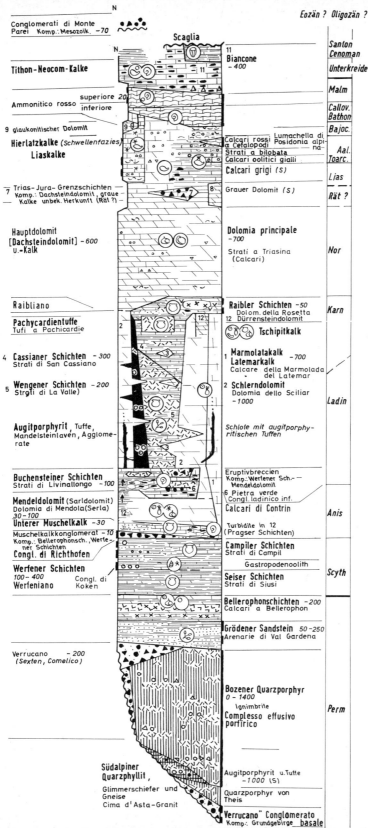

Abb. 12: Dolomiten (Oberkreide und Tertiär siehe Abb. 14–17) (Literatur bei Abb. 16).

Stratigraphie

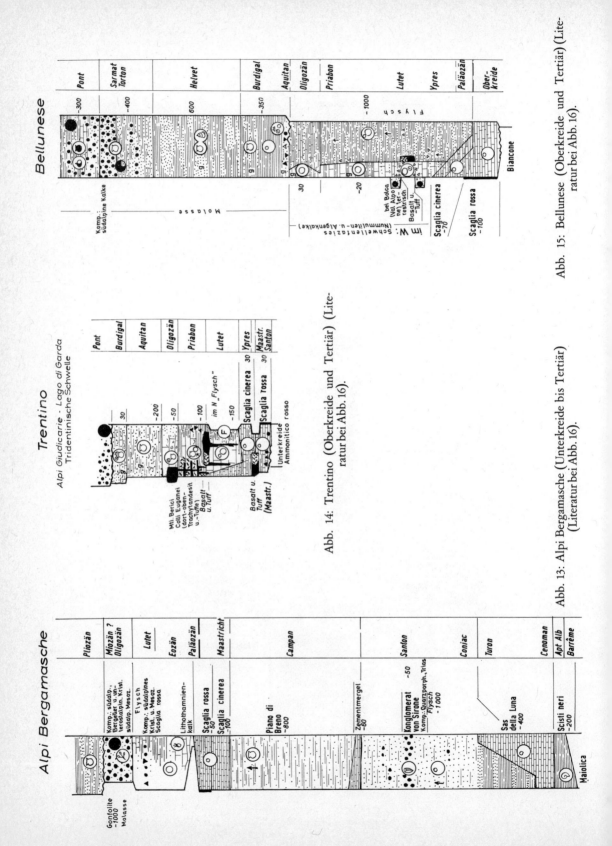

Abb. 15: Bellunese (Oberkreide und Tertiär) (Literatur bei Abb. 16).

Abb. 14: Trentino (Oberkreide und Tertiär) (Literatur bei Abb. 16).

Abb. 13: Alpi Bergamasche (Unterkreide bis Tertiär) (Literatur bei Abb. 16).

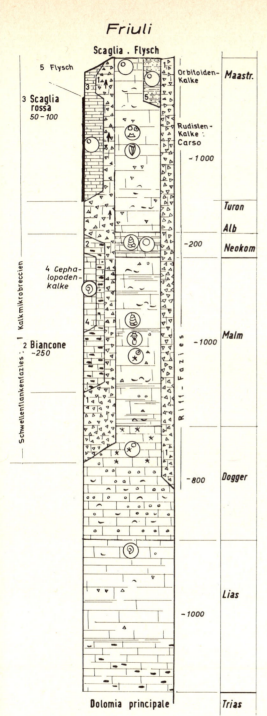
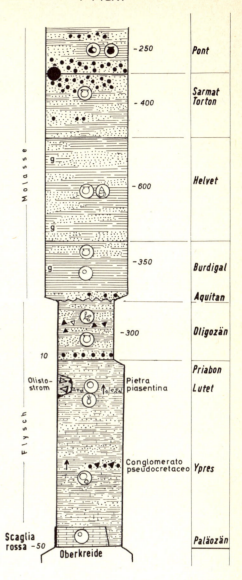

Abb. 16 und Abb. 17: Friuli (Trias bis Tertiär) (Literatur zu Abb. 12–17: C. d'Ambrosi 1960; C. Andreatta 1959; J. Auboin 1963, 1964; M. B. Cita 1965; M. B. Cita & G. Piccoli 1962; M. P. Cros, 1967; G. dal Piaz 1907; A. Desio 1925; D. T. Donovan 1958; H. Hagn 1956; W. Heissel & J. Ladurner 1936; R. Hollmann 1962; L. van Houten 1930; W. Klaus 1963; R. v. Klebelsberg 1935; P. Leonardi 1956, 1967; R. Malaroda 1962; B. Martinis 1962; A. Maucher 1960; G. Mutschlechner 1932, 1933, 1933; L. Nöth 1929; M. Ogilvie-Gordon 1927, 1928, 1934; M. Ogilvie-Gordon & J. Pia 1940; J. Pia 1937; H. Pichler 1959, 1962; O. Reithofer 1928; D. Richter 1969, 1970; G. Rosenberg 1959, 1966; D. Rossi & E. Semenza 1962; P. Saint-Marc 1963; H. Schaub 1962; G. Schiavinato 1950; J. Schweighauser 1953; R. Selli 1953, 1963; C. Sturani 1964; S. Venzo 1934).

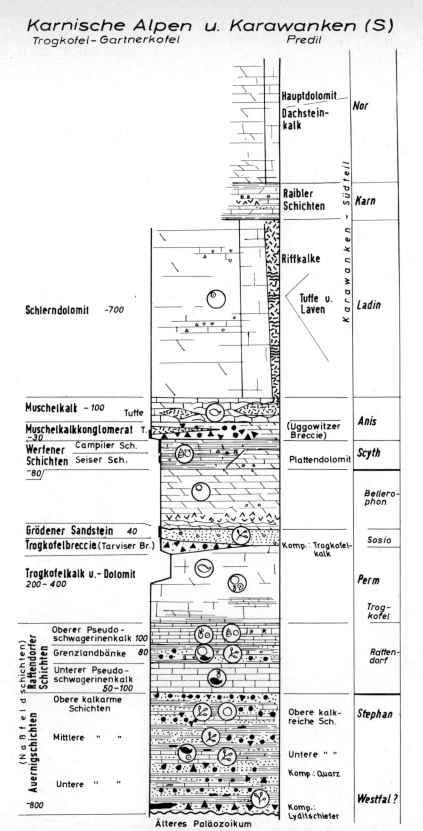

Abb. 18: Karnische Alpen und Karawanken (Südteil) (F. Kahler 1959, 1960, 1961, 1963; F. Kahler & S. Prey 1963; A. Tollmann 1963, 1964).
Älteres Paläozoikum siehe S. 19 (Abb. 8).

Oberostalpine Schichtfolgen

Der oberostalpine Bereich unterscheidet sich von den Südalpen vor allem in tektonischer Hinsicht: Sockel und Deckgebirge sind weitgehend zerschert und in Form von Decken nordwärts verfrachtet worden (Abb. 190—194, 2, 204—214).

Im Oberostalpin treten uns die größten zusammenhängenden Komplexe von paläozoischen Sedimentgesteinen entgegen: in der Nördlichen Grauwackenzone am Südrande der Nördlichen Kalkalpen zwischen Innsbruck und dem nördlichen Burgenland, ferner im Paläozoikum von Graz und der Gurktaler Alpen in Kärnten. Allerdings sind diese Serien in mehr oder weniger großem Ausmaß metamorph. Wie auf S. 218 erwähnt wird, dürften weitere paläozoische Sediment-Serien in den Para-Metamorphiten des ostalpinen Sockels aufgegangen sein, wie etwa die neueren Untersuchungen im Gebiet der Saualpe beweisen.

Abb. 19 zeigt einige Profilserien aus Kärnten (Gurktaler Alpen, Saualpe), Abb. 20 das Grazer Paläozoikum. Dieser letztere Bereich zeigt wieder erhebliche Faziesdifferenzierung. Die transgressiven permischen, mesozoischen und tertiären Serien, insbesondere die Gosauschichten des Kainacher Beckens sind auf Abb. 20 mit untergebracht.

Während die bisher erwähnten Komplexe in bezug auf den alpidischen Bau wohl meist autochthon bis parautochthon sind (variszischer Deckenbau ist wahrscheinlich), also nur wenig oder zum Teil nicht von ihrer Unterlage, dem Altkristallin abgeschert sind, sind die paläozoischen Serien der Nördlichen Grauwackenzone (Abb. 21) als Decken in alpidischer Zeit transportiert worden. Eine kleine, wahrscheinlich ziemlich parautochthone Decke trifft man über Mesozoikum der Ötztal-Masse westlich des Silltals an, sie enthält neben Phylliten klastische Gesteine des Oberkarbons (Abb. 22).

Eine Reihe von Oberkarbon-Vorkommen, die ebenfalls aus Konglomeraten, Sandsteinen und Tonschiefern bestehen, findet man, wie ein Blick auf geologische Karten zeigt (vgl. auch Abb. 238, 239) transgressiv auf Altkristallin und älterem Paläozoikum vor allem in Kärnten und der Steiermark an, ferner ist hier das Oberkarbon von Nötsch im Liegenden des Drauzugs zu nennen (vgl. Abb. 35). Diese Oberkarbon-Vorkommen und die der Nördlichen Grauwackenzone, die man zum Teil in weithin streichenden Deckenkörpern verfolgen kann (vgl. S. 234), dürften faziell als Innenmolasse des variszischen Gebirges angesehen werden.

Die alpidischen Sediment-Komplexe des Oberostalpins wurden bei der Zerscherung des oberostalpinen Gesteinsstapels räumlich teilweise weit voneinander getrennt. Diese werden auf den Abbildungen 23—38 in einer Reihenfolge dargestellt, in der zunächst die großen, zusammenhängenden Komplexe der am weitesten nach Norden verfrachteten Nördlichen Kalkalpen von Westen nach Osten aufgeführt sind.

Die am weitesten im Westen nachzuweisenden Deckenreste findet man in den Klippen von Iberg in der Schweiz (vgl. Abb. 79). Engadiner Dolomiten sind auf Abb. 23, Rätikon und Mittelbünden (Bedeckung des Silvretta-Kristallins) auf Abb. 24 wiedergegeben. Der Westteil der Nördlichen Kalkalpen, etwa bis ins östliche Tirol ist auf Abb. 25 zusammenfassend dargestellt. Ein Normalprofil der Allgäu-Schichten findet sich auf Abb. 28. Im mittleren Teil der Nördlichen Kalkalpen, also im Bereich Berchtesgaden-Salzburg, greift eine Faziesentwicklung nach Norden vor, zum Teil auch durch tektonische Überschiebung, die durch Differenzierung in zwei Bereiche, nämlich Berchtesgadener = Dachstein—Fazies und Hallstätter Fazies gekennzeichnet ist, die sich auch mit der tirolischen Fazies verzahnen. Die beiden genannten Faziesbereiche kann man zusammen auch als *„juvavisch"* bezeichnen.

Die Hallstätter Kalke, die sich u. a. durch Gehalt an Cephalopoden und geringe Mächtigkeit, daneben durch rote und bunte Färbung kenntlich machen, wurden vermutlich in tieferen „kanal"artigen Bereichen abgesetzt, die sich durch die *„platform"* zogen, auf der im Flachwasser die Riff- und *backreef*-Carbonate der anderen Faziesbereiche entstanden (vgl. S. 108). Berchtesgadener und Hallstätter Fazies werden, obwohl in der Natur eng verzahnt, auf Abb. 26 in getrennten Säulen dargestellt, weil die großen Mächtigkeits-Unterschiede dabei besonders deutlich gemacht werden können.

Die Schichtfolge im östlichen Teil der Nördlichen Kalkalpen ist auf Abb. 27 zusammengestellt. Auch hier treten in Form der Mürztaler und Aflenzer Kalke geringmächtige Äquivalente der sonst sehr mächtigen Trias-Carbonatserien auf. Im Gegensatz zu Abb. 26 sind sie hier in die Profil-Darstellung mit eingearbeitet.

Im Unterschied zu dem Deckenkomplex der Nördlichen Kalkalpen ist oberostalpines Mesozoikum an zahlreichen Stellen noch im (par-)autochthonen Verband mit der kristallinen oder paläozoischen Unterlage zu finden: diese Serien sind beim tektonischen Transport zurückgeblieben und zum Teil in die kristalline Unterlage eingeschuppt worden. Solche Komplexe sind dann stellenweise alpin metamorph geworden.

Ein Teil dieser Serien, der unmittelbar auf oberostalpinem Kristallin auflagert, wird von H. FLÜGEL (1964) und A. TOLLMANN (1959, 1963) als *„Mittelostalpin"* bezeichnet, weil sie annehmen, daß sich generell eine entsprechende Zone mit über Kristallin transgredierendem Permomesozoikum zwischen Unterostalpin im Norden und Oberostalpin (im engeren Sinn TOLLMANN's) im Süden durch die Ostalpen ziehe. Dieses Oberostalpin i.e.S. ist also durch Transgression von Permomesozoikum auf paläozoischen Sedimenten gekennzeichnet. Da diese Gliederung TOLLMANN's nicht für den ganzen Ostalpenbereich durchgehend anerkannt wird, vor allem weil es durchaus möglich ist, daß die Bereiche, wo das Permomesozoikum über paläozoische Sedimente bzw. Altkristallin transgrediert, nicht regelmäßig angeordnet sind, wird hier auf eine Ausscheidung von *„Mittelostalpin"* verzichtet und dieses zum Oberostalpin (im weiteren Sinn) gezählt (vgl. auch E. CLAR 1965).

Die von A. TOLLMANN als *„Mittelostalpin"* bezeichneten Serien (Abb. 30–33) zeichnen sich auch durch verhältnismäßig geringe Mächtigkeit im Vergleich zu den übrigen Bereichen des Oberostalpins aus. Dies kann zum Teil davon herrühren, daß die Gebiete mit über Altkristallin transgredierendem Permomesozoikum Schwellenbereiche waren, dürfte aber teilweise auch auf tektonische Reduktion zurückzuführen sein, da diese Serien, wie oben erwähnt, oft zwischen Schollen und Decken des Oberostalpins eingeklemmt sind.

Im Westen der Ostalpen findet sich eine Klippe mit inverser Schichtfolge in Gestalt der Stammerspitze auf den penninischen Bündnerschiefern des Unterengadiner Fensters (Abb. 29). Ihre Zugehörigkeit zum Oberostalpin ist nicht sicher. Im stratigraphischen Verband mit den Gneisen der Ötztal-Masse steht wahrscheinlich die mesozoische Scholle des Jaggl (=Cima di Termine, Endkopf) bei Graun (Curon) im Etschtal (Abb. 30), vgl. S. 216. Zur sicheren Bedeckung des Ötztal-Kristallins gehören die Serien, die man auf den Kalkkögeln, den Tribulaunen und bei Mauls antrifft (Abb. 31). Im Verband mit dem kärntnerischen und steirischen Altkristallin findet man an dessen Nordrand (auch im isolierten Kristallin des Troiseck-Floning-Zuges) eine Zone permischer und mesozoischer Gesteine, die unter die Nördliche Grauwackenzone einfallen, von dieser also überfahren wurden (Abb. 32). Zwischen Altkristallin und Gurktaler Paläozoikum im Hangenden ist die Serie der Stangalm eingeklemmt (Abb. 33). Nach H. STOWASSER (1956) gehört sie ausschließlich zur Trias.

Schließlich sind die Serien von Griffen und St. Paul auf Abb. 34 angeführt, die im stratigraphischen Verband mit dem Grazer Paläozoikum stehen. Sie werden also auch von A. TOLLMANN dem Oberostalpin zugerechnet. Der Drauzug („Lienzer Dolomiten") wird als Teil der Wurzelzone des Oberostalpin angesehen. Die Schichtfolge (Abb. 35) stimmt weitgehend mit derjenigen der Nördlichen Kalkalpen überein. Zu den Südalpen vermitteln Bellerophon-Schichten des Perm und Vulkanite im Anis und Ladin.

Nur in den nördlichen Bereichen des Oberostalpins, in den Nördlichen Kalkalpen, erstreckte sich die Sedimentation bis ins Cenoman, sonst endete sie schon früher (vgl. Abb. 25, 27). Die *„vorgosauische"* Gebirgsbildung, in deren Ablauf diese Beendigung der Sedimentation stattfand, wird belegt durch die ab Coniac erneute Transgression von jüngeren Schichtkomplexen, die man zusammenfassend als *„Gosau"* (-Schichten) bezeichnet. Diese Serien, die sich bis ins Alttertiär erstrecken, sind nicht mehr flächenhaft verbreitet, sondern nur noch in tektonisch geschützter tiefer Lage erhalten. Ob sie einst im ganzen oberostalpinen Bereich als durchgehende Sedimentdecke verbreitet waren, ist nicht mit Sicherheit zu entscheiden (vgl. S. 120). Da die einzelnen Vorkommen aber mit ihren klastischen Anteilen sehr lokale Einschläge zeigen, darf man annehmen, daß wenigstens zu Beginn dieses zweiten alpidischen Sedimentationszyklus nur die tiefer liegenden Bereiche des vorgosauischen Festlandes eingedeckt wurden.

Es erschien sehr zweckmäßig, diesen zweiten Ablagerungszyklus auf gesonderten Profilen abzubilden (Abb. 36–37). Auf Abb. 36 sind verschiedene Vorkommen von Gosau und inneralpinem Alttertiär auf einer Darstellung vereint. Das westlichst erhaltene Gosauvorkommen findet sich am Muttekopf bei Imst (Tirol). Auf dem Profil werden ferner die Schichtfolgen im Gosaubecken von Reichenhall und Salzburg, von Kössen – Reit im Winkl und schließlich die Tertiärbecken von Häring und Oberaudorf dargestellt. Abb. 37 zeigt die Profile der Typlokalität Gosau in Oberösterreich, das Becken von Gams und der „Neuen Welt" nahe am Ostrand der Kalkalpen. Für zahlreiche darüber hinaus vorkommende kleinere und isolierte Gesteinskomplexe lohnt eine Einzeldarstellung hier nicht.

Die Gosau-Schichten des Kainacher Beckens und andere Vorkommen in der Steiermark, die transgressiv bis auf Grazer Paläozoikum übergreifen, wurden schon in Abb. 20 aufgenommen. Die Gosau des Krappfeldes ist auf Abb. 34 verzeichnet.

In Graubünden treten Gesteinskomplexe auf, die sowohl ihrer Schichtfolge nach, wie auch in ihrer tektonischen Stellung zwischen Oberostalpin und Unterostalpin vermitteln: Ortler – Aela – Aroser Dolomiten-Decke und Quattervals-Decke. Eine Zuordnung zur einen oder anderen Großeinheit fällt schwer. Die fazielle Entwicklung ist noch ziemlich „oberostalpin", die tektonische Position ist jedoch „unterostalpin", da diese Decken vom Oberostalpin überlagert werden (vgl. S. 214). R. Staub nannte sie daher „*Mittelostalpin*" (nicht identisch mit „Mittelostalpin" im Sinne von A. Tollmann) (vgl. auch J. Cadisch 1953, S. 243). Die Schichtreihen der oben genannten Decken sind auf Abb. 38 wiedergegeben.

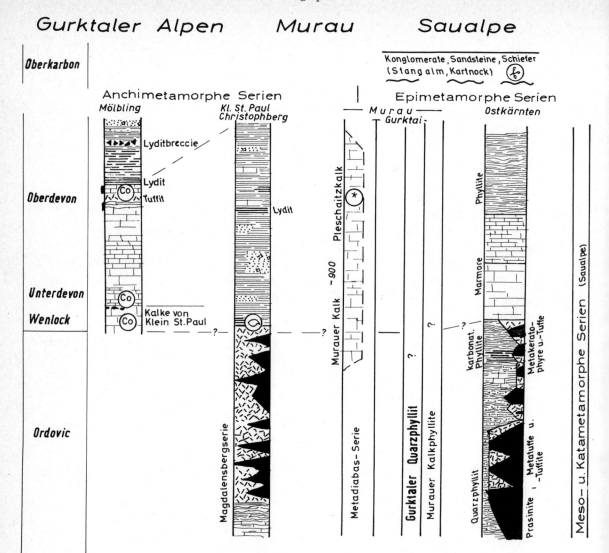

Abb. 19: Gurktaler Alpen – Murau – Saualpe (provisorische Übersicht) (P. BECK-MANNAGETTA 1959, 1960; E. CLAR 1953; E. CLAR, W. FRITSCH, H. MEIXNER, A. PILGER & R. SCHÖNENBERG 1963; H. FLÜGEL 1964, 1970; W. FRITSCH 1962, 1964; W. FRITSCH, H. MEIXNER, A. PILGER & R. SCHÖNENBERG 1960; E. HABERFELNER 1936; F. KAHLER 1953; R. SCHÖNENBERG 1967; E. STREHL 1962; F. THIEDIG 1962, 1966; A. THURNER 1958; A. TOLLMANN 1963).

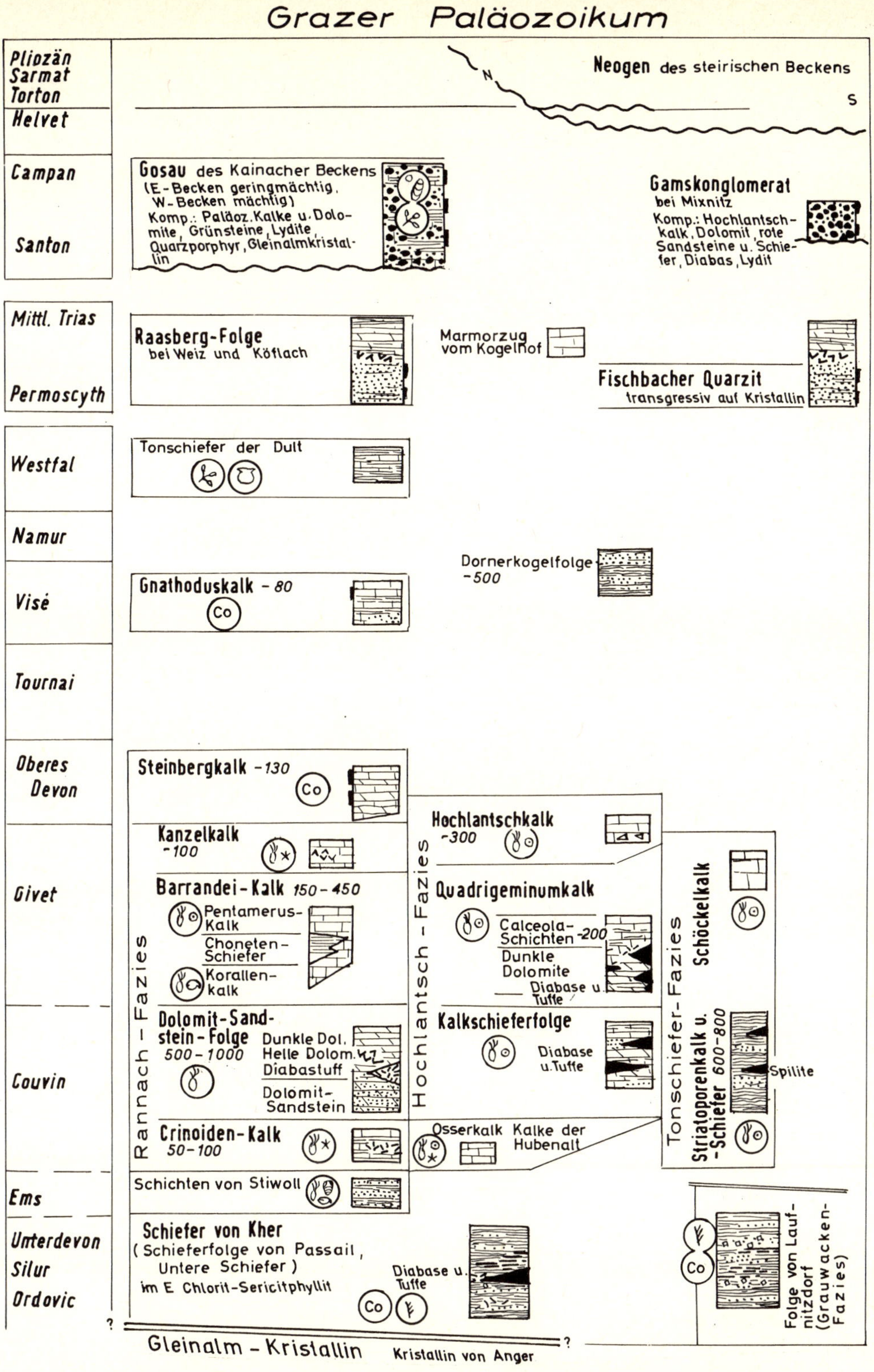

Abb. 20: Grazer Paläozoikum (provisorische Übersicht) (E. CLAR 1935, 1971; H. FLÜGEL 1961, 1963, 1970, 1972; H. FLÜGEL & H. P. SCHÖNLAUB 1972; M. KAUMANNS 1962).

Stratigraphie

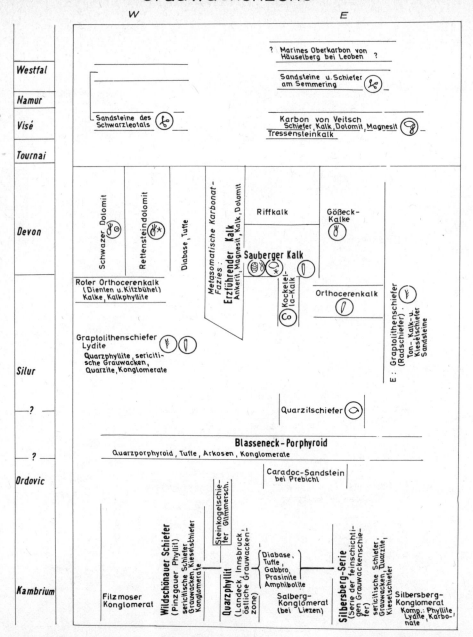

Abb. 21: Grauwackenzone (provisorische Übersicht) (F. ANGEL 1939; E. CLAR 1971; H. P. CORNELIUS 1952; W. DEL NEGRO 1950, 1960; A. ERICH 1960; G. FLAJS 1964; H. FLÜGEL 1963, 1972; R. v. KLEBELSBERG 1935; K. METZ 1953; H. MOSTLER 1968, 1970, 1973; H. PIRKL 1961; E. THENIUS 1962; A. TOLLMANN 1963).

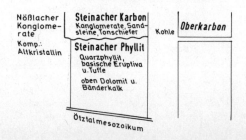

Abb. 22: Steinacher Decke (F. KARL 1955; R. v. KLEBELSBERG 1935; O. SCHMIDEGG 1949; A. TOLLMANN 1963).

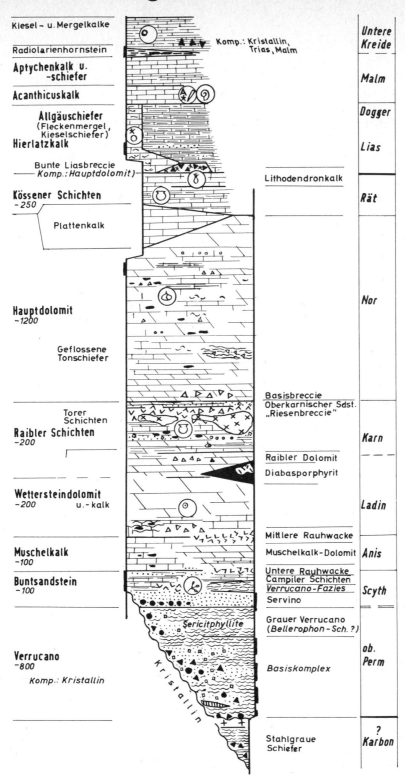

Abb. 23: Engadiner Dolomiten (H. Boesch 1937; H. Boesch, J. Cadisch & E. Wenk 1953; G. Burkard 1953; J. Cadisch 1953; H. Eugster 1960; W. Hess 1953; W. Inhelder 1952; K. Karagounis 1962; K. Karagounis & A. Somm 1962; P. Kellerhals 1966; R. Pozzi 1957, 1959, 1960, 1960, 1965; A. Somm 1965; R. Staub 1937; A. Tollmann 1963).

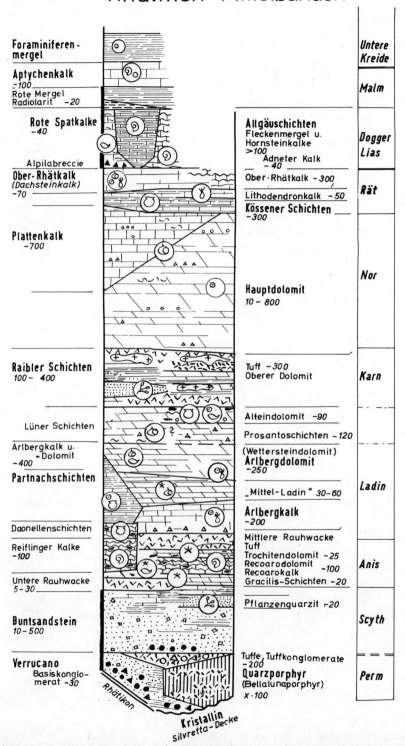

Abb. 24: Nördliche Kalkalpen – Rhätikon - Mittelbünden (R. Blaser 1952; R. Brauchli 1921; J. Cadisch 1953; H. Eugster 1923, 1924; W. Leupold, H. Eugster, P. Bearth, F. Spaenhauer & A. Streckeisen 1935; R. Oberhauser 1963; E. Ott 1925; H. Schaetti 1952; D. Trümpy 1916).

Oberostalpin

Nördliche Kalkalpen – Westteil

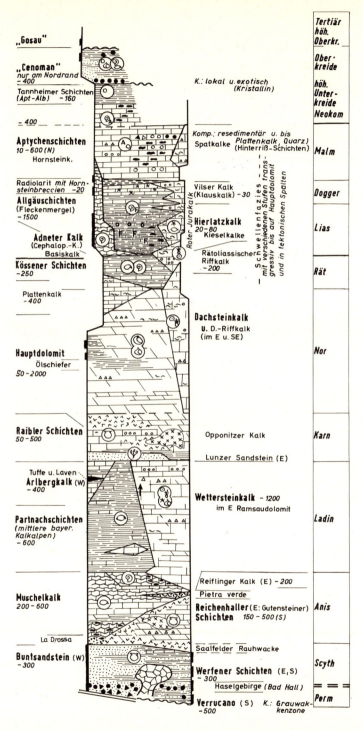

Abb. 25: Nördliche Kalkalpen – Westteil (H.-O. Angermeier, A. Pöschl & H.-J. Schneider 1963; O. Ampferer 1932; W. Besler 1959; M. Frank 1934, 1935, 1936; F. Hirsch 1966; R. Huckriede 1958; V. Jacobshagen 1958, 1964, 1965; H. Jerz 1965, 1966; W. Klaus 1955, 1965; R. v. Klebelsberg 1935; R. Oberhauser 1963; M. Richter 1966; G. Rosenberg 1959, 1966; M. Sarnthein 1965, 1966, 1967; P. Schmidt-Thomé 1964; G. Schuler 1967; A. Tollmann 1963, 1972, 1976; J. Wendt 1969; W. Zacher 1966; W. Zeil 1953, 1955, 1956, 1956).

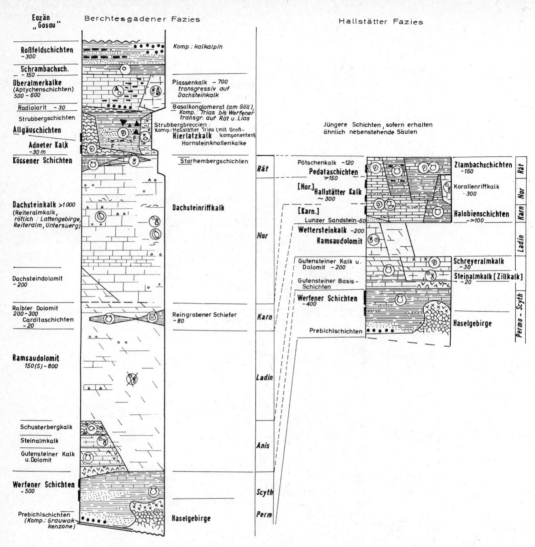

Abb. 26: Nördliche Kalkalpen – mittlerer Teil (H. P. Cornelius & B. Plöchinger 1952; W. del Negro 1950, 1958, 1960; F. Fabricius 1962; A. G. Fischer 1964; E. Flügel 1963; H. Flügel & P. Pölsler 1965; H. Flügel & A. Fenninger 1966; O. Ganss, F. Kuemel & E. Spengler 1954; V. Höck & W. Schlager 1964; W. Klaus 1965; W. Medwenitsch 1958, 1960, 1962; H. Pichler 1960, 1963; B. Plöchinger 1953; B. Plöchinger & R. Oberhauser 1957; G. Rosenberg 1959, 1966; W. Schauberger 1955, 1958; P. Schmidt-Thomé 1964; E. Spengler 1924, 1953, 1960/1963; A. Tollmann 1957, 1963, 1964, 1972, 1976; W. Vortisch 1953; E. Weber 1942, H. Zankl 1962, 1965, 1967; H. Zapfe 1964, 1964).

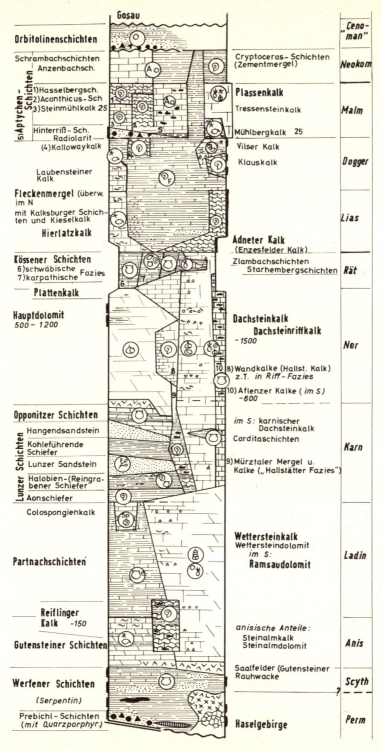

Abb. 27: Nördliche Kalkalpen - Ostteil (H. P. Cornelius 1952; D. Gessner 1967; A. Fenninger 1967; A. Fenninger & K. L. Holzer 1972; H. Hötzl 1966; W. Klaus 1955, 1965; E. Kristan 1958; R. Oberhauser 1963; G. Rosenberg 1959, 1966; H. Summesberger 1966, 1966; E. Thenius, 1962, 1974; A. Tollmann 1963, 1964, 1972, 1976; F. Trauth 1950).

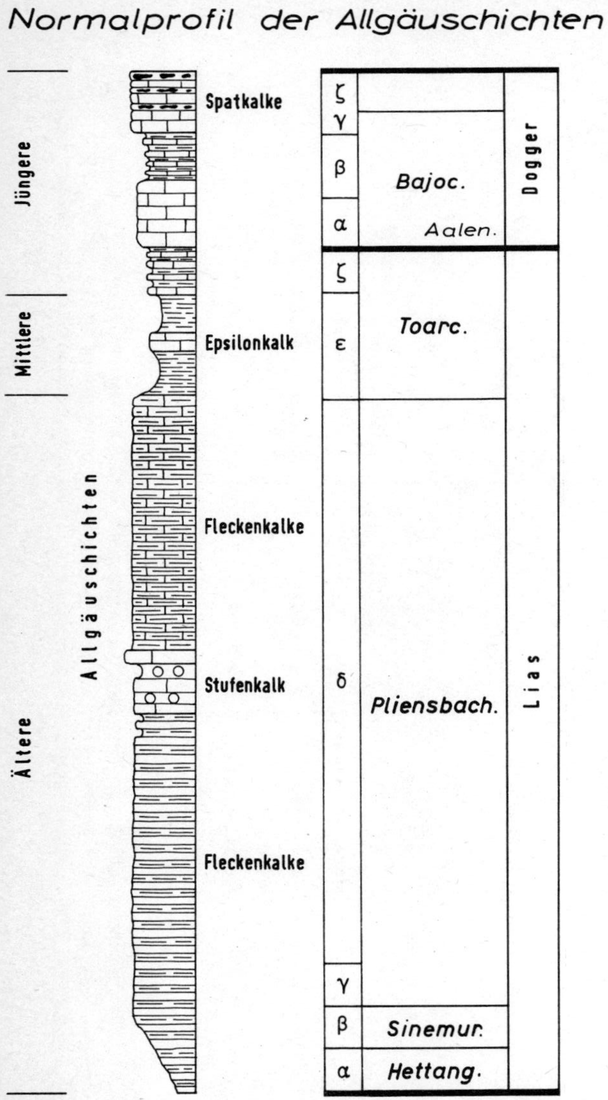

Abb. 28: Normalprofil der Allgäu-Schichten in den west-
Abb. 29: Serie der Stammerspitze (L. KLÄY 1957). 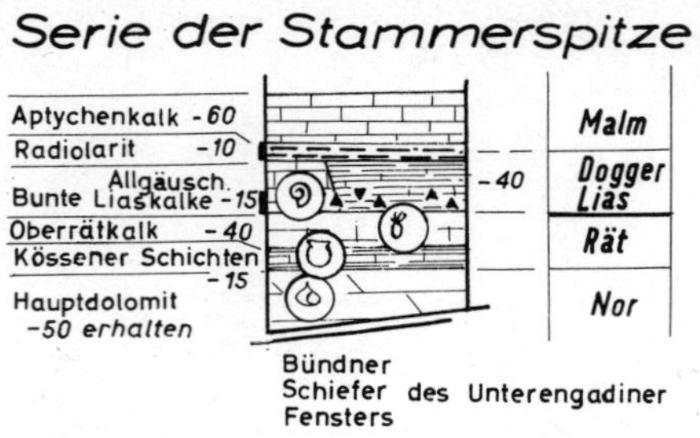
Abb. 30: Jaggl (W. HESS 1962; R. v. KLEBELS-
Abb. 31: Serien der Ötztal-Masse (Brenner-Mesozoikum) (R. v. KLEBELSBERG 1935; H. KÜBLER & W.-E. MÜLLER 1962; A. TOLLMANN 1963).

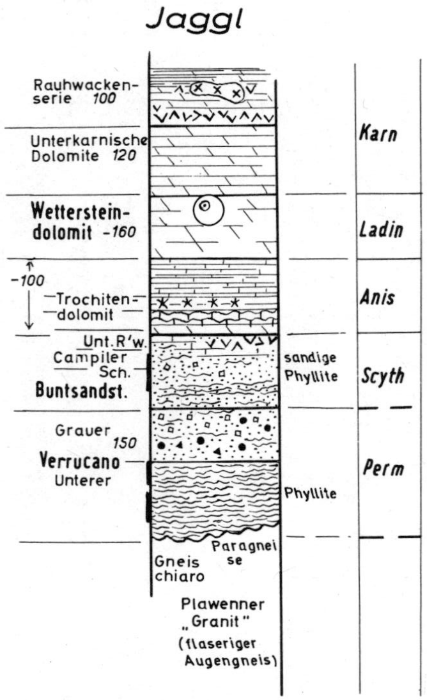

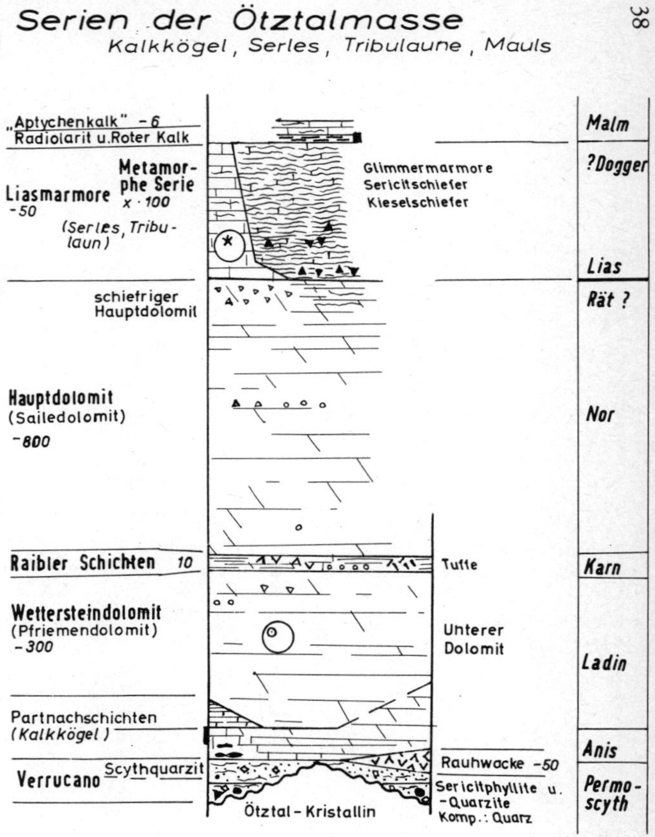

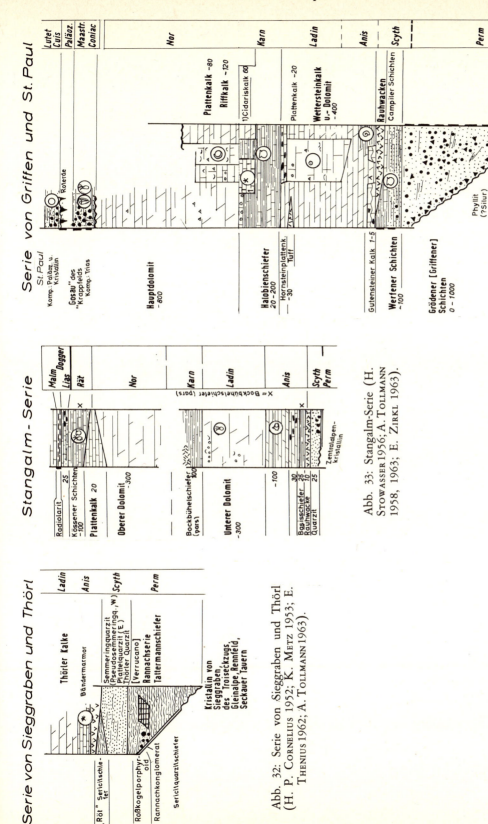

Abb. 32: Serie von Sieggraben und Thörl (H. P. CORNELIUS 1952; K. METZ 1953; E. THENIUS 1962; A. TOLLMANN 1963).

Abb. 33: Stangalm-Serie (H. STOWASSER 1956; A. TOLLMANN 1958, 1963; E. ZIRKL 1963).

Abb. 34: Serie von Griffen und St. Paul (P. BECK-MANNAGETTA 1955, 1963; A. TOLLMANN 1963).

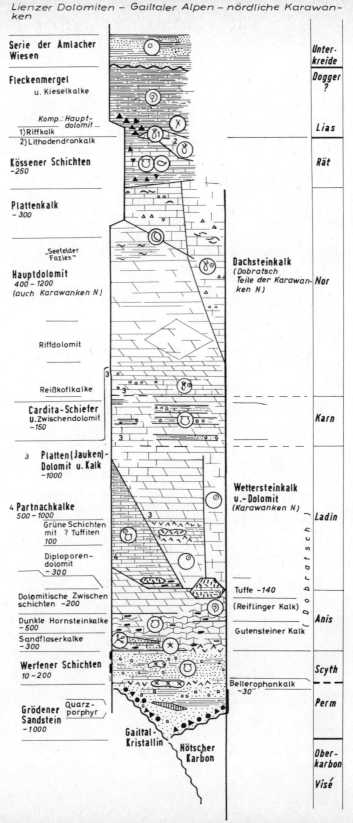

Abb. 35: Drauzug (Lienzer Dolomiten – Gailtaler Alpen – nördliche Karawanken) (N. ANDERLE 1951; R. VAN BEMMELEN 1957, 1961; R. VAN BEMMELEN & J. E. MEULENKAMP 1965; M. CORNELIUS-FURLANI 1953; H. W. FLÜGEL 1972; L. HAHN 1966; R. V. KLEBELSBERG 1935; A. PILGER & R. SCHÖNENBERG 1958; R. OBERHAUSER 1963; W. SCHLAGER 1963; A. TOLLMANN 1963, 1964).

Gosau und inneralpines Alttertiär

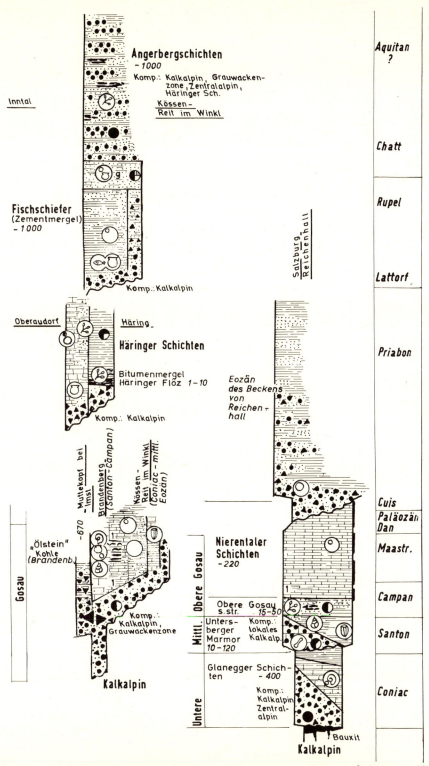

Abb. 36: Gosau und inneralpines Tertiär (Inntal, Salzburg, Reichenhall, Kössen). Vgl. auch Abb. 37.

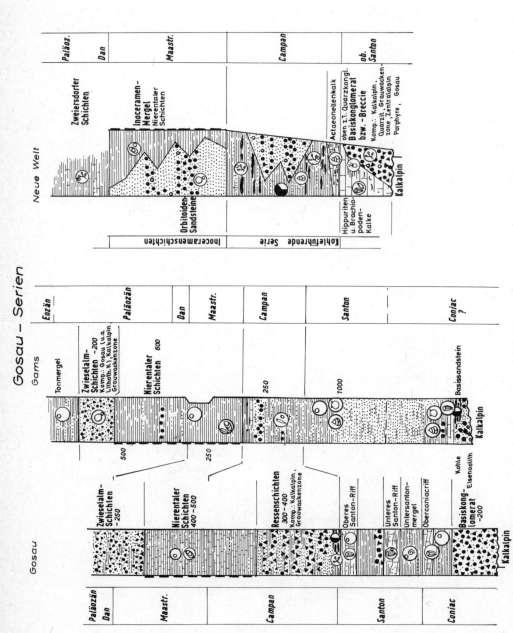

Abb. 37: Gosau-Serien (Gosau, Gams, Neue Welt) (O. Ampferer 1918; R. Brinkmann 1934, 1935, 1935; W. del Negro 1947, 1950, 1960; P. Fischer 1964; H. Flügel 1961; U. Franz 1965; W. Heissel 1951; D. Herm 1962; A. v. Hillebrandt 1962, 1962; R. Janoschek 1963; M. Kaumanns 1962; R. v. Klebelsberg 1935; K. Kollmann 1964; O. Kühn 1967; R. Oberhauser 1963; B. Plöchinger 1961; B. Plöchinger & S. Prey 1964; S. Prey 1958; P. Schmidt-Thomé 1964; E. Thenius 1962; U. Wille-Janoschek 1966; G. Woletz 1963, 1967; H. Zapfe 1964).

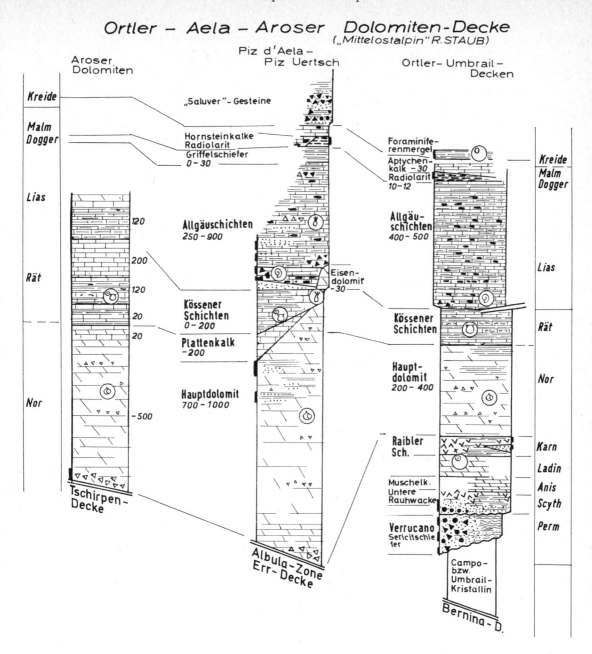

Abb. 38: Ortler – Aela – Aroser Dolomiten-Decke (H. Boesch & W. Leupold 1955; R. Brauchli 1921; J. Cadisch 1953; H. Eugster 1923, 1924; F. Frei 1925; H. Heierli 1955; E. Ott 1925).

Unterostalpine Schichtfolgen

Die Zusammenfassung des Unterostalpins erfolgt zum Teil nach unterschiedlichen Gesichtspunkten, vor allem wegen der vermittelnden Stellung, den dieser Bereich zwischen Oberostalpin und dem Penninikum einnimmt (vgl. S. 249), wobei er allerdings dem Ostalpin näher steht.

Als westlichstes Vorkommen von Unterostalpin kann die Dent-Blanche-Decke mit ihrer Wurzel in der Zone von Sesia-Lanzo angesehen werden (vgl. Abb. 286–287), sofern man nicht vorzieht, diesen Komplex neutraler als *„suprapenninisch"* zu bezeichnen. Jedenfalls zeigen die wenigen erhaltenen Sedimente, die man am Mont Dolin im Wallis findet, die für das Unterostalpin typischen Breccien (Abb. 39). Ob das „Canavese" (Abb. 286–287, 301) die Wurzelzone dieser Sedimentserien darstellt, ist nicht sicher, jedenfalls ist es nicht weit von der Dent-Blanche-Wurzel, der Sesia-Zone entfernt. Das Profil des Canavese (Abb. 40) weist allerdings Einschaltungen basischer Eruptiva auf, wodurch ein penninischer Einschlag kenntlich wird.

Grobklastisches Oberkarbon wurde aus der Sesia-Zone bekannt (F. Carraro 1966). Typische Unterostalpin-Profile finden sich dagegen im südlichen Graubünden im Err-Bernina-Decken-Komplex (Abb. 41). Die Trias-Folgen sind zwar weitgehend ostalpin mit mächtigen Carbonat-Folgen, jedoch verzahnt sich der norische Hauptdolomit mit *„germanischen"* Keupermergeln. Im Jura und in der Kreide treten als wiederum typische Schichtglieder mächtige Breccien-Serien in Erscheinung. Die Sedimentation reicht bis in die Oberkreide und ins Alttertiär. In diesem westlichen Bereich sind nämlich keine oberostalpinen Decken entwickelt, die weiter im Osten das Unterostalpin schon während der Oberkreide überfahren haben und damit weitere Ablagerungen von Gesteinen verhinderten.

Auch die Serien der Tarntaler Köpfe (Tirol) (Abb. 42) und der Radstädter Tauern (Abb. 43) zeigen ausgesprochene Unterostalpin-Entwicklung. Dabei erkennt man in den Radstädter Tauern einen Übergang nach S in eine mehr oberostalpin anmutende Entwicklung in der Pleisling-Serie mit größerer Trias-Mächtigkeit und Zurücktreten der Breccien im Jura.

Die Serie vom Semmering (Abb. 44) ist hier anzuschließen. Sie zeigt zwar keine Breccien, ist aber wegen des Auftretens von Buntem Keuper charakteristisch. Die sedimentäre Bedeckung des Kristallins im Leitha-Gebirge (Abb. 45) wird ebenfalls dem Unterostalpin zugeordnet.

Eine Reihe von Gesteinskomplexen zeigt besonders deutliche Übergänge zum südlichen Penninikum, das sich nördlich an den unterostalpinen Faziesraum anschließt. Zum Teil dürfte diese Eigenschaft auch dadurch bedingt sein, daß diese Gesteinsserien gar nicht einheitlicher Herkunft sind, sondern beim tektonischen Transport eine tektonische Vermischung durch Auswalzung und Verschuppung unter der Auflast der oberostalpinen Decken erfahren haben. So sind z. B. die Gesteine der *Aroser (Schuppen-) Zone* unter *Silvretta-* und *Lechtal-Allgäu-Decke* aus dem unterostalpinen Raum bis fast an den heutigen Alpennordrand im Allgäu tektonisch verschleppt worden, wobei eine Anzahl tektonisch mobiler Schichtglieder dieser Arosa-Zone den Gleithorizont abgaben. Die auf Abb. 58 abgebildeten Schichtfolgen der Aroser Zone sind auch kaum irgendwo in normalem Verband erhalten, sondern völlig verfaltet, zerschert und verschuppt, je nach Kompetenz. So ist es durchaus möglich, daß es sich um eine tektonische *Mischzone* von ostalpinen (z. B. Triasgesteine, Allgäuschiefer) mit penninischen Gesteinen (Ophiolithe, Radiolarite, Couches rouges, Flysch, die der *Platta-Decke* entstammen) handelt. Das geht auch aus dem Profil aus Abb. 314 hervor (vgl. V. Jacobshagen & O. Otte 1968 und R. Trümpy 1960).

Ähnliche tektonische Mischzonen sind wohl auch die am Gerlos-Paß (Salzburg/Tirol) abtrennbare Gerlos-Zone (Abb. 47) und die Matreier Zone (Abb. 48), die in der Umrahmung des Tauernfensters ausstreichen (Abb. 319–320). Die östlich vom Gerlos-Paß auftretende carbonatische „Krimmler Trias" dürfte dagegen einheitlich unterostalpin sein. Ein Profil wird nicht gegeben, der Verband ist auf Abb. 321–322 zu sehen.

Ob die im Unterengadiner Fenster (Abb. 317–318) sichtbaren Tasna- und Prutzer-Serien (Abb. 46) zum Unterostalpin oder ins Süd- bis Mittelpenninikum gehören, ist schwer zu entscheiden. Grüne Granite wie der Tasna-Granit gibt es als Sockelanteil sowohl der unterostalpinen Serien von Graubünden (Juliergranit), wie auch im mittleren Penninikum (Rofna-Gneis der Suretta-Decke), sie scheiden daher als Kriterium aus. Ein unterostalpiner Zug ist dagegen der Reichtum an Breccien. Penninisch muten dagegen Ophiolithe und Flysch an. Auf jeden Fall wurde der Tasna-Bereich erst im Tertiär von höheren Decken zugeschoben, also später als Unterostalpin und Süd- bis Mittel-Penninikum weiter im Osten im Bereich der Tauern.

Alle angeführten Schichtreihen, bis auf die im Engadin, waren einer meist epizonalen Metamorphose unterworfen, wobei vor allem die dafür anfälligen tonigen Gesteine phyllitisch wurden.

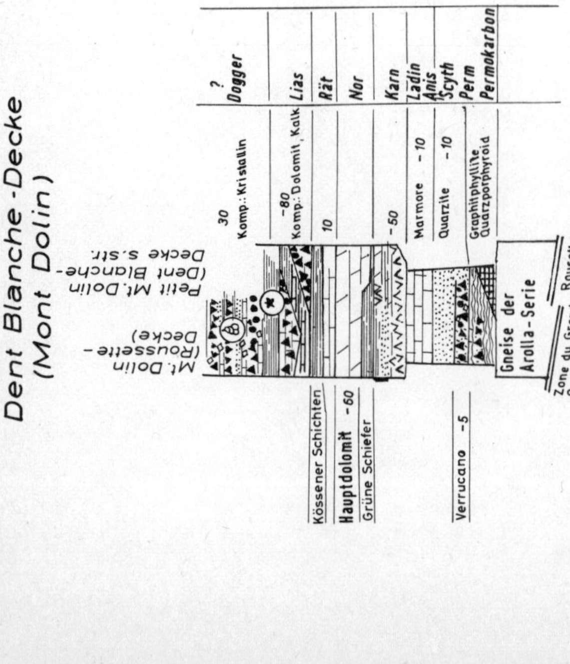

Stratigraphie

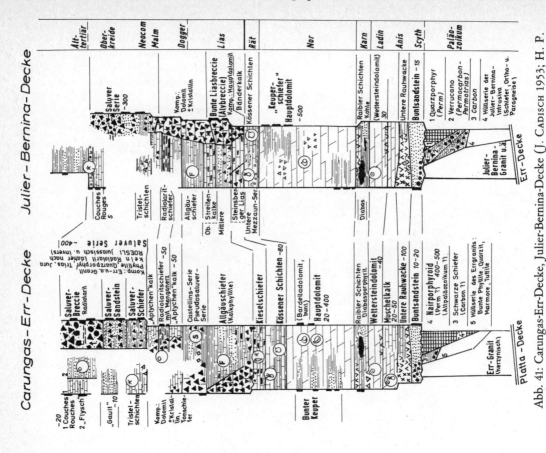

Abb. 41: Carungas-Err-Decke, Julier-Bernina-Decke (J. CADISCH 1953; H. P. CORNELIUS 1932, 1935, 1950, 1951; H. HEIERLI 1955; F. ROESLI 1945, 1946; R. STAUB 1946, 1948, 1958).

Abb. 39: Dent Blanche-Decke (Mont Dolin) (T. HAGEN 1948).

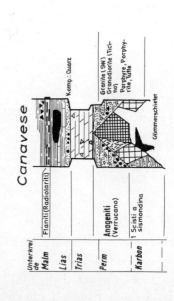

Abb. 40: Canavese (H. AHRENDT 1970; V. NOVARESE 1929; R. STAUB 1958).

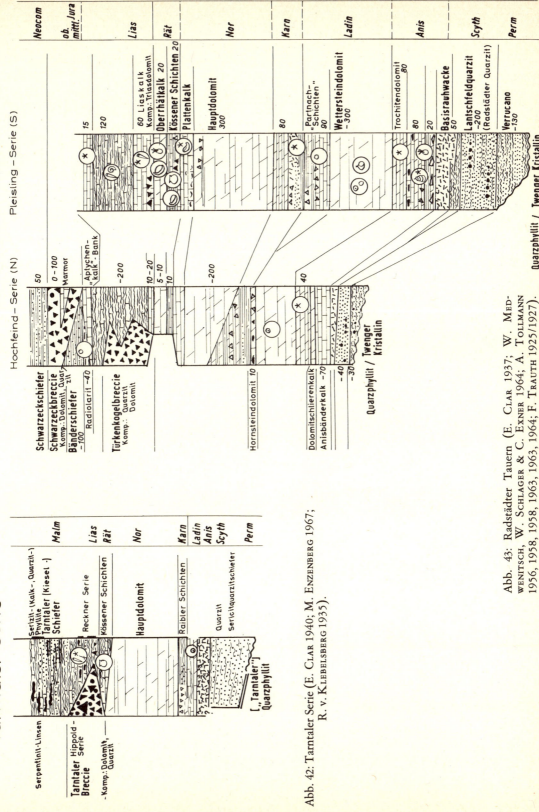

Abb. 42: Tarntaler Serie (E. Clar 1940; M. Enzenberg 1967; R. v. Klebelsberg 1935).

Abb. 43: Radstädter Tauern (E. Clar 1937; W. Medwenitsch, W. Schlager & C. Exner 1964; A. Tollmann 1956, 1958, 1963, 1963, 1964; F. Trauth 1925/1927).

48 Stratigraphie

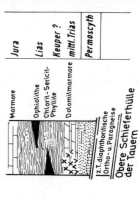

Abb. 48: Matreier Zone (R. v. KLEBELSBERG 1935; S. PREY in C. EXNER 1964).

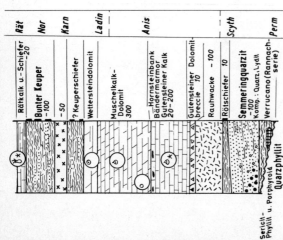

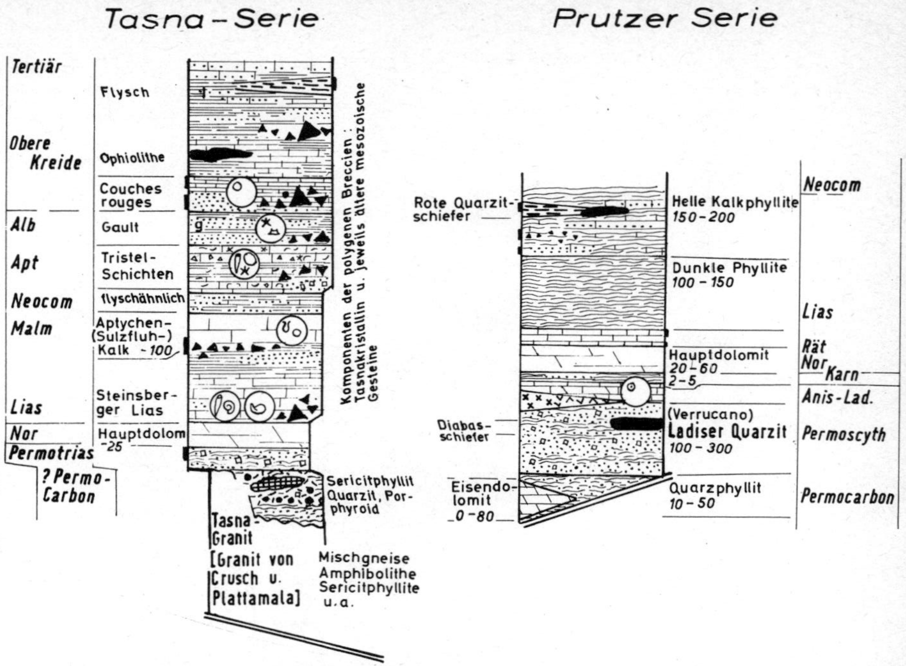

Abb. 46: Tasna-Serie und Prutzer Serie (Unterengadiner Fenster) (J. CADISCH 1953, 1953; J. CADISCH, P. BEARTH & F. SPAENHAUER 1941; R. v. KLEBELSBERG 1935; W. MEDWENITSCH 1953, 1962). (vgl. S. 45)

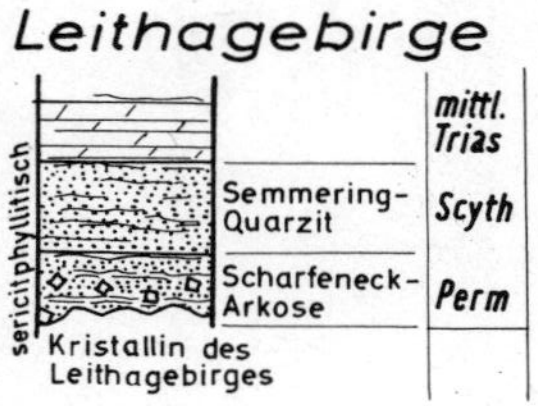

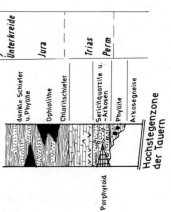

Abb. 47: Gerlos-Zone (F. KARL & O. SCHMIDEGG 1964; E. KUPKA 1956).

Abb. 44: Semmering (G. GAAL 1966; E. KRISTAN & A. TOLLMANN 1957; A. TOLLMANN 1958, 1964).

Abb. 45: Leithagebirge (S. PREY 1946; E. THENIUS 1962).

Schichtfolgen des Piemontese (Südpenninikum)

Wie schon früher beschrieben (S. 12) erstreckt sich das Penninikum wie die Externzone der Alpen durch den ganzen alpinen Raum, während die ostalpinen Zonen nur in östlichen Teilen der Alpen abzutrennen sind (vgl. Abb. 134).

Der südpenninische Faziesbereich zeichnet sich vor allem durch eine *„eugeosynklinale"* Geschichte zur Jura- und Kreidezeit aus. In der Regel sind die aus diesem Raum überlieferten Sediment-Serien metamorph geworden, abgesehen von den meist abgescherten Flysch-Stockwerken.

In den Alpen Liguriens ruhen auf dem Briançonnais tektonische Einheiten in Piemontese-Fazies (Abb. 49–51). Die Zone Sestri-Voltaggio leitet bereits zum Apennin über, sie enthält einen Flysch-Anteil ab Unterkreide.

In den Cottischen, Grajischen und Penninischen Alpen ist der in sich komplex gebaute Decken-Komplex der Schistes lustrés verbreitet (Abb. 53). Er ist auch über die Kristallin- und Paläozoikum-Komplexe der Intern-Massive von Dora-Maira und Gran Paradiso überschoben oder im parautochthonen Verband dazu. Die mesozoische Bedeckung, die man stellenweise auf dem Dora-Maira-Massiv antrifft, ist auf Abb. 52 verzeichnet. Trias des Piemontese tritt nur in der südlichen Umgebung des Dora-Maira-Massivs in beträchtlicher Mächtigkeit in Erscheinung und ist in einer Fazies entwickelt, die ostalpine Züge aufweist. Die Jura-Breccien des Piemontese, die man in den Cottischen Alpen findet, entsprechen der paläogeographischen Situation nach denen der Breccien-Decke, sind hier aber im Verband der Schistes lustrés-Decke verblieben (A. MICHARD 1967).

Die Flysch-Schichtglieder ab Oberkreide sind vom Piemontese des Westalpenbogens abgeschert und sind als Flysch-Decken des Embrunais, der Ubaye und von Ligurien anzutreffen (Abb. 54). Nach M. RICHTER (1961) wird der ligurische Flysch zwar externeren Zonen zugewiesen, die Arbeiten von M. LANTEAUME 1962 sowie G. ELTER, P. ELTER, C. STURANI & M. WEIDMANN 1966 legen jedoch die Abkunft vom Piemontese nahe. Der entsprechende Flyschtrog setzte sich unmittelbar in den des Monte Cassio- und Monte Caio-Flyschs im Apennin fort.

Die stratigraphische und tektonische Gliederung des Piemontese im Wallis ist auf Abb. 56 (Zone du Grand Combin) zusammengestellt. Auch hier sind die jüngeren Anteile der mesozoischen Schichtfolge abgeschert und als selbständiger Decken-Komplex (Simmen-Decke, Abb. 55) über externere Bereiche bewegt worden. Der Simmendecke entspricht z. T. wohl auch die auf Abb. 63 erwähnte tektonische Einheit der *„Nappe du Col des Gets"* mit ihren Ophiolithen.

Das interne Penninikum von Graubünden ist mit auf Abb. 57 zu finden. Die Platta-Decke umfaßt die älteren Anteile der Schichtfolge, mit Trias, Bündnerschiefern und Radiolariten aus Jura und Kreide sowie mächtigen Ophiolithen. Die Flysch-Schichtglieder *(„Oberhalbsteiner Flysch")* sind abgeschert und selbständig nach Norden vorausgeeilt, jedoch längst nicht so weit wie Embrunais- oder Simmen-Flysch der Westalpen. Die nördlichsten Vorkommen von südpenninischen Deckenresten in diesem Querschnitt der östlichen Schweizer Alpen sind Teile der Klippen von Iberg („Ophiolith"-Decke = „Rhätische" Decke, der Aroser Zone entsprechend, die ja ebenfalls südpenninische Anteile enthält (vgl. S. 313) (Abb. 79).

Die Zuordnung der tektonischen Einheiten des Unterengadiner Fensters ist nicht ganz sicher (vgl. S. 326 und Abb. 317). Die *basalen Bündnerschiefer* sind möglicherweise ins südliche Penninikum einzuordnen, wenngleich auch eine Einreihung ins Nordpenninikum denkbar wäre. Die Schichtfolge ist wenig differenziert und deshalb auf keiner besonderen Abbildung vertreten. Die Zuordnung der Prutzer und Tasna-Serien (Abb. 46) wird bereits auf S. 45 diskutiert.

Südpenninikum wird in den *Schieferhüll-Decken* der Tauern wieder sichtbar. Auf Abb. 59 sind die einzelnen Komplexe nebeneinander dargestellt. Die Hochstegen-Zone muß zum mittleren

Penninikum gezählt werden (vgl. S. 113). Die auf Abb. 59 gegebene Gliederung gilt vor allem für den Bereich beiderseits der *Glockner-Achsendepression*. Der Westen des *Tauern-Fensters* ist noch nicht so gut durchforscht wie der östliche Teil.

Ob die Schiefer der am Ostrand der Alpen auftauchenden Rechnitz-Serie südpenninisch sind und ob dort überhaupt eine Unterteilung des Penninikums in dieser Weise möglich oder sinnvoll ist, ist fraglich. Die Serie mit geringmächtiger Trias und darüber folgenden, von basischen Eruptiven durchsetzten Schiefern kann jedenfalls hier gut eingereiht werden (Abb. 60).

Die Profile auf Abb. 61–63 stammen aus dem externen Grenzbereich des Piemontese gegen das Briançonnais. Diese Serien aus den französisch-italienischen Westalpen (Abb. 61, 62) zeichnen sich durch einen den Schistes lustrés ähnlichen Lias aus, der mit Hilfe von Fossilien gegliedert werden kann *("Lias prépiémontais")*. Der Dogger vom Mont Gondran ist flyschartig. Die jüngeren Schichtglieder mit Ophiolithen gehören vielleicht zum eigentlichen *Piemontese* und stehen mit den basalen Serien nur im tektonischen Verband (M. LEMOINE).

Die Breccien-Decke der Préalpes (Abb. 63) dürfte ebenfalls aus dem genannten Grenzbereich stammen. Über die Entstehung der Breccien vgl. S. 110. Die auf Abb. 63 erwähnte Decke vom *Col des Gets* entspricht sowohl gesteinsmäßig wie auch der tektonischen Stellung nach der Simmendecke (vgl. oben), vor allem wegen ihres Gehaltes an basischen Eruptiven (Olistholithe?).

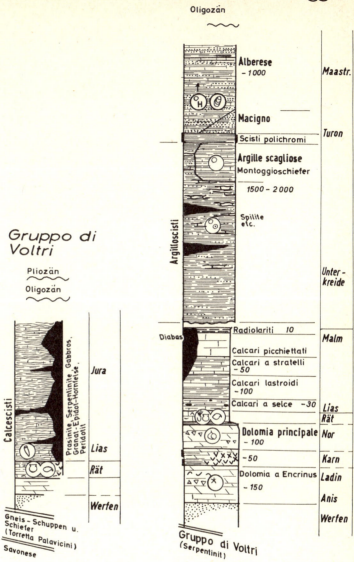

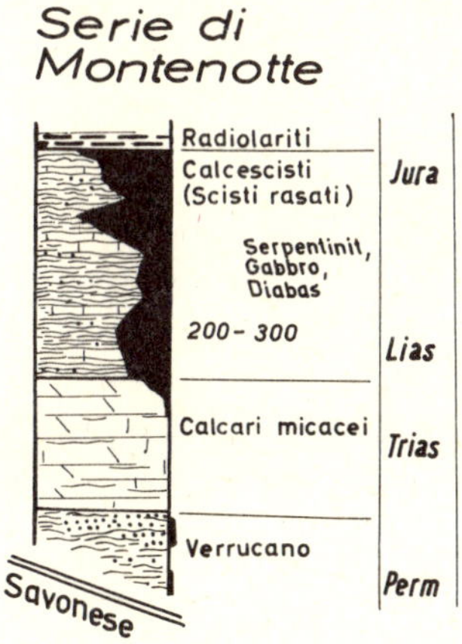

Abb. 49: Serie di Montenotte (C. Kerez 1955; G. Rovereto 1935).

Abb. 50: Gruppo di Voltri (P. Crettaz 1955; K. Görler 1962; C. Kerez 1955; T. Locher 1957; G. Rovereto 1939).

Abb. 51: Zone Sestri-Voltaggio (M. B. Cita 1963; P. Crettaz 1955; P. Fallot, M. Lanteaume & S. Conti 1958; K. Görler 1962; H. Ibbeken 1962).

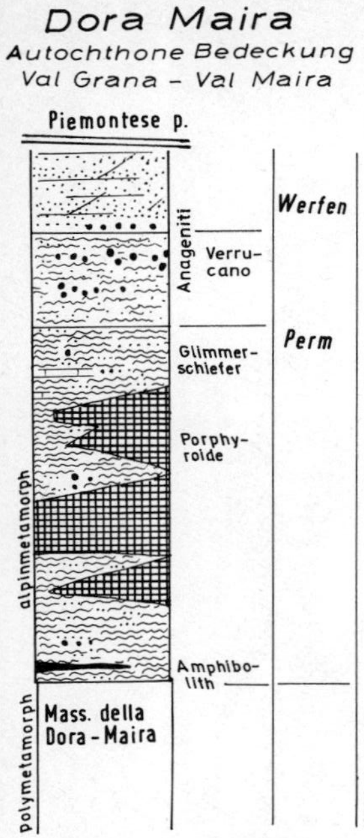

Stratigraphie

Flysch à Helminthoïdes

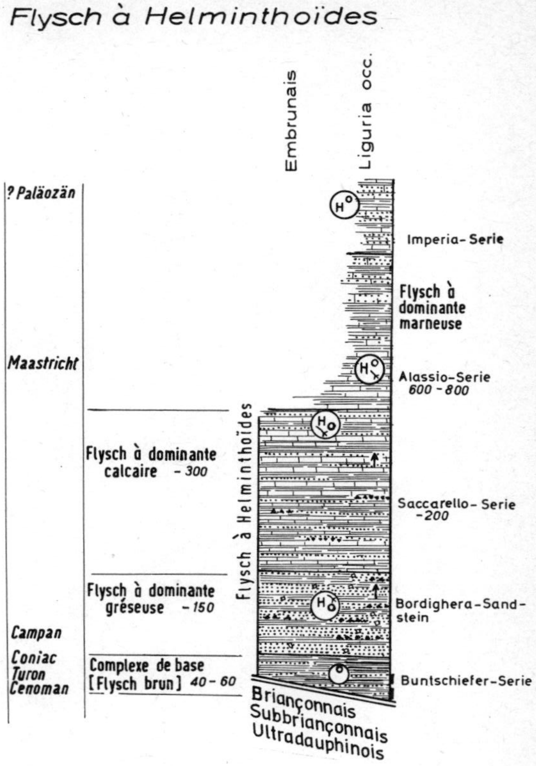

Abb. 54: Flysch à Helminthoïdes (M. Lanteaume 1956, 1957; M. Latreille 1961; M. Richter 1960; D. Schneegans 1938; C. Sturani & C. Kerckhove 1963).

Piémontese – Piémontais
Nappe des Schistes lustrés
Val Grana – Val Maira

Abb. 53: Piémontais – Piémontese (Decke der Schistes lustrés) (R. Barbier, J.-P. Bloch, J. Debelmas e.a. 1960/1963; M. B. Cita 1963; S. Conti 1953, 1955; X. Franceschetti 1962; S. Franchi 1929; M. Lemoine 1957; A. Michard 1967; A. Michard & B. Vialon 1961; R. Michel 1953; F. Sturani 1963; P. Vialon 1960, 1962, 1966.

Dora Maira
Autochthone Bedeckung
Val Grana – Val Maira

Abb. 52: Dora Maira (z. T. Sockel des Piémontese = Schistes lustrés-Decke im Val Grana und Val Maira) (A. Michard 1967).

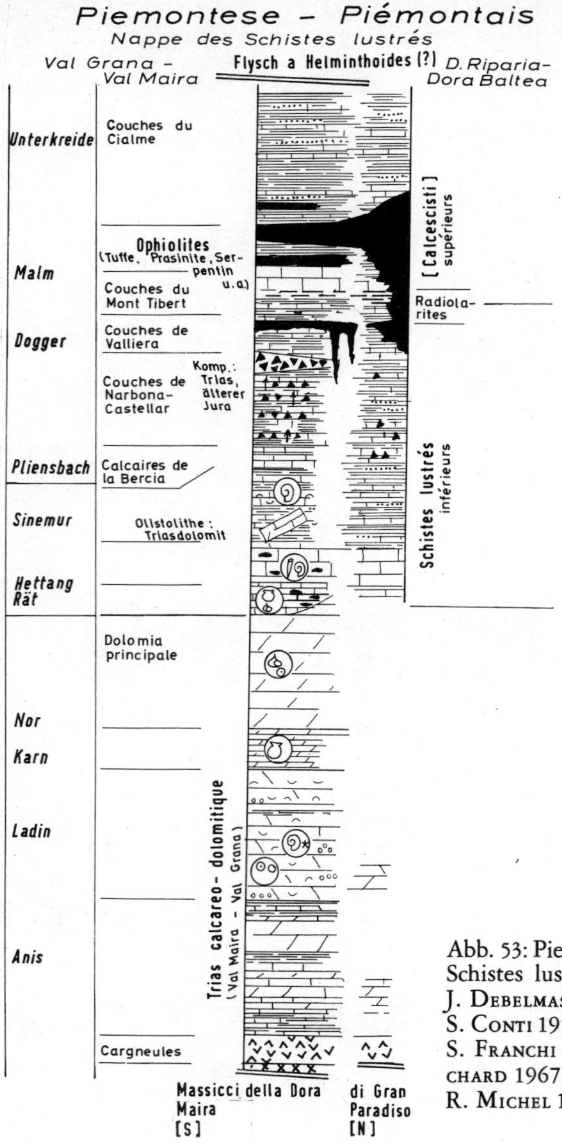

Abb. 55: Simmendecke – Nappe de la Simme (H. Badoux 1962; P. Bearth & A. Lombard 1964; J. Cadisch 1953; B. Campana 1943; L. W. Collet 1955; F. Delany 1948; H. Guilleaume 1955; F. C. Jaffé 1955; F. Lonfat 1965; C. Schwartz-Chenevart 1945; B. Tschachtli 1941).

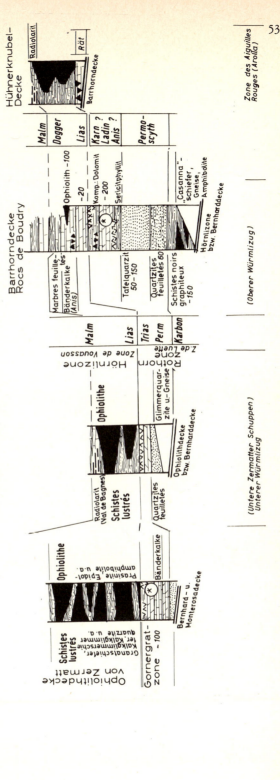

Abb. 56: Zone du Grand Combin (Piémontais, Nappe des Schistes lustrés) (Ali de Szepessy-Schaurek 1949; J. Cadisch 1953; E. Göksu 1947; A. Güller 1948; W. B. Iten 1948; R. Staub 1958).

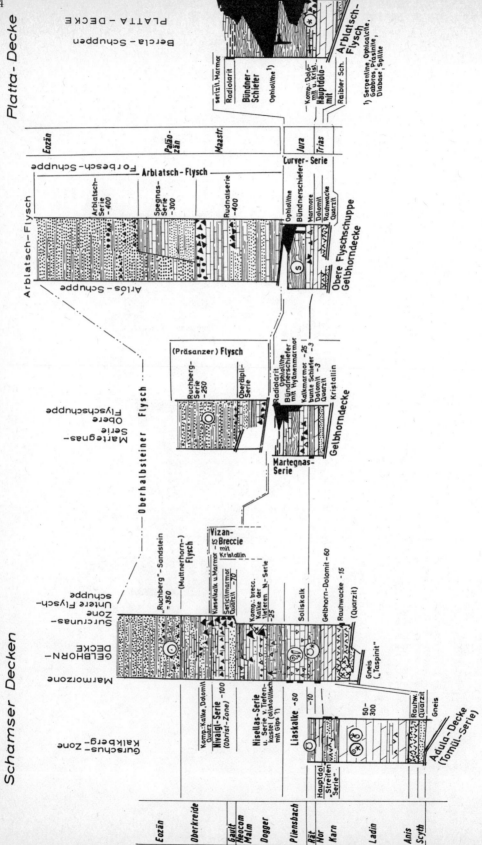

Abb. 57: Schamser Decken – Plattadecke (J. Cadisch 1953; H. P. Cornelius 1935; H. Jäckli 1941, 1951; F. Schmid 1965; R. Staub 1958; V. Streiff 1939, 1962; O. Wilhelm 1929, 1933; W. H. Ziegler 1956; F. Zyndel 1912).

Südpenninikum 55

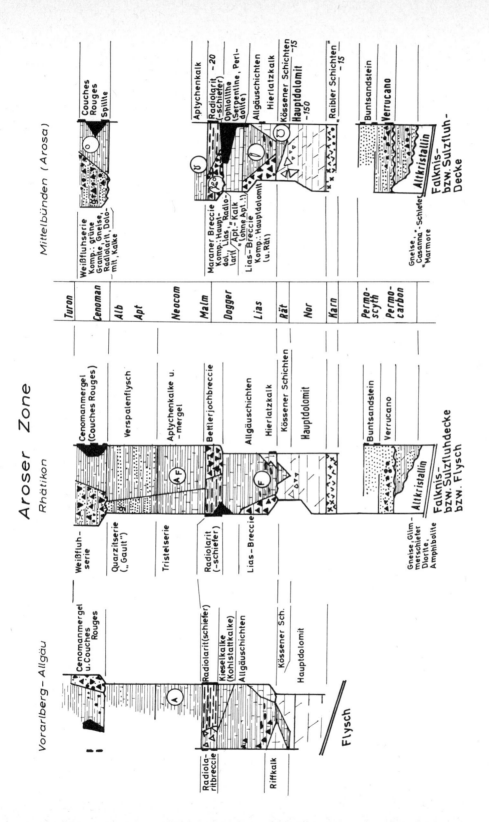

Abb. 58: Aroser Zone (O. Ampferer 1940; J. Cadisch 1921, 1953; H. Grunau 1947; D. Richter 1957, 1957; M. Richter 1966, 1970; A. Streckeisen 1948).

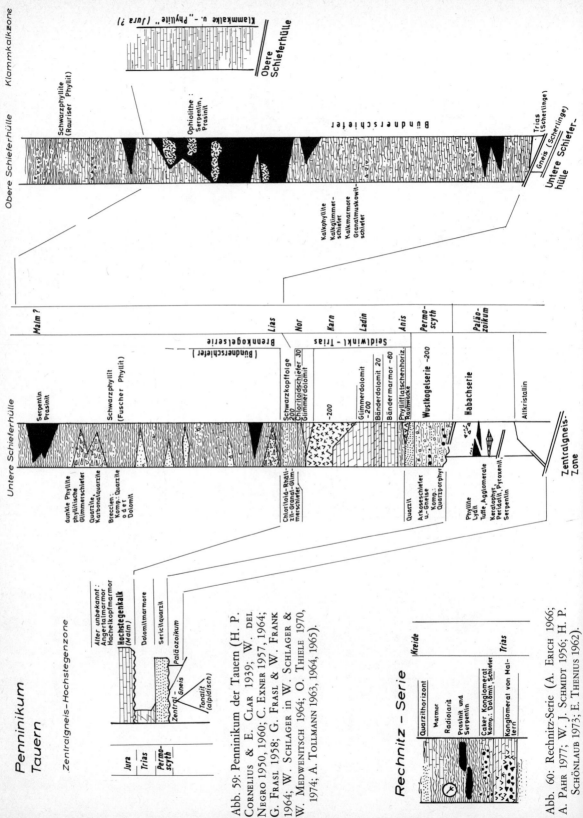

Abb. 59: Penninikum der Tauern (H. P. CORNELIUS & E. CLAR 1939; W. DEL NEGRO 1950, 1960; C. EXNER 1957, 1964; G. FRASL 1958; G. FRASL & W. FRANK 1964; W. SCHLAGER in W. SCHLAGER & W. MEDWENITSCH 1964; O. THIELE 1970, 1974; A. TOLLMANN 1963, 1964, 1965).

Abb. 60: Rechnitz-Serie (A. ERICH 1966; A. PAHR 1977; W. J. SCHMIDT 1956; H. P. SCHÖNLAUB 1973; E. THENIUS 1962).

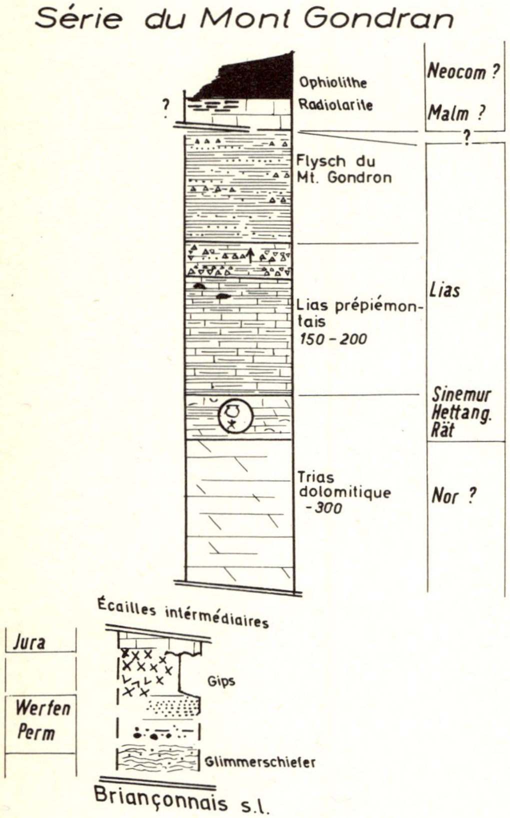

Piemontese — Briançonnais

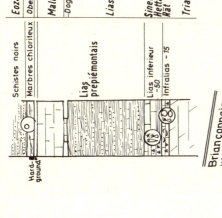

Abb. 61: Série du Mont Gondran (R. Barbier, J.-P. Bloch, J. Debelmas 1960/1963; F. Ellenberger 1958; S. Franchi 1910; M. Lemoine 1955, 1959; R. Trümpy 1960).

Abb. 62: Série de la Grande Motte (R. Barbier, J.-P. Bloch, J. Debelmas c.a. 1960/1963; F. Ellenberger 1958; M. Lemoine 1960).

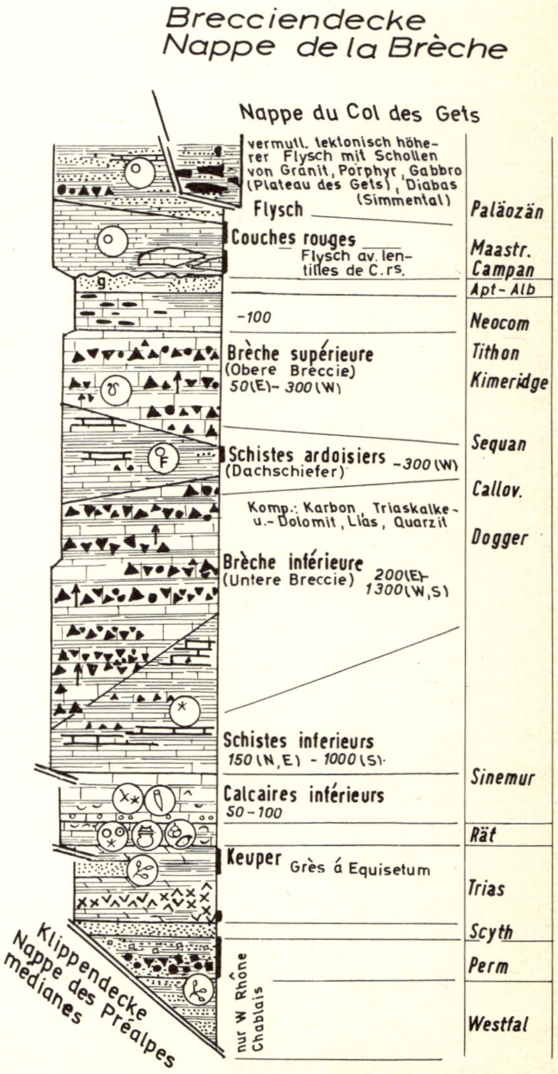

Abb. 63: Brecciendecke — Nappe de la Brèche (H. Badoux 1960/1963, 1962, 1963; H. Badoux & Y. Gygon 1958; P. Bearth & A. Lombard 1964; C. Caron & M. Weidmann 1967; B. Campana 1943; 1949; R. Chessex 1959; L. W. Collet 1955; B. Dousse 1965; F. Lonfat 1965; H. H. Renz 1936; W. J. Schroeder 1939; R. Trümpy 1960).

Schichtfolgen von Briançonnais und Subbriançonnais (Mittelpenninikum)

Diese beiden mittelpenninischen Bereiche werden hier, soweit sie voneinander zu trennen sind, jeweils nebeneinander dargestellt. In den ligurischen Alpen kann man von außen nach innen unterscheiden: Zone des Col de Tende *(Colle di Tenda)* (Abb. 64), die man aber eher dem Bereich des Ultradauphinois zuordnet (vgl. S. 265). Alpeneinwärts folgen Subbriançonnais (Abb. 64) und endlich Finalese und Savonese als Äquivalente des Briançonnais (Abb. 65). Fast alle Subbriançonnais-Komplexe, auch die nachfolgend beschriebenen, sind entlang Trias-Gipsen und Rauhwacken vom Sockel abgeschert, während das *Briançonnais* weithin noch im Verband mit Kristallin, häufiger mit Karbon und Perm des Sockels steht, der seinerseits nach außen auf *Subbriançonnais* überschoben ist.

Das Subbriançonnais der Ubaye und im Embrunais ist durch Profile mit örtlich sehr verschiedenen Gesteinsabfolgen und Mächtigkeitsschwankungen ausgezeichnet (Abb. 66). Der Außenrand des Briançonnais ist in den Westalpen offenbar im Mesozoikum tektonisch besonders beweglich gewesen, was sich in den genannten Erscheinungen niederschlug (vgl. Abb. 150–151) und die Abtrennung als Subbriançonnais ermöglicht.

Im Bereich zwischen oberer Durance, Arc und Isère herrschen ähnliche Verhältnisse (Abb. 67–69). In Hochsavoyen trifft man die weit nach der Externseite transportierten Deckenreste (Klippen) von les Annes und Sulens über Ultrahelvetikum an. Die beiden oberen tektonischen Einheiten dieser Klippen rechnet man ebenfalls zum Subbriançonnais (Abb. 70–71).

Das eigentliche Briançonnais mit seiner basalen *„Zone houillère"* ist auf Abb. 72 dargestellt. Den Verband der paläozoischen Schichten zwischen Durance und Isère zeigt Abb. 73. Weiter intern ist die Schichtfolge der Vanoise anzutreffen (Abb. 74) deren Sockel höhere Metamorphose aufweist. Noch weiter intern liegen die heute in Fenstern unter überschobenem Piémontais sichtbar werdenden Zonen von Acceglio-Longet (Abb. 75) und von Val d'Isère – Mont Ambin (Abb. 76). Bei beiden Darstellungen sind die Sockelstockwerke mit abgebildet. Die sehr lückenhafte mesozoische Schichtfolge ist kennzeichnend.

Verfolgt man das Mittelpenninikum weiter nach Nordosten, dann kann man feststellen, daß die mesozoischen Schichtglieder vom permokarbonischen Untergrund durch Abscherung getrennt sind. Erstere trifft man in sehr externer Position als „Préalpes médianes" = Klippen-Decke über Ultrahelvetikum an. Der Sockel ist mit geringfügiger mesozoischer Hülle als Bernhard-Decke relativ zurückgeblieben.

Die auffallende Ähnlichkeit der Schichtfolgen von Briançonnais s. l. und Préalpes médianes hat letzten Endes zur Erkenntnis der Herkunft aus einer gemeinsamen paläogeographischen Zone geführt, nachdem man früher die Préalpes ins Unterostalpin einreihte.

Nur basale Teile des Mesozoikums blieben mit dem Sockel im Verband: die Trias-Serien von Chippis und Pontis, die man im Wallis in der Stirnregion der *Bernhard-Decke* antrifft (Abb. 77) und die Barrhorn-Serie (vgl. Abb. 288).

Die Préalpes médianes zeigen in sich Faziesunterschiede, die durch zwei Profilsäulen auf Abb. 78 verdeutlicht werden sollen. Der externe Teil wird auch als *„Préalpes plastiques"* bezeichnet, weil er mehr faltungsfreudige Serien, insbesonders des Lias und Doggers enthält. Die Trias hat germanischen Einschlag *(Keuper* mit *Schilfsandstein).* Die Préalpes plastiques entsprechen damit etwa dem *Subbriançonnais.* Die interneren *„Préalpes rigides"* mit ihren starren carbonatischen Serien zeigen mehr Schuppentektonik. Lias fehlt weitgehend, Dogger ist mit Kohlenlagen und Mytilus entwickelt. Insofern gleicht dieser interne Anteil der *Préalpes* dem *Briançonnais.* Die paläogeographischen Beziehungen ergeben sich auch aus Abb. 150.

Entlang salinarer Schichten der Trias des *Subbriançonnais* und *Briançonnais,* die man sowohl im Grenzbereich Werfen (Scyth)/Anis, wie auch in der karnischen Stufe antrifft, vollzogen sich die hauptsächlichen Abscherungen der tektonischen Einheiten. Dabei kam es stellenweise zur Bildung von diapirartigen Anhäufungen und Bildung von Decken aus Gips, Rauhwacken mit Einschlüssen der tektonisch benachbarten Gesteine (J. DEBELMAS & M. LEMOINE 1963). So findet man über dem *Briançonnais* in Savoyen und den Hautes Alpes weithin verbreitet die „*Nappe des Gypses*" (vgl. Abb. 256, 273), auf der die piemontesischen Schistes lustrés-Decken alpenauswärts bewegt wurden. Eine gesonderte Profildarstellung für diese „*Nappe des Gypses*" wird hier nicht gegeben. Ein großer Teil der Gipse und Rauhwacken dürfte karnischen Alters sein, da sie auch Schollen von „*Grès à Equisetites" (Schilfsandstein)* enthalten. Auch die Front des Subbriançonnais wird zwischen Arc und Isère von einer mächtigen Gipszone eingenommen („Zone des Gypses", R. BARBIER 1948). Vgl. Abb. 282 und S. 277, 280, 281.

In der Zentral-Schweiz sind die Reste von mittelpenninischen Sediment-Serien nur noch in Form von Decken-Resten über der helvetischen und ultrahelvetischen Externzone der Alpen anzutreffen (Klippen-Decke). Eine Übersicht über Vorkommen und Schichtreihen gibt Abb. 79. Auch hier ist eine Trennung möglich in mehr externe Serien mit Lias und Dogger *(„Subbriançonnais")* und mehr interne ohne Lias, Dogger und z. T. auch Malm *(„Briançonnais")*. Die Reste der südpenninischen Ophiolith-Decke und von ostalpinen Serien, die man in den *Iberger Klippen* (Abb. 79) antrifft, wurden schon oben (S. 49 bzw. 313) erwähnt.

In der östlichen Schweiz ist das Mittelpenninikum sehr stark zerschert und in zahlreiche tektonische Einheiten aufgelöst. Wurzelnahe liegt der kristalline Margna-Deckenkern mit seiner metamorphen Sedimenthülle (Abb. 83). Die Schamser Decken mit ihren kalkigen Folgen dürften mindestens zum Teil aus dem Margna-Komplex stammen. Sie sind auf Abb. 57 dargestellt. Ebenso werden Falknis- und Sulzfluh-Decke (Abb. 81, 82) die noch weiter externverfrachtet wurden, jetzt dem Mittelpenninikum (früher dem Unterostalpin) zugezählt. Die Grabser Klippe (Abb. 80) dürfte ein linksrheinischer Deckenrest der Falknis-Decke sein. Typisch sind auch die in diesen Profilen auftretenden Breccien-Serien.

Auch aus den Ostalpen sind Bereiche bekannt, die Briançonnais-Eigenschaften zeigen. Die Zentralgneiskerne der Tauern tragen stellenweise eine nur geringmächtige autochthone Bedeckung mit Permoscyth und Marmoren, die zum Teil dem Oberjura angehören (Hochstegenkalk, der einen Perisphincten lieferte), die aber zum Teil auch anderen mesozoischen Formationen angehören mögen. Diese Hochstegen-Zone (Abb. 59) ist mit dem internsten Briançonnais der Zone von Acceglio-Longet vergleichbar (Abb. 75). Ob dieser spezielle Bereich des internen Briançonnais durchgehend von den Westalpen bis in die Ostalpen als paläogeographische Zone vorhanden war, ist freilich nicht bekannt.

Der Metamorphosegrad der mittelpenninischen Sediment-Serien ist recht unterschiedlich. In den Ostalpen wurde dieser Bereich schon anläßlich der oberkretazischen Gebirgsbildung vom Ostalpin zugeschoben und geriet dabei in tiefe Stockwerke mit Migmatitisierung der Deckenkerne und Blastese in deren Hülle und Dach *(„Tauernkristallisation")*. In den Westalpen wurden dagegen die in externe Bereiche abgeglittenen Partien nicht umgeprägt, während die auf dem kristallinen Sockel zurückgebliebenen Komplexe epi- und mesozonal verändert wurden, zum Teil unter Auflast des Piemontese.

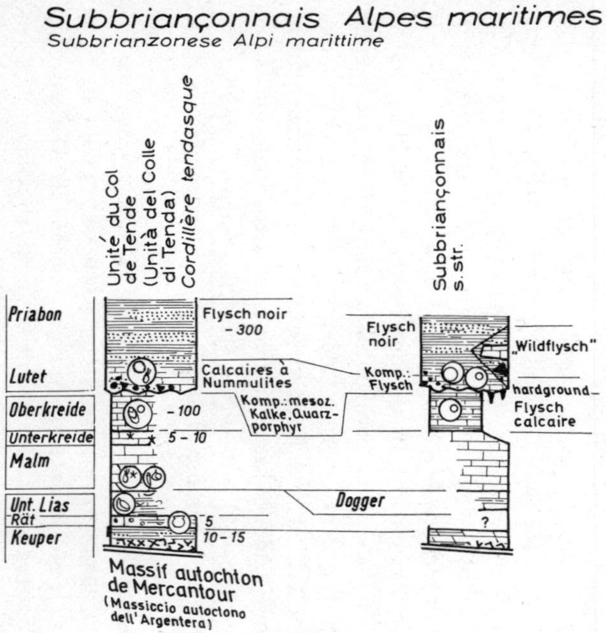

Abb. 64: Subbriançonnais, Alpes maritimes (R. Barbier, J.-P. Bloch, J. Debelmas e.a. 1960/1963; P. Fallot & M. Lanteaume 1956; M. Lanteaume 1958; R. Malaroda 1957; D. Raatz 1963).

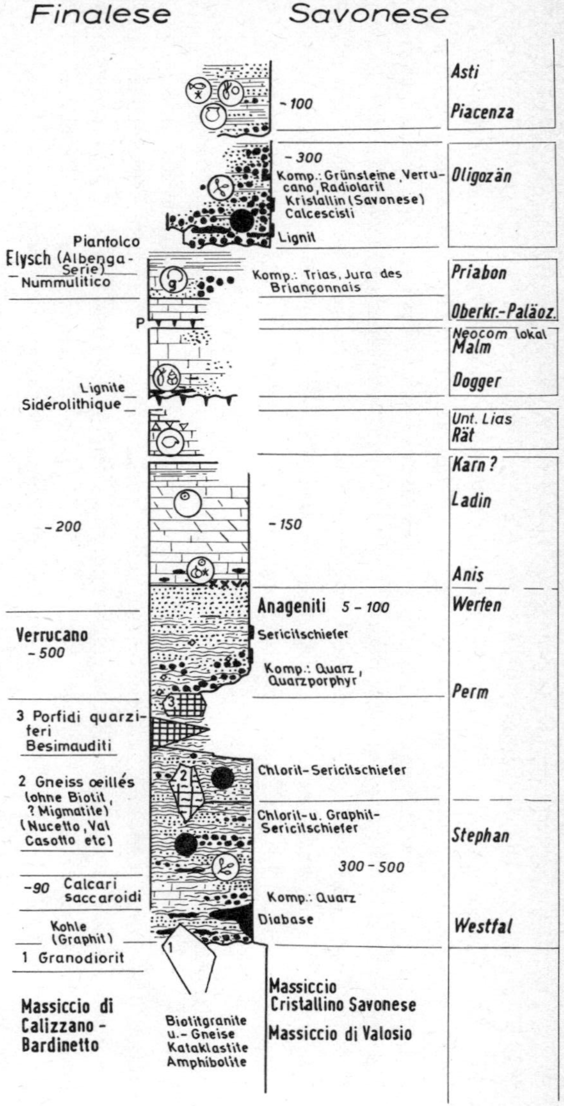

Abb. 65: Finalese – Savonese (R. Barbier, J.-P. Bloch, J. Debelmas e.a. 1960/1963; A. Bellini 1964; J.-P. Bloch 1963; G. Charrier, D. Fernandez & R. Malaroda 1964; M. B. Cita 1963; C. Kerez 1955; G. Rovereto 1935, 1939; P. Streiff 1956).

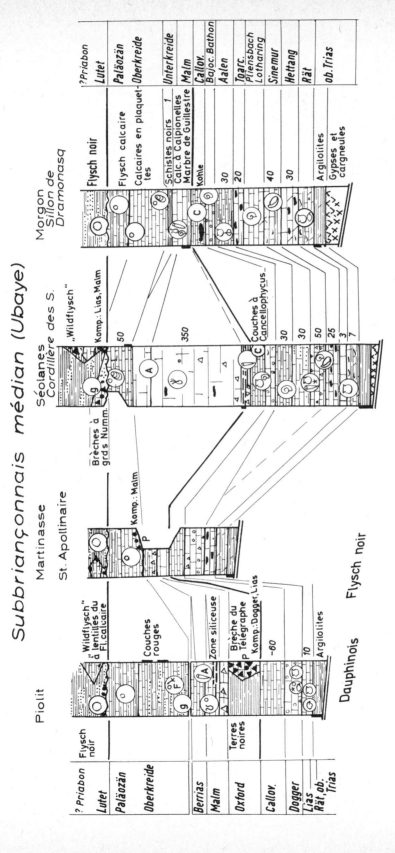

Abb. 66: Subbriançonnais médian (Ubaye) (R. BARBIER, J.-P. BLOCH, J. DEBELMAS e.a. 1960/1963; Y. GUBLER 1955; C. KERCKHOVE 1965; M. LATREILLE 1961; D. SCHNEEGANS 1938).

Stratigraphie

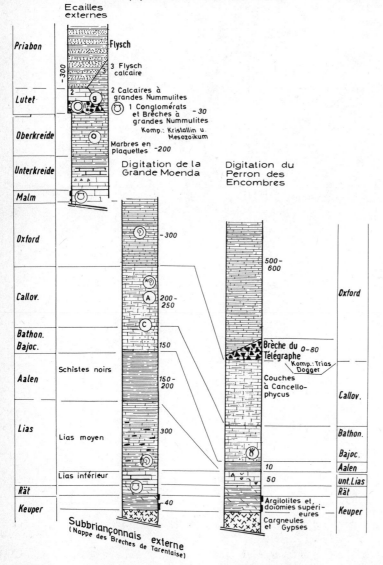

Abb. 67: Subbriançonnais médian (Nappe du Pas du Roc) (R. Barbier 1948, 1963; R. Barbier, J.-P. Bloch, J. Debelmas e.a. 1960/1963; G. & P. Elter 1957).

Abb. 68: Subbriançonnais intern (R. Barbier, J.-P. Bloch, J. Debelmas e.a. 1960/1963; J. Debelmas 1955; C. Kerckhove 1965).

Abb. 69: Zona del Piccolo San Bernardo (G. Elter & P. Elter 1957; P. Gidon 1961; R. Zulauf 1963).

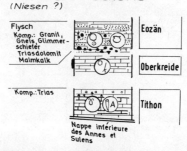

Abb. 70: Nappe moyenne des Annes et Sulens (D. Dondey 1961, 1961; L. Moret 1934).

Abb. 71: Nappe supérieure des Annes et Sulens (L. Moret 1934).

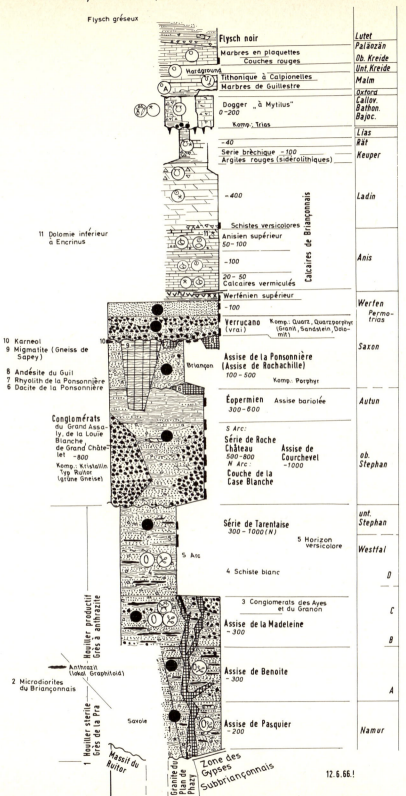

Abb. 72: Briançonnais (s. str.) – Zone houillère (J. Debelmas 1955; J. Debelmas & M. Lemoine 1963, 1965; J. Fabre 1961; J. Fabre, R. Feys & C. Gerber 1960; R. Feys 1963; M. Lemoine 1960, 1961; R. Staub 1958; B. Tissot 1956; R. Trümpy 1960).

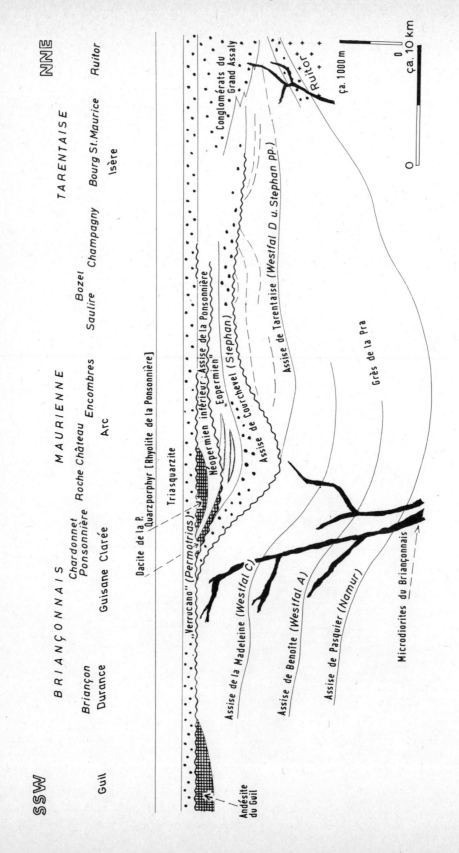

Abb. 73: Schematisches Längsprofil durch das Oberkarbon, Perm und Werfen des Briançonnais zwischen Briançonnais, Maurienne und Tarentaise (Durance, Arc und Isère) (nach J. Fabre 1961; R. Feys 1963; R. Feys, C. Greber, J. Debelmas, M. Lemoine & J. Fabre 1964).

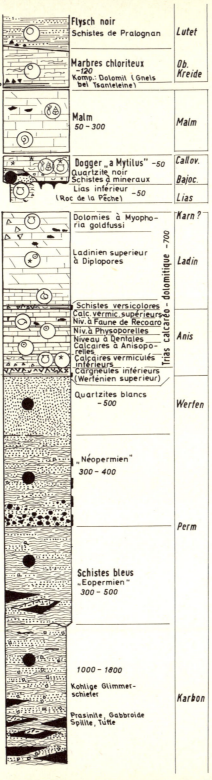

Abb. 74: Vanoise occidentale (F. ELLENBERGER 1958, 1960/1963, 1963; F. LONFAT 1965; R. STAUB 1958).

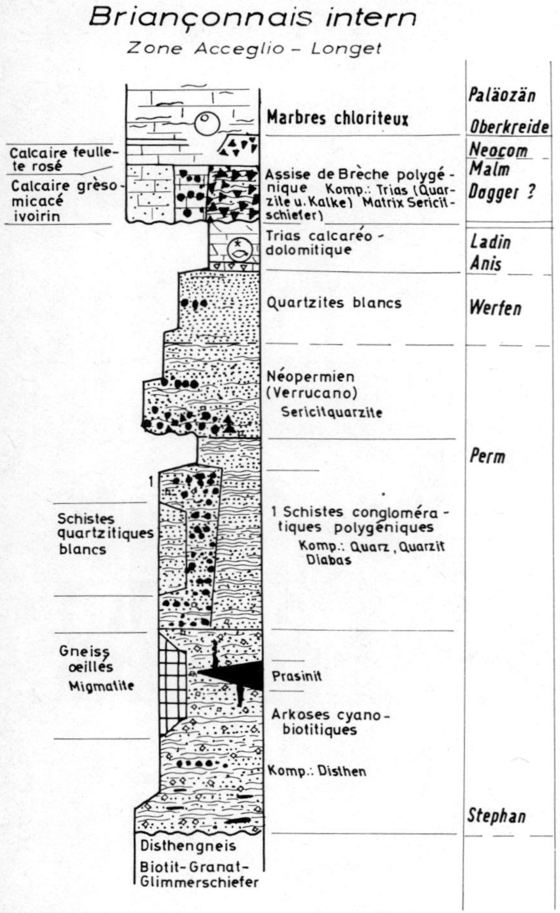

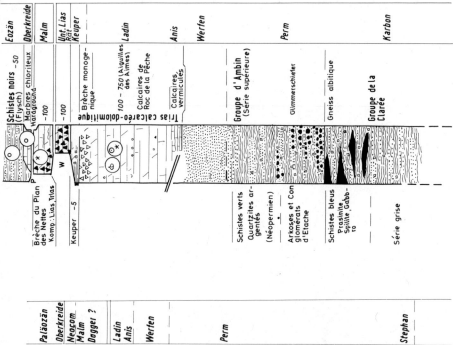

Abb. 75: Briançonnais intern (Zone Acceglio – Longet) (M. B. Cita 1963; J. Debelmas & M. Lemoine 1957; M. Lemoine 1967; A. Michard 1959, 1967).

Abb. 76: Briançonnais intern (Zone Val d'Isère – Mont Ambin) (R. Barbier, J.-P. Bloch, J. Debelmas e.a. 1960/1963; M. B. Cita 1963; F. Ellenberger 1958, 1963; M. Gay 1965; J. Goguel 1955; J. Goguel & P. Lafitte 1952; M. Lemoine 1967; R. Michel 1956, 1956).

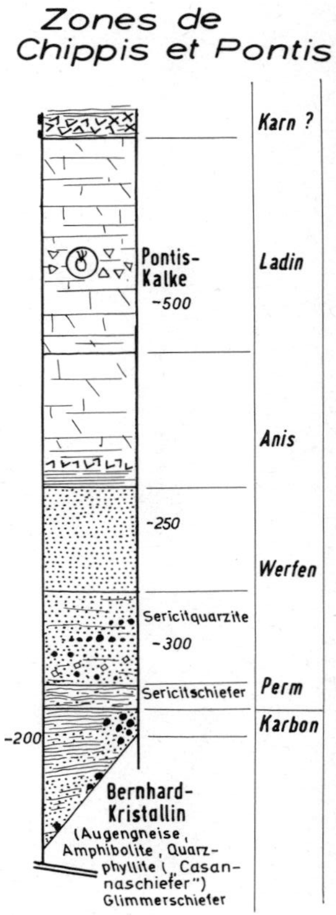

Abb. 77: Zones de Chippis et Pontis (Nappe du Grd. St. Bernard) (J. Cadisch 1953; R. Jäckli 1950).

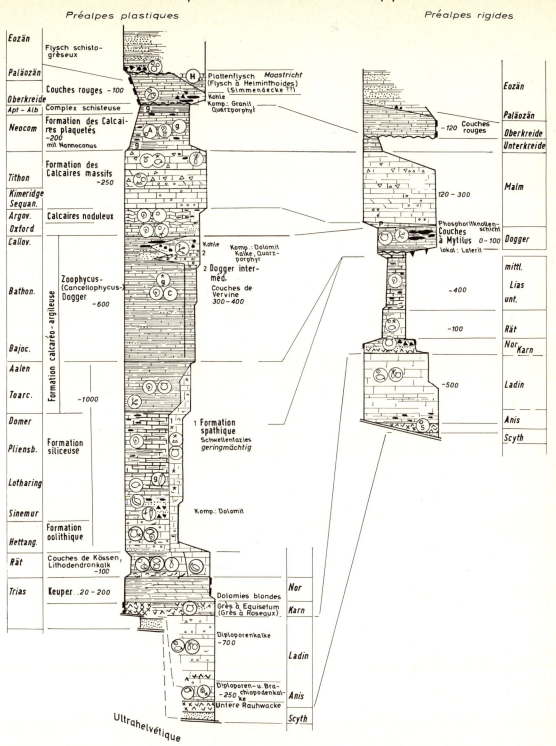

Abb. 78: Préalpes médianes – Klippendecke (H. Badoux 1960/1963, 1962, 1963, 1965; H. Badoux & C.-H. Mercanton 1962; H. Badoux & M. Weidmann 1963; K. Boller 1963; G. Botteron 1961; J. Cadisch 1953; B. Campana 1949; C. Caron 1966; A. Chaix 1913, 1942; M. Chatton 1947; L. W. Collet 1955; B. Dousse 1965; E. Gagnebin 1934; E. Genge 1958; E. Gerber 1948; A. Gross 1965; A. Jeannet 1912/1913, 1922; André Lombard 1940; F. Lonfat 1965; L. Moret 1934; L. Pugin 1952; F. Rabowski 1920; H. H. Renz 1935; C. Schwartz-Chenevart 1945; J.-P. Spicher 1965; R. Staub 1958; J. Tercier 1952; R. Trümpy 1960; B. Tschachtli 1941; J. van der Weid 1961; W. Wegmüller 1947; H. Weiss 1949).

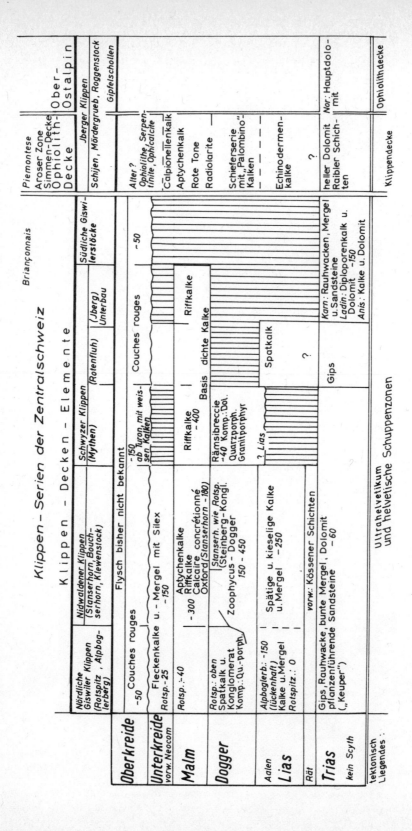

Abb. 79: Klippen-Serien der Zentralschweiz (A. Buxtorf 1951; A. Buxtorf & W. Nabholz 1957; J. Cadisch 1953; P. Christ 1920; E. Gagnebin 1934; Albert Heim 1922; A. Jeannet 1941; O. Lienert 1958; H. P. Mohler 1966; L. Smit-Sibinga 1921; R. Staub 1958; R. Trümpy 1956; R. Trümpy in R. Hantke & R. Trümpy 1964; L. Vonderschmitt 1923).

Mittelpenninikum

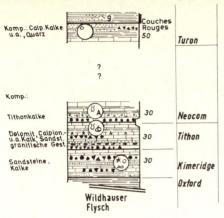

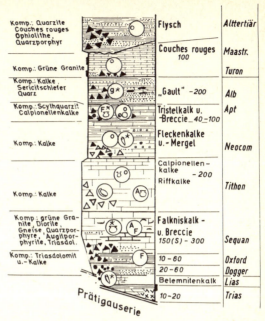

Abb. 80: Serie der Grabser Klippe (H. Forrer 1949).

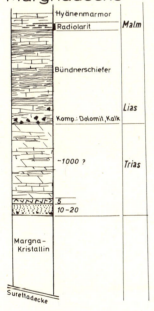

Abb. 83: Margna-Decke (H. P. Cornelius 1935; R. Staub 1926).

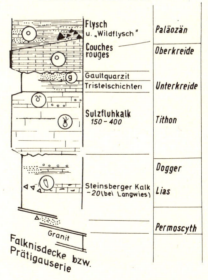

Abb. 81 und 82: Falknis-Decke und Sulzfluh-Decke (J. Cadisch 1921, 1923, 1951, 1953; W. v. Seidlitz 1906; R. Staub 1958; D. Trümpy 1916).

Schichtfolgen von Valais (Nordpenninikum)

Der Faziesbereich des Valais erstreckt sich, wie auf S. 12 beschrieben, nicht durch die ganzen Alpen. Für die Tarentaise gilt Abb. 84, für die nördlich anschließenden Bereiche bis ins Rhônetal bei Sion die Profile auf Abb. 85–88.

Die Verbreitung der einzelnen tektonischen Einheiten des Valais geht aus den Abb. 294 und 282 hervor. Diese Serien sind sämtlich vom heute nicht sichtbaren Sockel geschert. (Die bisher genannten Serien werden von den französischen Geologen in der Regel noch mit zum Subbriançonnais gezählt!)

In der Region von Simplon und Tessin stellen die nordpenninischen Sedimente die Umhüllung der tiefpenninischen Deckenkerne dar, die zum Teil an der penninischen Deckenfront tektonisch akkumuliert wurde. In je tieferer tektonischer Position man die nordpenninischen Serien zwischen oder unteren höheren Decken antrifft, umso höher ist der Grad ihrer alpidischen Metamorphose. Besondere Profile werden hier nicht abgebildet. Die Serien bestehen aus geringmächtiger, ausgewalzter Trias (Marmore, Quarzit) und Bündnerschiefern (Jura – ? Kreide) mit Ophiolithen. In der Lebendun-Decke der Simplon-Region und in der Soja-Decke des Val Blenio findet sich auch grobklastisches Perm („Verrucano") als Paragneis. Die aus grobklastischen Sedimenten entstandenen Gneise der Lebendun-Decke wurden aber auch schon als in Muldenlage zurückgebliebener und in den Kristallinsockel eingefalteter nordpenninischer Flysch gedeutet (vgl. J. RODGERS & P. BEARTH 1960 und E. WENK & A. W. GÜNTHERT 1960).

Die Bündnerschiefer der Adula-Decke sind dagegen auf Abb. 89 aufgeführt. Sie entstammen der Wurzel der Misoxer Zone (Abb. 90), wo die Sedimente in dünnen ausgewalzten Lamellen vorliegen. Ebenso verhält sich die Sedimenthülle der über der Adula-Decke folgenden Tambo-Decke: Splügener Zone (Abb. 91). Sie weist mit ihren carbonatischen Folgen und ostalpin gegliederter Trias mittelpenninische Züge auf. Die darüber folgende Suretta-Decke zeichnet sich dagegen wiederum durch geringmächtige Trias und mächtige Bündnerschiefer mit Ophiolithen aus (Averser Zone) (Abb. 92)

Die bisher beschriebenen nordpenninischen Serien reichen in vielen Fällen nicht bis in das junge Mesozoikum, weil diese Schichtglieder, besonders der mobile Flysch, abgeschert und extern verfrachtet wurde. Diese Gesteine wurden von Metamorphose verschont. So besteht die Niesen-Decke (Abb. 93) überwiegend aus Flysch der Oberkreide und des Paläozäns.

Penninisch sind auch weitere Flysch-Komplexe, die in der Ostschweiz über südhelvetischen und ultrahelvetischen Serien angetroffen werden: Wäggitaler Flysch (Abb. 94), der Flysch von Amdener und Wildhauser Mulde (Abb. 95, 96), sowie Teile des Flyschs vom Fähnerngipfel (nicht abgebildet). Die Lage dieser Flysch-Komplexe geht aus Abb. 365 hervor. Die paläogeographische Einordnung ist aus den Abb. 168 und 169 zu ersehen.

Die penninischen Flysch-Serien setzen sich zwischen Rhein und Wiener Becken (und bis in die Karpathen) mit ähnlichen Gesteinsfolgen, die aber andere Namen tragen, fort. Für diese „Ostalpine Flyschzone" hat R. OBERHAUSER 1968 auch die Bezeichnung *„Rheno-danubische Flyschzone"* vorgeschlagen. Zwischen Vorarlberg und dem westlichen Oberbayern gilt die auf Abb. 97 wiedergegebene Schichtfolge, die eine deutliche Faziesdifferenzierung von Norden nach Süden zeigt. In Liechtenstein sind die südlichen Bereiche dieser Flyschzone als Vaduzer und Triesner Flysch (Abb. 98) auf den Vorarlberger Flysch aufgeschoben. Die beiden genannten tektonischen Komplexe entsprechen etwa der Oberstdorfer Decke im Allgäu.

Weiter im Osten gelten die Flysch-Profile Abb. 99 und 100 (Wiener Wald). Im Wiener Wald sind drei Teildecken in der Flysch-Zone entwickelt, die hier in relativ breiterem Querschnitt freiliegt als weiter im Westen. Zwischen den Flysch-Teildecken sind dort auch die sog. Inneren *(=St. Veiter = pieninischen)* Klippen aufgeschürft, die möglicherweise zum älteren Untergrund eines Teils der penninischen Flysch-Zone gehören (Abb. 101).

Zuletzt wird aus dem Nordpenninikum die Prätigau-Serie angeführt, die im stratigraphischen Verband mit der Adula-Decke abgelagert wurde und mit ihren jüngeren Schichtgliedern auch auf höhere penninische Decken zu transgredieren scheint. Der Prätigau-Komplex ist nördlicher beheimatet als die Vorarlberger Flyschzone. In dieser Schichtfolge vollzieht sich ein Wechsel von der Fazies der Bündnerschiefer zu Flysch (Abb. 102).

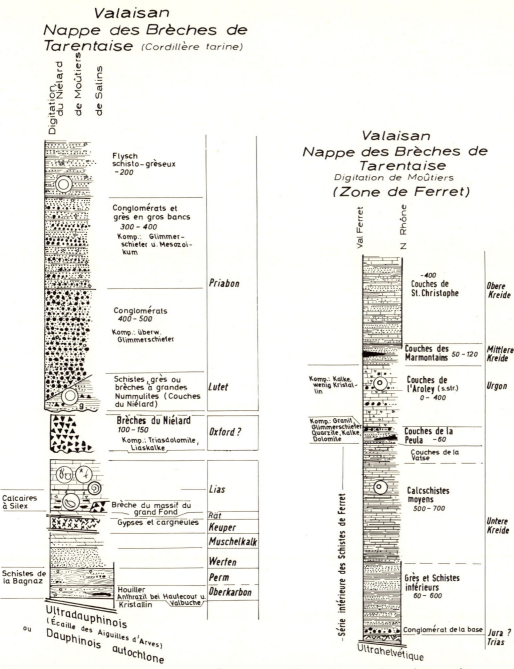

Abb. 84: Valaisan („Subbriançonnais extern") Nappe des Brèches de Tarentaise (Savoie) (R. Barbier 1948; R. Barbier, J.-P. Bloch, J. Debelmas e.a. 1960/1963; R. Barbier & R. Trümpy 1955; H. Schoeller 1929).

Abb. 85: Valaisan – Zone de Ferret (M. Burri 1958, 1967; R. Fricker 1960; H. Schoeller 1929; R. Trümpy 1955; R. Trümpy in N. Oulianoff & R. Trümpy 1958).

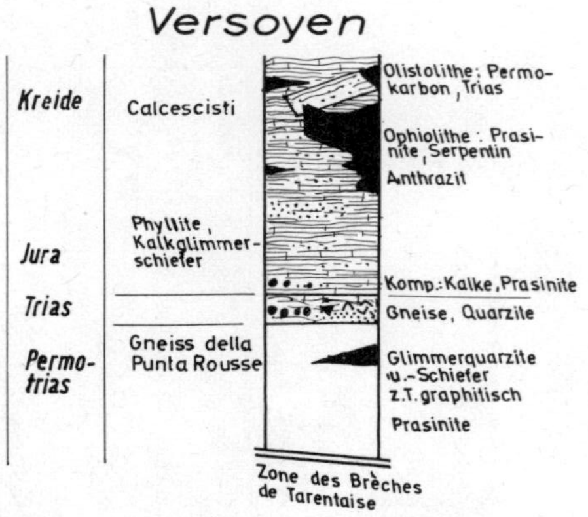

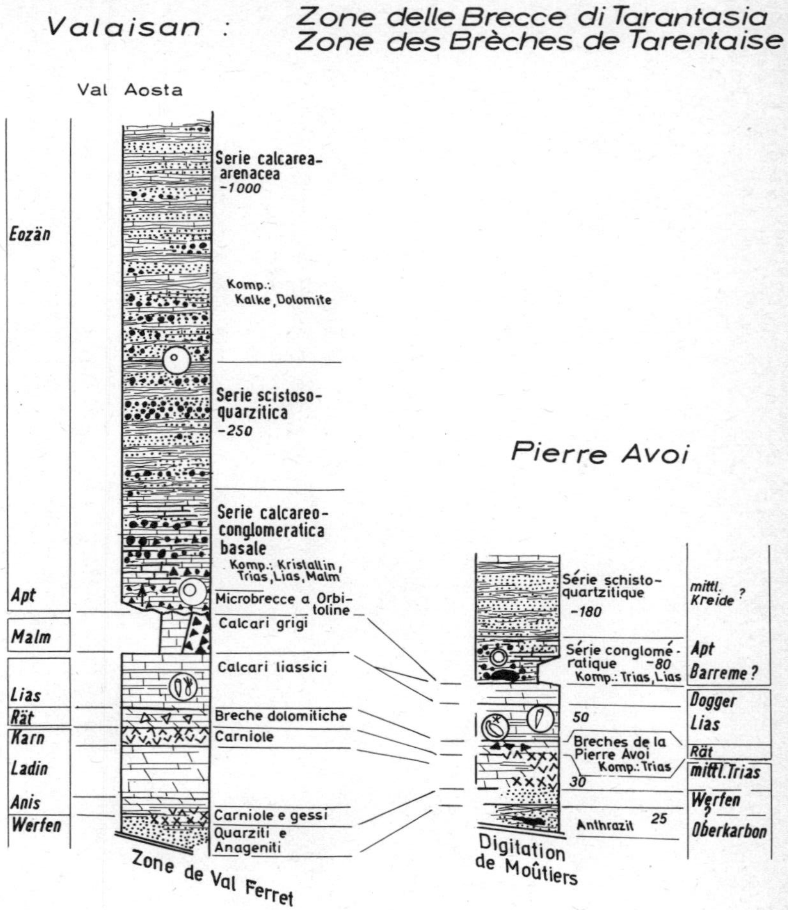

Abb. 87–88: Valaisan – Zone des Brèches de Tarentaise (Val Aosta – Val Ferret – Zone de Sion) (M. Burri 1958; G. Elter & P. Elter 1957; P. E. Fricker 1960; H. Schoeller 1929; R. Trümpy in N. Oulianoff & R. Trümpy 1958).

Abb. 86: Versoyen (R. Barbier 1951; G. Elter & P. Elter 1957; R. Zulauf 1963).

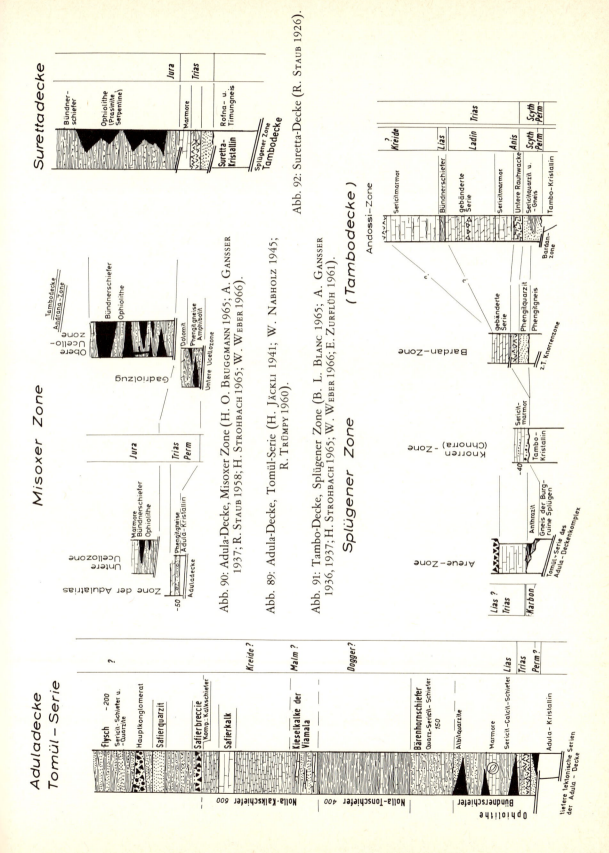

Abb. 90: Adula-Decke, Misoxer Zone (H. O. Bruggmann 1965; A. Gansser 1937; R. Staub 1958; H. Strohbach 1965; W. Weber 1966).

Abb. 89: Adula-Decke, Tomül-Serie (H. Jäckli 1941; W. Nabholz 1945; R. Trümpy 1960).

Abb. 91: Tambo-Decke, Splügener Zone (B. L. Blanc 1965; A. Gansser 1936, 1937; H. Strohbach 1965; W. Weber 1966; E. Zurflüh 1961).

Abb. 92: Suretta-Decke (R. Staub 1926).

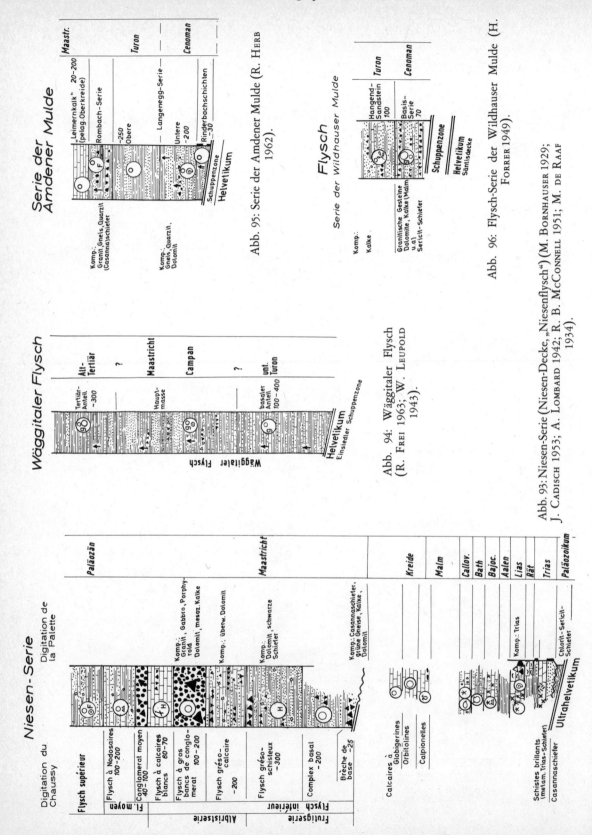

Abb. 95: Serie der Amdener Mulde (R. Herb 1962).

Abb. 96: Flysch-Serie der Wildhauser Mulde (H. Forrer 1949).

Abb. 94: Wäggitaler Flysch (R. Frei 1963; W. Leupold 1943).

Abb. 93: Niesen-Serie (Niesen-Decke, „Niesenflysch") (M. Bornhauser 1929; J. Cadisch 1953; A. Lombard 1942; R. B. McConnell 1951; M. de Raaf 1934).

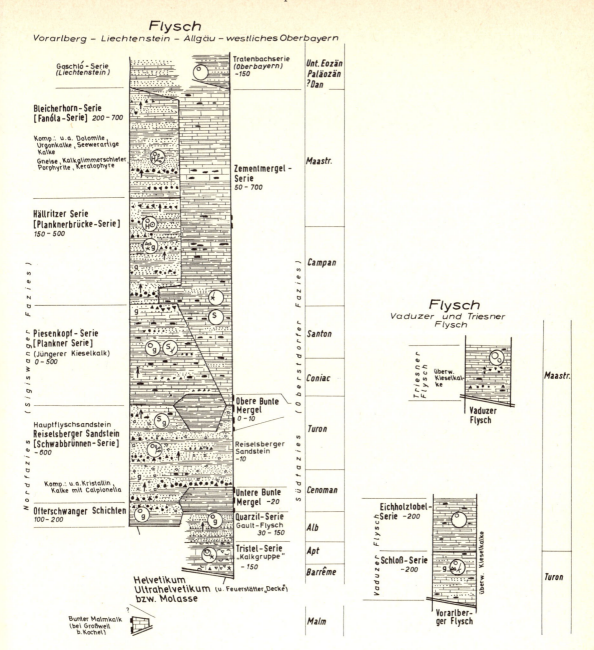

Abb. 97: Flysch (Vorarlberg – Liechtenstein – Allgäu – westliches Oberbayern) (F. Allemann 1956; F. Allemann, R. Blaser & P. Nänny 1951; F. Bettenstaedt 1958; R. Blaser 1952; H. Hagn 1967; R. Hesse 1962, 1965; H.-B. Kallies 1961; P. Lange 1956; R. Oberhauser 1963, 1965; R. Reichelt 1960; D. Richter 1956; M. Richter 1955, 1957, 1960/1963, 1966; M. Richter, A. Custodis, J. Niedermayer & P. Schmidt-Thomé 1939; P. Schmidt-Thomé 1964; W. Zeil 1954).

Abb. 98: Vaduzer und Triesner Flysch (F. Allemann 1956; F. Allemann & R. Blaser 1951; R. Blaser 1952; J. Cadisch 1953; R. Oberhauser 1965; P. Nänny 1946).

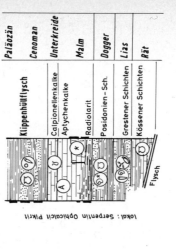

Abb. 101: Innere (Pieninische = St. Veiter) Klippenzone (R. Janoschek, H. Küpper & E. Zirkl 1956; H. Küpper 1965; E. Thenius 1962).

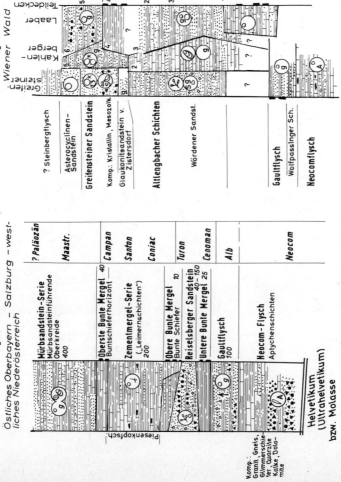

Abb. 100: Flysch (Wiener Wald) (G. Götzinger e.a. 1952, 1954; G. Götzinger & C. Exner 1953; H. Küpper 1965; B. Plöchinger & S. Prey 1964; G. Woletz 1963).

Abb. 99: Flysch (Östliches Oberbayern – Salzburg – westliches Niederösterreich) (F. Aberer & E. Braumüller 1958; W. del Negro 1950, 1960; H. Hagn 1967; W. Janoschek 1964; G. Müller-Deile 1940; R. Oberhauser 1963; S. Prey 1951, 1953; M. Richter & G. Müller-Deile 1940; P. Schmidt-Thomé 1964; G. Woletz 1963).

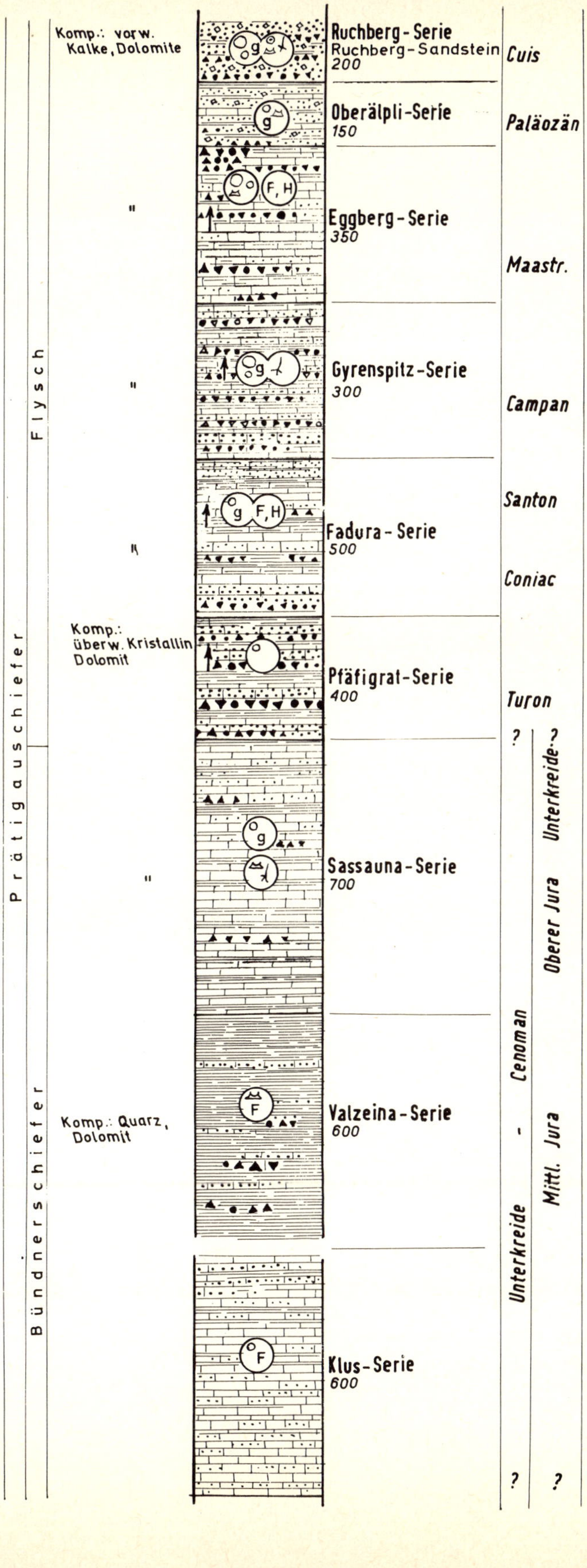

Abb. 102: Prätigau-Serie (P. Arni 1933, 1933; J. Cadisch 1951, 1953; W. K. Nabholz 1951; P. Nänny 1948).

Schichtfolgen der Extern-Zonen (Provençal, Dauphinois, Helvetikum; Ultradauphinois, Ultrahelvetikum)

Die Extern-Zone der Alpen ist im Westen der Alpen breiter entwickelt und freigelegt als im Osten. Für den Bereich der Meeralpen (Gebirgsbogen von Nizza und Castellane) gelten die auf Abb. 103 dargestellten Folgen, die auch die autochthone Bedeckung des *Mercantour-(Argentera-)* Massivs bilden. Oberkarbon und Perm sind nur lokal vorhanden, auch die Trias ist nur mit ihren jüngeren Schichtgliedern überall und in germanischer Fazies entwickelt. Im Jura stehen sich terrigene *Dauphinois-* und carbonatische *Provençal*-Fazies gegenüber.

Abb. 104–105 zeigen die Schichtfolgen im Dauphinois (Bedeckung von Belledonne-Massiv, *Chaines subalpines*) und für das Tertiär des Rhônebeckens. In einigen Gebieten, die als Schwellen-Zonen etwa mit den heutigen Kristallin-Aufragungen parallel laufen, zeigen Lias und Teile des mittleren Jura geringmächtige neritische Schwellenfazies, sonst herrscht die mächtige terrigene Entwicklung, die eigentlich für die Extern-Zone der Alpen atypisch ist. Auch in der Unterkreide stehen sich neritische Bereiche und der *Vocontische Trog* mit mächtiger terrigener Cephalopoden- und Brachiopodenfazies gegenüber. Eine Diskordanz ist unter dem Campan festzustellen (*„Devoluy"*-Phase). Wie auch sonst in der Extern-Zone greift vom Intern-Bereich her im Obereozän und Oligozän die Flysch-Fazies nach außen über, während die Molasse des Rhônebeckens von außen nach innen transgrediert.

Für Hochsavoyen *(Genèvois)* gilt das Profil auf Abb. 106, das noch mächtigen und stratigraphisch ziemlich vollständigen Unteren und Mittleren Jura zeigt. Die Unterkreide ist neritisch (in *„Urgon"*-Fazies) entwickelt. Alttertiär und Molasse verhalten sich wie oben geschildert.

Das Helvetikum der Schweizer Alpen wird auf einer ganzen Reihe von Profilen abgebildet, um der faziellen und tektonischen Differenzierung Rechnung zu tragen, aber auch, um viele der Bezeichnungen unterzubringen, die man in dieser gut erforschten Schichtfolge benötigt.

Man kann einen ursprünglichen Nordbereich abtrennen, der heute als autochthone bis parautochthone Bedeckung der kristallinen äußersten Extern-Massive anzutreffen ist (Abb. 107). Typisch für diesen Bereich ist das Fehlen von Lias und die erosive Entfernung von Kreide-Schichten vor dem Übergreifen des Alttertiärs.

Unter dem Sandstein-Dachschiefer-Komplex findet sich in der Ostschweiz im Sernftal die Matter Serie, die bereits Anklänge an Molasse-Fazies zeigt (Schrägschichtung, Pflanzenreste). In der Westschweiz greift im Val d'Illiez oligozäne Molasse während Rupel *(Grès à carrières* = Bausteinschichten) und Chatt *(Molasse rouge* = Untere Bunte Molasse) bis nahe an das Aiguilles-Rouges-Massiv heran.

Die tektonisch labilen Flysch-Bildungen des nördlichen Helvetikums sind meist nicht im ungestörten Verband mit ihrer ursprünglichen Unterlage verblieben, sondern abgeschert, verfaltet und tektonisch angehäuft worden, was auf Abb. 107 auch generell angedeutet ist. Die Bezeichnung *„Autochthon"* trifft also eigentlich für den nordhelvetischen Flysch nicht zu.

Das mittlere und südliche Helvetikum kam über den mehr internen Bereichen der Extern-Massive zur Ablagerung. Es ist dort dann zum größeren Teil abgeschert und in Form der helvetischen Decken in externer Richtung über das nördliche, autochthon und parautochthon verbliebene Helvetikum hinweggeglitten. Die Lösung vom Sockel erfolgte dabei teils entlang der Grenze Kristallin/Sedimenthülle, teils auf den tonigen Serien des mittleren Jura oder über den Malm-Kalken, vgl. Abb 108. Man kann in den Gesteinsabfolgen einen Fazieswandel von Norden nach Süden feststellen: im Süden ist die Schichtfolge stratigraphisch vollständiger, wobei der neritische Charakter der Unterkreide einer Cephalopoden-Brachiopoden-(Becken)Fazies Platz macht. Für die Westschweiz gelten Abb. 108, für den östlichen Teil die Profile auf Abb. 109 und 110. Die

Gliederung des Perm auf Abb. 109 ist nur sehr schematisch für den *Glarner Verrucano* und seine Wurzel dargestellt.

Der Flysch-Anteil und auch Teile der Oberkreide des südlichen Helvetikums sind meist von den ursprünglich darunter folgenden älteren mesozoischen Bildungen abgeschert. Zum Teil treten solche süd-helvetischen Komplexe als eigenständige tektonische Körper (z. B. *Blattengrat*-Serie, *Habkern*-Serie) auf (vgl. unten), z. T. sind sie als Schuppenzonen über dem Südhelvetikum anzutreffen (z. B. *Einsiedler*-Schuppenzone, *Südelbach*-Serie der Zentralschweiz).

Im Vorarlberg, Allgäu und westlichen Oberbayern sind nur Teile des helvetischen Bereichs der Beobachtung zugänglich (Abb. 111), die ihrer Schichtfolge nach im südlichen Helvetikum einzuordnen sind (z. T. mächtige Drusbergschichten, Wangschichten). Die östliche Fortsetzung des nördlichen Helvetikums liegt vermutlich unter der alpenrandnahen Molasse und unter dem überschobenen Südhelvetikum verborgen (vgl. generelle Alpenprofile auf Abb. 190–194). Im östlichen Oberbayern gilt das Profil auf Abb. 112, das an keinem der dort lückenhaften Aufschlüsse im Zusammenhang anzutreffen ist. Die „helvetischen" Bereiche noch weiter östlich werden im Zusammenhang mit dem Ultrahelvetikum behandelt, weil sie keine eigentlich helvetische Faziesentwicklung mehr erkennen lassen (Abb. 127).

Wie schon oben erwähnt, blieb ein Teil des südlichen Helvetikums bei der Bildung der helvetischen Decken im Verband mit dem Kristallin-Sockel. Diese Gesteine wurden in der helvetischen Wurzel-Zone zwischen den sich heraushebenden kristallinen Massiven eingeklemmt, ausgelängt und dabei mehr oder weniger metamorph. Derartige Sediment-Zonen *("Sedimentkeile")* sind im Belledonne-Massiv *("Synclinal médian",* vgl. Abb. 337–338) und zwischen Aiguilles Rouges – Arpille und Montblanc-Massiv *(Zone = „Mulde" von Chamonix)* anzutreffen (vgl. Abb. 345). Profile werden hier nicht gegeben. Die Schichtfolge der „Mulde" von Chamonix ergibt sich aus Abb. 345.

Im Aare-Massiv finden sich Sedimentkeile an der *Jungfrau* (Abb. 351–352), im Bereich des Sustenpasses am *Pfaffenkopf* (Abb. 349) und bei *Fernigen* im Meiental. Das *Tavetscher Zwischenmassiv* wird vom *Aare-Massiv* durch die Zone von Disentis mit Trias-Rauhwacken und Dogger-Schiefern getrennt. Ein Profil der auf weite Erstreckung am Nordrand des *Gotthard-Massivs* zu verfolgenden Furka-Urseren-Garvera-Zone gibt Abb. 113, wobei die Perm-Gliederung für die Umgebung der Garvera im Tavetsch gilt, während das Permokarbon der übrigen Bereiche noch nicht entsprechend gegliedert ist. Die Sedimentbedeckung am Südrand des *Gotthard-Massivs* ist auf Abb. 114 dargestellt. Man könnte sie auch im Ultrahelvetikum einreihen. Jüngere Gesteine als Lias sind vermutlich als Decken abgeschert. W. K. NABHOLZ gibt 1945 eine umgekehrte Schichtfolge für den östlichen Bereich an. Im westlichen Teil zeigt die Lias-Schichtfolge starke Anklänge an die Entwicklung im *Dauphinois*. Die Korrelation helvetischer Lias-Serien der Schweiz ergibt sich aus Abb. 115.

Wie schon oben erwähnt, sind die als Flysch oder flyschähnlich ausgebildeten Schichtglieder des helvetischen Bereichs vielerorts als eigenständiges tektonisches Stockwerk abgeschert und als selbständige tektonische Körper transportiert worden, wobei heute die Herkunft nicht immer mit Sicherheit zu erkennen ist. Das trifft z. B. für den *„subalpinen" Flysch („Randflysch")* zu, den man unter der Front der alpinen Decken der Schweiz über der subalpinen Molasse antrifft (vgl. Abb. 364–365, 206–208, 201). Seiner Herkunft nach ist er z. T. nord-, süd- oder ultrahelvetisch, oder gar penninisch (wie an der Fähnern z. T.). Stellenweise wird es sich auch um eine tektonische Mischzone handeln. Der subalpine Flysch des Gurnigel (Abb. 116) wird wegen seines geringen Alters als nordhelvetisch angesehen. Priabon-Alter besitzt der subalpine Flysch des Entlebuchs, der als exotische Komponenten *Wangschichten* enthält. Eine Zuordnung ins Nord- oder Süd- bis Ultrahelvetikum fällt schwer (vgl. M. FORRER 1949).

Südhelvetisch sind Habkern-Serie (Abb. 117) und Blattengrat-Serie (Abb. 118), die nur zum Teil in Flysch-Fazies entwickelt sind, im Blattengrat-Komplex z. B. die *Wangschichten*.

An das Helvetikum und das Dauphinois schließen sich intern, also im Grenzbereich gegen das Penninikum Zonen an, die man als **Ultrahelvetikum** bzw. **Ultradauphinois** bezeichnet. In dieser Zone bildeten sich vor allem im Alttertiär mächtige Flysch-Serien, die abgeschert sind und in externer Richtung auf Molasse und das Helvetikum bzw. Dauphinois geglitten oder aufgeschoben sind (vgl. Abb. 206–208, 201, 366–368). Nur in Ausnahmefällen sind ältere mesozoische Schichtglieder mit transportiert worden. Auch in der Wurzel-Zone auf der Intern-Seite der Extern-Massive ist ultrahelvetisches bzw. Ultradauphinois-Mesozoikum und -Jungpaläozoikum nur stellenweise deutlich abzutrennen (Abb. 119, 120). Sicher war der Bereich des Ultrahelvetikums während des Mesozoikums als solcher noch nicht scharf individualisiert und trägt noch südhelvetische Züge. Die ziemlich wurzelnah, innerhalb der Extern-Massive verbliebenen Ultradauphinois-Bereiche sind auf Abb. 119 dargestellt. Abb. 120 zeigt das Ultrahelvetikum am Innenrand des Montblanc-Massivs, zu dessen Sockel das Massiv des *Mont Chétif* gehört (Abb. 344, 346). Bis über die Massive nach außen verfrachtet wurde dagegen des Ultrahelvetikum, das man als Basis der Klippen von les Annes und Sulens (Abb. 122) und in den *Préalpes inférieurs (Zone des Cols=Sattelzone)* antrifft und das unter den Préalpes ganz an den Nordrand der Alpen verschleppt wurde (Abb. 121). Ein Schema der komplizierten Lagerungs- und Herkunftsbeziehungen geben die Abbildungen 168–170 und 366–368.

In der zentralen und östlichen Schweiz umfassen die ultrahelvetischen Serien meist nur Flysch der Oberkreide und des Alttertiärs mit Einschaltungen von orogenen Breccien- und Olistholith-Bildungen *(„Wildflysch")* (Abb. 123–125). Die paläogeographische Anordnung der einzelnen Flysch-Komplexe ist auf Abb. 168–170 gesondert erklärt. Die Profile von Schlieren-Flysch, Sardona-Flysch und Ragazer Flysch gleichen sich nur teilweise, woraus man entnehmen darf, daß diese tektonischen Komplexe nicht aus faziell einheitlichen Bereichen stammen, bzw. die einzelnen Ablagerungsbereiche seitlich, also im Streichen nur begrenzte Ausdehnung hatten.

Der Ragazer Flysch ist z. B. im Herkunftsgebiet seitlich bis südlich vom südhelvetischen Blattengrat-Komplex anzuschließen. Schon daraus geht hervor, daß die Abtrennung süd- und ultrahelvetischer Fazies, Ablagerungsräume und Decken-Körper ein eher formeller und lokal verschieden anzuwendender Behelf ist.

So sind auch die als „ultrahelvetisch" bezeichneten Komplexe östlich des Rheins faziell mit dem bisher besprochenen Ultrahelvetikum nur sehr wenig verwandt. Die Liebensteiner Zone des Allgäu (Abb. 127) könnte auch als südhelvetisch bezeichnet und ihrer Stellung nach etwa mit der Einsiedler Schuppenzone verglichen werden.

Die Serien von Salzburg und Niederösterreich (Abb. 127) sind wie Teile der Liebensteiner Zone durch pelagische rot und bunt gefärbte Mergel der Oberkreide charakterisiert, die mit orogenen Breccienserien *(„Wildflysch")* verzahnt sind.

In Ober- und Niederösterreich findet man im Verband der Buntmergelserie Scherlinge, die wohl aus dem (ultra-)helvetischen Untergrund aufgeschürft sind. Die Schichtglieder dieser Grestener *(=Äußeren) Klippenzone* finden sich ebenfalls auf Abb. 127. Typisch ist der litorale Lias, transgressiv auf Granit am Süd- und Südwestrand der Böhmischen Masse, deren Abtauchen in den alpinen Bereich man hier also gewissermaßen erkennen kann.

Ausgesprochen orogene Entwicklung zeigt die Breccien- und Spilit-reiche Feuerstätter Serie im Allgäu und Vorarlberg (Abb. 126). Sie stammt aus interneren Bereichen als die Liebensteiner Zone. Ihre Zuordnung zum Ultrahelvetikum ist jedoch etwas willkürlich. Man könnte sie auch mit der nordpenninischen Inneren Klippenzone im Wienerwald-Flysch vergleichen, die ja ebenfalls basische Vulkanite enthält (vgl. Abb. 101). Jedenfalls ist diese Feuerstätter Serie am Kontinentalabhang zwischen helvetischem Schelf im Norden und dem sich südlich davon absenkenden penninischen Flysch-Trog entstanden. Eine derartige Position würde die auftretenden orogenen Breccien am besten erklären.

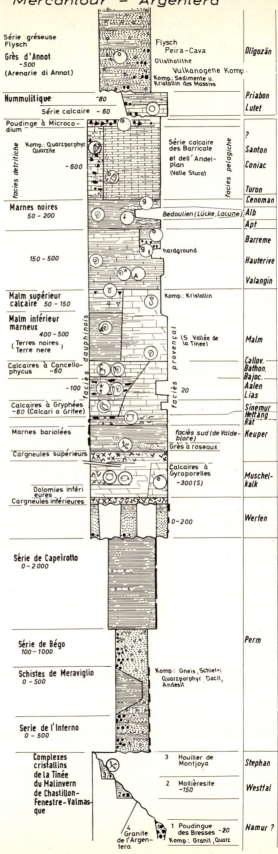

Abb. 103: Mercantour − Argentera, Dom von Barrot (östliche Provence) (P. BORDET 1950; A. FAURE-MURET 1955; J. GOGUEL 1936, 1953; Y. GUBLER, J. ROSSET & J. SIGAL 1961; C. KERCKHOVE 1964; R. MALARODA 1963; C. STURANI 1962, 1963; D. J. STANLEY 1961; C. STURANI & C. KERCKHOVE 1963; J. VERNET 1962, 1963, 1963).

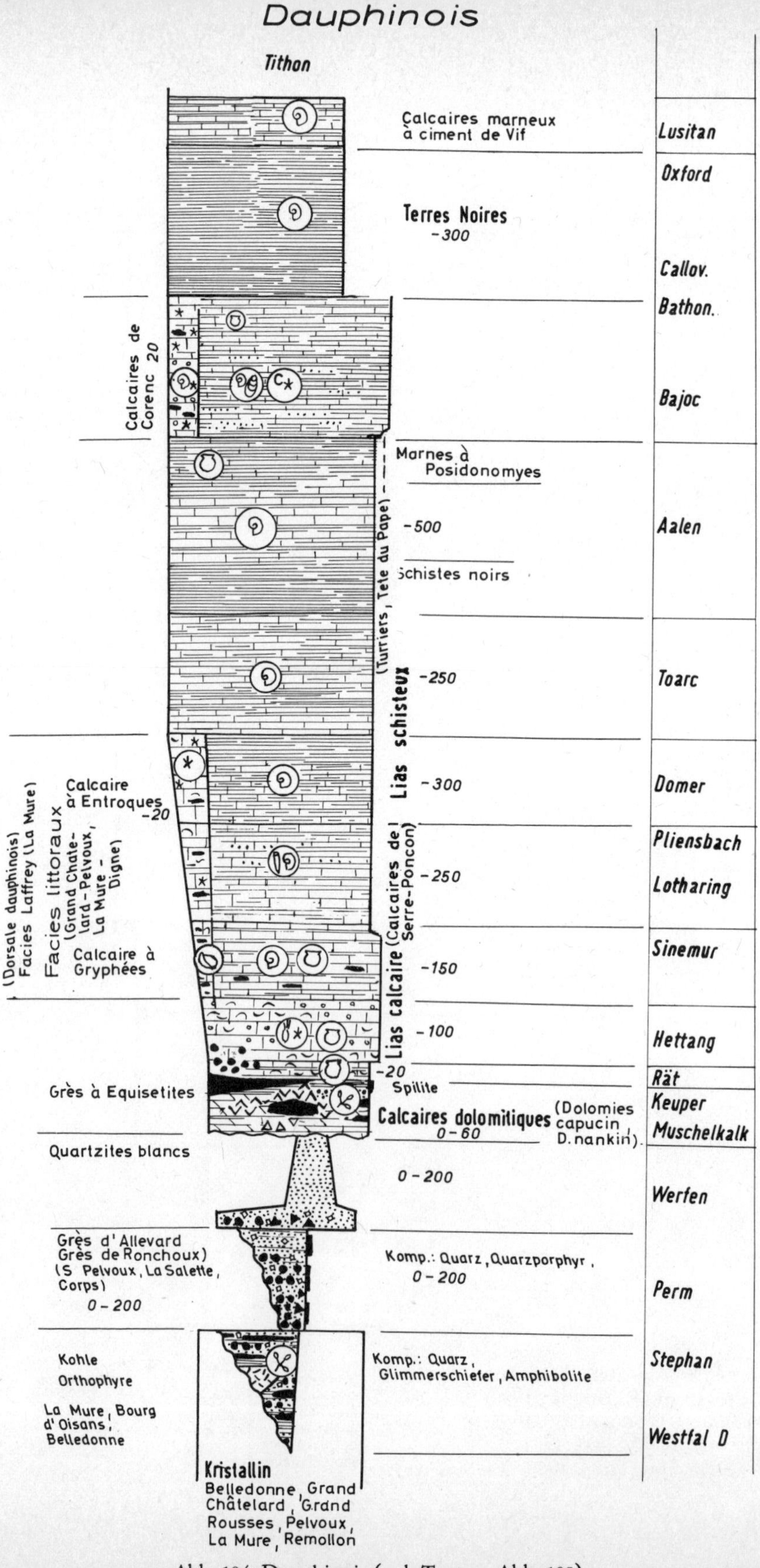

Abb. 104: Dauphinois (vgl. Text zu Abb. 105).

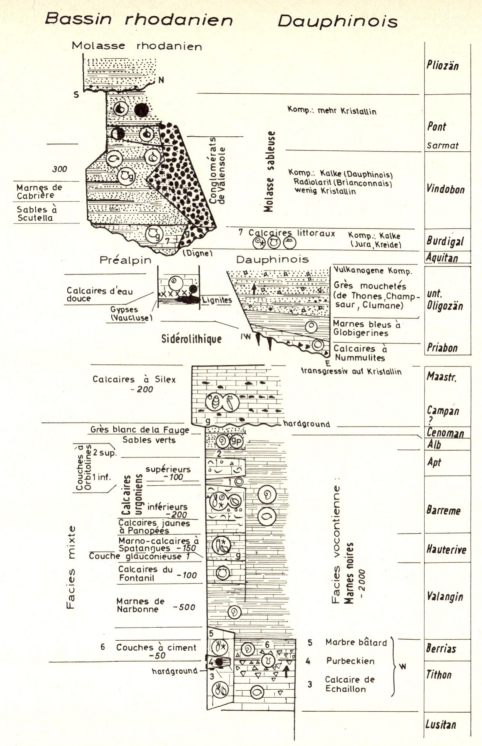

Abb. 105: Dauphinois (Fortsetzung) und Bassin rhodanien (Molasse des Rhônebeckens) (H. Arnaud 1966, 1966; R. Barbier 1961, 1963; S. Beuf, B. Biju-Duval & Y. Gubler 1961; M. Bornuat 1962, 1963; J.-M. Buffière & J.-L. Tane 1963; M. Collignon, A. Michaud & J.-L. Tane 1961; M. Collignon & J. Sarrot-Reynauld 1961; D. Dondey 1963; O. Gariel 1961, 1963; M. Gignoux 1950; M. Gignoux & L. Moret 1952; J. Haudour & J. Sarrot-Reynauld 1961; J. Lameyre 1958; J. Reboul 1962, 1963; J. Sarrot-Reynauld 1963, 1963; J.-L. Tane 1961; J. Vernet 1964, 1964, 1964).

Helvétique – Genèvois

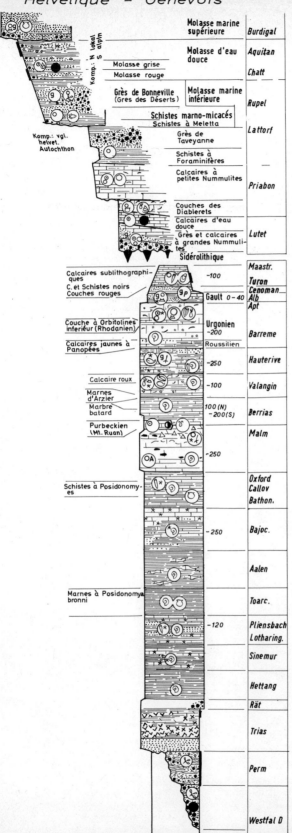

Abb. 106: Helvétique – Genèvois (L. Collet 1955; A. Lombard 1932, 1967; L. Moret 1934; D. Rigassi 1957; J. Rosset 1957).

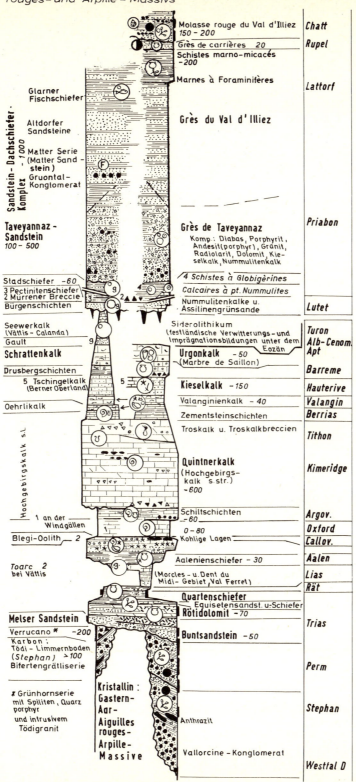

Abb. 107: Helvetikum (Autochthon und Parautochthon des Aare-, Aiguilles rouges- und Arpille-Massivs) (P. Arbenz 1910, 1934; P. Bearth & A. Lombard 1964; Blau, R. V. 1966; W. Brückner 1937, 1943, 1951, 1952; A. Buxtorf 1951; A. Buxtorf & W. Nabholz 1957; J. Cadisch 1953; L. W. Collet 1948, 1955; L. W. Collet & E. Paréjas 1928, 1931; S. Dollfuss 1965; G. D. Franks 1966, 1968; M. Frey 1968; Arnold Heim 1910; J. Krebs 1925; E.-H. Lanterno 1954; F. de Loys 1928; W. Maync 1938; J. Oberholzer 1933; N. Oulianoff 1924; P. Pflugshaupt 1927; F. de Quervain 1928; K. Rohr 1926; Schroeder, J. W. & C. Ducloz 1955; G. A. Styger 1961; R. Trümpy 1966; H. Widmer 1948; M. A. Ziegler 1967).

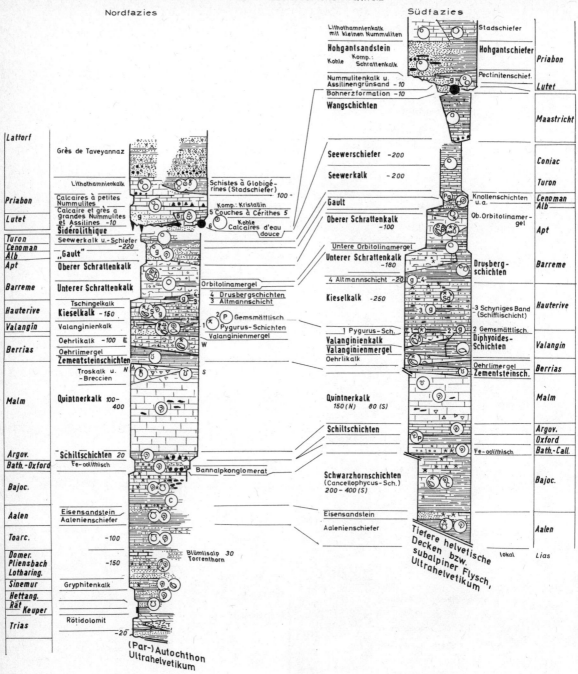

Abb. 108: Helvetikum (Helvetische Decken der westlichen Schweiz) (P. Bearth & A. Lombard 1964; J. Cadisch 1953; L. W. Collet 1955; L. W. Collet & A. Lillie 1938; K. Grasmück 1961; F. de Loys 1928; W. Schneeberger 1927).

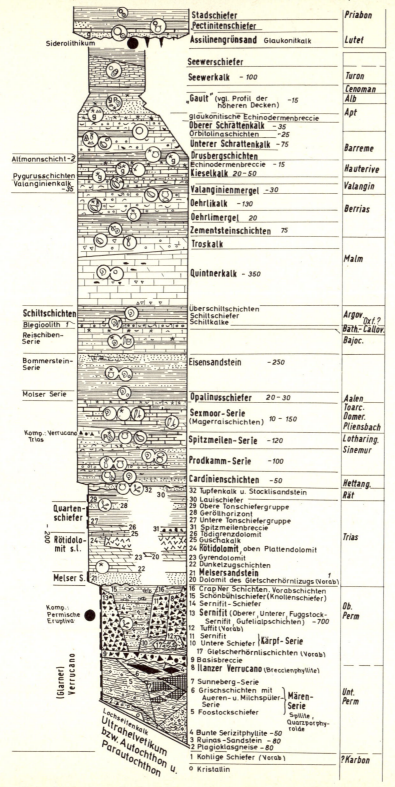

Abb. 109: Helvetikum (Helvetische Decken der östlichen Schweiz, Nordfazies) Literatur vgl. Abb. 110.

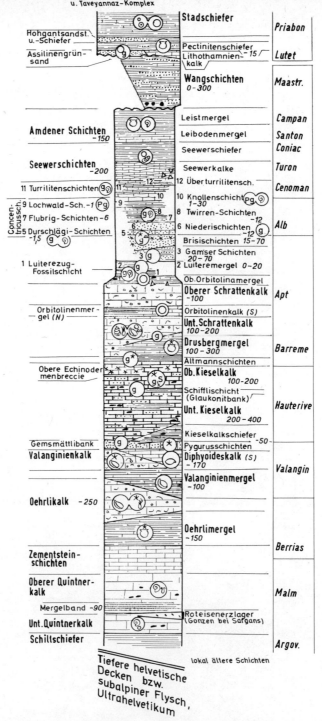

Abb. 110: Helvetikum (Helvetische Decken der östlichen Schweiz, Südfazies) (C. G. Amstutz 1954; H. Anderegg 1940; F. Bentz 1948; W. Brückner 1937; R. O. Brunnschwiler 1948; J. Cadisch 1953; S. Dollfuss 1965; W. Epprecht 1946; H. J. Fichter 1934; W. P. Fisch 1961; F. Frey 1965; M. Frey 1968; M. Grasmück-Pflüger 1962; Albert Heim 1905; R. Herb 1962, 1963; P. Hess 1940; R. Huber 1964; T. A. Kempf 1966; W. Leupold 1937; O. G. Lienert 1965; J. Oberholzer 1933; W. Ryf 1965; H. P. Schielly 1964; K. Schindler 1959; G. A. Styger 1961; R. Trümpy 1949, 1966; L. E. Wyssling 1950).

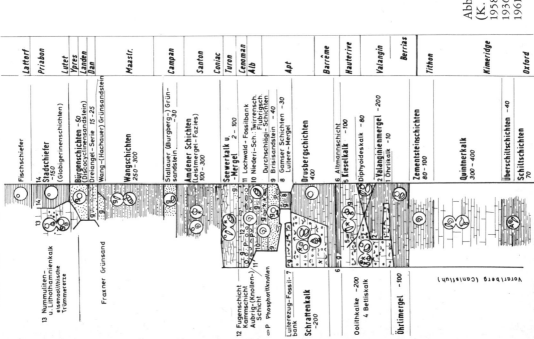

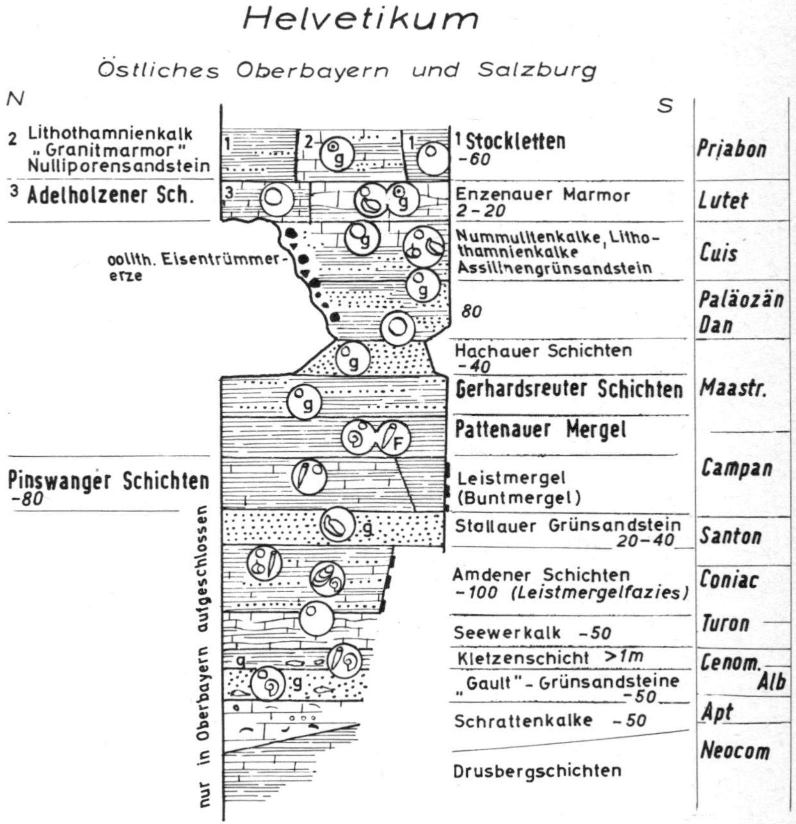

Abb. 112: Helvetikum (Östliches Oberbayern und Salzburg) (F. Aberer & E. Braumüller 1958; W. del Negro 1949, 1960; O. Ganss 1956; K. Gohrbandt 1962; H. Hagn 1957, 1960, 1967; R. Janoschek 1964; W. Janoschek 1964; R. Oberhauser 1963; S. Prey 1951, 1962; P. Schmidt-Thomé 1962, 1964; F. Traub 1938, 1953).

Abb. 111: Helvetikum (Vorarlberg – Allgäu – westliches Oberbayern) (K. Alexander, P. Bloch, W. Sigl & W. Zacher 1965; F. Bettenstaedt 1958; R. Blaser 1952; J. Cadisch & W. Epprecht, 1958; A. Custodis 1936; H. Hagn 1967; B. Höpfner 1962; R. Janoschek 1963; H.-B. Kallies 1961; R. Oberhauser 1958, 1963; M. Richter 1960, 1966; P. Schmidt-Thomé 1964).

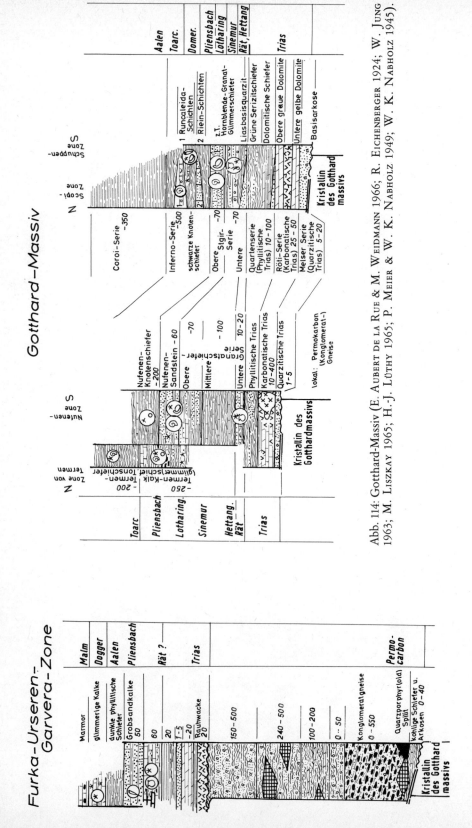

Abb. 114: Gotthard-Massiv (E. Aubert de la Rue & M. Weidmann 1966; R. Eichenberger 1924; W. Jung 1963; M. Liszkay 1965; H.-J. Lüthy 1965; P. Meier & W. K. Nabholz 1949; W. K. Nabholz 1945).

Abb. 113: Furka-Ursernen-Garvera-Zone (W. Fehr 1926; A. Buxtorf 1912; E. Niggli 1944; P. Niggli & W. Staub 1914).

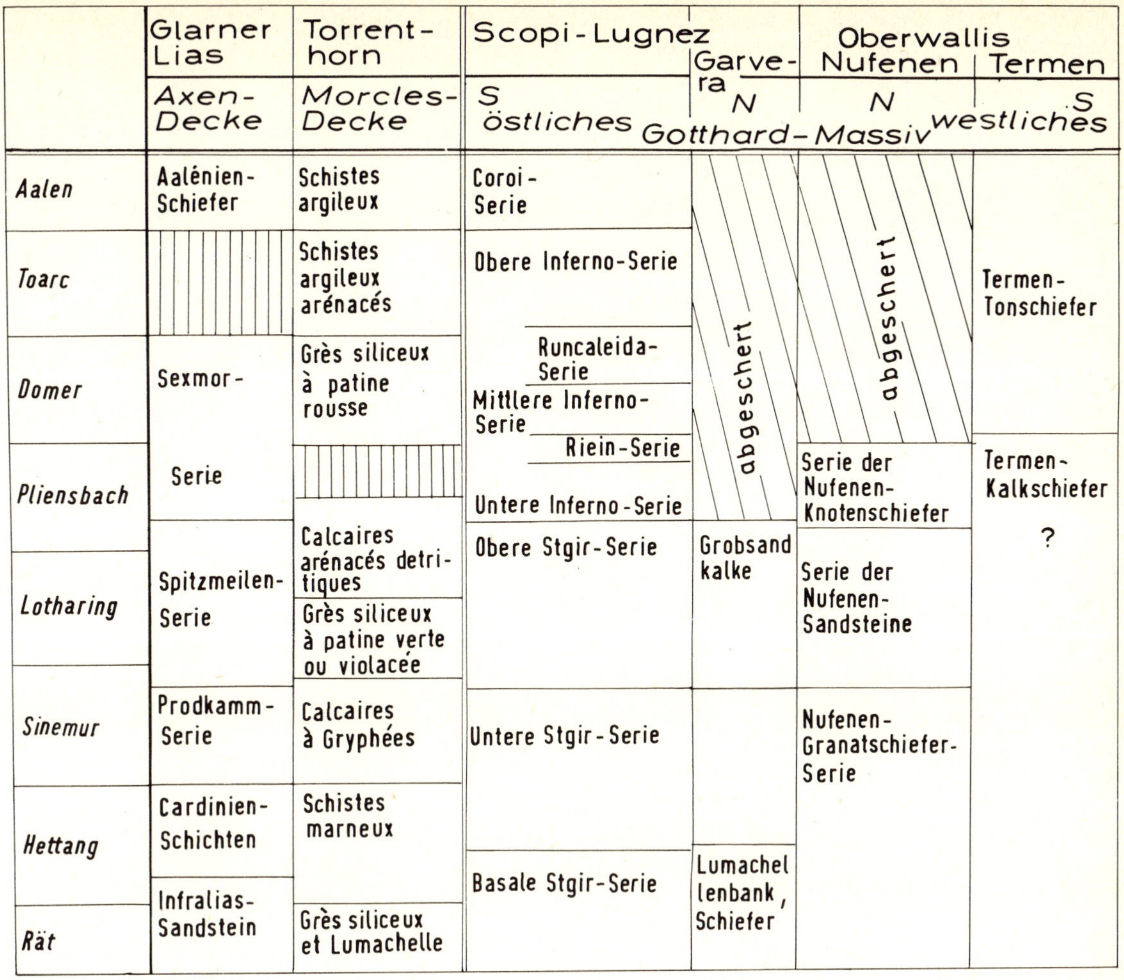

	Glarner Lias	Torrenthorn	Scopi-Lugnez	Garvera	Oberwallis Nufenen	Termen
	Axen-Decke	Morcles-Decke	S östliches Gotthard-Massiv	N	N westliches	S
Aalen	Aalénien-Schiefer	Schistes argileux	Coroi-Serie			
Toarc		Schistes argileux arénacés	Obere Inferno-Serie	abgeschert	abgeschert	Termen-Tonschiefer
Domer	Sexmor-	Grès siliceux à patine rousse	Runcaleida-Serie / Mittlere Inferno-Serie			
Pliensbach	Serie		Riein-Serie / Untere Inferno-Serie		Serie der Nufenen-Knotenschiefer	Termen-Kalkschiefer ?
Lotharing	Spitzmeilen-Serie	Calcaires arénacés detritiques / Grès siliceux à patine verte ou violacée	Obere Stgir-Serie	Grobsandkalke	Serie der Nufenen-Sandsteine	
Sinemur	Prodkamm-Serie	Calcaires à Gryphées	Untere Stgir-Serie		Nufenen-Granatschiefer-Serie	
Hettang	Cardinien-Schichten	Schistes marneux	Basale Stgir-Serie	Lumachellenbank, Schiefer		
Rät	Infralias-Sandstein	Grès siliceux et Lumachelle				

Abb. 115: Stratigraphische Zuordnung der Lias-Serien im Helvetikum und Ultrahelvetikum der Zentral- und Ostschweiz (nach L. W. COLLET 1958; W. JUNG 1963; M. LISZKAY 1965; E. NIGGLI 1944; R. TRÜMPY 1949).

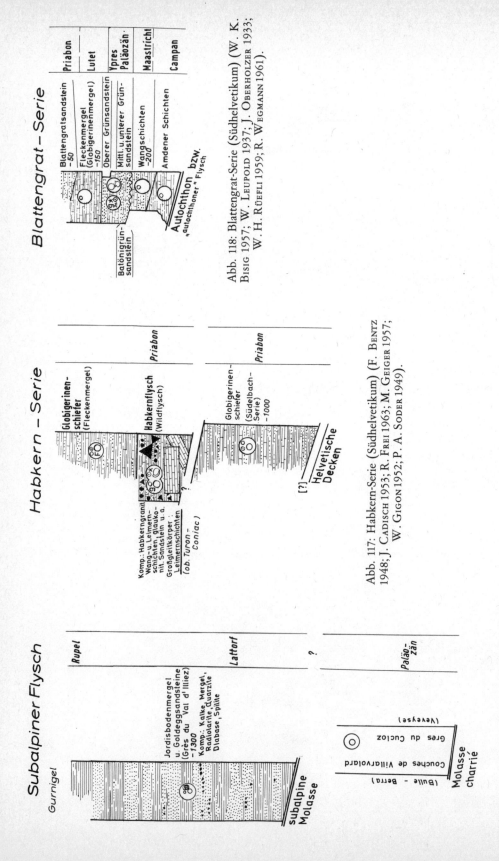

Abb. 118: Blattengrat-Serie (Südhelvetikum) (W. K. Bisig 1957; W. Leupold 1937; J. Oberholzer 1933; W. H. Rüefli 1959; R. Wegmann 1961).

Abb. 117: Habkern-Serie (Südhelvetikum) (F. Bentz 1948; J. Cadisch 1953; R. Frei 1963; M. Geiger 1957; W. Gigon 1952; P. A. Soder 1949).

Abb. 116: Subalpiner Flysch (Gurnigel) (R. V. Blau 1966; L. W. Collet 1955; P. Corminbeouf 1959; L. Mornod 1946, 1949).

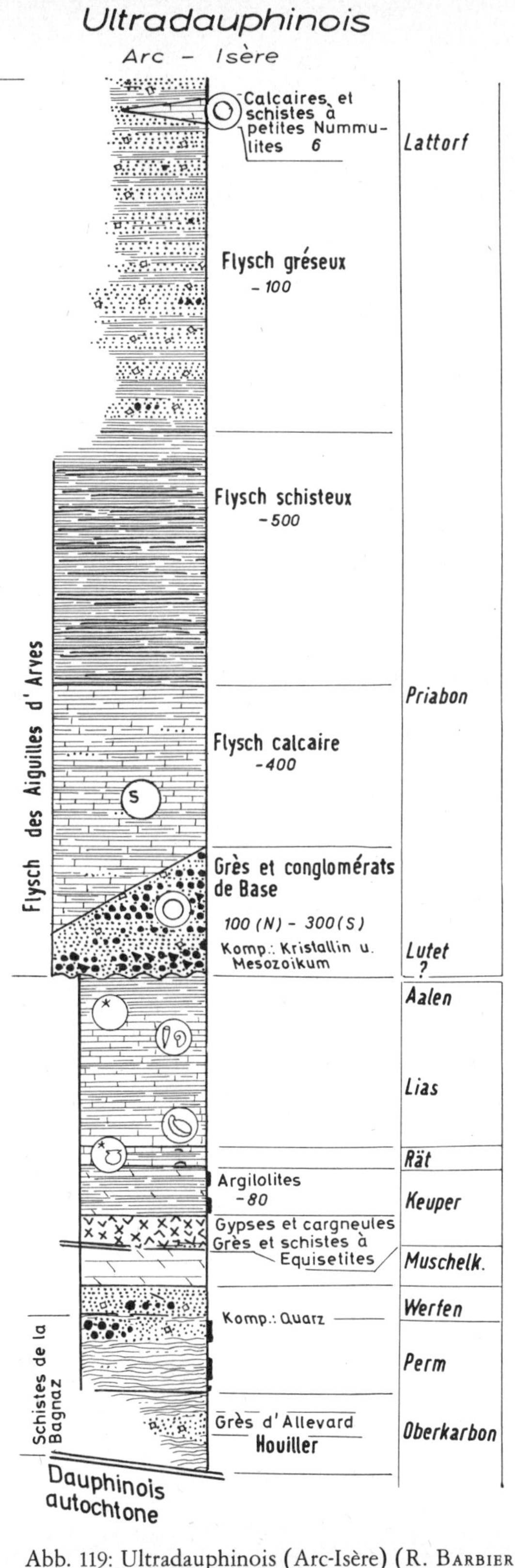

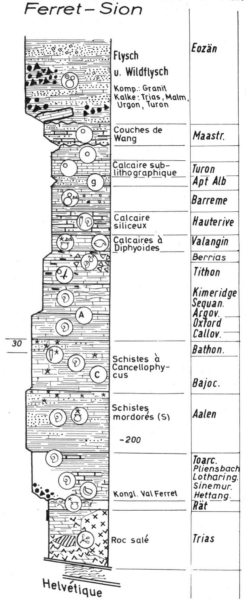

Abb. 119: Ultradauphinois (Arc-Isère) (R. Barbier 1948, 1960/1963, 1963).

Abb. 120: Ultrahelvétique (Préalpes internes – Zone des Cols, Zone Val Ferret – Sion) (H. Badoux 1945, 1946, 1963, 1964, 1965, 1966; P. Bearth & A. Lombard 1964; J. Cadisch 1953; L. W. Collet 1955; P. E. Fricker 1960; Furrer, H. 1949; K. Huber 1953; A. Lillie 1937, 1939; A. Lombard 1963; C. H. Mercanton 1963; R. Trümpy 1955).

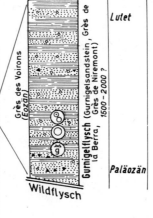
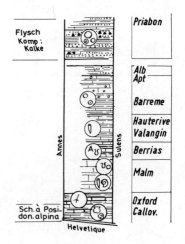

Abb. 121: Ultrahelvétique (Préalpes externes), E und W Rhône. (P. BEARTH & A. LOMBARD 1964; R. V. BLAU 1966; L. W. COLLET 1955; H. GUILLEAUME 1957; A. LOMBARD 1940; L. MORNOD 1949; J. TERCIER 1928; R. VERNIORY 1937).

Abb. 122: Nappe inférieur des Annes et Sulens (vgl. Abb. 70) (Ultrahelvétique).

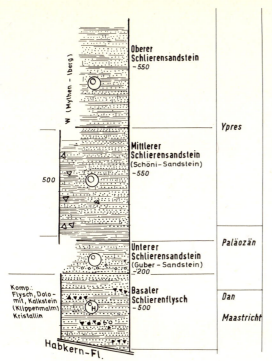

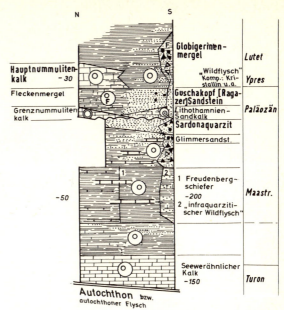

Abb. 125: Ragazer Flysch (W. LEUPOLD 1938).

Abb. 123: Schlieren-Flysch (F. BENTZ 1948; J. CADISCH 1953; R. FREI 1963; M. GEIGER 1957; H. SCHAUB 1951).

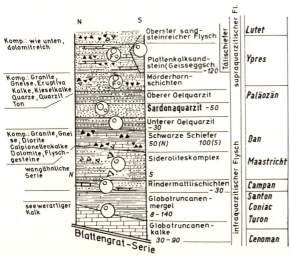

Abb. 124: Sardona-Flysch (vgl. Abb. 118).

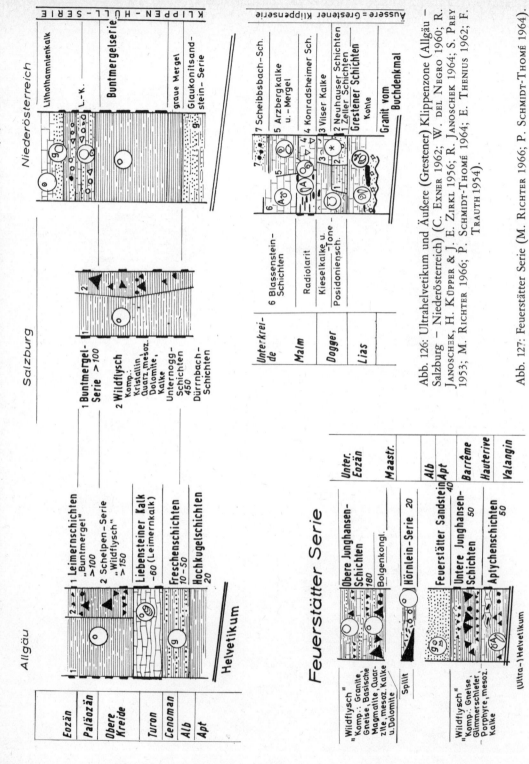

Abb. 126: Ultrahelvetikum und Äußere (Grestener) Klippenzone (Allgäu – Salzburg – Niederösterreich) (C. Exner 1962; W. del Negro 1960; R. Janoschek, H. Küpper & J. E. Zirkl 1956; R. Janoschek 1964; S. Prey 1953; M. Richter 1966; P. Schmidt-Thomé 1964; E. Thenius 1962; F. Trauth 1954).

Abb. 127: Feuerstätter Serie (M. Richter 1966; P. Schmidt-Thomé 1964).

Schichtfolgen der Molasse

Die Schichtfolgen der Molasse ruhen in ihrem alpennahen Teil auf helvetischem Untergrund, der dann unter der Molasse in die Gesteinsserien des außeralpinen Bereichs mehr oder minder merklich übergeht. Auf Abb. 128 und 129 werden nur die tertiären, also die eigentlichen Molasse-Schichtglieder dargestellt. Auf deren mesozoischen Untergrund dagegen wird nur auf den paläogeographischen Karten etwas näher eingegangen.

Die alpenrandnahen Bereiche der Molasse, die zudem tektonisch in den Alpenkörper als Faltenmolasse (subalpine Molasse) einbezogen wurden, zeigen besondere lokale Beeinflussung durch die zentripetalen Sedimentschüttungen, die von den als Gebirge aufsteigenden Alpen ausgingen. Die subalpine Molasse ist auf Abb. 128 schematisch zusammengestellt, die nördlich anschließende nicht gefaltete Vorlandsmolasse (Mittelländische Molasse der Schweiz) auf Abb. 129. Die Molasse des Rhônebeckens und von Savoyen ist schon auf Abb. 105 und 106 mit berücksichtigt. Über die Molassebildungen im Val d'Illiez vgl. S. 372 und Abb. 107.

Schichtfolgen des inneralpinen Tertiärs

Das Jungtertiär (Neogen) greift von Osten und Südosten her mit klastischer Sedimentation auf die Ostalpen über, meist mit limnisch–fluviatilen Bildungen, aber auch brackisch oder vollmarin. In den Randbereichen kommt es zur flächenhaften Ablagerung, in den Alpen selbst zur Bildung kleiner oder größerer Becken. Nur für die größeren zusammenhängenden Bereiche werden auf den Abbildungen 130–133 schematische Profile angeführt. Über weitere einzelne Vorkommen von inneralpinem Tertiär vgl. S. 125.

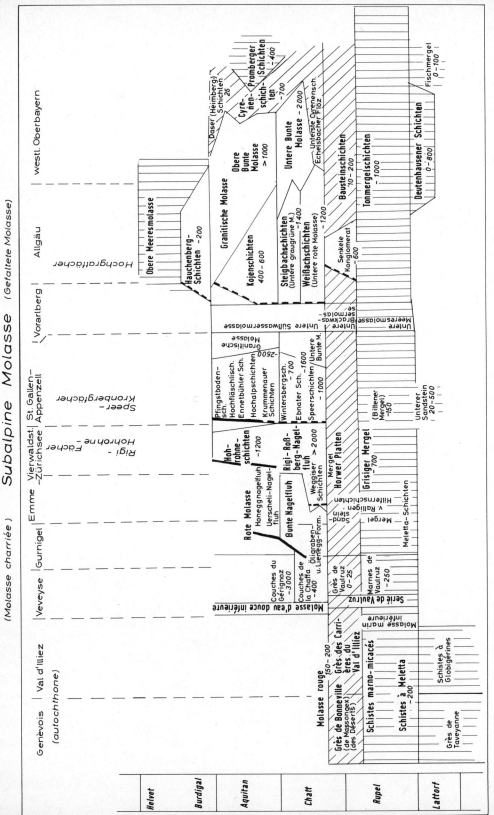

Abb. 128: Subalpine Molasse (P. Bearth & A. Lombard 1964; R. V. Blau 1966; K. Boden 1925; A. Buxtorf 1951; A. Buxtorf, L. Bendel & J. Kopp 1941; L. W. Collet 1955; W. Fischer 1960; H. Fröhlicher 1931; O. Ganss & P. Schmidt-Thomé 1955; U. Gasser 1968; K. Habicht 1945; H. Hagn 1967; H. Hagn & O. Hölzl 1952; H. A. Haus 1937; A. Holliger 1955; R. Janoschek 1963; W. Liechti 1928; L. Mornod 1949; F. Muheim 1934; A. Ochsner 1935; A. Papp 1963; H. H. Renz 1937; M. Richter 1966; F. Saxer 1938; S. Schiemenz 1960; P. Schmidt-Thomé 1962, 1960/1963, 1964; J. W. Schroeder & C. Ducloz 1955; J. Speck 1953; W. Stephan 1964; H. Tanner 1944; W. Zeil 1953; H. K. Zöbelein 1962; H. K. Zöbelein, F. Goerlich & H. C. G. Knipscheer 1957).

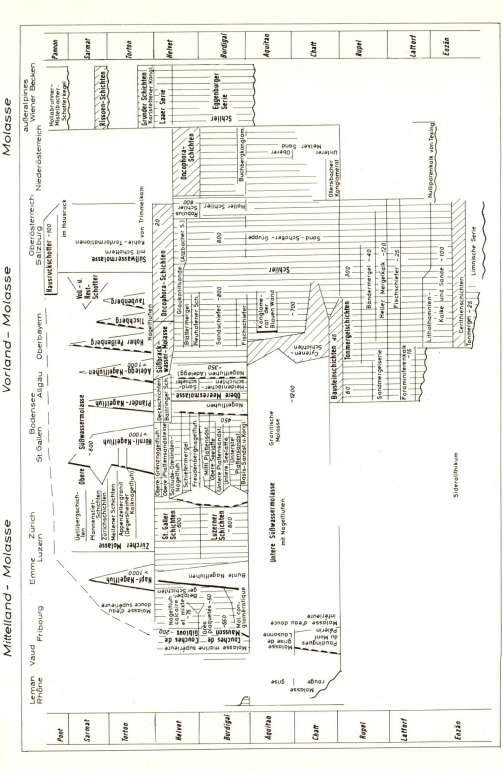

Abb. 129: Mittelland-Molasse – Vorland-Molasse – Molasse (G. ABELE, B. BESCHOREN, R. DEHM e.a. 1955; F. ABERER 1958, 1962; F. ABERER & E. BRAUMÜLLER 1949; P. BEARTH & A. LOMBARD 1964; U. P. BÜCHI 1950, 1955, 1958, 1959, 1960; A. BUXTORF 1951; A. BUXTORF & W. NABHOLZ 1957; L. W. COLLET 1955; G. DELLA VALLE 1965; W. DEL NEGRO 1949, 1960; H. FÜCHTBAUER 1958; F. HOFMANN 1951, 1960; R. JANOSCHEK 1963; K. LEMCKE, W. v. ENGELHARDT & H. FÜCHTBAUER 1953; W. LIECHTI 1928; L. MORNOD 1949; A. PAPP 1959; N. PAVONI 1957, 1960; J. SPECK 1953; W. STEPHAN 1964; H. TANNER 1944; E. THENIUS 1962; F. TRAUB 1948; E. VOLZ & R. WAGNER 1960).

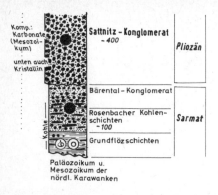

Abb. 130: Klagenfurter Becken (R. Janoschek 1963; F. Kahler 1953).

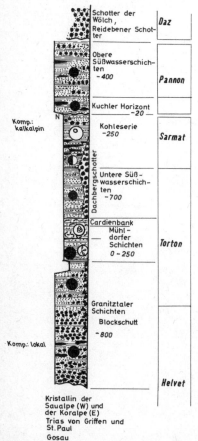

Abb. 131: Lavanttaler Becken (P. Beck-Mannagetta 1952, 1964; R. Janoschek 1963).

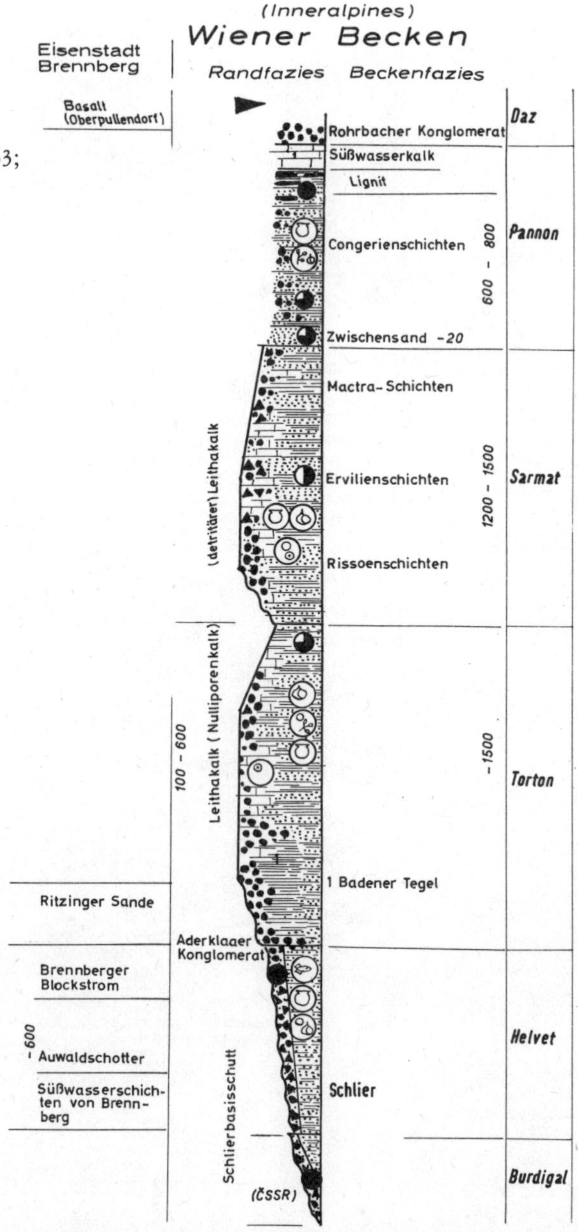

Abb. 132: Inneralpines Wiener Becken (G. Götzinger, R. Grill, H. Küpper e.a. 1954; R. Janoschek 1963; H. Küpper 1965; A. Papp 1951, 1956, 1959, 1963; E. Thenius 1962).

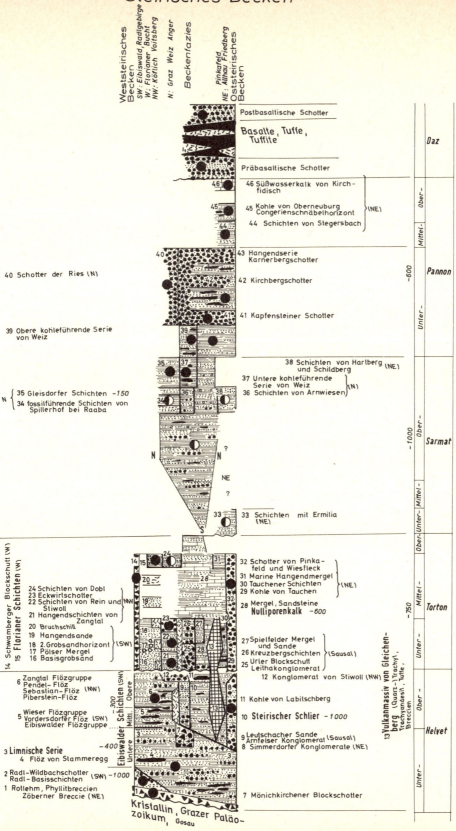

Abb. 133: Steirisches Becken (H. Flügel 1961; H. Flügel & H. Heritsch 1968; R. Janoschek 1963; K. Kollmann 1965; A. Papp 1959; A. v. Winkler-Hermaden 1951).

Paläogeographie

Wie in den Kapiteln über den tektonischen Bau der Alpen gezeigt wird, liegen dort Gesteinskomplexe, die ursprünglich übereinander im stratigraphischen Verband entstanden sind, jetzt nebeneinander, oft räumlich weit getrennt. Umgekehrt sind Gesteinsserien übereinander anzutreffen, im tektonischen Verband, die sich ursprünglich räumlich nebeneinander befanden und bildeten. Wenn man also die Ablagerungsräume der alpidischen Gesteinsserien oder auch die Beschaffenheit ihres Grundgebirgssockels rekonstruieren will, müssen die tektonischen Gesteinskörper gedanklich an den Ort ihrer Entstehung zurückgeführt werden. Eine derartige tektonische Abwicklung setzt natürlich voraus, daß die Herkunft der einzelnen Gesteinskomplexe tatsächlich bekannt ist.

Da man umgekehrt bei der tektonischen Zuordnung von Gesteinskomplexen gelegentlich paläogeographische und fazielle Eigenschaften zum Kriterium erhebt, kann natürlich nicht ausgeschlossen werden, daß unter Umständen Zirkelschlüsse gezogen werden, indem man eine Erscheinung mit der anderen und umgekehrt zu beweisen sucht. Einstweilen wird man dagegen nicht viel mehr tun können, als sich dessen bewußt zu bleiben. Im Rahmen der vorliegenden Abhandlung ist es nicht möglich, alle bestehenden Meinungen gegeneinander abzuwägen und damit in Diskussion einzutreten. Der Autor schließt sich – wie er glaubt – wohl der Mehrheit der Alpengeologen an, wenn er bei der Abwicklung der Alpen zugrundelegt, daß Nördliche Kalkalpen nebst ihrer paläozoischen und kristallinen Unterlage südlich der Tauern beheimatet sind.

Abb. 134 stellt den Alpenraum im abgewickelten, also ursprünglichen Zustand dar, wie er bei Transgression der alpidischen Serien seit dem Oberkarbon und bis in die Kreide hinein bestand. Die Heimat der wichtigsten und im stratigraphischen wie tektonischen Teil erwähnten tektonischen Komplexe ist eingetragen. Die in einem besonderen Kapitel beschriebenen paläogeologischen Zonen der Alpen sind umgrenzt (vgl. S. 10). Zur Erleichterung der Orientierung sind die Umrisse der Extern-Massive und der außeralpinen Kristallin-Massive auf den paläogeographischen Karten jeweils eingetragen (vgl. Abb. 134).

Auf Grundlage dieses Grundrisses wurde eine Anzahl von paläogeographischen Karten für zahlreiche stratigraphische Stufen rekonstruiert. Da die paläogeographische Deutung vieler Gesteinsfazies in den Alpen – wie anderswo – nicht sicher ist oder durch die alpidische Metamorphose mehr oder weniger beeinträchtigt wird, können natürlich nur sehr generelle Bilder vermittelt werden. Es empfiehlt sich dringend, bei deren Studium zum Ortsvergleich immer wieder Abb. 134 heranzuziehen. Die stratigraphischen Stufen, für welche eine Darstellung erfolgt, wurden so ausgewählt und teilweise zusammengefaßt, daß sich jeweils einigermaßen vollständige Übersichten über den alpinen Raum gewinnen ließen. Da die stratigraphische Korrelation in den Alpen, besonders in fossilarmen oder metamorphen Serien mit Mängeln behaftet ist, war es zweckmäßig, stratigraphische Stufen so zusammenzufassen, daß Unstimmigkeiten und Unsicherheiten der Gliederung im generellen Bilde untergehen.

Mit Signaturen sind auf den Karten nur die Bereiche versehen, aus denen Daten in Form von überlieferten Gesteinen vorhanden sind oder wo Schichtlücken nachgewiesen sind. Gebiete unsicherer Zuordnung sind gelegentlich zwar ebenfalls eingetragen, dann aber mit besonderer Signatur versehen. Unbekannte Bereiche sind offen gelassen.

Es empfiehlt sich, Einzelheiten im Kapitel über Stratigraphie vor allem bei den dortigen graphischen Darstellungen nachzusehen. Die Profile liegen den paläogeographischen Rekonstruktionen in erster Linie zugrunde. Daneben wurden für das Gebiet der nordalpinen Molasse auch die Ergebnisse von Tiefbohrungen der Literatur entnommen. Entsprechende Zitate finden sich bei den einzelnen Karten. Ferner wurden für etliche Querschnitte durch die Alpen Tabellen entworfen, die den Ablauf der Sedimentation und ihre Fazies verdeutlichen sollen und damit die paläogeographischen Karten ergänzen (Abb. 181–189, vgl. S. 162). Ferner geben die Abb. 200–215 über die ursprüngliche und jetzige Position der tektonischen Einheiten Auskunft.

Die Beschaffenheit des **Sockels** der alpidischen Gesteinsserien zeigt Abb. 135 in genereller Weise. In den tektonisch hochgelegenen Bereichen des *Variszischen (hercynischen)* Gebirges wurde das voralpidische Grundgebirge bis in tiefere Stockwerke der Metamorphose (Gneise, Migmatite, Intrusiva) entblößt. In tektonischer Tieflage wurden dagegen die weniger metamorphen Serien vor Abtragung und Metamorphose eher bewahrt und sind in die alpidische Aera und zum Teil bis heute erhalten geblieben. Abb. 135 zeigt also die großen Synklinal- und Antiklinalstrukturen des Alpenraums, wie sie unter der alpidischen Transgression fixiert worden waren.

Der südalpine Sockel wird weithin vom Phyllit-Stockwerk eingenommen. Gneise finden sich vor allem im Seengebirge und in den Bergamasker Alpen (Catena orobica), hercynische granitische Intrusiva bei Baveno westlich des Lago Maggiore sowie am Cima d'Asta-Massiv am Südrand der Dolomiten. Weitere mögen sich unter mesozoischen Sedimenten verbergen.

Die Karnischen Alpen zeichnen sich wie Teile des oberostalpinen Bereichs durch Verbreitung paläozoischer Sedimente aus. Diese Zonen haben, wie ein Blick auf die folgenden Karten zeigen wird, ihre Tendenz zu tiefer Lage auch über die Wende Paläozoikum/Mesozoikum hinaus beibehalten. In den karnischen Alpen transgredieren die Auernig-Schichten des Oberkarbon über variszisch gefalteten Untergrund und auch fast das ganze Perm ist vorhanden und marin entwickelt (Abb. 136).

Im Oberostalpin wird das ältere Paläozoikum ebenfalls von Oberkarbon überlagert, das allerdings im ganzen mehr randliche Fazies zeigt mit Molasse-Charakter. Im Norden und Westen der ostalpinen Synklinalzone transgrediert Permomesozoikum unmittelbar auf Gneisen und Phylliten. Diesen Bereich scheidet A. TOLLMANN als sog. „*Mittelostalpin*" aus. Es scheint, als ob die direkte Fortsetzung dieser Zone im Westen sich in das Seengebirge der Südalpen hineinzieht. Auch in dieser Hinsicht erweisen sich also süd- und ostalpiner Raum als eine Einheit.

Auch im Unterostalpin bilden Phyllite (Quarzphyllit, „Casanna-Schiefer" des Engadin) weithin die Unterlage der alpidischen Sedimentserien. Im penninischen Raum bestand der Sockel wohl überwiegend aus Gneisen mit variszischen Intrusiven, die heute freilich alpinmetamorph oder migmatisch regeneriert vorliegen. Paläozoische Sedimentserien sind aber im Briançonnais (Mittelpenninikum der Westalpen) mit ihrem zum Teil kohleführenden Oberkarbon anzuführen. Ein Teil der auch dort verbreiteten und im Wallis so genannten phyllitischen „Casanna-Schiefer" dürfte metamorphes Permocarbon sein. In enger räumlicher Nachbarschaft, vielleicht ursprünglich im Zusammenhang, stehen die Oberkarbon-Gesteine des Dora-Maira-Massivs und die grobklastischen Innenmolasse-Bildungen (zum Teil ebenfalls mit Kohlen) der Extern-Massive. Ein Blick auf Abb. 135 und auf geologische Karten zeigt, daß die Vorkommen und Oberkarbon in den Westalpen nur zum Teil parallel zu dem Verlauf der Gebirgskomplexe streichen, die sich im Laufe der alpidischen Tektogenese individualisiert haben. Daß der Sockel der Extern-Zonen und des penninischen Raums noch mehr, kleinere oder größere Innensenken enthielt, zeigen beispielsweise Oberkarbon-Vorkommen in der Tambo-Decke in Graubünden und auch im dortigen Unterostalpin.

Die Beschaffenheit des Sockels im nordpenninischen und helvetischen Bereich der Ostalpen ist der Beobachtung nicht zugänglich. Auch hier dürfte es sich überwiegend um praevariszische Gneise mit variszischen Intrusiven handeln, genau wie im außeralpinen Raum unter der Molasse, wo ebenfalls oberkarbonische Innenmolasse und klastisches Perm angebohrt wurden.

Insgesamt machen sich also weite Teile des späteren Penninikums wie das Helvetikum als Antiklinalzone kenntlich. Es wird sich zeigen, daß die Tendenz zur Hochlage bis zum Jura anhält.

Um Mißverständnissen vorzubeugen sei betont, daß die auf Abb. 135 charakterisierten Zonen selbstverständlich eine mehr oder weniger betonte Innenstruktur aufwiesen. So finden sich z. B. im Bereich mit sedimentärem, wenig metamorphem Paläozoikum ehemalige Sattelzonen, in denen die alpidischen Serien über Gneis oder variszischen Granit transgredierten. Solche Einzelstrukturen sind auf der Karte nicht eingetragen. Sie gibt, wie erwähnt, nur ein generelles Bild.

Die Entwicklung im **Perm** ist auf Abb. 136 skizziert. Wie schon oben und auf S. 11 erwähnt ist eine fast durchgehend marine Entwicklung nur im östlichen Teil der Südalpen nachzuweisen, die von Südosten her in den alpinen Raum hereingreift. In weiten Bereichen der Südalpen wie auch des Oberostalpins ist darüber hinaus dann wenigstens der obere Teil der Perm-Formation salinar entwickelt, während älteres Perm fehlt oder (grob-)klastisch entwickelt ist.

Im übrigen Alpenraum herrscht wie auch sonst in West- und Mitteleuropa eine festländische klastische Rotsedimentation in örtlich begrenzten und nicht stets alpin streichenden Innensenken des variszischen Gebirges, das zunehmend reliefärmer wird. Zu diesen Serien gehört der („alpine") *Verrucano* mit Breccien und Konglomeraten (Fanglomeraten), die vor allem in den Zentralalpen mehr oder weniger metamorph überliefert sind. Auch im Raum von Helvetikum und Penninikum, wo eine Beobachtung nicht überall möglich ist, dürften über die eingezeichneten Permtröge hinaus noch weitere vorhanden gewesen sein.

Sehr mächtige klastische Serien, die sogar basische Vulkanite enthalten, beherbergt ein Sedimentationstrog im Briançonnais, der schon im Oberkarbon erwähnt wurde (vgl. S. 103). Diese grabenartige Synklinale wird dann im Mesozoikum über lange Zeit als horstartige Schwelle in Erscheinung treten (vgl. unten).

Porphyr-Vulkanismus ist wie andernorts in der Permzeit auch in den Alpen allgegenwärtig. Besonders mächtige Komplexe sind der Bozener Quarzporphyr, die Porphyre und Porphyrite des Seengebirges und die *„Besimaudite"* im Briançonnais von Ligurien.

Die **Untere Trias** (Scyth/Werfen) läßt den alpidischen Raum schon klarer in Erscheinung treten als das Perm (Abb. 137), wenngleich weite Gebiete der späteren Alpen noch frei von Sediment bleiben. Einen Bereich mit mächtiger Entwicklung feinklastischer und teilweise carbonatischer mariner Flachwassersedimente im Ostteil der Südalpen und des Oberostalpins (*„Werfener Schichten"*) steht eine Randzone mit dem gröber klastischen roten Buntsandstein (*„Servino"* der Südalpen) im westlichen Teil der genannten Gebiete gegenüber, wobei die Beckenfazies im Laufe der Zeit randlich übergreift. Dieselbe Erscheinung ist im Buntsandstein des germanischen Beckens zu beobachten, das sich im Laufe der Zeit auch gegen die Alpen zu ausweitet.

Wie im Oberkarbon und im Perm ist also die Subsidenz des Untergrundes im Ostteil von Süd- und Ostalpin am stärksten.

Teile des späteren unterostalpinen Raums und vom Penninikum gehören ebenfalls zum Randbereich des Beckens der Ostalpen. Viele Quarzite in den entsprechenden Gesteinsserien sind allerdings nicht rot gefärbt. Möglicherweise ist dies auf Entfärbung, etwa bei der späteren alpidischen Metamorphose zurückzuführen, die diese Serien meist mitgemacht haben. Es ist aber auch nicht ausgeschlossen, daß diese Quarzite als Sandsteine erst zur Muschelkalk-Zeit, also in der Mittleren Trias abgesetzt wurden.

In den Extern-Zonen der Alpen, wie im Untergrund des Molasse-Beckens und im Rhônebecken wurde Buntsandstein nicht abgelagert. Diese Gebiete gehören mindestens zu Beginn der Unteren Trias mit zu den sedimentliefernden Gebirgen, auf welche der Buntsandstein zunehmend übergriff, obwohl vom germanischen Becken her wie auch aus alpinen Sedimentationsräumen.

In der Übergangszeit von der Unteren zur Mittleren Trias fand in den Alpen wie im **Röt** des germanischen Beckens eine salinare Entwicklung statt, die sich in den Alpen in zahlreichen Rauhwacken-Vorkommen in diesem stratigraphischen Niveau äußert. Ob diese Vorkommen alle völlig gleichzeitig entstanden sind, ist natürlich nicht erwiesen. Wenn man sie aber auf einer Karte (Abb. 138) vereint, ergibt sich ein bezeichnendes Bild.

Mit dem Einzug der Salinar-Fazies war wohl eine Schrumpfung des marinen Sedimentationsraumes verbunden. Die Verbreitung von Sedimenten aus dieser Zeit („Röt" des germanischen Beckens) bleibt nämlich hinter der des übrigen älteren Buntsandsteins zurück. Im südalpinen Raum, der sich schon im Ostteil seit dem Oberkarbon als Absenkungsbereich kenntlich macht, bleibt die Entwicklung wohl durchgehend vollmarin. Im Grenzbereich zum nördlich anschließenden Oberostalpin sind aber Regressionen zu vermuten, weil der nachfolgende Untere Muschelkalk dort konglomeratisch entwickelt ist (Abb. 139).

Die Außengrenze des Ablagerungsraums konnte nicht rekonstruiert werden. Deshalb wurde die des Scyth aus Abb. 137 einfach übernommen. Im Gebiet zwischen dieser Außengrenze und der auf Abb. 138 eingetragenen bekannten Verbreitung von Rauhwacken dürften vielerorts klastische Ablagerungen in der betreffenden Zeit entstanden sein, die jedoch stratigraphisch nicht sicher auszugliedern sind.

Die Stufen der Mittleren und Oberen Trias der Alpen sind auf den Abb. 139–142 mit einzelnen stratigraphischen Abteilungen der germanischen Trias gleichgesetzt. Es muß dazu betont werden, daß diese stratigraphische Korrelation natürlich nur sehr lose sein kann, weil biostratigraphische Übereinstimmungen beider Fazies-Bereiche nur in ganz kurzen Zeitabschnitten bestanden.

Die Stufe des **Anis,** vor allem dessen ältere Zeile, wird auf Abb. 139 mit dem *Unteren Muschelkalk* des germanischen Bereichs zusammen dargestellt. Im Vergleich zur Unteren Trias tritt eine wesentliche Veränderung der Paläogeographie des Alpenraums ein: Weite Teile der späteren Westalpen werden in den germanischen Ablagerungsraum einbezogen und die Verbindung dieses Raumes mit dem der Ost- und Südalpen endgültig hergestellt. Diese Verbindung erstreckte sich über den Bereich der schweizerischen Extern-Massive und den anschließenden penninischen Raum hinweg und sollte für lange Zeit stabil bleiben, wie die folgenden paläogeographischen Karten zeigen werden.

Der Ostalpenraum stand dagegen mit dem germanischen Becken nicht in direktem Zusammenhang. Er wird durch einen Vorsprung kristallinen Grundgebirges – von der Böhmischen Masse her gegen die Extern-Massive der Westalpen zu verlaufend – das von GÜMBEL so genannte *„Vindelizische Land"* abgetrennt. Dieses Vindelizische Land behält seine Bedeutung in mehr oder weniger verändertem Umriß bis in die Jurazeit bei.

Auf Abb. 139 wird von der Annahme ausgegangen, die basalen Trias-Sandsteine im Helvetikum *(Melser Sandstein)* entsprächen altersmäßig den Sandsteinen im außeralpinen Unteren Muschelkalk *(„Muschelsandstein")*. Nach dieser Annahme hätte das ständige randwärtige Übergreifen der Sedimentation im süddeutschen Raum den Bereich der schweizerischen Extern-Massive erst während des Muschelkalks erreicht (vgl. M. FRANK 1930, R. TRÜMPY 1960). Möglicherweise ist jedoch der Melsersandstein älter und entspricht jüngeren Teilen des Buntsandsteins (R. TRÜMPY 1960). Die Darstellungen auf Abb. 137 und 139 wären dann entsprechend zu revidieren.

Mächtigste Entwicklung zeigt das Anis im ost- und südalpinen Bereich, wo sich ein im ganzen wohl flaches Meer über einer weitgespannten *„platform"* erstreckte, die sich dann während der Trias-Zeit meist in dem Maße absenkte, daß carbonatische Flachwasser-Sedimentation die Subsidenz ausgleichen konnte. Im Anis zeigt sich eine Differenzierung der Fazies in wohl flachere Bereiche mit Crinoiden-Kalken mit Muscheln und Brachiopoden mit salinarem Einschlag und in Zonen tieferen Wassers oder ferner der Küste mit Cephalopoden- und Brachiopoden-Kalken, die z. T. knollig oder bituminös sind. Anfänge von Riff-Bildungen, an deren Aufbau vor allem Algen (Diploporen) beteiligt sind, finden sich schon im Anis, meist auf anfänglichen „Muschelkalk"-Bildungen. In den Südalpen erweist sich diese Riff-Fazies örtlich als Durchläufer durch mehr oder weniger große Abschnitte der Trias, ebenso später auch im Oberostalpin der Nördlichen Kalkalpen, was die stratigraphische Trennung der Serien erschwert oder vereitelt (vgl. entsprechende Darstellungen im stratigraphischen Teil).

Sedimentstrukturen, die dem Unteren Muschelkalk des germanischen Beckens den Namen *„Wellengebirge"* eingetragen haben (Wellenrippeln aller Arten, Strömungsmarken und -Rillen, subaquatische Gleiterscheinungen), daneben auch Sigmoidal-Klüftung finden sich oft auch im alpinen Bereich, besonders in den randlichen Zonen mit geringmächtiger Entwicklung des Anis, z. B. in den externen und internen Westalpen.

Die ostalpine Entwicklung mit biogenen Kalken greift von Osten her bis in den mittelpenninischen Raum der Westalpen (Briançonnais) vor, im Niçois sogar in externe Bereiche. Die Grenze der Fazies-Zonen verlaufen also zu dieser Zeit durchaus nicht parallel zu den paläogeologischen Einheiten, die wir auf unseren Karten eingetragen haben.

Daß der Raum des Ost- und Südalpin in seiner geosynklinalen Entwicklung schon seit dem Oberkarbon und Perm den übrigen Alpen vorauseilt, wurde oben schon erwähnt. Ob man die zwar mächtigen, überwiegend im Flachwasserbildungen entstandenen Carbonatserien der Ost- und Südalpen als geosynklinale Sedimente bezeichnen will, hängt davon ab, welche Definition diesem Begriff zugrundeliegt. Immerhin zeigen sich in den Südalpen im Anis erste Äußerungen eines basischen „*Initial*"-Vulkanismus, der mit Ausläufern auch in den oberostalpinen Bereich hineinreicht (Arlberg-Gebiet, Lienzer Dolomiten).

Besonders auffällig ist das Auftreten einer grobklastischen Fazies am Nordrand der Südalpen *(Muschelkalk-Konglomerat = Conglomerato di Richthofen)*. Sie läßt erkennen, daß in dieser Zeit hier schon Bewegungen abliefen, die zur Exposition älterer Gesteine und deren Abtragung und Transport führten. Es gibt also schon in dieser frühen Zeit eine Differenzierung in süd- und oberostalpinen Raum, obwohl sich die Sediment-Serien aus diesem Bereich während der Trias oft weitgehender ähneln, als man nach den verschiedenen Namen vermuten möchte.

Auf Abb. 140 wird die Entwicklung zur Zeit des Mittleren und Oberen Muschelkalks des germanischen Faziesbereichs verglichen mit der **Ladin**-Stufe der „alpinen" Trias. Inwieweit die erstgenannten Schichten auch noch Teile der anisischen Stufe mit umfassen, soll hier nicht näher erörtert werden.

Das Faziesmuster dieser Zeit ist auf den ersten Blick relativ einfacher: Im Ost- und Südalpin, aber auch im Briançonnais und entsprechenden Bereichen der Westalpen erstreckt sich eine weite Plattform, auf der Carbonate, hauptsächlich unter biogener Mitwirkung abgeschieden wurden. Stetige Subsidenz des Untergrunds führt zur Bildung sehr mächtiger Carbonat-„Klötze", die sich stellenweise mit Beckensedimenten (Bankkalken, terrigene Mergelserien) verzahnen (vgl. M. SARNTHEIN 1966, 1967). In den Südalpen führt Stagnation in solchen Becken zur Bildung bituminöser Gesteine (vgl. Abb. 9).

Der basische submarine Vulkanismus der Südalpen erreicht zu dieser Zeit seine Kulmination. Auch jetzt wird der oberostalpine Raum nur von dessen Ausläufern erreicht.

Die Carbonat-Plattform schloß das Becken des germanischen Muschelkalks vom offenen Meer der Tethys ab. Diese Absperrung des germanischen Binnenmeeres äußert sich dort in mangelhaftem Wasseraustausch mit entsprechenden Folgen: Salinarentwicklung des Mittleren Muschelkalks, artenarme Fauna im Oberen Muschelkalk in Anpassung an extreme Temperatur- und Salinitätsverhältnisse. Immerhin war der Wasseraustausch zwischen Ozean und germanischem Faziesraum zur Muschelkalk-Zeit doch noch so gut, daß wenigstens der Carbonat-Nachschub aus kälteren Bereichen des Weltmeeres gewährleistet war. Während des Keupers kam die Zirkulation dann weitgehend zum Erliegen.

Inwieweit die Extern-Massive damals eine Hebungstendenz zeigten, die zur Ausbildung einer Schichtlücke oder gar Abtragung führten, läßt sich nicht sicher entscheiden. Möglicherweise bestanden Inselkränze schon zu dieser Zeit auch im internen Teil des Mittelpenninikums *(Zone von Acceglio-Longet* des Briançonnais und *Hochstegen-Zone* der Tauern).

Die Stufe des **Karn** (Abb. 141) zeichnet sich durch weite Verbreitung der terrigenen und teilweise salinaren Keuper-Sedimentation auch im Alpenraum aus. Die germanische Innenbecken-Fazies schiebt sich also allenthalben gegen die Tethys vor. Carbonat-Sedimentation zog sich in Restbereiche mit guter Wasserzirkulation im Kerngebiet des ost- und südalpinen Absenkungsraums zurück.

Die Fazies des germanischen *Gipskeupers* überzieht den außeralpinen mittel- und west- bis südwesteuropäischen Raum ebenso wie weite Teile der Westalpen, wo sich besonders mächtige Gips- und Rauhwacken-Serien im Briançonnais und Subbriançonnais finden. Vermutlich war auch Steinsalz ursprünglich verbreitet. Die großen Gips-Massen in diesen südwestlichen Randbereichen der germanischen Trias sind möglicherweise in einer Flachwasserzone starker Sedimentabscheidung („Anhydrit-Wall") entstanden, die sich an der Verbindungspforte zum offeneren Meer befand. Dort wurde zuströmendes Wasser stark erwärmt und ein Großteil des Gelösten durch Ausfällung entzogen. Im Laufe der späteren tektonischen Ereignisse erlangten die erwähnten Salinargesteine der internen Westalpen große Bedeutung als Haupt-Abscherungshorizont (vgl. S. 277). Teilweise dürfte ihre große Mächtigkeit auch auf eine diapirische Anhäufung zurückzuführen sein.

Der *Schilfsandstein* des Germanischen Beckens wurde (wie der etwas ältere Sandstein des *Lettenkeupers*) als Delta-Bildung ins flache Gipskeuper-Meer von Norden her aus dem baltisch-skandinavischen Raum geschüttet (P. WURSTER 1964). Seine in Strängen *("strings")* angeordneten Strömungskörper kann man bis an das Aare-Massiv verfolgen. Sandsteine entsprechender Fazies und Fossilinhalts (*"Grès à Equisetites"*) treten auch in der Bedeckung des Belledonne-Massivs und in der *"Nappe des Gypses"* (vgl. S. 277). über dem Briançonnais im Verband mit den oben erwähnten Gipsmassen auf. Sehr wahrscheinlich gehören auch diese Vorkommen zum großen Schilfsandstein-Delta.

Auch im ostalpinen Raum nehmen in den allgemein verbreiteten *Raibler Schichten* terrigene und zum Teil salinare Einflüsse weitgehend Platz. Am Nordrand des Oberostalpins findet sich der gegen Süden auskeilende *Lunzer Sandstein,* der sowohl faziell wie seiner stratigraphischen Stellung nach eine gewisse Ähnlichkeit mit dem Schilfsandstein aufweist. Ein Zusammenhang mit letzterem ist aber nicht wahrscheinlich, eher muß ein Antransport von Nordosten angenommen werden.

Im übrigen sind *Raibler Sandsteine* sowohl im nördlichen wie im südlichen Teil der Nördlichen Kalkalpen anzutreffen, wie Untersuchungen von H. JERZ 1965 gezeigt haben. Danach ist mit klastischen Einschüttungen sowohl mit nördlicher wie auch mit südlicher Komponente zu rechnen. Etwa im Streichen verläuft mitten in den westlichen Kalkalpen eine Zone maximaler Mächtigkeit (300 – 500 m). Damit gibt sich der ursprüngliche Ablagerungsraum als eigenständiges Becken zu erkennen und hebt sich vom südalpinen Bereich ab. Auch dort sind Raibler Sandsteine anzutreffen.

Stellenweise geht allerdings das Profil der oberost- und der südalpinen Trias in Carbonat-, vor allem in Algenriff-Fazies von der ladinischen bis in die norische Stufe durch (vgl. entsprechende stratigraphische Darstellungen). Der stets vorhandene stärkere Einschlag von Carbonat-Sedimentation zeigt sich auch im Auftreten von Oolithen. Der Vulkanismus der Südalpen klingt ab, zeigt aber immer noch Ausläufer bis ins Unterostalpin des Engadins.

Eine „hochmarine" Cephalopoden-Fazies wird in der karnischen Stufe nur durch die *Hallstätter Kalke* und die terrigenen *Halobienschichten* repräsentiert, die sich mit den Flachwasserbildungen der Ostalpen und nördlichen Südalpen verzahnen.

Während der **Norischen Stufe** (Abb. 142) zieht sich die terrigene bunte Keuper-Fazies wieder zurück. *Keuper* in Gestalt roter oder bunter Tongesteine ist anzutreffen im Untergrund des westlichen Molassebeckens, in der Umrandung sämtlicher Extern-Massive und bis in den ostalpinen Raum hinein. Vom Vindelizischen Land gehen Schüttungen grobkörniger Arkose-Sandsteine (*"Stubensandstein"* in Süddeutschland) fluviatil in das süddeutsche Keuperbecken. Ähnliche (geringmächtige) Sandsteine findet man auch im Helvetikum, das südlich des Aare-Massivs abgelagert wurde (z. B. in den *Quartenschiefern* der Axendecke am Klausenpaß). Sofern sie nicht zur Schüttung des Vindelizischen Landes gehören, könnten sie auch vom Aare-Massiv selbst stammen, das in diesem Falle also schon während des höheren Keupers Sediment geliefert hätte und vielleicht im Zusammenhang mit dem Vindelizischen Land stand.

Entsprechende Sandschüttungen am Südrand des Vindelizischen Landes kennt man bisher nicht. Vielleicht sind die Verbreitungsgebiete noch nicht aufgeschlossen (Helvetikum und Nordpenninikum der Ostalpen?) oder war die morphologische Gestaltung oder die Klimaverhältnisse (Regenschatten) am Südrande dieses Gebirges so, daß keine nennenswerten grobklastischen Schüttungen zustandekamen.

Für den Keuper der Dauphiné ist das Auftreten von basischen Eruptiva charakteristisch, wie man sie auch im germanischen Keuper der Iberischen Halbinsel antrifft.

Im ostalpinen und südalpinen Raum sind wieder Carbonate weit verbreitet, die auf der absinkenden Plattform überwiegend im Flachwasser entstanden und durchweg sehr mächtig sind. Riffkalke und Begleitgesteine sind vor allen Dingen am Rande der Plattform gegen Bereiche tieferen und damit nährstoffreicheren Wassers verbreitet. Der Faziesraum der *Hallstätter* Cephalopodenkalke ist auf Abb. 142 nur generell, auf Abb. 143 für den mittleren Teil der Nördlichen Kalkalpen detailliert dargestellt. Man nimmt heute an, daß die Hallstätter Kalke zwischen den Bereichen der Dachsteinkalke usw. abgelagert wurden und nicht in einem geschlossenen Gebiet südlich (H. ZANKL 1967, W. SCHLAGER 1967).

Wo sich auf der Plattform des Hauptdolomits kleinere und wahrscheinlich nur sehr flache Depressionen befanden, kam es durch Schwereschichtung des Wassers zur Stagnation und zum Absatz bituminöser Gesteine.

Die Verzahnung der Plattform-Carbonate mit den *Red-Bed*-Gesteinen des germanischen Keuper-Beckens ist an verschiedenen Stellen unmittelbar zu beobachten: hauptsächlich im **Unterostalpin** des Engadins, daneben aber auch in den ursprünglich zwar unmittelbar benachbarten, heute aber in oberostalpiner Position und am nördlichen Kalkalpenrand anzutreffenden Allgäu- und Frankenfelser Decken. Am Südrand des Vindelizischen Landes war wohl eine schmale Randzone mit germanischem Keuper entwickelt, der heute metamorph in der penninischen Schieferhülle der Tauern anzutreffen ist. Grobklastische Schüttungen sind aber erst am **Semmering** wieder im Unterostalpin nachzuweisen.

Im **Piemontese** findet man in den Westalpen stellenweise eine ostalpine Entwicklung, auch verzahnt mit Keuper. Nach wie vor zeigt also dieser Raum eher ostalpine als penninische Züge.

Für das **Rät** ist aus verschiedenen Gründen keine Übersichtskarte entworfen worden. Sein Nachweis ist in weiten Teilen der Alpen nicht möglich, obwohl man sein Vorhandensein in vielen Profilen doch sicher vermuten darf. Hier läßt sich das Rät am ehesten als eine Zeit des Übergangs von Trias zu Jura beschreiben, was auch für außeralpine Gebiete zutrifft.

Im Ost- und Südalpin beginnt sich auf der vorher doch verhältnismäßig starren Carbonat-Plattform wohl infolge unterschiedlicher Subsidenz eine Differenzierung in Schwellen- und Beckenbereiche einzustellen, die in einem bunten Faziesmuster und schwankenden Mächtigkeiten zum Ausdruck kommt. Eine Teilkarte (Abb. 144) für den westlichen Teil der **Nördlichen Kalkalpen** zeigt dies deutlich: mit der Dachsteinkalkfazies setzt die entsprechende bioklastische Sedimentation aus der Norischen Stufe fort. Riffgesteine mit Korallen und Kalkschwämmen auf Schwellenzonen verzahnen sich mit Oolithen. In den Becken mit einer Cephalopoden-Fazies beginnt dagegen mit den *Kössener Schichten* (Bankkalke und Mergellagen) schon ein terrigener Einschlag, der sich in den mächtigen Allgäuschichten des Unteren und Mittleren Jura fortsetzen wird.

Als Folge der eben geschilderten Verhältnisse kann man im Grenzbereich Rät/Lias der Nördlichen Kalkalpen typische Profilentwicklungen unterscheiden, die aus Abb. 145 zusammengestellt sind.

Auch in den **Südalpen** findet man ähnliche Verhältnisse. Stellenweise ist Rät nicht nachweisbar, wobei es möglicherweise fehlt oder im Hauptdolomit verborgen sein dürfte, wie in den *„Carniolas"* der Iberischen Halbinsel. Andernorts trifft man mächtige carbonatische Serien mit bioklastisch-oolithischen Gesteinen. Der terrigene Einfluß ist hier geringer als im Oberostalpin.

Inwieweit im penninischen Raum die Bündnerschiefer auch schon rätische Anteile enthalten, kann nur schwer abgeschätzt werden. Für das Piemontese wird ein Beginn der Bündnerschieferbildung schon in der oberen Trias wenigstens örtlich für möglich gehalten.

Für die Westalpen und die Externzonen wird auf die Einzelprofile im stratigraphischen Teil hingewiesen.

Zusammenfassend kann die paläogeographische Entwicklung von Perm und Trias wie folgt charakterisiert werden: Nur in Teilen der Ostalpen (Oberostalpin und teilweise Unterostalpin) sowie in den Südalpen kommt es zur Ausbildung zwar sehr mächtiger, in der Trias meist carbonatischer Serien. Diese wurden zum größten Teil als Flachwasser-Bildungen auf stetig sinkendem Untergrund abgesetzt. Die Senkungstendenz eilt in den östlichen Teilen von Ost- und Südalpin generell voraus, während die randlichen Bereiche im Norden und Westen nur zögernd einbezogen werden.

Seit der Mittleren Trias ist das germanische Innen-Becken über die Westalpen-Bereiche hinweg mit dem ost- und südalpinen Sedimentations-Becken verbunden. Bildungen beider Faziesbereiche verzahnen sich, wobei sich die germanische Fazies im Karn (Gipskeuper) am weitesten alpeneinwärts verschiebt, während im Anis und Ladin die „alpine" Fazies am weitesten gegen und in den germanischen Raum vordringt, weil damit die Zirkulation im germanischen Becken lebhaft genug wird, daß sich Muschelkalk-Sedimentation einstellen kann. Sonst wird das germanische Becken von einer zwar meist marinen aber tonig-salinaren *Red bed*-Fazies *(„Keuper")* eingenommen.

Was man als eigentliche „Alpine" Trias bezeichnet, findet man nach allem Vorhergehenden nur im Ostalpin und Südalpin, gelegentlich auch im internen Penninikum der Westalpen. Der Ausdruck *„alpin"* ist also nicht gerade glücklich gewählt, der darüber hinaus gebräuchliche *„pelagisch"* ist auch nicht treffend oder gar irreführend, nachdem man weiß, daß ost- und südalpine Trias großenteils aus Flachwasserbildungen besteht. Am besten wäre es, von „ost- und südalpiner Trias" zu reden, wenn man sie in Gegensatz zur germanischen Innenbecken-Fazies stellen will.

Die Ablagerung sehr mächtiger Sedimentserien im Ost- und Südalpinbereich zeigen, daß dort das Absinken des Untergrunds in der alpidischen Zeit beginnt, wobei die Subsidenz weitgehend durch die Sedimentation kompensiert wird und Flachwasser-Verhältnisse erhalten bleiben. Als „orogene" Sedimente können die Serien der ost- und südalpinen Trias kaum bezeichnet werden. Andererseits tritt in den Südalpen schon basischer, *„initialer",* untermeerischer Vulkanismus in Erscheinung, der sonst als notwendiges Inventar einer *„Eugeosynklinale"* erachtet wird.

Die **Jurazeit** bringt wie im außeralpinen Raum auch in den Alpen einen großen Umschwung gegenüber der vorhergehenden Trias. Das läßt schon Abb. 146 erkennen, auf welcher der **Lias** zusammenfassend dargestellt ist.

Auffällig sind die terrigenen tonig-mergeligen Serien des Lias, die in den verschiedensten Bereichen der Alpen auftreten. Insbesondere individualisiert sich der interne penninische Raum als Senkungszone, die mächtige Serien von zum Teil sandigen und kalkigen Tongesteinen aufnahm, auch noch im jüngeren Jura und in der Unterkreide, wo dann auch Ophiolithe hinzutreten. Ab Jura trägt also das interne **Penninikum** *„eugeosynklinale"* Züge. Diese terrigenen Sedimente zeigen im Vergleich zum Flysch noch eine verhältnismäßig schlechte mechanische und chemische Entmischung. Heute sind sie fast durchweg metamorph und in starker Verfaltung vorzufinden, die zum Teil wohl schon bald nach der Ablagerung erfolgte: *Bündnerschiefer = Schistes lustrés = Calcescisti.*

Eine ähnliche geosynklinale Entwicklung nahm auch das externe Penninikum (**Valais**) wenigstens und stellenweise schon ab Lias. Das mittlere Penninikum zeigt dagegen teils eine Schichtlücke, teils Lias-Gesteine in unvollständiger Folge und neritischer Schwellenfazies. Nur im **Subbriançonnais** tritt auch eine terrigene Beckenfazies auf. Das eigentliche **Briançonnais** der Westalpen ragte wie die *Hochstegen-Zone* der Tauern über das Meer auf, so daß Trias und auch ältere Gesteine der Abtragung unterlagen. Querschnitte durch das Penninikum der Westalpen finden sich auf den Abbildungen 150–152.

Einzelne Passagen mit Lias-Ablagerung dürften den eigentlichen Briançonnais-Schwellenbereich in einen Inselkranz aufgelöst haben. An der Innenseite des Briançonnais findet sich im Randbereich gegen den *Schistes lustrés*-Trog der „*Lias prépiémontais*" (vgl. S. 50) am Mt. Gondran und im Gebiet der Grande Motte (Vanoise oriental) (Abb. 151—152). Auch die Breccien-Serien der Breccien-Decke und der *Brennkogel-Serie* der Tauern-Schieferhülle sind in dieser Position beheimatet (vgl. unten).

Auch im Oberostalpin kehrt Sedimentation von mächtigen terrigenen Gesteinen in Gestalt der *Allgäu-Schichten* ein. Sie sind in einzelnen mehr oder minder großen Becken abgesetzt worden, die von Schwellen-Zonen durchzogen und voneinander getrennt wurden. Auf oder an den Schwellen setzten sich bioklastische Kalke *("Hierlatz-Fazies"* mit Crinoiden) ab, anfänglich auch Riffkalke (vgl. S. 108 und Abb. 145). Besonders im Dachstein-Gebiet findet man Lias in Hierlatz-Fazies in Klüften des Dachsteinkalks. Die tektonischen Bewegungen, die zur Gliederung des Meeresbodens führten, sind also in einer Zerrungs-Tektonik nachzuweisen.

In den erwähnten Becken-Zonen entstanden neben den terrigenen Allgäu-Schichten auch geringmächtige rote Cephalopoden-Knollenkalke *("Ammonitico-rosso-*Fazies" = *Adneter* Fazies) und Kieselkalke, reich an Spongien-Resten. Die Fazies-Differenzierung als Folge unterschiedlicher Subsidenz und damit Wellung des Untergrunds ist auf Abb. 146 nur schematisch angedeutet, weil eine exakte Abwicklung der Nördlichen Kalkalpen vorerst auf Schwierigkeiten stößt. Der Isopachen-Verlauf der Allgäu-Schichten (Lias und Dogger) im Westteil der Nördlichen Kalkalpen als Beispiel für die geschilderten Mächtigkeits-Schwankungen ist auf Abb. 147 zu finden.

Das Unterostalpin ist im Lias besonders markiert durch die orogenen Breccien, die man im Ober-Engadin findet (Err- und Julier-Decke). Auch die Tasna-Serie des Unterengadiner Fensters enthält solche Breccien *("Steinsberger Lias"),* was als Kriterium für die Zuordnung dieser Serie zum Unterostalpin dienen kann (vgl. aber S. 326). Breccien sind ferner anzuführen von den Tarntaler Köpfen in Tirol und aus den Radstädter Tauern. Die Komponenten bestehen meist aus Trias (Hauptdolomit). Hier, im Unterostalpin muß also seit der Lias-Zeit eine tektonische Bewegungszone bestanden haben, die zum Teil zur Bildung steiler Abbrüche und Abhänge am Meeresboden führte, wo dann die genannten orogenen Breccien entstanden. Diese Abbrüche begrenzen den Nordrand der steifen ostalpinen Trias-Platte, die hier wohl in Kippschollen-Treppen gegen den geosynklinalen Trog der Bündnerschiefer des internen Penninikums absinkt. Die genannten Breccien sind nicht allein auf das Unterostalpin beschränkt, sondern da und dort auch im Oberostalpin der Nördlichen Kalkalpen zu finden (Osterhorn-Kammerkar-Gruppe mit Olistholithkörpern, Graubünden). Bekannt sind auch die Breccien im Lias von Arzo, am Westende der Südalpen bei Chiasso. Nach unserer Karte auf Abb. 146 liegen sie unmittelbar in der streichenden Verlängerung der Breccien-Zonen im Engadin, die nach Südwesten umzubiegen scheint wie der extern anschließende penninische Schistes lustrés-Trog.

Die Breccien wurden also wohl in einer charakteristischen Zone im Grenzbereich von Bündnerschiefer (Schistes lustrés)-Trog und Allgäuschiefer-Verbreitung gebildet. Sie sind heute in verschiedenen tektonischen Großeinheiten (Südalpin, Oberostalpin, Unterostalpin) anzutreffen.

Auch am West- und Nordrand des Piemontese-Troges gegen die Schwellen-Zone des Briançonnais entstanden orogene Breccien während des Lias wie auch später. Das bedeutet, daß auch der interne Abhang des Briançonnais gegen den Piemontese-Trog zeitweilig entlang von Abschiebungsflächen mit steilen Flanken verlief, wie es Abb. 150 (unten) darstellt.

Wenn also die jurassische Geosynklinalzone des Piemontese (= Südpenninikum) an beiden Flanken von solchen streichenden Verwerfungszonen begleitet wird, kann man sie genetisch als Ausweitungsstrukturen und mindestens formell als *„Graben"* bezeichnen. Ausweitung eröffnet dann auch später den basischen Magmatiten den Weg nach oben. Die Schwelle des Briançonnais wird entsprechend von den französischen Geologen als eine *„Horst"*-Struktur dargestellt.

Auch in den Südalpen beginnt mit dem Jura eine Faziesdifferenzierung, die an paläogeologische Strukturen gebunden ist, die sich auch noch später im Mesozoikum abzeichnen. Abb. 149 gibt eine Reihe von schematischen paläogeologischen Querprofilen durch die südalpinen Faziesbereiche.

So ist der Lias im Westteil der Südalpen (Seengebirge und Bergamasker Alpen) mit starkem terrigenem Einschlag versehen und enthält z. B. am Monte Generoso sehr mächtige Kieselkalke. Die Ausbildung gleicht also dem Ostalpin. Abb. 146 zeigt ja auch, daß im Westen Ost- und Südalpen faziell konvergieren, was auch schon oben im Zusammenhang mit den Breccien erwähnt wurde. Im oberen Lias kommen auch rote Cephalopoden-Knollenkalke *(Ammonitico rosso inferiore)* vor. Die tridentinische und Friaul-Schwelle tragen teilweise mächtige neritische Carbonate mit Oolithen. Es handelt sich also um Schwellenzonen, die selbst eine beträchtliche Subsidenz aufweisen mußten, um mächtigen Sedimenten Platz zu schaffen. Der *Trog von Belluno* enthält mächtige graue, dichte, aber auch oolithische Kalke. Diese paläogeologischen Einheiten der Südalpen verlaufen quer zum jetzigen generellen Streichen der Südalpen und ordnen sich in den Verlauf des dinarischen Gebirges der Balkanhalbinsel ein. Vom paläogeologischen Standpunkt könnte man also die Südalpen z. T. aus dem eigentlichen Alpengebirge ausklammern.

Die Extern-Zonen der Alpen zeigen im Lias sehr verschiedene Entwicklung. Teile der heutigen Extern-Massive waren Festland, wie das Alemannische Land im Raum zwischen Aiguilles-Rouges- und Aare-Massiv. Auch in den Massiven der Dauphiné (Belledonne, Pelvoux) und im Argentera-Massiv zeigt sich zumindest lokal eine Tendenz zu tektonischer Hochlage. Dort sind Schwellen-Zonen mit neritischer Fazies und geringer Sedimentmächtigkeit nachzuweisen. Stellenweise transgrediert erst jüngerer Lias (vgl. Abb. 146).

In der Provence ist der Lias kalkig und mächtig entwickelt, während für den Bereich der Dauphiné allgemein mächtige schwarze Mergel- und Tonserien kennzeichnend sind. Dieser Dauphiné-„Trog", dessen Füllung nur bei starker Subsidenz zustandekommen konnte, kann als westliche Verlängerung ultrahelvetischer und nordpenninischer Faziesräume der Schweiz angesehen werden.

Auch das wäre ein Beispiel dafür, daß paläogeologische Strukturen nicht notwendigerweise mit heutigem Bau identisch oder homolog sein müssen. An sich sind die mächtigen Lias-Serien des Dauphinois ihrer Mächtigkeit nach und bis zu einem gewissen Grad auch faziell durchaus mit dem Ausgangsgestein penninischer Bündnerschiefer zu vergleichen. Diese letzteren unterscheiden sich vielleicht in der Hauptsache dadurch, daß sie im internen Alpenbereich noch eine alpidische Metamorphose erfahren haben. So bezeichnete ja auch A. Heim die Lias-Serien am Innenrand des Gotthard-Massivs als *„Gotthardmassivische Bündnerschiefer"*. Sie gehören faziell eher (nicht nach allen Gesichtspunkten) zu den Bündnerschiefern, tektonisch jedoch zur Extern-Zone. Derartige Beispiele vermögen zu zeigen, daß eine allzu strenge fazielle oder tektonische Gliederung der Alpen nur sehr bedingt sinnvoll ist, weil es in den Grenzbereichen stets Übergänge gibt und sich diese Grenzbereiche überdies im Laufe der alpidischen Zeit auch noch räumlich verlagern.

Nördlich des schon erwähnten *Alemannischen Landes* ist der Lias in *„schwäbischer"* Fazies entwickelt. Es finden sich dort tonige und kalkige Serien geringer Mächtigkeit. Von Norden her transportierte Sandsteine sind im Unteren Lias eingeschaltet. Auch auf der Südseite des Alemannischen Landes ist ein Streifen mit solchen Sandsteinkörpern vorhanden, die wohl im Strandversatz transportiert wurden. Nach Süden geht dieser helvetische Lias in die Serien des Gotthard-Massivs und schließlich in die nordpenninischen Bündnerschiefer über, wobei sich zwischen Glarner Lias-Becken und dem tiefpenninischen Valais-Trog eine ultrahelvetische Schwelle einschiebt (Abb. 115). Die Mächtigkeit der Sandsteinkörper nimmt nach Süden zu ab, wo dann im penninischen Bündnerschiefer-Bereich — wie oben schon erwähnt — die mechanische und chemische Entmischung bei der Sedimentation viel geringer ist (vgl. S. 376).

Ob das Alemannische Land zu Beginn der Lias-Zeit einen durchgehenden Zusammenhang mit dem Vindelizischen Land hatte, ist vorläufig nicht bekannt, man weiß lediglich, daß am Ostrand des Aare-Massivs Toarcien transgrediert (aufgeschlossen im Fenster von Vättis).

Am Rand des Vindelizischen Landes ist Lias litoral mit Grobsanden entwickelt. *Grestener Lias* im (Ultra-)Helvetikum der Ostalpen transgrediert auf Kristallin der südlichen Böhmischen Masse. Er enthält auch Kohleflözchen.

Der **Mittlere Jura** („Dogger") ist mit den Stufen Bajocien bis Callovien auf Abb. 155 zusammengefaßt. Die Serien des Aalenien wurden nicht berücksichtigt. In weiten Teilen der Alpen schließt sich die Entwicklung der Aalen-Stufe an den Lias an, wobei vor allem pelitische Serien zum Absatz kamen. In Serien, die nur lithologisch gegliedert werden können, wie etwa die Bündnerschiefer, werden besonders feinkörnige Ton-Komplexe deshalb diesem Zeitabschnitt zugeordnet, wie z. B. die *Nolla-Schiefer* der Adula-Decke (vgl. Abb. 89).

Abb. 155 zeigt, daß die generellen paläogeographischen Züge sich seit dem Lias nicht wesentlich geändert haben. Nach wie vor heben sich die Bereiche heraus, in denen die Ausgangsgesteine der penninischen *Bündnerschiefer* entstanden. Auch im Unter- und Oberostalpin begegnen wir bekannten faziellen Elementen: Allgäuschiefer, rote Cephalopodenkalke, auf Schwellen Crinoidenkalke, Breccien im Unterostalpin. Allerdings dürfte im Dogger die Bildung von *Radiolariten* beginnen, deren Zuordnung aber nicht immer gesichert ist. Die Probleme, die sie aufgeben, sind unten angedeutet (vgl. S. 113).

In den Südalpen bleibt die Entwicklung wiederum küstenferner und im ganzen mehr carbonatisch, weniger terrigen. Auf Abb. 164 sind neritische Kalke auf den Schwellen-Regionen und dichte Kieselknollenkalke in den Beckenräumen verzeichnet.

Das Briançonnais ergibt sich weiterhin als mittelpenninische Schwellenregion zu erkennen, deren internste Bereiche sedimentfrei blieben Nach außen folgt in den Westalpen eine Zone mit brackisch-limnischer und geringmächtiger Entwicklung *("Mytilus"-Dogger),* im Subbriançonnais (und damit den *Préalpes plastiques)* der mächtige kalkig-tonige *"Cancellophycus"-Dogger.* Querschnitte sind auf den Abb. 150–152 wiedergegeben.

In den Extern-Bereichen der Alpen ist die Fazies wenig einheitlich. In der Provence finden sich Knollenkalke, nördlich davon ist nach wie vor der Trog der Dauphiné mit mächtigen terrigenen Serien erfüllt worden. Weiter im Nordosten findet ein Übergang zu einer neritischen Fazies mit Echinodermen-Kalken statt, die auch Ausläufer in den kalkig-tonig-eisenoolithischen schwäbischen *Braunjura* entsendet. Die Schweizer Extern-Massive machten sich noch als Schwellen-Zonen bemerkbar, inwieweit sie ganz überflutet waren, läßt sich natürlich nicht mehr sicher belegen.

Das *Vindelizische Land* schwindet in seinem Umfang. Die *„Regensburger Straße"* schafft eine östliche Verbindung zwischen Alpenraum und außeralpinem Jurameer. In der *Grestener Klippenzone* ist auch der Dogger noch mit litoralem Einschlag entwickelt. Die Südgrenze des *Vindelizischen Landes* dürfte im helvetischen oder nordpenninischen Bereich der Ostalpen verlaufen sein. Ob die auf Abb. 155 eingezeichnete Hochstegen-Schwelle im mittleren Penninikum der Ostalpen mit dem *Vindelizischen Land* zusammenhing oder nicht, bleibt unentschieden.

Angesichts der mächtigen terrigenen Serien, die sich im Lias und im Mittleren Jura und auch noch später vor allem in den *„eugeosynklinalen"* Zonen des Penninikums gebildet haben, erhebt sich notgedrungen die Frage nach der Herkunft. Die Antwort muß hier darauf beschränkt werden, daß wesentliche Teile der terrigenen Komponenten von Abtragungsgebieten außerhalb der Alpen stammen müssen und zwar irgendwo auf ihrer Externseite. Gegen Süden nimmt ja, wie wir sahen, der terrigene Einfluß ab. Die Wiederaufarbeitung von Sediment innerhalb des Orogens spielt also zu dieser frühen Zeit der alpidischen Geschichte noch nicht die beherrschende Rolle wie später zur Zeit der Ablagerung von Flysch-Sedimenten.

Der **Obere Jura** bringt für den alpinen Raum ein etwas ausgeglicheneres paläogeographisches Bild, in dem allgemein küstenferne Ablagerungen dominieren, obwohl dabei immer noch eine vielfältige Fazies-Differenzierung bleibt. Auf Abb. 156 ist ein älterer Zeitabschnitt (**Oxford**), auf Abb. 157 sind die jüngeren Bildungen des Oberen Jura (**Tithon**) dargestellt.

In den ost- und südalpinen Bereichen der Alpen herrscht pelagische Fazies der offenen, küstenfernen See, deren Tiefe allerdings nicht sicher anzugeben ist und gewiß differierte. Typisch sind *Aptychenkalke* und *Radiolarite.*

Die paläogeographische Bedeutung der Radiolarite ist noch umstritten (vgl. J. CADISCH 1953, H. GRUNAU 1959). Betrachtet man das Problem vom aktuogeologischen Standpunkt, wäre die Bildung von Kieselschlicken kennzeichnend für Tiefseeverhältnisse, wo in „abyssischer" Tiefe bei hohem CO_2-Partialdruck kalkige Sinkstoffe aufgelöst werden und damit Kieselsubstanz relativ angereichert wird, möglicherweise deren Ausfällung durch höheren Gehalt an Erdalkali-Ionen sogar verstärkt wird. Wenn man dagegen die Bildung von Kieselsedimenten wie Radiolarit einfach auf ein hohes Angebot an Kieselsäure SiO_2 zurückführt, dann würde das gut zum submarinen geosynklinalen Vulkanismus passen, der wohl während oberem Jura und Kreide seinen Höhepunkt erreichte. Bei der Reaktion der Magmen mit dem Meerwasser wird SiO_2 freigesetzt, auch mag SiO_2 u. CO_2 unmittelbar in das Meer übergetreten sein. Dieser Erklärung, die nicht unbedingt Tiefsee-Verhältnisse voraussetzt, stünde als Parallelfall die Bildung von Kieselgesteinen in der variszischen Geosynklinale des Rheno-Herzynikums während des höheren Devon und im Unterkarbon ebenfalls während der Kulmination des submarinen Vulkanismus gegenüber.

Der Ophiolith-Vulkanismus im Nord- und Südpenninikum, der, wie erwähnt, wohl schon zur Jurazeit beginnt, ist auf den Abb. 156–157 nicht vermerkt, weil die zeitliche Zuordnung der submarinen Effusiva und entsprechender Intrusiva nicht immer und überall eindeutig gelingt.

Die Verhältnisse in den Südalpen gehen auch aus dem Querschnitt auf Abb. 149 und aus Abb. 154 hervor. Wir können dort zwei Typen von Schwellen (nicht nur während des Oberen Jura) unterscheiden: Die tridentinische Schwelle trägt *Ammonitico rosso,* sie war also wohl von tieferem Wasser bedeckt, wo jedenfalls keine Riffe wachsen konnten, wohin aber auch keine terrigenen Sinkstoffe kamen. Es herrschte also eine Mangelsedimentation mit kondensierter Schichtfolge. Die Friaul-Schwelle ragte dagegen hoch genug auf, um Riffe und an ihren Flanken entsprechenden Detritus zu tragen. Hier hielt also Sedimentation bzw. Riffwachstum mit der Absenkung Schritt.

Riffkalke treten auch vereinzelt im Ostalpin auf (Abb. 157, 153). Möglicherweise sind auch schon erste Inselkränze in diesem Gebiet aufgetaucht, wie klastische Einschüttungen lokal vermuten lassen (vgl. Profile auf Abb. 25–27). Abb. 153 zeigt auch, wie lückenhaft Gesteine des Oberen Jura in den Nördlichen Kalkalpen erhalten geblieben sind. Die paläogeographische Rekonstruktion kann daher nur sehr generell sein. Bioklastische Bänke in den pelagischen Kalkbank-Folgen mögen zum Teil durch Suspensionsströme abgelagert worden sein, die von detritusbedeckten Riff-Flanken ausgingen. Während der jurassischen Sedimentation spielten offenbar salztektonische Vorgänge eine Rolle, z. B. im Bereich Hallein-Berchtesgaden (vgl. B. PLÖCHINGER u. a. 1976). Von anhaltenden tektonischen Bewegungen zeugen nach wie vor Breccien im Unterostalpin (Engadin, Radstädter Tauern).

Der südpenninische (piemontesische) Faziesraum nahm wohl weiterhin als Geosynklinaltrog *Schistes lustrés* bzw. *Bündnerschiefer* auf. Wahrscheinlich entsprechen etwas kalkreichere Schichtglieder dieser Serien zum Teil dem Oberen Jura. Auch am Außenrand dieses Troges gibt es nach wie vor orogene Breccien (Breccien-Decke), vgl. auch Abb. 150. Auch die Breccien der Schamser Decken Graubündens sind hier zu erwähnen.

Das mittlere Penninikum ist als Schwellenzone aus den Westalpen bekannt. Die relativ tiefliegende Schwelle war von der Zufuhr terrigenen Materials offenbar weitgehend isoliert, sie trägt daher nur eine geringmächtige und lückenhafte Schichtfolge mit pelagischen Kalken und Phosphorit-Knollen. Zeitweilig und stellenweise mögen auch Passagen bestanden haben, wo die terrigene Sedimentation vom Süd- zum Nordpenninikum durch die Schwellenzone hindurchgriff. In den Ostalpen ist das Mittelpenninikum durch die *Hochstegen-Zone* der Tauern repräsentiert, wo der oberjurassische Hochstegenkalk auf variszischem Zentralgneis und älterer (Permo-)Trias transgressiv auflagert (Abb. 157, vgl. Abb. 60).

Auch im Tithon bleibt im Briançonnais der Charakter einer untermeerischen Schwelle erhalten. Der Außenrand dieser Schwelle, das Subbriançonnais, war auch zur Zeit des Oxford eine tektonisch mobile Zone, mit verschiedenen schmalen Schwellen- und Beckenbereichen. Im steilen submarinen Relief kam es zur Bildung von orogenen Breccien *(Brèche de Niélard, Brèche du*

Télégraphe, Abb. 150–152). Auch die schwankenden Mächtigkeiten des Tithon zeugen von weiterer tektonischer Umgestaltung des Meeresbodens und Verschiebung der Bereiche mit starker Subsidenz (Abb. 151, oben).

Weiter alpenauswärts dauert im Dauphinois im Oxford der Absatz mächtiger dunkler Tonserien *(„Terres noires")* noch an. Gegen Süden zu stellen sich in der Provence Kalke und Dolomit ein. Kalkig-mergelig ist das Oxford auch im Helvetikum. Dieser Faziesbereich verzahnt sich außerhalb der Alpen mit Schichten der argovisch-schwäbisch-fränkischen Fazies, die sich durch das Auftreten von Schwamm-Algen-Riffen auszeichnet. Da diese letzteren Gesteine sicher nicht in sehr flachem Wasser entstanden sind, dürfte der helvetische Bereich gewiß ebenfalls dem tiefen Schelf angehören.

Das Vindelizische Land am Nordrand der Ostalpen existiert nicht mehr. Der helvetische und nordpenninische Raum der Ostalpen könnte im Oxford teilweise Schichten in einer den entsprechenden Teilen der Westalpen entsprechenden Fazies beinhalten. Ein Beweis für diese Annahme liegt freilich nicht vor, denn Jura-Gesteine aus diesen Zonen sind östlich des Alpenrheins fast nirgends zu sehen.

Der jüngere Teil des Oberen Jura (Tithon, Abb. 157) ist in der Extern-Zone besonders durch den mächtigen bituminösen *Quintnerkalk* gekennzeichnet, der offenbar die Bildung eines tiefen, zum Teil stagnierenden eigenständigen Beckens ist, da seine Mächtigkeit gegen das Ultrahelvetikum wieder abnimmt. Gegen Ende der Jura-Zeit stellen sich dann allerdings Korallenriffe ein, die im *Troskalk* überliefert sind. Im Dauphinois zeugt lebhafte Resedimentation von starkem tektogenem Relief des Meeresbodens. In der Provence finden sich nun auch Riffkalke als Zeugnis flachen Wassers.

Das Meer zieht sich schon während der Zeit des Oberen Jura aus dem süddeutschen Raum zurück. Im obersten Jura stellt sich im Schweizer Jura und auch im jetzigen Untergrund der bayerischen Molasse eine brackische oder salinare Regressionsphase ein, das *„Purbeck".*

Die **Untere Kreide** ist auf den Abbildungen 158–159 zusammengefaßt, wobei die erste Karte **Neocom** und Teile des Apt umfaßt, die letztere **Apt** (zum Teil) und **Alb.**

In der älteren Unterkreide finden wir im Süd- und oberostalpinen Faziesraum pelagische Bildungen, die an die Bildungen des Oberen Jura anknüpfen und zum Teil auch stratigraphisch nicht leicht zu trennen sind. In den Südalpen bleibt das bekannte Relief erhalten (vgl. Abb. 149), vor allem hebt sich die Riffplatte des Friaul weiterhin deutlich ab.

Soweit die kümmerlichen Relikte von Unterkreide im Oberostalpin Aussagen über den ganzen Faziesraum erlauben, herrschten zunächst noch überwiegend pelagische Bedingungen mit der Ablagerung von *Neocom-Aptychenkalken.* Daneben zeichnen sich auch schon terrigene Einflüsse ab. Grobklastische Bildungen sind die *Roßfeld-Schichten* von Berchtesgaden. Sie belegen kräftige orogene Bewegungen im südlichen Teil des oberostalpinen Bereichs, die wohl die *„vorgosauische",* also erste Orogenese in diesem Gebiet einleiten.

Auch im Unterostalpin finden sich orogene Breccien, daneben stellen sich erste Andeutungen von Flysch-Fazies in den *Tristel-Schichten* ein. Möglicherweise gehört ein Teil der Breccien, die in den Radstädter Tauern als *„Schwarzeck-Breccie"* auf Abb. 43 dem Oberen Jura zugeordnet sind, auch noch in die Unterkreide und müßte dann auf Abb. 158 nachgetragen werden.

Als weiterhin konservativ zeigt sich der südpenninische Geosynklinaltrog, wo weiterhin *Bündnerschiefer* entstanden sein dürften, wenngleich der stratigraphische Nachweis im einzelnen nicht gelingt. Gewiß fällt die *Ophiolith*-Förderung in diesem Trog zu einem wesentlichen Teil in die ältere Kreide.

Unter der Sammelbezeichnung *„Ophiolith"* oder *„Grünsteine"* wird eine sehr große Zahl von Gesteinen und Gesteinsvarietäten zusammengefaßt. Es handelt sich um die Abkömmlinge basischer Magmen, die teils effusiv und submarin ausflossen und dabei sogleich mit dem Meerwasser in chemische Wechselwirkung traten, die auch teilweise intrusiv in Form von Stöcken, Lakkolithen und Lagergängen in ältere Gesteine (meist Bündnerschiefer bzw. Schistes lustrés) eindrangen. Die alpidische Metamorphose, die ja gerade in den penninischen Bereichen sehr stark ist, hat diese Gesteine dann noch weiter verändert. Man findet sie als Spilite, Prasinite, Talkschiefer, Serpentinite, Amphibolite, Eklogite, Ophicalcite u. a. m.

Über das Auftreten der Ophiolithe vgl. auch S. 12, 289 und 315.

Nach wie vor gibt sich auch das mittlere Penninikum in den Westalpen als Schwellenzone des Briançonnais zu erkennen. Dort findet man eine geringmächtige und lückenhafte Unterkreide, oft nur *hardground*-Bildungen, deren Entstehung in diese Zeit fallen dürfte. Dabei war diese Zone wohl meist vom Meer bedeckt. Die Verhältnisse im mittleren Penninikum der Ostalpen sind nicht exakt nachzuweisen.

Am Außen- und Innenrand des Briançonnais ist die Unterkreide zum Teil pelagisch und in wechselnder Mächtigkeit entwickelt (vgl. Abb. 150—152). Im Westteil des Valais (Nordpenninikum) dürfte die Bildung von *Bündnerschiefern* wenigstens örtlich persistiert haben, wenngleich sich auch hier orogene Breccien einstellen. Im Nordpenninikum der Ostalpen tritt mit den *Tristelschichten* ab Barrème eine Fazies in Erscheinung, die im Gegensatz zu den Bündnerschiefern nun eine mechanische Entmischung der terrigenen Sedimente in Gestalt einer Vertikalsortierung zeigen und damit den Übergang zur Flysch-Sedimentation darstellen. Sedimentstrukturen lassen die vorherrschende Transportrichtung erkennen.

Die wenigen älteren Kreidegesteine, die man im nordpenninischen Flysch der Ostalpen findet (vgl. Abb. 97—100), lassen erkennen, daß die unterste Kreide, soweit diese überhaupt verbreitet war, pelagischen Charakter hatte.

Besonders typisch ist die Unterkreide der Extern-Zonen entwickelt. In großen Teilen der *Chaines subalpines* außerhalb des Belledonne-Massivs und in der Schweiz, ferner im Vorarlberg, Allgäu und in Oberbayern ist die „Helvetische" Unterkreide entwickelt, die auch einige Typlokalitäten von Unterkreide-Stufen beheimatet. Diese helvetische Unterkreide ist eine ausgesprochen neritische Bildung mit bioklastischen und auch zoogenen Kalksteinen („*Urgon*"-Fazies) sowie glaukonitischen Sanden. Typisch sind auch Schichtlücken, die besonders in den Randgebieten häufig zu beobachten sind. Kleine Schwankungen des Meeresspiegels führten dort zu Transgressionen und Regressionen oder wenigstens zu Sedimentations-Unterbrechung. Beckenwärts verzahnen sich die im Flachwasser gebildeten Kalksteine mit Mergeln, deren Fazies durch Brachiopoden charakterisiert wird. Derartige Mergelgesteine finden sich vor allem im südlichen und *Ultra*-Helvetikum der Schweiz und leiten dort wohl zum nordpenninischen Bündnerschiefer-Bereich über. Vielleicht sind auch die Kalkbänke der oben erwähnten Tristelschichten Ausläufer des *Schrattenkalks* ins Nordpenninikum oder es handelt sich dabei um Kalkbänke, die durch Sedimentation von entsprechenden Schlammwolken entstanden, die vom helvetischen Schelf und Kontinentalabhang in den nordpenninischen Flyschtrog hineingefegt wurden. Der helvetische Ablagerungsraum senkte sich entlang von Bruchsystemen in sich und gegen die südlich anschließenden Zonen ab. Den synsedimentären Ablauf dieser tektonischen Bewegungen und Malm und Kreide beschreiben H. GÜNZLER-SEIFERT 1941 und C. SCHINDLER 1959 (vgl. R. TRÜMPY 1960, 884).

Übrigens zeigt der *Kieselkalk* des Hauterive (ein Kalksandstein mit Skelettresten von Schwämmen), dessen Verbreitung auf Abb. 158 besonders angegeben ist, gewisse Anklänge an Flysch-Fazies, z. B. Reichtum an Spuren und ist damit ein Sediment, das sich im neritischen Rahmen des Helvetikums etwas fremd ausnimmt. Der Zuordnung zur Flysch-Fazies steht aber z. B. der wenn auch geringe Gehalt an nektonischen und benthonischen Makrofossilien entgegen.

Im Südteil des Dauphinois und in der nördlichen Provence finden sich ebenfalls sehr mächtige terrigene Serien des "*Vocontischen*" Troges. Sie verzahnen sich gegen Norden mit den schon genannten neritischen Kalken der *Chaines subalpines*. („*Faciès mixte*"). Die Absenkungstendenz dieses Troges hält also seit der Lias-Zeit fast ununterbrochen an. Dieser vocontische Trog paßt sich nicht in das spätere Streichen der alpinen Strukturen ein. Dieses tritt erst mit der Anlage der Flysch-Tröge in Erscheinung (vgl. S. 118).

Wie weit sich die helvetische Fazies oder überhaupt eine Sedimentation nach Norden in den außeralpinen Raum im Untergrund der Molasse erstreckte, ist nicht überall mit Sicherheit zu entscheiden. Nachweislich ist Unterkreide im Bereich der Extern-Massive schon während der Oberkreide teilweise der Abtragung zum Opfer gefallen. (Vgl. Abb. 166 und Abb. 107). Im Untergrund der bayerischen Vorlandsmolasse ist nachzuweisen, daß Unterkreide erheblich in den später außeralpin verbliebenen Raum hinausgriff. Dort ist also nur ein Teil des helvetischen Faziesraums in den tektonischen Komplex des Helvetikums und damit in die Alpen einbezogen worden.

Dies mag als Beispiel dafür dienen, daß ursprünglich faziell einheitliche Räume später nicht mit tektonisch umgrenzten Gesteinskomplexen zusammenfallen. Aus diesem Grund empfiehlt es sich, um Mißverständnisse zu vermeiden, Begriffe wie etwa *„helvetisch"* oder *„Helvetikum"* stets nur so anzuwenden, daß aus dem Zusammenhang hervorgeht, ob helvetische Fazies, helvetischer Ablagerungsraum (der absolut kein „Trog" zu sein braucht), oder helvetische Decken oder ähnliche tektonische Komplexe gemeint sind (vgl. M. P. Gwinner 1962).

Durch die schon im Jura beginnende Regression (vgl. oben) entstand im Norden des alpinen Ablagerungsraums erneut ein Festland, das bis heute in seinem Nordteil stabil geblieben ist, das jedoch zum andern Teil von der nordalpinen Molasse überdeckt wurde. Dieser Festlandsraum läßt auf den paläogeographischen Karten ab Abb. 158 den alpinen Raum dort viel markanter abgegrenzt erscheinen, als vorher während des älteren Mesozoikums.

In der jüngeren Unterkreide (z. T. auch als „Mittlere Kreide", „Gault" bezeichnet) herrschen im wesentlichen die schon oben beschriebenen paläogeographischen Züge.

In den Südalpen bleibt der pelagische Charakter erhalten (Abb. 149). Im Oberostalpin dagegen fehlen Gesteine aus dieser Zeit weithin, abgesehen vom Nordrand. Das dürfte sicher zu einem wesentlichen Teil nicht nur auf die Abtragung zurückzuführen sein, sondern mit dem Auftauchen dieses Gebietes im Zuge der vorgosauischen Gebirgsbildung zusammenhängen.

Im Unterostalpin des Engadins findet man orogene Breccien im Verband von Flysch. Ob glaukonitische Sandsteine dort neritischer Herkunft sind, ist fraglich. Eher werden sie zu den sandig-tonigen Flyschbildungen zu stellen sein, die man auch im nordpenninischen Flyschtrog von den West- bis in die Ostalpen verfolgen kann, wobei sogar eine Korrelierung einzelner „Quarzit"-Bänke im Flysch-„Gault" möglich ist (R. Hesse 1967). Die Zufuhr der klastischen Komponenten in diesen Flyschtrog dürfte, der Mächtigkeitsverteilung nach zu schließen, vom und über den nördlich anschließenden helvetischen Schelf erfolgt sein, wo überwiegend lückenhafte und geringmächtige Glaukonitsande abgesetzt wurden. Von dort dürfte auch der Glaukonit-Gehalt stammen, den man im Flysch findet.

Obgleich es, wie jeweils erwähnt, schon in früheren Zeiten der alpidischen Ära zur gelegentlichen und lokalen Bildung von Flysch oder flyschähnlichen Sedimenten kam, setzt zeitlich anhaltende und regional verbreitete Flysch-Fazies in einigen alpinen Zonen zuerst in der Unterkreide ein und erstreckt sich bis ins Alttertiär. Einige wesentliche Züge des Flysch sollen hier vorweg erklärt werden:

Die Definition von Flysch kann unter verschiedenen Gesichtspunkten erfolgen: nach Sedimentationsraum und dessen paläotektonischer Position, nach seiner jetzigen tektonischen Position und Ausgestaltung, nach der Art der Sedimentation, wobei dem Inhalt an Fossilien oder anderer Zeugnisse von Lebensvorgängen besondere Bedeutung zukommt (vgl. z. B. A. Seilacher 1958, 1967).

Je schärfer man eine Definition faßt, um so weniger lassen sich dann oft die Realitäten der Natur der Begriffsbestimmung unterordnen. Es soll deshalb hier versucht werden, eine zwar kurze, aber allgemeine und weitgefaßte Definition zu geben, die möglichst vielen Gesichtspunkten gerecht wird.

Flysch-Sedimente entstehen im Verlauf von orogenen (gebirgsbildenden) Vorgängen und zwar im geosynklinalen Stadium, während dessen meist entlang scharfer Linien begrenzte Sedimentationsräume große Sedimentmassen aufnehmen. Diese *„Tröge"* bestehen aus im Verhältnis zu ihrer streichenden Erstreckung schmalen Einsenkungszonen, die durchaus auch grabenartigen Charakter haben können. Flysch-Serien sind regelmäßig sehr mächtig. Da die Flanken der Flysch-Ablagerungsräume durch die Tektonik linear festgelegt sind, bleiben die Faziesräume ihrer Lage nach oft längere Zeit ortsfest. Auch darauf ist die große Mächtigkeit mit zurückzuführen.

Über die Sedimentationsbedingungen unterrichtet zunächst der Fossil-Inhalt. Makrofossilien fehlen, dagegen sind Spuren reichlich anzutreffen und in vielen Formen für Flysch geradezu typisch. Es handelt sich dabei um Freßbauten und Weidespuren von wohl skelettlosem Benthos (z. B. die mäanderartigen Helminthoiden, „Fucoiden", Chondriten). Wohnbauten und Ruhespuren fehlen. Die Nahrung der spurenerzeugenden Tiere war also offenbar feinverteilt im Sediment und bestand aus mit den Sinkstoffen abgesetzter organischer Substanz oder deren Umsetzungsprodukten. Ähnliche Verhältnisse trifft man heute in großen Meerestiefen an. Daraus, aber auch wegen der sonstigen Armut an Benthos und Nekton, wird ersichtlich, daß der Flysch sicher überwiegend in tiefem Wasser abgelagert wurde, das dazuhin meist auch schlecht durchlichtet war, wozu auch ein hoher Gehalt an Trübe beigetragen haben mag.

Mikrofauna ist im Flysch häufiger anzutreffen. Zum Teil ist sie umgelagert und erst zusammen mit den klastischen Sedimentpartikeln an den endgültigen Einbettungsort gelangt, zum anderen Teil benthonisch oder planktonisch.

Die sedimentologischen Eigenschaften von Flysch-Serien treten am augenfälligsten in Erscheinung. Bezeichnend ist die Entmischung der Komponenten in rhythmischen Schichtfolgen, wobei vor allem die psammitische (arenitische) Komponente vom Pelit (Lutit) getrennt wird *(„Vertikal-Sortierung")*. Vermutlich stellt die Pelit-Komponente die meist stetig und gewissermaßen als Normalsediment abgesetzte Trübe dar, während die gröbere Fraktion (Sand) durch Suspensionsströme und -Wolken *(„Turbidity currents")* episodisch über weite laterale Erstreckung am Grund der Flysch-Tröge ausgebreitet wurden. Diese Turbidite gehen von den Trogrändern und von anschließenden Schelfbereichen nieder, vielleicht zum Teil auch aus submarinen Canyons, die im Schelf eingeschnitten sind. An den genannten Bereichen kann sich klastisches Sediment, aber auch etwa Kalkschlamm ansammeln, der dann aus irgendwelchem Anlaß, sei es spontan oder durch exogene oder endogene Erschütterungen ausgelöst in Suspensions-„Lawinen" in die Trogtiefe transportiert wird.

Die gröberen Komponenten haben bei dieser Art des Transportes und Absatzes oft eine Gradierung nach der Korngröße erlitten. Je nachdem, ob auf dem anschließenden Bereich carbonatische Sedimentation herrschte, oder klastische silikatische Massen angesammelt wurden, wird auch der Flysch einen mehr kalkigen oder sandigen Charakter haben. Da sich die Alpen insgesamt als ein sehr carbonatreiches Gebirge ausweisen, ist leicht zu verstehen, daß auch alpine Flysch-Serien viele und mächtige kalkige Schichtkomplexe enthalten. (Dolomit tritt im Flysch niemals auf, es sei denn in Form von „exotischen" Breccienkomponenten). Flysch- oder flyschähnliche Serien im viel kalkärmeren variszischen Gebirge beispielsweise von Mitteleuropa sind dagegen reicher an Grauwacken.

Suspensionsströme können beträchtliche submarine flächenhafte Erosion ausüben. So sind z. B. gewisse Marken auf den Schichtflächen im Flysch entstanden, indem eine schwere Suspension über teilverfestigtes Gestein hinwegbewegt wurde. Turbidit-Schüttungen haben häufig auch Marken auf der vorher bestehenden Sedimentoberfläche ausgegossen („Sohlmarken", die als Abdrücke auf der Sohlfläche der Hangendschicht erhalten sind). Ablagerung auf geneigter Unterlage erzeugte Fließmarken und -Wülste *(flute-casts)*. Auch Schrägschichtung kann in körnigen Flyschsedimenten vorkommen.

Flyschgesteine sind selten in Verzahnung mit Flachwasser-Sedimenten anzutreffen. Das wird verständlich, wenn wir uns die Ablagerungströge mit steilen Flanken begrenzt vorstellen. Über diese Böschungen, die z. T. frei von Sediment blieben, ist keine Verzahnung möglich. Dagegen dürften an diesen Böschungen die *orogenen Breccien* und *Olistholithe* entstanden sein, die man z. T. summarisch als *„Wildflysch"* bezeichnet hat (der Begriff wurde zu Unrecht auch in stratigraphischem Sinn und für tektonische Komplexe verwendet und ist deshalb nur noch bedingt anwendbar).

Ob die klastischen Massen des Flyschs durch Abtragung und Transport nur innerhalb des Orogens allein entstanden sind und inwieweit sie auch aus den außerorogenen Vorländern stammen, kann nicht klar beantwortet werden. Es finden sich im Verlauf der paläogeographischen Beschreibungen unten Beispiele, wo eine Herkunft von der Internseite wie auch in anderen Fällen von der Externseite der Tröge wahrscheinlich ist.

Zu erwähnen ist noch, daß sich Flysch sehr wohl mit pelagischen Sedimenten verzahnt (z. B. Buntmergelfazies des nordpenninischen Flyschtroges der Ostalpen, vgl. Abb. 97 oder mit der südalpinen Scaglia, vgl. Abb. 13–17). Das zeigt, daß in einem „Flyschtrog" nicht nur typischer Flysch vorkommt und daß damit die Verbreitung der Flysch-Fazies in einem solchen Trog unsymmetrisch angeordnet sein kann, und zwar auf der Seite, auf der die Zufuhr der gröberen Klastika erfolgt, oder wo diese transportiert werden, während die andere Seite des Troges aus irgendwelchen Gründen (Strömung, Entfernung, Relief, unterschiedliche Form der Trogränder) nicht von der klastischen Sedimentation erreicht wird, gewissermaßen „unterernährt" bleibt. Dort setzen sich dann nur feinste Sinkstoffe ab, zusammen mit einer pelagischen Foraminiferen-Fauna.

Die früher vertretene Ansicht, Flysch, insbesondere der grobklastische oder gar olistholithische *„Wildflysch"* hätte sich vor der Front (Stirn) heranrückender Deckenkomplexe gebildet, kann keinesfalls als alleinige Erklärung beibehalten werden. In vielen Fällen erkennen wir nämlich, daß solche orogenen Einschaltungen von der Externseite der Tröge aus erfolgten.

Es versteht sich wohl von selbst, daß der generelle Sediment-Transport in den Flysch-Trögen in axialer Richtung erfolgte. Hierbei ist zu erwähnen, daß diese Tröge oft über sehr weite Erstreckung durch das Alpengebirge und darüber hinaus z. B. in die Karpathen durchgehend zu verfolgen sind. **Die Flysch-Tröge und ihre Füllung sind es vor allem, die das Streichen der alpinen Strukturen zuerst markant erkennen lassen und auch bei der Tektogenese bestimmen und die damit auch das ältere Gebirge in das alpine Streichen einzwingen.** Älteres Gebirge, dessen Faziesräume, wie wir sahen, durchaus nicht immer in alpinen Streichrichtungen angeordnet waren.

Flysch verhält sich geomechanisch besonders mobil, ist gleit- und faltungsfreudig. Wo er heute im Gebirge ansteht, neigt er zu Rutschung, Gleitung und Bodenfließen, was ihm in der Schweiz den Namen „Flysch" eingetragen hat.

An neuerer Schlüssel-Literatur seien angeführt H. BADOUX 1967, H. A. BOUMA 1962, R. HESSE 1973, P. H. KUENEN 1958, A. LOMBARD 1963, U. PFLAUMANN 1967, M. RICHTER 1970, H. WIESENEDER 1967, W. ZEIL 1960.

Schon oben wurde erwähnt, daß man kaum eine Verzahnung von Flysch mit Flachwasser-Sedimenten nachweisen kann. Dies liegt daran, daß beide Bereiche durch eine submarine Böschungszone voneinander getrennt waren. Dieser Abbruch des Schelfs entstand wohl entlang von Abschiebungssystemen, wo gelegentlich auch aus klaffenden Spalten basische Magmen den Weg nach oben fanden (z. B. in der *Feuerstätter Serie* zwischen Helvetikum und Flysch, Abb. 127, 187). Es ist nach der schon dargelegten Ansicht des Verfassers (M. GWINNER 1962) durchaus nicht notwendig, Flyschtröge von benachbarten Faziesräumen in jedem Fall durch hypothetische Schwellenzonen zu trennen. Solche Schwellenzonen müßten jeweils durch entsprechende Fazies und durch Profile aus diesen Zonen mit entsprechenden Schichtlücken bewiesen werden. Dies gelingt in nur ganz wenigen Fällen. Die Vorstellung, jeder durch eine bestimmte Fazies charakterisierte Sedimentationsraum sei in „Trog", d. h. a priori auf beiden Seiten durch Schwellen und gar Festland begrenzt, ist wohl nicht mehr statthaft.

Die vorliegende Darstellung verzichtet daher bewußt auf Nennung solcher Zonen aus den Ostalpen (*„Rumunischer Rücken", „Cetischer Rücken", „Nord-, Süd- Vindelizische Schwelle"* usw.). Als Liefergebiete der gewaltigen Flyschmassen kommen schmale Rücken *("Cordilleren")* aus Gründen der Mengenbilanz wohl nicht immer in Betracht. Zudem wird ja das betreffende Sediment ohnehin generell in axialer Richtung im Trog transportiert, wird also nur in wenigen Fällen unmittelbar vom jeweils nächst benachbarten Trogrand stammen!

Mit der **Oberkreide** beginnt eine erste Umgestaltung des Alpenraums, die sich nicht nur in der Verschiebung von Sedimentationsräumen äußert, sondern bei der in einem orogenen Akt (Paroxysmus) Gebirgskomplexe tektonisch übereinander gestapelt werden und auf diese Weise gewisse Räume der Sedimentation durch tektonische Abdeckung entzogen werden.

Dieser Umgestaltung wird auf den vorliegenden paläogeographischen Karten durch Einzeichnung der Hauptüberschiebungsfront des Oberostalpins Rechnung getragen.

Seit dem Beginn der Oberkreide, vielleicht auch schon vorher, wurde das Oberostalpin nicht nur herausgehoben, sondern Teile von Sockel samt Bedeckung nach Norden, d. h. alpenauswärts auf den Bereich von Unterostalpin und Teile des Penninikum überschoben. Das *„Unterostalpin"* erhält damit auch eine tektonische Definition als derjenige externe Teil des ostalpinen Faziesraums, der eben bei den genannten Bewegungen unter das Oberostalpin gelangte und deshalb heute südlicher, interner verblieben ist, als die oberostalpinen Nördlichen Kalkalpen, Nördliche Grauwackenzone und Teile des oberostalpinen Kristallins.

Oben wurde das Unterostalpin (S. 12) als Faziesraum dargestellt, wo die Ostalpinen Schichtfolgen im Grenzbereich zum Penninikum einen besonderen orogenen Einschlag aufweisen. Beide Bereiche, der tektonisch umgrenzte und der faziell charakterisierte stimmen nicht genau überein. Wir sahen (S. 36), daß sich z. B. Breccien im Lias nicht nur im Unterostalpin, sondern auch im angrenzenden Oberostalpin finden. Der Fazies nach könnte man diese oberostalpinen Bereiche mit einer gewissen Berechtigung zum Unterostalpin stellen.

Der Zeitpunkt der Überschiebung ist zunächst durch das Ende der Sedimentation in den überschobenen Bereichen festzulegen. Da nun gerade dort die Gesteine metamorph geworden sind, ist die stratigraphische Einordnung erschwert. Zudem sind entsprechende Sedimente des Unterostalpins und des südlichen Penninikums in den Ostalpen nicht durchgehend sichtbar, sondern nur in den Fenstern des Unterengadins und der

Tauern, sowie am Ostrand der Alpen aufgeschlossen. Es läßt sich also kein lückenloses, sondern nur ein generelles Bild der tektonischen Bewegungsabläufe gewinnen.

Zeitlich fixiert wird erst das Ende dieser Abläufe dadurch, daß ab *Coniac* das transportierte und tektonisch umgebaute Oberostalpin transgressiv durch die „*Gosau*"-Schichten überlagert wird. Deshalb wird die beschriebene erste Gebirgsbildung in den Ostalpen auch als *"vor-gosauisch"* bezeichnet. An neueren zusammenfassenden Arbeiten zur Tektogenese und ihrem zeitlichen und räumlichen Ablauf sind zu nennen E. CLAR 1965 und R. OBERHAUSER 1968. (Über Gebirgsbildung in den Westalpen vgl. unten S. 121 u. 371).

Die paläogeographische Karte für das **Cenoman** (Abb. 161) zeigt, daß die Südalpen weiterhin im pelagischen Bereich verbleiben, in dem während längerer Zeiten der Oberkreide die rote oder graue *Scaglia* abgesetzt wird, die nur im Westteil durch sandigen *Flysch* ersetzt wird. Die rifftragende Schwelle im Friaul bleibt erhalten (vgl. Abb. 149).

Das Oberostalpin ist soweit aufgestiegen, daß nur im Nordteil noch sedimentiert wird. Die Heraushebung des südlichen Hinterlandes kommt in flyschähnlicher und grobklastisch-orogener Sedimentation zum Ausdruck *(„Rand-Cenoman")*.

Die Schwermineralkomponenten in diesem Cenoman bestehen überwiegend aus Chromit (Spinell) und dürften deshalb aus einem südpenninischen Raum zugeschüttet worden sein, wo chromitliefernde Ophiolithe der Abtragung unterlagen. Eine entsprechende Schwelle ist auf Abb. 161 *nicht* eingezeichnet, weil ihre Länge und exakte Position im südlichen Penninikum nicht sicher anzugeben ist. Einen Querschnitt durch die Ostalpen zur Zeit des Cenoman (und des älteren Turon) zeigt auch Abb. 160. Die unterostalpine Fazieszone ist aus dem alpinen Grundriß mit Ausnahme des westlichsten Bereichs (Engadin) verschwunden. Das Unterostalpin des Engadins wird jedenfalls zu dieser Zeit noch nicht tektonisch überdeckt. Die orogene Sedimentation geht dort weiter, wie im anschließenden Südpenninikum von Graubünden. Die Gesteine der dort beheimateten *Aroser Zone* (vgl. V. JACOBSHAGEN & O. OTTE 1968) gehören ebenfalls in den Bereich der Chromit-Schüttung und wurden wohl in einem Sedimentationsraum abgelagert, der unmittelbar dem des oben erwähnten ostalpinen *„Rand-Cenomans"* anzuschließen ist bzw. angehört.

Mit den ältesten Schichtgliedern des *Simmen-Flyschs* und des *Helminthoiden-Flyschs* (Wallis, Embrunais-Ligurien) zieht die Flysch-Fazies nun im ganzen internen Penninikum der Westalpen wie im Apennin ein (vgl. G. ELTER, P. ELTER, C. STURANI & M. WEIDMANN 1966). Daß Flysch aus entsprechenden Ablagerungsräumen der Ostalpen nicht bekannt ist (vgl. Abb. 187–189), dürfte damit zusammenhängen, daß die entsprechenden Sedimentationsräume – wie erwähnt – schon zugeschoben wurden, oder, wie die Lieferung von Chromit dorther zeigt, teilweise aufgetaucht waren.

Die Schwelle des Briançonnais bestand nach wie vor, sie trägt, soweit eine entsprechend feine stratigraphische Gliederung überhaupt dort möglich ist, wohl zum Teil eine neritische Bedeckung, zum Teil blieb sie sedimentfrei. Am Außenrand (Subbriançonnais der Westalpen) findet man pelagische Fazies, wie übrigens auch immer wieder im internen Teil des nordpenninischen (Valais-) Flyschtrog zwischen Wallis und Wien. Dessen Sandstein-Komponenten enthalten als leitendes Schwermineral Granat (neben Apatit) und sind damit von einem Abtragungsgebiet herzuleiten, wo metamorphes Grundgebirge zutagetrat. Die Sedimente wurden – wie schon angeführt – im Flysch-Trog hauptsächlich axial transportiert. Deshalb braucht das nach Abb. 160 im Süden des Troges zu suchende Abtragungsgebiet sich nicht längs des gesamten nordpenninischen Flyschtroges erstreckt zu haben. Eine Zufuhr von Norden wird von R. OBERHAUSER nicht angenommen, da ja, wie Abb. 161 zeigt, sich dort zunächst ein ultrahelvetischer Raum mit pelagischer Fazies anschließt.

Im Externbereich der Alpen ist das Cenoman fast überall in geringmächtiger Entwicklung anzutreffen.

Die Paläogeographie des **Turon** ist auf Abb. 162 rekonstruiert. Das Bild wird gegenüber dem Cenoman noch klarer. In den Südalpen setzt sich die pelagische Entwicklung fort, ebenso die Riff-Fazies im Friaul, wo in der Oberkreide die Rudisten als Riffbildner mit in Erscheinung treten (vgl. Abb. 149). Im Westteil findet man Flysch, vielleicht als Fortsetzung von Flysch-Bildungen im Unterostalpin des Oberen Engadins, obwohl die Schichtfolgen nicht vergleichbar sind.

Das Oberostalpin bleibt, jedenfalls im höheren Turon, frei von Sediment (vgl. Abb. 160). Der mittel- und südpenninische Raum tritt entweder als Schwelle in Erscheinung oder wurde zum Teil auch schon vom Oberostalpin überschoben (auf Abb. 162 nicht berücksichtigte Möglichkeit).

In den Westalpen bleibt es bei der Flyschbildung im Piemontese (Ligurischer und Embrunais-Ubaye-Flysch). Die Briançonnais-Schwelle enthält aus der Oberkreide geringmächtige pelagische Kalke, die zum Teil auch dem Turon angehören mögen. Durchgehend kann durch Ost- und Westalpen der nordpenninische Trog verfolgt werden, wo sich Flysch mit pelagischen, bunten Mergeln verzahnt. Die axiale Transportrichtung kehrt sich gegenüber der Zeit des *„Flysch-Gaults"* (vgl. Abb. 158–159) jetzt um.

In der Extern-Zone der Alpen finden sich weithin pelagische Kalke und Mergel, nur im flachen Randbereich ist eine neritische Fazies mit glaukonitischen Sandsteinen nachweisbar.

Für die auf das Turon folgenden Stufen der Oberkreide (**Coniac, Santon, Campan**) wurden keine Karten entworfen, weil der Einzelnachweis dieser Stufen nicht in allen Kreide-Serien der Alpen gelingt. Jedenfalls ging in dieser Zeit der Vorschub des Oberostalpins auf penninische Bereiche der Ostalpen weiter (Abb. 160), so daß dann im Maastricht der auf Abb. 166 dargestellte Zustand erreicht sein mochte.

Seit dem **Coniac** gelangte das nach Norden überschobene Oberostalpin wieder in so tiefe Lage, daß die Sedimentation aus den anschließenden Bereichen vor allem im Norden übergriff („Gosau"-Schichten, vgl. oben S. 29). Die sedimentäre Hülle des Oberostalpins, also was uns heute in der Masse als Nördliche Kalkalpen entgegentritt, wurde jetzt bereits so in sich verschuppt und überschoben, daß ältere Kreideablagerungen *(„Rand-Cenoman")* und Unterkreide eingefaltet wurden. Ferner wurde der kristalline oder paläozoische Sockel in den südlichen Bereichen schon freigelegt, entweder durch Abscherung der mesozoischen Hülle oder durch deren Abtragung (Abb. 160).

Diese Vorgänge spiegeln sich auch im Schwermineralgehalt von Sedimenten in den Ostalpen wieder. Auf Abb. 160 ist im Profil für die Zeitspanne oberstes Turon – Unteres Campan die Herkunft von Spinell vom südlichen Penninikum her vermerkt, während im Südteil des Oberostalpin bereits das Kristallin freiliegt und in die Gosau der Zentralalpen *(Kainach* usw.) Granat usw. liefert. Im und ab Oberem Campan tritt dann endlich die Granat-Schüttung in den Gosau-Ablagerungen allgemein in Erscheinung (vgl. auch Übersicht auf Abb. 163). Dieser Umschlag zeigt an, daß der ostalpine Sockel nun allgemein der Abtragung zugänglich wurde. Die Chromit-(Spinell-)Schüttung dagegen wird, weil das Südpenninikum mit seinen Ophiolithen tektonisch zugedeckt wird, in den Ostalpen gewissermaßen „aus dem Verkehr gezogen". Wie Abb. 163 zeigt, trifft dies für die Westalpen nicht zu, weil es dort keine oberostalpine Überschiebung gibt. Dort trifft man in der Kreide bis ins Santon überwiegend Apatit-Zirkon-Granat-Schüttungen. Nur im Bereich der Simmen-Decke, die aus dem internen Penninikum stammt, erfolgt ab Campan ein Umschlag zur Spinell-Zirkon-Schüttung, die bis ins Alttertiär anhält, vermutlich, weil es dort im Westen kein oberostalpines Kristallin gibt, das Granat usw. liefern könnte.

Scaglia der Oberkreide greift in den judikarischen Alpen diskordant auf Hauptdolomit über, vgl. Abb. 22 Die regionale Reichweite dieser Vorgänge läßt sich auf unseren Karten nicht darstellen, weil die Zeugnisse dieser Gosau-Transgression zu kümmerlich sind.

Die Gosau-Ablagerungen der Oberkreide zeigen, wie schon auf S.120 beschrieben und wie aus den Abb. 36–37 hervorgeht, eine Fazies, die zumindest bei Beginn der Sedimentation und mit ihren klastischen Bestandteilen sehr lokal bedingt ist. Deshalb kann man sicher annehmen, daß die Transgression zuerst nur tiefliegende Bereiche erreichte und dann allmählich zu einer mehr flächenhaften Bedeckung führte. Das zeigt schon das Auftreten von pelagischen Serien, die freilich auch noch im **Maastricht** (Abb. 166) mit grobklastischen Serien und mit Hippuriten-Riffen verzahnt auftreten. An die Gosau-Region des Oberostalpin schloß sich im Norden wohl unmittelbar der nordpenninische Flyschtrog der Ostalpen an, wie aus Abb. 166 und 160 hervorgeht. Auch in diesem Trog verzahnt sich ja klastische Flysch-Fazies mit pelagischen Serien.

Die Einkehr pelagischer Fazies während der Oberkreide ist eine Erscheinung, die nicht nur auf die Alpen beschränkt ist, sondern auch in außeralpinen Bereichen, beispielsweise im nördlichen Europa in Erscheinung tritt. Feinkörnige Pelite, mehr oder weniger kalkig, mit planktonischen Foraminiferen (Globigerinen) und Inoceramen, grau-weiß oder rötlich gefärbt sind typisches und weit verbreitetes Gestein, das allerdings die verschiedensten Namen trägt: *Plänerkalke, Couches Rouges, Scaglia, Nierentaler Schichten, Buntmergel* und andere.

Aus dem Devoluy, südlich des *Belledonne-Massivs*, sind aus der Extern-Zone der Westalpen orogene Vorgänge bekannt, die dazu führen, daß Schichten ab Campan transgressiv über älterem gefaltetem Untergrund liegen (vgl. Abb. 105). Die Gebirgsbildung hat offenbar in der Zeit zwischen Cenoman und Campan stattgefunden.

Abb. 166 veranschaulicht die Fazies-Verteilung im Maastricht. Für die Südalpen ist eine spezielle Karte auf Abb. 164 zu finden. Basischer Vulkanismus stellt sich dort auf der tridentinischen Schwelle ein (Abb. 149).

Pelagische Fazies ist überdies auf der Briançonnais-Schwelle und im Subbriançonnais verbreitet. In den Westalpen greift sie auch weit in externe Bereiche aus, ebenso im Ultrahelvetikum der Ostalpen *(Buntmergel-*Serie). Im nordpenninischen Flysch-Trog finden sich an der Nordseite die gröber klastischen Serien, im Südteil wieder pelagische Einschläge. Ob zwischen Ultrahelvetikum im Norden und dem genannten Flysch-Trog eine Schwelle oder nur eine untermeerische Bruchstufe bestand, sei dahingestellt. Jedenfalls ist die Nordflanke des nordpenninischen Flysch-Troges von einer an orogenen Breccien und Olistholithen reichen Zone begleitet (Ultrahelvetikum mit *„Wildflysch"*, z. B. in der Feuerstätter Serie, vgl. Abb. 127). Ein steiler Kontinentalabhang scheint also zu jener Zeit besonders ausgeprägt gewesen zu sein.

Im (Ultra-)Helvetikum weiter westlich greifen die flyschähnlichen *Wangschichten* zum Teil transgressiv auf ältere Serien über und bezeugen damit auch die aufsteigende Bewegungstendenz der Extern-Massive zur Zeit der Oberkreide (vgl. S. 376). Von einer neritischen Randfazies werden nur wenige Stellen sichtbar *(Chaines subalpines,* Helvetikum in Oberbayern). Offenbar reichte die pelagische Fazies der Oberkreidezeit oft bis nahe an die Küsten heran, was bezeugen würde, daß sie auch in flachen Meeren entstand, deren Küsten nur ein ganz geringes Relief hatten. Das Auftreten pelagischer Gesteine sagt nicht notwendigerweise über die absolute Wassertiefe aus.

Die Bildung von *Flysch* und ähnlichen Serien während Kreide und Alttertiär verschob sich im Laufe der Zeit von internen zu externeren Zonen des Gebirges. Auf den Abb. 168–169 ist die Anordnung und die stratigraphische Reichweite der Flysch-Komplexe im Nordpenninikum, Ultrahelvetikum und Helvetikum der Schweiz aufgezeichnet und die heutige tektonische Position der Gesteinskomplexe dazu angegeben. (Ihre tektonische Platznahme ist auf Abb. 366–368 dargestellt).

Flysch-(ähnliche)-Serien sind punktiert, pelagische Gesteine durch strichlierte Signatur dargestellt. Ferner sind die Schichtlücken gekennzeichnet. Für die Ost-Schweiz gilt überdies zur Ergänzung die Abb. 170, wo auch die Mächtigkeit der Schichten berücksichtigt ist.

Man erkennt, wie die Flysch-Fazies heterochron im Raum-Zeitprofil nach der Externseite zu aufsteigt. Dabei geht ihr transgressiv zunächst eine neritische Glaukonitsandstein-, Nummuliten- oder Algenkalk-Fazies voraus, die von pelagischen Peliten abgelöst wird, in die dann schließlich die gröber klastischen Flyschgesteine eindringen. Die orogenen Breccien sind jeweils in den Grenzbereichen der Serien loziert, vermutlich, weil sie an den tektonisch als Abbrüche entstandenen Trogrändern sedimentiert wurden. Von solchen Steilflanken konnte auch gelegentlich freigelegtes Grundgebirge als „exotische" Komponente wie der sog. *„Habkern-Granit"* in den Verband der Flysch-Sedimente gelangen.

Das erwähnte und im Querschnitt auf Abb. 168–169 und für die Schweiz dargestellte Auswärtswandern der Sedimentationströge wird auf Abb. 150 für das **Paläozän** und **Eozän** für die ganzen Alpen sichtbar.

Die Ostalpen sind noch weiter vorgerückt (Abb. 160). Auf den Ostalpen geht die Sedimentation zunächst noch weiter (Abb. 34, 37). Der nordpenninische Flyschtrog wird bis zum frühen Eozän zugeschoben, die Sedimentation wird dort beendet.

Im Briançonnais, Subbriançonnais und (Ultra-) Dauphinois transgrediert toniger „*Flysch noir*" bis auf Tithon (Abb. 151). Die Schwermineralkomponenten der Flysch-Komplexe sind aus Abb. 163 zu entnehmen.

Die Faziesverteilung in den Südalpen, die nun schon zum Rückland der Alpen und eher als Vortiefe des Apennin angesehen werden können, ist auf Abb. 165 und 149 wiedergegeben.

Die vermutlich im Alttertiär intrudierten periadriatischen Plutone (vgl. Abb. 1–2) sind auf der Karte nicht verzeichnet. Sie wurden schon im Laufe des Alttertiärs in die Abtragung einbezogen, so daß z. B. Gerölle von *Bergeller Granit* schon im Miozän, z. T. im Oligozän der südalpinen Molasse vorkommen. Für einen Tonalit im Osten des Adamello-Massivs ist Intrusiv-Kontakt mit Oligozän-Kalken nachgewiesen (G. DAL PIAZ 1926). Absolute Altersbestimmungen an Gesteinen von Biella, aus dem Bergell und vom Adamello ergaben Alter von 20–40 Millionen Jahre (R. CHESSEX 1962). Das entspricht Eozän bis Miozän.

Im Oligozän (**Lattorf,** „**Sannois**") wird schließlich die Sedimentation auf einen schmalen Streifen am Außenrand der Alpen zusammengedrängt, der zum Teil in das heutige Vorland der Alpen ausgreift. Es entstehen noch flyschähnliche Serien, die aber schon immer mehr fazielle Züge der Molasse tragen und deren Zuordnung daher Schwierigkeiten bereitet. Auch der Umstand, daß man sie zum Teil in alpinen tektonischen Komplexen (z. B. im Glarner Flysch), zum Teil aber im autochthonen Untergrund der Molasse findet, hat schon zu der irrigen Annahme geführt, sie seien in verschiedenen, durch Schwellen getrennten Ablagerungsräumen entstanden. Keinesfalls sollte das Auftreten der Gesteine im einen oder anderen tektonischen Komplex als Kriterium für die Zuordnung zu Flysch- oder Molassefazies benützt werden!

Im Laufe der auf Abb. 160 angedeuteten Bewegungen wurden schließlich die Nördlichen Kalkalpen über den ostalpinen (= nordpenninischen) Flysch und dieser seinerseits über das Helvetikum geschoben. So kamen die Kalkalpen zunehmend in unmittelbare Nähe zum Sedimentationsraum des Helvetikums und endlich der Molasse, aus der von außen her die Sedimentation unmittelbar auf tektonisch tiefliegende Partien der Kalkalpen oder in deren Talbereiche eingreift. Auf der Karte für das Lattorf (Abb. 171) sind im Bereich des Oberostalpin die überwiegend mergeligen Sedimente des Inntals eingezeichnet (Die Ablagerung beginnt dort schon im Eozän). Ihr Ablagerungsraum stand wohl in ziemlich unmittelbarer Nachbarschaft zum Molasse-Becken und war gewissermaßen eine Ausbuchtung dessen über die Kalkalpen hinweg oder hinein. Die auf der Karte eingezeichneten penninischen und helvetischen Bereiche waren zu dieser Zeit an der Oberfläche nicht mehr existent. Die Karte muß entsprechend verstanden werden, wie es die Legende ebenfalls andeutet.

Eine besondere Erscheinung ist das Auftreten von Sandsteinen in den Externzonen der Westalpen, die als „*intermediäre*" *Sandsteine* (H. G. WUNDERLICH 1966, 129) bezeichnet werden und – wie schon erwähnt – einen Übergang zur Molasse-Sedimentation erkennen lassen. In solchen Sandsteinen des Westalpenbogens treten vulkanogene Komponenten auf *(Peira-Cava-Flysch, Grès d'Annot* et *St. Antonin* vor dem Argentera-Massiv, *Grès de Champsaur* südlich des Pelvoux-Massivs und *Taveyannaz-Sandstein* in Savoyen und der Schweiz (vgl. Profile auf Abb. 103–107). Man nimmt heute an, daß die Schüttung dieser Komponenten zu dem Zeitpunkt einsetzte, als Gesteine des inneren Pennnikums *(Piemontese, Simmen-Decke)* im alpinen Hinterland so weit gehoben worden oder als Decken herantransportiert waren, daß die in ihnen vorhandenen Ophiolithe der Abtragung unterlagen. Neben den vulkanogenen Komponenten enthält der *Taveyannaz*-Sandstein auch andere exotische Einschlüsse, die ebenfalls eine Schüttung aus dem Bereich der *Simmen*-Decke, der *Breccien*-Decke und entsprechender Zonen der weiter im Südwesten gelegenen Alpen möglich erscheinen lassen (vgl. J. CADISCH 1953, 161; M. VUAGNAT 1943; F. de QUERVAIN 1928).

Während des Oligozäns vollzieht sich der Übergang von der Flysch- zur Molassesedimentation, wobei die Achse des geosynklinalen Absenkungsraumes sich weiter gebirgsauswärts verlagert. Wie schon oben erwähnt, vollzieht sich der Fazieswechsel in ein und demselben Ablagerungsraum in allmählichem Übergang. Ein Beispiel dafür ist die Molasse des Val d'Illiez, die im stratigraphischen Verband dem autochthonen helvetischen Flysch auflagert (Abb. 106, 206, 363, 364). Die Molasse-Bildung begann also hier im selben Sedimentationsraum, in dem vorher Flysch oder ähnliche, z. T. in der Fazies vermittelnde Sedimente abgelagert wurden, ohne größere Schichtlücke.

Dieser Übergang im Profil von Flysch- in Molasse-Fazies ist deshalb so selten zu beobachten, weil er in der Schweiz, in Bayern und Österreich sich in Zonen vollzieht, die heute unter helvetischen Decken verborgen sind.

Dabei ist wesentlich, daß Molasse entsteht, indem das orogene Hinterland des Troges jetzt so hoch aufsteigt, daß von dort eine starke klastische Zufuhr einsetzt. Diese ist erheblich genug, daß die zwar auch im Molasse-Stadium noch starke Absenkung des geosynklinalen Troges jetzt durch die Sedimentation so weit kompensiert wird, daß der dortige Sedimentspiegel entweder über oder doch nur wenig und zeitweise unter dem damaligen Meeresspiegel liegt. Es kommt damit zur Ablagerung von fluvio-terrestrischen und limnischen Gesteinen neben brackischen und marinen Flachwasserserien. Diese folgen nicht nur übereinander, sondern finden sich in lateraler Verzahnung.

Vor Transgression der Molasse fand festländische Verwitterung auf dem „Bohnerzfestland" statt, das sich seit dem Alttertiär jeweils im Norden und Westen des alpidischen Sedimentationsraums erstreckte und dessen Bildungen besonders in und auf dem Karst der dort anstehenden Jura- und Kreide-Kalkgesteine erhalten sind *(„Siderolithikum")*.

Auf den Abb. 172–178 ist die Paläogeographie im Molassebereich der Schweiz, von Süddeutschland und Teilen von Österreich zusammengestellt, wie sie sich vor allem nach neueren sedimentologischen Untersuchungen ergibt. Ein entsprechend vollständiges Bild ist von der Molasse weiter östlich und auch im Rhônebecken noch nicht verfügbar.

Auf den Karten sind die Umrisse der Sedimentations-Räume, d. h. der Umfang des Molasse-Beckens, die Fazies, die Sedimentschüttungen und Isopachen eingezeichnet. Die mineralische Zusammensetzung der Sande einschließlich ihres Schwermineral-Gehalts und entsprechende Herkunftsgebiete sind durch Signaturen kenntlich gemacht, die auf Abb. 178 erläutert sind.

Alle Karten zeigen zunächst, daß der Haupt-Sedimenttransport in der Längsachse des Molasse-Troges verlief, wobei die zentripetalen Zuschüttungen von den werdenden Alpen her je nach Reliefenergie mehr oder weniger weit in die Beckenmitte vorstießen. Das Molasse-Becken nimmt natürlich auch Sediment aus dem außeralpinen Bereich auf.

Nicht nur tektonisch, sondern auch im paläogeographischen Sinne kann man die Vorlandsmolasse von der subalpinen Molasse unterscheiden. Beide Schichtfolgen sind auf den Abb. 128 und 129 aufgezeichnet. Die subalpine Molasse zeichnet sich durch Entstehung am Alpenrand aus, die im Reichtum an Konglomeraten ihren Ausdruck findet. Diese Konglomerate wurden von den aus den Alpen austretenden Flüssen in Schuttfächern unmittelbar am Alpenrand abgesetzt und ausgebreitet, wo sich Gefälle und Strömungsgeschwindigkeit und damit die Tragkraft der Gewässer beim Eintritt in das Molassebecken unvermittelt verringerten. Die Mächtigkeit der Konglomerat-Komplexe schwankt entsprechend im Streichen und verlagert sich überdies im Verlauf der Ablagerung der Molasse, wie Abb. 172–177 erkennen lassen.

Die Randfazies am Nordrand des Molassebeckens – die subjurassische Molasse – soll hier nur erwähnt, aber nicht näher erörtert werden.

Abgesehen von nur lokal verbreiteten Schichten im oberen Eozän und im älteren Oligozän (vgl. Abb. 129) beginnt die Sedimentation auf geschlossener Fläche im **Lattorf** und **Rupel** mit marinen Serien. Die *Deutenhausener Schichten* in Bayern zeigen noch Flysch-Merkmale. Die *Tonmergel-*

Schichten in Bayern entsprechen den *Grisiger Mergeln* der Schweiz und zeigen die indifferente Fazies einer eintönigen Tonserie, wie man sie auch in den Rupel-Tonen außeralpiner Bereiche antrifft. Abb. 172 läßt den Sedimentationsraum im Osten, in Bayern breit erscheinen. Das täuscht jedoch insofern, als im Westen die älteren Schichtglieder der Molasse heute innerhalb des Alpenkörpers auftreten (aufgeschlossen im Val d'Illiez und im Chablais, vgl. Abb. 106–107). Diese Vorkommen liegen also südlich der auf den Abb. 172–177 eingezeichneten alpinen Nordrandüberschiebung auf die Molasse. Es ist demnach zu erwarten, daß unter den helvetischen Decken der Zentralschweiz ebenfalls ältere Schichtglieder der Molasse anzutreffen sind (vgl. S. 402). Die Karten auf Abb. 172–175 sind also insofern unvollständig, als sie nur die Verhältnisse derjenigen Molasse-Gesteine zeigen, die heute im Molassebecken anzutreffen sind, während die im Westen unter den Decken, auf helvetischem Autochthon vorkommenden Molassegesteine unberücksichtigt bleiben.

Bis zum älteren **Chatt** *(Baustein-Schichten)* ändert sich die paläogeographische Gesamtsituation nicht wesentlich (Abb. 173). Allerdings herrschen jetzt brackische Verhältnisse. Man erkennt, daß bis dahin in den Alpen vorwiegend sedimentäre Serien der Abtragung unterlagen (vgl. Abb. 178).

Im jüngeren Abschnitt des Chatts stellt sich im Westen des nun erweiterten Molassebeckens die Fazies der *„Süßwassermolasse"* ein. Durch fluviatilen, sich ständig verlagernden Sandtransport entstanden zum Teil rinnenartig eingetiefte Sandkörper, die sich seitlich mit bunt gefärbten, in Altwassern, Tümpeln und Seen abgesetzten tonigen Gesteinen verzahnen. Im Osten verzahnt sich die Untere Süßwassermolasse – auch noch im **Aquitan** (vgl. Abb. 175) mit den brackischen und marinen Serien der *Cyrenenschichten* und des *Schlier* (z. T.), vgl. Abb. 129. In diesem Verzahnungsbereich entstanden die kohleführenden Schichtglieder der Molasse, wo es bei hochstehendem Grundwasser oder im flachen, ausgesüßten Randbereich des Meeres zu üppigem Pflanzenwuchs und Ansammlung humoser Substanz kam.

In der *Unteren Süßwassermolasse* stellen sich nun Sandschüttungen aus Liefergebieten mit kristallinem Grundgebirge ein, die feldspatreich sind *(„Granitische Molasse").* Sie entstammen den Schuttfächern der Hohrone (im älteren Chatt) und des Napf und Hörnli (im jüngeren Chatt und im Aquitan), kommen teilweise aber noch weiter von Westen her. Die übrigen auf den Karten eingezeichneten Schuttfächer liefern aber nach wie vor kalkarenitische Sande.

Im **Burdigal** und **Helvet** (Abb. 176) ist das Molasse-Becken noch weiter nach Norden ausgedehnt und wieder vom Meer bedeckt, wo weithin glaukonitische Sandsteine und Sandmergel entstehen. Die Mächtigkeit der Gesteine der Oberen Meeresmolasse ist im Verhältnis zu den Verhältnissen in der Unteren oder Oberen Süßwassermolasse ziemlich ausgeglichen, wohl bedingt durch die Verbreitung der Sedimente durch die Wasserbewegung im Flachmeer. Die Richtung des Sedimenttransports ist daher auch nicht einheitlich. Die Zusammensetzung der Sande verrät, daß das Kristallin der Zentralalpen zunehmend der Abtragung zugänglich wird. Die grobklastischen Einschüttungen aus den Alpen bleiben auf den unmittelbaren Südrandbereich des Molasse-Beckens beschränkt. In den Buchten zwischen den Flußdelten bilden sich Schichtfolgen aus, die schwer zu parallelisieren sind und zum Teil auch brackische Fazies zeigen.

Jetzt setzt auch nennenswerte Zufuhr von Osten her in das Molasse-Becken ein. Damit kommt zum Ausdruck, daß nun auch die Ostalpen so weit exponiert sind, daß dort ein Mittelgebirgsrelief bestand.

Diese Entwicklung wird auch zur Zeit der *Oberen Süßwassermolasse* fortgesetzt (**Torton**, **Sarmat**, z. T. auch **Pont**), vgl. Abb. 177. Fluviatil-limnische Fazies ist wieder allgemein verbreitet. Das Gefälle der Beckenachse hat sich jetzt aber umgekehrt, wie der Sedimenttransport von Osten nach Westen zeigt. Im Schuttfächer des Napf treten Gerölle aus dem Helvetikum der Schweizeralpen erst in den jüngsten Partien auf. Die Gesteine der helvetischen Region waren also bis dahin in einer Position, die ihre Abtragung verhinderte: entweder in generell tiefer tektonischer Position oder dazuhin bedeckt vom ultrahelvetischen Flysch und den mittelpenninischen *Préalpes* (Klippen-

Decke usw.). Die Sedimentation der Oberen Süßwassermolasse endet während der Pontischen Stufe des Pliozäns.

Natürlich können auch die glazialen, glazifluvialen und periglazialen Bildungen im Alpenvorland mit als eine Füllung des Molasse-Troges angesehen werden.

Bedingt durch die zentrale Lage und weiteste Ferne vom offenen Ozean stellte sich im mittleren Teil des Molasse-Beckens, der etwa von Oberschwaben eingenommen wird, am ehesten die Fazies der *„Süßwassermolasse"* ein, während im Westen zum rhodanischen Becken hin wie vorher im Osten längere Zeit marine Verhältnisse persistierten. Entsprechend transgrediert die Molasse im mittleren Becken über Jura, im Westen und Oberbayern auf Kreide, im Osten allerdings auch (vor allem der oberirdisch sichtbare Teil) auf Kristallin der Böhmischen Masse.

Das Molassebecken wird nämlich in Österreich bei Amstetten besonders schmal und erweitert sich erst östlich davon wieder zum „Außeralpinen Wiener Becken", wo die Schichtfolge des Jungtertiärs allerdings erst etwa mit dem Burdigal beginnt. Eine Verbindung des Meeresraums muß zur Zeit von Chatt und Aquitan jedoch am Außenrand der Ostalpen und Karpaten entlang zum Schwarzen Meer bestanden haben.

Nachdem sich die Gefälleverhältnisse im Molassebecken seit dem Helvet vor allem im Torton und Sarmat (*„Vindobon"*) umgekehrt hatten, war die marine Fazies im West- und Südwestteil der alpinen Vortiefe beheimatet, im Rhônebecken (Abb. 105).

Das („inneralpine") Wiener Becken am Ostrand der Alpen trennt als inneralpine axiale Depression die Alpen von den Karpaten. Der Abbruch zu diesem Becken, wie auch anderen inneralpinen Jungtertiärbecken vollzieht sich oft entlang von Bruchstörungen.

Am ganzen Ost- und Südostrand der Alpen transgredieren ab Burdigal marine Sedimente (*„Schlier"*). Aber schon ab Sarmat erfolgt eine Aussüßung und endlich bis zum Pliozän Übergang zu fluviatiler Sedimentation, wie die Profile auf Abb. 131–133 zeigen. In den Randbereichen herrscht grobklastische Fazies, stellenweise findet man Muschelsandsteine oder Lithothamnienkalke. Seit dem Ende des Pont unterliegen die Tertiärsedimente in den Randbereichen der Ostalpen selbst der Abtragung.

Wie weit die Bedeckung mit Jungtertiär sich auf geschlossener Fläche in die Ostalpen hinein erstreckte, ist nicht eindeutig zu entscheiden. Im Innern der Ostalpen sind entsprechende Gesteine nur in tektonisch tiefer Lage, meist in bruchtektonisch abgesenkten Schollen zu finden. Möglicherweise erfolgte schon ihre Ablagerung dort schon bevorzugt.

Für Aquitan (Burdigal?) hält man kohleführende limnische Tertiärrelikte von Wagrain im Ennstal und am Stoderzinken, wo sie über 2000 m hoch auf den Nördlichen Kalkalpen anzutreffen sind. Möglicherweise handelt es sich um eine limnische ursprünglich schon lückenhafte Randfazies der zeitgleichen voralpinen Molasse, die in tiefliegende Bereiche der Alpen übergriff (C. HAGN 1960, A. TOLLMANN & E. KRISTAN-TOLLMANN 1962). Miozän ist dagegen die Füllung der übrigen Tertiär-Becken der Ostalpen. Zu nennen sind die Vorkommen im Lungau, im Mur- und Mürztal (Aichfeld, Trofaiach, Kapfenberg, Krieglach), im Aflenzer Becken, ferner bei Kirchberg am Wechsel und bei Aspang. Die Becken im Mur- und Mürztal enthalten Kohleflöze, die relativ gut zu parallelisieren sind und damit bezeugen, daß sie in einem größeren zusammenhängenden Becken mit korrespondierenden Grundwasserständen abgelagert worden sind.

Die Schichtfolgen des Klagenfurter und Lavanttaler Beckens sind auf den Abb. 130–131 angeführt.

Auch außerhalb der tertiären Sedimentationsgebiete der östlichen Ostalpen sind Zeugnisse aus jener Zeit überliefert. Alte, verwitterte Gerölle (Restschotter) (*„Augensteine"*) und entsprechende Verebnungen (*„Augensteinfläche"*) stammen aus dem Oligozän. Die Augensteinfläche wurde nach A. TOLLMANN (1966, 113) etwa an der Wende Chatt/Aquitan tektonisch wieder zerstört. Die *Augenstein*-Schotter enthalten noch keine Komponenten aus dem Tauern-Fenster, das damals also noch nicht so weit aufgewölbt war.

Eine jüngere Verebnung auf den nördlichen Kalkalpen kann man von der *Raxalpe* (Wien) aus verfolgen. Sie stammt aus dem jüngsten Miozän bis älteren Pliozän, ist also den entsprechenden fluviatilen Sedimenten auf Abb. 131–133 korrelat. Die Verebnung der Rax steigt nach Westen auf über 2500 m Höhe an, woraus die junge Heraushebung der Ostalpen verdeutlicht wird.

Die Landschaftsentwicklung der Ostalpen seit dem Tertiär ist indessen sehr komplex. Auf die monographische Darstellung von A. WINKLER-HERMADEN (1957) wird verwiesen, ferner auf H. FLÜGEL 1961, 1964. Weitere sehr umfangreiche Literatur ist dort zitiert.

In den Südalpen werden im Oligozän noch Nummulitenkalke, Tone, aber auch schon Molassegesteine nebeneinander abgelagert, während dann im Miozän die Molasse allgemein verbreitet ist. (Abb. 149). Diese Molasse ist weitgehend marin (vgl. Abb. 13–16). Die Pontische Stufe greift im Alpenrandbereich randlich diskordant mit fluviatilen Bildungen aus (Abb. 149). Im zentralen oberitalienischen Sedimentationsraum zwischen Alpen und Apennin ist sie marin entwickelt. Die ursprüngliche Ausdehnung der einzelnen Tertiärstufen nach Norden in den Alpenbereich hinein läßt sich nicht mehr zuverlässig festlegen.

Die geologische Geschichte der Alpen im Pleistozän bleibt hier aus naheliegenden Gründen außer Betracht, so überaus bedeutend sie auch für die landschaftliche Ausformung als Hochgebirge ist.

Abb. 134: Mutmaßliche ursprüngliche Anordnung der alpidischen Ablagerungsräume (vor den kretazischen Gebirgsbildungen). Der tektonisch komplizierte Bau der Alpen ist durch Rückführung der tektonischen Einheiten an den Ort ihrer ursprünglichen Entstehung auf den Ausgangszustand des alpidischen Zeitalters (Jungpaläozoikum) abgewickelt. Die Breite der ehemaligen Ablagerungsräume wurde angenommen in Anlehnung an die Rekonstruktion von R. TRÜMPY (1960) für die Westalpen und von E. CLAR (1965, zusammen mit W. SCHLAGER) für die Ostalpen. – Die Mutmaßungen über die ursprüngliche Breite alpiner Sedimentationsräume vor der orogenen Einengung schwanken beträchtlich (2- bis 6facher Betrag der heutigen Breite des Alpenraums). Vgl. H. G. WUNDERLICH 1964, 1966. – Die vorliegende Abbildung ist deshalb **absichtlich** ohne Maßstab geblieben. Sie kann **nur** die einzelnen paläogeographischen Bereiche in ihrer **relativen Lage** zueinander, insbesondere im Querschnitt durch die Alpen zeigen. Die im Raume nördlich der Alpen eingezeichneten Städte sollen dabei die Orientierung erleichtern. – Auf der Karte sind die tektonischen und faziellen Großeinheiten des Gebirges mit Flächensignaturen eingetragen, ferner die (relativ) autochthonen Massive bezeichnet. Die Heimat tektonischer Einheiten bzw. Faziesbereiche sind mit ihren namentlichen Bezeichnungen vermerkt. Die Grenzen zwischen den Großeinheiten des Gebirges sind auch auf den einzelnen paläogeographischen Karten eingezeichnet. Ihr geradliniger Verlauf ist hypothetisch. Vgl. auch Text auf S. 102.

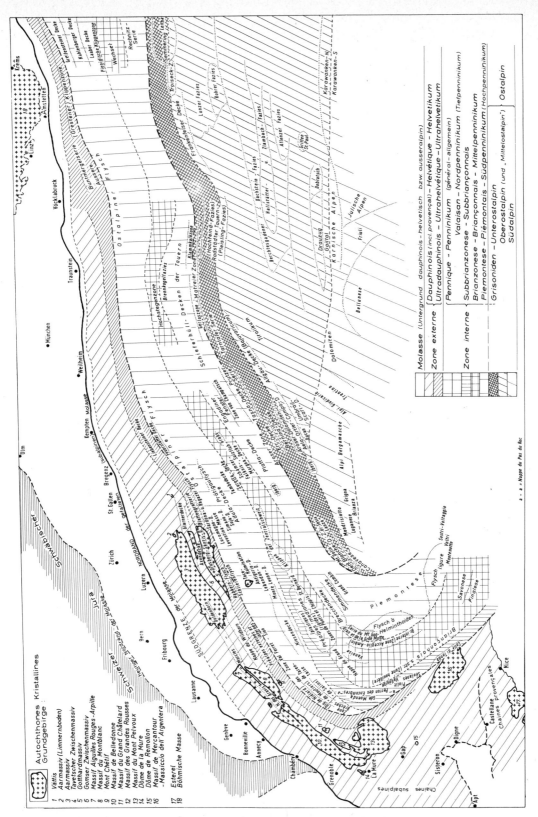

Abb. 134, Legende siehe S. 126

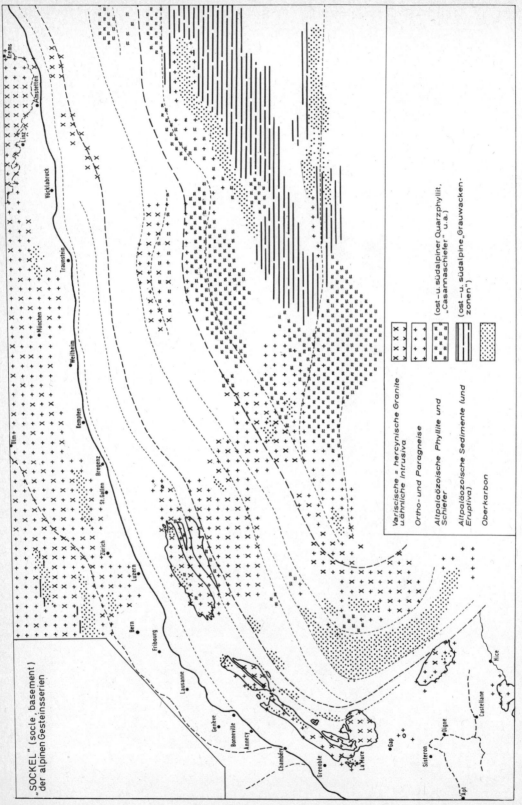

Abb. 135: Paläogeologische Karte: Beginn der alpidischen Ära. Dargestellt ist die Oberfläche des „herzynischen" = „variszischen" Gebirges, d. h. der Sockel, auf dem Perm und Mesozoikum abgelagert wurden. Auf der Karte sind diejenigen Schichten eingezeichnet, die bei Beginn der alpidischen Sedimentation im Perm und Mesozoikum an der Oberfläche anstanden. Die alpine Metamorphose, der diese Gesteine später noch unterworfen wurden, ist nicht berücksichtigt. – Selbstverständlich können im Rahmen dieses Entwurfs nur diejenigen Schichtkomplexe verzeichnet werden, die ein bestimmtes Gebiet überwiegend kennzeichnen. Vgl. R. LAURENT & R. CHESSEX 1968.

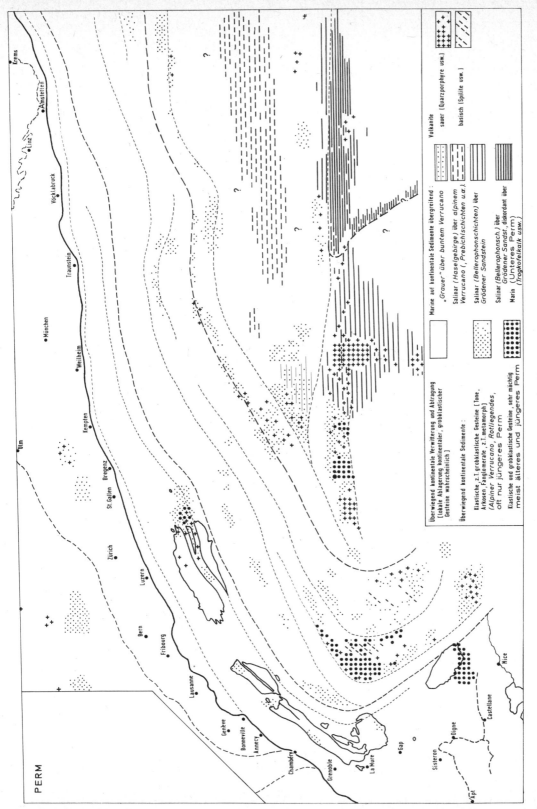

Abb. 136: Paläogeographie des Perm (K. LEMCKE 1961; G. RIEHL-HERWISCH 1972; A. TOLLMANN 1964; R. TRÜMPY 1966).

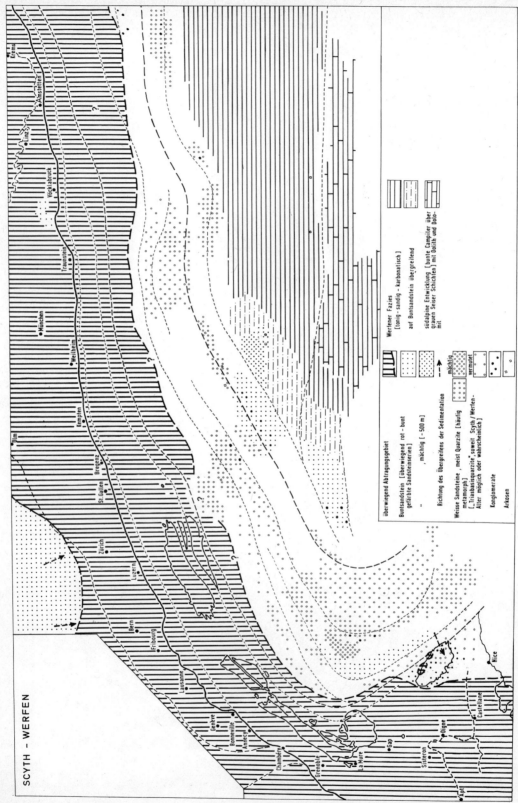

Abb. 137: Paläogeographie des Scyth (Werfen) (R. Barbier 1963; U. P. Büchi, K. Lemcke, G. Wiener & J. Zimdars 1965; J. Ricour 1963; J. Sarrot-Reynauld 1963; A. Tollmann 1963, 1964; R. Trümpy 1959, 1962).

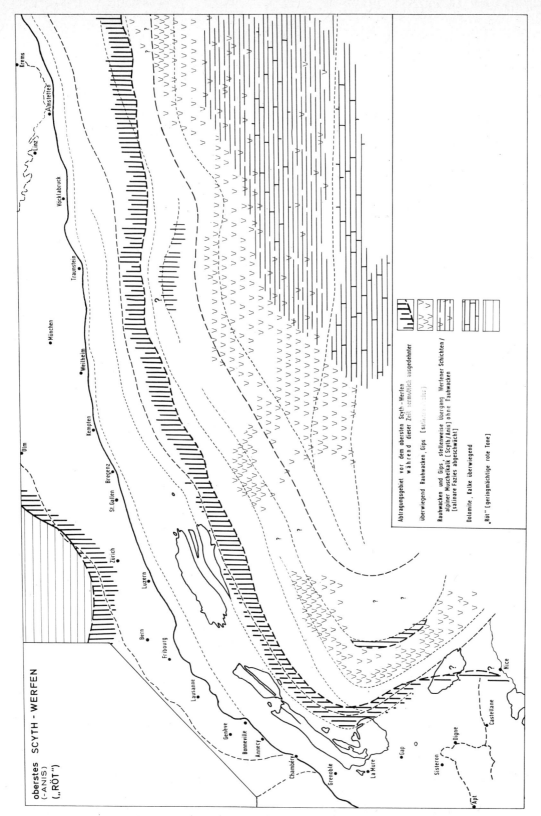

Abb. 138: Paläogeographie des obersten Scyth (Werfen) (– Anis) (Literatur vgl. Abb. 137).

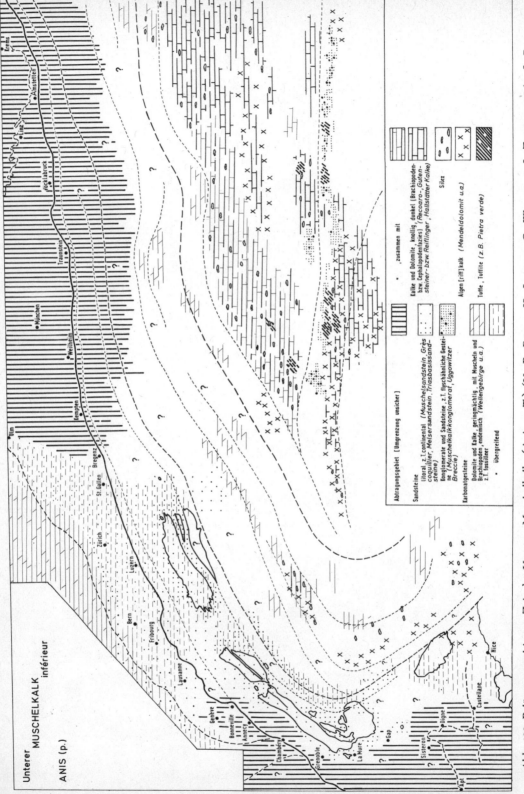

Abb. 139: Paläogeographie zur Zeit des Unteren Muschelkalks (Anis, z. T.) (U. P. Büchi, K. Lemcke, G. Wiener & J. Zimdars 1965; J. Ricour 1963; J. Sarrot-Reynauld 1963; A. Tollmann 1963; R. Trümpy 1962).

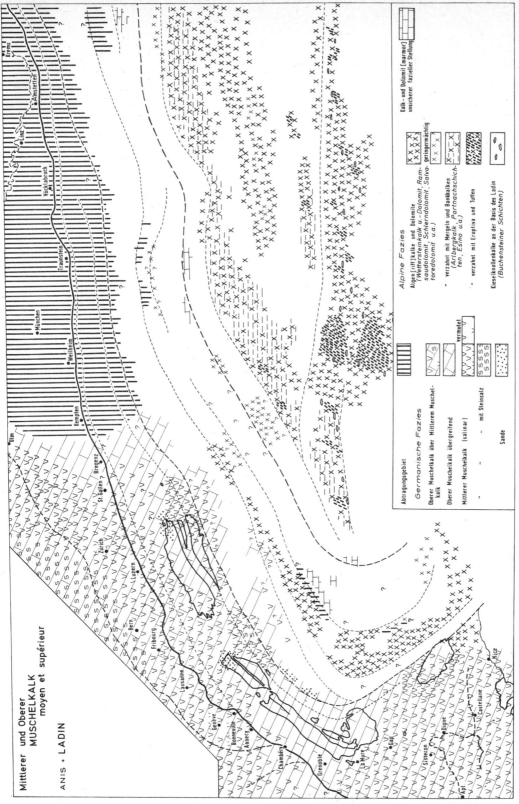

Abb. 140: Paläogeographie zur Zeit des Mittleren und Oberen Muschelkalks (Anis, z. T. – Ladin) (U. P. Büchi, L. Lemcke, G. Wiener & J. Zimdars 1965; J. Ricour 1963; J. Sarrot-Reynauld 1963).

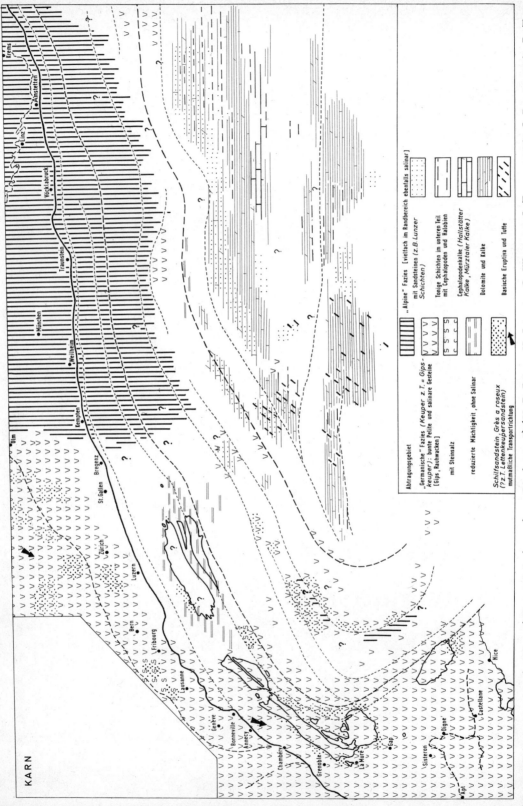

Abb. 141: Paläogeographie des Karn („Keuper", insbesondere „Gipskeuper") (U. P. Büchi, K. Lemcke, G. Wiener & J. Zimdars 1965; J. Ricour 1963; R. Trümpy 1962).

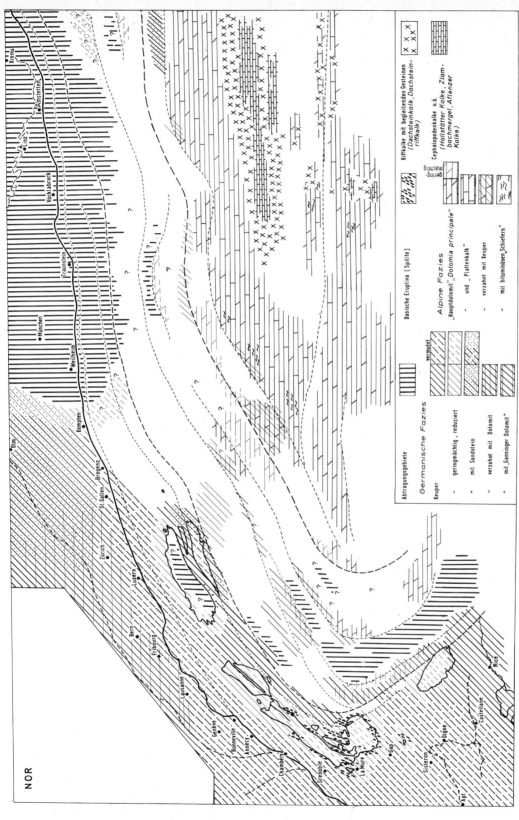

Abb. 142: Paläogeographie des Nor („Keuper" z. T.) (U. P. Büchi, K. Lemcke, G. Wiener & J. Zimdars 1965; J. Debelmas & M. Lemoine 1963; J. Ricour 1963; J. Sarrot-Reynauld 1963; R. Trümpy 1962). Für den oberostalpinen Bereich erfolgt nur eine summarische Einzeichnung. Eine detaillierte Darstellung für den Bereich der nördlichen Kalkalpen nach H. Zankl 1967 findet sich auf Abb. 143.

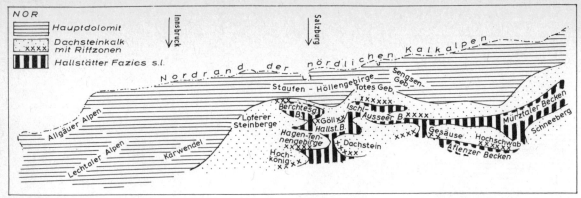

Abb. 143: Paläogeographie des Nor der Nördlichen Kalkalpen (H. ZANKL 1967). Gegenüber Abb. 142 ist der Bereich der Nördlichen Kalkalpen detailliert und nicht summarisch dargestellt. Tektonisch entzerrt.

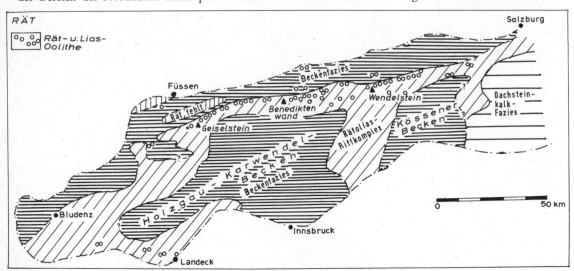

Abb. 144: Paläogeographie des Rät der nordwestlichen Kalkalpen (F. FABRICIUS 1966, 1967). Tektonisch entzerrt. Die einzelnen Typen des Faziesübergangs Rät/Lias sind auf Abb. 145 dargestellt.

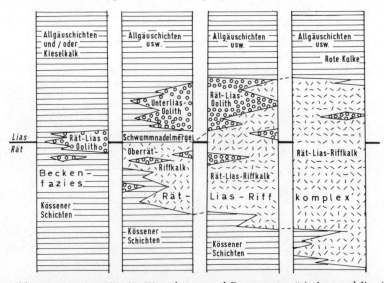

Abb. 145: Stratigraphische Einordnung und Benennung rätischer und liassischer Oolithe und Riffkalke in den westlichen Nördlichen Kalkalpen (F. FABRICIUS 1967). Der Übergang von rätischem Dachsteinkalk in Lias, der ebenfalls vorkommt, ist nicht dargestellt.

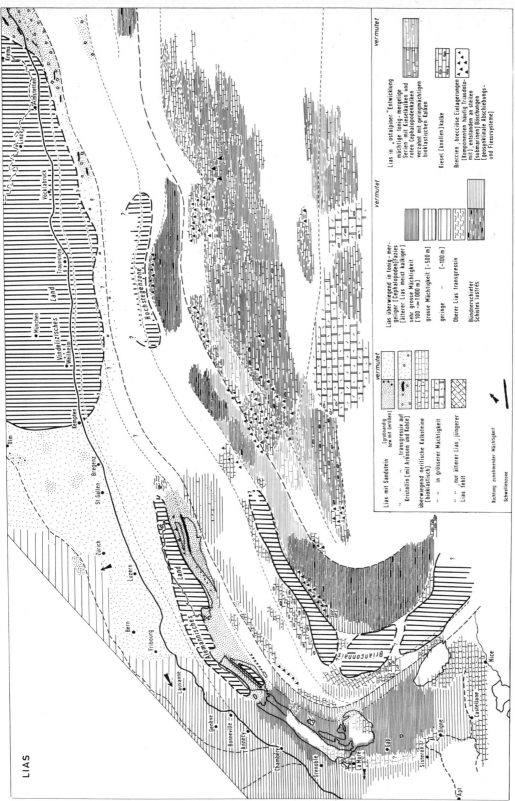

Abb. 146: Paläogeographie des Lias (J. Aubouin 1963; U. P. Büchi, K. Lemcke, G. Wiener & J. Zimdars 1965; A. Tollmann 1963; R. Trümpy 1949, 1960, 1962).

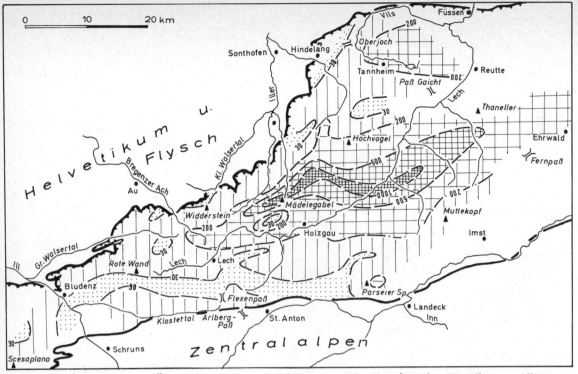

Abb. 147: Mächtigkeit der Älteren Allgäu-Schichten (Hettang – Pliensbach) in den Vorarlberger, Allgäuer und westlichen Tiroler Kalkalpen (nach V. Jacobshagen 1965). Unterschieden sind Mächtigkeitsbereiche zwischen 30, 200, 500, 1000 und mehr m. Tektonisch nicht entzerrt.

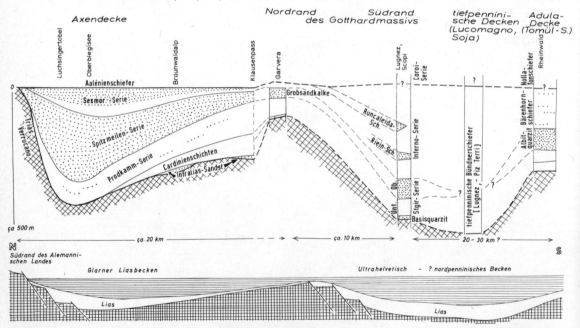

Abb. 148: Abgewickeltes schematisches Profil des Lias im Querschnitt des östlichen Aare- und Gotthard-Massivs. Nordteil nach R. Trümpy 1949, Südteil sehr hypothetisch ergänzt nach W. Jung 1963, W. K. Nabholz 1949. Südlich des Alemannischen Landes lag der Ablagerungsbereich der mittelhelvetischen Axen-Decke s.l. Im Bereich des heutigen Gotthard-Massivs lag möglicherweise eine Schwellenzone, an die sich südlich ein weiteres, ultrahelvetisches Becken anschloß, das vielleicht unmittelbar oder aber entlang einer weiteren, hier nicht eingezeichneten Schwelle oder Störungszone in das nordpenninische Bündnerschiefer-Becken überging (Paläotektonisches Profil unten). Das Relief zur Liaszeit ist nach R. Trümpy durch ein (antithetisches) Abbruchsystem am Südrand des Alemannischen gegen den penninischen Raum entstanden. Vgl. Abb. 115.

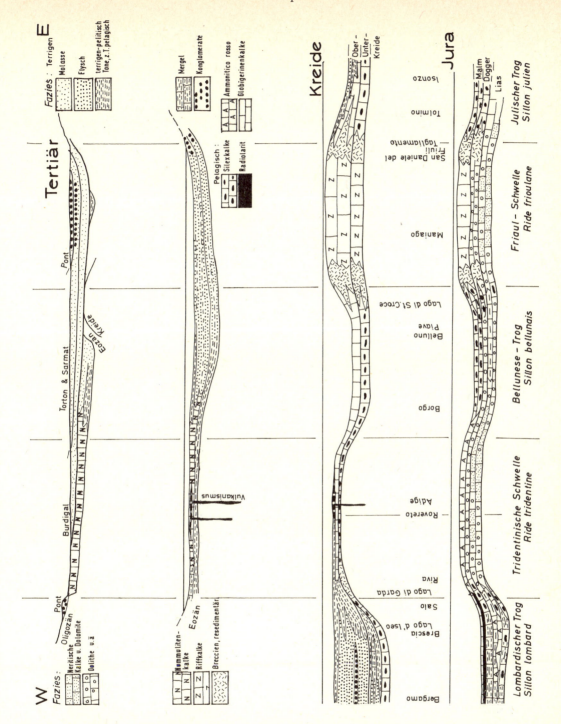

Abb. 149: Paläogeologische Schnitte durch die Südalpen zwischen Bergamo und Isonzo für Jura, Kreide und Tertiär. Gliederung des Ablagerungsraums quer zum alpinen Streichen. Nach J. Aubouin 1963, verändert. Vgl. auch A. Castellarin 1972.

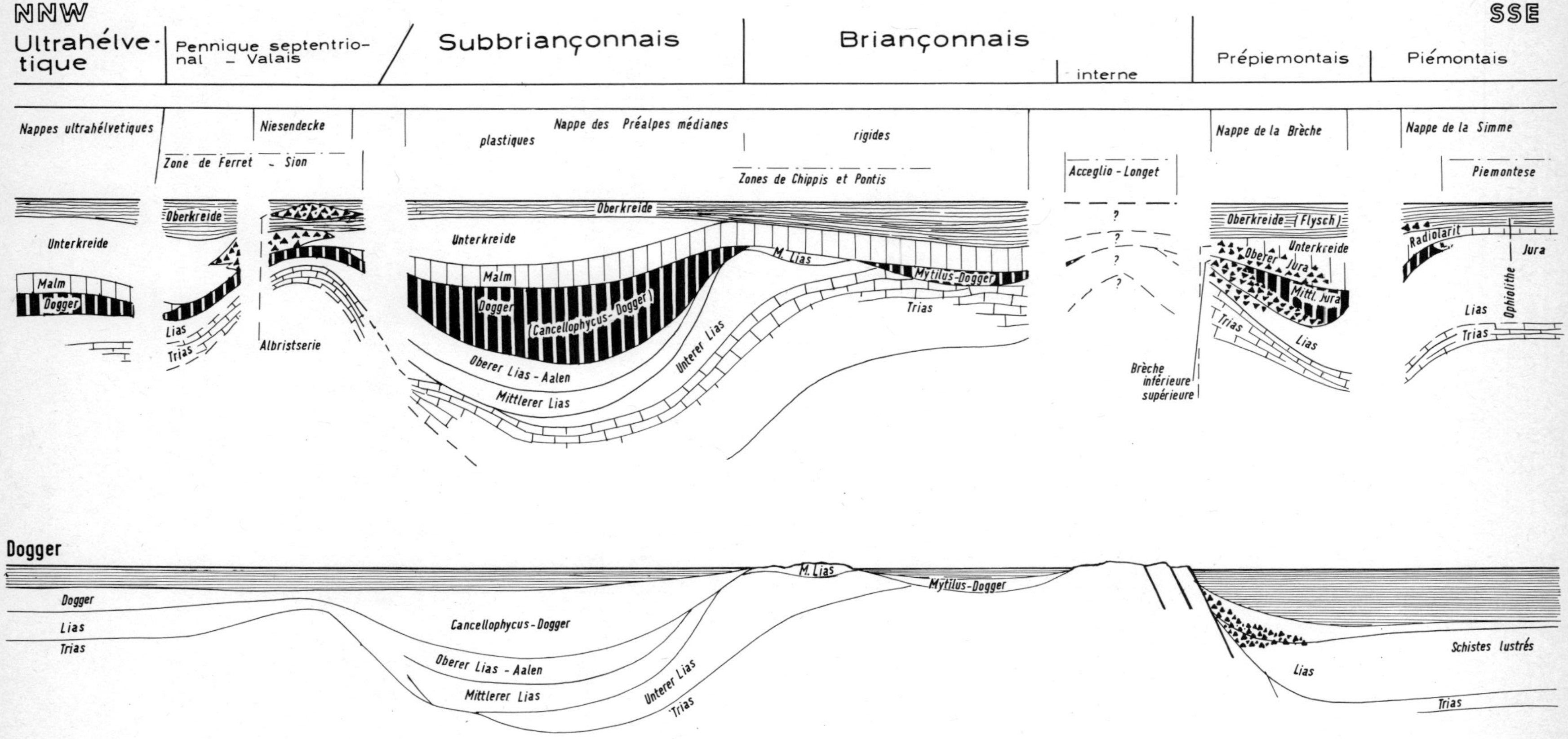

Abb. 150: Abwicklung der Gesteinsserien im Ultrahelvetikum, Subbriançonnais, Briançonnais und Piémontais im Querschnitt der Préalpes beiderseits der Rhône. Rekonstruktion des Paläoreliefs zur Zeit des Dogger. Hypothetisch (z. T. nach TRÜMPY 1960).

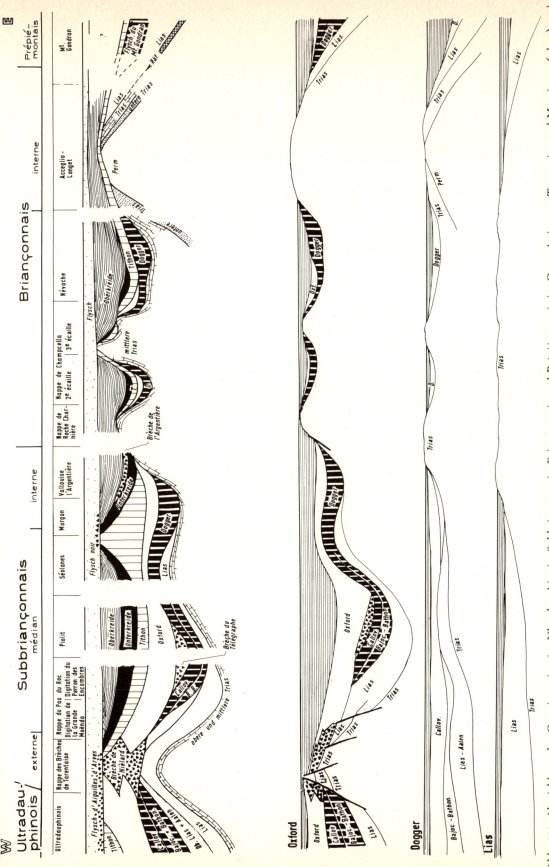

Abb. 151: Abwicklung der Gesteinsserien im Ultradauphinois, Subbriançonnais, Briançonnais und Prépiémontais im Querschnitt von Tarentaise und Maurienne (oben) und Rekonstruktion des Paläoreliefs zur Zeit von Lias, Dogger und Oxford. Hypothetisch (nach R. BARBIER, J.-P. BLOCH, J. DEBELMAS e.a. 1960/1963).

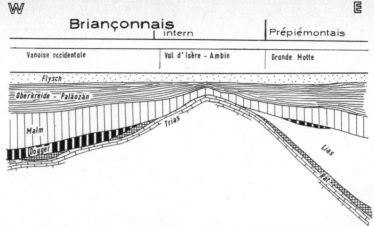

Abb. 152: Ergänzung zu Abb. 151 für den Bereich zwischen Vanoise und Grande Motte.

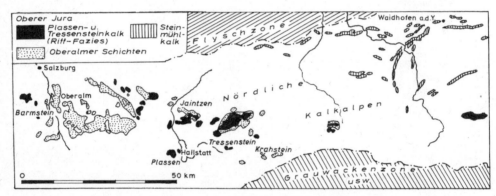

Abb. 153: Vorkommen des Oberen Jura in den östlichen Nördlichen Kalkalpen (A. Fenninger 1967). Tektonisch nicht entzerrt.

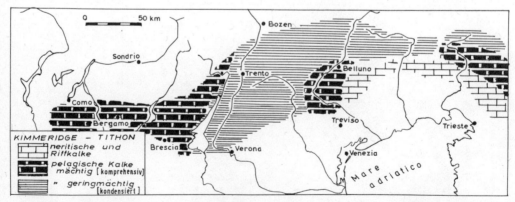

Abb. 154: Paläogeographie des oberen Jura (Kimmeridge bis Tithon) der Südalpen (J. Aubouin 1963, 1967); vgl. Abb. 157. In den Südalpen können auch in der Jurazeit 2 Typen von Schwellen unterschieden werden:
1. mit neritischer und Riff-Fazies (Typus Gavrovo): Schwelle des Friaul (= Friuli)
2. mit kondensierter pelagischer Fazies (Typus Briançonnais): tridentinische Schwelle.
In den Trögen herrscht pelagische Fazies (Lombardischer, Belluneser und julischer Trog).

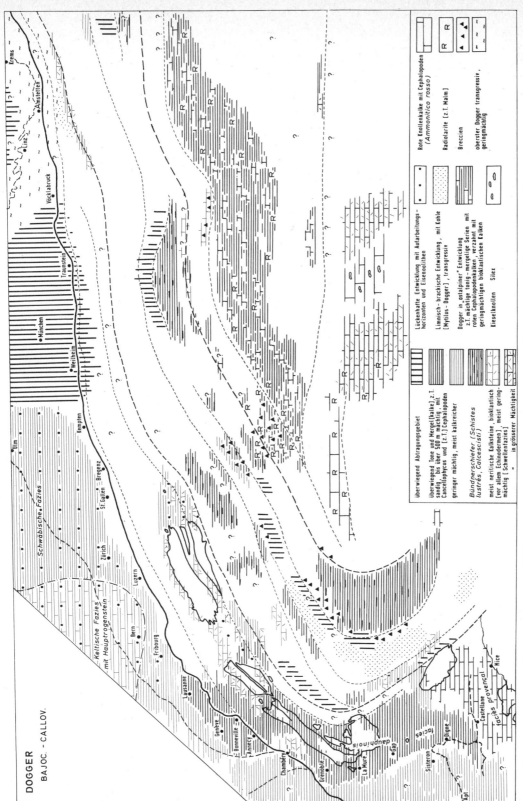

Abb. 155: Paläogeographie des Doggers (Bajoc. – Callov.) (J. AUBOUIN 1963; U. P. BÜCHI, K. LEMCKE, G. WIENER & J. ZIMDARS 1965; A. FAURE-MURET 1955; A. TOLLMANN 1963; R. TRÜMPY 1962).

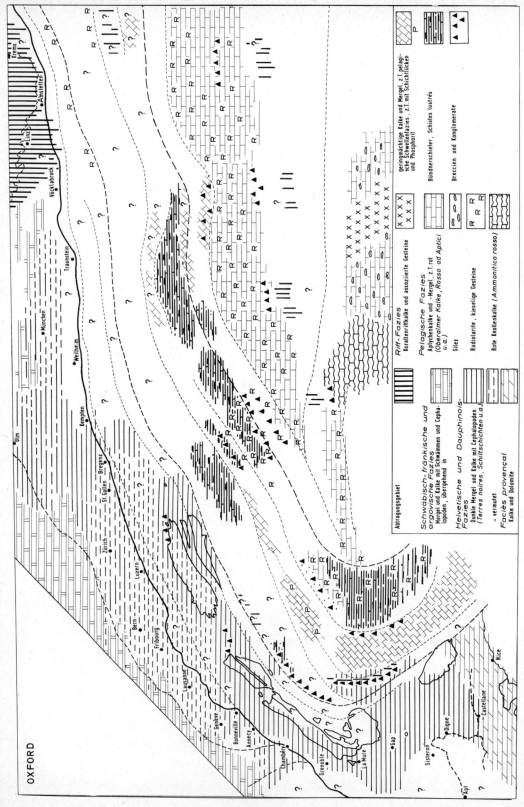

Abb. 156: Paläogeographie des älteren Oberen Jura (Oxford) (J. Aubouin 1963; U. P. Büchi, K. Lemcke, G. Wiener, J. Zimdars 1965; A. Faure-Muret 1955; M. Gignoux 1950; A. Tollmann 1963; R. Trümpy 1962).

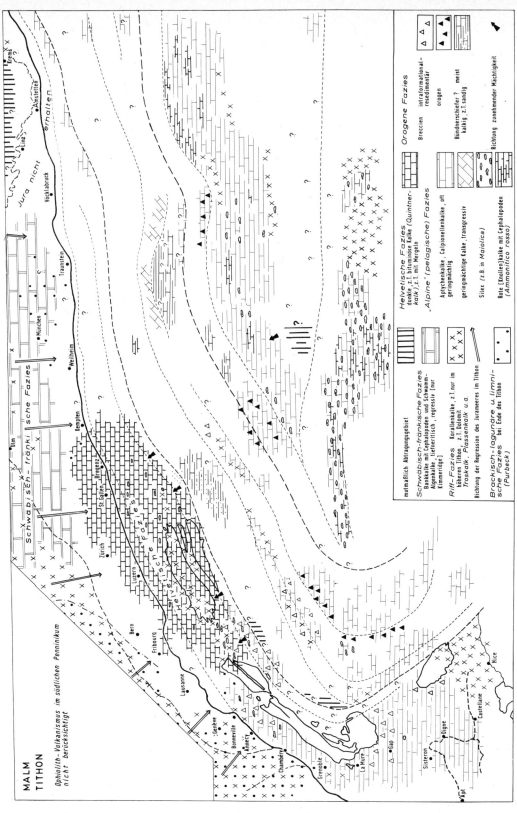

Abb. 157: Paläogeographie des jüngeren Oberen Jura (Tithon) (J. AUBOUIN 1963; J. AUBOUIN, A. BOSSELINI & M. COUSIN 1965; W. BARTHEL 1965; A. FENNINGER 1967; A. FENNINGER & L. K. HOLZER 1972), vgl. Abb. 153, 154.

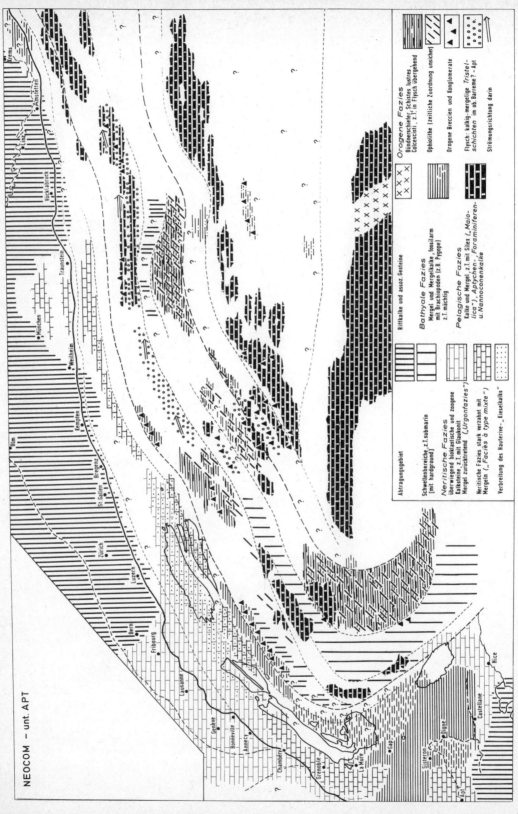

Abb. 158: Paläogeographie der Unterkreide (Neocom – unteres Apt) (J. Aubouin 1963; W. Barthel 1965; U. P. Büchi, K. Lemcke, G. Wiener & J. Zimdars 1965; J. Debelmas & M. Lemoine 1965; A. Faure-Muret 1955; E. Haug 1912; R. Hesse 1965; A. Tollmann 1963; R. Trümpy 1960, 1962; W. Zacher 1966; W. Zeil 1956).

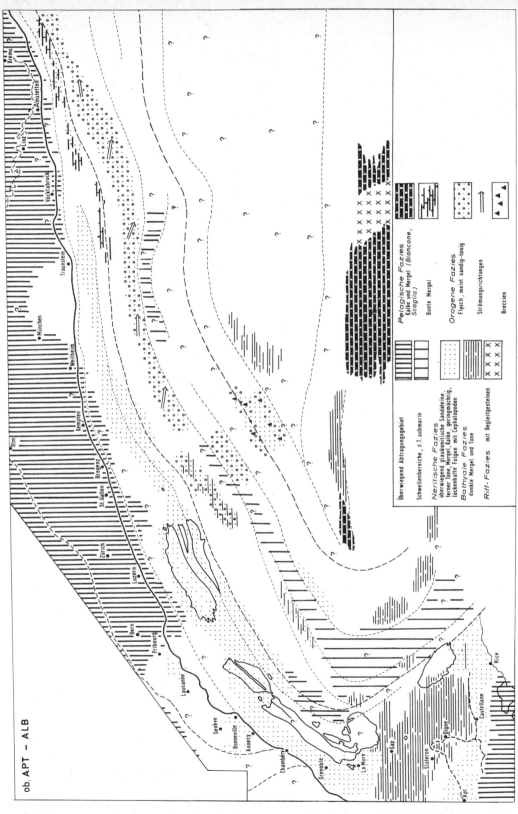

Abb. 159: Paläogeographie des oberen Apt und Alb („Mittlere Kreide", obere Unterkreide) (J. Aubouin 1963, W. Barthel 1965; U. P. Büchi, K. Lemcke, G. Wiener & J. Zimdars 1965; A. Faure-Muret 1955; R. Hesse 1965; M. Gignoux 1950; R. Oberhauser 1963; R. Trümpy 1962; W. Zacher 1966).

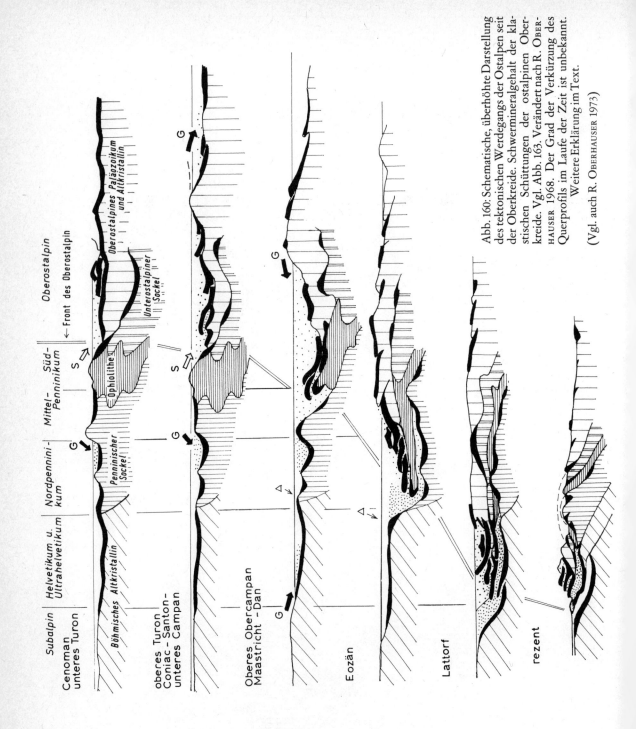

Abb. 160: Schematische, überhöhte Darstellung des tektonischen Werdegangs der Ostalpen seit der Oberkreide. Schwermineralgehalt der klastischen Schüttungen der ostalpinen Oberkreide. Vgl. Abb. 163. Verändert nach R. OBERHAUSER 1968. Der Grad der Verkürzung des Querprofils im Laufe der Zeit ist unbekannt. Weitere Erklärung im Text.
(Vgl. auch R. OBERHAUSER 1973)

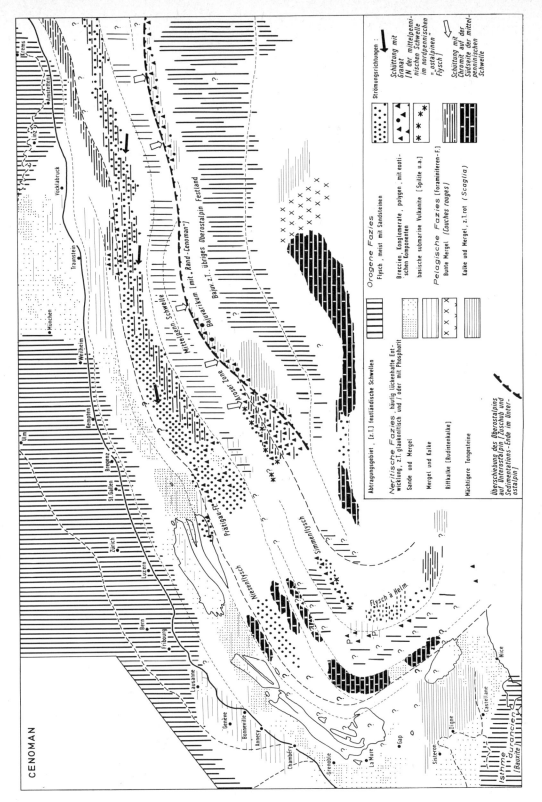

Abb. 161: Paläogeographie des Cenoman (J. Aubouin 1963; W. Barthel 1965; E. Haug 1912; R. Hesse 1965; R. Oberhauser 1968).

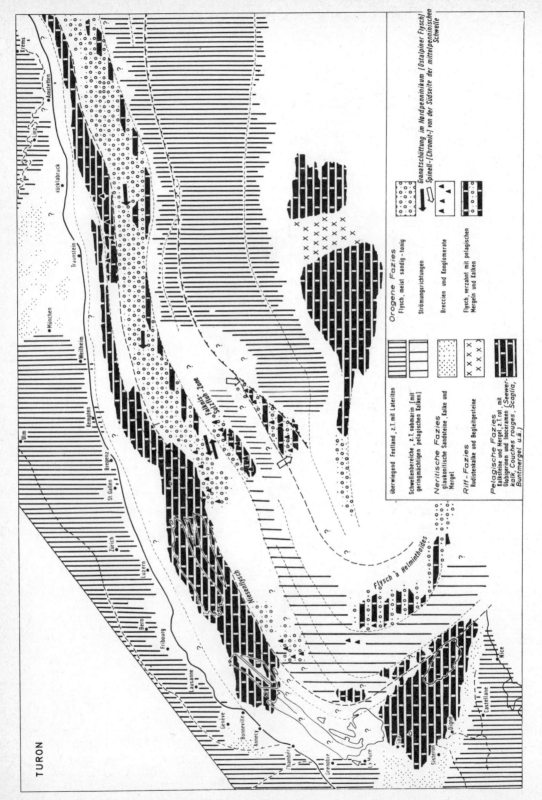

Abb. 162: Paläogeographie des Turon (J. Aubouin 1963; E. Haug 1912; R. Hesse 1965; R. Oberhauser 1968; F. Oschmann 1957; R. Trümpy 1960).

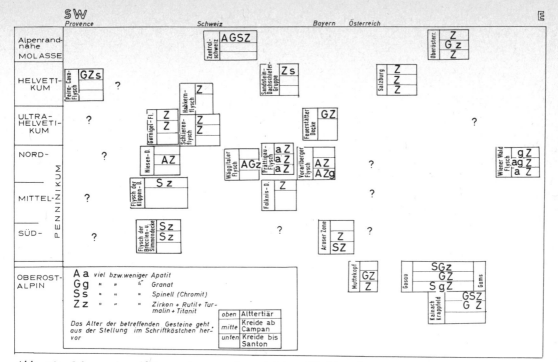

Abb. 163: Schwermineralführung west- und nordalpiner Kreidevorkommen und Alttertiärserien. Nach Daten von U. Gasser (1966, 1967) und G. Woletz (1963, 1967). Die Stellung bisher nicht untersuchter entsprechender Schichtkomplexe ist durch Fragezeichen gekennzeichnet.

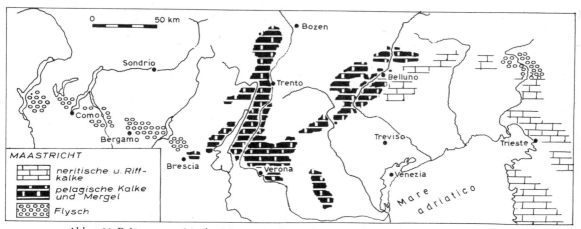

Abb. 164: Paläogeographie des Maastricht der Südalpen (M. B. Cita 1965), vgl. Abb. 166.

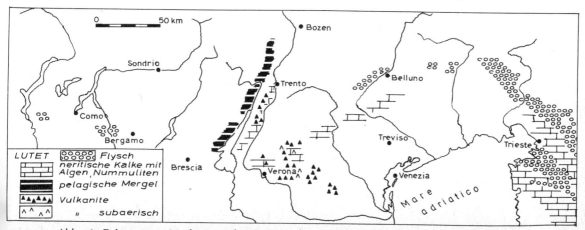

Abb. 165: Paläogeographie des Lutet (Mittel-Eozän) der Südalpen (M. B. Cita 1965), vgl. Abb. 169.

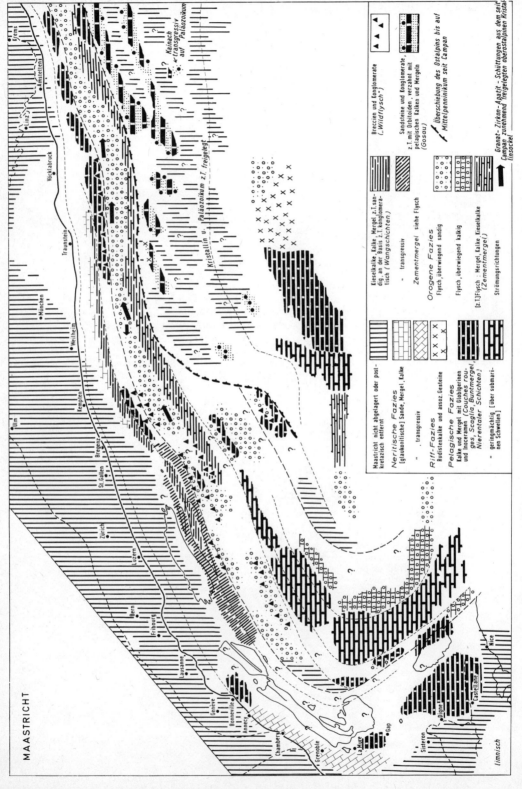

Abb. 166: Paläogeographie des Maastricht (J. Aubouin 1963; M. B. Cita 1965; E. Haug 1912; D. Herm 1962; R. Hesse 1965; R. Oberhauser 1963, 1968; R. Trümpy 1960).

Obere Kreide – Tertiär 153

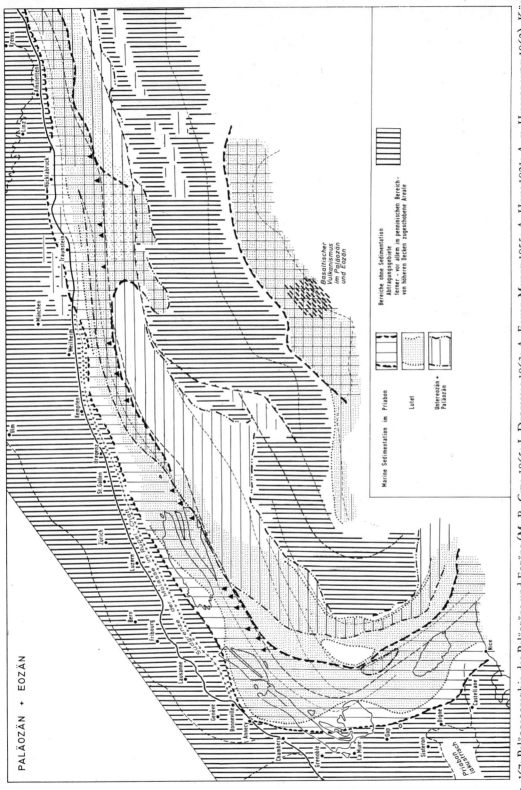

Abb. 167: Paläogeographie des Paläozäns und Eozäns (M. B. Cita 1965; J. Debelmas 1963; A. Faure-Muret 1955; A. Heim 1921; A. v. Hillebrandt 1962). Küstenlinien für die einzelnen Stufen waren für die Südalpen nicht zu konstruieren, es wurde deshalb nur eine Linie eingezeichnet, welche die Verhältnisse im einzelnen nicht wiedergeben kann.

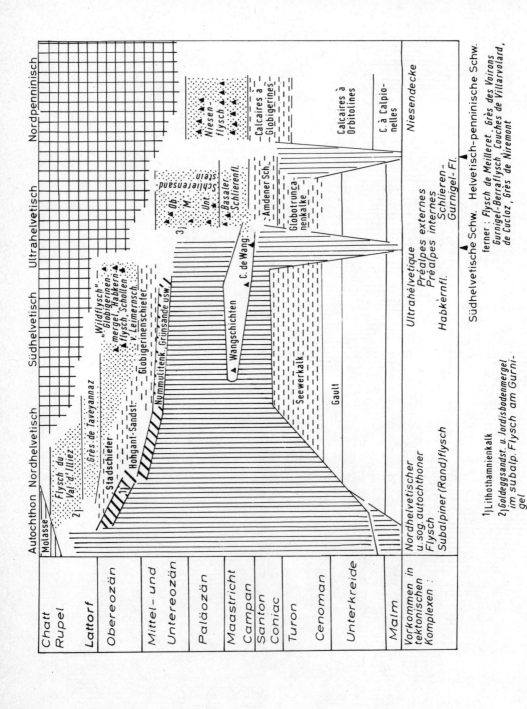

Abb. 168: Die Position des Flyschs im Querprofil von Helvetikum und nördlichem Penninikum der westlichen Schweiz, einschließlich Berner Oberland. Stratigraphische, paläogeographische und tektonische Zuordnung vor allem nach W. LEUPOLD im „Lexique stratigraphique international" 1, 7 Suisse, Paris 1966.

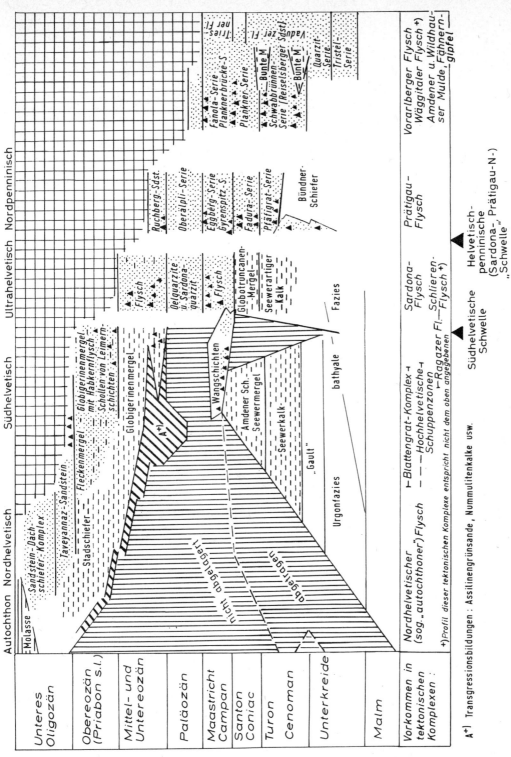

Abb. 169: Die Position des Flyschs im Querprofil von Helvetikum und nördlichem Penninikum der zentralen und östlichen Schweiz sowie von Vorarlberg und Liechtenstein. Stratigraphische, paläogeographische und tektonische Zuordnung vor allem nach W. LEUPOLD 1966 (siehe Abb. 168). Vgl. Abb. 170.

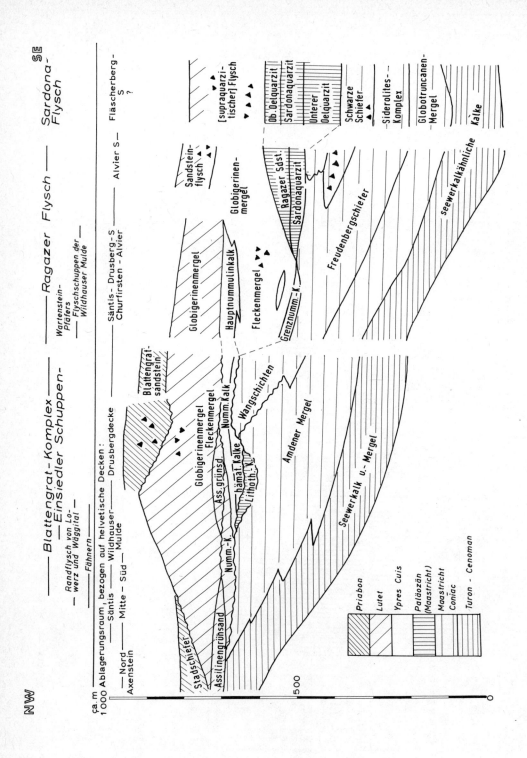

Abb. 170: Abwicklung der helvetischen und ultrahelvetischen Flyschkomplexe im Querprofil der Glarner Alpen und des St. Galler Oberlandes unter Berücksichtigung der Mächtigkeiten. Verändert nach W. LEUPOLD 1942. Vgl. Abb. 169.

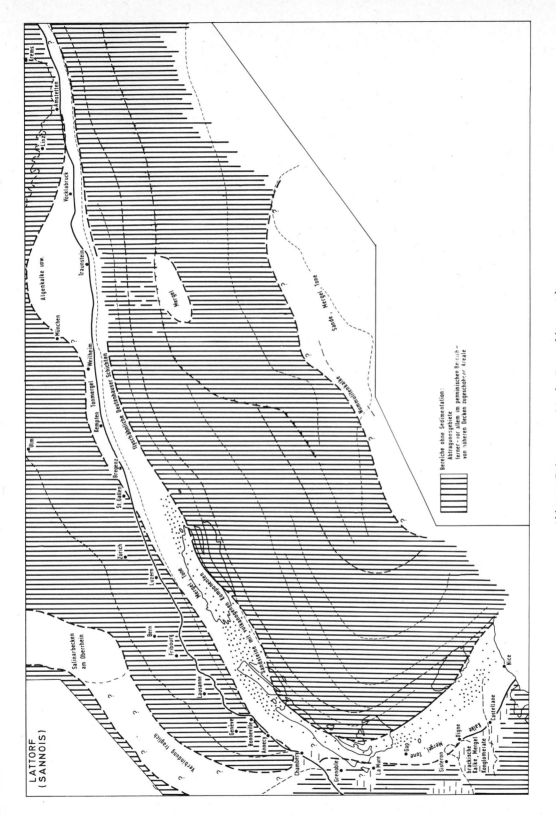

Abb. 171: Paläogeographie des Lattorf (Sannois).

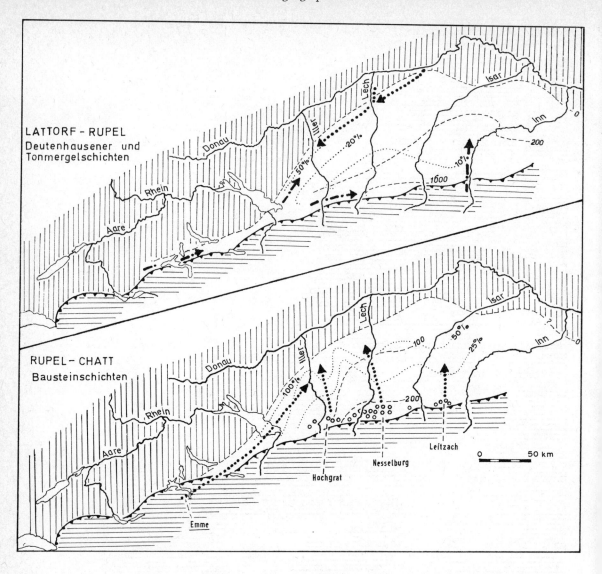

Abb. 172 (oben): Paläogeographie des Lattorf und Rupel im Molassebecken; vgl. Abb. 178.

Abb. 173 (unten): Paläogeographie von Rupel und älterem Chatt im Molassebecken; vgl. Abb. 178.

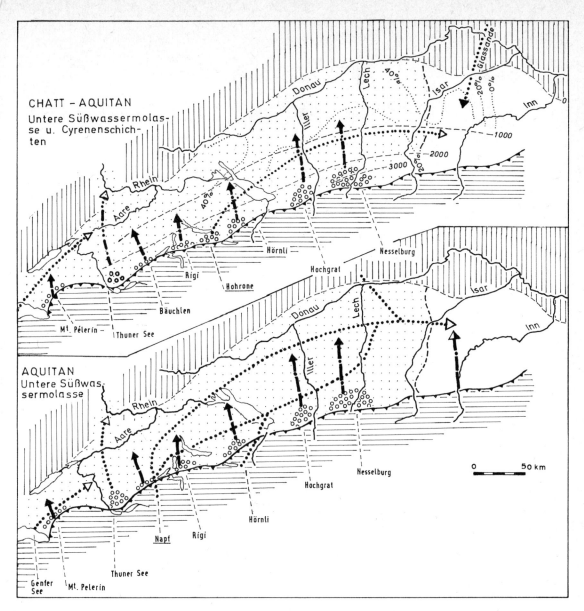

Abb. 174 (oben): Paläogeographie von Chatt und Aquitan (pars) im Molassebecken; vgl. Abb. 178.

Abb. 175 (unten): Paläogeographie des Aquitan im Molassebecken; vgl. Abb. 178.

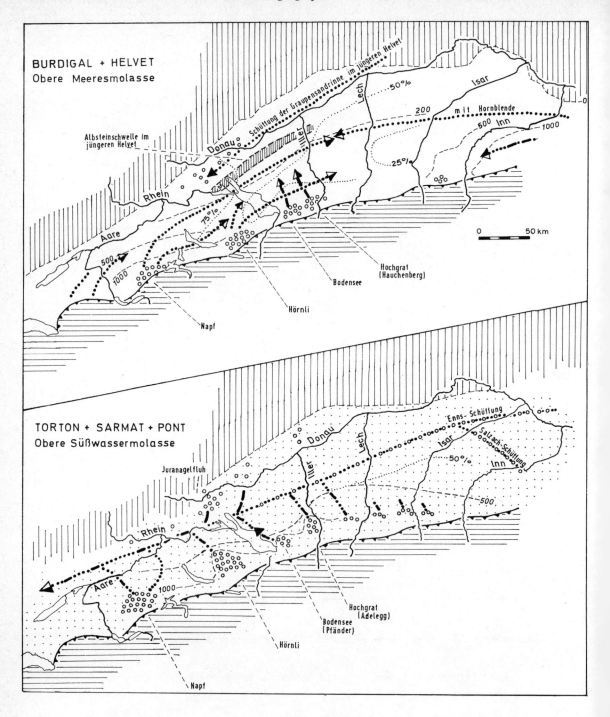

Abb. 176 (oben): Paläogeographie von Burdigal und Helvet im Molassebecken; vgl. Abb. 178.

Abb. 177 (unten): Paläogeographie von Torton, Sarmat und Pont im Molassebecken; vgl. Abb. 178.

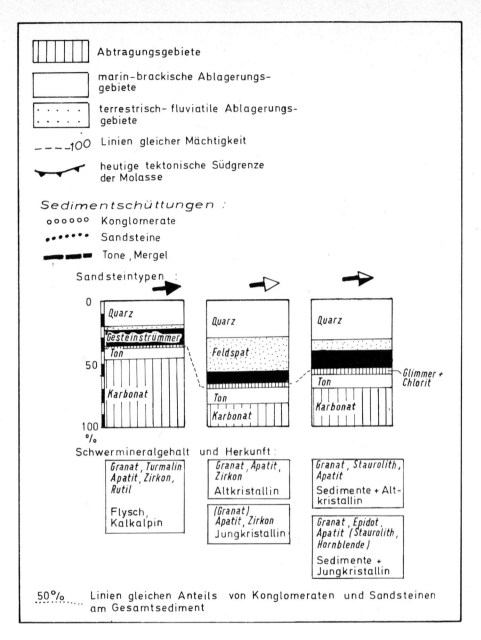

Abb. 178: Erläuterung zu den Abbildungen 172–177 (sämtlich nach H. Füchtbauer 1967). Die alpinen Schüttungsfächer sind auf den einzelnen Abbildungen namentlich verzeichnet. Die Faltenmolasse ist tektonisch nicht entzerrt. Die einzelnen Sandsteintypen, die aufgrund der mineralischen Zusammensetzung auf die Herkunft des Materials Schlüsse erlauben, sind durch unterschiedliche Pfeilspitzen gekennzeichnet.

Paläogeologische Beziehungen alpidischer Sedimentations- und Faziesbereiche

Der Ablauf der alpidischen Sedimentation auch als Abbild paläotektonischer Vorgänge geht zwar schon aus der Beschreibung der paläogeographischen Karten im vorigen Kapitel hervor. Auf den Abb. 179–189 sind Querschnitte der Alpen dargestellt, auf denen die fazielle Entwicklung in den einzelnen Faziesbereichen aufgezeichnet sind. Diese Abbildungen sollen dem Zweck dienen, daß die ganzen Gesteinsabfolgen der einzelnen Faziesbereiche unmittelbar miteinander verglichen werden können. Auf den paläogeographischen Karten wird dagegen der gesamte alpine Raum, jedoch nur für einen bestimmten geologischen Zeitabschnitt dargestellt.

Entsprechende graphische Darstellungen für das jüngere Mesozoikum und das Tertiär der Westalpen finden sich bei J. DEBELMAS 1963 und darüber hinaus auch für Teile der Ostalpen bei H.-G. WUNDERLICH 1966.

Die Bereiche der Alpen, für welche die einzelnen Querschnitte gelten, sind auf Abb. 179 markiert, die verwendeten Signaturen auf Abb. 180 erläutert. Die Mächtigkeiten der Schichten kann dabei nicht unmittelbar berücksichtigt werden. Jedoch sind die mächtigen geosynklinalen Serien der *Bündnerschiefer = Schistes lustrés* und des Flysch durch kräftige Signaturen kenntlich gemacht.

Oberkarbon und Perm zeigen noch zeitlich und räumlich sehr lückenhafte Sedimentbildung, mit Ausnahme des Bereiches der Karnischen Alpen (Abb. 188).

Für die Trias wird die Verzahnung der „ostalpinen" Fazies mit ihren Karbonat-Serien und Riff-Gesteinen mit der Innenbecken-Fazies der germanischen Trias sichtbar. Diese Verzahnung vollzieht sich, im Streichen beobachtet, in durchaus verschiedenen Fazies-Bereichen der Alpen, die also zur damaligen Zeit noch nicht bestanden, sondern sich erst später individualisierten. Die Verbreitung der germanischen Trias ist in den Ostalpen auf einen erheblich schmaleren Raum beschränkt als im Westen.

Erst im Jura tritt die Geosynklinale des Piemontese = Südpenninikum einheitlich als durchgehende Paläostruktur in Erscheinung. Auch die mittelpenninischen Schwellenregionen treten jetzt zum Teil mit Schichtlücken in Erscheinung. In den Grenzbereichen der alpidischen Fazies-Gürtel finden sich ab jetzt auch immer wieder orogene Breccien, über deren Entstehung schon oben Erwägungen angestellt wurden.

Eine weitere Zone mit mächtigen terrigenen Sedimenten des Jura und weithin auch der Unterkreide verläuft außerhalb der Mitte penninischen Geantiklinalzone. Sie ist heute in verschiedenen tektonischen Einheiten anzutreffen. Extern finden sich die Serien des Vocontischen Troges, der Dauphiné und des westlichen Helvetikum. In der Intern-Zone liegen aber entsprechende Gesteinsserien des Valais-Bereichs, die allerdings meist metamorph geworden sind.

Wie Abb. 134 zeigt, kann das Valais auch nur bis in die Mitte des Westalpenbogens verfolgt werden. Die tektonische Einheit endet also, aber zur Jura- und Unterkreidezeit setzte sich der dort vorhandene Geosynklinal-Trog in den jetzigen Externbereich der Alpen fort.

Aus der Darstellung der Unterkreide erkennt man deutlich die Erstreckung des helvetischen und außeralpinen Schelfs mit seinen neritischen Bildungen. Dieser Schelf war im Bereich der Ostalpen offenbar erheblich schmäler als im Westen.

Für die Zeit der Oberkreide herrschen wesentliche Gegensätze zwischen West- und Ostalpen. Im Osten vollzieht sich zu dieser Zeit die erste Gebirgsbildung, die weite Bereiche der Sedimentation entweder durch Hebung oder durch Zuschub entzieht (vgl. S. 119). In den Westalpen dagegen beobachtet man weithin pelagische Verhältnisse, die sich dann auch zögernd wieder in den Ostalpen durchsetzen, als das Oberostalpin dort wieder im Meer versinkt.

Die Wanderung der Räume mit der stärksten geosynklinalen Absenkung, im Falle der *„Eugeosynklinalen"* mit Ophiolith-Vulkanismus verbunden, wird aus den Querschnitten besonders deutlich. Auf die Ablagerung der *Bündnerschiefer = Schistes lustrés* folgt vom Beginn der Oberkreide ab die Flysch-Fazies zunächst im Südpenninikum = Piemontese *(Helminthoiden-Flysch,* Abb. 181–183; *Simmen-Flysch,* Abb. 184) sowie im Unterostalpin, soweit es nicht vom Oberostalpin überfahren wurde (Abb. 186–187) und endlich im Südalpin (Abb. 185–186).

Stellenweise setzt die Flysch-Fazies auch nördlich der mittelpenninischen Schwelle schon sehr früh ein. Generell schiebt sie sich aber bis zum Alttertiär stetig in externere Bereiche vor, wobei ihr transgressiv Grünsande, Nummuliten- und Algenkalke und dann pelagische Tonserien *(Stadschiefer, Globigerinen-Schichten)* vorangehen. Die letzten und externsten Ausläufer dieser letztgenannten Fazies sind die *Tonmergel-Schichten* = *Grisiger Mergel* = (z. T.) *Schistes à Meletta,* die vielerorts bereits zur Schichtfolge der Molasse gezählt werden.

Beim Auswärtswandern der „orogenen Welle" (J. Debelmas 1963, H.-G. Wunderlich 1966) vollzieht sich dann auch ein allmählicher fazieller Übergang vom Flysch in die Molasse. Eine vermittelnde Stellung nehmen dabei die meist oligozänen Sandstein-Serien ein, die man deshalb als „intermediäre Sandsteine" bezeichnet. Sie enthalten als Molasse-Merkmal z. B. Konglomerate, schräggeschichtete Partien und Ansammlung kohlig erhaltener Pflanzenreste.

Wie alle Querschnitte zeigen, erfolgt die Auswärtswanderung von Flysch- und Molasse über ein Festland, das als *„Bohnerzfestland"* um so länger bestand, je externer es in Bezug auf die Alpen lag.

Gleichsinnig mit der Auswärtsverschiebung der geosynklinalen Absenkungszone folgt auf deren Internseite das aufsteigende Gebirge, auf unseren Querschnitten sichtbar durch die Sedimentationsunterbrechung nach Ablagerung von Flysch bzw. Molasse. In den Ostalpen bedingt die Zweiphasigkeit der Gebirgsbildung eine Wiederholung des Auftauchens mit einer zwischenzeitlichen Transgression der Oberkreide auf Oberostalpin.

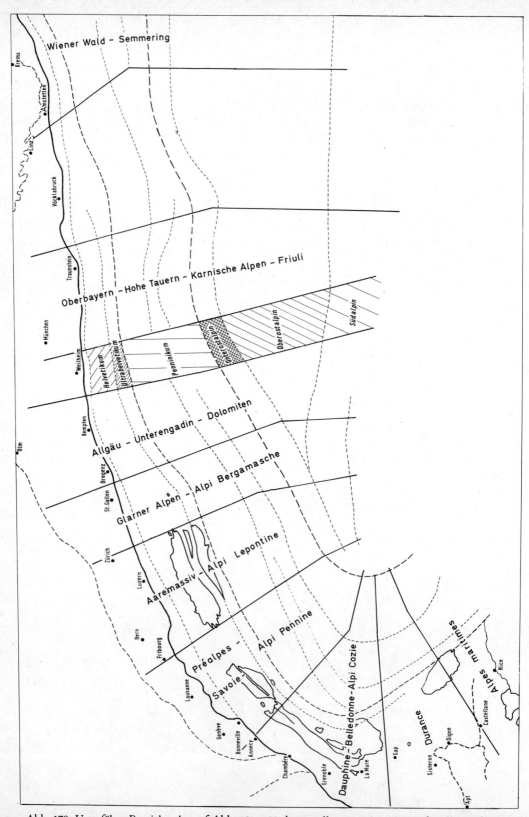

Abb. 179: Ungefähre Bereiche der auf Abb. 181–189 dargestellten stratigraphisch-faziellen Tabellen.

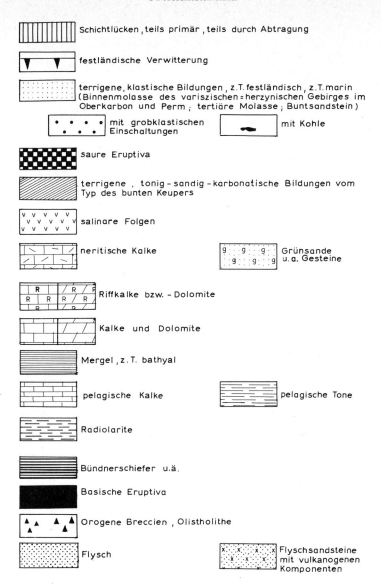

Abb. 180: Legende zu den paläogeographischen Tabellen auf Abb. 181–189.

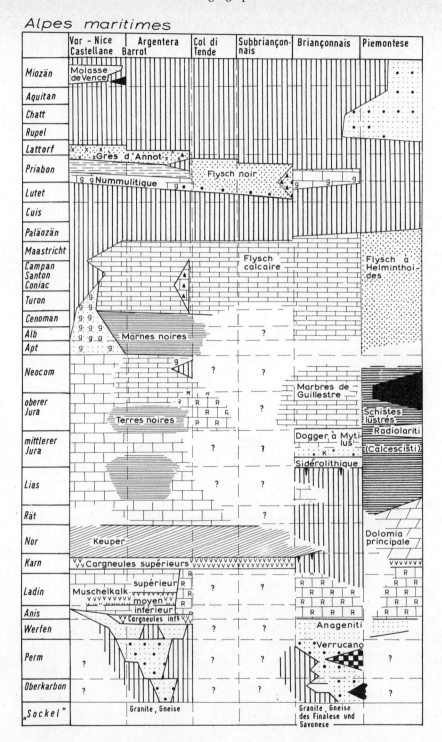

Abb. 181: Stratigraphie und fazielle Entwicklung im Querschnitt der Meeralpen. Erklärung der Zeichen und Signaturen auf Abb. 180. (lies: Col de Tende bzw. Colle di Tenda)

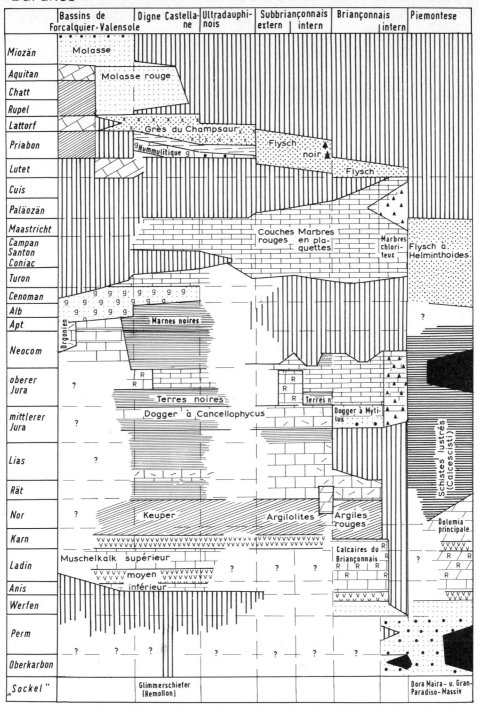

Abb. 182: Stratigraphie und fazielle Entwicklung im Querschnitt des Durance-Tals und der Cottischen Alpen.

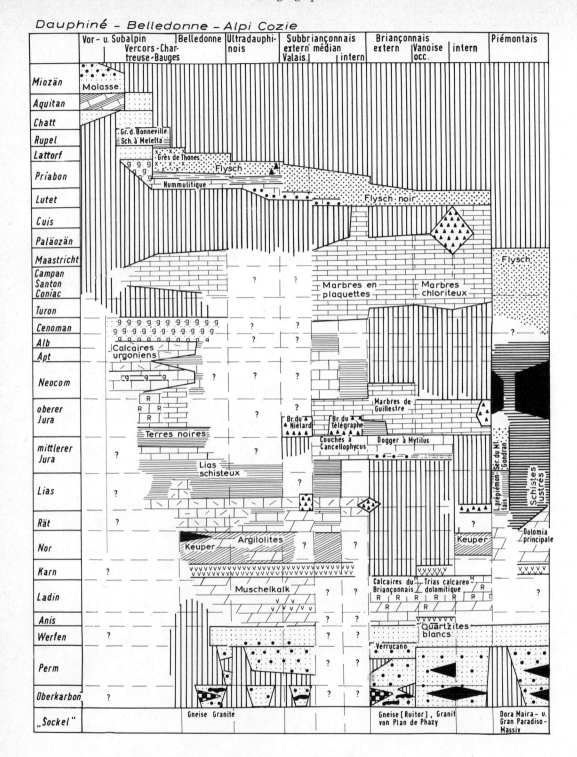

Abb. 183: Stratigraphie und fazielle Entwicklung im Querschnitt des Belledonne-Massivs (Dauphiné – Cottische und Grajische Alpen).

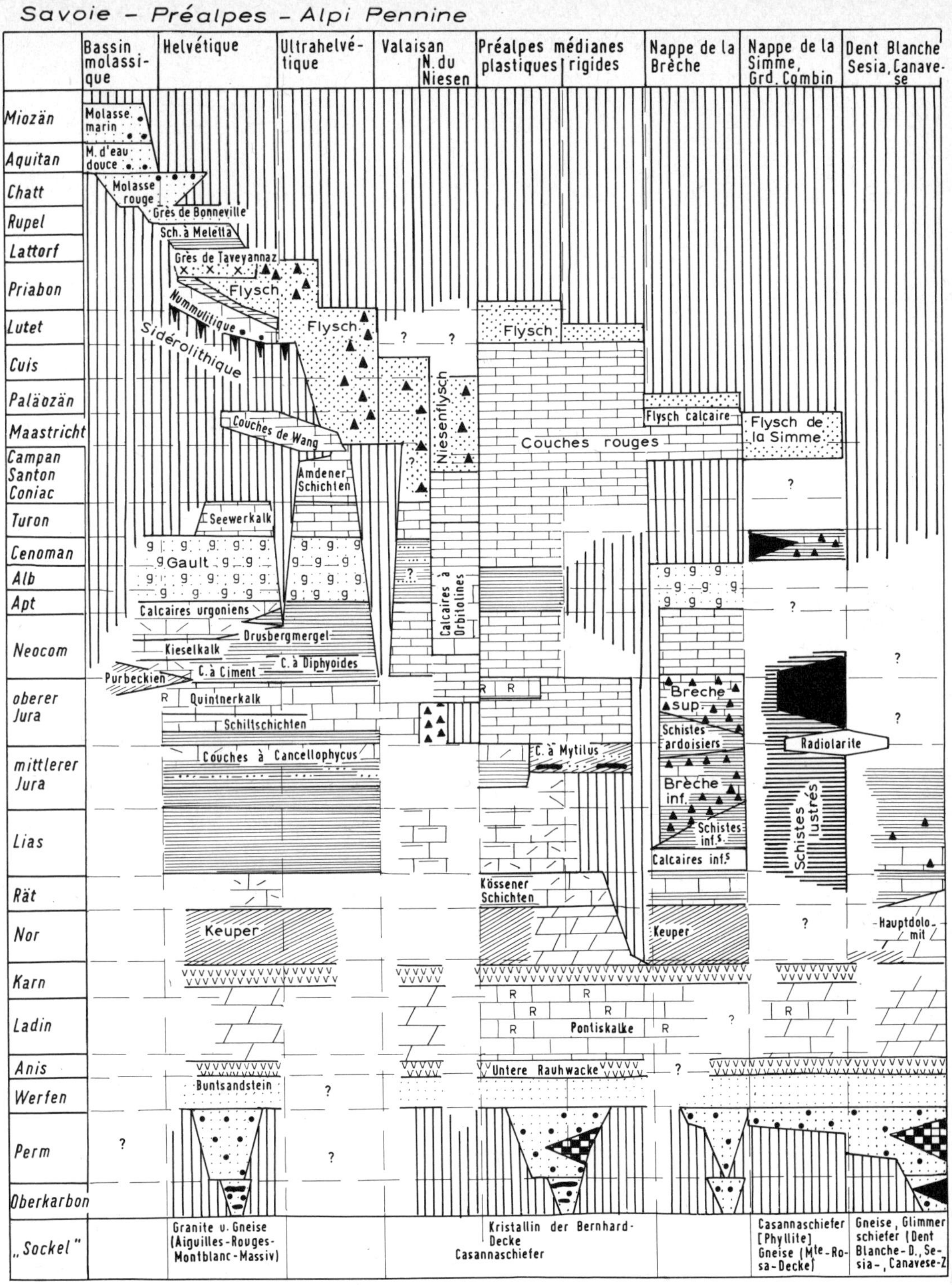

Abb. 184: Stratigraphie und fazielle Entwicklung im Querschnitt Genfer See – Aostatal (vgl. auch Abb. 168).

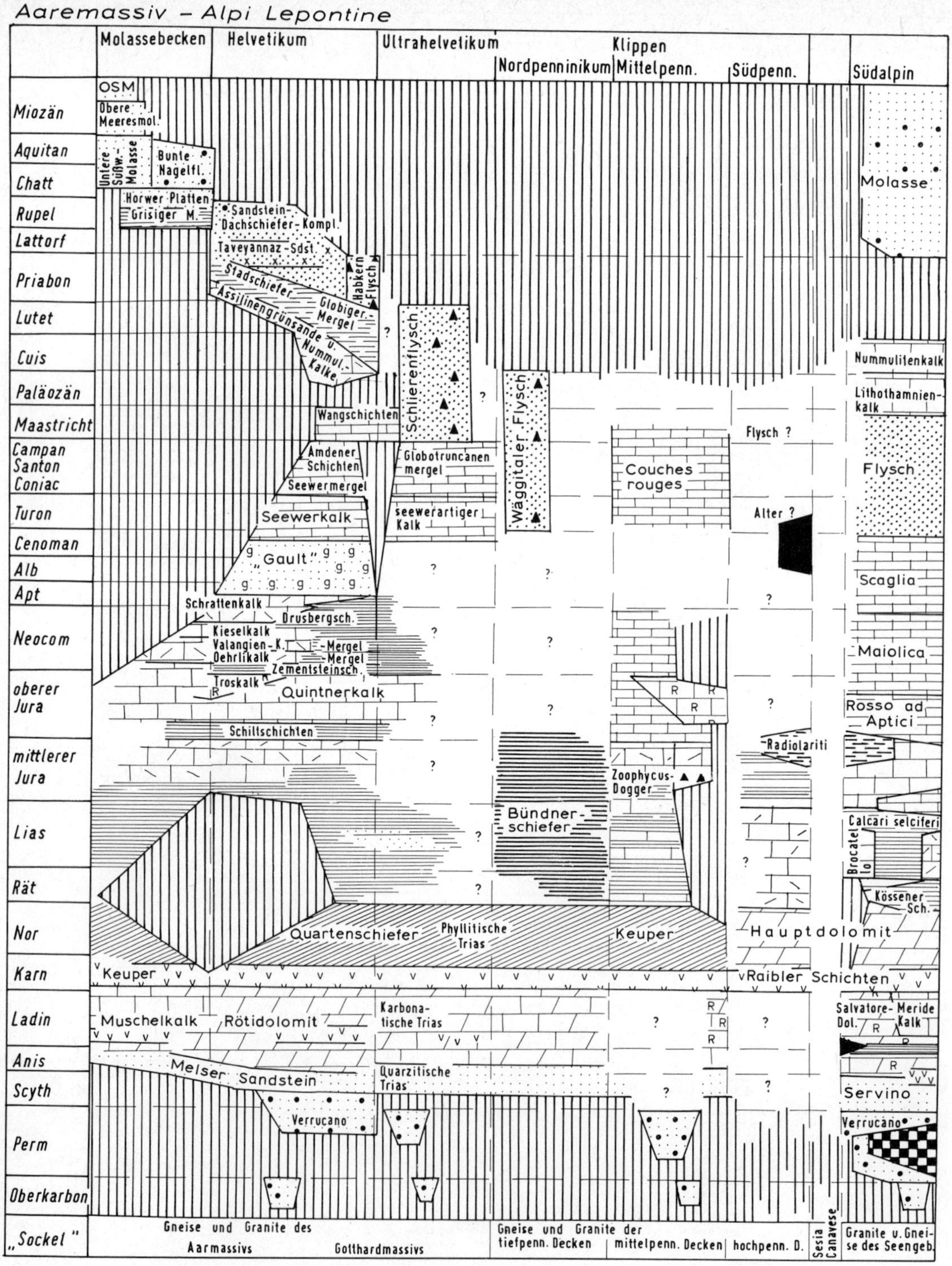

Abb. 185: Stratigraphie und fazielle Entwicklung im Querschnitt des Aare-Massivs (vgl. auch Abb. 168 und 169).

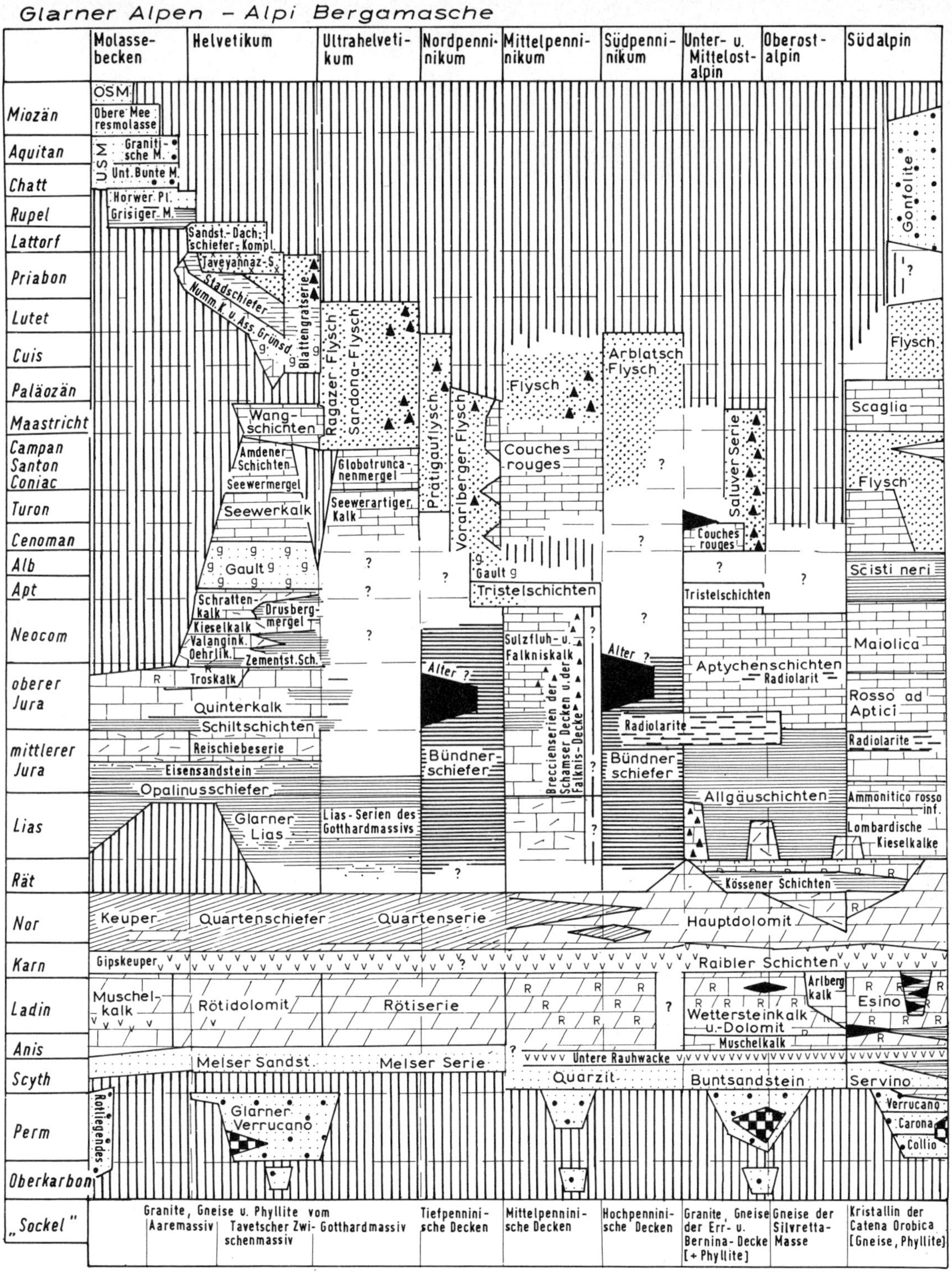

Abb. 186: Stratigraphie und fazielle Entwicklung im Querschnitt Glarner Alpen – Graubünden – Bergamasker Alpen (vgl. Abb. 169).

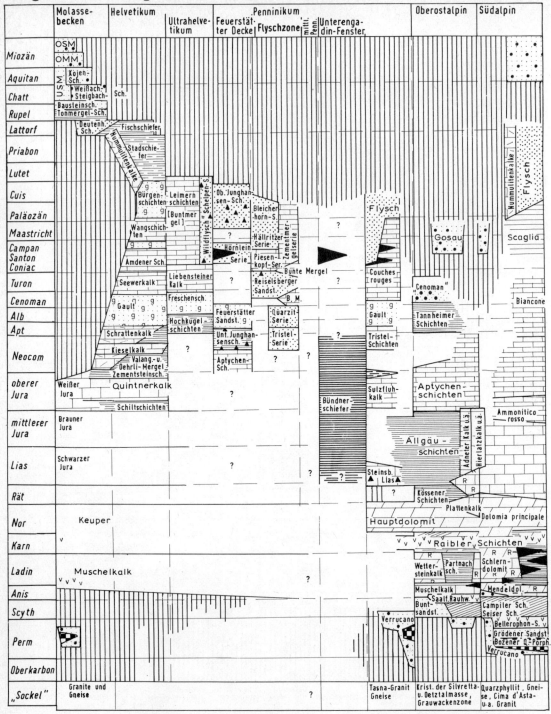

Abb. 187: Stratigraphie und fazielle Entwicklung im Querschnitt Allgäu – Dolomiten. Eine Zuordnung von Tasna- u. Prutzer Serie zu Unterostalpin oder Südpenninikum erfolgt nicht (vgl. S. 49), ebensowenig der Serie von Champatsch, die in vorliegendem Schema weggelassen wird.

Oberbayern – Hohe Tauern – Karnische Alpen – Friuli

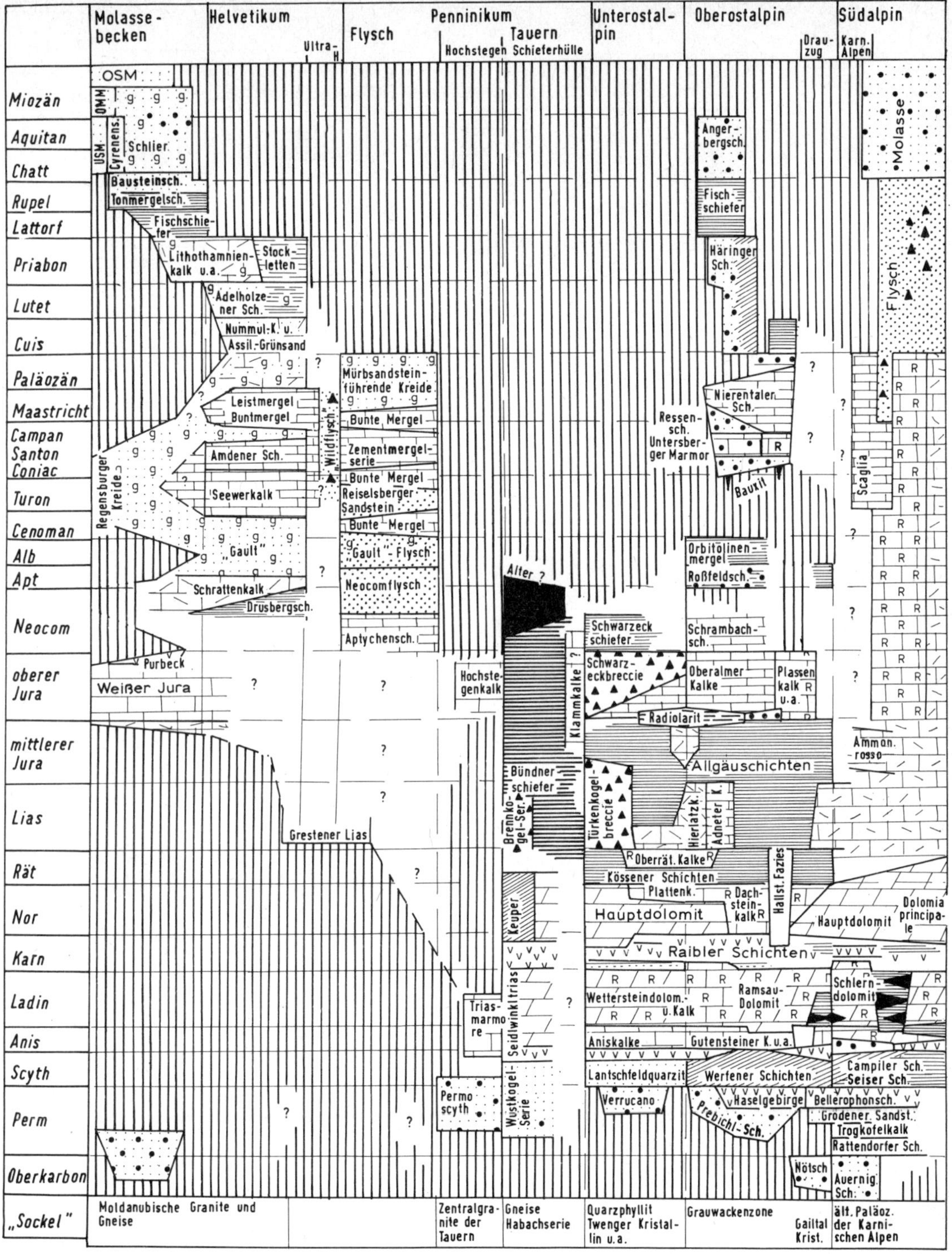

Abb. 188: Stratigraphie und fazielle Entwicklung im Querschnitt östliches Oberbayern (Salzburg) – Hohe Tauern – Friaul.

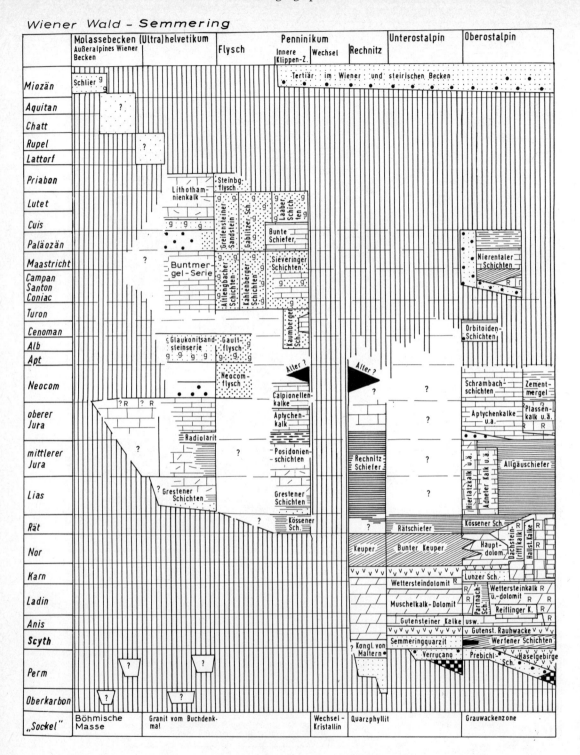

Abb. 189: Stratigraphie und fazielle Entwicklung im Querschnitt nahe des Ostalpenrandes. Das Wechselkristallin kann auch dem Unterostalpin zugeordnet werden. Eine gesonderte paläogeographische Einheit ist dann nicht auszuscheiden.

Tektonischer Bau und Werdegang der Alpen

Tektonische Gliederung

Auf den Abbildungen 1 und 2 ist die tektonische Großgliederung der Alpen und benachbarter Räume aufgezeichnet, die den vorliegenden Ausführungen zugrundeliegen. Die Abbildungen 190–199 zeigen zehn Querprofile durch die Alpen und dienen der räumlichen Ergänzung des Kartenbildes. Diese Querprofile sind bis in größere Tiefen der Erdkruste hypothetisch ergänzt. Folgende tektonische Großkomplexe werden unterschieden:

Übersicht

Südalpin („Dinariden", pp.)

Die Südalpen im geologischen Sinn erstrecken sich südlich einer Störungslinie, die als *„alpinodinarische"* Linie bezeichnet wird und lokal auch andere Namen trägt *(insubrische Linie, Tonale-Linie, Pustertal-Linie, Gailtal-Linie)*. Die Südalpen tauchen an der Dora Baltea aus den jungen Ablagerungen der Poebene auf. Sie sind wohl auch untertage nur wenig weiter nach Südwesten verbreitet. Gegen Osten zu verbreitern sich die Südalpen zum Seengebirge, zu den Bergamasker Alpen mit der Catena orbica. Entlang der Judikarien-Linie springen sie dann weit nach Norden vor und umfassen Judikarische Alpen, Dolomiten, Lessinische, Venetianische, Karnische und Julische Alpen. Von dort setzen sie sich in die Karawanken und in den nicht mehr zu den Alpen zählenden Gebirgsbogen der Dinariden auf der Balkanhalbinsel fort.

Das südalpine Gebirge befindet sich in autochthoner Position. Aufschiebungen zeigen Südvergenz.

Ostalpin

Schon der Name bringt zum Ausdruck, daß ostalpine Gesteinskomplexe nur im Ostteil der Alpen vorkommen. Das Ostalpin wird in zwei Einheiten aufgegliedert:

Oberostalpin

Es umfaßt die ursprünglich im ostalpinen Ablagerungsraum südlicher beheimateten Komplexe, die nur nahe der Grenze zu den Südalpen und auf breitere Erstreckung im östlichen Teil der Ostalpen noch relativ autochthon sind. Der Komplex ist tektonisch zerschert und die einzelnen Stockwerke unterschiedlich weit transportiert. Der kristalline Sockel nimmt große Teile des Altkristallins der Ostalpen ein, Paläozoikum bildet die *„Grauwackenzonen"*, die sowohl im Norden wie im Süden des Altkristallins anzutreffen sind. Permomesozoikum bildet die Nördlichen Kalkalpen. Teile von Permomesozoikum blieben auch im Verband mit Altkristallin und Paläozoikum-Sockel in den Zentralalpen zurück (z. B. Bedeckung von *Silvretta-* und *Ötztal*-Masse, Teile des zentralalpinen Mesozoikums östlich der Tauern).

Unterostalpin

Der externe, nördliche Bereich des Ostalpins geriet bei seinem nordvergenten tektonischen Transport unter die oberostalpinen Komplexe und wurde überfahren, dabei in vielen Fällen metamorph. Unterostalpin wird in Fenstern unter dem Oberostalpin sichtbar (Unterengadin und Tauern-Fenster) sowie am West- und Ostende der Ostalpen (Engadin, Semmering-Wechsel, Leitha-Gebirge).

Auf Abb. 1 (Westalpen) ist Unterostalpin nicht ausgeschieden, obwohl es sich in der Wurzelzone an der Nord-Südalpen-Grenze nach Westen fortsetzt. Die *Sesia-Lanzo-Zone* und die dort wurzelnde *Dent-Blanche-Decke* werden von einigen Autoren als Unterostalpin bezeichnet. Wir ziehen jedoch die neutralere Bezeichnung *„suprapenninisch"* vor und verzichten damit auf eine Eintragung von „Unterostalpin" auf Abb. 1 für die Westalpen.

Das Ostalpin ist nach Norden bis auf Penninikum und den Extern-Bereich überschoben worden.

Penninikum (= Internzone der Westalpen)

Das Penninikum streicht in den Westalpen auf breiter Fläche aus. Es ist nur im inneren Teil autochthon bzw. wurzelnah, gegen und auf die Extern-Zone zum Teil weit überschoben.

In den Ostalpen ist das Penninikum im Prinzip ähnlich gebaut, jedoch weithin selbst vom Ostalpin überschoben worden. Es erscheint in den schon oben genannten Fenstern der Zentralalpen, dazu im Wechselfenster und wahrscheinlich an der Rechnitz am Ostrand der Alpen. Ferner gehört zum Penninikum der schmale oberirdische Bereich der Flysch-Zone der Ostalpen, der den Nördlichen Kalkalpen vorgelagert ist. Fenster in den Nördlichen Kalkalpen zeigen aber, daß der genannte penninische Flysch weithin deren tektonische Unterlage bildet.

Extern-Zone

Die Extern-Zone der Alpen zeigt von West nach Ost beträchtliche Unterschiede auch in tektonischer Hinsicht. Ihr Sockel tritt in den Westalpen in Gestalt der Extern-Massive hochaufgewölbt in Erscheinung (Abb. 1). Die permomesozoische Bedeckung samt Alttertiär ist zum Teil autochthon und parautochthon oder aber in Form von Falten, Deckfalten oder Decken abgeschert und in den letztgenannten Fällen auf die tertiäre nordalpine Molasse überschoben. Regional unterscheidet man das *Provençal*, das *(Ultra-) Dauphinois* und das *(Ultra-)Helvetikum*.

Der Schweizer Jura, dessen Faltenstränge sich mit den *Chaines subalpines* bündeln, kann mit zum Alpengebirge gezählt werden, bleibt aber hier außer Betracht.

In den Ostalpen ist das Helvetikum nur in einer schmalen und in der Längserstreckung lückenhaften Zone am Nordrand der Alpen zu sehen, nach Norden überschoben auf Molasse. Ein Teil des Helvetikums dürfte dort im Untergrund parautochthon oder autochthon im Verband mit seinem Sockel geblieben sein.

Das auf den Profilen der Abb. 193–198 eingezeichnete Ultrahelvetikum bzw. Ultradauphinois ist auf den Übersichtskarten nicht gesondert, sondern zusammen mit der übrigen Extern-Zone dargestellt. Das auf Abb. 190 für die östlichen Ostalpen eingetragene Helvetikum kann seiner Fazies nach zum Ultrahelvetikum gestellt werden (vgl. Abb. 134 und S. 13).

Molasse und inneralpine Tertiärbecken

Die Molasse kann eigentlich nur bedingt als selbständige tektonische Einheit betrachtet werden. Die Südbegrenzung der nordalpinen Molasse ist zwar tektonisch bedingt durch Überschiebung des Helvetikums, wobei die Molasse mit verschuppt wurde *(„Subalpine" = Falten-Molasse)*. Gegen außen, auf das außeralpine Vorland, besteht dagegen ein transgressiver Verband. Da ihre Entstehung aber genetisch aufs engste mit dem Werdegang der Alpen zusammengehört, wird die Molasse als besonderes Bauelement angeführt.

Jungtertiär greift auch von Osten (Wiener Becken) und Südosten her auf die Ostalpen transgressiv über, ebenso wie von Süden her aus dem oberitalienischen vorapenninen Becken auf die Südalpen.

Periadriatische Intrusiva

Im Verlauf der alpidischen Gebirgsbildung kam es im Tertiär („tele- = spät-alpidisch") zu Intrusionen im Bereich beiderseits der Nord-Südalpen-Grenze.

Allgemeines

Aus den Übersichtskarten und den Profilen wird deutlich, daß sich Ost- und Westalpen in wesentlichen Zügen unterscheiden. Als Grenze zwischen beiden Bereichen pflegt man eine Nord-Südlinie zu ziehen, die dem Tal des Alpenrheins bis nach Chur und von dort dem Westrand der ostalpinen Gesteinskomplexe weiter nach Süden folgt. Während die Westalpen von den tektonisch wie faziell unterscheidbaren Extern- und Intern-Zonen (= Penninikum) aufgebaut werden, kommt als weiteres Bauelement in den Ostalpen das „Ostalpin" hinzu, unter dem sich aber Extern- und Internzone von den Westalpen her fortsetzen.

Starke Heraushebung der Westalpen bedingt, daß dort bereits der Sockel der Externzone sichtbar wird, während im Osten erst das Penninikum in Fenstern unter dem Ostalpin sichtbar wird.

Die Südalpen zeigen keine Unterteilung in einen West- und Ostteil und können daher in tektonischer Hinsicht den West- und Ostalpen als gleichrangig gegenübergestellt werden. Auch die Südalpen sind jedoch im Westteil bis auf die tiefsten Sockelstockwerke entblößt *(Ivrea-Zone usw., vgl. S. 198)*.

Wie schon oben erwähnt wurde, sind die Teile der Erdkruste, die in den tektonischen Komplex der Alpen einbezogen wurden, mehr oder weniger stark beansprucht worden. Neben der mineralischen Umbildung, der Metamorphose, äußert sich das besonders durch Abscherung von Gesteinskörpern von ihrer Unterlage und deren lateralen („vergenten") Transport in Form von Falten, Deckfalten und Decken.

Diese mechanische Trennung und Bewegung erfolgte bevorzugt entlang besonders beweglicher Gesteine (salinare Serien, Tongesteine) aber auch einfach entlang anderer mechanischer Unstetigkeitsflächen, etwa an der Grenze kristalliner Sockel/Sedimenthülle. Die Zerscherung in tektonische „Stockwerke" und deren unterschiedlich weiter Transport haben zu dem komplizierten tektonischen Bau der Alpen geführt.

Auf den Abbildungen 200–202 sind die paläogeographischen Zonen der Alpen schematisch in ursprünglichen Querschnitten aufgetragen. Dabei ist angegeben, in welche tektonischen Stockwerke die dort beheimateten Gesteinsserien aufgelöst wurden und durch Pfeile kenntlich gemacht, wie weit diese Komplexe maximal verfrachtet wurden. Die Heimat der tektonischen Komplexe ist auch aus der Karte auf Abb. 134 zu entnehmen.

Der Weg, den die tektonischen Komplexe genommen haben und ihre jetzige räumliche Position sind auf den Abbildungen 203–215 in sehr schematischer Weise dargestellt. Auf diesen Abbildungen sind die wichtigsten tektonischen Einheiten ohne Rücksicht auf ihre Größe so aufgezeichnet, daß vor allem ihre relative Lage ersichtlich wird, d. h. welcher tektonische Komplex über oder neben einem anderen liegt. Auch auf diesen Darstellungen sind die einzelnen tektonischen Hauptstockwerke unterschieden. Während aus den Abbildungen 200–202 die ursprüngliche Position der tektonischen Komplexe und der von dort aus eingeschlagene Transportweg hervorgeht, kann aus den Abbildungen 203–215 die jetzige Position entnommen werden.

Schon auf S. 9 wurde im Zusammenhang mit der stratigraphischen Gliederung alpiner Gesteinsserien eine Aufteilung in Sockel *("basement")* und Sedimenthülle *("cover")* vorgenommen. Diese Gliederung kann – unter tektonischen Gesichtspunkten – erweitert werden. Wie die regionale Beschreibung noch in vielen Einzelfällen zeigen wird, sind die Flysch-Komplexe (und darin enthaltene andere Gesteine) sehr häufig von ihrer Unterlage älterer mesozoischer Gesteine abgeschert und treten als eigenständige tektonische Komplexe auf, oft räumlich weit getrennt von ihrem ehemaligen Substratum.

Selbstverständlich erfolgt diese Trennung der tektonischen Stockwerke nicht immer so scharf, wie es nach den generalisierten Darstellungen erscheinen möchte. Beispielsweise bleibt oft älteres Mesozoikum (ältere Trias nebst Perm, besonders geringmächtige Quarzite oder Marmore) im Verband mit dem kristallinen Sockel. Auch erfolgt die Abscherung durchaus nicht immer schichtparallel, sondern auf „listrischen" Flächen, die ein Schichtgebäude winklig zur Schichtung durchtrennen.

Bei den Einzelbeschreibungen zum tektonischen Bau und zum Werdegang der Alpen empfiehlt es sich, zur Gewinnung eines Überblicks und zur Einordnung der lokalen Erscheinungen in das große Ganze immer wieder auf die Querprofile (Abb. 190–199) und die oben angeführten schematischen Darstellungen zurückzugreifen.

Der begleitende Text ist so kurz wie möglich gefaßt und soll nur zum Verständnis der zahlreichen Karten- und Profil-Darstellungen beitragen, auf denen viele Einzelheiten angeführt sind, die für sich selbst sprechen und deshalb nicht besonders beschrieben sind. Insbesondere ist die Art des Verbandes von Gesteinskomplexen – ob tektonisch oder stratigraphisch – jeweils kenntlich gemacht. Tektonische Grenzen sind an Profilen mit einem Kreuzchen bezeichnet, auf Karten stets mit kräftigen Linien, wenn nötig bei Überschiebungen und Aufschiebungen mit Pfeilen, die unter die überschobene Masse zeigen.

Über den stratigraphischen Inhalt der tektonischen Komplexe unterrichte man sich im stratigraphischen Teil. Gelegentlich sind entsprechende Hinweise auf Abbildungs- oder Seitenzahlen im Text zu finden, sonst bediene man sich am besten des Registers. Die paläogeographische Position der wichtigeren tektonischen Komplexe geht aus Abb. 134 hervor.

Literatur: G. ANGENHEISTER, H. BÖGEL, H. GEBRANDE, P. GIESE, P. SCHMIDT-THOMÉ & W. ZEIL 1972; G. ANGENHEISTER, H. BÖGEL & G. MORTEANI 1975; H. BÖGEL 1975.

Übersicht

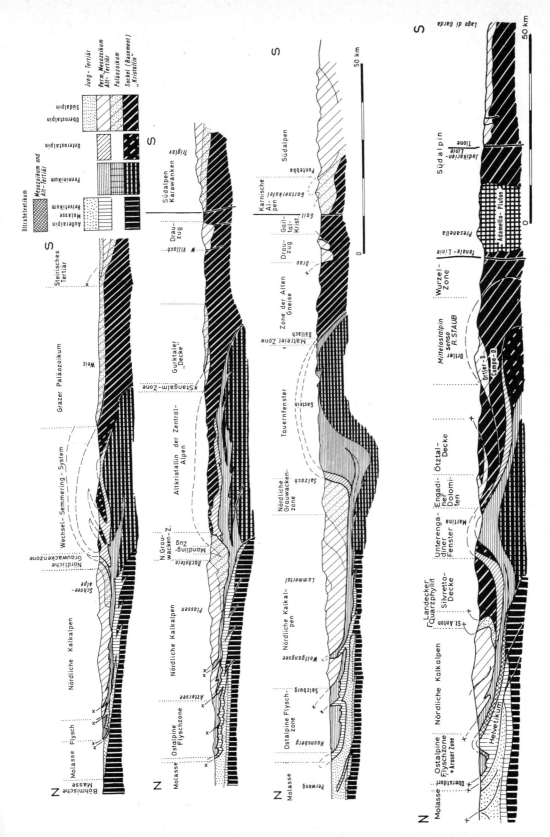

Abb. 190—193: (Erklärung nach Abb. 199).

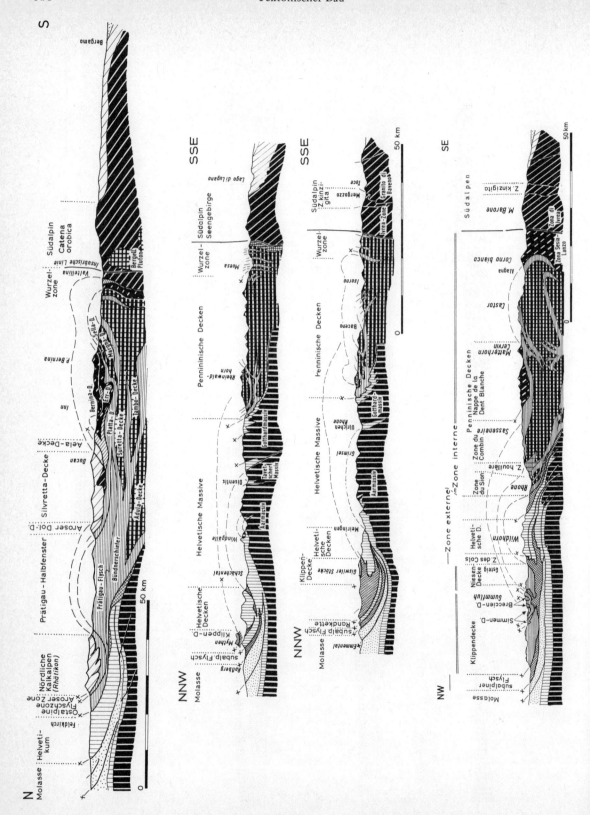

Abb. 194–197: (Erklärung nach Abb. 199).

Übersicht

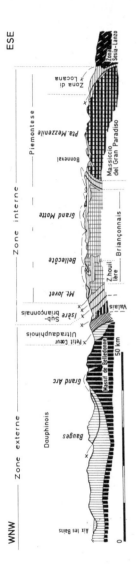
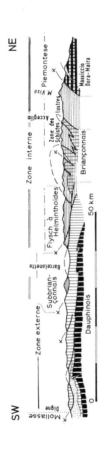

Abb. 198–199: (Erklärung unten).

Abb. 190–199: Querprofile durch die Alpen. Legende bei Abb. 190; Abb. 190–192 nach W. Schlager & E. Clar in E. Clar 1965; Abb. 193–194 nach A. Tollmann 1963, verändert; Abb. 195–196 nach A. Buxtorf 1951, A. Buxtorf & W. Nabholz 1957, W. Nabholz 1954; Abb. 197 nach P. Bearth & A. Lombard 1964; Abb. 198 nach F. Ellenberger 1957; Abb. 199 nach J. Debelmas & M. Lemoine 1964. Sämtliche Darstellungen ergänzt.

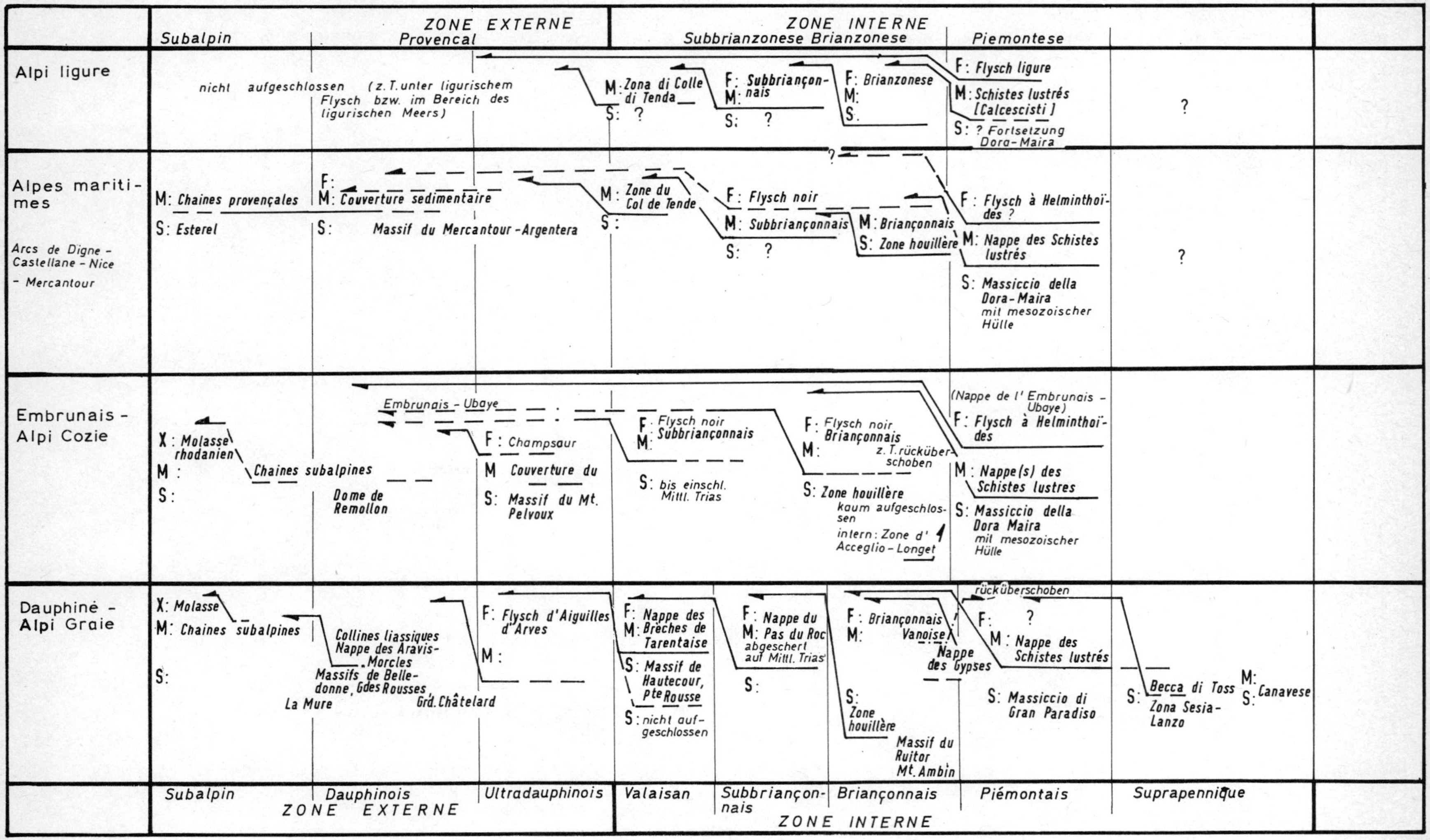

Abb. 200: (Erklärung auf S. 184).

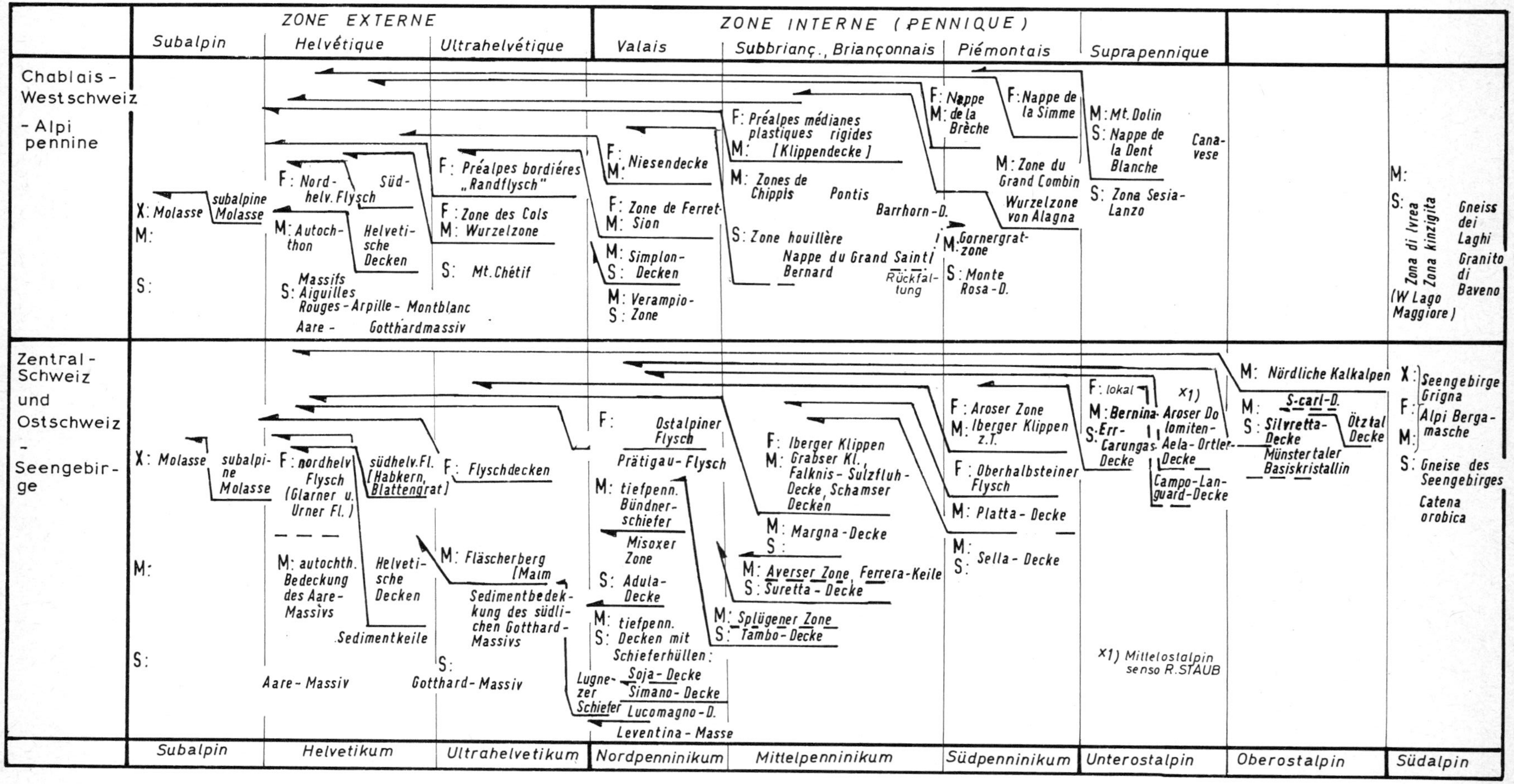

Abb. 201: (Erklärung auf S. 184).

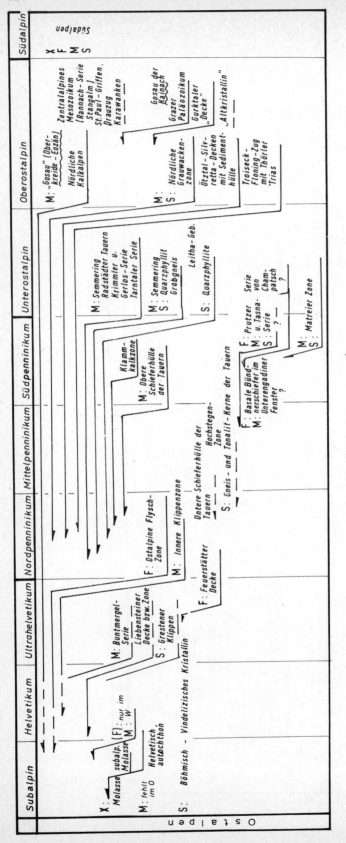

Abb. 202: (Erklärung unten).

Abb. 200–202: Schematische Darstellungen zur Herkunft der tektonischen Einheiten der Alpen, bezogen auf das Ablagerungsgebiet der alpidischen Serien. – Für einzelne Querschnitte der Alpen ist die ehemalige Anordnung der Gesteinskörper in den paläogeographischen Zonen (vgl. S. 175 und 134) rekonstruiert. Dazu wird angegeben, in welche tektonischen Stockwerke diese zerschert sind und wie weit die einzelnen entstandenen tektonischen Körper („Decken") transportiert wurden.
Es bedeuten:
X: Molassegesteine
F: Flysch-Stockwerk (nicht überall gleichaltrig, in der Regel bei den internen Einheiten älter)
M: Permo-Mesozoikum
S: Sockel (inscl. sedimentär erhaltenes Paläozoikum).

Sind mehrere Symbole zusammen angegeben, dann bestehen die betreffenden tektonischen Körper aus mehreren Anteilen, z. B. penninische Decken meist aus kristallinen Kernen und mesozoischer Hülle. – Die Pfeile kennzeichnen die maximale Reichweite des tektonischen Transportes. Strichlierte Linien bedeuten, daß entsprechende Zerscherung und Transporte gelegentlich stattfanden. – Bemerkung zu Abb. 202: Die Zuordnung der Serien des Unterengadiner Fensters (*Basale Bündnerschiefer*, *Prutzer*- und *Tasna*-Serie usw.) ist unsicher (vgl. S. 326).

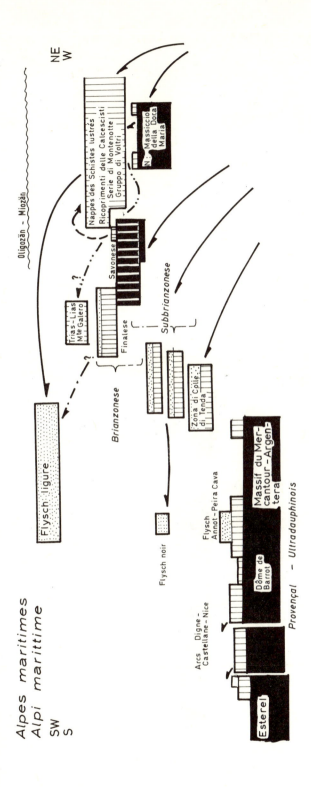

Abb. 203–214: Schematische Darstellung der geologischen Verbandsverhältnisse in 12 Querprofilen durch die Alpen zum Vergleich mit den Abbildungen 190–199 und 200–202. Die wichtigsten tektonischen Einheiten sind durch umrandete Kästchen schematisch und nicht ihrer tatsächlichen Größe nach dargestellt. Ihr Schichtumfang ist durch Signaturen gekennzeichnet:

Molasse: weiß
Flysch und ähnliche Gesteine, nicht überall gleichaltrig (z. T. Oberkreide, Alttertiär): punktiert
Permo-Mesozoikum (ohne Flysch): fein schraffiert
Paläozoikum, sofern gesondert ausgeschieden: schwarz mit hellen Schraffen
Variszisches (hercynisches) und älteres *Kristallin*, auch wenn alpin-metamorph: schwarz
jung- (post-)alpidische Intrusiva: kreuzschraffiert

Die Pfeile geben die Herkunft („Wurzeln") der einzelnen tektonischen Einheiten an. Man erkennt, daß zahlreiche tektonische Körper durch Zerscherung in tektonische Stockwerke entstanden sind, also eine gemeinsame Wurzel haben. Kurze Pfeile bedeuten also, daß die betreffende Einheit nicht als solche von der Wurzelzone her transportiert wurde, sondern erst durch Zerscherung oder Abscherung von einer größeren tektonischen Einheit entstand (z. B. einzelne „Decken" der Nördlichen Kalkalpen, die in sich selbst wurzeln, vgl. S. 238). – Zum besseren Verständnis wird der Vergleich mit Abb. 200–202 empfohlen. – Sich überkreuzende Pfeile bedeuten, daß die durch den unterbrochenen Pfeil gekennzeichnete tektonische Bewegung zuerst, die mit ausgezogenem Pfeil signierte Bewegung später ablief. Zur näheren Erläuterung dieser im helvetisch-ultrahelvetischen Bereich vorkommenden Fälle vgl. Abb. 366–367. – Die Darstellungen auf Abb. 203–214 sind Sammeldarstellungen, d. h. nicht jede eingetragene Einheit ist im angegebenen Alpenbereich überall vorhanden und durchgehend vorhanden oder aufgeschlossen.

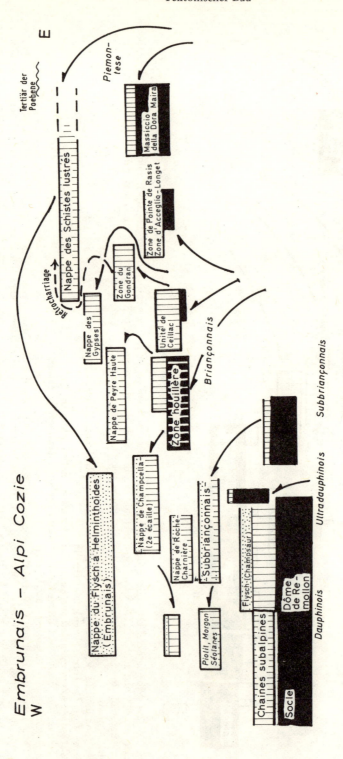

Abb. 204: Erklärung bei Abb. 203.

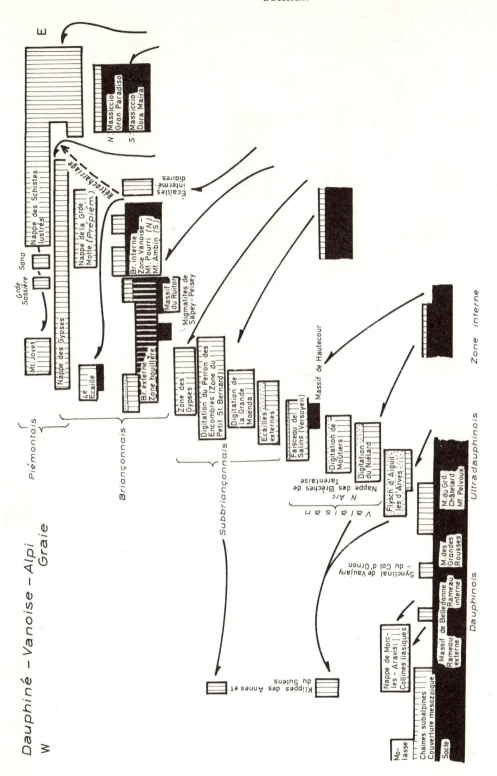

Abb. 205: Erklärung bei Abb. 203

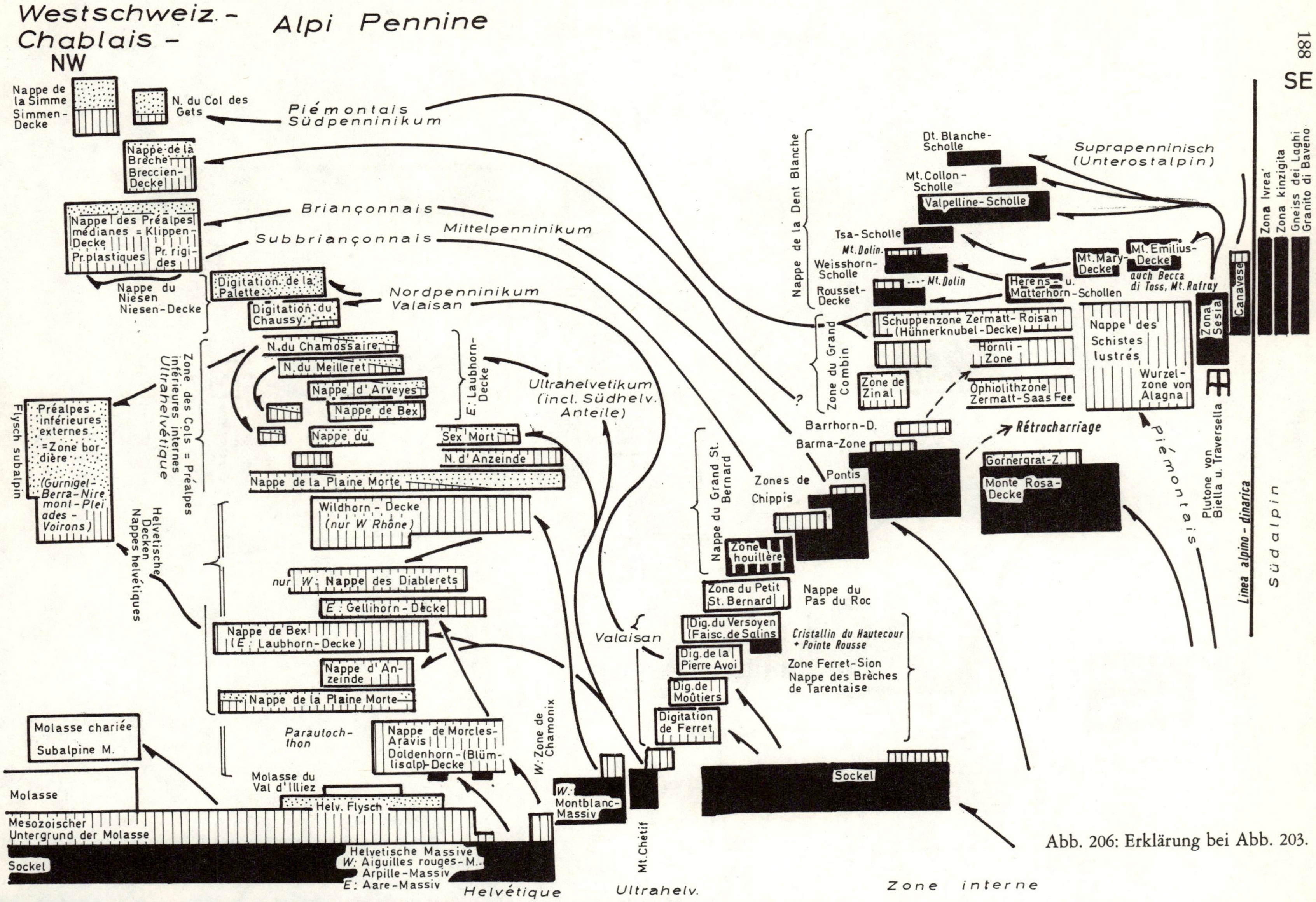

Abb. 206: Erklärung bei Abb. 203.

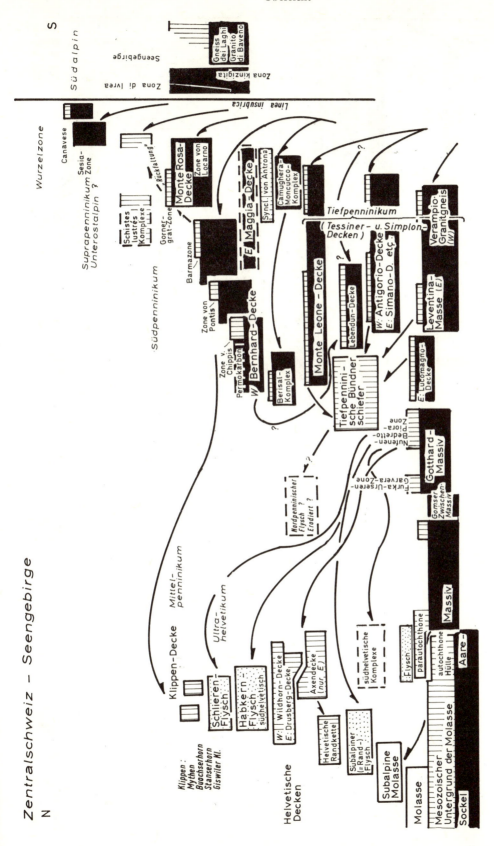

Abb. 207: Erklärung bei Abb. 203.

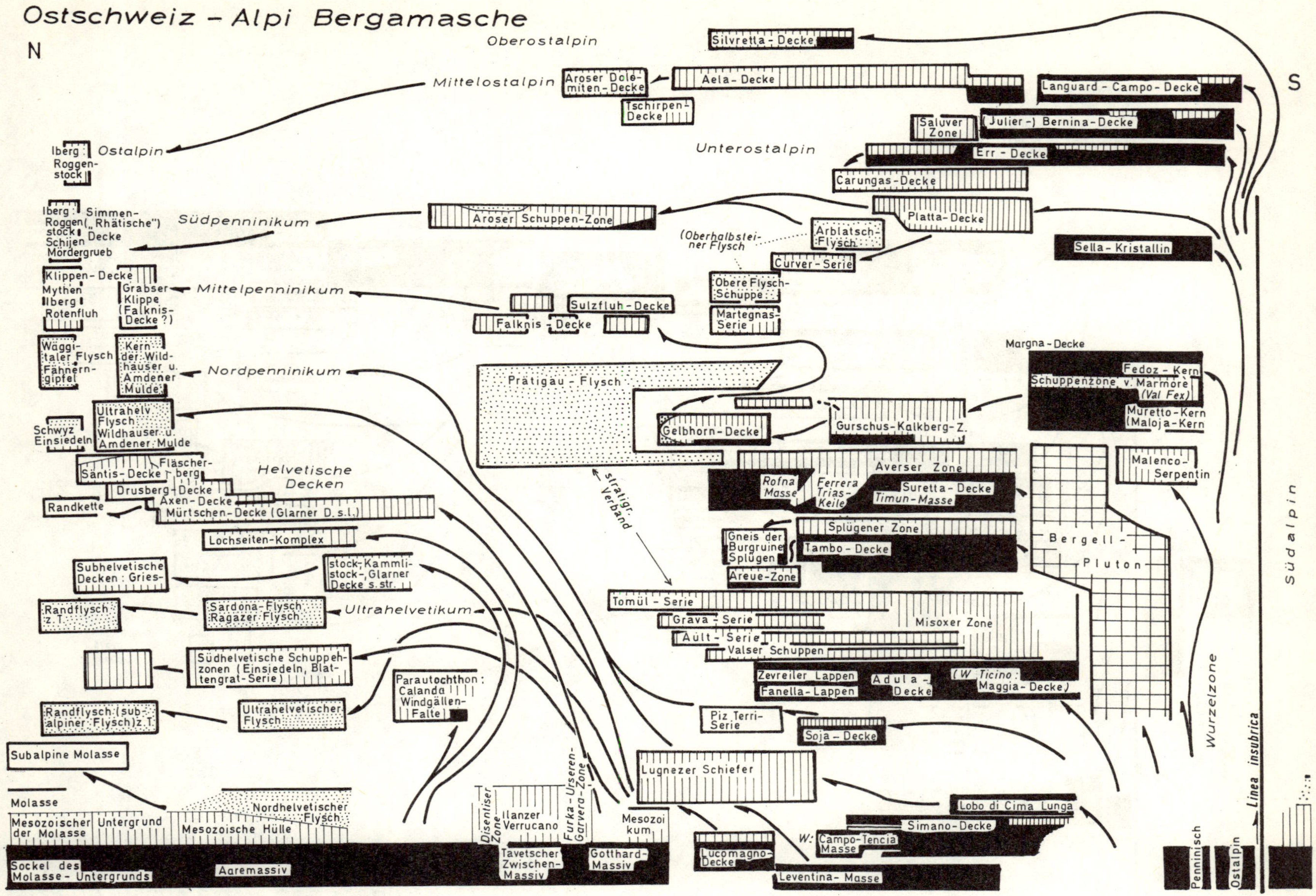

Abb. 208: Erklärung bei Abb. 203.

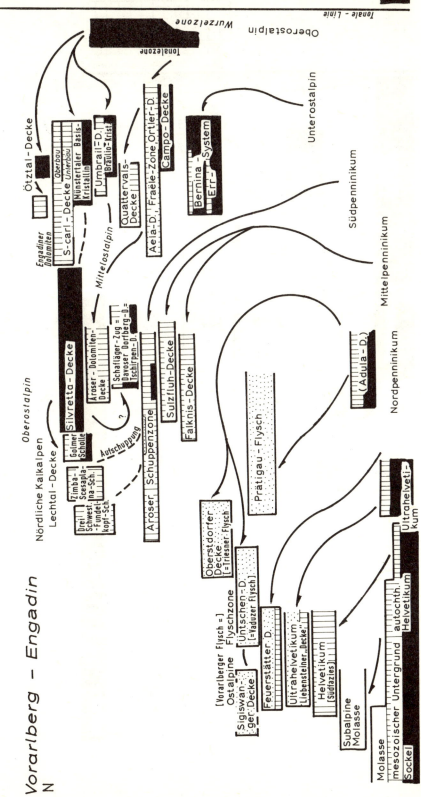

Abb. 209: Erklärung bei Abb. 203.

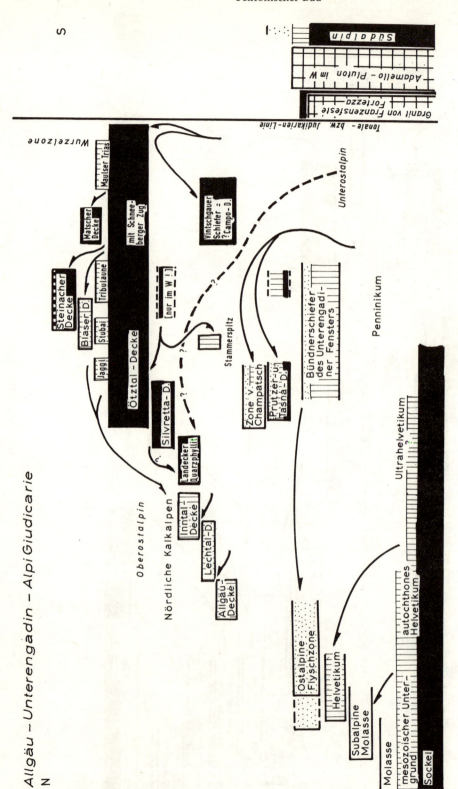

Abb. 210: Erklärung bei Abb. 203.

Übersicht

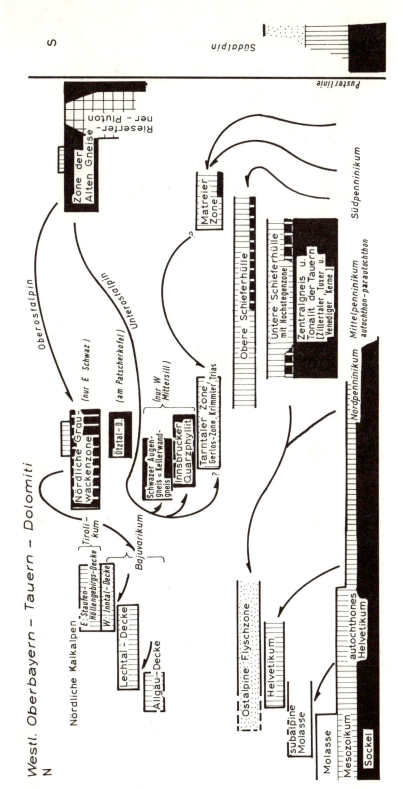

Abb. 211: Erklärung bei Abb. 203.

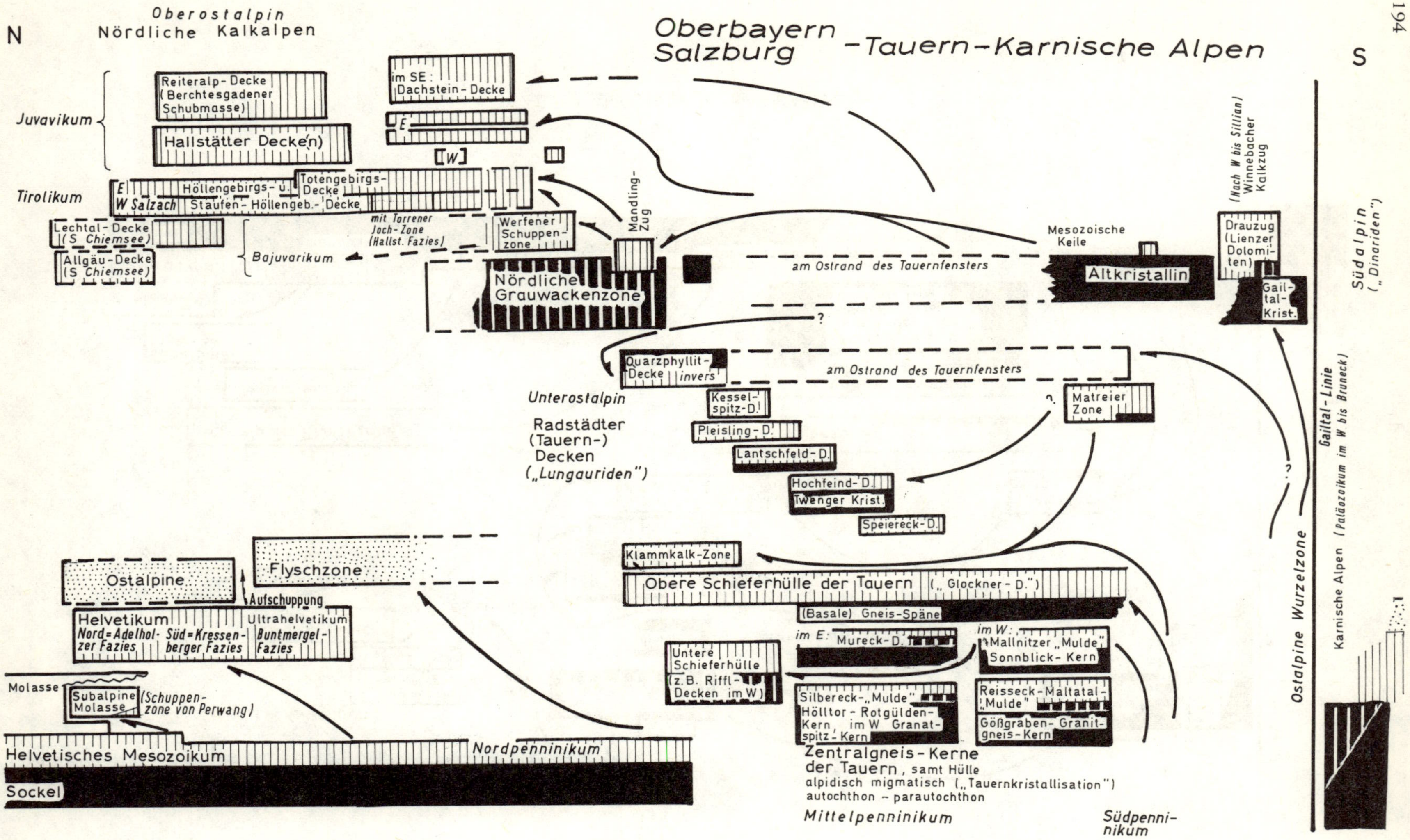

Abb. 212: Erklärung bei Abb. 203.

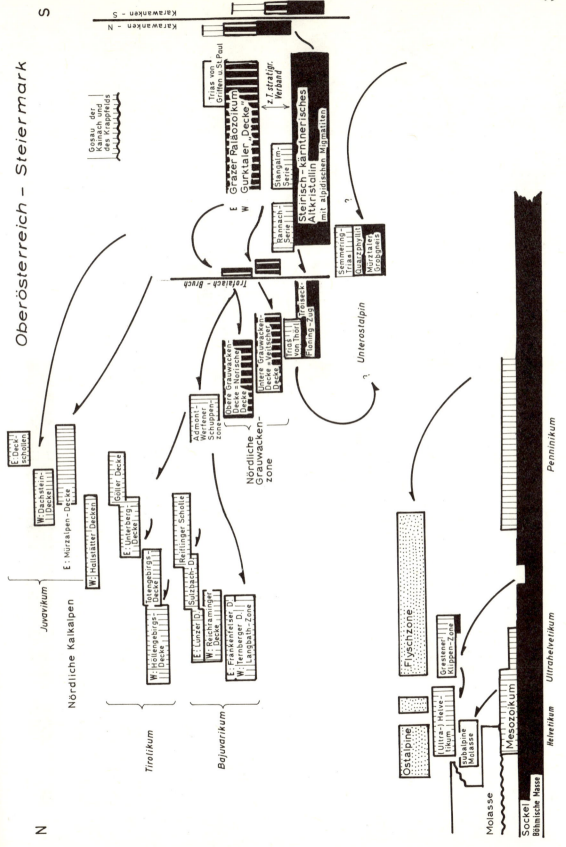

Abb. 213: Erklärung bei Abb. 203.

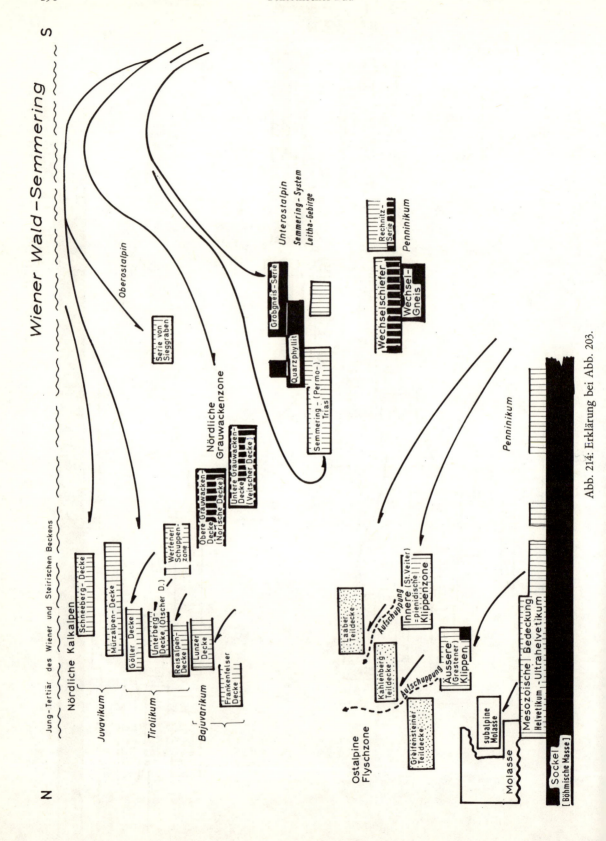

Abb. 214: Erklärung bei Abb. 203.

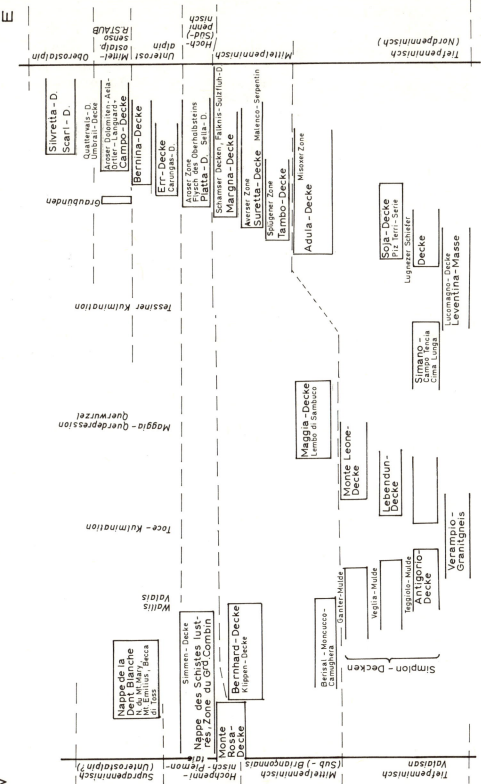

Abb. 215: Schematische Darstellung eines Längsprofils durch die penninischen und lepontinischen Alpen zwischen Wallis und Graubünden mit der Verbreitung der penninischen und ostalpinen Decken (Kristalline Kerne und Sedimenthülle zusammengefaßt).

Südalpin

Als südalpin bezeichnet man die Teile der Alpen, die sich im Süden einer markanten und tiefreichenden tektonischen Trennungslinie, der *insubrischen = alpino-dinarischen* Linie (vgl. S. 175) erstrecken. Diese Trennungslinie, die in den der Beobachtung zugänglichen Bereichen als steile Verwerfungsfläche mit sehr großer Sprunghöhe in Erscheinung tritt, scheidet gleichzeitig das ostalpine oder penninische Deckengebirge samt seiner oft alpidisch anatektischen *Wurzelzone* von dem mehr und überwiegend in Blöcke und Schollen zerlegten Südalpin. Der Verlauf der insubrischen Linie ist schon auf S.175 beschrieben worden und kann auf den Abb. 2, 1, 218, 219 sowie 286, 287, 301 und 308 verfolgt werden.

Im ganzen stellen die Südalpen ein tektonisches Gebäude dar, das an seinem Nordrand am stärksten herausgehoben wurde, sodaß dort der kristalline Sockel entblößt ist, während südlich davon bei stufenweisem tektonischem Absinken permische, mesozoische und tertiäre Sedimente und Vulkanite erhalten sind, die dann ihrerseits unter den jüngeren Bildungen der oberitalienischen Tiefebene verschwinden (Abb. 190–198).

Alpidische Metamorphose fand im Südalpin nicht statt. Hercynische = variszische Intrusiva sind also als solche überliefert und nicht zu Orthogneisen geworden. Zu ihnen gesellen sich die spätalpidischen periadriatischen Intrusiva (vgl. S. 9 und S. 177).

Im Westen erscheint das Südalpin zunächst nur mit seinem Sockel über Tage. Mesozoische Hülle ist im Gebiet zwischen der Dora Baltea und dem Lago Maggiore nur gelegentlich am Südrand erhalten (Abb. 286, 287, 301). Als Südalpin tektonisch differenzierter Sockel kann sich wohl auch nicht sehr weit über die Dora Baltea hinaus im Untergrund nach Südwesten fortsetzen, da sich ja hier der Westalpenbogen schließt. Die tektonische Einheit findet also hier ihr Ende. Paläogeographisch sind die Grenzen dagegen nicht so scharf: Trias in südalpiner Fazies greift weiter nach Westen in den Bereich des Piemontese aus (vgl. S. 108).

Der nördlichste Teil des Südalpin wird von der Dora-Baltea bis nach Locarno von der Ivrea-Zone (s. l.) *(Zona Ivrea-Verbano)* eingenommen, die man unterteilen kann in eine *Ivrea-Zone s. str.* („*Diorit-Zone*", Abb. 304), mit Dioriten, Gabbros und ultrabasischen Gesteinen, sowie deren zum Teil ultrametamorphe Hülle, die *Kinzigit-Zone (Zona kinzigita)*. Bei der erstgenannten *Ivrea-Zone s. str.* handelt es sich um basische und ultrabasische Diffenziate hercynisch intrudierter Magmen. Mit dieser *Ivrea-Zone* ist also offenbar ein besonders tiefes basisches Sockelstockwerk der Erdkruste (und sicher das tiefste der Alpen) angeschnitten, das mit einem Maximum der Schwereverteilung in den Alpen zusammenfällt. Die granatreichen und graphitischen Kinzigitgneise der *Zona kinzigita* können wohl als basisches Restgewebe von Gneisen angesehen werden, deren helle Gemengteile metatektisch ausgesogen wurden. Migmatite entwickelten sich darin durch Zufuhr von hellem Material bei der Intrusion des hercynischen Granits NE Biella (G. BORTOLAMI, F. CARRARO & R. SACCHI 1965).

Da die alpidische Metamorphose in der *Ivrea-Zone* geringfügig ist, zählt man diese Zone zu den Südalpen, d. h. die insubrische Linie wird auf ihre Extern-Seite gelegt. Die Stellung der *Ivrea-Zone* war in dieser Hinsicht schon umstritten. So wurde in ihr schon die Wurzelzone des an mesozoischen Ophiolithen reichen Piemontese gesehen, was sich aber aufgrund des hercynischen Alters der Ivrea-Intrusiva verbietet. Eine weitere *Kinzigit-Zone* ist in der *Sesia-Zone* anzutreffen (vgl. S. 277, 288, Abb. 286, 287, 301).

Das hercynische Alter der Ivrea-Gesteine geht auch aus dem Verband mit dem hercynischen *Granit von Baveno* hervor. Dieser Granit von Baveno ist zwischen Biella und dem Lago Maggiore in einigen Stöcken in die praehercynischen Gneise und Gneisanatexite des Seengebirges intrusiv eingeschaltet. Er zeigt ein Rb/Sr-bzw. K/Ar-Alter von etwa 290 Millionen Jahren, ein höheres Blei-Alter und ist damit junghercynisch. Allerdings ergibt sich an Zirkonen auch alpidisches Alter (E. JÄGER & H. FAUL 1959, R. CHESSEX 1962).

Die innige Vergesellschaftung der Ivrea-Gesteine mit den Kinzigiten, wie sie auf den Abb. 287, 288 und 301 sichtbar wird, könnte wohl damit zusammenhängen, das die *Kinzigit-Zone* das ursprüngliche Dach der Diorit- und Ultrabasit-Massen darstellt. Die Grenze der *Ivrea-Zone* s. l. gegen die Gneise des Seengebirges ist tektonischer Natur.

Die Zone mit prähercynischen Orthogneisen *("Gneiss chiaro"),* Paragneisen sowie Anatexiten erstreckt sich über die oben genannten Bereiche hinaus weit nach Osten und grenzt ab Locarno unmittelbar an die insubrische Linie im Norden. Sie bildet den nördlichen Teil des Seengebirges zwischen Lago Maggiore und Lago di Como und anschließend die Catena orobica zwischen Valtellina und den Bergamasker Alpen. Erst östlich des Val Camonica wird die Gneiszone durch den spätalpidischen *Adamello-Pluton* unterbrochen. Für die *Strona-Gneise* wurden absolute Alter von über 260 Millionen Jahren bis 613 Millionen Jahre gemessen (R. CHESSEX 1962).

Im Seengebirge wechseln verschiedene, meist steil nach Süden absinkende Gneiskörper rasch ab (Abb. 216, 217), wobei ebenso wie weiter im Osten Glimmerschiefer und Phyllite als seichtere Kristallin-Stockwerke in Erscheinung treten (Abb. 219). Glimmerschiefer sind auch in Fenstern und Halbfenstern in den Bergamasker Alpen bei Introbbio, im Val Seriana, im Val Camonica bei Capo und Loveno und endlich bei Collio unter dem Permomesozoikum sichtbar (Abb. 218, 219). Im Valsassina (Abb. 227 unten) ist ein hercynischer Granodiorit-Körper angeschnitten.

Wie Abb. 218 zeigt, fällt die heutige Grenze zwischen südalpinem Kristallin und dem auflagernden Permomesozoikum meist mit tektonischen Linien zusammen, wobei das Kristallin südvergent aufgeschoben ist (vgl. auch Abb. 304, 227).

Mächtige Komplexe permischer Ergußgesteine und Tuffe trifft man im Sesia-Tal (Abb. 287), am Lago di Lugano (Ceresio) (Abb. 216, 217) und in den Bergamasker Alpen (Abb. 219). Dort ist auch das klastische Perm sehr mächtig und stratigraphisch umfangreich (vgl. Abb. 10).

Die Bergamasker Alpen sind von zahlreichen südvergenten Überschiebungen und Aufschiebungen durchzogen, die nach Abb. 219 zum Teil beträchtliche Transportweite zeigen. Dabei lagern die Gesteine ziemlich flach, sodaß sich zunächst an das Kristallin der *Catena orobica* ein breiter Streifen anschließt, in dem sich überwiegend permische und triassische Gesteine (am Monte Generoso am Luganer See auch mächtiger Lias) finden. Am Südrand der Alpen folgt dann eine Flexurzone, die auch von Überschiebungen begleitet ist, entlang der die Schichten dann plötzlich steil nach Süden einfallen und wo die Schichtfolge vom Jura über die Kreide bis zum Tertiär auf kurze Entfernung quer zum Streichen ansteht (Abb. 216, 217, 219). Auf der Karte (Abb. 218) ist diese Zone mit steilerem Einfallen generell eingezeichnet. Wie unten beschrieben wird, kann man diese Zone jenseits der judikarischen Alpen weiter verfolgen.

Der spätalpidische *Adamello-Pluton* (Abb. 218) kommt im aufgeschlossenen Bereich sowohl mit dem voralpidischen Sockel wie auch mit der sedimentären mesozoischen Hülle (Trias und Lias) in Kontakt. (Über das absolute Alter vgl. S. 122). Im *Adamello*-Massiv sind zu trennen:

Castello-Tonalit, der im südlichen Teil des Massivs bis zum Monte Frerone ansteht. Er ist feinkörnig, basisch und dunkler. Der *Adamello-Tonalit* durchbricht diesen erstgenannten Tonalit, ist also jünger. Er steht im Norden in der Gruppe des Monte Adamello und der Presanella an, ist saurer, heller und grobkörniger. Am Monte Carè Alto findet sich die *Cunella-Masse* mit hornblendereichen Gesteinen. Granodiorit steht am Corno Alto und Sabbione bei Pinzolo *(Sabbione-Diorit)* an. In den Randbereichen zeigen die Intrusiva eine gneisähnliche Paralleltextur, die durch Einregelung bei der Platznahme des wohl palingenen Magmas entstanden sein dürfte.

Im Osten wird der *Adamello*-Pluton stellenweise von der *Judikarien-Linie (Linea giudicaria)* unmittelbar abgeschnitten, die also zumindest mit Teilen ihres Verwerfungsbetrages jünger als der Pluton sein muß. Weithin verläuft die Judikarien-Linie als Grenze zwischen Gneisen und Mesozoikum (vgl. Abb. 221).

Die *Judikarien-Linie* verläuft in Nordnordostrichtung vom Lago d'Idro bis Male im Val di Sole, wie sie dann gegen die *Tonale-Linie* stößt. Von dort bis Meran bildet dann die Verlängerung der *Judikarien-Linie* die Nord-Südalpengrenze.

Auf den Profilen der Abb. 221, die quer zur *Judikarien-Linie* verlaufen, macht sich diese als steile ostvergente Aufschiebung kenntlich. Am Lago d'Idro verliert sich die Linie nach Süden. Sie schneidet dort die schon erwähnte West-Ost streichende Störungszone zwischen Lago d'Iseo und Lago d'Idro, an deren Nordflanke noch einmal südalpines Kristallin und mächtiges Perm (am Passo di Croce Domini) zutagetritt. In der Verlängerung dieser Linie über die Judikarien-Linie und die judikarischen Alpen hinweg (wo sie nicht in Erscheinung tritt) kommt man zu einer offensichtlichen Fortsetzung am Südrande der Dolomiten in Gestalt der *Suganer Linie* (vgl. unten) Auch dort tritt auf dem Nordflügel Kristallin zutage. Es ist also durch die gesamten Südalpen, wenn auch mit Unterbrechungen, eine Störungszone zu verfolgen, deren Nordscholle südvergent aufgeschoben ist und oft Kristallin in Erscheinung treten läßt. Im Westen, in den Bergamasker Alpen, verläuft diese Zone unmittelbar am orographischen Südrande der Alpen, zwischen Adige und dem Piave verläuft sie mitten in den Alpen.

In den Judikarischen Alpen zwischen *Judikarien-Linie* und dem Tal des Adige (Etsch) herrscht NNE-Streichen, wie der Verlauf der Strukturen auf Abb. 221 zeigt (vgl. A. BONI 1963). Wesentliche Strukturelemente sind ostvergente Aufschiebungen, die der Judikarien-Linie parallel verlaufen und entlang denen Oberkreide und Alttertiär in spitzen „Mulden" eingefaltet sind (Abb. 220, 221). Die einzelnen Störungslinien lassen sich mehr oder weniger weit verfolgen und wurden im einzelnen mit Namen versehen, von denen nur eine Auswahl auf Abb. 221 zu finden ist. Die Füllung der genannten „Mulden" mit weniger widerständigen Gesteinen der Oberkreide und des Alttertiärs ist vielfach glazial ausgeschürft worden, sodaß die Längstäler solchen „Mulden" folgen und teilweise mit Seen erfüllt sind (Lago di Molveno, Lago d'Idro, Lago di Garda).

Die Südalpen östlich der Etsch (Adige) erfahren zunächst eine regionale Gliederung durch die schon oben erwähnte *Suganer Linie* (Abb. 220). Nördlich dieser Linie erstrecken sich die Dolomiten im Gebiet zwischen der Etsch und dem Piave. Im Nordosten lehnen sich die Dolomiten an das Paläozoikum der Karnischen Alpen transgressiv an. Eine weitere Einheit bilden die Lessinischen und Venetianischen Alpen, die sich nach Osten, jenseits des Tagliamento in die Julischen Alpen fortsetzen.

Die Dolomiten stellen im ganzen eine etwa dreieckige Scholle zwischen Etsch, Pustertal, Piave und *Suganer Linie* dar, die in sich flach schüsselförmig eingemuldet ist. Das Gebiet wird gegliedert durch eine Reihe von normalen oder südvergenten Mulden und Sätteln, die ungefähr West-Ost streichen. Dazu tritt eine südvergente Auf- und Überschiebungstektonik. Eine Strukturkarte findet sich bei P. LEONARDI 1967.

Am Nord- und Südrand der Dolomiten kommt der voralpidische Untergrund zum Vorschein (Abb. 220, 223). Er besteht überwiegend aus „*Quarzphyllit*", der hier als Sammelbegriff für eine varietätenreiche Assoziation von phyllitischen Gesteinen genannt werden soll. In den Karnischen Alpen wurde im Quarzphyllit ein Graptolith gefunden, er ist also zum Teil wenigstens während des „Silurs" (im älteren umfassenden Sinn) als Sediment entstanden.

In den Sarntaler Alpen westlich des Eisack (Isarco) ist der Quarzphyllit zum Teil steilachsig mit Paragneisen, also tieferem Sockelstockwerk verfaltet. Überwiegend Paragneise treten auch in der Val Sugana bei Levico, am Cismon bei Fiera di Primiero auf. An Orthogneisen sind Porphyroide aus der Cima d'Asta-Gruppe anzuführen. Metadiabase treten dort und im Agordino im Verband des Quarzphyllits auf. Die Gneise sind zum Teil mit Plagioklasaugen durchsetzt.

Der Intrusiv-Komplex des *Cima d'Asta-Massivs* ist hercynischen Alters. Absolute Altersbestimmung (Sb/Sr und *Radiation damage*) ergab ein Alter von etwa 275 Millionen Jahren (Ferrara, Hirt e. a. 1962). Man kann unterscheiden: Granodiorit der Cima d'Asta, Granit von Caoria, Diorite (auf Abb. 220 als „Granit" zusammengefaßt). Zu den Intrusiva gehört ein entsprechendes Ganggefolge in den älteren Nachbargesteinen. Diese wurden auch kontaktmetamorph zu „*Cornubianiten*" (Biotit-Granat-Hornfelse) verwandelt.

Ein beherrschendes Element der Schichtfolge wie der Landschaft ist der „*Bozener Quarzporphyr*"-Komplex, der seine größte Mächtigkeit östlich von Bozen mit etwa 2000 m erreichen dürfte. Dieser Komplex ist genetisch und entsprechend petrographisch uneinheitlich aufgebaut. Der Quarzporphyr ist in einem schmalen Streifen zwischen Meran und Auer (Ora) auch westlich des heutigen Etschlaufs verbreitet, bildet aber vor allem östlich von Etsch und Eisack eine erste durch steile Klammen zerrissene Hochflächenstufe, über der sich dann als zweites Landschaftsstockwerk die Dolomiten-Berge erheben. Eine disharmonische Grenzfläche im Schichtgebäude bilden die *Bellerophonschichten,* die mit ihren Gipsen diapirartig reagierten.

Die erwähnte schüsselförmige Lagerung im Dolomiten-Gebiet bedingt, daß die jüngeren Schichten im Zentrum der Dolomiten anzutreffen sind. Bezeichnend für die Dolomiten und ausschlaggebend für die Landschaft ist der Gegensatz zwischen Riff-Fazies und vulkanogen-detritischer Fazies in der Mittleren Trias (vgl. Abb. 224). Das Kerngebiet der Dolomiten ist gleichzeitig das Zentrum des Vulkanismus zur Zeit der Mittleren Trias. Die Riffklötze mit den Riff-Kalken und -Dolomiten erheben sich zum Teil allseitig isoliert aus den mit vulkanogenem Material erfüllten Becken: Langkofel (Sasso-Lungo), Sella-Gruppe, Gebirge zwischen Settsass am Passo di Falzarego und dem Comelico, Pelmo – Civetta – Pala-Gruppe, Marmolada, Schlern (Sciliar) – Rosengarten (Catinacchio) – Latemar.

Der mitteltriassische Vulkanismus begann mit Explosionen, die noch die ladinischen *Buchensteiner Schichten (Strati di Livinallongo)* durchbrechen und weite Tuffdecken hinterließen, die Trümmer der durchschlagenen Gesteinssäulen enthalten (vgl. Abb. 12). Diese Agglomerate findet man vor allem im Val di Fassa und am Campolongo-Paß. Später drangen Augit-Plagioklas-Porphyrite auf und breiteten sich in Decken aus. Sie dürften ins jüngere Ladin und in die Carnische Stufe (Cassianer Niveau) zu stellen sein, da sie über entsprechenden Schichten anzutreffen sind. Ein Förderschlot ist bei Predazzo bekannt.

Bei Predazzo und damit zusammenhängend bei Monzoni sind dann später in der angegebenen Reihenfolge Pyroxenite, Monzonite, Syenite, der Turmalin-Granit von Predazzo sowie eine Ganggefolgschaft intrudiert. Diese Gesteine kommen mit Karn in Kontakt, sind also jünger. Das Alter ist aber noch umstritten (Mesozoikum?, Tertiär?).

Das Eruptionszentrum von Predazzo läßt caldera-artige Einbrüche erkennen, die während des Mesozoikums entstanden sein müssen.

Jüngere Trias und Reste von Jura und Kreide sind nur in den tektonisch tieferen Bereichen der Dolomiten anzutreffen (vgl. Abb. 220). Dabei spielt der meist deutlich gebankte „*Dachstein-Dolomit*" (= *Dolomia principale*) landschaftlich eine wesentliche Rolle. Er bildet das Gipfelstockwerk der Puez- und Sella-Gruppe am Schlern, der Gebirge zwischen den Tofanen und dem Monte Cristallo, den Kamm des Gebirges über dem Comelico, die Sorapis-, Marmarole- und Antelao-Gruppe, sowie Monte Pelmo und die Civetta. In den Gipfelbereichen einiger dieser Berggruppen kommt auch Jura und Kreide vor (vgl. unten). Das Tertiär vom Monte Parei (NW Cortina) ist auf Abb. 220 nicht eingezeichnet.

Ein besonderes Phänomen sind in den Dolomiten die sog. „Gipfelfaltungen" und -Überschiebungen („dislocazioni delle Cime"), die in einer Reihe von Gipfeln der oben genannten Berggruppen auftreten (vgl. B. Accordi 1957, auch in P. Leonardi 1967, 955). Von diesen Bewegungen wurden hauptsächlich jurassische und kretazische Schichtglieder, da und dort auch *Haupt-*

dolomit, betroffen, wobei der Unterbau der Berge relativ autochthon geblieben ist (z. B. an der Boé, Abb. 224). Die Bewegungsrichtung ist lokal sehr verschieden. Offensichtlich handelt es sich um Gleitungsvorgänge im Verlaufe einer Collaps-Tektonik, die sich bei Heraushebung der Gebirge und erosiver Isolierung hoher Gipfelpartien einstellte. Gleithorizonte sind meist tonige Serien von Jura und Kreide.

Die Lessinischen und Venetianischen Alpen südlich der *Suganer Linie* und der Karnischen Alpen heben sich auf der geologischen Karte und auf Abb. 220 schon deshalb ab, weil hier überwiegend jüngere Gesteine als in den Dolomiten verbreitet sind. Das ganze Gebiet liegt also tektonisch tiefer. Perm, ältere und mittlere Trias sind nur am Fuß der Karnischen Alpen sichtbar.

Außerdem sind sie an der Aufwölbung von Recoaro über Tage aufgeschlossen, wo auch Quarzporphyr des Perm und Quarzphyllit des südalpinen Sockels zutage ansteht. Sonst sind nur Schichten der jüngeren Trias, des Jura, der Kreide und des Tertiärs an der Oberfläche verbreitet.

Von zahlreichen Süd-Überschiebungen sind nur die größeren auf Abb. 220 eingezeichnet. Synklinalzonen sind oft südvergent überschoben und lassen sich im Kartenbild teilweise weit verfolgen (Abb. 220, 223). Das Becken von Feltre-Belluno enthält eine Füllung von alttertiärem Flysch und Nummulitenkalk sowie miozäner Molasse, die sonst nur am Südrand der Alpen zwischen Bassano und Vittorio Veneto sowie am Tagliamento ansteht. Hier ist der *Flysch* in den Alpen ausnahmsweise autochthon geblieben. Vor allem wird sein stratigraphischer Verband mit der pelagischen *Scaglia* im Liegenden, dann aber auch entsprechende Übergänge im Streichen des Troges, wie schließlich der Übergang in Molasse im Profil sichtbar (vgl. Abb. 13–17). Tuffe und Basaltdecken sind am Südhang der Lessinischen Alpen verbreitet und reichen bis in die weit in die oberitalienische Tiefebene vorspringenden Tertiärhügel der Monti Berici. Die Vulkanite sind erosiv in schmale Riedel zerschnitten.

Die Karnischen Alpen werden von paläozoischen Sedimentserien aufgebaut, welche transgressiv vom Permo-Mesozoikum der östlichen Dolomiten und der Venetianischen Alpen überlagert werden (Abb. 237, 226, 225, 220). Im Ostteil der Karnischen Alpen reicht Oberkarbon, marines Perm und ältere Trias auch noch bis auf den Kamm des Gebirges, wie auch weiter im Osten in den Karawanken, die den Gebirgszug fortsetzen, axial tiefer liegen und deshalb Altpaläozoikum nur bei Vellach (Kärnten) zeigen.

Die Karnischen Alpen zeichnen sich durch ihren komplizierten variszischen Innenbau aus, dessen Alter durch die transgressive Auflagerung der oberkarbonischen *Naßfeld-Schichten* belegt wird (vgl. Abb. 8 und 18).

Dieser variszische Innenbau äußert sich in einer nordvergenten Schuppen- und Decken-Tektonik. Die fazielle Differenzierung der altpaläozoischen Schichtfolge wirkte sich hier geomechanisch aus. Die Riffklötze (hauptsächlich Mitteldevon) reagierten als starre Schollen zwischen geringmächtigen tonig-kalkigen Serien *(„Rauchkofel-Fazies")*, die verfaltet und in Decken überschoben wurden. Die flyschartigen, zum großen Teil wohl ins Unterkarbon *(„Kulm")* zu stellenden *Hochwipfel-Schichten* endlich treten als eigenständige Komplexe und (im Süden) als Hüllserien zwischen den Decken auf (Abb. 227).

Querschnitte durch den Westteil der Karnischen Alpen finden sich auch auf Abb. 237. Das Alt-Paläozoikum setzt sich über den orographischen Bereich der Karnischen Alpen hinaus bis nahe Bruneck (Brunico) im Pustertal fort (Abb. 220). Das Altpaläozoikum ist im Westteil der Karnischen Alpen mit dem südalpinen *Quarzphyllit* verfaltet.

Im Norden grenzen die Karnischen Alpen entlang der *Pustertal-* und *Gailtal-Linie* an das Oberostalpin (Abb. 225, 237, 226).

Wie schon oben erwähnt, ist Mesozoikum auf den Karnischen Alpen nur im Osten erhalten (Abb. 225, 226 oben, 222). Die Tektonik dieser Schichten bildet die alpidische Durchbewegung ab.

Literatur (vgl. auch Angaben im entsprechenden Kapitel über Stratigraphie): F. P. Agterberg 1960; F. K. Bauer 1973; H. Bögel 1975; G. Bortolami 1964, 1965; G. Bortolami, F. Carraro & R. Sacchi 1965; J. Cadisch 1963; A. Castellarin 1972; A. Castellarin & G. Piccoli 1966; E. D. Rosa 1965; A. Desio 1925; J. J. Dozy 1935; C. Exner 1961, 1972; C. Exner & H. P. Schönlaub 1973; R. Fellerer 1968; H. HERITSCH 1936; J. V. van Houten 1929; R. v. Klebelsberg 1928, 1935; P. LEONARDI 1964, 1967; V. Novarese 1929; H. Porada 1966; G. Piccoli 1958; J. Rolser & F. Tessenson 1972; L. U. de SITTER 1949, 1956, 1960; R. Staub 1949; R. El Tahlawi 1965; L. Trevisan 1941.

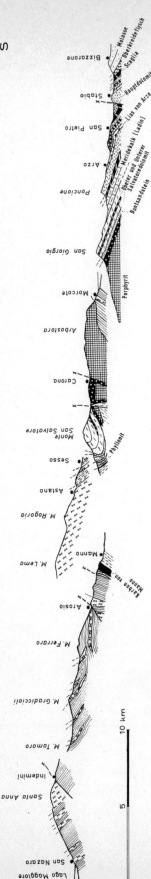

Abb. 216: Querprofil durch die Tessiner Südalpen zwischen Lago Maggiore bei San Nazaro (S Locarno) und dem Mendrisiotto, entlang dem westlichen Lago Ceresio (Luganer See). Nach F. WEBER 1955. Erklärung der Signaturen vgl. auch Abb. 217.

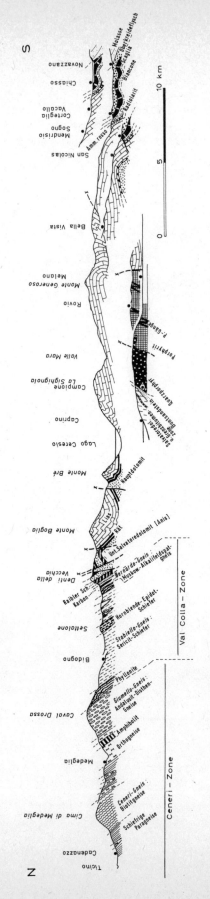

Abb. 217: Querprofil durch die Tessiner Südalpen vom Pian di Magadino (Ticino) über den Monte Ceneri zum Ostufer des Lago Ceresio (Luganer See). Monte Generoso und Mendrisiotto. Nach F. WEBER 1955. Vgl. Abb. 216.

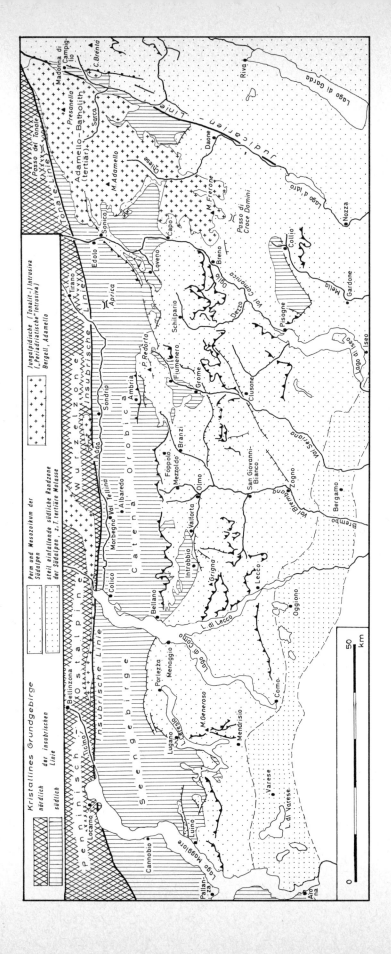

Abb. 218: Übersichtskarte des westlichen Teils der Südalpen zwischen Lago Maggiore und Lago di Garda (Seengebirge, Catena orobica, Alpi Bergamasche, Adamello, Alpi giudicarie) nach L. U. DE SITTER 1949.

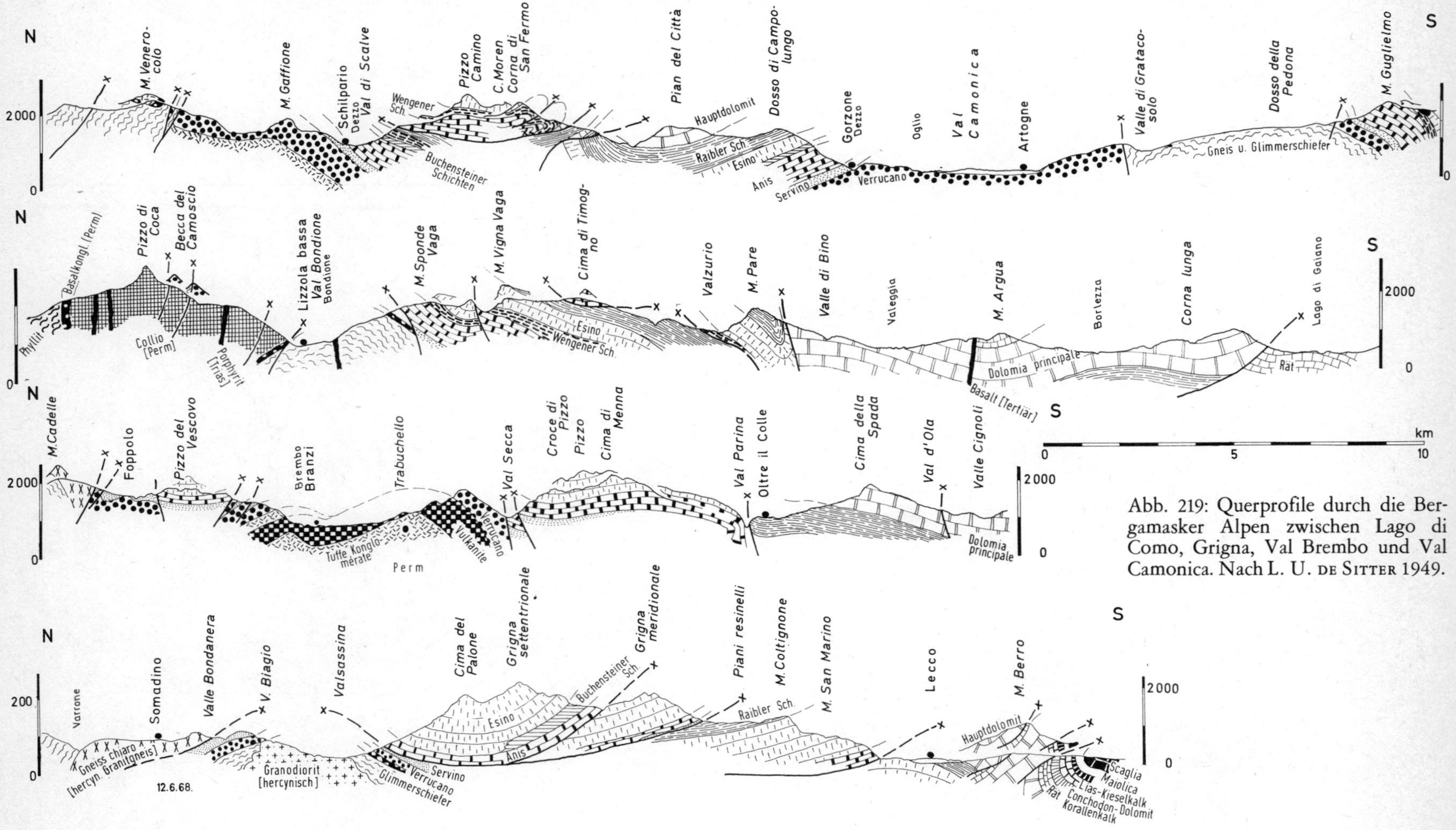

Abb. 219: Querprofile durch die Bergamasker Alpen zwischen Lago di Como, Grigna, Val Brembo und Val Camonica. Nach L. U. DE SITTER 1949.

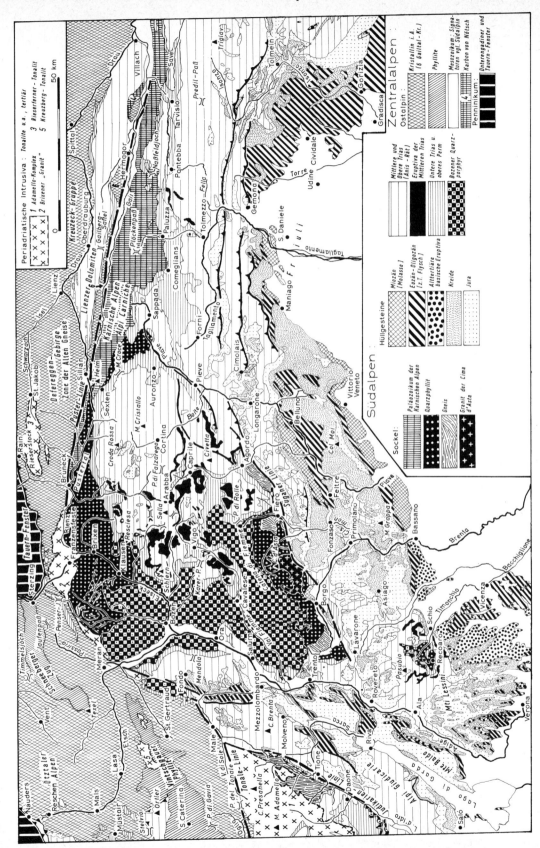

Abb. 220: Übersichtskarte des östlichen Teils der Südalpen (Judikarische Alpen, Dolomiten, Lessinische, Vicentinische, Karnische und Julische Alpen).

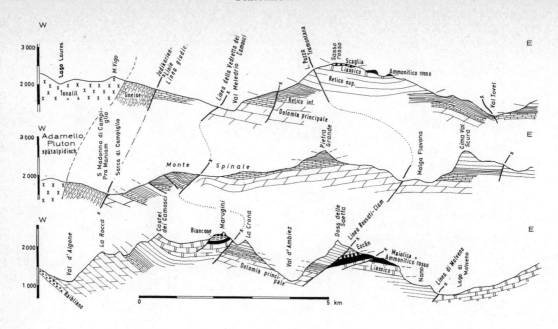

Abb. 221: Querprofile durch die Judikarischen Alpen im Bereich der Brenta-Gruppe. Nach J. WIEBOLS 1938.

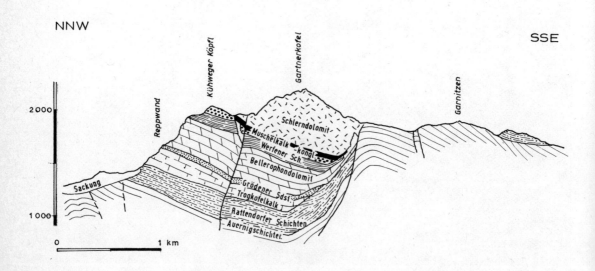

Abb. 222: Profil durch den Gartnerkofel (Naßfeld, Karnische Alpen) (nach F. KAHLER & S. PREY 1963). Das Profil ist mehrfach geknickt.

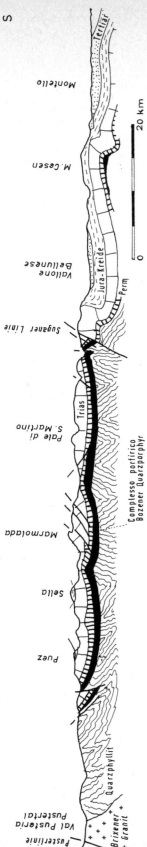

Abb. 223: Querprofil durch Dolomiten und Venetische Alpen. Nach P. Leonardi 1967.

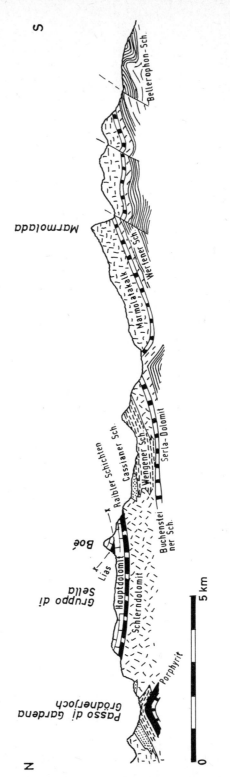

Abb. 224: Profil durch die Sella- und Marmolada-Gruppe (Dolomiten) nach P. Leonardi 1965.

14 Gwinner, Geologie d. Alpen

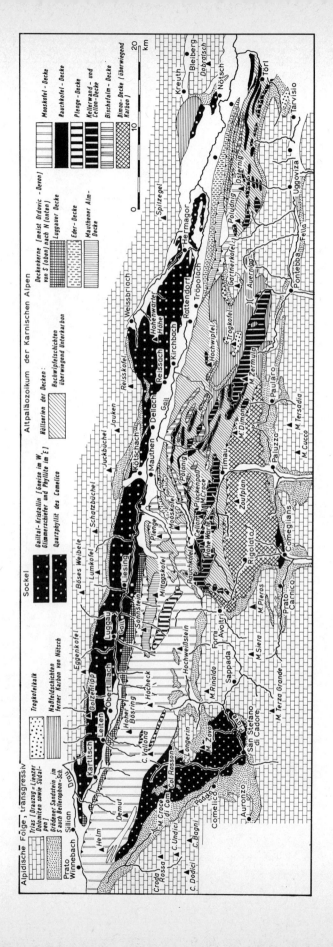

Abb. 225: Übersichtskarte über *Gailtal-Kristallin* und *Karnische Alpen*. Nach F. Heritsch 1936.

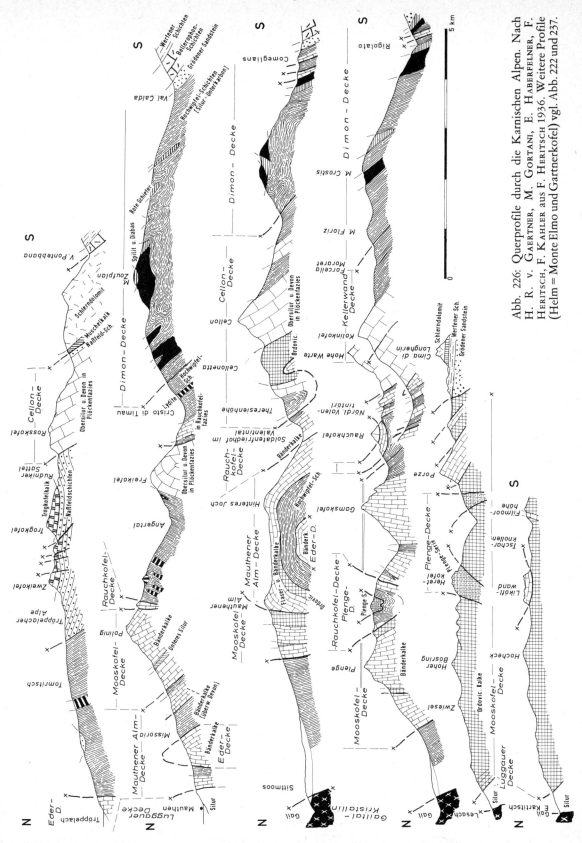

Abb. 226: Querprofile durch die Karnischen Alpen. Nach H. R. v. GAERTNER, M. GORTANI, E. HABERFELNER, F. HERITSCH, F. KAHLER aus F. HERITSCH 1936. Weitere Profile (Helm = Monte Elmo und Gartnerkofel) vgl. Abb. 222 und 237.

Oberostalpin

Wie schon oben auf S. 175 beschrieben, ist das Oberostalpin weithin in verschiedene tektonische Stockwerke aufgelöst, wobei die dabei entstandenen Gesteinskomplexe mehr oder weniger weit voneinander getrennt wurden.

Eine Übersicht über die Verbreitung oberostalpiner Gesteinskomplexe ergibt sich aus Abbildung 2, ihre Lagerung wird aus den Profilen auf Abb. 190—194 ersichtlich. Die schematischen Darstellungen 207—213 sowie 202 zeigen die Zerscherung der Stockwerke und die jetzige Position der tektonischen Körper. Eine Gliederung der Strukturelemente geht auch aus Abb. 236 hervor.

Der ostalpine Sockel, der aus prävariszischen und variszischen Metamorphiten besteht, ist bei der tektonischen Zerscherung und beim Transport am weitesten südlich und dabei im Zusammenhang mit der Wurzel verblieben. Die südlichsten Bereiche, d. h. die unmittelbar an die alpinodinarische Grenze anschließenden, blieben dabei relativ autochthon.

Ein tektonisches und stratigraphisches Zwischenstockwerk des Oberostalpins ist das sedimentär, allenfalls schwach metamorph überlieferte Paläozoikum, das allerdings wohl schon primär nicht überall verbreitet war (vgl. Abb. 135). Der Grund dafür kann verschieden sein: entweder wurde älteres Paläozoikum nicht abgelagert oder altpaläozoische Sedimente wurden bei Ende der variszischen Gebirgsbildung, vor alpidischer Transgression abgetragen. Eine letzte Möglichkeit ist dadurch gegeben, daß altpaläozoische Sedimente in variszischer Zeit soweit metamorph wurden, daß sie zunächst nicht mehr als solche zu erkennen sind. So dürften vor allem im kärntnerisch-steirischen *„Altkristallin"* weite Bereiche von metamorphem Paläozoikum eingenommen werden (vgl. R. SCHÖNENBERG 1967). Es ist also heute und hier noch nicht möglich, eine vollständige stratigraphische Gliederung des oberostalpinen Sockels vorzunehmen.

Die genannten paläozoischen Sedimentserien treten in unterschiedlicher tektonischer Position auf. Zum Teil sind sie im engeren Verband mit dem Kristallin verblieben, teilweise aber als *„Nördliche Grauwackenzone"* zusammen mit der übrigen sedimentären Hülle nach Norden bewegt worden.

Auch die permomesozoische Hülle hat ein unterschiedliches tektonisches Schicksal erlitten. Der größte Teil ist, stellenweise zusammen mit der schon erwähnten paläozoischen *„Nördlichen Grauwackenzone"* zusammen weit nach Norden bis an den Nordrand der Alpen verfrachtet worden *(Nördliche Kalkalpen)*. Andere Komplexe sind im Verband mit dem Sockel zurückgeblieben.

Die Zerscherung und der Transport oberostalpiner Einheiten ging nicht in einem einzigen gebirgsbildenden Akt vor sich, sondern läßt sich gliedern in die Bewegungen vor und nach Transgression der *Gosau*-Schichten (vgl. S. 120). Wie schon beschrieben wurde, kam es zur Überschiebung von Oberostalpin auf Unterostalpin und südlichem Pennininkum schon zur Zeit seit Ende der Unterkreide bis zum Turon. Einzelne Stadien dieser Vorgänge sind auf Abb. 160 schematisch dargestellt. Danach scherte zu dieser Zeit auch bereits die Hülle vom oberostalpinen Sockel ab und wurde so übereinandergeschoben, daß Unterkreide und älteste Oberkreide noch zwischen die tektonischen Komplexe gerieten. Nach R. OBERHAUSER (1968) ist Abb. 160 so gezeichnet, als ob diese Abscherung und die Überschiebung durch Gleitbewegungen unter Antrieb der Schwerkraft erfolgten. Der Nordtransport des Oberostalpins nach Ablagerung der *Gosau*-Schichten führte zu weiterem Abgleiten der Hüllserien und deren Superposition in Decken- und Schuppen-Komplexen, aber auch zu weitergehenden Schuppung des im Ganzen zurückbleibenden Sockels, die durch eingeklemmte und teilweise metamorphe Hüllserien sichtbar wird. Dabei kam es auch zu einer frühalpidischen Metamorphose (z. B. *Seckauer* und *Schneeberger Kristallisation)*, die auch durch radiometrische Altersbestimmungen belegt wird.

Nach E. CLAR (1965) sind ein Reihe von Strukturelementen im Oberostalpin der *Nördlichen Kalkalpen* und im relativ zurückgebliebenen Kristallin schon entstanden, als diese Serien noch üereinander lagen. Auf diese Weise sind Strukturanalogien, die auf Abb. 236 abgebildet und näher beschrieben sind, plausibel zu erklären. Es handelt sich also in diesen Fällen um „transportierte Strukturen", die sich also nicht unter die *Nördlichen Kalkalpen* in ihren gegenwärtigen penninischen Untergrund fortsetzen dürften.

Es empfiehlt sich, das Oberostalpin bei der regionalen Beschreibung nach einzelnen Stockwerksbereichen getrennt zu beschreiben.

Oberostalpiner Sockel

Zunächst soll der oberostalpine Sockel behandelt werden und zwar einschließlich der mit ihm im näheren räumlichen Verband verbliebenen Sedimentserien von Paläozoikum oder Mesozoikum.

Wie schon anderweitig erwähnt, wurde auch das Grundgebirge des Ostalpins mit in die alpidische Deckenbildung einbezogen. Dies wird am besten am Westrand der Ostalpen ersichtlich, wo man die penninische Unterlage unter das Ostalpin axial abtauchen sieht. Der jetzige Westrand des Ostalpins ist eine durch Abtragung geschaffene Grenze. Allerdings darf mit großer Wahrscheinlichkeit angenommen werden, daß das Ostalpin, insbesondere Oberostalpin, auch primär nicht sehr viel weiter als gegenwärtig nach Westen verbreitet war, weder als tektonischer wie auch als paläogeographisch-sedimentärer Komplex. Westlichste Erosionsrelikte ostalpiner Decken findet man im Verband der *Einsiedler Klippen* (Abb. 377, 79). Auch in der Wurzelzone nördlich der *insubrischen Linie* kann man das Oberostalpin mit seinem Kristallin nur bis in das Valtellina nach Westen verfolgen. Auf S. 110 wurde schon dargelegt, daß auch der ostalpine Sedimentations-Raum sich hier zwar nach Südwesten fortgesetzt hat, jedoch tektonisch beim Südalpin verblieben ist.

Als westlichster Kristallin-Komplex des Oberostalpins ist die *Silvretta-Masse (-Decke)* anzuführen, deren Umriß aus den Abbildungen 227 sowie 307–308 hervorgeht.

Im Westen ruht die **Silvretta-Decke** auf verschiedenen tektonischen Einheiten auf, deren stratigraphischer Inhalt im Lenzerheide-Flysch bis Eozän umfaßt. Die Überschiebung des Oberostalpins ist damit zeitlich nach unten eingeengt.

In Mittelbünden zwischen Engadin, Albulatal und Lenzerheide liegt die *Silvretta-Decke* auf der „mittelostalpinen" *Aela-Decke* (Abb. 308, 310, 311). Am Westrand besteht die *Silvretta-Decke* allerdings häufig aus Sedimenten, deren kristalline Basis fehlt, also offenbar im Wurzelgebiet zurückgeblieben ist. Auch das kann als ein Zeichen dafür gewertet werden, daß die oberostalpinen Decken ein primäres Ende gegen Westen zu finden, indem die Abscherungsfläche von Ost nach West in immer seichtere Regionen aufstieg, also hier nur noch Sedimente vom Sockel trennte und in den Decken-Körper einbezog. Die Achsen im *Silvretta*-Kristallin steigen vom Westrand der Masse gegen Osten ebenfalls generell auf, ebenfalls als Ausdruck dafür, daß die Abscherungsfläche der Decke nach Osten zu immer tiefer gegriffen haben mag und damit das Kristallin des Deckenkörpers immer mächtiger wird (vgl. J. CADISCH 1953, 408).

Eine Sedimentzone am Südwestrand der *Silvretta*-Decke ist die Nordost streichende und durch NW-vergente Überschiebungen komplizierte *Ducan-Mulde* (Abb. 307–308, 311, Profil auf Abb. 228). Sie ist zusammen mit dem im Norden anschließenden *Muchetta-Kristallin* nach Nordwesten auf die durchweg aus Sedimenten bestehende *Sandhubel-Teildecke* aufgeschoben, die sich im wesentlichen nördlich des Landwassertals erstreckt. Diese *Sandhubel-Teildecke* ist zwischen Lenzerheide, Arosa und Davos auf *Aroser Dolomiten-Decke* überschoben und in sich mehrfach verschuppt, wie Profil Abb. 314 zeigt. Die *Rothorn-Schuppe* wird als frontale Digitation angesehen, ebenso wie die in gleicher unter- bis mittelostalpine Position auftretende *Davoser Kristallin-Schuppe* bei Davos (Abb. 213).

Weiter kann die *Silvretta-Decke,* nun durchweg aus Kristallin bestehend, am Ostrand des *Prätigau-Halbfensters* über der *Falknis-Sulzfluh-Decke* und *Aroser (Schuppen-)Zone* verfolgt werden (Abb. 307, 313). Im *Fenster von Gargellen* wird die unterlagernde Falknis-Decke noch einmal sichtbar. Das Kristallin der *Silvretta*-Decke stößt dann mit Aufschiebungen an das oberostalpine Mesozoikum des Rätikon und folgt auch vom Montafon über den Arlberg dem Kalkalpen-Südrand. Vom Arlberg an nach Osten schiebt sich die Zone des *Landecker Quarzphyllits* zwischen Silvretta-Masse und Kalkalpen ein (vgl.S. 216 und Abb. 245, 248, 233). Im Südosten kann der hintere Erosionsrand der *Silvretta-Decke* über den tektonisch tiefer liegenden Sediment-Serien des Unterengadiner Fensters verfolgt werden (Abb. 317–318). *Silvretta*-Kristallin zieht sich in Gestalt des „*Oberen Gneiszugs*" auch in einem schmalen und geringmächtigen Streifen um die Südwest-Ecke des *Unterengadiner Fensters* herum und kann bis in die Nähe von Nauders verfolgt werden, jeweils überlagert von der oberostalpinen *Scarl-Decke* bzw. der *Ötztal-Decke*. Der Verband zwischen *Silvretta-Masse* und *Scarl-Decke* ist hier gestört, ebenso trennt die steilstehende Störungszone der Engadiner Linie bei Einheiten beiderseits des Spöl-Tals bei Zernez (Abb. 307, 232).

Der Innenbau des Kristallins der *Silvretta-Decke* (vgl. Abb. 231) zeichnet sich durch einen Faltenbau mit Ost-West-streichenden, im Südwesten mit steil abtauchenden Achsen aus („Schlingen"-Tektonik). Die Gesteinsassoziation ist derjenigen der Ötztal-Masse ähnlich (vgl. Abb. 233). Orthogneise (meist Granitgneise) enthalten Kalifeldspataugen und randlich migmatitische Übergänge zu den Paragneisen. Es treten auch migmatische Gesteine mit dioritischem und aplitischem Charakter auf, die wohl palingener Abkunft sein dürften. Die genannten granitischen Orthogneise sind als Intrusiva in die älteren katazonalen Paragneise eingedrungen, die dabei teilweise anatektisch verändert wurden. Man hält die Intrusionen für älter als Oberkarbon, eventuell für frühvariszisch, denn sie wurden von der variszischen Metamorphose noch betroffen. Die Gneisstruktur ist möglicherweise synkinematisch. Die Paragesteine als ihre Hüllserien sind demnach prävariszisch, ihre Verfaltung mit den Orthogneisen variszisch. Alpidische Beanpruchung äußert sich nur in Kataklase. Sb-Sr-Werte aus Orthogneisen ergaben ein absolutes Alter von 430 Millionen Jahren (B. GRAUERT 1966). Anderwärts wurden an Ortho- und Paragneisen nach derselben Methode 290–350 Millionen Jahre gemessen (E. JÄGER 1962).

In der *Silvretta-Masse* sind wie im *Ötztal-Kristallin* Amphibolite sehr häufig, die in langgestreckten Zügen oder den erwähnten Schlingen vorkommen. Sie dürften überwiegend sedimentärer Abkunft sein, wie auch seltene Vorkommen von Marmor in ihrem Verband zeigen. Teilweise wurden aber auch gabbroide Magmatite umgewandelt. Diabase treten in Gängen auf.

Nur am Nordrand der *Silvretta-Masse,* vom Montafon bis Landeck zieht sich ein Streifen von Glimmerschiefern und Phylliten als seichteres erhaltenes Kristallin-Stockwerk hin. Der *Landecker Quarzphyllit* (Abb. 245, 248, 307 unten) wäre demnach zum Oberostalpin zu stellen (vgl. S. 253 bezüglich *Innsbrucker Quarzphyllit*).

Die oberostalpine, an der Oberfläche aus Sedimenten bestehende *Scarl-Decke* (vgl. Abb. 23), welche die Engadiner Dolomiten zu einem wesentlichen Teil aufbaut, kann als Bedeckung des *Silvretta-Kristallins* angesehen werden, das sich mutmaßlich unter der *Scarl-Decke* nach Süden fortsetzt bis es in Fenstern und im *Münstertaler Basiskristallin* im Val Müstair wieder in Erscheinung tritt (Abb. 307–308, 232, 227). Der Nordrand der *Scarl-Decke* grenzt mit Störungen oder Überschiebung an die Silvretta-Masse (Abb. 232, 307), wobei die Scarl-Trias deutliche Stirnfalten zeigt (Abb. 318).

Die *Scarl-Decke* weist eine deutliche Teilung in zwei tektonische Stockwerke auf. Der tektonische Bau ist ober- und unterhalb der hier sehr gipsreichen Raibler Schichten, die als Abscherungshorizont dienen, verschieden.

Die *Umbrail-* und *Quattervals-Decken,* die sich ebenfalls am Aufbau der Engadiner Dolomiten beteiligen, sind zwar auf Abb. 308 dem *„Mittelostalpin"* zugeordnet, könnten aber ihrer Schichtfolge nach auch ohne weiteres als oberostalpin bezeichnet werden. Auch der tektonische Verband mit der *Scarl-* bzw. *Silvretta-Decke* ist wohl sehr eng und die tektonische Trennung reichte vermutlich nicht bis in die Wurzelzone zurück (vgl. Abb. 232).

Entlang der *„Schlinig-Überschiebung",* die auf den Abb. 307, 227 und 233 erscheint, wird die *Scarl-Decke* von der östlich von ihr verbreiteten *Ötztal*-Masse überfahren. Für eine ehemals weitere Überlappung der oberostalpinen Decken sprechen tektonische Deckschollen von *Ötztal-Kristallin* auf der *Scarl-Decke* (Abb. 307). Auch bestehen Fenster in der Ötztal-Masse SW Reschen (Resia). Die *Schlinig-Störung* verliert sich gegen Süden, wo also in Wurzelnähe eine Trennung von *Ötztal-* und *Silvretta-Komplex* nicht vorhanden zu sein scheint.

Die **Ötztal-Decke (-Masse)** stellt die interne und östliche Fortsetzung des *Silvretta*-Kristallins dar, wird aber von letzterem als selbständiger tektonischer Körper abgetrennt, weil sie auf die *Silvretta-Masse* aufgeschoben wurde. Die *Schlinig-Überschiebung* wurde schon oben erwähnt (S. 214), ferner der *„Obere Gneiszug"* der *Silvretta-Decke*, der unter die *Ötztal-Masse* hineinzieht (Abb. 318). Schließlich ist *Ötztal-Kristallin* am Hohen Aifenspitz NE Prutz ebenfalls auf *Silvretta-Gneis* überschoben (Abb. 233, 317), vermutlich im Verlauf der Engadiner Linie, einer Blattverschiebung.

Die Umrisse der *Ötztaler Masse* sind aus den Abbildungen 233, 227, z. T. auch 317, 319 und 307 zu entnehmen. Der Nordrand ist auf Serien des Unterengadiner Fensters, auf Silvretta-Gneis bzw. auf den *Landecker Quarzphyllit* aufgeschoben (Abb. 317, 318, 227, 245, 248). Der Ostrand folgt dem Silltal. Der Ostrand der *Ötztal-Masse* fällt hier mit der Störungszone des Silltals zusammen, die gegen *Innsbrucker Quarzphyllit* und *Schieferhülle der Tauern* verwirft. Die Achsen fallen sowohl von Westen wie von Osten her gegen diese Störungszone ein. Profile zu beiden Seiten der Störung zeigt Abb. 230. Die Glimmerschiefer des Patscherkofels und Glungezer östlich des Silltals auf *Innsbrucker Quarzphyllit* werden als Auslieger einer ursprünglich weiter nach Osten verbreiteten *Ötztal-Masse* angesehen, der *Innsbrucker Quarzphyllit* deshalb als „unterostalpin" eingestuft. Andere Deutungsmöglichkeiten sind auf S. 254 erwähnt. Eine eigentliche Abgrenzung nach Süden ist insofern nicht möglich, als sich das Kristallin unmittelbar bis an die Südalpengrenze erstreckt, wo der *Brixener Granit* zwischen Etsch und Eisack anstößt (Abb. 233, 227).

Den Innenbau, die Gesteine und ihre Verbreitung, zeigt Abb. 233. Auch die *Ötztal-Masse* zeigt an ihrer nördlichen Front zunächst West-Ost streichende Faltenzüge mit Orthogesteinen in den Sattelzonen, Paragneisen in den Muldenstrukturen. Im südlichen Teil stellt sich dann ebenfalls steilachsige „Schlingen-Tektonik" ein, die jünger als die Intrusionen der Ausgangsgesteine der Orthogneise ist. Glimmer („Querbiotite") sind noch nach der tektonischen Verformung gewachsen, auch nach den unten zitierten absoluten Altersbestimmungen sind sie jünger als die übrigen Mineralien. Mit verschiedenen Methoden ergaben sich für die Ötztal-Gesteine Alter zwischen 270–540 Millionen Jahre, für die Glimmer 95 Millionen Jahre. Spätvariszisch könnte der kaum metamorphe *Granit von Winnebach* sein (Abb. 233).

Sonst überwiegen in der *Ötztal-Decke* hochmetamorphe Paragneise, Glimmerschiefer treten flächenmäßig zurück. Auffällig hebt sich der *Schneeberger Zug* mit Glimmerschiefern heraus, der von der phyllitischen *Laaser Serie* begleitet wird. Er taucht vom Texel gegen Sterzing axial nach NE und ENE ab. Die Mehrzahl der damit befaßten Geologen nimmt an, daß der Verband zum *Ötztal*-Kristallin normal ist, es sich also um eine Synklinale handelt, die mit Gesteinen eines seichteren Metamorphose-Stockwerkes erfüllt ist. Die letzte Metamorphose ist altalpidisch (*„Schneeberger Kristallisation"*), etwa 80 Millionen Jahre alt (vgl. K. Schmidt, E. Jäger e. a. 1967) und dürfte damit zur oberkretazischen Gebirgsbildung der Ostalpen gehören.

Die Biotitglimmerschiefer der *„Matscher Decke"* schwimmen dagegen allseits auf weniger metamorphen Phylliten und werden deshalb als Decke angesehen, ebenso wie die *Steinacher Decke* am Brenner (Abb. 233, 227, 230, 234 und 22). Diese *Steinacher Decke* umfaßt Quarzphyllit und Oberkarbon. Ihre Deckennatur wird einwandfrei belegt durch Auflagerung auf metamorphem Mesozoikum der *Ötztal-Masse*. Die Transportweite der Decken kann nicht groß sein. Möglicherweise entstammt die *Steinacher Decke* einem nördlichen Randgebiet des südalpinen Quarzphyllits. *Brenner-Mesozoikum* und *Steinacher („Nößlacher") Decke* nehmen grundsätzlich dieselbe tektonische Position ein wie *Stangalm – Mesozoikum* und *Gurktaler Paläozoikum* in Kärnten (vgl. S. 219):

Das *Ötztal-Kristallin* trägt an verschiedenen Orten Reste seiner permomesozoischen Bedeckung. Sie zeigen, daß Permomesozoikum unmittelbar, also ohne Zwischenlagerung von sedimentärem älterem Paläozoikum auf Altkristallin auflagert (vgl. Abb. 135). Bei den permomesozoischen Serien der *Ötztal-Masse* handelt es sich wohl teils um von der Abtragung verschonte Relikte, teils um

Komplexe, die zurückblieben, als die sedimentäre Bedeckung abgeschert ist und nun wenigstens zum Teil die entsprechenden Teile der *Nördlichen Kalkalpen* bildet.

Im Westen ist zunächst der Piz Lad anzuführen (vgl. Abb. 233). Ein weiterer Sedimentkomplex ist am *Jaggl* (Cima di Termine, Endkopf) bei Curon (Graun) im oberen Etschtal. Dort findet sich eine bruchtektonisch umgrenzte Scholle (stratigraphischer Umfang vgl. Abb. 30). Diese Serie wird als Hülle des *Ötztal-Kristallins* angesehen, die in Grabenlage erhalten blieb. Man hat allerdings auch schon in Erwägung gezogen, daß es sich um eine horstartige Durchspießung von *Silvretta*- bzw. *S-carl*-Mesozoikum aus dem Untergrund der *Ötztal-Decke* handele (W. Hess 1962).

Mesozoikum (überwiegend Trias) ist auch auf dem östlichen Teil der *Ötztal-Decke* in deren stratigraphischem Verband anzutreffen (Kalkkögel, Stubaier Alpen, Tribulaune, Mauls) oder aber in Form kleiner parautochthoner Decken *(Blaser Decke)* (Abb. 31, 233, 234, 230, 227). Diese Serien, insbesondere ihre anfälligen tonigen Schichtglieder, sind teilweise alpinmetamorph, bedingt durch eine Metamorphose, die nach radiologischen Messungen vor rund 80 Millionen Jahren ablief und auch im *Schneeberger Zug* nachzuweisen ist (vgl. K. Schmidt, E. Jäger e. a. 1967).

In seiner Stellung nicht eindeutig ist der **Landecker Quarzphyllit** (Abb. 227, 233). Er zieht sich vom Arlberg an im Norden der *Silvretta-Decke* entlang und verschwindet nach Osten mit dieser unter der vorspringenden *Ötztal-Decke* (Abb. 233). Im Norden grenzt der *Landecker Quarzphyllit* an die *Nördlichen Kalkalpen,* zum Teil mit steiler Störung, zum Teil möglicherweise im stratigraphischen Verband. Dies würde bedeuten, daß er als Unterlage dieser Kalkalpen anzusehen ist, wie weiter im Osten die *Nördliche Grauwackenzone.* Damit wäre seine Stellung oberostalpin, während man den weiter östlich vorkommenden *Innsbrucker Quarzphyllit* (S. 235) als unterostalpin betrachtet. Wie dieser Widerspruch erklärt werden kann, wird weiter unten erörtert (vgl. S. 254).

Das oberostalpine Kristallin wurzelt im seither beschriebenen westlichen Abschnitt der Ostalpen nördlich der *Tonale-Linie* zwischen oberem Veltlin, Vintschgau und Eisack (Isarco) (Abb. 2, 308, 227). Ob die auf den angeführten Karten eingezeichnete Trennung in ein tektonisch tieferes Stockwerk mit mittelostalpinen Phylliten (Vintschgauer Schiefer) und das höhere Oberostalpin mit Gneisen und Glimmerschiefern in der dargestellten Form zutrifft, ist durchaus nicht sicher.

Die auf den Karten nördlich der *Tonale-Linie* eingezeichnete sehr hypothetische oberostalpine Wurzel wird als *Tonale-Zone* bezeichnet. Sie besteht aus Paragneisen, die Feldspataugen enthalten *(Staval-Gneis)*. In diese Zone sind zwei Züge mit Glimmerschiefern streichend eingeschaltet, eine am Nordrand zwischen Tirano und den Corni di tre Signori und eine zwischen Ponte di Legno am Südfuß des Passo di Gavia und Pejo − Rabbies.

Im Verband der *Vintschgauer Schiefer* finden sich die spätalpidischen „Granit"- (Tonalit-) Komplexe von Martello SW Ganda, E Hasenohr (l'Orecchia) und Hochwart (Guardia Alta) nördlich des Val di Ultimo.

Das oberostalpine Kristallin setzt sich östlich des Brenners nur in einer zum Teil sehr schmalen Zone südlich des *Tauern-Fensters* fort („**Zone der Alten Gneise**"). Im Norden grenzen diese „*Alten Gneise*" mit Überschiebung an die *Matreier Zone* oder unmittelbar an die *Schieferhülle der Tauern* (Abb. 2, 319, 320, 323, 238). Auch hier ist das Kristallin komplex aus Ortho- und Paragneisen aufgebaut (Abb. 238), wobei sich infolge axialen Abtauchens gegen Osten zu im Defereggen-Gebirge und in der Schobergruppe, wie zwischen Möll- und Drautal in der Kreuzeckgruppe zunehmend das Glimmerschiefer- und Phyllit-Stockwerk (z. B. *Thurntaler Quarzphyllit*) ausbreitet. Ob alle eingefalteten Marmore wie z. B. die von Innervillgraten − Kalkstein alpin-metamorphe Trias sind, ist nicht sicher, aber bis zu einem gewissen Grad wahrscheinlich. Auch in der Kreuzeck-Gruppe kommen solche Marmore vor. Die Zone der Alten Gneise dürfte zumindest in ihrem Südteil relativ autochthon, wenngleich alpidisch stark steilgestellt sein. Durch differenzierte Bewegungen einzelner Kristallin-Körper wurden Teile aus der Sedimenthülle eingeklemmt und metamorph.

Der spätalpidische Tonalit-Stock vom Rieserferner (Gruppo di Vedretta di Ries) sitzt in Alten Gneisen auf (Abb. 2, 238), die er auch kontaktmetamorph verändert hat.

Im Süden des oberostalpinen Altkristallins erstreckt sich der **Drauzug** als mesozoisch-kalkalpines Gebirge zwischen Drautal und Gailtal. Ein schmaler Ausläufer, der axial gegen Westen aufsteigt, ist der *Winnebacher Kalkzug* (Abb. 237). Die Gesteine des *Drauzugs* bilden den Kamm der Gailtaler Alpen *(Lienzer Dolomiten).* Die Schichtfolge gleicht derjenigen der Nördlichen Kalkalpen weitgehend (Abb. 35). Man nimmt auch deshalb an, daß der Drauzug wurzelnah zurückgebliebene oberostalpine Sedimenthülle sei. Da die Fazies auch Beziehungen zum benachbarten Südalpin hat (Bellerophonschichten, Vulkanite im Ladin), schloß sich der Ablagerungsraum des Drauzugs wohl unmittelbar nördlich an den südalpinen an. Serien der *Nördlichen Kalkalpen,* also auch die *Hallstätter Decken,* soweit es sich um solche handelt, müssen nördlich des Drauzugs einwurzeln, samt der paläozoischen Unterlage *(Nördliche Grauwackenzone).*

Die Lage des *Drauzuges* ist den Abbildungen 236 und 2 zu entnehmen. Querprofile zeigen, daß die *Lienzer Dolomiten* durch Aufschiebungen in steilstehende Schuppen zerlegt sind, wobei die hier mächtigen Kössener Schichten stark verfaltet wurden (Abb. 235, 237, 323). Am Südrand des Drauzuges kommt seine kristalline Unterlage wieder zum Vorschein in Gestalt des *Gailtal-Kristallins* (Abb. 225, 235, 237), wobei sich bei Nötsch auch lokal Oberkarbon einschiebt. Der Verband des *Gailtal-Kristallins* mit dem Permoscyth der Lienzer Dolomiten ist nach Abb. 235 weitgehend noch normal, während die kalkige Trias darüber abgeschert ist.

Im Süden wird das *Gailtal-Kristallin* durch die *Gailtal-Linie* als Teil der alpino-dinarischen Grenze abgeschnitten.

Nördlich des *Tauern-Fensters* tritt zwischen Silltal und Schladminger Tauern kein oberostalpines Kristallin auf, sofern man die Glimmerschiefer vom Patscherkofel bei Innsbruck (vgl. S. 254 und Abb. 233, 319) oder den *Schwazer Augengneis (Kellerjoch-Gneis)* (vgl. S. 254, Abb. 319) nicht dazu zählt.

Östlich des *Tauern-Fensters* springt das oberostalpine Kristallin in **Kärnten** und **Steiermark** (samt auflagerndem Paläozoikum und Resten von mesozoischer Bedeckung) wieder weit nach Norden vor und kommt so in unmittelbare Nachbarschaft mit der *Nördlichen Grauwackenzone* und den *Nördlichen Kalkalpen* (Abb. 2).

Die Verbandsverhältnisse sind auf den Abbildungen 212–214 schematisch dargestellt. Die Serien des *Tauern-Fensters* (Penninikum und Unterostalpin) tauchen axial nach Osten unter das oberostalpine Kristallin ab, das also zumindest dort Deckennatur aufweist (Abb. 2, 320, 238, 236, 239).

Erst am Ostrand der Alpen kommen wieder tiefere tektonische Komplexe zum Vorschein, wie das *Semmering-Wechsel-System,* das dem Unterostalpin zugeordnet wird und selbst wiederum vom Penninikum des *Wechsel-Fensters* und der *Rechnitz* unterlagert wird.

So kann man mit einiger Berechtigung annehmen, daß das oberostalpine Kristallin zwischen *Tauern-Fenster* und *Wechsel-Semmering* in seinem nördlichen Teil nicht autochthon ist, sondern als Decke über tektonisch tieferen und nördlicher beheimateten Gesteinskomplexen liegt. Bis zu welchem Betrag das Kristallin jedoch überschoben ist und inwieweit es in seinen südlichen Teilen relativ autochthon ist, ist nicht sicher zu entscheiden. Genausowenig, wie man mit Sicherheit sagen kann, ob unterostalpine oder penninische Gesteine auf die ganze Länge streichend im Untergrund vorhanden sind.

Auffällig ist die Anordnung des oberostalpinen Kristallins in zwei großen Gebirgsbögen, die sich im Bereich des Lavant-Tales scharen und dort ein Streichen zeigen, das vom übrigen alpinen Streichen erheblich abweicht. Schon daraus wird ersichtlich, daß das steirisch-kärntnerische Kristallin nicht als einheitlich und starr gebaute Masse angesehen werden darf, sondern einen Innenbau aufweist, der bis in alpidische Zeit tektonisch gestaltet wurde. Wie aus Abb. 238 und 236 ersichtlich wird und überdies schon auf S. 212 erläutert wurde, ist die Anlage dieser Struktur schon vorgosauisch und war auch im Deckgebirge über dem Kristallin vorhanden, das später in Gestalt der *Nördlichen*

Grauwackenzone und der *Nördlichen Kalkalpen* als eigenständiger Deckenkörper nach Norden verfrachtet wurde, wobei die früh erworbenen Strukturen, wie z. B. die *Weyerer Bögen* mittransportiert wurden.

Das Streichen im Kristallin wird auf Übersichtskarten und z. B. auf Abb. 238 und 242 durch den Verlauf der konkordant eingefalteten Amphibolite und Marmore kenntlich gemacht.

Demnach verläuft der westliche der oben genannten zwei Gebirgsbogen vom Erosionsrand über dem *Tauern-Fenster* nach Osten, um dann gegen Südosten abzubiegen, wobei er die Phyllite und das Paläozoikum der Gurktaler Alpen umschließt (Schladminger und Wölzer Tauern, Seetaler Alpen, Saualpe, sowie Bundschuh).

Ein zweiter Gebirgsbogen kann östlich des Lavant-Tales verfolgt werden, der sich um das *Grazer Paläozoikum* herumzieht. Er umfaßt die Koralpe, die Gleinalpe, das Rennfeld und den westlichen Teil der Fischbacher Alpen (Abb. 242). In der Teilung beider Bögen sind die Seckauer Tauern gelegen (Abb. 238). Ein tektonisch isolierter Auslieger des Altkristallins tritt im *Troiseck-Floning-Zug* in Erscheinung (vgl. S. 235).

Diese Anordnung in zwei Bögen zeigt jedenfalls, daß der oberostalpine Sockel auch östlich der Tauern eine tektonische Innenstruktur aufweist, die sich nicht einfach in das Gesamtbild der Ostalpen einpaßt. Dabei ist die alpidische Gesteinsumwandlung gegenüber dem *Silvretta-* und *Ötztal*-Kristallin erheblich intensiver.

Weit verbreitet sind Glimmerschiefer und Paragneise mit Einschaltungen von Amphiboliten, Serpentiniten und Marmoren. Bei diesen Serien handelt es sich um vorvariszisch und variszisch metamorphe meist altpaläozoische Sediment-Serien mit eingelagerten Vulkaniten. Diese Serien sind zum Teil in verschiedenem Metamorphosezustand anzutreffen, wie z. B. einige Serien in Kärnten (Abb. 19). Die Umwandlung geht bis zur Bildung von Augengneisen und Metatexiten (Abb. 242). Variszischer Deckenbau ist wahrscheinlich, da man beispielsweise im Saualpen-Gebiet Serien ähnlichen stratigraphischen Umfangs, aber in unterschiedlichem Metamorphosegrad übereinander angetroffen hat. (vgl. A. PILGER & N. WEISSENBACH 1965). Südlich des Ennstals verläuft zwischen Schladming und Rottenmann die „*Ennstaler Quarzphyllitzone*", die offenbar in den Verband des oberostalpinen Altkristallins gehört, weil sie mit diesem verfaltet ist und sich die Marmorzüge von *Sölk* (vgl. unten) wahrscheinlich in diese Zone fortsetzen. Ihre tektonische Position wird auf S. 233 noch einmal erörtert, ihre verschiedene Einordnung auf Abb. 236 und 238 erläutert.

Die Carbonat-Gesteine, die in Marmore umgewandelt wurden, dürften teils mesozoischen, teils paläozoischen Alters sein. Mesozoische Kalkkeile im oberostalpinen Kristallin wurden schon auf S. 28 beschrieben. Mesozoisch sind in Kärnten und in der Steiermark die Serien der *Stangalm* und der Flattnitz (vgl. S. 28, Abb. 33, 238–240) sowie die *Raasberg-Folge* am Ostrand des *Grazer Paläozoikums* (Abb. 242). Alle diese Folgen sind an der Grenze alpidisch gegeneinander bewegter Komplexe eingeklemmt und deshalb mehr oder weniger alpin-metamorph. Bei einer größeren Zahl anderer Marmore ist dagegen die Zuordnung unsicher, aber eine Einstufung ins Paläozoikum naheliegend, weil sich die Vorkommen mitten in präalpidisch metamorphen Serien konkordant eingefaltet finden und weil man außerdem aus dem weniger oder nicht metamorphen Paläozoikum des Oberostalpins zahlreiche Carbonat-Folgen kennt. Zu nennen sind die Marmore von *Sölk* und vom *Gumpeneck* in den nördlichen Wölzer Tauern (Abb. 238) und die *Brettstein-Marmor-Züge* zwischen Rottenmanner Tauern und dem Murtal. Auch die Marmorzüge von Saualpe, Koralpe, Stubalpe und Gleinalpe *(Almhaus-Serie)* können hier angefügt werden.

Im Verband der Paragneise und -Anatexite treten Orthogesteine auf. Der Granodiorit der Gleinalpe ist als variszischer Palingenit entstanden. Seine Hüllserien *(Mugel-Gneise* im Norden, Abb. 241–242) sind anatektisch beeinflußt. In alpidischer Zeit kam es zur Diaphthorese des Gleinalmgranodiorits. Das absolute Alter, das an Blei bestimmt wurde, beträgt nach H. FLÜGEL (1960, 1963) um 70 Millionen Jahre. Es gibt damit den Zeitpunkt der letzten Metamorphose anläßlich der Gebirgsbildung in den Ostalpen zur Zeit der Oberkreide an. Dies trifft auch für eine Anzahl oberostalpiner Gneise u. ä. aus dem östlichen Teil der Ostalpen zu. Das Alter der Ausgangsgesteine ist also durch die altalpidische Metamorphose verwischt.

Im Gegensatz zu der variszischen *„Gleinalm-Kristallisation"* ist die *„Seckauer Kristallisation"* ein anatektischer Vorgang, der in altalpidischer Zeit stattgefunden hat. Diese Anatexis führte zur Bildung von *„Gneisgraniten",* wie sie hauptsächlich die Seckauer Tauern aufbauen. Entsprechend sind möglicherweise auch Komplexe in den Schladminger Tauern sowie am Großen Bösenstein in den Rottenmanner Tauern. Das Alter der Orthogneise der Stubalpe um den Ameringkogel und der Bundschuhgneise ist nicht sicher, kann aber ebenfalls entsprechend sein (Abb. 238, 254, 242, 239). Die Seckauer Anatexis veränderte auch permomesozoische Sericitquarzite der *Rannach-Serie* am Nordrand des oberostalpinen Kristallins und ist schon deshalb postvariszisch.

Wenn man unterstellt, daß das oberostalpine Kristallin östlich der Tauern in seinen nördlichen Teilen als Decke auf penninischem und zum Teil vielleicht unterostalpinem Untergrund ruht, kann man ferner annehmen, daß die geschilderte *„Seckauer Kristallisation"* von einem Zentrum im unterlagernden Penninikum ausgeht, das dem der etwa gleichzeitig ablaufenden *„Tauern-Kristallisation"* vergleichbar wäre (vgl. S. 329 und K. METZ 1963).

Im Südteil des oberostalpinen Kristallins ist die alpidische Metamorphose viel geringfügiger, was schon daraus hervorgeht, daß Paläozoikum und Reste mesozoischer Bedeckung dort kaum oder nicht metamorph erhalten geblieben sind.

Das oberostalpine Kristallin zeigt also ein tieferes Stockwerk mit kräftiger alpidischer Metamorphose und Anatexis im Norden, darüber ein seichteres Stockwerk mit alpidischer Überschiebungstektonik, die dann im Süden vollends einer alpidischen Bruchtektonik Platz macht (K. METZ 1962).

Mit dem kristallinen Sockel im engeren Verband treten östlich der Tauern paläozoische Sedimentkomplexe auf *(Gurktaler Paläozoikum, Grazer Paläozoikum,* Abb. 2, 238, 233, 242).

Schon oben wurde erwähnt, daß das Paläozoikum nicht nur auf dem Kristallin-Sockel anzutreffen ist, sondern auch lateral durch zunehmende Metamorphose in diesen übergeht.

Die hier genannten Komplexe altpaläozoischer Gesteine sind zwar ebenfalls teilweise metamorph, heben sich aber deutlich vom hochmetamorphen Kristallin-Untergrund ab.

Der vom älteren Kristallin bogenförmig umschlossene westliche Bereich in den Gurktaler Alpen wird auch als **„Gurktaler Decke"** bezeichnet (Abb. 238, 239, 236), weil der Kontakt mit dem unterlagernden Kristallin weithin tektonischer Natur und als Überschiebung ausgebildet ist. Zwischen Kristallin im Liegenden und der *„Gurktaler Decke"* im Hangenden schiebt sich über größere Erstreckung Mesozoikum ein, das zum Teil alpidisch metamorph ist (Stangalm, Flattnitz, Abb. 239, 240, 236). Das *Stangalm-Mesozoikum* (Trias der Inner-Krems) kann unter der *Gurktaler „Decke"* über größere Entfernung nach Süden verfolgt werden. Nach Ansicht z. B. von A. TOLLMANN (1958, 1963) spricht dies für eine beträchtliche nordvergente Überschiebung als *Gurktaler „Decke".* Zu dieser Bewegungsrichtung würden auch etwa west-ost-verlaufende Faltenachsen passen.

A. TOLLMANN betrachtet *Stangalm-* und anderes *„zentralalpines" Mesozoikum* (z. B. die *Rannach-Serie,* vgl. unten S. 220), das unmittelbar auf Kristallin transgrediert als zu einer *„mittelostalpinen"* Zone gehörig, die sich im ganzen Ostalpenbereich zwischen Unterostalpin und dem Oberostalpin (senso A. TOLLMANN) hinzieht, wobei als Oberostalpin nur solche, generell südlich liegende Bereiche anzusehen wären, wo sich zwischen Permomesozoikum und Kristallin sedimentäres Paläozoikum einschiebt. Das Gebiet der Stangalm würde also noch zum Mittelostalpin gehören. *Gurktaler „Decke", Grazer Paläozoikum* sowie die gesamte *Nördliche Grauwackenzone* würden von weiter südlich stammen. Damit würde der ursprüngliche Ostalpenraum auf eine sehr große ursprüngliche Breite ausgedehnt und entsprechend die Schubweiten der alpidischen ostalpinen Decken sehr groß.

Eine einfachere Lösung bietet E. CLAR (1965, 24) an. Er nimmt an, daß Paläozoikum schon ursprünglich nicht so regelmäßig verteilt war, daß also Zonen, in denen Mesozoikum unmittelbar auf Kristallin transgrediere, entsprechend unregelmäßig verteilt waren. Damit wäre also keine schematische Gliederung in einen mittel- und oberostalpinen Bereich nötig. Die Auflagerung z. B. von *Stangalm-* und *Flattnitz-Mesozoikum* auf Kristallin wäre also nur von eher lokaler Bedeutung. Die Überschiebung der *Gurktaler „Decke"* hätte demnach entsprechend lokalen Charakter und möglicherweise auch nur geringe Schubweite, wenn man auch Querverschiebungen, also eine Überschiebung nach Westen oder Nordwesten annimmt (vgl. Abb. 240). Damit käme also der *Gurktaler „Decke"* eine „parautochthone" Stellung in bezug auf das unterlagernde Altkristallin zu. Die paläozoischen Sediment- und Phyllitserien der *„Südlichen Grauwackenzone" (Thurntaler Quarzphyllit,* vgl. S. 216, *Gurktaler Paläozoikum, Grazer Paläozoikum)* wären also nichts weiter als Hangendserien des unterlagernden *Altkristallin* mit lokaler Ablösungsfuge (W. MEDWENITSCH, W. SCHLAGER & C. EXNER 1964, 80, vgl. auch N. ANDERLE, P. BECK-MANNAGETTA, H. STOWASSER e. a. 1964, 302).

Das Kristallin wird auch in Fenstern *(Wimitz-Aufbruch* mit Glimmerschiefern) und der aus Sediment und Phyllit bestehenden *Gurktaler Serie* sichtbar (Abb. 239, 240), wobei der Verband dort offenbar autochthon ist.

An der Aufschiebungsfront des *Gurktaler Paläozoikums* im Norden findet man grobklastische terrestrische Bildungen des Oberkarbons, wie z. B. das *Paaler Konglomerat* (Abb. 239, 240, 19).

Im Süden ist an der Drau und im Krappfeld auf Altpaläozoikum transgressives Permomesozoikum *(Serien von St. Paul und Griffen,* Abb. 34, 238–239) erhalten geblieben. Sie sind nicht metamorph und zeigen wie der Drauzug große Ähnlichkeit mit den Serien der *Nördlichen Kalkalpen,* deren Ablagerungsgebiet also nicht weit entfernt und in unmittelbarem Zusammenhang damit gestanden haben dürfte.

Schließlich transgrediert darüber und auf Alt-Paläozoikum die *„Gosau"* des Krappfelds (Abb. 20, 239, 240, 236). Daraus ergibt sich, daß schon während der Oberkreide oberostalpines Paläozoikum, Kristallin und Mesozoikum nebeneinander freigelegt waren (Abb. 160). Dabei war die mesozoische Hülle entweder erosiv oder durch Abgleiten von Decken-Komplexen teilweise entfernt worden. Dasselbe gilt sinngemäß für die *Gosau*-Ablagerungen der Kainach auf dem *Grazer Paläozoikum* (vgl. S. 120).

Die Schichtfolge im **Grazer Paläozoikum** ist aus Abb. 20 zu entnehmen. Die Lagerung geht aus Abb. 242 und dem Profil auf Abb. 241 hervor. Im Süden kommt der Untergrund bei St. Radegund zum Vorschein. Am Außenrand ist das *Grazer Paläozoikum* jeweils überschoben, jedoch muß nicht unbedingt mit großen Schubweiten gerechnet werden, wenn man annimmt, daß die Lagerung gegen Süden zu allmählich autochthon wird. Der Innenbau des *Grazer Paläozoikums* ist komplex und bedingt durch die Faziesvielfalt nicht eindeutig zu entwirren. Variszischer Deckenbau ist wahrscheinlich (vgl. Schemata bei H. FLÜGEL 1961, 149).

Transgressiv auf *Grazer Paläozoikum* liegt Oberkarbon (Abb. 242), sowie die *Gosau* der Kainach (Abb. 242 und 20). Für sie gilt, was oben für die Gosau-Vorkommen des Krappfelds in Kärnten gesagt wurde.

Die *Raasberg-Folge* am Ostrand des *Grazer Paläozoikums* wurde bereits auf S. 218 erwähnt.

Zuletzt ist noch das Permoscyth zu erwähnen, das man am Nordrand des oberostalpinen Kristallins transgressiv lagernd antrifft und weithin im Streichen verfolgen kann (vgl. auch S. 233). Es fällt nach Norden unter die Deckenkomplexe der *Nördlichen Grauwackenzone* ein. Deren Deckennatur ergibt sich eigentlich erst aus der Tatsache, daß Paläozoikum auf dem erwähnten zentralalpinen Mesozoikum überschoben ist, daß also die *Nördliche Grauwackenzone* nicht im stratigraphischen Verband mit dem oberostalpinen Kristallin stehen kann (vgl. Abb. 238, 242, 241, 244).

Das erwähnte Permoscyth ist meist epimetamorph (Sericitquarzite und -Schiefer) und führt verschiedene Namen: *Plattl-Quarzit* (vgl. Abb. 242), **Rannach-Serie** mit *Tattermann-Schiefern* (Abb. 238, 243, 244), *Pseudo-Semmeringquarzit*. Auch die Trias von *Thörl* gehört paläogeographisch in diesen Bereich. Sie ist allerdings über dem kristallinen *Troiseck-Floning-Zug* anzutreffen, der im Zusammenhang mit der *Nördlichen Grauwackenzone* beschrieben wird (S. 235).

Wie schon auf S. 125 bei der Schilderung der Paläogeographie beschrieben wurde, greift Jungtertiär mit marinen und limnisch-terrestrischen Serien von Osten und Südosten her auf die damals schon in ihrem Bau ziemlich fertigen, aber tiefliegenden Ostalpen über. Flächenhaft abgelagert und erhalten blieb es in den Randbereichen *(Wiener Becken, Eisenstädter Becken, Steirisches Becken).* Im Alpeninnern findet es sich jetzt in Talzügen und Becken, die zum Teil schon damals entstanden und bis heute teilweise (oft einseitig) durch Bruchtektonik noch betont wurden. Jungtertiär findet man hauptsächlich entlang den Furchen von Mur und Mürz [Lungau, Aichfeld, Trofaiach (wo es an der jungen *Trofaiach-Linie* mit verworfen wird)]. Auf S. 125 wurden auch schon die Becken im Gebiet des Wechsels genannt, die allerdings auf Unterostalpin verbreitet sind. Die Vorkommen im Lavant-Tal sind weithin von jungen Bruchstörungen begrenzt.

Literatur (vgl. auch Angaben im entsprechenden Kapitel über Stratigraphie): *allgemein:* E. CLAR 1971; F. X. SCHAFFER 1951; F. KAHLER 1972;
Silvretta: R. BRAUCHLI 1921; J. CADISCH 1953; H. EUGSTER 1923, 1924; R. v. KLEBELSBERG 1935; R. SCHÖNENBERG 1970; A. STRECKEISEN 1928.
Ötztalmasse: M. BAUMANN, P. HELBIG & K. SCHMIDT 1967; H. J. DRONG 1959; H. FÖRSTER 1967; F. KARL 1955; R. v. KLEBELSBERG 1935; G. B. dal PIAZ 1934; F. PURTSCHELLER 1971, 1977; O. SCHMIDEGG 1949, 1951, 1964; K. SCHMIDT 1965; A. TOLLMANN 1963.
Engadin: H. H. BOESCH 1937; H. EUGSTER 1960, 1966; W. HESS 1953; K. KARAGOUNIS 1962; W. INHELDER 1952; R. STAUB 1937, 1964.
Kärnten-Steiermark: P. BECK-MANNAGETTA 1959, 1960, 1966, 1967; E. CLAR & F. KAHLER 1953; C. EXNER 1961, 1962; H. FLÜGEL 1960, 1961, 1963, 1964, 1972, 1975; H. FLÜGEL e.a. 1964; W. FRITSCH 1953, 1962, 1964; R. v. KLEBELSBERG 1935; K. METZ 1958, 1959, 1960/1963, 1964, 1964; A. PILGER & N. WEISSENBACH 1965; B. PLÖCHINGER 1953; E. STREHL 1962; F. THIEDIG 1962, 1966; A. THURNER 1958, 1960; H. WIESENEDER 1971; A. WINKLER-HERMADEN 1951.
Drauzug: C. EXNER & H. P. SCHÖNLAUB 1973; R. v. BEMMELEN 1957, 1961; H. W. FLÜGEL 1972; L. HAHN 1966; W. SCHLAGER 1963.

Abb. 227: Übersichtskarte des Grenzbereichs West/Ostalpen und der oberostalpinen Kristallin-Komplexe der *Silvretta-* und *Ötztal-Decke*. Einstufung der *Vintschgauer Schiefer* ins Mittelostalpin (i.S. von R. Staub) fragwürdig!

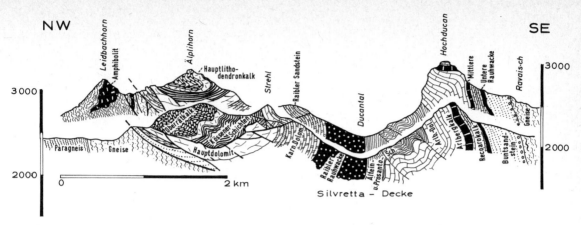

Abb. 228: Querprofil durch die *Ducan-Mulde* der *Silvretta-Decke* östlich Bergün (Bravuogn) (nach H. Eugster 1934).

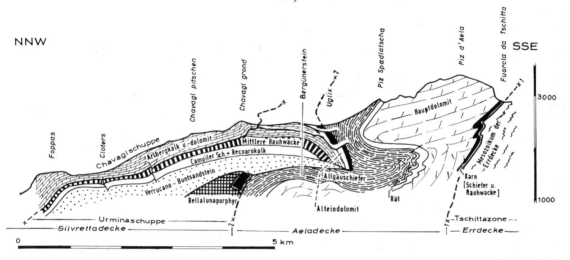

Abb. 229: Querprofil durch *Aela-* und *Silvretta-Decke* vom Piz-d'Aela zum Chavagl grond (westlich des Albulatals – Val d'Alvra).

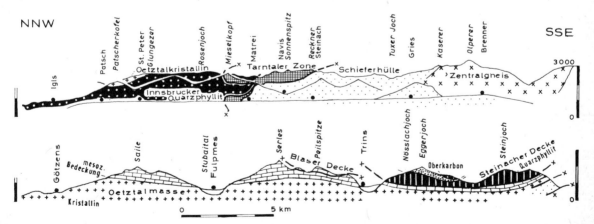

Abb. 230: Querprofile östlich (oben) und westlich (unten) des Silltals *(Brenner-Linie)*. Ötztal-Masse mit auflagernder mesozoischer Bedeckung, *Blaser Decke* und *Steinacher Decke* (oberostalpin), *Innsbrucker Quarzphyllit* und *Tarntaler Zone* (unterostalpin), *Schieferhülle* und *Zentralgneis* des westlichen Teils des *Tauern-Fensters* (penninisch). Nach O. Schmidegg 1951.

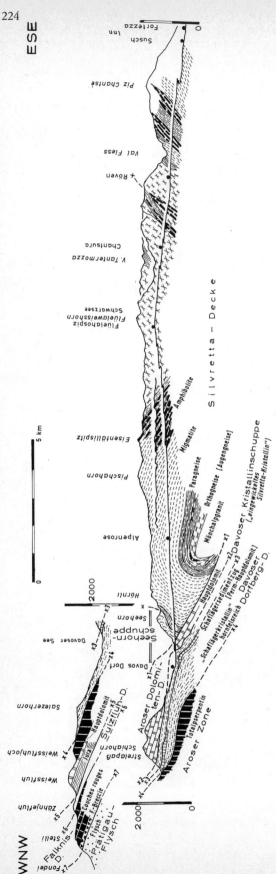

Abb. 231: Profil durch die *Silvretta-Decke* und die unterlagernden ostalpinen Decken (*Davoser Dorfberg-Decke*) und penninischen Einheiten (*Aroser Zone, Sulzfluh-Decke, Falknis-Decke, Prätigau-Flysch*) zwischen Davos und Inn (Flüelapaß). Nach W. LEUPOLD 1935.

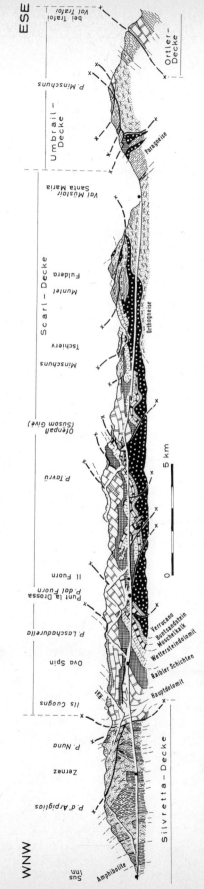

Abb. 232: Querprofil durch die Engadiner Dolomiten im Bereich von Ofenpaß, Umbrailpaß und Stelvio (Oberostalpine *Silvretta-, S-carl-* und *Umbrail-Decke*, mittelostalpine *Ortler-Decke* (im Sinne von R. STAUB). Nach H. BOESCH & W. LEUPOLD 1955.

Oberostalpin – Sockel 225

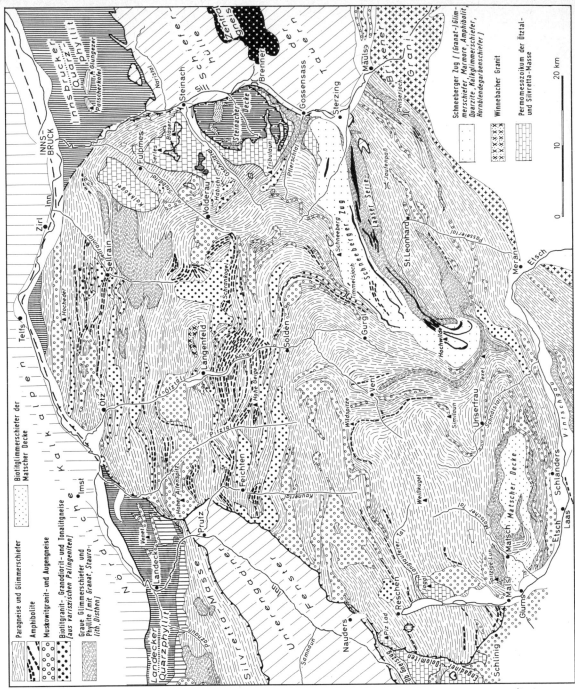

Abb. 233: Übersichtskarte über die *Ötztal-Masse*. Nach O. SCHMIDEGG 1964 und K. SCHMIDT 1956.

15 Gwinner, Geologie d. Alpen

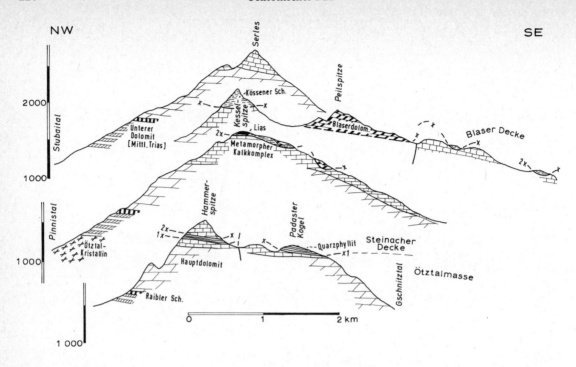

Abb. 234: Querprofile durch die Kalkkögel im Gebiet westlich des Brenners (Stubaital, Gschnitztal). *Ötztal-Masse* mit auflagerndem *Brenner-Mesozoikum, Steinacher* und *Blaser Decke*. Nach H. KÜBLER & W. E. MÜLLER 1962.

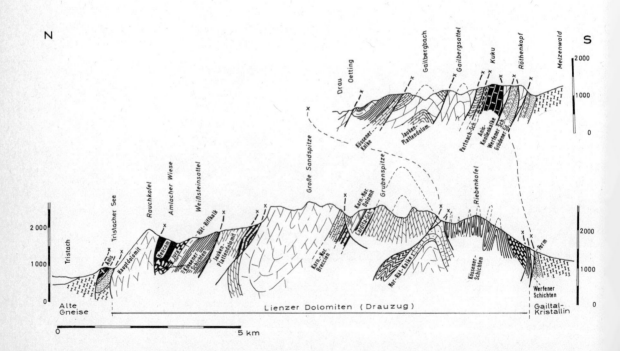

Abb. 235: Querprofile durch die Lienzer Dolomiten (Drauzug) zwischen Lienz und Gailtal (unten) und Drautal, Gailbergsattel und Gebiet NW Kötschach (nach R. W. VAN BEMMELEN & J. E. MEULENKAMP 1965).

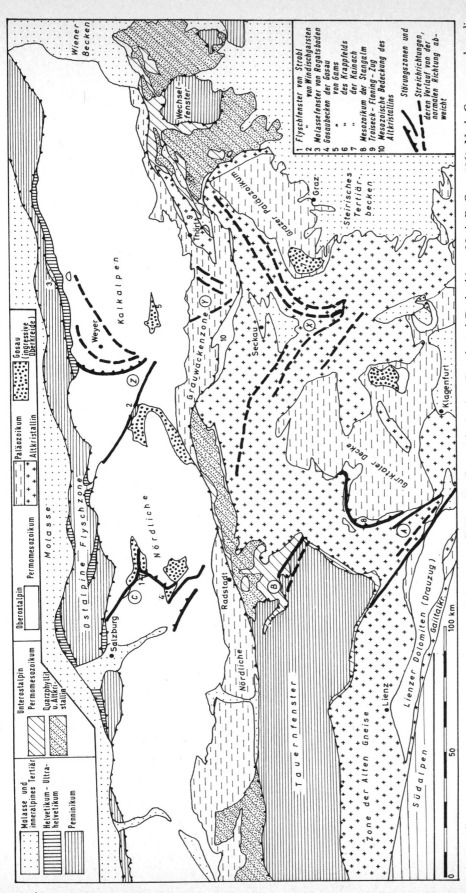

Abb. 236: Übersichtskarte der östlichen Ostalpen mit Eintragung auffälliger Strukturanalogien im Grund- und Deckgebirge. Nach E. CLAR 1965. Nach CLAR erwarben die ursprünglich auf dem ostalpinen Kristallin auflagernden Gesteine der Nördlichen Grauwackenzone und der Nördlichen Kalkalpen einen Teil ihrer tektonischen Strukturen gemeinsam, als der stratigraphische Verband dieser Serien noch bestand (*vorgosauisch*). Durch Abgleiten der sedimentären Bedeckung (*„Cover nappes"*) wurden diese Strukturen mit dem Deckgebirge transportiert.
Solche analogen Strukturen sind:

A Überschiebung der „Gurktaler Decke" und Mölltal-Störung
B Streichrichtungen und Überschiebungen in den Radstädter Tauern
C Streichen und Überschiebungen im Bereich der Gamsfeld- und Lammer-Masse

X Scharung des Streichens (Lavant-Tal)
Y Scharung des Streichens in der Grauwackenzone
Z *Weyerer Bögen* und Störungszone Windischgarsten und Grünau

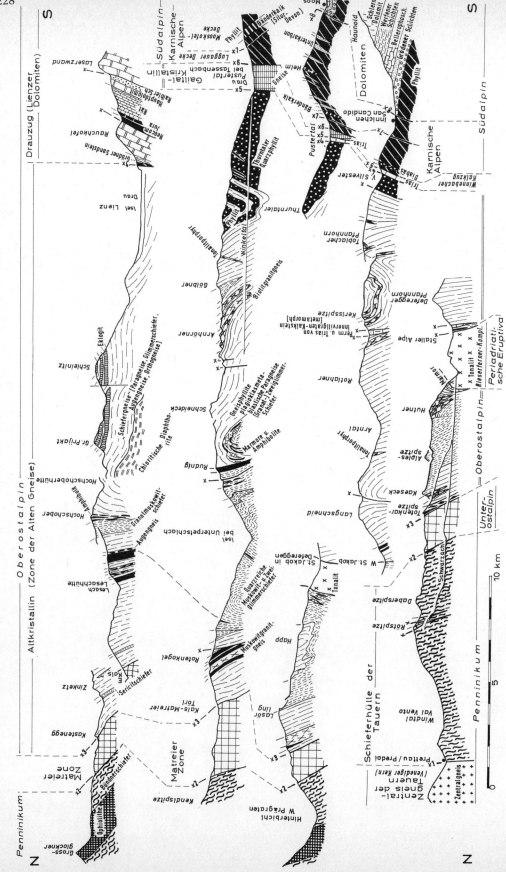

Abb. 237: Querprofile durch den Südrand des Tauern-Fensters (Schieferhülle, Matreier Zone) und das südlich anschließende Oberostalpin (Zone der Alten Gneise, Drauzug, bzw. dessen westliche Verlängerung (= Winnebacher Kalkzug), Gailtal-Kristallin, sowie durch das Südalpin (Karnische Alpen, Dolomiten) im Bereich der Schobergruppe, Defereggen Alpen, Pustertal und Sexten. Nach W. SENARCLENS-GRANCY 1965.

Abb. 238: Übersichtskarte über die Zentralalpen zwischen Tauern-Fenster, Wechsel und Steirischem Tertiärbecken: Oberostalpines Altkristallin, Nördliche Grauwackenzone (tektonisch nicht gegliedert), Grazer und Gurktaler Paläozoikum. Nach Geol. Übersichtskt. Steiermark 1 : 300000 (K. Merz) und P. Beck-Mannagetta 1959. Vgl. Abb. 239, auf der die Ennstaler Quarzphyllit-Zone zwischen Rottenmann und Schladming ist auf dieser Abbildung als Teil der Nördlichen Grauwackenzone dargestellt, vgl. Text S. 233 u. 254.

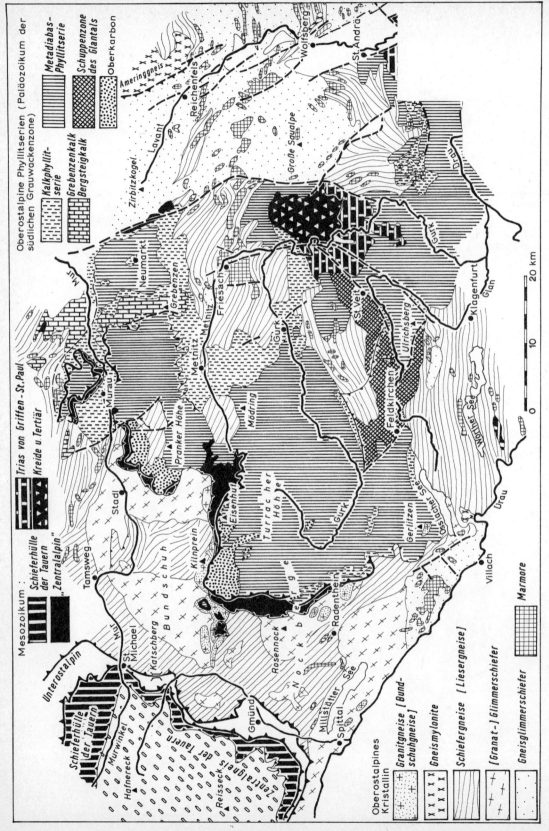

Abb. 239: Übersichtskarte über die Gurktaler Alpen und anschließende Teile der Zentralalpen (Hohe Tauern, Saualpe) nach P. Beck-Mannagetta 1959. Kreide und Alttertiär östlich des Gurktales = Gosau des Krappfelds. Jungtertiär abgedeckt.

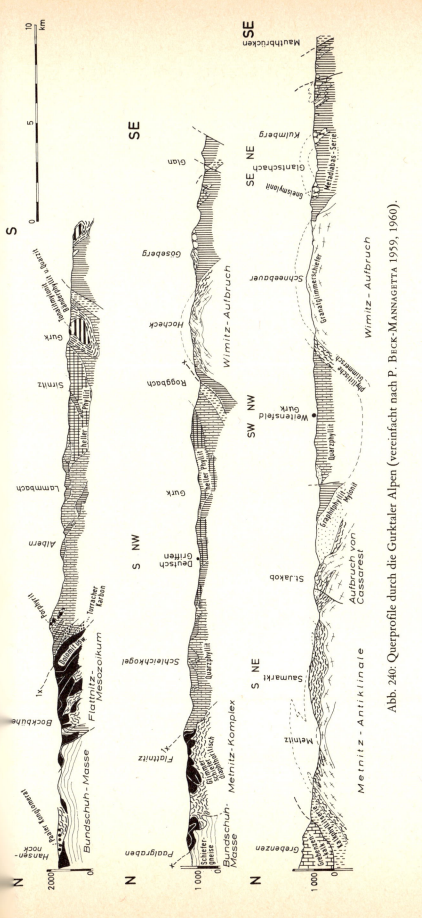

Abb. 240: Querprofile durch die Gurktaler Alpen (vereinfacht nach P. BECK-MANNAGETTA 1959, 1960).

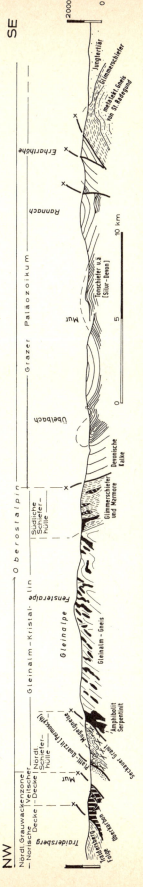

Abb. 241: Querprofil durch das *Grazer Paläozoikum*, „*Altkristallin*" und Teile der *Nördlichen Grauwackenzone*. Nach Geologischer Wanderkarte des Grazer Berglandes (H. FLÜGEL 1960).

Abb. 242: Geologische Übersichtskarte des *Grazer Paläozoikums*, seines altkristallinen Rahmens und Teilen der *Nördlichen Grauwackenzone*. Nach Geologischer Wanderkarte des Grazer Berglandes (H. Flügel 1960) und H. Flügel 1961, ferner K. Metz 1958, H. W. Flügel 1975.

Nördliche Grauwackenzone

Die *Nördliche Grauwackenzone* grenzt im Süden an verschiedene tektonische Einheiten: den *Innsbrucker Quarzphyllit* zwischen Schwaz am Inn und Mittersill im Pinzgau, an das *Tauern-Fenster* mit Penninikum und Unterostalpin zwischen Mittersill und dem Pinzgau, an den *Ennstaler Quarzphyllit* im Ober-Ennstal, östlich Rottenmann bis Bruck an der Mur an die permoscythische Hülle des oberostalpinen Kristallins *(Rannach-Serie)* und schließlich an Unterostalpin im Mürztal und am Semmering.

Die *Nördliche Grauwackenzone* steht in allen genannten Fällen im tektonischen Verband mit den Einheiten, die entweder von der Grauwackenzone nordvergent überschoben sind, also nach Norden unter diese eintauchen oder aber entlang einer steilstehenden Störungsfläche angrenzen (z. B. im Pinzgau und Pongau = *Pinzgau-* oder *Tauernnordrand – Störung).*

Im Norden wird die *Nördliche Grauwackenzone* von den permomesozoischen Serien der *Nördlichen Kalkalpen* überlagert. Obwohl man sich darüber einig ist, daß das genannte Permomesozoikum die ursprüngliche Bedeckung des Paläozoikums der *Nördlichen Grauwackenzone* darstellt, ist der Verband beider Komplexe jetzt tektonischer Art, d. h. die beiden Stockwerke sind bei ihrem nordvergenten Transport zerschert. Beide Komplexe sind auch miteinander verschuppt anzutreffen (Mandling-Zug bei Radstadt, vgl. S. 242). Südwestlich von Kirchberg bei Kitzbühel trifft man oberostalpine Trias ebenfalls auf Grauwackenzone an, offenbar im tektonischen Verband. Ob es sich dabei um einen beim tektonischen Transport zurückgebliebenen Rest oder um ein Erosionsrelikt einst sich weiter nach Süden erstreckender *Nördlicher Kalkalpen* handelt, ist wohl schwer zu entscheiden (Abb. 245). Die paläozoischen Gesteine der *Nördlichen Grauwackenzone* setzen sich unter Tage nur auf begrenzte Erstreckung nach Norden unter die *Nördlichen Kalkalpen* fort.

So ist beispielsweise im Fenster von Windischgarsten (vgl. Abb. 246, 333), das noch in der südlichen Hälfte der Nördlichen Kalkalpen liegt und nur rund 20 km von deren Südrand entfernt ist, unter dem Mesozoikum kein Paläozoikum anzutreffen. Kalkalpin ruht dort unmittelbar auf Flysch.

Den Verlauf und den Verband der *Nördlichen Grauwackenzone* zeigen die Abbildungen 2, 244, 319–320, 236, 238, 242, 246, 247. Ferner wird bezüglich der tektonischen Stellung auf die Abbildungen 190–192, 211–214 und 202 verwiesen.

Die aufgeschlossene Breite der *Nördlichen Grauwackenzone* schwankt. Im Bereich des Ober-Ennstals ist sie nur sehr schmal oder fehlt, so daß dort lokal die *Nördlichen Kalkalpen* unmittelbar auf **Ennstal-Phyllit** tektonisch auflagern. Dadurch wird die *Nördliche Grauwackenzone* in einen westlichen und einen östlichen Teil („steirische Grauwackenzone") unterteilt. Das Fehlen der Grauwackenzone im Gebiet westlich von Schwaz am Inn hängt wohl damit zusammen, daß in diesem westlichen Bereich des oberostalpinen Raums schon bei Transgression der alpidischen Serien keine paläozoischen Sedimentkomplexe vorhanden waren (vgl. S. 103 und Abb. 135).

Es ist nicht ausgeschlossen, daß sich die *Nördliche Grauwackenzone* als tektonischer Komplex über den jetzt sichtbaren Bereich hinaus noch ein begrenztes Stück unter den *Nördlichen Kalkalpen* nach Westen fortsetzt. Daten zur Stützung dieser Ansicht fehlen.

Gelegentlich werden in den Begriff „*Nördliche Grauwackenzone*" auch die südlich der Kalkalpen anzutreffenden Phyllit-Komplexe einbezogen *(Landecker, Innsbrucker, Ennstaler Quarzphyllit).* In der vorliegenden Abhandlung werden diese Serien jedoch in anderen Kapiteln erwähnt und deshalb die Nördliche Grauwackenzone nur senso stricto angeführt.

Die *Nördliche Grauwackenzone* mit ihren vorwiegend tonig-phyllitischen Serien hat im Vergleich zu den *Nördlichen Kalkalpen* und zu den Tauern eher Mittelgebirgscharakter und zeigt weiche Landschaftsformen. Diesem Umstand sind auch verhältnismäßig schlechte Aufschlußverhältnisse zu verdanken. Schichtfolgen und Faziesbeziehungen, sowie Innenbau sind deshalb noch nicht in allen Einzelheiten bekannt.

Die Grauwackenzone ist von ihrem Sockel, dem oberostalpinen *Altkristallin* abgeschert. Sie muß im Norden des *Gurktaler* und *Grazer Paläozoikums* beheimatet gewesen sein. Vom jetzigen Nordrand des Kristallins kann sie nicht stammen, da dort ja die permomesozoische *Rannach*-Serie transgressiv das Kristallin überdeckt.

Beim Vergleich der Schichtfolgen von *Nördlichen Grauwackenzonen* mit denen der *„Südlichen Grauwackenzonen"* (*Gurktaler* und *Grazer Paläozoikum, Karnische Alpen,*) (Abb. 8, 19–21) kann man wenig Übereinstimmung feststellen. Die räumlichen Beziehungen der Faziesanordnung in diesen Bereichen sind einstweilen noch nicht geklärt. Wie schon oben erwähnt wurde, hat sich herausgestellt, daß ein beträchtlicher Teil des Paläozoikums der Ostalpen in den zum Teil hochmetamorphen Sockel aufgenommen wurde und daß dort teilweise variszischer Deckenbau vorliegt (vgl. S. 218). Dadurch wird natürlich auch die paläogeographische Rekonstruktion erschwert.

Der **Innenbau** und die epizonale Metamorphose der *Nördlichen Grauwackenzone* ist zweifellos schon teilweise im Zuge der variszischen Gebirgsbildung angelegt worden und in alpidischer Zeit weiterentwickelt worden. Die Anteile beider Gebirgsbildungen sind nicht eindeutig auseinanderzuhalten. In der westlichen Grauwackenzone herrscht nach Norden absinkender Schuppen- und Isoklinalfaltenbau.

Teilprofile sind auf den Abbildungen 249, 248 (oben), 323 zu sehen.

Zwischen Schwaz und Mittersill grenzt die *Nördliche Grauwackenzone,* wie schon erwähnt, im Liegenden gegen den **Innsbrucker Quarzphyllit** (Abb. 319). Daß dieser Verband nicht stratigraphischer Natur sein kann, geht daraus hervor, daß zwischen beiden Komplexen Schuppen von Orthogneis (*„Schwazer Augengneis"* = *Kellerjoch-Gneis*) auftreten. Ob dieser Gneis, wie z. B. auf Abb. 319, zum Komplex des *Innsbrucker Quarzphyllits* zu rechnen ist, und zwar als dessen Liegendes (der Phyllit läge dann invers, worauf auch andere Gegebenheiten hinweisen, vgl. S. 254), ist nicht sicher. Seinem Verband nach könnte er auch ebensogut als mitabgescherte Basis des Paläozoikums der *Nördlichen Grauwackenzone* angesehen werden.

Östlich der Enns ist die Grauwackenzone komplexer gebaut. Sie besteht dort aus zwei übereinanderlagernden Deckenkomplexen. Die untere, tektonisch tiefere Decke (*„Untere Grauwacken-Decke"* = *Veitscher Decke*) besteht überwiegend aus Oberkarbon (vgl. Abb. 244, 242, 241) und ist auf der *Rannach-Serie* überschoben (vgl. oben, S. 220). Die Decken-Natur ist also nicht zu bezweifeln. Daß diese weit im Streichen zu verfolgende Einheit überwiegend aus Oberkarbon besteht, zeigt, daß sich im Oberkarbon ein Innenbecken über entsprechend weite Entfernung erstreckt haben muß, dessen Inhalt überwiegend eine einheitliche tektonische Verfrachtung erlebte.

Über der *Veitscher Decke* folgt, überschoben auf der *„Norischen Überschiebung"* die *Norische Decke* (Abb. 244, 242, 241), die eine vollständigere Schichtfolge der *Nördlichen Grauwackenzone* umfaßt. Es ist mit einiger Wahrscheinlichkeit anzunehmen, daß die Norische Überschiebung alpidischen Alters ist.

Für beträchtliche Überscheibungsweiten spricht ein tektonisches **Fenster** im Paltental. Dort kommt unter der Norischen Decke, 10 km vom Südrand der *Grauwackenzone* entfernt nocheinmal Oberkarbon der *Veitscher Decke* und darunter zentralalpine *Rannach-Serie* mit Trias-Kalken zum Vorschein (K. METZ 1940, A. TOLLMANN 1963, 29).

Es scheint, daß die *Norische Decke* das tektonische Äquivalent der westlichen Grauwackenzone darstellt. Die Oberkarbon-Einheit der *Veitscher Decke* fehlt dort. In den Rottenmanner Tauern, wo die Grauwackenzone sehr schmal ist, erscheint sie nur in aufgelösten und eingefalteten Klippen über dem *Ennstaler Quarzphyllit* (Abb. 244 unten).

Im Gebiet nördlich des Mürztales wird der tektonische Bau des Gebirges kompliziert: einmal durch die junge Bruchstörung der *Trofaiach-Linie,* die auch noch Miozän verwirft (Abb. 244 mitte, 238, 243, 2). Sodann zieht sich vom Semmering her das Unterostalpin als Halbfenster nach WSW in die Mürztaler Alpen herein. Die genannten Strukturen bewirken, daß ein Teil des oberostalpinen Altkristallins isoliert in Erscheinung tritt: der aus teilweise anatektischen Gneisen bestehende **Floning-Troiseck-Zug**. An seiner Nordflanke trägt dieser Kristallinkörper im stratigraphischen Verband die Serie von *Thörl,* die der *Rannach-Serie* (vgl. S. 220) entspricht und mitteltriadische Kalke zusätzlich umfaßt (Abb. 32). Darüber können wieder *Veitscher* und *Norische Decke* nachgewiesen werden (Abb. 238, 244).

Vom Ostende des *Troiseck-Floning-Zuges* an setzt oberostalpines Kristallin als tektonische Unterlage der *Nördlichen Grauwackenzone* aus. Die als schmale Lamelle bis an den Ostrand der Alpen verlaufende *Veitscher Decke* ruht dort unmittelbar auf Unterostalpin (Abb. 252). Möglicherweise ist dort die Grauwackenzone teilweise von unterostalpinem Sockel abgeschert, bzw. kam es nicht zu einer Trennung von Unter- und Oberostalpin, wie ja die ostalpinen Decken zwischen Alpen und Bakony-Wald ein Ende finden dürften.

Literatur: F. ANGEL 1939; J. BERNHARD 1966; H. P. CORNELIUS 1941, 1952; W. DEL NEGRO 1960, 1970; A. ERICH 1960; G. FLAJS 1964; F. KAHLER 1972; R. v. KLEBELSBERG 1935; K. METZ 1953; H. PIRKL 1961; E. THENIUS 1962.

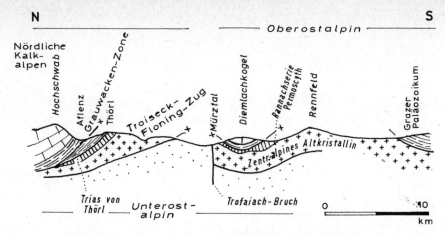

Abb. 243: Querprofil von den *Nördlichen Kalkalpen* durch die *Nördliche Grauwackenzone, Thörler Trias, Troiseck-Floning-Zug* zum zentralalpinen *Altkristallin*. Verändert nach A. Tollmann 1963 (keine Trennung in Mittel- und Oberostalpin).

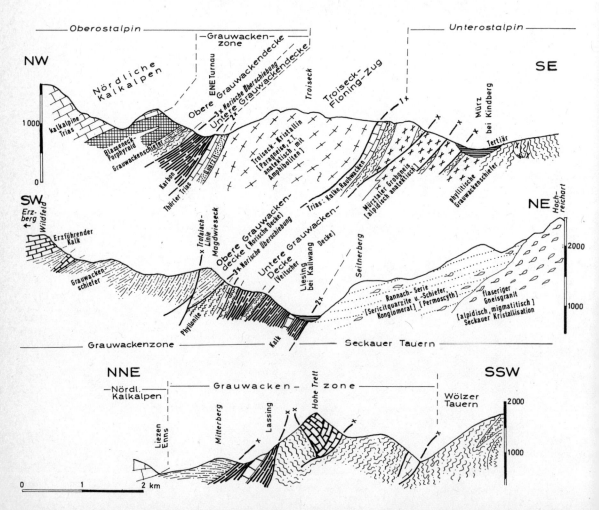

Abb. 244: Querprofile durch die *Nördliche Grauwackenzone (Steierische Grauwackenzone)* zwischen Enns- und Mürztal. Nach K. Metz 1953.

Nördliche Kalkalpen

Das Permomesozoikum des Ostalpins tritt uns heute in der größten zusammenhängenden Masse in den *Nördlichen Kalkalpen* entgegen. Wie schon im Kapitel über den oberostalpinen Sockel angeführt wurde, blieben zwar kleine oder – im Falle der Engadiner Dolomiten oder des Drauzuges – größere Körper auf dem Sockel im autochthonen Verband oder auch als Decken zurück.

Ein anderer frontaler Anteil des Ostalpins wurde beim Nordtransport von rückwärtigen Partien überfahren und wurde dadurch (im Sinne des Wortes) „unterostalpin". Der Komplex der *Nördlichen Kalkalpen* aber scherte, zusammen mit der *Nördlichen Grauwackenzone* (soweit diese entwickelt ist) vom Sockel ab und wurde als oberstes Stockwerk des „Oberostalpin" am weitesten nordwärts verfrachtet. Wie schon mehrfach erwähnt (S. 237), erfolgten diese Vorgänge in verschiedenen Stadien (Abb. 160, 236). Die *Nördlichen Kalkalpen* ruhen jetzt allochthon auf verschiedenen tektonischen Komplexen: an ihrem Südrand auf *Nördlicher Grauwackenzone* (vgl. S. 233), mit welcher der Verband noch relativ eng ist, oder mit steilem und verschieden gedeutetem Kontakt zu oberostalpinem Altkristallin. Im übrigen besteht die Unterlage aus nordpenninischem Flysch *(„ostalpine Flyschzone" = „rheno-danubische Flyschzone"* R. OBERHAUSER 1968). Dieser Flysch ist allerdings selbst auf Helvetikum und Molasse überschoben (vgl. S. 337). Die Verbandsverhältnisse der *Nördlichen Kalkalpen* gehen aus den Profilen auf Abb. 190–194 hervor. Die paläogeographische Ausgangsstellung und der Transportweg des Komplexes ist auf Abb. 202 dargestellt. Die Abbildungen 209 bis 214, auf denen die Verbandsverhältnisse schematisch aufgezeichnet sind, lassen erkennen, daß die *Nördlichen Kalkalpen* eine sehr weitgehende interne tektonische Gliederung erfahren.

Die im Profil und in lateraler Verbreitung sehr wechselhaft ausgebildeten Gesteine der Nördlichen Kalkalpen (Abb. 24–27) geben Anlaß zu sehr disharmonischem Bau. Mächtige und mechanisch widerständige Carbonat-Serien, vor allem der Trias, neigen zur Bildung von Schuppen und Schollen, während mächtige Serien von tonigen Gesteinen, z. B. des Jura in Faltenhaufen akkumuliert wurden. Schließlich zeigen auch die Salinarvorkommen von Perm eine spezifische Verformung.

So entstand eine Vielzahl tektonischer Körper, über deren Benennung und paläogeographische Zuordnung schon viel gestritten wurde und keine Einhelligkeit besteht (vgl. K. POLL 1967).

Die vorliegende Darstellung geht von der Voraussetzung aus, daß die *Nördlichen Kalkalpen* (zusammen mit der *Nördlichen Grauwackenzone*) getrennt von ihrer Wurzel, allochthon auf fremdem, penninischem Untergrund ruhen, also insgesamt einen großen Decken-Körper darstellen (M. RICHTER 1958), dessen Wurzel südlich der Tauern und nördlich der jetzigen Südalpen zu suchen ist.

Diese Unterstellung beruht auf der Meinung einer Mehrzahl der mit Alpengeologie befaßten Geologen, deren Namen zum Teil aus den Zitaten zahlreicher entsprechender Abbildungen hervorgehen. Eine abweichende Ansicht, daß die *Nördlichen Kalkalpen* nördlich der Tauern einzuwurzeln sind und vor allem durch Unterschiebung und Verschluckung ihres nördlichen Vorlandes als Decke „überschoben" wurden, vertrat vor allem E. KRAUS (1931, 1951). Schließlich wird auch die Ansicht vertreten, daß in den Nördlichen Kalkalpen Autochthonie herrsche („gebundene Tektonik"). Die Flysch-Fenster (vgl. S. 338) und die Tiefbohrung *Urmannsau* (vgl. S. 243). verbieten dies jedoch für den Ostteil der *Nördlichen Kalkalpen*. Die fast allseitige Unterlagerung durch penninische Serien *(Flysch)* am Westende läßt auch dort nicht nur für die Kalkalpen, sondern auch den ostalpinen Sockel Deckennatur erkennen.

Ein weiteres Problem ist die Benennung der tektonischen Glieder innerhalb der Nördlichen Kalkalpen. Für eine große Anzahl derselben ist die Bezeichnung „Decke" üblich geworden, obwohl es sich gewiß nur um Teil-Decken handelt. Auf die Abhandlung von A. TOLLMANN zur deckentektonischen Nomenklatur (1968) wird hier verwiesen.

Man weiß heute, daß die Überschiebungsweite vieler dieser Teildecken relativ gering ist, vor allem gemessen an der Gesamt-Transportweite der *Nördlichen Kalkalpen*. Diese Teildecken haben nur begrenzte seitliche Erstreckung und vereinigen sich im Streichen. D. h. einzelne Teildeckenkörper gehen seitlich aus Faltenstrukturen oder Überschiebungen hervor. Solche tektonischen Körper würde man oft besser nur als Schuppe o. ä. bezeichnen. Da indessen die Abgrenzung von „Schuppe" oder „Decke" etwa nach Kubatur oder Überschiebungsweite des betreffenden Körpers insofern fragwürdig ist, als deren Messung gar nicht in jedem Falle gelingt oder sich vor allem die Transportweite im Streichen wesentlich zu verändern vermag, ist es besser, in der vorliegenden Abhandlung die von den seitherigen Bearbeitern verwendeten Namen beizubehalten und und eben nur auf die Vorbehalte hinzuweisen, die dem entgegenzusetzen sind (vgl. P. SCHMIDT-THOME 1964, 290).

Es ist bereits zum Ausdruck gebracht worden, daß die meisten tektonischen Einheiten und Untereinheiten der *Nördlichen Kalkalpen* in sich selbst wurzeln, daß es sich also bei der Verschuppung und (Teil-) Decken-Bildung um eine tektonische Komplikation handelt, die innerhalb des Gesamtkomplexes der Kalkalpen zustandekam. Die „Decken" wurden also nicht einzeln aus einer jeweiligen eigenen Wurzelzone in ihre jetzige Position verfrachtet (als sog. *„Fern"-Decken),* sondern kamen durch interne Zerscherung der Kalkalpen zustande − während deren Transport. Dies wurde auf den Abbildungen 209−214 in der Darstellungsweise zum Ausdruck zu bringen versucht.

Die tektonische Formung der Nördlichen Kalkalpen erfolgte also, genau wie ihr Transport nicht in einem einzigen gebirgsbildenden Akt. Ein Teil der Internstrukturen der Kalkalpen dürfte dabei schon erworben worden sein, als diese noch mit ihrem Sockel im Verband standen (vgl. S. 212, 242, Abb. 160, 236 und E. CLAR 1965). Solche alten Strukturen sind zwar in „gebundener" Tektonik entstanden, sind es aber heute nicht mehr. Man kann also höchstens sagen, die jetzt anzutreffenden „Decken" der Nördlichen Kalkalpen seien aneinander oder in sich *„gebunden"* (vgl. dazu insbesondere C. W. KOCKEL 1956, 1957).

Man hat versucht, wichtigere und markante Auf- und Überschiebungsbahnen im Streichen so miteinander zu verbinden, daß möglichst weithin durchgehende Deckenkomplexe zusammengefaßt und benannt werden konnten. Dabei gab es außer den hier abgebildeten Auffassungen noch sehr viele andere, von denen nur eine sehr beschränkte Auswahl zitiert sei: F. TRAUTH 1937; E. SPENGLER 1951, 1954, 1956, 1953, 1959; A. THURNER 1962).

Gleichgültig welche dieser Deckengliederungen übernommen würde, müßte man sich stets darüber im Klaren sein, daß die auf so weite Erstreckung im Streichen dem Namen nach aushaltenden tektonischen Körper sicher nicht als solche entstanden sein können und bestehen. Vielmehr soll mit der Benennung − wenigstens von seiten des Verfassers − zum Ausdruck gebracht werden, daß es sich um ungefähr gleichrangige und in ihrer regionalen tektonischen Stellung etwa entsprechende Körper handelt, die aber genetisch nicht einheitlich sein müssen. Es ist kaum vorstellbar, daß beim Transport der Kalkalpen in ihre jetzige Position, der über Entfernungen in der Größenordnung von Dekakilometern erfolgte und zwar in mehreren Etappen und dazuhin im Streichen nicht überall gleichzeitig (vgl. H. KÜPPER 1960, 458), einheitliche Teildeckenkörper hätten entstehen sollen, die auf Dekakilometer im Streichen aushalten.

Dasselbe gilt später sinngemäß für (ultra-) helvetische (Teil-) Decken (einschließlich Flyschkomplexe) der Schweiz (S. 382−383).

Daß tektonische Grenzen bei entsprechender Beanspruchung zwar häufig dort entstehen, wo verschiedene Gesteine oder Gesteinsserien aneinanderstoßen, also entlang von Faziesgrenzen, braucht nicht betont zu werden. Es gibt in den Nördlichen Kalkalpen Decken, deren Gesteinsinhalt ganz überwiegend aus Abfolgen in Hallstätter Fazies (vgl. Abb. 26) bestehen. Man hat solche Decken *„Fazies-Decken"* genannt. Es ist aber nicht statthaft, ein Gesteinsvorkommen nur seiner faziellen Zugehörigkeit halber grundsätzlich und auch ohne weiteres einem tektonischen Körper, also etwa einer bestimmten Decke, zuzuweisen. Diese Methode hat die Deckenlehre zeitweilig in Mißkredit gebracht, weil sie auch schwer vorstellbare paläogeographische Anordnungen nach sich zog. Inzwischen hat sich gerade bezüglich der Hallstätter Fazies die Erkenntnis durchgesetzt, daß diese auch in enger Verzahnung mit der kalkalpinen Normalfazies der Trias auftreten kann (vgl. A. TOLLMANN 1963, W. SCHLAGER 1967 und H. ZANKL 1967).

Man unterscheidet in den *Nördlichen Kalkalpen* eine Anzahl von tektonischen Bereichen, die zum Teil auch bestimmte charakteristische Schichtfolgen zeigen (vgl. Abb. 209−214, 245, 247, 246 u. a.). Am Nordrand kann fast durchgehend das **Bajuvarikum** vom Rätikon bis zum Wiener Wald durchverfolgt werden. Die unmittelbare Nordrandzone kann als Tiefbajuvarikum, der Rest als Hochbajuvarikum abgetrennt werden.

Als **Tirolikum** wird eine südlich anschließende Einheit bezeichnet, über der schließlich das **Juvavikum** folgt, das nur im mittleren und östlichen Teil der Kalkalpen erscheint. Die Beziehungen der einzelnen Komplexe zueinander werden jeweils regional beschrieben.

Der westliche Teil der Nördlichen Kalkalpen wird vom Rätikon eingenommen (Abb. 160, 307−309). Alle dort auftretenden Schuppen werden der *Lechtal-Decke* zugerechnet. Zwischen den Schuppen bricht mehrfach der tektonische Untergrund mit mechanisch stark beanspruchten Gesteinen der *Aroser Zone* auf. Die Faltenzüge streichen NE bis E, womit das südwestliche Umbiegen der *Nördlichen Kalkalpen* zum Ausdruck kommt. Eine ausgesprochen randliche Zone mit einer Fazies, die der *Allgäu-Decke („Tiefbajuvarikum")* vergleichbar wäre, fehlt hier. Es scheint, als ob die entsprechenden ostalpinen Serien in diesem westlichen Teil der Ostalpen in Gestalt der *Aela- Aroser Dolomiten-Decke („Mittelostalpin"* senso R. STAUB) tektonisch weiter zurückgeblieben wären. Dieser genannte Komplex umfaßt nämlich auch hauptsächlich Gesteine ab Hauptdolomit wie die *Allgäu-Decke*.

Cenoman als jüngste vorgosauische Ablagerung tritt in einer einzigen Mulde der *Zimba-Schuppe* auf. Die Kalkalpen sind mit dem *Silvretta-Kristallin* (in Gestalt der *Golmer Scholle,* Abb.307) verschuppt. Die *Silvretta-Decke* selbst ist auf kalkalpines Mesozoikum überschoben. Wenn man annimmt, daß das Kalkalpin von *Silvretta-* und *Ötztal-Masse* abgeschert sei, dann müßte man die genannte Überschiebung als sekundäre Erscheinung betrachten. Dies gilt sinngemäß auch für den Bereich am Arlberg und weiter östlich (vgl. Abb. 248), wo allerdings nicht eindeutig zu klären ist, ob Kristallin oder Kalkalpin tektonisch höher liegt. Jedenfalls besteht auch dort kein Primärverband zwischen beiden Komplexen (vgl. R. FELLERER 1967). Stellenweise ist das Permoscyth am Südrand der Kalkalpen metamorph (K. HUCKRIEDE 1959).

Im Allgäu entwickelt sich aus dem ungeteilten, nur durch NE streichende und überkippte Muldenzüge mit Allgäu-Schiefern gegliederten *Bajuvarikum* eine frontale Einheit, die sog. *„Allgäu-Decke"* (Abb. 245) und eine höhere, überschobene und südliche Einheit, die *Lechtal-Decke*. Abb. 245 zeigt zwar im Bereich des Lechtals und westlich davon ein weites Übergreifen der *Lechtal-Decke* über *Allgäu-Decke* nach Norden mit Ausliegern der *Lechtal-Decke* (Falkenstein-Zug) bei Füssen, Halbfenstern bei Reutte in Tirol *(Benna-Decken-Sattel)* und dem *Hornbach-Halbfenster.* Alle diese Strukturen werden allerdings in der genannten Deutung angezweifelt, weil man seither an zahlreichen Stellen nachweisen konnte, daß beide „Decken" durch stratigraphische Übergänge miteinander verbunden sind (vgl. P. SCHMIDT-THOMÉ 1962, H. REUM 1962, M. SCHIDLOWSKI 1962, W. ZACHER 1962, V. JACOBSHAGEN & C. W. KOCKEL 1960, 1962; V. JACOBSHAGEN 1961, D. RICHTER 1958, 1961, 1963).

Das *Hornbach-Fenster* südlich vom Hochvogel (Abb. 245) wird jetzt als beidseitig zugeschobene Mulde betrachtet, wofür auch Sedimentgefüge im Hauptdolomit als Kriterium dienen (C. W. KOCKEL 1953, 1960; B. HÜCKEL & V. JACOBSHAGEN 1962).

Die kalkalpine Randzone der *Allgäu-Decke* kann nach Osten fast durchgehend als schmales Band verfolgt werden, bis sie bei Salzburg von der tirolischen *Staufen-(Höllengebirgs-)Decke* überlagert wird (Abb. 245). Die Schichtfolge der kalkalpinen Randzone ist, wie schon oben erwähnt, unvollständig. Es scheint, daß sie entlang den *Raibler Schichten* abgeschert ist und vor allem *Hauptdolomit* und jüngere Schichtglieder umfaßt, von denen besonders das zum Teil grobklastische „Rand-Cenoman" (vgl. S. 119 und Abb. 25–27) typisch ist. Die älteren Schichtglieder dürften zurückgeblieben sein und in unterostalpiner Situation auftreten (vgl. auch E. CLAR 1965).
Die tektonische Trennung in Ober- und Unterostalpin verläuft also schräg aufsteigend durch ehemals zusammenhängende Schichtfolgen. Daraus ergibt sich, daß unsere Untergliederung in Faziesräume und tektonische Komplexe in vielen Fällen nicht eindeutig sein kann (vgl. S. 254).

Entsprechend der Stirnposition am Nordrand der kalkalpinen Gesamtdecke ist die als *Allgäu-Decke* bezeichnete Randzone besonders stark verschuppt oder isoklinal verfaltet (vgl. Abb. 248, 390). Die tektonische Grenzfläche gegen den unterlagernden Flysch ist meist sehr steil und dürfte erst in der Tiefe in flacheren Verlauf umbiegen (Abb. 389, 390, 328, 330, 332).

Die *Lechtal-Decke* zeigt eine vollständigere mesozoische Schichtfolge. Die älteren Schichtglieder (Permoscyth) sind allerdings nur am Südrande sichtbar. Landschaftlich sind besonders die mächtigen Carbonat-Komplexe des Ladins *(Wettersteinkalk)* und der norischen Stufe *(Hauptdolomit)* bestimmend. Im Westen herrscht Schuppenbau (vgl. Abb. 248 unten). Im Bereich zwischen Lech bis östlich des Inn ist dagegen ein sanfterer Mulden- und Sattelbau zu erkennen (Abb. 248 Mitte und

Abb. 245). In den Mulden sind meist posttriassische Sedimente *(„Jung-Schichten"* der bayerischen Geologen) erhalten. Zu nennen ist der *„Große Muldenzug"* am Nordrand der *Lechtal-Decke,* der zum Teil beträchtlich auf die *Allgäu-Decke* überschoben ist (Abb. 247 oben und Mitte). Weiter im Süden verläuft das *„Synklinorium"* als Doppelmulde mit Zwischensattel vom Plansee im Ammergebirge bis Ruhpolding nach Osten. Es tritt auf Abb. 248 in den beiden mittleren Profilen in Erscheinung (vgl. auch Abb. 245). Im Bereich von Achsenkulminationen sind die Jung-Schichten durch Abtragung entfernt.

Südlich vom *Synklinorium* verläuft der *Wamberger Sattel* zwischen Garmisch-Partenkirchen, Kiefersfelden und östlich davon. Zwischen Lech und Loisach verläuft die *Holzgauer Mulde* (R. HUCKRIEDE 1958), die sich in die beiderseits von steilen Störungen begrenzte und ebenfalls mit Jung-Schichten erfüllte *Puitental-Zone* fortsetzt (vgl. Abb. 245 und 248, sowie H. MILLER 1963).

Auch östlich der Isar tritt als *Karwendel-Mulde* eine weithin durchstreichende Struktur in Erscheinung (F. TRUSHEIM 1930), die sich über Spezialfalten in die etwas nördlich versetzt verlaufende *Thierseer Mulde* verlängert (Abb. 245, 248 Mitte). Die *Thierseer Mulde* taucht nördlich Kufstein axial unter die nach Nordosten vorgreifende *Staufen-(Höllengebirgs-)Decke* ab.

Über der *Lechtal-Decke* folgt als nächst höhere Einheit die *Inntal-Decke,* die man zum Tirolikum stellt (Abb. 245, 248, 210). Im Karwendel zeigt sie ansehnliche Überschiebungsweiten, geht aber weiter westlich in den südlichen Lechtaler Alpen aus einem Pilzsattel der *Lechtal-Decke* hervor, hat also nur begrenzte Selbständigkeit im Streichen (vgl. M. RICHTER & R. SCHÖNENBERG 1954). Fenster in der *Inntal-Decke* sind auf Abb. 248 erkennbar. Gegen Osten steigt die Inntal-Decke axial gegen das Südende des Achensees ab.

Als Rest einer noch höheren Decke wird eine Klippe am *Krabachjoch* angesehen (Abb. 248 unten). Auch die Deutung der Hasenfluh westlich des Flexenpasses als isolierte Klippe der *Inntal-Decke* ist umstritten (K. E. KOCH 1967, B. ENGELS 1960, W. STENGEL-RUTKOWSKI 1958, 1962). Das axiale Abtauchen und Aufsteigen der Decken bzw. ihrer Internstrukturen verläuft nicht immer stetig, sondern zum Teil sprunghaft an Querstörungen, die den Körper der *Nördlichen Kalkalpen* und ihre tektonische Unterlage durchziehen. An solchen Störungen wird besonders der morphologische Nordrand der Kalkalpen, aber auch der *Flyschzone* staffelartig versetzt, beispielsweise an einer Störung, die vom Walchensee nach ENE gegen den Kochelsee verläuft. Auf der östlichen Tiefscholle springen die Kalkalpen nach Norden vor, aber auch die axial tiefer gelegte *Flyschzone* weist am Zwiesel größere Breite als weiter im Westen auf. Auch die *Murnauer Mulde* der subalpinen Molasse (vgl. Abb. 386) endet westlich dieser Störung.

Auch am Wendelstein springen die Kalkalpen entlang einer Querstörung abrupt nach Norden vor.

Vorkommen von Gosau-Schichten beschränken sich im westlichen Teil der *Nördlichen Kalkalpen* auf wenige Stellen. Zu nennen ist der Muttekopf bei Imst (auf *Inntal-Decke)* und die Vorkommen von Brandenberg (nördlich Rattenberg) auf der *Staufen-Decke.*

Das **Tirolikum** entwickelt sich auch in Gestalt der *Staufen-(Höllengebirgs-)Decke* ebenfalls aus einem Wettersteinkalk-Sattel der *Lechtal-Decke* (Abb. 211–212). Nach Osten zu gewinnt sie zunehmend an Breite und greift nacheinander auf nördliche Teile des *Bajuvarikums* über. Bei Salzburg nimmt sie dann schließlich die ganze Breite der *Nördlichen Kalkalpen* ein, wobei allerdings tektonisch höhere Stockwerke über ihr auftreten.

Am Südrand der Kalkalpen stellt sich von der Saalach ab nach Osten eine Zone ein, die durch Anschuppung meist von Werfener Schichten gekennzeichnet ist. Eine Zuordnung zur einen oder anderen kalkalpinen Decke erscheint fraglich. Viel eher darf man diese **„Werfener Schuppenzone"** einfach als tektonisch gestaute Basis des Kalkalpins ansehen. (Auf Abb. 245 ist sie als

Tirolikum eingetragen). Die sich mit tektonischem Kontakt nördlich der *Werfener Schuppenzone* erhebenden Kalksteinkomplexe sind stellenweise nach Süden überschoben *("Hochalpen-Überschiebung")* (vgl. E. TRAUTH 1937, W. HEISSEL 1955).

Im südlichen Berchtesgaden tritt in der *Torrener Joch-Zone* (Abb. 245, 249 unten) in einem schmalen, tektonisch steil begrenzten Streifen *Hallstätter Fazies* auf. Nach H. ZANKL (1962, 1969) verzahnen sich die Schichten mit den benachbarten Komplexen, wonach diese Zone als ein Bestandteil der *Staufen-Höllengebirgs-Decke* anzusehen wäre, dessen tektonische Umgrenzung also nur eine Komplikation innerhalb dieser Decke anzusehen wäre, die aufgrund des mechanisch unterschiedlichen Verhaltens der Hallstätter Schichtfolge leicht zu erklären wäre.

Auf dem *Tirolikum* schwimmen aber auch mächtige allochthone Komplexe. In Berchtesgaden folgen über der *Staufen-Höllengebirgs-Decke* zunächst Gesteinskomplexe in Hallstätter Fazies, die dem Verbande nach überschoben sein müssen. Darüber lagert die *Reiteralp-Decke.* Beide Komplexe zusammen werden als **"Berchtesgadener Schubmasse"** bezeichnet. Im Norden transgredieren Gosau-Schichten und Alttertiär im *Becken von Reichenhall* über den überschobenen Serien und deren tektonischen Untergrund und geben damit die Möglichkeit, die Platznahme der überschobenen Komplexe vorgosauisch einzustufen (Abb. 245, 249).

Im Neocom des *Tirolikums* findet man am Roßfeld grobklastische Gesteine orogener Fazies (*Roßfeldschichten,* Abb. 26, 249 unten). Möglicherweise ist diese Fazies bedingt durch orogene Schüttung vor der heranrückenden *Berchtesgadener Schubmasse?*

Die *Reiteralp-Decke* zeigt eine Schichtfolge, wie man sie auch am jetzigen Kalkalpensüdrand — also auch im südlichen *Tirolikum* der mittleren *Nördlichen Kalkalpen* — antrifft, mit charakteristischen Schichtgliedern wie Dachsteinkalk und Ramsaudolomit (vgl. Abb. 26). Somit liegt es nahe, die Wurzel der *Berchtesgadener Schubmasse* und weiterer *juvavischer* Decken in einem Gebiet südlich des *Tirolikums* zu suchen.

Ob die *Hallstätter Decken* jedoch grundsätzlich aus einem Bereich ursprünglich noch weiter südlich (also einem geschlossenen Hallstätter Faziesgebiet) tektonisch herverfrachtet wurden, wie man annahm, ist fraglich (W. SCHLAGER 1967). Viel eher ist anzunehmen, daß sie aus Bereichen zwischen den mächtigen Carbonatklötzen des *Tirolikum* und *Juvavikum* stammen, nachdem man auch weiter im Osten immer mehr fazielle Übergänge von Hallstätter (und der verwandten *Aflenzer* und *Mürztaler)* Fazies in die „Normal-"Fazies der Trias beobachten kann (vgl. W. MEDWENITSCH 1962, 490; A. TOLLMANN 1963).

Das Kennzeichen der Hallstätter Serien ist sehr häufig das Vorkommen basaler Salinarserien (vgl. Abb. 26), die tektonisch in verschiedenem Maße beansprucht wurden. Diese Salinarserien verliehen den Hallstätter Komplexen bei der Tektogenese sicher besondere Mobilität, darüber hinaus aber wohl auch schon vor der eigentlichen Gebirgsbildung, indem sich das Salz vielleicht schon in Kissen oder Diapiren ansammelte *(Halokinese)* und entsprechende Krustenbewegungen die Ablagerungsräume der Hallstätter Gesteine entstehen ließen (vgl. z. B. B. PLÖCHINGER u. a. 1976).

Das Profil auf Abb. 249 (Mitte) zeigt einen Querschnitt durch die *Nördlichen Kalkalpen,* wo sich die *Hallstätter Decke* im Lammertal axial nach Westen heraushebt (vgl. Abb. 245). Die *Staufen-Höllengebirgs-Decke* ist frontal stark zerschuppt, wobei *Gosau*-Schichten mit einbezogen sind. Das Bajuvarikum ist unterdrückt.

Weiter im Osten (Abb. 245, 246 und 249 oben) stellt sich über dem zweigeteilten *Hallstätter Decken-Komplex* wieder eine *hochjuvavische* Decke, die **Dachstein-Decke** ein, die ein Äquivalent der *Berchtesgadener Schubmasse* sowohl nach Fazies wie Stellung im Deckengebäude darstellt, wobei sie allerdings weiter südlich situiert ist. Unter ihrem Südrand auftretende Schollen von Hallstätter Gesteinen werden als Stütze für die genannte tektonische Einstufung verwendet. Auf Abb. 246 sieht man jedoch, daß diese Schollen nicht im Streichen durchgehend entwickelt sind.

Das *Tirolikum* ist in diesem Abschnitt der Nördlichen Kalkalpen zweigeteilt in die *Höllengebirgs-* und die *Totengebirgs*-Decke. Der *Mandling-Zug* innerhalb der *Nördlichen Grauwackenzone* wurde schon auf S. 233 erwähnt. Er ist in juvavischer Fazies entwickelt.

Eine Übersicht über die Deckengliederung weiter östlich gibt die Abb. 246. Die *Gosau*-Schichten im Becken von *Gosau* transgredieren danach über den tektonischen Kontakt zwischen *Hallstätter* und *Dachstein-Decken,* der also älter ist. Abb. 249 oben zeigt, wie der Hallstätter Komplex am Hallstätter Salzberg diapirartig aufbricht.

Zwischen Salzburg und Enns ist die *bajuvarische Randzone* am Nordrand der Kalkalpen weitgehend unterdrückt oder tritt nur in schmalen Schollen auf: am Mondsee (Abb. 333, 334), in der *Langbath-Scholle* zwischen Attersee und Traunsee und endlich in Gestalt der *Ternberger Decke* beiderseits der Enns (Abb. 246). Randschollen mit grobklastischem und flyschähnlichem Cenoman sind auf Abb. 246 besonders ausgeschieden.

Beim Nordtransport der Kalkalpen überfahrenes *Bajuvarikum* trifft man heute auch im *Fenster von Strobl* (zusammen mit unterlagerndem Flysch) unter dem *Tirolikum* an (Abb. 333 und 334). Dieses Vorkommen kann natürlich **nicht** bedeuten, daß *Bajuvarikum* unter dem *Tirolikum* **flächenhaft** verbreitet sei. Vielmehr zeigt es, daß frontale Partien der Kalkalpen-Decke in Schollen und Scherlinge **zerrissen** wurden und unter die Decke gerieten.

Die auf Abb. 246 eingetragene *Reichraminger Decke* wird noch zum *Bajuvarikum* gestellt.

Als *tirolisch* eingestuft werden *(Staufen-) Höllengebirgs-Decke, Totengebirgs-Decke* und *Warscheneck-Decke.* Dabei werden die beiden ersteren nur durch eine überkippte Antiklinale abgegrenzt.

Zahlreiche **Fenster** (vgl. Abb. 246, Legende) belegen in diesem Gebiet die **allochthone Position** der *Nördlichen Kalkalpen.* Das wegen seiner südlichen Lage besonders wichtige *Fenster von Windischgarsten* ist im Querprofil auf Abb. 332 dargestellt.

Auf geologischen Karten, wie auch auf Abb. 246 und 236 fällt das nach Südosten einbiegende Streichen der Schichten und von tektonischen Linien im Gebiet SE Salzburg auf. Nach Abb. 236 kann auch Entsprechendes im oberostalpinen Kristallin weiter im Süden beobachtet werden. E. CLAR (1965) schließt daraus, daß es sich um Strukturen handelt, die gemeinsam erworben wurden, als *Nördliche Kalkalpen* und ihr Sockel noch im Verband waren (vgl. S. 212).

Als Äquivalent der *Werfener Schuppenzone* (vgl. S. 241) setzt sich nach Osten die **Admonter Schuppenzone** fort. Ihr Verband zur *Nördlichen Grauwackenzone* ist tektonisch, aber vielleicht enger als zu den sich im Norden erhebenden Kalkhochalpen, die an der schon erwähnten *Hochalpen-Überschiebung* zum Teil südvergent bewegt wurden. *Werfener* und *Admonter Schuppenzone* stellen gewissermaßen eine tektonische **Pufferzone** zwischen *Nördlicher Grauwackenzone* und dem Hauptkörper der *Nördlichen Kalkalpen* dar.

Wie aus Abb. 246 und 247 hervorgeht, werden die Hauptüberschiebungen innerhalb der östlichen *Nördlichen Kalkalpen* und damit natürlich deckeninterne Strukturen auch entlang von **Blattverschiebungen** versetzt. In der Mehrzahl dürften diese Blattverschiebungen bei der Deckenüberschiebung entstanden sein, vor allem zum Ausgleich seitlicher Differenzen der Reibung auf der Unterlage, der mechanischen Kompetenz infolge Faziesunterschieden usw.

Ein besonders auffälliges tektonisches Element sind die **Bögen von Weyer** (vgl. Abb. 236, 246). Dort biegen die Decken von Osten her nach Süden ab und sind westwärts aufgeschoben, wobei Gosau-Oberkreide mit unter die Überschiebung geraten ist. Diese „Einschleppung" der Deckengrenzen aus dem alpinen Streichen in die Querrichtung kommt bis zu einem gewissen Grad dem Sinn einer Blattverschiebung nahe und mag auch so entstanden sein (vgl. A. TOLLMANN 1964).

Die *Weyerer Bögen* haben nach E. CLAR (1965) ein Struktur-Analogon in der Scharung des Streichens und tektonischer Linien im Lavanttal (Abb. 236, vgl. S. 212). Auch dort grenzen ja zwei Bögen des Gebirges aneinander. Man kann also die *Weyerer Bögen* als eine transportierte Struktur betrachten, die sich nicht in den jetzigen Untergrund fortsetzt, sondern ursprünglich über oberostalpinem Kristallin entstand. Übrigens sind die Bruchstörungen im Lavanttal wohl überwiegend von jungtertiärem Alter.

Östlich der *Weyerer Bögen* führen die kalkalpinen Decken andere Namen (vgl. Abb. 246 und 247). Dem *Bajuvarikum* werden *Frankenfelser* und *Lunzer Decke* zugeordnet, ferner die *Sulzbach-Decke* und die *Reiflinger Scholle*. Auch das *Tirolikum* wird in eine Reihe von mehr oder weniger weit im Streichen durchziehende Teildecken gegliedert.

Flysch-Fenster, Deckschollen und Fenster innerhalb kalkalpiner Einheiten sowie Gosau-Vorkommen sind auf den Abb. 246, 247 und 236 eingezeichnet. Bei Urmannsau (vgl. Abb. 247) wurden durch eine Tiefbohrung nacheinander *Lunzer, Frankenfelser Decke,* penninischer Flysch, Molasse und endlich bei einer Tiefe von 3015 m Gneis der Böhmischen Masse erreicht (A. Kröll & G. Wessely 1967).

Gegen das Ostende der Kalkalpen zu springt ihr Nordrand stetig zurück und gibt damit den unterlagernden penninischen Flysch im Wiener Wald in viel größerer Breite und in einigen Teil-Decken der Beobachtung frei (Abb. 247 und 327). Allerdings biegen auch die internen Strukturen mit zurück, so daß es sich nicht um eine Abtragungserscheinung handeln kann.

Gegen Nordosten zu sinken und brechen die Kalkalpen schließlich unter das Neogen des *Wiener Beckens* ab (Abb. 332), wobei man annimmt, daß sich der Deckenbau auch unter dem Jungtertiär zunächst noch fortsetzt (Abb. 393).

Im Bakony-Wald jedenfalls ist das „oberostalpine" Mesozoikum nicht mehr in entsprechende Deckenbewegung einbezogen worden, Oberostalpine Decken müssen also vorher von Westen her ein Ende finden.

Die Alttertiär-Becken des Inntals und von Reichenhall wurden schon an anderer Stelle erwähnt (S. 122).

Literatur (vgl. auch Angaben beim entsprechenden Kapitel über Stratigraphie):
O. Ampferer 1932, 1933, 1935; W. Barth 1973; R. Blaser 1952; K. Bornhorst 1958; H. P. Cornelius 1940; A. Custodis, V. Jacobshagen, C. W. Kockel, P. Schmidt-Thomé & W. Zacher 1965; W. del Negro 1949, 1958, 1960, 1970; O. Ganss 1951; O. Ganss & S. Grünfelder 1977; P. J. Hamann & C. W. Kockel 1957; W. Heissel 1955, 1958, 1961; B. Hückel & V. Jacobshagen 1962; V. Jacobshagen 1961; V. Jacobshagen & C. W. Kockel 1960; R. v. Klebelsberg 1935; C. W. Kockel 1953, 1955, 1957; C. W. Kockel, M. Richter & H. Steinmann 1931; J. Kühnel 1929; C. Lebling, G. Haber, N. Hoffmann, J. Kühnel & E. Wirth 1935; A. Lutyj-Lutenko 1951; W. Medwenitsch 1958, 1960; W. Medwenitsch & W. Schlager 1964; H. Miller 1962, 1963, 1963; R. Oberhauser 1970, 1973; O. Otte 1972; H. Reum 1962; B. Plöchinger 1955, 1964 1973, 1974, 1976, 1977; B. Plöchinger & S. Prey 1968; M. Richter 1956; G. Rosenberg 1965; M. Schlager 1930; W. Schlager & M. Schlager 1973; O. Schmidegg 1951; P. Schmidt-Thomé 1964; O. Spengler 1924, 1953, 1956, 1959; W. Steinhauser 1959; A. Thurner 1954, 1960, 1962; A. Tollmann 1960, 1962, 1963, 1963, 1963, 1964, 1966, 1969, 1970, 1973; W. Zacher 1962; W. Zeil 1959.

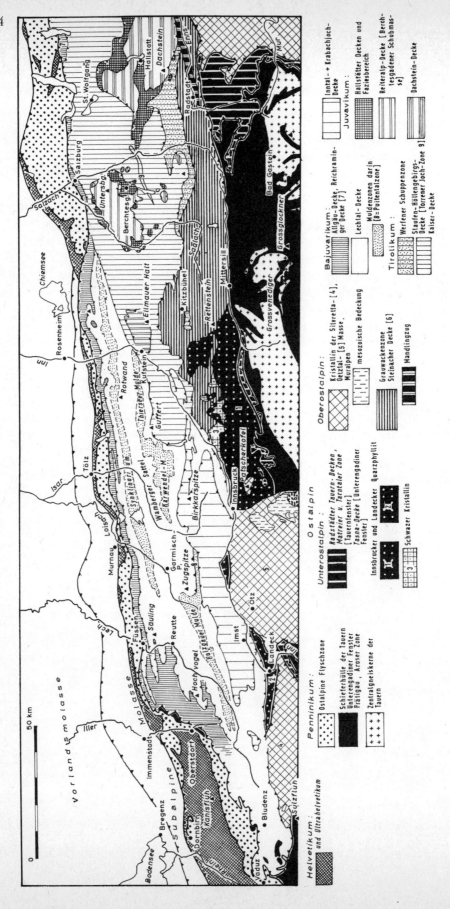

Abb. 245: Übersichtskarte des westlichen Teils der *Nördlichen Kalkalpen* zwischen Rhätikon und Dachstein, sowie des nördlichen Teils der Zentralalpen. Wenig verändert nach H. Bögel, P. Schmidt-Thomé & W. Zacher in P. Schmidt-Thomé 1964.

Nördliche Kalkalpen

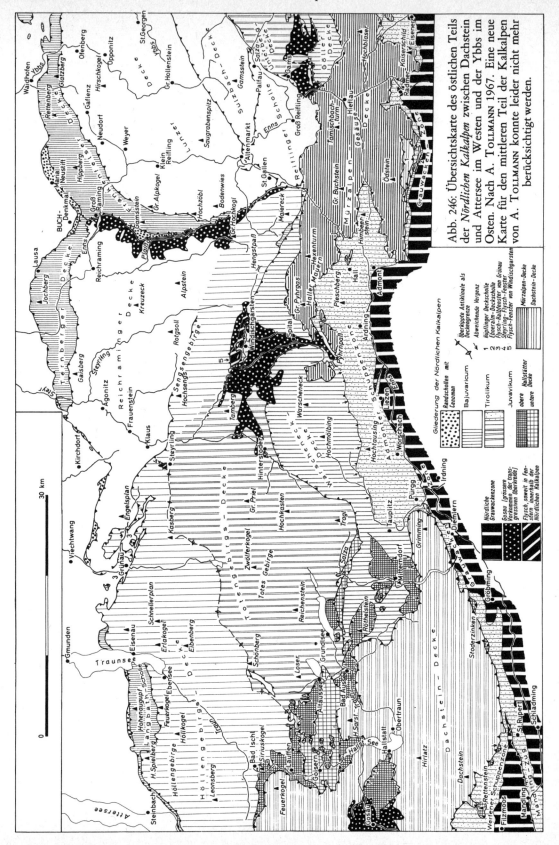

Abb. 246: Übersichtskarte des östlichen Teils der *Nördlichen Kalkalpen* zwischen Dachstein und Attersee im Westen und der Ybbs im Osten. Nach A. TOLLMANN 1967. Eine neue Karte für den mittleren Teil der Kalkalpen von A. TOLLMANN konnte leider nicht mehr berücksichtigt werden.

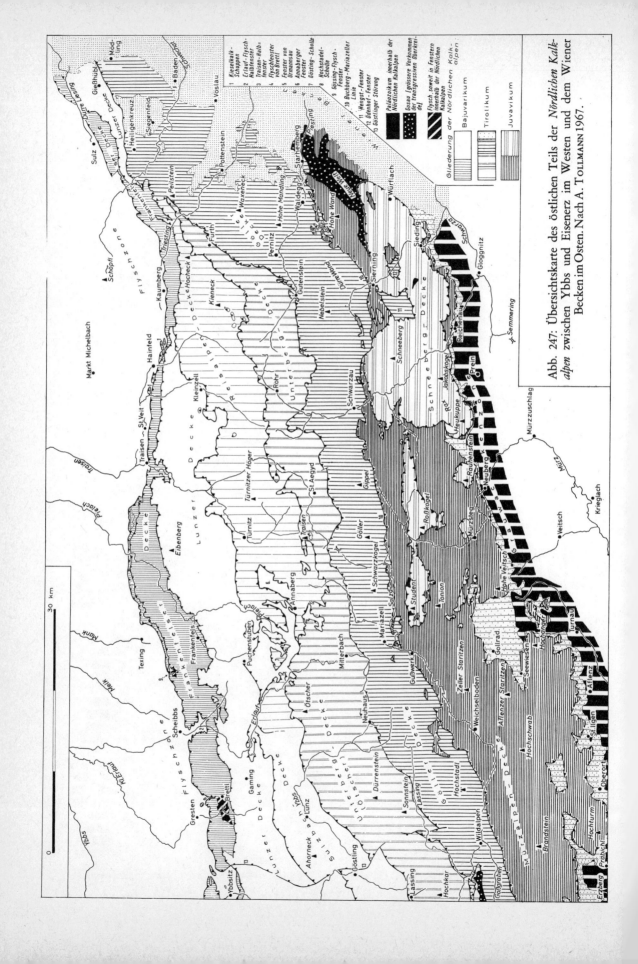

Abb. 247: Übersichtskarte des östlichen Teils der *Nördlichen Kalkalpen* zwischen Ybbs und Eisenerz im Westen und dem Wiener Becken im Osten. Nach A. TOLLMANN 1967.

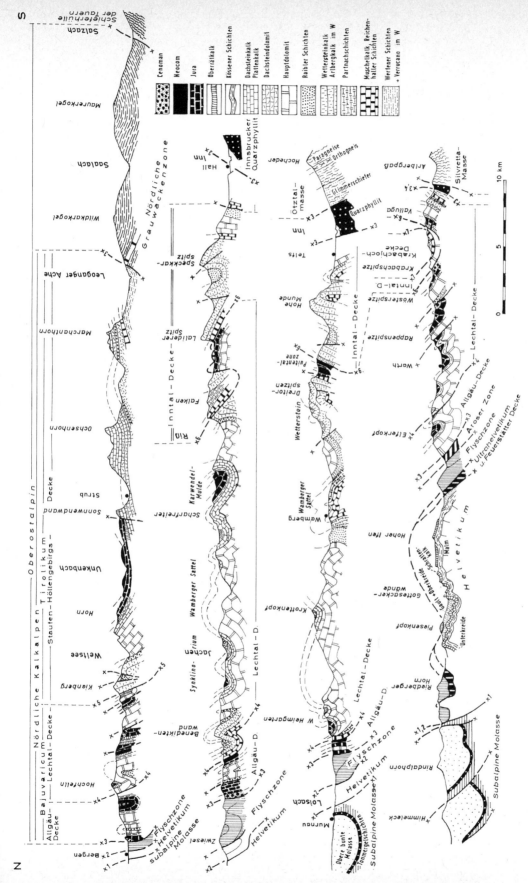

Abb. 248: Querprofile durch die *Nördlichen Kalkalpen* sowie *Helvetikum, Flysch-Zone* im N und anschließende tektonische Einheiten im S zwischen Lechtal (im W) und Salzach (im E). Nach H. Bögel, P. Schmidt-Thomé & W. Zacher in P. Schmidt-Thomé 1964.

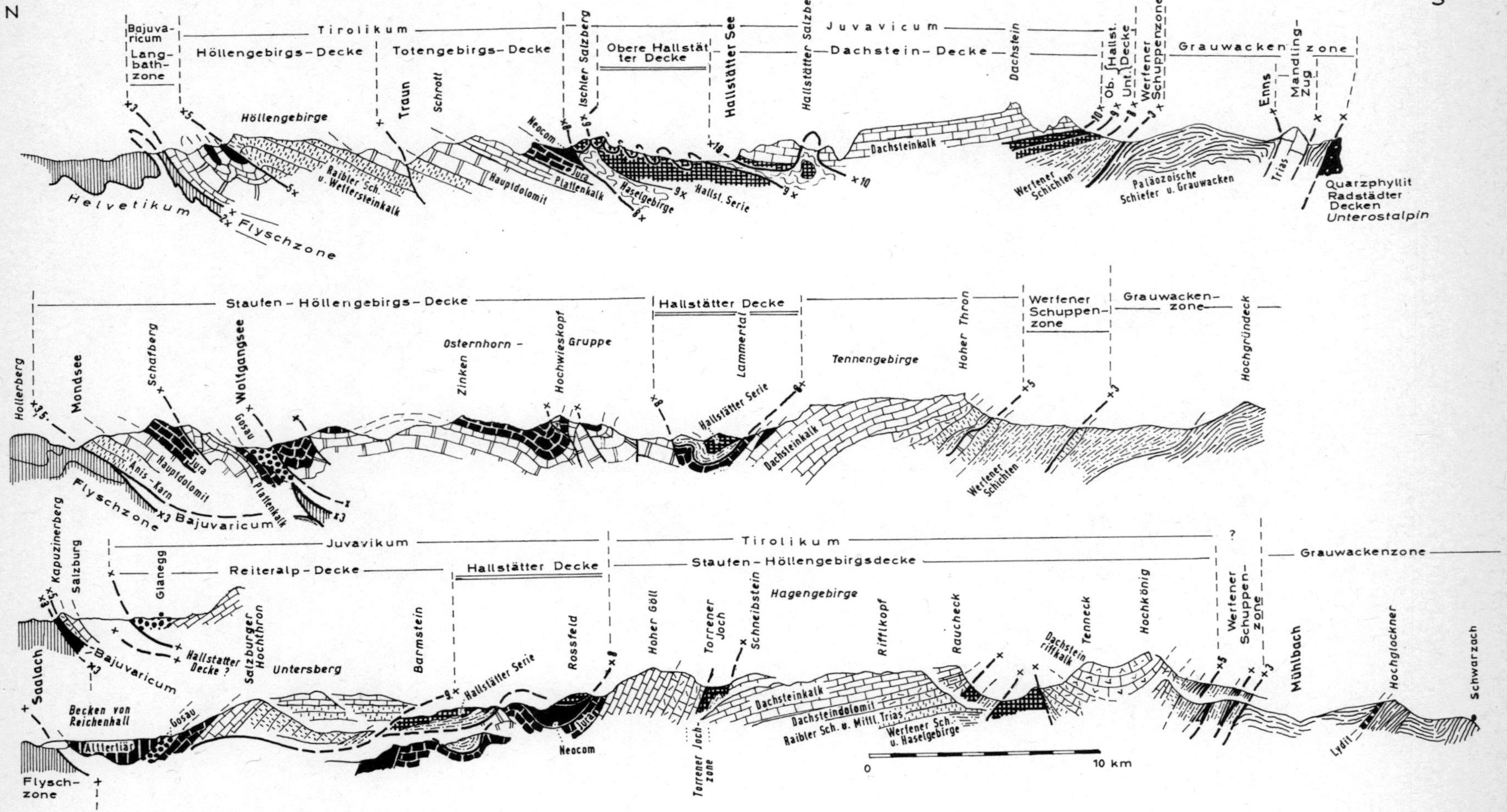

Abb. 249: Querprofile durch die *Nördlichen Kalkalpen* z. T. auch die *Nördliche Grauwackenzone* zwischen Salzach und Traun. Nach W. HEISSEL, W. MEDWENITSCH, J. SCHADLER in J. SCHADLER 1951, S. PREY in W. DEL NEGRO 1960, H. BÖGEL, P. SCHMIDT-THOMÉ & W. ZACHER in P. SCHMIDT-THOMÉ 1964, W. MEDWENITSCH 1962.

Unterostalpin

Schon an anderen Stellen wurde betont, daß der Begriff „unterostalpin" in verschiedener Weise abgeleitet werden kann. Betrachtet man den ostalpinen Faziesraum, also den Bereich mit typisch ostalpinen Schichtfolgen, dann stellt man fest, daß an dessen Nordrand eine Zone verläuft, die sich durch verschiedene Eigenschaften besonders auszeichnet. Zum Beispiel nimmt die Mächtigkeit zahlreicher ostalpiner Schichtglieder dort ab, die Trias verzahnt sich da und dort mit Ablagerungen des germanischen Keupers, Jura und Unterkreide sind reich an Breccien (vgl. S. 12 und Abb. 134).

Diese „unterostalpine Fazies" ist indes nicht streng an unterostalpine tektonische Einheiten gebunden. Komplexe unterostalpiner Fazies wurden teils ins Oberostalpin oder gar ins Südalpin einbezogen (vgl. S. 110).

Das *„Unterostalpin"* stellt indes auch einen tektonischen Begriff dar. Zwangsläufig kann also „unterostalpin" nicht dasselbe bedeuten, wenn man es einmal als Fazies- und Ablagerungsraum, also paläogeographisch, ein anderes Mal als tektonische Einheit verstehen will. Es wäre also zu erwägen, ob man nicht für beide Fälle eine unterschiedliche Benennung suchen sollte (dies wäre überdies auch für viele andere Begriffe wie *„helvetisch", „penninisch"* usw. ebenso notwendig). Es ist indes nicht nötig, wenn man sich der genannten Einschränkungen stets bewußt bleibt.

Unterostalpin wird also als tektonischer Komplex von tektonischen Einheiten dargestellt, die von der Hauptmasse des Ostalpins, dem *„Oberostalpin"* bei dessen Nordtransport überfahren wurden und demnach jetzt unter dem Oberostalpin anzutreffen sind.

Dieses Unterostalpin weist meist auch unterostalpine Fazies auf, aber nicht in jedem Fall, wie im Einzelnen noch anzuführen sein wird.

Die Verbreitung von „Unterostalpin" kann als tektonischer Komplex im strengen Sinn der Definitionen nur so weit reichen, wie das „Oberostalpin", da ja beide Einheiten durch sich selbst bedingt sind. Man kann jedoch unterostalpine Einheiten sowohl am West- wie am Ostrande der Ostalpen (Engadin und Semmering-Leitha-Gebirge) etwas weiter verfolgen als das Oberostalpin (vgl. Abb. 2).

In der Wurzelzone der internen Westalpen kann man sogar die Wurzeln der unterostalpinen Decken sehr weit nach Westen verfolgen, unmittelbar nördlich der insubrischen Linie (vgl. S. 306, Abb. 286–287, 301, 307–308). Man kann sagen, daß die **Zone von Sesia-Lanzo** zwischen Aosta-Tal und Toce-Tal im Deckenverband des Wallis und der grajischen Alpen dieselbe Stellung einnimmt wie das Unterostalpin *("Grisoniden")* im Engadin. Aus der Sesia-Zone stammt die **Dent-Blanche-Decke,** die man deshalb auch schon als unterostalpin bezeichnet hat.

Da es indes so weit im Westen kein „Oberostalpin" gibt und zudem die Fazies von Sockel und Deckgebirge in den genannten fraglichen Bereichen auch nicht typisch unterostalpin ist, es außerdem fraglich erscheint, ob sich wirklich ursprünglich ein zusammenhängender unterostalpiner Deckenkomplex über die penninische Region von Simplon und Tessin hinweg im Streichen erstreckt hat, soll die konkrete Zuordnung von *Sesia-Zone* und *Dent Blanche-Decke* zum Unterostalpin unterbleiben. Die genannten Komplexe werden im Zusammenhang mit dem Penninikum behandelt und als *„suprapenninisch"* bezeichnet (vgl. S. 288). Selbstverständlich ist dies auch nur ein formeller Ausweg.

Wie Abb. 160 zeigt, erreichte das *Unterostalpin* seine tektonische Position schon mit dem Beginn der ostalpinen Gebirgsbildung vor und zu Beginn der Oberkreide. Wie auf S. 119 erwähnt, wird die Überschiebung durch das Oberostalpin durch das Ende der Sedimentation in der Unterkreide markiert. Bezeichnend ist, daß im Westen, im Engadin, die Ablagerung auch noch während der Oberkreide weiterging. Entweder erfolgte dort überhaupt keine Überschiebung von Oberostalpin, oder wenn allenfalls, dann erst zu einem späteren Zeitpunkt. Schon oben wurde erwähnt, daß ja das Ostalpin als tektonische Einheit nach Westen ein primäres Ende findet (vgl. S. 110 u. 213).

Aus Abb. 160 und vor allem aus den Abbildungen 190–194 geht hervor, daß das Unterostalpin längst nicht so weit nach Norden verfrachtet wurde wie das Oberostalpin und deshalb vor allem in den Zentralalpen verbreitet ist (Abb. 2). Daß seine Wurzel relativ weit im Süden liegt, ist auf den Profilen zu erkennen und wird vor allem durch die Verbreitung rings um das *Tauern-Fenster* belegt (Abb. 192). Die Stockwerke, ihre Zerscherung und die relative Transportweite über tiefere Einheiten hinweg zeigen die Abb. 201–202.

Der jetzige Verband unterostalpiner Einheiten und ihre Benennung geht aus Abb. 215, 208–212 hervor.

Entsprechend seiner Position unter dem überschobenen Oberostalpin haben die unterostalpinen tektonischen Einheiten eine Metamorphose erfahren. Sie äußert sich besonders in starker Auswalzung, die an Breccien-Kompenten der Schichtfolge deutlich sichtbar wird. Die Gesteine des kristallinen Sockels haben, soweit sie überwiegend praealpidisch metamorph waren, eine Diaphthorese (Phyllonitisierung) erfahren. Weitere Einzelheiten werden unten beschrieben.

Unter den sich nach Westen axial heraushebenden oberostalpinen Decken können in Graubünden verschiedene tektonische Einheiten in unterostalpiner Position beobachtet werden. R. Staub erachtete es deshalb als notwendig, zur weiteren Untergliederung ein *„Mittelostalpin"* zusätzlich abzutrennen (vgl. S. 214).

Die Verbreitung von Unter- (und Mittel-) ostalpin im Westteil der Ostalpen zeigt zunächst die Abbildung 160 ohne interne Unterteilung. Nach dieser Zeichnung und Abb. 220 taucht das Unterostalpin (im weitesten Sinn) in einem Halbfenster axial nach Osten in Gestalt der *Vintschgauer Schieferzone* ab.

Diese Lösung bietet sich zwar geometrisch an, ist jedoch nicht erwiesen. Möglicherweise ist in Wurzelnähe und im Sockel keine durchgehende Trennung von Ober- und Unterostalpin vorhanden.

Sehr große Ausstrichbreite erreichen *Unter-* (und *Mittel-)ostalpin* (= „Grisoniden") zwischen Valtellina und Engadin. Im Norden und Osten werden diese Komplexe von der *Silvretta-Decke* überdeckt. Unter letzterer kommt an deren Nordrand zwischen Lenzerheide und Davos nochmals ein Zug von *„Mittelostalpin"* zum Vorschein (vgl. unten) (Abb. 227, 307–311).

In der Reihenfolge von unten nach oben trifft man im Engadin folgende Decken und Teildecken an: *Carungas-Teildecke* der Err-Decke, *Err-Decke, Bernina-(Julier-) Decke* (mit *Stretta-Masse*); darüber (und nach R. Staub „mittelostalpin") *Campo-Languard-Teildecke, Ortler – Aela-Decke* und *Quattervals-Umbrail-Decke*.

Err- und *Bernina-Decke* besitzen sehr mächtige Kerne von Kristallin (Abb. 308, 310). Darunter sind die grünlich gefärbten, nur wenig alpidisch vergneisten *Err-* und *Julier-„Granite"* besonders auffällig. *Bernina-Granit* zeigt ein radiometrisches Alter (Pb-total) von 260–295 Millionen Jahren und dürfte damit junghercynisch sein. Daneben kommen weitere Orthogesteine (mächtige Dioritkomplexe am Piz Rosatsch und am Piz Moteratsch, sowie Porphyroide) vor. Auch die Paragneise zeigen große Vielfalt und lagen schon präalpidisch als Gneise, Glimmerschiefer und Phyllite vor.

Die Sedimente der *Err-* und *Bernina-Decke* (Abb. 41) treten teils an der Front der Decken, teils auf deren Rücken und im Kristallin eingeschuppt auf. So stellt die *Carungas-Decke* wohl eine frontale Digitation des Westteils der *Err-Decke* dar. Die engere Sedimenthülle der *Err-Decke* kann an deren Nordrand in einer schmalen Zone am Südhang der Albula-Furche verfolgt werden *(Tschitta-Zone)*, die steil nach Norden unter die *Aela-Decke* einfällt und axial nach Osten gegen das Inntal abtaucht (Abb. 229, 311).

Err- und *Bernina-Decke* werden durch den Sedimentzug der *Saluver Zone* (Abb. 311) voneinander getrennt, der die bekannten *„Saluver Breccien"* enthält (Abb. 41). Ob es sich um eine Ablagerung auf dem Rücken des *Err-Kristallins* oder an der Front der *Bernina-Decke* handelt, und ob sich in der Entstehung der Breccien beginnende Deckenbewegung widerspiegelt, sei dahingestellt.

Das Kristallin der *Err-Decke* bildet südlich des Inn die Corvatsch-Gruppe und dünnt nach Süden unterhalb des Piz Bernina aus (Abb. 310, 308). Es enthält praevariszische Migmatite und Orthogneise, sowie Porphyroide (permokarbonische Porphyre). Mesozoikum der *Bernina-Decke* tritt auch auf deren Rücken oder im Kristallin eingeschuppt auf. So wird zum Beispiel die kristalline *Stretta-Masse* durch das eingeschuppte *Alv-Mesozoikum* abgetrennt (Abb. 308, 250).

Die genannten Decken zeigen ein generelles Axialgefälle nach Osten und tauchen entlang dem Inntal ab (Abb. 315, 308, 310). Am Piz Mezzaun kommt in einer Achsenkulmination Bernina-Mesozoikum noch einmal halbfensterartig zum Vorschein (Abb. 308, 250).

Die über der *Bernina-Decke* folgenden Einheiten sind im Sinne von R. STAUB *mittelostalpin,* ihrer Fazies nach allerdings eher oberostalpin (vgl. Abb. 23, 38). Etwa entlang der Nord-Süd-Furche des Bernina-Passes folgt über der *Bernina-Decke* das Kristallin der *Campo-Decke* (Abb. 255, 308), das besonders weit ausgedehnt ist. Phyllite („Casanna-Schiefer") und Paragneise sind in der *Campo-Decke* vorwiegend neben Anatexiten verbreitet. Auch Amphibolite kommen vor. Trias ist oft in Gestalt von Marmorlinsen eingeschuppt, die von starker interner tektonischer Differenzierung zeugen, die im Einzelnen noch nicht so weit geklärt ist, daß eine entsprechende Gliederung angeführt werden könnte. Der Diorit-Komplex im Adda-Tal zwischen Bormio und Tirano ist möglicherweise alpidisch entstanden, wie die auf Abb. 308 eingezeichneten alpidischen Granit-(Tonalit-)Stöcke und -Züge.

Als *Languard- (Teil-)Decke* wird ein Lappen der *Campo-Decke* abgetrennt, der in der schon erwähnten Deckenmulde der *Bernina-Decke* zwischen St. Moritz und Piz Mezzaun nach Westen vorspringt.

Die Sedimentbedeckung des *Campo-Languard-Körpers* ist teilweise abgeschert und bildet selbständige tektonische Körper, die stratigraphisch meist nicht vollständig sind. *Ortler-Decke* und *Fraële-Zone* stehen im engsten Verband mit dem *Campo-Kristallin* (Abb. 308, 232), darüber folgen *Umbrail-* und *Quattervals-Decke,* die ihrerseits unter die *Scarl-*Decke einfallen (vgl. S. 214).

Über der *Err-Decke* und unter der *Silvretta-Decke* kann man die *Aela-Decke* (vgl. Abb. 38), die hauptsächlich aus Hauptdolomit und Allgäuschiefern besteht, über den Albula-Paß bis in die Motta Palousa und zum „Stein" im Julia-Tal oberhalb Tiefenkastel verfolgen. Der Piz Toissa bildet westlich der Julierfurche einen Auslieger dieser Decke, deren Hauptdolomit weithin sichtbar dem Axialgefälle folgend nach Osten einfällt (Abb. 308, 311, 229).

Abb. 314 zeigt, daß die *Aela-Decke* nördlich des Albula-Tales nach Norden ausdünnt. Aus der *Silvretta-Decke* entwickelt sich unter dem Lenzerhorn die *Aroser Dolomiten-Decke,* die man im Streichen bis Davos verfolgen kann und die ebenfalls als mittelostalpin eingestuft wird. Nach der gegenwärtigen Deutung des Profils auf Abb. 314 handelt es sich aber nicht um die unmittelbare Fortsetzung der *Aela-Decke,* sondern eher um eine frontale Digitation der *Silvretta-Decke.* Dasselbe gilt für die noch tiefere *Tschirpen-Decke.* die sich dadurch auszeichnet, daß Radiolarit transgressiv auf Hauptdolomit liegt.

Bei Davos verschwindet die *Aroser Dolomiten-Decke* nach S unter dem *Silvretta-Kristallin* (Abb. 231), nachdem sie südlich Arosa die Kette von Erzhorn – Schießhorn – Tiejerfluh – Küpfenfluh bildet. Die bei Davos entwickelte „*Davoser Kristallin-Schuppe*" (Abb. 231) entspricht ihrer tektonischen Stellung nach der kristallinen *Rothorn-Schuppe* in der Lenzerhorn-Gruppe (Abb. 314). Der *Schafläger-Sedimentzug* samt *Schafläger-Kristallin,* nehmen bei Davos die Stellung der *Tschirpen-Teildecke* unter der *Aroser Dolomiten-Decke* ein (Abb. 314 und 231).

Die auf den Abbildungen 311, 307, 231, 314 eingezeichnete *Aroser (Schuppen-)Zone* wird im Zusammenhang mit dem *Penninikum* besprochen. Zahlreiche Autoren stellen sie zwar mit gewisser Berechtigung auch zum Unterostalpin (vgl. S. 44). Bis vor kurzem wurden auch *Falknis-* und *Sulzfluh-Decke* dem Unterostalpin zugeordnet, unter der Annahme, es handle sich um abgescherte Sedimentkomplexe von *Err-* und *Bernina-Decke.* Diese Decken werden jetzt mittelpenninisch eingestuft und dort erwähnt (S. 316).

Problematisch ist ferner die Zuordnung der tektonischen Einheiten, die im *Unterengadiner Fenster* zwischen Oberostalpin im Hangenden und den basalen penninischen *Bündnerschiefern* im Liegenden auftreten (Abb. 307–309, 227, 245, 317–318). *Tasna-Decke* bzw. die ihr gleichzustellende *Prutzer Serie* (Abb. 46) sowie die *Zone von Champatsch* liegen zwar in „*unterostalpiner*" Position unter *Silvretta-* bzw. *Ötztal-Decke,* können aber auch ins *Penninikum* eingestuft werden (vgl. S. 45). Es mag genügen, auf die Widersprüchlichkeit der tektonischen

Zuordnung hinzuweisen. Ostalpin ist jedenfalls die *Klippe der Stammerspitze* (Abb. 29), die unmittelbar auf den basalen Bündnerschiefern des *Unterengadiner Fensters* aufruht und zwar mit inverser Schichtfolge. In der Umrandung des Fensters zeigt sich nirgends ein tektonisches Äquivalent. Vielleicht handelt es sich um ein Relikt einer Stirnfalte der *Ötztal-Decke?*

Unterostalpin werden auch Gesteinskomplexe eingestuft, die in der Umrahmung des *Tauern-Fensters* auftreten (Abb. 245, 319–320, z. T. auch auf Abb. 233, 236 und 238). Zwischen den penninischen Serien im Fenster-Inneren und dem oberostalpinen Rahmen *(Ötztal-Masse, Zone der Alten Gneise, Kärntnerisch-steirisches Altkristallin)* treten Gesteinsserien in tektonisch unterostalpiner Position auf, die zum großen Teil auch unterostalpine Fazies zeigen (Abb. 42–48). Diese Serien kann man mit Unterbrechungen rings um das Fenster verfolgen *("Lungauriden"* nach L. KOBER). Entsprechend der Lage unter der oberostalpinen Masse sind alle diese Serien metamorph, vor allem stark ausgelängt.

Die *Tarntaler Zone* erscheint auf Abb. 319 zwischen dem Silltal bei Matrei und dem Zillertal. Die Stellung im Verband geht aus Abb. 253 und 230 (oben) hervor.

Die Überschiebung des *Tarntaler Mesozoikums* auf *Obere Schieferhülle* der Tauern ist unbestritten. Das Verhältnis zum nördlich anschließenden *Innsbrucker Quarzphyllit* wurde jedoch schon verschieden gedeutet. Nach Abb. 253 wird hier angenommen, daß dieser Quarzphyllit zum ehemaligen unterostalpinen Sockel gehört, wie einige andere Phyllitvorkommen in den Zentralalpen, die am Schluß dieses Kapitels noch einmal zusammenfassend behandelt werden (S. 326).

Jedenfalls wird aus Abb. 253 ersichtlich, daß die *Tarntaler Zone* aus einigen Teildecken besteht, die in dünne Lamellen zerlegt und übereinandergepackt sind. Auf der Abbildung wird im Nordteil stratigraphischer, aufrechter Verband des Permomesozoikums mit dem *Innsbrucker Quarzphyllit* sichtbar.

Weiter im Osten, beiderseits des Gerlos-Passes ist die Grenze zwischen Penninikum und Unterostalpin noch nicht scharf zu ziehen (Abb. 251). Dieser Bereich ist auf Abb. 322 als „Schuppenzone" bezeichnet. Fest steht auf jeden Fall die Zuordnung der steil stehenden carbonatischen *„Krimmler Trias"* zum Unterostalpin (Abb. 321).

Das ausgedehnteste Vorkommen von Unterostalpin findet sich an der Nordostecke des *Tauern-Fensters* in Gestalt der **Radstädter Tauern** (Abb. 320, 245). Dort ist das Permomesozoikum in einer Anzahl aufrechtstehender Decken aufeinandergestapelt, gewissermaßen gestaut, was auch in interner Faltenbildung in einzelnen Decken zum Ausdruck kommt (Abb. 254). Als oberste Einheit tritt die *Quarzphyllit-Decke* auf, die nach Abb. 254 inverse Lagerung zeigt. Man darf daraus Hinweise auf die tektonische Stellung und die Art seiner tektonischen Platznahme entnehmen (S. 254).

In der *Hochfeind-* und *Lantschfeld-Decke* der Radstätter Tauern sind auch praealpidische ‚alpidisch diaphthoritische Granitgneise *("Twenger Kristallin")* in Form spanartiger Körper enthalten (Abb. 320, 254). Sie zeigen zusammen mit den Gneisen im Mürztal usw., daß der Sockel des Unterostalpins nicht etwa einheitlich von Phylliten eingenommen wurde.

Der Fazieswechsel von Unterostalpin zu Oberostalpin vollzieht sich innerhalb der tektonisch unterostalpinen (Teil-)Decken der Radstätter Tauern. Die tektonisch höhere und südlicher beheimatete *Pleisling-Decke* hat durchaus oberostalpine Züge, die mit der Fazies z. B. der Kalkvoralpen vergleichbar sind (vgl. Abb. 43).

Der Ostrand des *Tauern-Fensters* bietet im Gegensatz zum Westrand die Gelegenheit, das *Unterostalpin* wurzelwärts zu verfolgen (Abb. 320). Es dünnt in dieser Richtung stark aus. Zwischen St. Michael, dem Katschberg und der Südostecke ist *Quarzphyllit* verbreitet und zwar in inverser Lagerung, belegt durch das Auftreten von Permoscyth-Quarzit (Abb. 324).

Am Südrand des *Tauern-Fensters* verläuft die *Matreier Zone* als schmaler, meist sehr steilstehender Komplex. Er enthält eine bunte Mischung von ausgelängten Gesteinsscherlingen, die teils unterostalpine, teils penninische Faziesszüge tragen. Die Trias ähnelt z. T. der Seidlwinkltrias des Tauern-

Penninikums (Abb. 59). Jura ist geringmächtig. Vor allem ist auch Kristallin in hohem Maße beteiligt (Abb. 48, 319–320, 323, 237). Es handelt sich hier wohl um eine tektonische Mischzone, in der wie in der schon erwähnten *Aroser Zone* neben ursprünglichem Faziesübergang auch eine mechanische Mischung der Gesteine beim Deckentransport vor sich ging. Es handelt sich ja hier um den Hauptbewegungshorizont der Ostalpen: Ostalpin auf Penninikum. Eine tektonische Untergliederung für das Gebiet hauptsächlich östlich des Mölltals gibt S. PREY 1964.

Schon oben wurde erwähnt, daß das Unterostalpin nicht in geschlossener Fläche auftritt. Auch in diesem Umstand zeigt sich, daß dieser tektonische Komplex die frontale Partie des ostalpinen gesamten Deckenkomplexes darstellt, der schon in einzelnen Scherlingen oder Faltenteilen unter die Schubmasse geriet, dort noch weiter zerschert und stellenweise auch tektonisch angehäuft wurde.

Auf Abb. 2 und 236 ist Unterostalpin östlich der Tauern erst wieder in den Mürzalpen und weiter östlich am Semmering, in den Fischbacher Alpen und am Wechsel ausgeschieden. Auch das von den eigentlichen Alpen isolierte Leitha-Gebirge ist hier zugeordnet. (Die *Ennstaler Quarzphyllite* sind auf Abb. 2 nicht, auf Abb. 236 dagegen berücksichtigt, vgl. S. 233!)

Das *Unterostalpin* des Mürztales erscheint in einem Halbfenster unter dem Oberostalpin *(Troiseck-Floning-Zug* im Norden, zentralalpines Altkristallin mit auflagernder *Rannach-Serie* im Süden) (Abb. 243, 244, 238). Auch hier im Osten der Alpen beobachtet man häufig inverse Lagerung (Abb. 325, 236, 190, 255). Dabei treten Gesteine des unterostalpinen Sockels (Phyllite und Gneise) als Kern von Falten und Schuppen mit umhüllendem Permomesozoikum auf. Im ganzen tauchen die Serien stirnwärts, also nach Norden ein, wobei am Semmering das Permomesozoikum in einigen Schuppen angehäuft ist. Wie die Flysch-Fenster in den Kalkalpen (S. 243) zeigen, kann das *Unterostalpin* nicht weit über den jetzt aufgeschlossenen Bereich hinaus nach Norden reichen.

Das unterostalpine Kristallin südlich des Semmering umschließt am Wechsel und an der Rechnitz ein Fenster, in dessen innerem Rahmen zunächst unterostalpines Permomesozoikum in inverser Position zum Vorschein kommt (Abb. 325, 238). Die Grobgneis-Serie und der Wechselgneis werden ebenfalls jetzt unterostalpin eingestuft. Die Geologie des Wechselgebiets ist auf S. 331 im Rahmen des Penninikums der äußersten Ostalpen beschrieben. Darunter treten dann penninische Metamorphite in Erscheinung (vgl. S. 331 und Abb. 60).

Auch das *Fenster* von *Scheiblingkirchen* am Ostrand der Alpen erweist zum Teil inverse Lagerung des Unterostalpins, wobei Augengneise heute als höchste Serie festzustellen sind (Abb. 255 und 325).

Im unterostalpinen *Semmering-Wechsel-System* sind neben, zum Teil unter den sonst im Unterostalpin so häufigen Phylliten auch tiefere Stockwerke wie Glimmerschiefer, (diaphthoritische) Gneise (Phyllonite) und „*Grobgneise*" (metablastische Augengneise) vertreten.

Die *Grobgneise* von Birkfeld zeigen ein absolutes Alter von 94 Millionen Jahren, die des Mürztals von 96 Millionen. Der *Grobgneis* von Ratten ergab 72 Millionen Jahre. (Pb-total-Alter nach H. FLÜGEL 1964).

Bei verschiedensten Deutungsmöglichkeiten erscheint es H. FLÜGEL wahrscheinlich, daß diese Altersbestimmung das Alter einer frühalpidischen, in den Ostalpen wirksamen Metamorphose (Anatexis) zur Zeit der Kreide wiedergibt.

Nach der Gesteins-Assoziation scheint sich das Unterostalpin in das *Leitha-Gebirge* und weiter in die kleinen Karpathen nördlich der Donau fortzusetzen (Abb. 2, 325, 45), die sich horstartig aus dem Neogen des Wiener Beckens erheben. Inwieweit in den genannten Gebieten die Deckennatur erhalten bleibt, wird hier nicht erörtert.

Im Zusammenhang mit dem Unterostalpin müssen noch einige **Phyllitserien** beschrieben werden, die zum Teil schon an anderer Stelle erwähnt wurden. In den nördlichen Zentralalpen treten solche Phyllite, genannt in der Reihenfolge von West nach Ost, auf: *Landecker Quarzphyllit, Innsbrucker Quarzphyllit, Quarzphyllit* der *Radstädter Tauern, Ennstaler Phyllite, Phyllite des Semmering-Wechsel-Systems*. Auf einzelnen Darstellungen sind diese Komplexe tektonisch recht unterschiedlich und zum Teil auch sich widersprechend zugeordnet.

Alle genannten Phyllit-Komplexe kommen am Nordrand der Zentralalpen vor. Zum Teil findet man sie im stratigraphischen (oder doch in sehr nahem) Verband mit unterostalpinem Permomesozoikum, zum Teil aber auch mit oberostalpinem Kristallin. Wie schon an anderer Stelle mehrfach gezeigt wurde, sind Gesteine aus diesem paläogeographischen Grenz-Bereich am Außenrand des Ostalpins beim Nordtransport unter die Hauptmasse (das „Oberostalpin") geraten.

In der Frontalposition, die das Unterostalpin damit einnahm, ist das Permomesozoikum teilweise abgeschert und in selbständigen Decken oder Schuppen erhalten, wie beispielsweise in den Radstädter Tauern. Der Sockel in Gestalt des Quarzphyllits aber blieb zunächst noch im engeren Verband mit dem Oberostalpin, wurde erst bei weiterem Vorschub unter dieses eingebogen und kam als eintauchende Stirn damit in inverse Lagerung (vgl. S. 252).

So wäre es denkbar, daß auch der *Innsbrucker Quarzphyllit* invers liegt und daß der auf S. 217 erwähnte *Schwazer Augengneis (Kellerjoch-Gneis)*, der jetzt über ihm auftritt, als Rest seines stratigraphisch Liegenden aufzufassen wäre. Auch die Glimmerschiefer am Patscherkofel und Glungezer, die auf dem *Innsbrucker Quarzphyllit* ruhen, könnten so als seine ehemalige Unterlage gedeutet werden, die jetzt in inverser Position angetroffen wird.

Bisher war man stets geneigt, diese Schollen als Klippen, d. h. Deckenreste einer ursprünglich weiter nach Osten verbreiteten *Ötztal-Decke* anzusehen. Nach dieser Auffassung sind auch die Darstellungen auf den Abbildungen 233, 245, 230, 227 gezeichnet worden.

Während die bis jetzt genannten Phyllite *(Innsbrucker* und *Radstädter Tauern)* sich tektonisch vom ursprünglich anschließenden und später oberostalpinen Altkristallin getrennt haben, ist der *Landecker Quarzphyllit* (Abb. 233, 227, 248, 307) noch relativ eng mit der *Silvretta-Masse* verbunden und wird deshalb selbst als Oberostalpin bezeichnet. Dasselbe trifft für die Phyllite des Ennstales zu (Abb. 238). Diese Phyllite liegen noch an der Stirn des ostalpinen Kristallins.

Auf Abb. 238, 245 wird der *Ennstaler Phyllit* zur *Nördlichen Grauwackenzone* und damit dem Oberostalpin zugezählt, auf Abb. 236 aber unterostalpin eingestuft. Tatsächlich kann man die Zuordnung nach den verschiedenen genannten Gesichtspunkten eben verschieden vornehmen. Zudem gehen die oberostalpinen Ennstaler Phyllite und der unterostalpine Quarzphyllit der Radstädter Tauern im Streichen offenbar ineinander über.

Wo schließlich die tektonischen Grenzen wie im Pinzgau (Abb. 251) steil stehen, ist eine Entscheidung über Position im Deckenverband ohnehin sehr schwierig und kann nur in Analogie zu anderen benachbarten Bereichen erfolgen.

Ohne Rücksicht auf die von den einzelnen Autoren und auch an dieser Stelle vorgenommene unterschiedliche tektonische Zuordnung ist für die erwähnten Phyllit-Komplexe nach E. Clar (1965) ihre bei der Überschiebung des Ostalpins frontale Position entscheidend. Teils wurden die Phyllite in Stirnfalten in inverse Lagerung am Nordrand des Oberostalpins umgebogen und damit die inversen Liegendschenkel „unterostalpin", die Faltenstirn und der Hangendschenkel dagegen „oberostalpin", teils sind sie mit ihrer mesozoischen Bedeckung einfach abgeschert und blieben in aufrechter Lagerung (Abb. 253).

Wie schon mehrfach erwähnt, hat ja auch die ostalpine Sedimenthülle eine ähnliche tektonische Geschichte erlebt. Es ist durchaus denkbar, daß Permomesozoikum, das über den genannten Phylliten sedimentiert wurde, bei der tektonischen Zerlegung unterostalpin wurde, während der ursprünglich unterlagernde Phyllit im Verband mit dem übrigen Altkristallin und oberostalpin verblieb. Die Trennung in tektonische Körper verlief also weithin auf listrischen Flächen quer durch die Gesteinsabfolgen.

Es scheint, als ob die Phyllite einer Muldenstruktur angehören, die dem Nordrand des Ostalpins etwa folgte, in der also bei Beginn der alpidischen Aera das phyllitische Stockwerk erhalten war (vgl. Abb. 135). Neben diesen Phylliten kommen noch zahlreiche weitere Komplexe im Verband des oberostalpinen Sockels vor (vgl. S. 213-220).

Literatur (vgl. auch die Angaben im betreffenden Kapitel über die Stratigraphie):
J. Cadisch 1953; H. P. Cornelius 1935, 1950, 1951; E. Clar 1937, 1940; M. Enzenberg 1967; C. Exner & S. Prey 1964; P. Faupl 1970, 1972; K. Karagounis & A. Somm 1962; P. Kellerhals 1965; M. A. Koenig 1967; E. Kupka 1956, 1964; R. Pozzi 1957, 1960, 1962, 1962; S. Prey 1946; F. Roesli 1946; R. Staub 1937, 1946, 1948, 1958, 1964; A. Tollmann 1956, 1958, 1958, 1963, 1964.

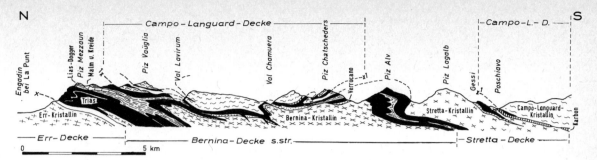

Abb. 250: Querprofil durch die *Bernina-Decke* s.l. (*Bernina-Decke* s. str. und *Stretta-Masse*) zwischen Engadin bei la Punt und dem oberen Poschiavo, östlich der Bernina-Straße (nach R. STAUB 1934).

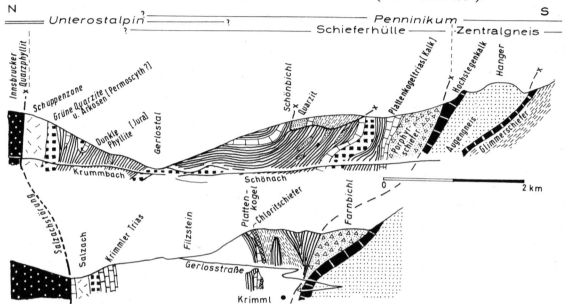

Abb. 251: Querprofile vom *Innsbrucker Quarzphyllit, Krimmler Triaszone* (Unterostalpin), *Schieferhülle, Hochstegenzone* zum *Zentralgneis* der Tauern im Gebiet des Gerlospasses (Tirol und Salzburg). Nach F. KARL & O. SCHMIDEGG 1964).

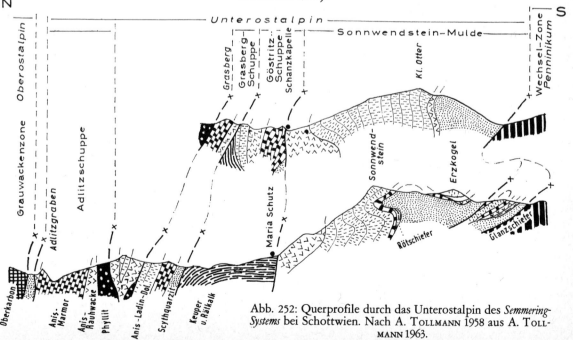

Abb. 252: Querprofile durch das Unterostalpin des *Semmering-Systems* bei Schottwien. Nach A. TOLLMANN 1958 aus A. TOLLMANN 1963.

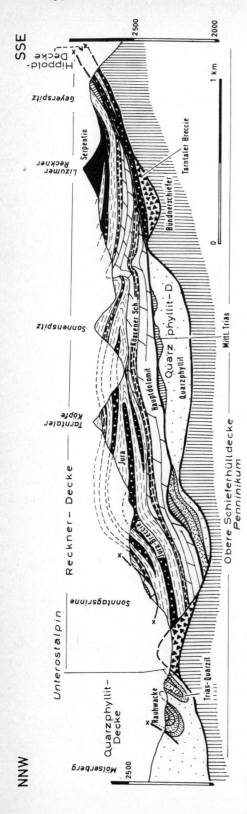

Abb. 253: Querprofil durch die Tarntaler Berge, Tirol. Nach A. Tollmann 1968. Die unterostalpine *Reckner-Decke* besteht aus nach Süden überliegenden Falten, die nach Tollmann stellenweise „potenziert" gefaltet sind.

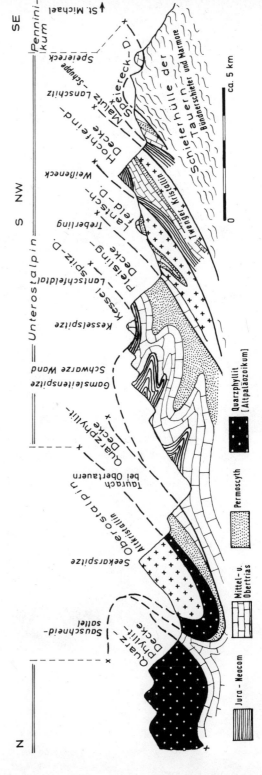

Abb. 254: Schematisches, überhöhtes Querprofil durch die südlichen Radstädter Tauern. Aufrechte Decken des *Unterostalpins*, mit Ausnahme der obersten (= *Quarzphyllit-*)Decke. Nach A. Tollmann 1964.

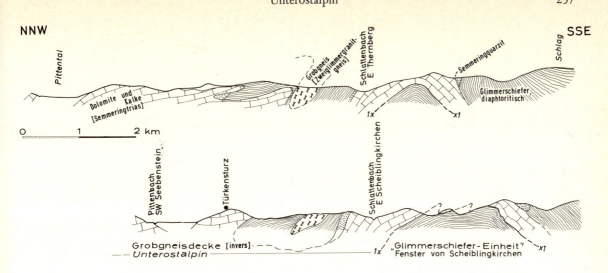

Abb. 255: Querprofile durch das Rosaliengebirge bei Scheiblingkirchen. *Fenster von Scheiblingkirchen* (Glimmerschiefer) unter dem invers liegenden Unterostalpin *(Grobgneis-Decke) (Semmering-System)*. (Nach G. Fuchs 1960).

Penninikum

Die penninische Zone ist in den ganzen Alpen verbreitet, tektonisch und faziell weitgehend übereinstimmend entwickelt. In den Westalpen nimmt sie den ganzen inneren Anteil des Gebirgsbogens zwischen den Südalpen und der Extern-Zone ein und wird deshalb auch Intern-Zone *("Zone interne")* genannt. Entsprechend der Breite des Ausstreichens ergibt sich in den Westalpen ein relativ guter Einblick ins Penninikum und damit auch in seine Entstehungsgeschichte. In den Ostalpen ist das Penninikum dagegen vom Ostalpin tektonisch überdeckt und wird nur in Fenstern oder ganz am Nordrand sichtbar (Abb. 1–2). Trotz der dadurch beeinträchtigten Untersuchungsmöglichkeiten kann man erkennen, daß das Penninikum *("Pennin")* der Ostalpen in vielen Einzelheiten demjenigen der Westalpen ähnlich ist.

Wie schon aus dem Kapitel über die Paläogeographie hervorgeht, beginnt im penninischen Ablagerungsraum erst mit dem Jura ein eigentliches geosynklinales Stadium der Alpen. Während die Anordnung der Faziesräume während der Trias-Zeit nicht überall dem späteren Streichen alpidischer Strukturen entsprach, zwingt der südpenninische *Bündnerschiefer- (Schistes lustrés-)* Trog die paläogeographische Anordnung in die alpidische Form und wird damit zum *„Stamm-Trog"* des Alpen-Orogens. Von dieser geosynklinalen Senkungszone ausgehend, wandert die Geosynklinale im Laufe der Zeit nach außen, bis sie im Alttertiär in den Extern-Zonen und schließlich im Jungtertiär im Molassetrog anlangt und ausläuft (vgl. Abb. 181–189 und S. 162–163).

In den Kapiteln über Stratigraphie und Paläogeographie wurde schon gezeigt, daß die fazielle Entwicklung im Penninikum keineswegs einheitlich ist. Es ist aber möglich, weithin in den Alpen eine Untergliederung quer zum Streichen vorzunehmen in ein südliches (bzw. internes), mittleres und nördliches (bzw. externes) Penninikum, für welches in den Westalpen die Namen *Piemontese (Piémontais), Briançonnais* und *Subbriançonnais* und *Valais* gebraucht werden. Da die genannten Bereiche in den penninischen Decken meist so angeordnet sind, daß die interneren Komplexe jeweils tektonisch höher situiert sind, kann man für Süd- auch *Hoch*-Penninikum, für Nord- auch *Tief*-Penninikum sinngemäß verwenden.

Die recht unterschiedliche fazielle und paläogeologische Entwicklung, die besonders das mittlere Penninikum *(Subbriançonnais* und *Briançonnais)* im Vergleich zu den beiderseitigen Nachbar-Bereichen nahm, führte dazu, daß sich diese Zone gegenüber tektonischer Beanspruchung im Laufe der alpidischen Gebirgsbildung wesentlich anders verhielt.

Im Vergleich zu den paläogeographisch extern und intern anzuschließenden Zonen des Gebirges hat das Penninikum die wohl insgesamt stärkste tektonische Beanspruchung, Verformung und auch Metamorphose erfahren. Die Gesteine penninischer Bereiche wurden im Laufe der Gebirgsbildung wohl in die größten Tiefen versenkt und – im Falle der Ostalpen – auch von mächtigen ostalpinen Decken-Komplexen überfahren.

Allerdings kann diese Überfahrung durch das mächtige Ostalpin nicht wesentliche Ursache der Metamorphose sein: diese ist in den Westalpen genau so intensiv, ohne daß jemals eine Überdeckung durch andere tektonische Komplexe vorhanden gewesen wäre.

Gesteine des penninischen Sockels, die schon vor der alpidischen Zeit metamorph waren, sind im Penninikum bei der Entstehung der Alpen ein zweites (oder mehreres) Mal metamorph, also polymetamorph geworden. Die voralpidische Geschichte des Sockels ist deshalb im Penninikum besonders schwer oder nicht mehr zu rekonstruieren, weil die jüngste, alpidische Metamorphose alte Züge verwischt hat.

Nur die in seichten Stockwerken verbliebenen penninischen Komplexe, vor allem die abgescherten und extern geglittenen Flysch-Decken und die Préalpes zeigen keine nennenswerte Metamorphose. Das Stockwerk des tieferen Mesozoikums ist dagegen epizonal bis mesozonal verändert. Im Kern der tieferen Regionen geht die Gesteinsumwandlung bis zur Anatexis und

Palingenese. In den mesozonalen und tieferen Bereichen tritt oft der Fall ein, daß ehemalige mesozoische Sedimente in Paragneise verwandelt und nur noch schwer vom paläozoischen Sockel unterscheidbar sind. Nur die Carbonate und Quarzite, aber auch Gips und Rauhwacken der Trias, also meist monomineralische Gesteine, sind auch im metamorphen Bereich noch besser kenntlich geblieben.

Die thermische Metamorphose mit Anatexis erfolgte im Penninikum überall nach der Tektogenese, also der Decken-Bildung. Sie geht von „Wärme-Domen" aus, wie sie im Tessin oder in den Tauern sichtbar werden, wobei die Einwirkung auch in tektonisch überlagernde Komplexe aufsteigt *(Seckauer Kristallisation,* vgl. S. 219).

Die penninischen Gesteinsserien wurden überwiegend tektonisch in Decken zerlegt. Kennzeichnend für den penninischen Bereich ist, daß in fast allen Fällen auch der Kristallin-Sockel mit in die Deckenbildung einbezogen wurde. Dabei kam es aber oft zur Abscherung und Abstülpung der Sedimenthülle, die dann ihrerseits oft in mehrere Stockwerke zerlegt wurde, die jetzt räumlich weit voneinander entfernt situiert sein können. Die ursprüngliche Anordnung der Gesteinskomplexe, ihr relativer Transportweg und die jetzige tektonische Position ist auf den Abb. 200–215 und 190–199 schematisch dargestellt.

Die regionale Beschreibung des Penninikums erfolgt für die West- und Ostalpen getrennt.

Penninikum („Zone interne") der Westalpen

Regionale Untergliederung

Wie schon mehrfach erwähnt, kann die *Intern-Zone* der Westalpen von innen nach außen in folgende paläogeographischen und tektonischen Einheiten gegliedert werden: Süd- (Hoch-)Penninikum = *Piemontese,* Mittelpenninikum = *Briançonnais* und gegebenenfalls *Subbriançonnais,* Nord- (Tief-)Penninikum = *Valais (Valaisan).*

Die Schichtfolgen des *Piemontese* umfassen besonders typische und mächtige Serien von *Schistes lustrés (Calcescisti, Bündnerschiefer)* mit Ophiolithen. Diese Komplexe haben sich bei der Deckenbildung großenteils vom Sockel abgelöst und wurden in der Stirnregion zu mächtigen Faltenhaufen zusammengestaut und häufig weit auf externe Bereiche überschoben (Abb. 258). Noch weiter alpenauswärts wurde meist das kretazische Flysch-Stockwerk dieser Zone verfrachtet, das man im *ligurischen Flysch,* der Decke des *Helminthoiden-Flyschs* in der Ubaye und im Embrunais sowie als *Simmen-Decke* über der *Extern-Zone* der Westalpen antrifft (Abb. 258).

Der Sockel des *Piemontese* ist nicht durchgehend aufgeschlossen. Er tritt zutage in Form der Intern-Massive der Westalpen, die teilweise auch in die Deckenbildung einbezogen sind: *Dora-Maira-Massiv, Massiv des Gran Paradiso, Monte-Rosa-Decke* und Kerne der hochpenninischen Decken in Graubünden (Abb. 200–201, 256–257, 286, 287, 301, 307–308).

Das mittlere Penninikum *(Briançonnais* und *Subbriançonnais)* hat in Bezug auf Fazies und paläotektonische Entwicklung eine ganz andere Geschichte erlebt (vgl. S. 12). Entsprechend ist der tektonische Bau dieser Einheiten ganz anders. Der Sockel des *Briançonnais* (einschließlich Permokarbon) ist im Westalpenbogen zwischen Savona und dem Simplon fast durchgehend entblößt, abgesehen von einer axialen Depression zwischen Ubaye und Durance (Abb. 256). Die sedimentäre Hülle ist weitgehend im – wenn auch parautochthonen – Verband mit dem Sockel geblieben. Die Schichtfolge mit mächtigen Carbonat-Serien der Trias und geringmächtigen Jura- und Kreide-Serien, sowie Flysch (vgl. S. 58 und Abb. 72) reagierte häufig in Bildung von Schuppen auf die tektonische Beanspruchung. Ähnlichkeit von Gestein und dessen tektonischem Internbau führt zu einer gewissen Ähnlichkeit der Landschaft mit den *Nördlichen Kalkalpen.*

Als Decke abgeschert und bis weit auf die *Extern-Zone* verfrachtet tritt uns allerdings die Sedimenthülle des *Briançonnais* (und *Subbriançonnais*) in der Klippen-Decke entgegen, die in den *Préalpes romandes* beiderseits der Rhône nach flächenhaft, weiter östlich dagegen nur noch in (den namengebenden) Klippen verbreitet ist (Abb. 258). In Graubünden ist das mittlere Penninikum ebenfalls in zahlreichen Decken-Körpern zerschert anzutreffen (vgl. Abb. 201), die oft voneinander isoliert auftreten und über einen großen Querschnitt des Gebirges tektonisch verteilt wurden (Abb. 207–208).

Das *Subbriançonnais* zeichnet sich paläogeographisch durch einen zu alpidischer Zeit sehr mobilen Untergrund aus, verglichen mit der konservativen horstartigen Plattform des *Briançonnais* (vgl. S. 58). Die daraus resultierenden Schichtfolgen mit sehr wechselhaften Profilen und Fazieszusammenhängen reagierten tektonisch meist nicht einheitlich. Im *Subbriançonnais* kommen insgesamt mehr faltungsempfindliche Serien vor (Lias, Dogger, Oxford, Flysch) als im *Briançonnais*. Bei der Überschiebung oder Aufschiebung des *Briançonnais* ist daher das *Subbriançonnais* an oder unter dessen Front häufig zu einem Stapel von Schuppen zusammengeschoben worden, deren Sockel nicht sichtbar wird. Die Abscherung erfolgte auf Trias-Gipsen.

Unter dem *Helminthoiden-Flysch* des Embrunais und der Ubaye wurde *Subbriançonnais* weit auf die *Extern-Zone* verschleppt (Abb. 265, 256, 203–205, 200).

In der *Klippen-Decke,* die oben schon erwähnt wurde, sind die Faziesräume von *Briançonnais* und *Subbriançonnais* vereint anzutreffen (vgl. S. 59 und S. 299). In der Ost-Schweiz trennt man bis jetzt kein *Subbriançonnais* im Mittelpenninikum besonders ab.

Schließlich kann in einem großen Teil der Westalpen noch ein externes (tiefes) Penninikum *(Valais)* ausgeschieden werden. Wie schon aus Abb. 134 ersichtlich wird, ist diese Zone, jedenfalls als tektonischer Komplex, nur etwa vom Gebirge zwischen Maurienne und Tarentaise aus nach Norden und Nordwesten zu verfolgen (vgl. Abb. 256). Allerdings wurde schon an anderer Stelle mehrfach erwähnt, daß sich diese Zone paläogeographisch, d. h. als Ablagerungsraum in externe Bereiche der Westalpen fortsetzt (vgl. S. 12, 111).

So ist das **Tiefpenninikum** also in erster Linie als tektonischer Komplex definiert, der nur in Savoyen, in der Schweiz und östlich davon auch eine fazielle Einheit darstellt.

In diesem externen penninischen Raum entstanden im Gegensatz zum *Briançonnais,* aber ähnlich wie im Südpenninikum im Mesozoikum mächtige *Bündnerschiefer*-Serien (vgl. S. 12), zum Teil mit Ophiolithen, während Oberkreide und Alttertiär dann Flysch und flyschähnliche Gesteine. Letztere treten teils noch im Verband mit den unterlagernden Bündnerschiefern in Erscheinung *(Zone von Ferret-Sion,* Abb. 85, *Prätigau-Flysch,* Abb. 102), teils sind sie als selbständige Decken abgeschert und extern anzutreffen *(Niesen-Flysch* der *Niesen-Decke,* vgl. Abb. 256 u. a. Flysch-Serien der Ostschweiz, S. 70).

Der kristalline Sockel ist in Savoyen nur ausnahmsweise, zwischen Simplon und Graubünden dagegen durchgehend aufgeschlossen und zeigt dort Zerlegung in zahlreiche Decken-Körper, die durch ausgewalzte Trias- und *Bündnerschiefer*-Lamellen, die oft weit wurzelwärts zu verfolgen sind, getrennt sind.

Die nähere Beschreibung des Penninikums der Westalpen erfolgt in einzelnen, im Streichen angeordneten Abschnitten. Dabei wird jeweils der gesamte Querschnitt vom Piemontese bis zum Subbriançonnais bzw. Valais behandelt.

Literatur: J. CADISCH 1953; J. DEBELMAS & M. LEMOINE 1964; A. HEIM 1921/1922; W. K. NABHOLZ 1953, 1957; W. PLESSMANN & H.-G. WUNDERLICH 1961; R. STAUB 1958; E. WENK 1956.

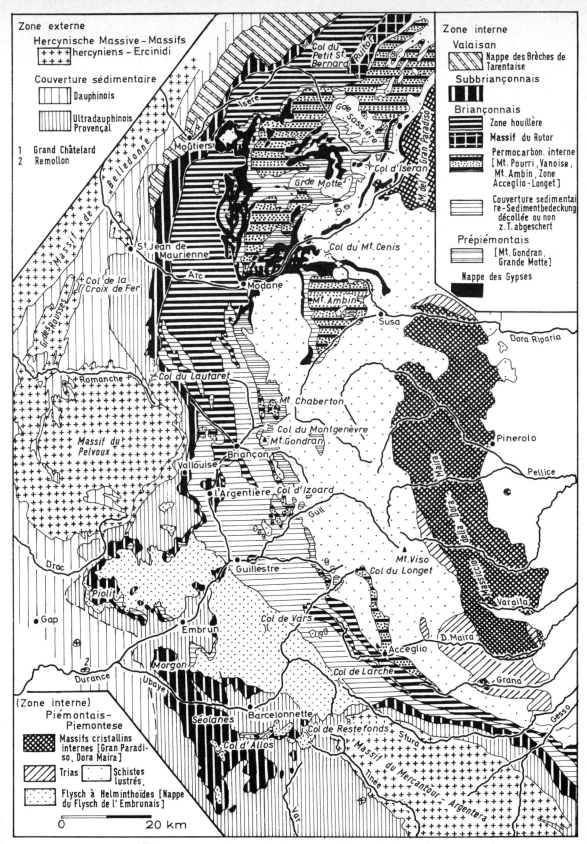

Abb. 256: Tektonische Übersichtskarte des Gebiets zwischen Savoyen und den *Alpes maritimes* (nach J. Debelmas in R. Barbier, J.-P. Bloch e. a. 1963). Fortsetzung auf Abb. 257.

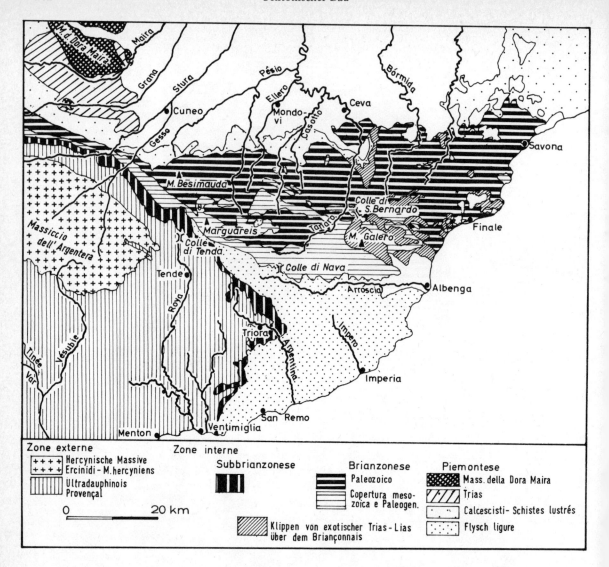

Abb. 257: Tektonische Übersichtskarte der *Alpes maritimes* und der *Alpi ligure* (nach J. Debelmas in R. Barbier, J.-P. Bloch e. a. 1963). Fortsetzung nach N auf Abb. 256.

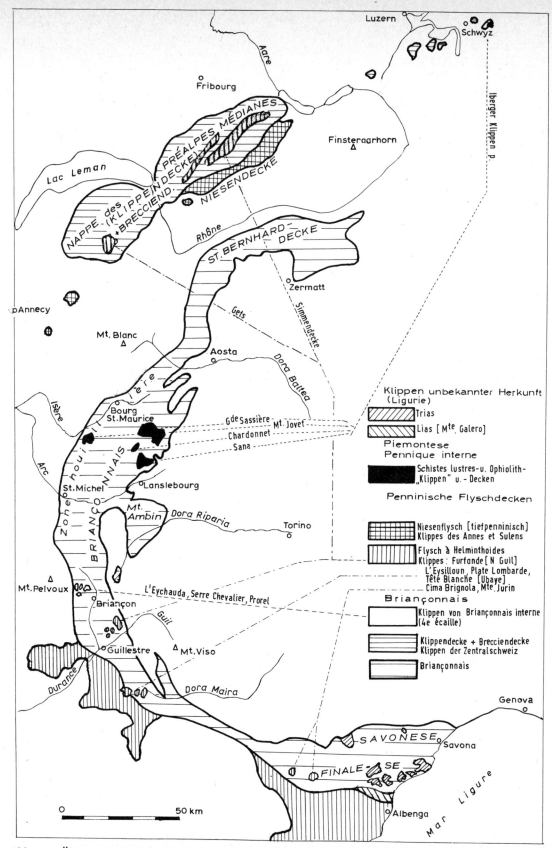

Abb. 258: Übersicht über die von den Wurzeln isolierter Gesteinskomplexe („Klippen") der Westalpen zwischen Ligurischem Meer und Zentralschweiz (nach R. BARBIER, J.-P. BLOCH e. a. 1963).

Ligurische Alpen und Meeralpen (Alpi ligure, Alpes maritimes)

Auf Abb. 257 ist das Gebiet zwischen *Argentera-(Mercantour-) Massiv* und Savona an der ligurischen Küste dargestellt (vgl. dazu auch Abb. 200 oben). Das interne Penninikum tritt in diesem Bereich nur in einem schmalen Streifen in Erscheinung, der sich am Nord-(= Innen-)Rand des *Briançonnais* hinzieht. Decken mit *Calcescisti,* an der Basis auch mit Trias, vor allem aber auch Ophiolithen *(Gruppo di Voltri, Serie von Montenotte,* Abb. 49, 50) sind nach Süden auf das *Briançonnais* aufgeschoben (Abb. 260). Das interne Penninikum verschwindet nach Norden unter dem jüngeren Tertiär der oberitalienischen Tiefebene. Nordöstlich Savona streicht es auf breitem Querschnitt aus. An der westvergenten *Überschiebungszone von Sestri-Voltaggio* finden die Alpen ihr tektonisches Ende gegen den östlich anschließenden Apennin, der eigene tektonische Geschichte und umgekehrte Vergenz zeigt (Abb. 260).

Das Briançonnais ist vorwiegend durch steile Aufschiebungen gegliedert. Die Schichtfolgen im Nord- und Südteil unterscheiden sich *(Savonese* und *Finalese,* Abb. 65). Im überwiegenden Bereich steht der Sockel zutage an, der sich neben weit verbreiteten permischen Eruptiven und sedimentärem Oberkarbon aus Gneisen und N Savona aus Granit zusammensetzt.

Die mesozoische Hülle des *Briançonnais* sowie alttertiäre Nummuliten-Kalke und Flysch *(Albenga-Serie)* ist vor allem im frontalen südlichen Bereich erhalten (Abb. 257, 260). Die mächtige carbonatische Trias bedingt Schuppen-Tektonik. Auf dem *Briançonnais* schwimmen die Klippen der Trias und des Lias am *Monte Galero* (Abb. 257, 258, 203), deren Herkunft noch nicht geklärt ist. Am wahrscheinlichsten ist wohl internes *Briançonnais.*

Über dem Flysch des *Briançonnais* folgt im Süden der Komplex des Ligurischen Flyschs, dessen Verbreitung vom Colle di Tenda gegen Ventimiglia und Albenga fächerartig zunimmt. Die Achsen divergieren entsprechend und tauchen mit östlicher Komponente ab (Abb. 257, 262). Der Innenbau zeigt Spezialfalten.

Die tektonische Stellung des *ligurischen Flyschs* ist umstritten. Nach Ansicht französischer Geologen (M. LANTEAUME 1967) ruht der *Ligurische Flysch* als Decken-Körper an seiner Innenseite auf *Briançonnais,* auf der Externseite auf einer schmalen Schuppenzone von *Subbriançonnais* (Abb. 257). Nach Abb. 262 ist dieses *Subbriançonnais* jedoch nicht vorhanden, der *Ligurische Flysch* würde danach also unmittelbar der *Extern-Zone* auflagern.

Die Schichtfolge des *Ligurischen Flyschs* zeigt teilweise Übereinstimmung mit der des *Helminthoiden-Flyschs* der Ubaye und des Embrunais (S. 49, Abb. 54). Beide Serien beginnen mit einem charakteristischen *Buntschiefer*-Horizont der älteren Oberkreide.

Nach Ansicht der französischen Geologen sind beide Komplexe im *Piemontese* beheimatet und als dessen oberstes tektonisches Stockwerk abgeschert und über das *Briançonnais* samt *Subbriançonnais* hinweg nach außen geglitten (Abb. 203). Isolierte Klippen von *Helminthoiden-Flysch* finden sich auch auf dem *Briançonnais* der ligurischen Alpen (Abb. 257–258). Nach den Autoren der Abb. 262 gehören diese Flysch-Klippen jedoch zur Sedimenthülle des *Briançonnais.*

Zwischen dem *Dora-Maira-Massiv* und dem *Argentera-(Mercantour-)Massiv* ist der Ausstrich der penninischen Komplexe auf ein kurzes Querprofil zusammengedrängt.

Zwischen Val Grana und Val Maira ist das Piemontese durch das Vorkommen von carbonatischer Trias gekennzeichnet (Abb. 53, 256–257). Auf dem Dora-Maira-Massiv ruht der Decken-Komplex der *Schistes lustrés („Nappe piémontaise"),* in dem man verschiedene tektonische Einheiten unterscheiden kann (Abb. 261). Am Südrand, wo die carbonatische Trias auftritt, herrscht dadurch bedingt überwiegend Schuppen-Tektonik. Nach Abb. 261 ist die Schichtfolge besonders an der Grenze von Werfener Quarzit gegen das dolomitische Anis und auf mutmaßlich karnischen Rauhwacken zerschert. Letztere sind dabei zum Teil diapirisch angestaut. Die *Schistes lustrés* enthalten auch hier Ophiolithe.

Die Grenze gegen das *Briançonnais* ist in diesem Querschnitt der Westalpen – wie häufig auch weiter nördlich – in Form einer Rücküberschiebung auf das *Piemontese* ausgebildet .(Abb. 261, vgl. S. 270). Der interner beheimatete und tektonisch eigentlich höhere Decken-Körper der *Schistes lustrés* bohrt sich gewissermaßen in den steifen Rücken des *Briançonnais*.

Das Briançonnais selbst ist stark verschuppt, die Sediment-Serien an seiner Front steilgestellt, ebenso wie das *Subbriançonnais,* das sich durch Vorhandensein von Lias zu erkennen gibt (Abb. 264, 263). Stellenweise grenzt das *Subbriançonnais* unmittelbar an die autochthone Sedimentbedeckung auf der Internseite des *Argentera-(Mercantour-)Massivs* (Abb. 264). Andernorts schiebt sich die Zone des Colle di Tenda ein (Abb. 263, 262). Auf Abb. 256 und 257 ist diese Zone mit dem *Subbriançonnais* vereint, ihre Schichtfolge auf Abb. 64 ebenfalls zusammen mit der des *Subbriançonnais* dargestellt, obwohl man diese Zone gelegentlich auch als Fortsetzung des *Ultradauphinois* von Nordwesten her betrachtet.

Wie aus Abb. 264 hervorgeht, sind auch die Hauptabscherungshorizonte von *Briançonnais* und *Subbriançonnais* Gipse und Rauhwacken der Trias, die sich an der Basis der steilstehenden Decken und Schuppen finden.

Literatur: *S. Alesina* e. a. 1964; B. Gèze 1960/1963; M. Gidon 1972; K. Görler & H. Ibbeken 1963; M. Lanteaume 1957, 1968; J. Plan 1968; W. Plessmann 1961; K.-J. Reutter 1961, M. Richter 1960; H.-G. Wunderlich 1963.

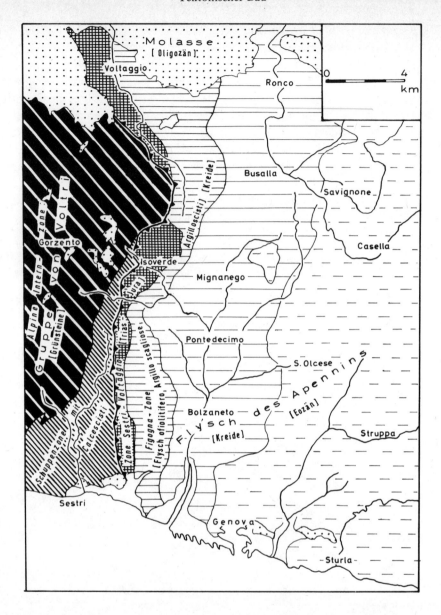

Abb. 259: Tektonische Übersichtskarte durch den Grenzbereich Alpen/Apennin nördlich von Genua (Genova). Nach P. CRETTAZ 1955. Bruchtektonik ist nicht eingezeichnet.

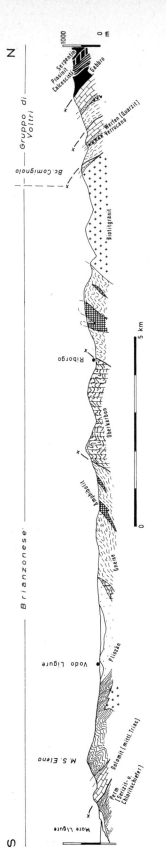

Abb. 260: Querprofil durch das *Briançonnais* im *Savonese* (Ligurien). Nach C. KEREZ 1955. (*Gruppo di Voltri* = Äquivalent des *Piemontese*).

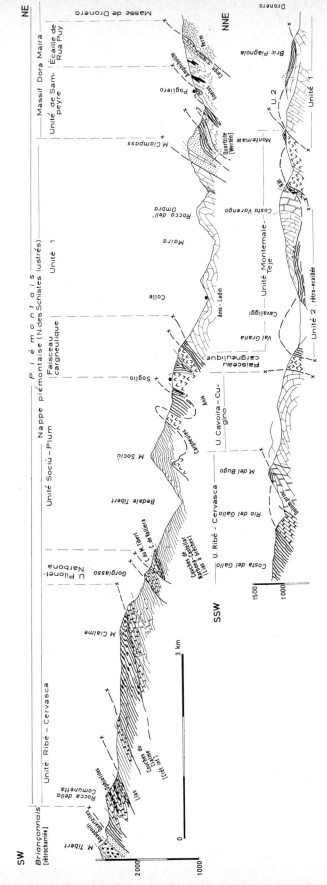

Abb. 261: Querprofile durch die Nappe des *Schistes lustrés (Piémontais)* zwischen *Dora-Maira-Massiv* und *Briançonnais* zwischen Val Maira und Val Grana (Cottische Alpen). Nach A. MICHARD 1968.

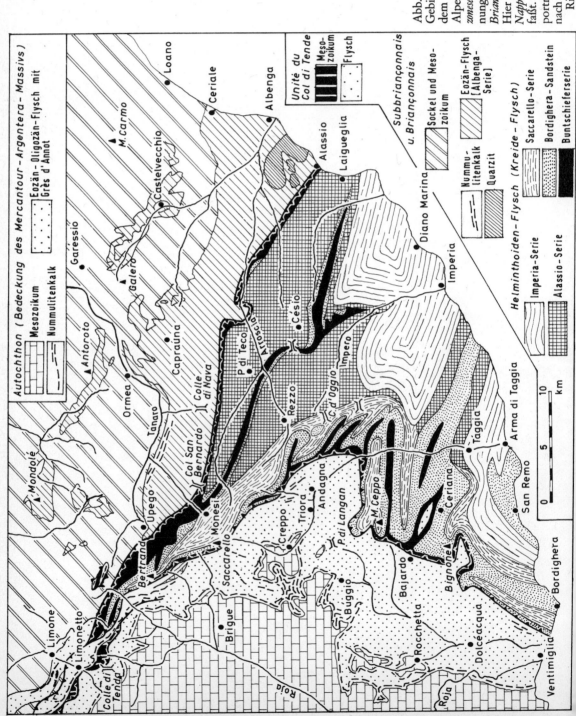

Abb. 262: Übersichtskarte über das Gebiet des *Ligurischen Flyschs* zwischen dem autochthonen Mesozoikum der Alpes maritimes und dem (Sub-)*Briançonnaise* (*Finalese* und *Savonese*). Zuordnung des Flyschs zum *Autochthon*, *Briançonnais* und *Piémontais* umstritten. Hier als *Piémontais* und Äquivalent der *Nappe du Flysch à Helminthoides* aufgefaßt. Nach M. RICHTER 1961. Transportrichtungen der Flyschsedimente nach Strömungsmarken aus südlicher Richtung (W. PLESSMANN 1961).

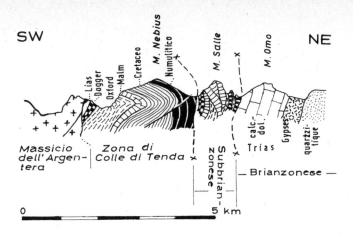

Abb. 263: Querprofil vom *Argentera-Mercantour-Massiv* durch die *Zone du Col de Tende,* das *Subbriaçonnais* NE des Valle Stura di Demonte bei Sambuco (nach Y. Gubler aus R. Barbier, J.-P. Bloch e. a. 1963).

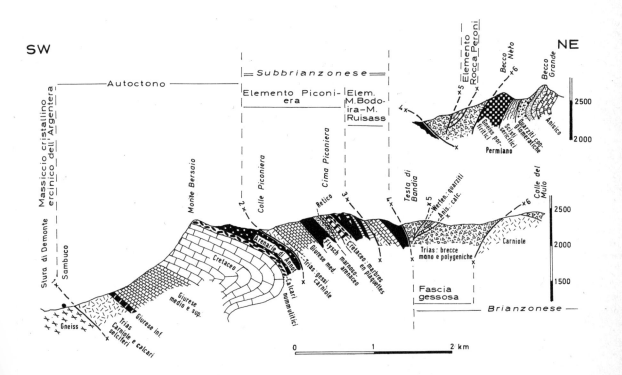

Abb. 264: Querprofile durch die autochthone Bedeckung des *Argentera-Mercantour-Massivs,* durch *Subbriançonnais* und *Briançonnais* im Bereich des Oberen Valle Stura di Demonte, Cottische Alpen (Alpi Cozie) (nach F. Carraro 1962).

Cottische Alpen (Alpi Cozie, Alpes cottiennes)

Die Achsen der alpinen Strukturen zeigen zwischen *Argentera-(Mercantour-)Massiv* und *Pelvoux-Massiv* generell eine Depression, die sich nicht nur in der *Extern-Zone,* sondern auch in der *Intern-Zone* findet. So erkennt man auf Abb. 256, daß der paläozoische Sockel des *Briançonnais* in diesem Bereiche ebenfalls axial abtaucht und an der Oberfläche die mesozoische Sedimenthülle dieser Zone noch durchweg erhalten ist. Im Bereich der erwähnten Depression ist auch die *Flysch-Decke des Embrunais* und begleitende tektonische Elemente weit auf die *Extern-Zone* überschoben. Ein generelles Profil gibt die Abbildung 199 (vgl. auch Abb. 200 Mitte und Abb. 204).

Im internsten Bereich des *Piemontese* tritt der Sockel in Form des Dora-Maira-Massivs in Erscheinung. Der Innenbau dieses langgestreckten Massivs wird aus Abb. 265 ersichtlich. Das stratigraphische Verhältnis der einzelnen Gesteins-Komplexe ist dort auf einer Skizze verdeutlicht. Bei den älteren Serien handelt es sich um paläozoische Sediment-Serien, die im Zuge der hercynischen Gebirgsbildung metamorph wurden und sich zum Teil migmatisch veränderten. Auch Intrusiva entstanden zu jener Zeit, wohl meist als Palingenite. Über diesem unteren Sockel-Stockwerk folgen jungpaläozoische Sedimente, die dann zusammen mit der mesozoischen Bedeckung (Abb. 52) alpin-metamorph wurden. Dabei wurden auch die hercynischen Granite und palingenen Diorite vergneist.

Das *Dora-Maira-Massiv* ist intern ostvergent verschuppt. Der Grad seiner Autochthonie ist nicht bekannt. Nach Westen zu verschwindet es jedenfalls unmittelbar unter tertiären und jüngeren Ablagerungen der Po-Ebene, aus denen sich inselförmig der *Granit von Cavour* erhebt (Abb. 265).

Die mesozoische Hülle des Massivs ist im parautochthonen Verband (Abb. 265). Man muß annehmen, daß der im Westen und Südwesten, sowie im Norden auf dem *Dora-Maira-Massiv* auflagernde Decken-Komplex der *Schistes lustrés (Calcescisti)* nicht in seiner Gesamtheit auf dem Massiv beheimatet war, sondern aus interneren Bereichen überschoben wurde *(„exchange de couverture")*.

Die carbonatische Trias ist in der parautochthonen Umrandung des Massivs nur stellenweise anzutreffen: im Val Grana und Val Stura (vgl. S. 106), sowie östlich des Monte Viso und nördlich der Dora Riparia (Abb. 256).

Der Decken-Komplex der *Schistes lustrés* nimmt in den Cottischen Alpen einen breiten Raum ein (Abb. 256, 199). Die interne Gliederung ist noch nicht in allen Einzelheiten möglich.

Schistes lustrés sind auf beträchtliche Entfernung über internes *Briançonnais* überschoben, das in der *Zone von Acceglio – Longet* in einem Decken-Sattel halbfensterartig sichtbar wird (Abb. 256, 267). Dieses *interne Briançonnais* zeigt eine charakteristische Schichtfolge, die paläogeographisch bedeutsam ist (Abb. 75, vgl. S. 58, 106).

Auch auf den Profilen der Abb. 199, 267, 270 und 269 zeigt sich die schon oben erwähnte Rücküberschiebung des *internen Briançonnais* auf piemontesische *Schistes lustrés*. Dabei finden sich im Grenzbereich beider Zonen mächtige Gips- und Rauhwacken-Komplexe (Abb. 270), die auf Abb. 267 im internen *Briançonnais* besonders ausgeschieden werden. Im Bereich der Vanoise (vgl. S. 277) weiter im Norden sind diese tektonisch mobilen Gesteine als „Nappe des Gypses" weit über das eigentliche *Briançonnais* überschoben.

Nördlich der Guil stellt sich an der Innenseite des *Briançonnais* eine Zone ein, deren Sedimente fazielle Übergänge zwischen *Briançonnais* und *Piemontese* zeigen (Abb. 61, 62, 70). Vor allem tritt dort der im *Briançonnais* meist fehlende Lias in Erscheinung *(„Lias prépiémontais")*. Diese Zone ist auch tektonisch abzutrennen als „Prépiémontais" (Abb. 270) oder *„Zone des Mt. Gondran"*.

Das Briançonnais zeigt im Querprofil eine ausgesprochene Fächerstruktur. Im internen Bereich herrscht häufig inverse Lagerung mit westlichem Schichtfallen, dazu kommt die schon oben erwähnte Rücküberschiebung, die am Pic de Rochebrune nördlich des Queyras über 5 km beträgt.

In mittleren Bereichen herrscht einigermaßen flache Lagerung, am Außenrand sinkt der Faltenspiegel nach der Extern-Seite ab (Abb. 267, 270, 269). Abb. 270 und 269 (unten) zeigen ähnliche Querprofile, auf letzterem sind nur tektonische Komplexe summarisch dargestellt.

Die Sedimenthülle des *Briançonnais* ist im Bereich zwischen Ubaye, Guil und Briançon in eine Anzahl von meist parauchthonen Decken zerlegt, die frontal zum Teil allerdings beträchtliche Überschiebungsweite über Subbriançonnais und *Ultradauphinois* zeigen, wie z. B. das *Fenster von l'Argentière* erweist (Abb. 256, 271). Die Namen der tektonischen Einheiten gehen aus den Abbildungen 270, 269, sowie 267–268 hervor. Die einzelnen tektonischen Komplexe wurden früher von unten nach oben nummeriert *(„écailles")* (Abb. 269, 270, 272).

Der paläozoische Untergrund kommt in der *Antiklinale von Marinet* im Tal der Ubaye (Abb. 267, 256), sowie in einer Deckenantiklinale in der Guil-Schlucht oberhalb Guillestre (Abb. 270, 269 unten) zum Vorschein.

Auf dem *Briançonnais* schwimmen Klippen der Decke des *Helminthoiden-Flyschs* (Abb. 270, 256, 258).

Weiter alpenauswärts folgt unter dem Briançonnais zunächst das Subbriançonnais in einer meist steilstehenden Schuppenzone (Abb. 269 unten). Diese Schuppenzone ist allerdings weitgehend nicht sichtbar, weil die Decke des piemontesischen *Helminthoiden-Flyschs („Nappe de l'Embrunais* etc.") den Kontakt zwischen *Briançonnais* und *Subbriançonnais* überdeckt (Abb. 256, 269 unten, 267). Stellenweise ist aber auch *Briançonnais* unmittelbar auf *Ultradauphinois* überschoben, und das *Subbriançonnais* dadurch unterdrückt (Abb. 268, 270). Am Knie der Durance westlich Guillestre kommt dazu noch die Verwerfung der Durance *(„Faille de la Durance")*. (Abb. 268).

Die Decke des *Helminthoiden-Flyschs* ist, wie der *ligurische Flysch* nach unserer Darstellung (vgl. S. 259) aus dem internen Penninikum über das *Briançonnais* und *Subbriançonnais* hinweg nach außen geglitten und ist in der erwähnten Achsendepression beiderseits der Durance erhalten (Abb. 256, 199). Man nimmt an, daß es sich um das Flysch-Stockwerk des *Piemontese* handelt (Abb. 204, 200 Mitte). Reste dieser Decke finden sich in der Tat noch auf dem *Briançonnais* (Abb. 258, 270). Zudem findet man an der Basis dieses Decken-Komplexes gelegentlich Scherlinge und Schürflinge von *Schistes lustrés,* die bei der Decken-Abscherung mitgenommen wurden.

Daß die Decke des *Helminthoiden-Flyschs* nicht etwa vom *Briançonnais* oder *Subbriançonnais* selbst stammt, wird daraus ersichtlich, daß diese beiden Komplexe eigene Flysch-Serien enthalten (Abb. 66, 68, 72–76, 267, 270).

Aus Analogie-Gründen dürfte also auch der schon oben erwähnte Ligurische Flysch dem *Piemontese* zuzurechnen sein (vgl. S. 264). Entsprechendes gilt für die *Simmen-Decke* (S. 300) und den entsprechenden Teil der *Klippen von Einsiedeln* (Abb. 79).

Die Decke des *Helminthoiden*-Flyschs (früher oberer Teil der „*Nappe supérieure de l'Ubaye – Embrunais",* D. Schneegans 1938) hat an ihrer Basis größere und kleinere Komplexe von Briançonnais *(„Nappe inférieure* etc.") und Subbriançonnais („basale Teile der *„Nappe supérieure* etc.") mitgeschleppt. Nördlich der Durance bilden diese Serien die Massive von *Chabrières – Piolit;* südlich der Durance ist nur *Subbriançonnais* verbreitet und bildet die Massive von *Morgon* und *Séolanes* (Abb. 256, Schichtfolgen bei Abb. 66). Die Position wird aus den Profilen auf den Abbildungen 199, 269, 268 und 266 ersichtlich. Der gesamte allochthone Komplex ist auf Abb. 268 als *„Nappes de l'Embrunais"* bezeichnet.

Die beträchtliche Überschiebungsweite dieses Decken-Komplexes läßt sich im *Halbfenster des Embrunais* (Abb. 256, 268) und im *Fenster von Barcelonnette* in der Ubaye (Abb. 256, 266) beobachten. In diesen Fenstern kann man die *Extern-Zone (Dauphinois)* unter der überschobenen Decke weit alpeneinwärts verfolgen.

Es erhebt sich in diesem Zusammenhang die Frage, wie die Verbreitung des piemontesischen *Helminthoiden-Flyschs* samt der begleitenden tektonischen Elemente bis in so externe Bereiche zu erklären ist. Es wäre vorstellbar, daß er ursprünglich überall bis auf die *Extern-Zone* verfrachtet worden wäre, aber jetzt nur noch in tektonisch tiefer Lage, also in der Achsendepression zwischen den Extern-Massiven erhalten, also vor Abtragung verschont geblieben sei.

Es wäre aber auch denkbar, daß der weite Extern-Transport von vornherein nur dort möglich war und zustandekam, wo die externen Kristallin-Massive kein Hindernis bildeten, also in der Lücke zwischen diesen. Wir wissen allerdings, daß die Hebung dieser Massive zu einem wesentlichen Teil sehr jung, jünger als der Transport der Decken aus der Intern-Zone ist. Damit kann dann also die letztgenannte Erklärungsmöglichkeit auf jeden Fall nicht allein gültig sein. Wenn die Extern-Massive wirklich als Hindernis gewirkt hätten, müßte man überdies erwarten, daß sich der piemontesische Flysch hinter diesen, also deren Internseite, irgendwo aufgestaut hätte. Dies ist nicht der Fall.

Wir müssen also der ersten Deutung mehr Gewicht zumessen. Dies gilt sinngemäß für die *Préalpes romandes* und die *Klippen* der Zentral-Schweiz (S. 313). Gerade die letzteren sind ja außerhalb der Aare-Massivs vorhanden, das also offensichtlich kein Hindernis für den Extern-Transport der Klippen-Decke darstellt.

Über den Ablauf der tektonischen Ereignisse vgl. S. 279.

Literatur: F. Carraro 1962; N. D. Chatterjee 1964; J. Debelmas & M. Lemoine 1962; P. Fallot & M. Lanteaume 1956; M. Gidon 1962; Y. Gubler 1955; J. le Guernic 1967; M. Lanteaume 1962; M. Lemoine 1963; C. Kerckhove 1962, 1969; A. Michard 1959, 1962, 1967; J.-L. Pairis 1965; J. Plan 1964; C. Sturani & J. Kerckhove 1963; P. Vialon 1967.

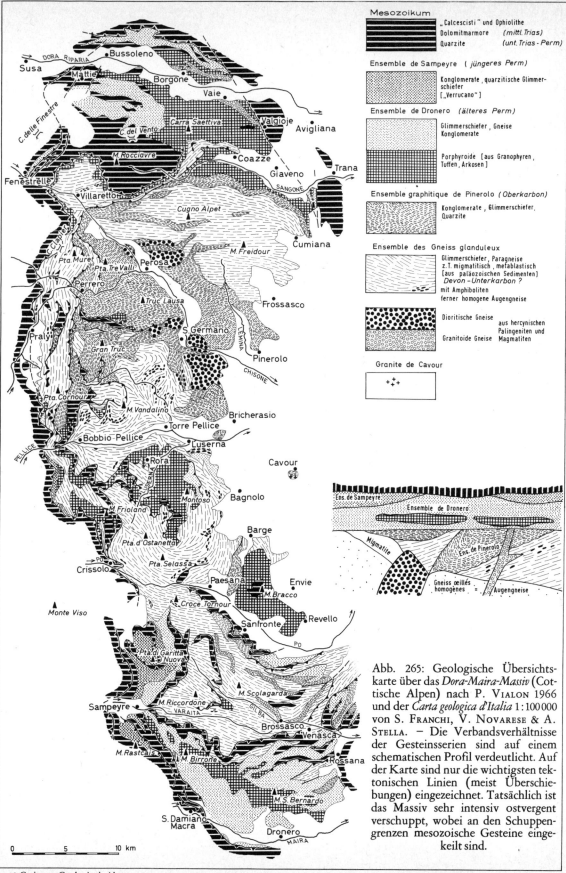

Abb. 265: Geologische Übersichtskarte über das *Dora-Maira-Massiv* (Cottische Alpen) nach P. VIALON 1966 und der *Carta geologica d'Italia* 1:100 000 von S. FRANCHI, V. NOVARESE & A. STELLA. — Die Verbandsverhältnisse der Gesteinsserien sind auf einem schematischen Profil verdeutlicht. Auf der Karte sind nur die wichtigsten tektonischen Linien (meist Überschiebungen) eingezeichnet. Tatsächlich ist das Massiv sehr intensiv ostvergent verschuppt, wobei an den Schuppengrenzen mesozoische Gesteine eingekeilt sind.

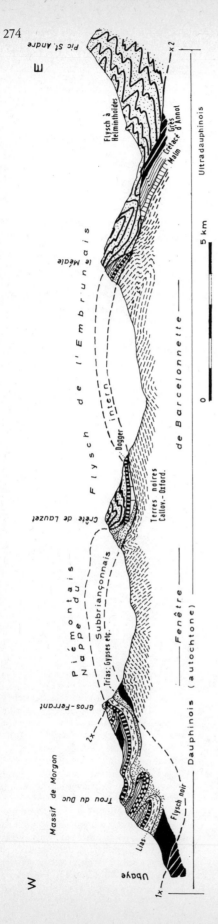

Abb. 266. Querprofil durch die *Decke des Helminthoiden-Flyschs, Subbriançonnais,* sowie *Dauphinois des Fensters von Barcelonnette* entlang dem Nordhang des Valle d'Ubaye (nach D. Schneegans aus R. Barbier, J.-P. Bloch e. a. 1963).

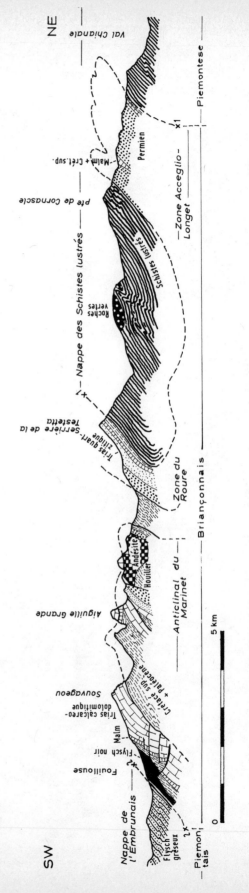

Abb. 267: Querprofil durch das *Briançonnais* mit der *Zone Acceglio-Longet* auf der Südseite der Haute Ubaye bis zum Val Chianale (nach M. Gidon & M. Lemoine in R. Barbier, J.-P. Bloch e. a. 1963).

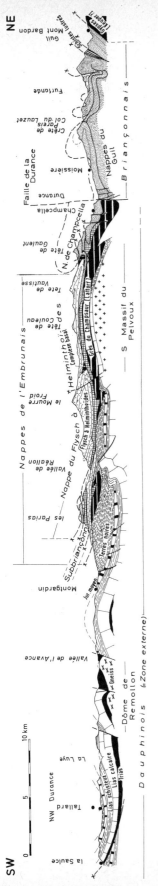

Abb. 268: Querprofil durch Dauphinois (Dôme de Remollon, Embrunais), Embrunais-Decken (Briançonnais, Subbriançonnais) und Flysch à Helminthoides), Briançonnais (Nappe de Champcella, Nappes du Guil) nördlich der Durance (nach Cte. géol. dét. France, feuille 200 Gap, 3e Ed. 1966). Fein punktiert: Briançonnais (nicht aufgegliedert, vgl. Abb. 270).

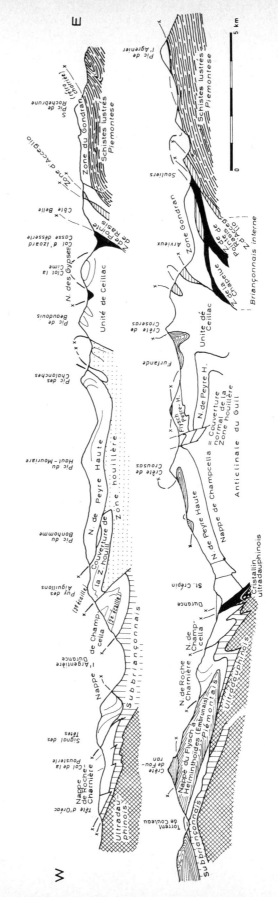

Abb. 269: Tektonische Querprofile durch das Briançonnais im Gebiet der Durance bei l'Argentière (oben) und Guillestre (unten). Das untere Profil liegt in achsial tieferer Position, der paläozoische Sockel ist abgetaucht. Nach J. DEBELMAS & M. LEMOINE 1966.

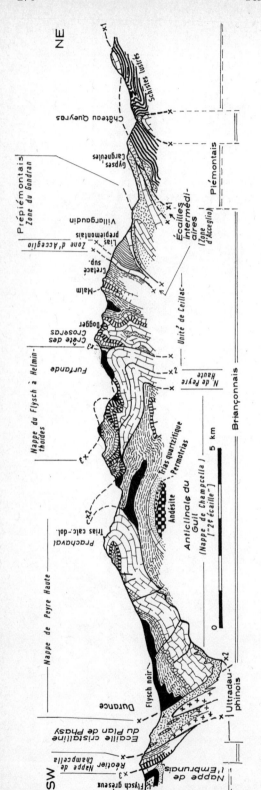

Abb. 270: Querprofil durch *Ultradauphinois* und *Briançonnais* im Querschnitt des Guil zwischen Durance, Guillestre und Château Queyras (nach J. Debelmas & M. Lemoine in R. Barbier, J.-P. Bloch e. a. 1963).

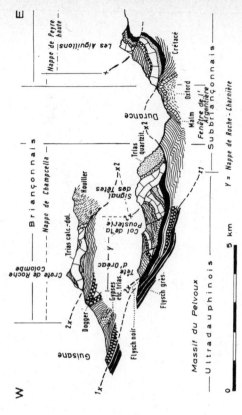

Abb. 271: Querprofile durch das *Subbriançonnais* und das frontale, überschobene *Briançonnais* im Gebiet südlich des Col du Galibier (oben) und bei l'Argentière (unten). (Nach B. Tissot & J. Debelmas aus R. Barbier, J.-P. Bloch e. a. 1963).

Grajische Alpen

Der Querschnitt durch die grajischen Alpen auf Abb. 198 zeigt einen Bau, der demjenigen der cottischen Alpen im Prinzip entspricht, in Einzelheiten jedoch abweicht. Die zusätzlich am Innenrand auftretende *Zone von Sesia-Lanzo* (vgl. Abb. 286, 287, 301) wird im Zusammenhang mit den penninischen Alpen besprochen.

Das Piemontese nimmt in den grajischen Alpen einen besonders breiten Raum ein. Nördlich der Dora Riparia sinkt das *Dora-Maira-Massiv* (S. 270) axial nach Norden ab. Als nächstes internes Kristallin-Massiv erhebt sich weiter nördlich das des *Gran Paradiso* zwischen der Stura di Vallegrande und dem Val de Cogne (Abb. 287, 256, 274). Sein Gesteinsbestand weicht vom *Dora-Maira-Massiv* insofern ab, als im *Gran Paradiso* mehr Orthogneise auftreten. An ihnen wurde ein absolutes Alter (Pb-total) von 350 Millionen Jahren bestimmt (Karbon) (R. Michel 1956). Es handelt sich dabei um hercynische Magmatite und Palingenite, die alpin metamorph wurden. Daneben kommen auch polymetamorphe Gneise paragener Herkunft, besonders am Nordrand auf. Insgesamt ist also in diesem Massiv ein tieferes Stockwerk als im *Dora-Maira-Massiv* aufgeschlossen – wie auch im *Monte-Rosa*-Komplex (S. 289).

Auch das *Gran Paradiso-Massiv* trägt eine autochthone und parautochthone Bedeckung, die meist aus geringmächtiger Trias und *Schistes lustrés* besteht. Darüber folgt dann mit tektonischem Kontakt die Hauptmasse des *Schistes lustrés-Decken*-Komplexes (Abb. 198).

Dieser nimmt in der Depressions-Zone zwischen den genannten Massiven den ganzen Bereich der internen Westalpen ein und taucht nach Osten unter die junge Füllung des oberitalienischen Beckens ab (Abb. 287, 256). Die *Schistes lustrés,* die hier von gewaltigen Ophiolith-Massen durchwoben sind, wurzeln in diesem Bereich, der sich nach Norden in die schmale *Zone von Locana* zwischen *Gran Paradiso* und *Zone von Sesia-Lanzo* fortsetzt (Abb. 287, 198, 205, 200 unten).

Bei Viú und nördlich Locana sind *Schistes lustrés* auch mit *Sesia-Zone* verschuppt (Abb. 287).

Aus Abb. 287 ergibt sich auch, daß die rückwärtigen Bereiche des Piemontese sehr reich an Ophiolithen sind, während die frontaleren Decken-Teile, die auch auf Abb. 273 erscheinen, mehr oder fast ausschließlich sedimentogene *Schistes lustrés* enthalten. Auf die mögliche Ursache wird bei S. 289 eingegangen (vgl. auch M. Lemoine 1972).

Der Decken-Komplex der piemontesischen *Schistes lustrés* ist in den grajischen Alpen beträchtlich über das extern anschließende *Briançonnais* hinweg überschoben worden. Das *Massiv des Mont Ambin* wird mit seiner Sediment-Bedeckung, die allerdings alpin-metamorph ist (Abb. 76) jetzt zum internen *Briançonnais* gezählt. Es taucht als Fenster aus dem Piemontese auf (Abb. 256, 205, 274, 278). Im Gebiet der Vanoise und der Tarentaise findet man Klippen der *Schistes-lustrés-Decke* an zahlreichen Stellen auf dem *Briançonnais: Grande Sassière, Chardonnet, Sana* und *Mont Jovet* (Abb. 258, 256, 274, 285, 279, 281, 342 unten, 198). An der Basis der *Schistes lustrés* treten hier, wie am schon erwähnten *Mont Ambin-Massiv,* zum Teil mächtige Massen von Gips und Rauhwacken auf. Dieser Komplex wird als „Nappe des Gypses" (vgl. S. 107) bezeichnet. Er enthält Schollen von „*Grès à Equisetites*" und Scherlinge von *Schistes lustrés.* Es handelt sich, den Sandstein-Einschlüssen nach zu schließen, um Keuper-Gips (Karn). Diese Nappe des Gypses stellt wohl den basalen Gleithorizont der *Schistes- lustrés-Decke* dar. Sie wurzelt offensichtlich in der Grenzzone *Briançonnais/Piemontese* (Abb. 256, 274, 205, 285, 281, 279, 278).

Die erwähnte „*Nappe des Gypses*" ist zu unterscheiden von der „*Zone des Gypses*" des Subbriançonnais (vgl. S. 280, 281).

Während am *Mont Ambin* das *interne Briançonnais* nur in einem Fenster sichtbar wird, erscheint es weiter nördlich, in der Vanoise im Zusammenhang mit dem externeren *Briançonnais*. Der Bereich der Vanoise liegt axial höher, deshalb wird dort auch der Sockel des *Briançonnais* weithin sichtbar und die *Schistes lustrés-Decke* ist durch Abtragung bereits in einzelne, schon oben genannte Klippen aufgelöst (Abb. 256).

Am Innenrand der Vanoise findet sich zunächst eine Zone, deren mesozoische Sedimenthülle in der internen Fazies von *Val d'Isère* ausgebildet ist (Abb. 274, 205, 76). Weiter westlich *(„Vanoise occidental")* (tektonisch: *Zone Vanoise-Mt. Pourri)* tritt das Mesozoikum in einer anderen charakteristischen Fazies mit großer Mächtigkeit vor allem der Trias in Erscheinung (Abb. 74). Die Unterlage der beiden genannten Bereiche besteht aus relativ hochmetamorphem Permokarbon, das jedenfalls höheren Metamorphose-Grad zeigt als die externe *„Zone houillère"* des *Briançonnais*.

Zwischen internem *Briançonnais* und *Piemontese* ist paläogeographisch (vgl. S. 110) wie tektonisch eine Zone eingeschaltet, die zwischen beiden Bereichen vermittelt: die *Decken der Grande Motte* und des *Mont Gondran* liegen unter dem *Piemontese (Schistes lustrés)* und über internem *Briançonnais* („Zone prépiémontaise", Abb. 183, 274, 256, 279, 272, vgl. S. 50).

Die Rücküberschiebung des *Briançonnais* auf die *Schistes lustrés* (vgl. S. 265 und 271) ist auch im Bereich der grajischen Alpen eine häufige Erscheinung, einmal stärker, einmal schwächer ausgeprägt (Abb. 198, 205, 272, 281, 200 unten).

Wie schon oben erwähnt, kann man das *Briançonnais* zwischen Maurienne und Aosta-Tal zweiteilen. Die äußere Zone wird als „Zone houillère" bezeichnet (Abb. 274, 256). Sie setzt sich nach Süden und Nordosten fast ohne Unterbrechung fort. Sie ist gekennzeichnet durch mächtiges Permokarbon, dessen Oberkarbon zum Teil kohleführend ist (Abb. 72, 73). Auch die mesozoische Schichtfolge ist charakteristisch.

Der Permokarbon-Anteil des Sockels ist weniger metamorph als der des internen *Briançonnais,* seine Vulkanite sind von saurem Chemismus.

Wie die Abbildungen 273, 274 und 281 zeigen, ist das interne *Briançonnais* stellenweise auf die Zone houillère auf- oder überschoben, stellenweise besteht die Grenze aber auch nur aus einer steilstehenden Störung (Abb. 279).

Man nimmt an, daß die höchste im Briançonnais auftretende tektonische Einheit, die sogenannte „4e écaille" (Abb. 272, 205) aus dem internen *Briançonnais* überschoben ist.

Die Sedimenthülle des externen *Briançonnais* (= *„Zone houillère")* ist infolge axialen Aufsteigens nördlich Briançon zunehmend lückenhaft erhalten (Abb. 256, 274), das Permokarbon tritt dafür auf breiter Fläche, auch durch morphologisch sanfte Geländeformen in Erscheinung. Die Internstruktur dieses Bereichs wird aus den Abbildungen 273, 275, 272, 276, 277, 279, 281, 285 und 280 ersichtlich.

Nur am Innenrande der *Zone houillère* kommen die *Migmatite* von *Sapey-Peisey* zum Vorschein, deren Verband mit dem Permokarbon aus Abb. 73 hervorgeht. Die Unterlage des Permokarbons wird schließlich nur im Massiv von Ruitor (Rutor) sichtbar, wo Gneise und Anatexite anstehen. Dieses Massiv erhebt sich zwischen Val d'Isère (Haute Tarentaise) und dem Aosta-Tal und setzt sich dort nach Nordosten in die rückwärtigen Partien der *Nappe du Grand St. Bernard* fort (Abb. 274, 294, 280).

Das *Subbriançonnais* ist zwischen *Pelvoux-Massiv* und dem Wallis breit und tektonisch differenziert entwickelt. Es wird durch den Decken-Komplex der „Nappe du Pas du Roc" repräsentiert.

Die *„Nappe des Brèches de Tarentaise"* wird von den französischen Geologen ebenfalls zum *Subbriançonnais* gestellt, hier aber als *Valais,* also externes Penninikum eingestuft, weil sie sich nach Nordosten in die tiefpenninische *Zone von Ferret-Sion* fortsetzt.

Beide Einheiten sind in schuppenartige Teil-Decken (Digitationen) zerlegt (Abb. 205, 198). Der kristalline Sockel wird nur ausnahmsweise sichtbar *(Massif de Hautecour* in der Tarentaise und Gneis-Scherlinge der *Pointe Rousse* am Petit St. Bernard), jeweils in der Nappe des Brèches de Tarentaise Abb. 294, 284, 205). Wie weit die Abscherung des *Subbriançonnais* und *Valais* von seinem Sockel ist, wird nicht erkennbar.

Die Ausstrichsbereiche und die Benennung der einzelnen Teil-Decken zeigen die Abbildungen 282, 273, 274, ihre Fortsetzung ins Aosta-Tal und Wallis Abb. 294.

Aus einer Reihe von Querprofilen geht hervor, wie die faziell und lokal sehr wechselhaften Schichtfolgen in die meist steilstehenden Schuppen zerlegt wurden. Hauptabscherungs-Horizonte sind wie im *Briançonnais* Gipse und Rauhwacken der Trias. Die Überschiebungsweite auf das extern anschließende *Ultradauphinois* ist vergleichsweise gering.

Profile durch *Subbriançonnais* und *Valais* finden sich auf den Abbildungen 272, 277, 283, 285, 284 sowie 342.

Die auf Abb. 284 und 273 eingezeichnete *Digitation des Versoyen* (Schichtfolge auf Abb. 86) wurde schon zeitweilig als unter die Bernhard-Decke eingewickelte Klippe von *Schistes lustrés* (also *Piemontese*) angesehen.

Aus der stratigraphischen Reichweite der Schichtfolgen von *Briançonnais* und *Subbriançonnais* ergibt sich, daß es zu gebirgsbildenden Bewegungen in diesen Bereichen vor dem Lutet, also im älteren Tertiär kam. Das Lutet greift diskordant über, auch im extern anschließenden *Ultradauphinois* (vgl. S. 122 und Abb. 181–189).

Im Laufe des oberen Eozän (Priabon) und im Lattorf hat sich dann das *Piemontese* in Form der Decken des Helminthoiden-Flyschs *(Ligurischer Flysch* und *Simmen-Flysch, Embrunais-Flysch)* und der *Schistes lustrés*-Decke über das *Briançonnais* und z. T. *Subbriançonnais* nach außen bewegt. Die Schichtfolgen enden in den genannten überschobenen Bereichen jeweils vor dem Lattorf.

Die piemontesische Flysch-Decke ist dann erst im Miozän an ihren endgültigen externen Platz durch Überschiebung auf die *Extern-Zone* gelangt, samt den unter ihr auftretenden Schürflingen von *Briançonnais* und *Subbriançonnais* (vgl. J. DEBELMAS 1963).

Literatur: P. ANTOINE 1965, 1972; R. BARBIER & J. DEBELMAS 1966; J. DEBELMAS 1959, 1961, 1974; J. DEBELMAS et al. 1970; G. ELTER 1972; F. ELLENBERGER 1952, 1958, 1960/1963; R. GABY 1964; M. GAY 1965; J. GOGUEL 1955; M. LEMOINE 1960, 1961; R. MICHEL 1953, 1956; E. RAGUIN 1930; B. TISSOT 1956.

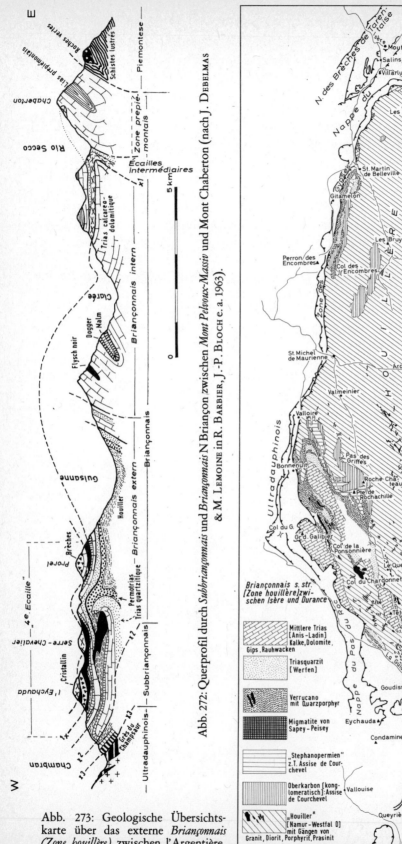

Abb. 272: Querprofil durch *Subbriançonnais* und *Briançonnais* N Briançon zwischen *Mont Pelvoux-Massiv* und Mont Chaberton (nach J. Debelmas & M. Lemoine in R. Barbier, J.-P. Bloch e. a. 1963).

Abb. 273: Geologische Übersichtskarte über das externe *Briançonnais* (Zone houillère) zwischen l'Argentière, Arc (Maurienne) und Isère (Tarentaise) (nach R. Fabre 1961).

Penninikum (Zone interne) (Grajische Alpen) 281

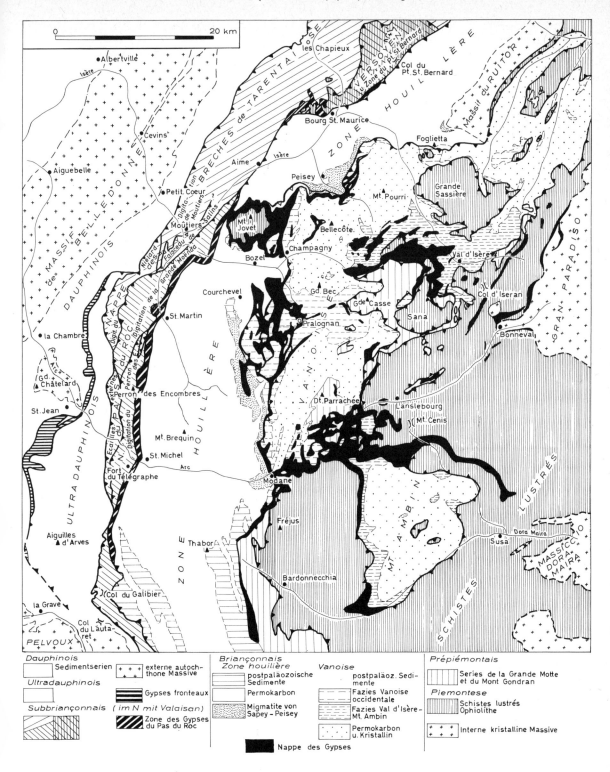

Abb. 274: Geologische Übersichtskarte über *Ultradauphinois, Subbriançonnais, Briançonnais* und *Piémontais* in Savoyen (nach F. ELLENBERGER 1958).

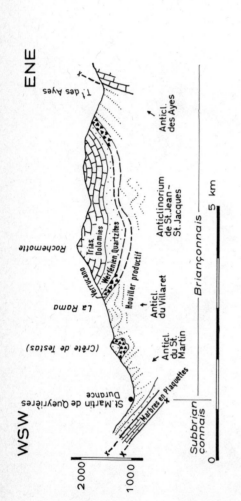

Abb. 275: Querprofil durch das *Briançonnais* (*Zone bouillère*) zwischen Briançon und Peyre Eyraute (nach R. Feys 1963).

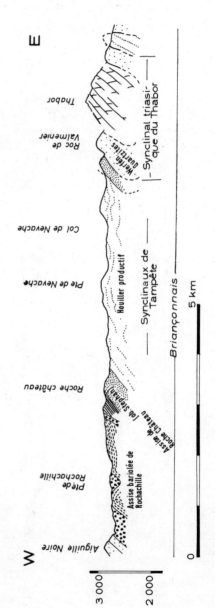

Abb. 276: Querprofil durch das *Briançonnais* (*Zone bouillère*) zwischen Aiguille Noire und Mont Thabor (nach R. Feys 1963).

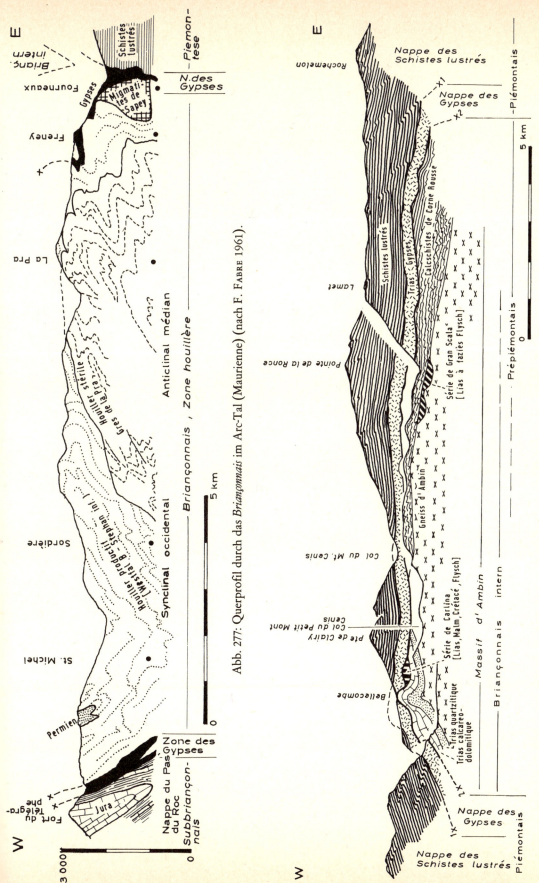

Abb. 277: Querprofil durch das *Briançonnais* im Arc-Tal (Maurienne) (nach F. Fabre 1961).

Abb. 278: Querprofil durch das interne *Briançonnais* und die *Schistes lustrés*-Decke (*Piémontais*) im Bereich des Mont Cenis und Petit Mont Cenis (nach J. Goguel aus R. Barbier, J.-P. Bloch e. a. 1963).

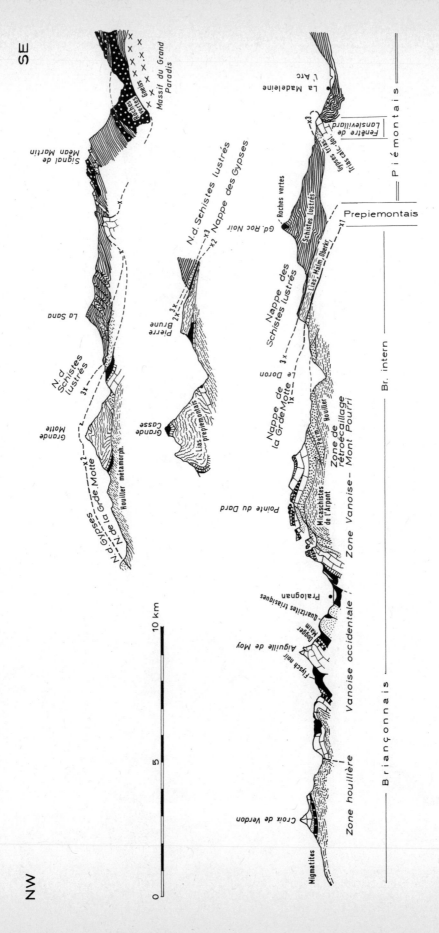

Abb. 279: Querprofile durch das *Briançonnais* im Bereich der Vanoise (nach F. Ellenberger aus R. Barbier, J.-P. Bloch e. a. 1963).

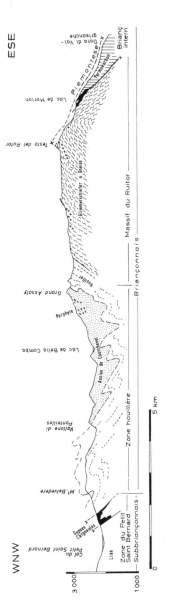

Abb. 280: Querprofil durch das *Briançonnais* zwischen Col du Petit Saint Bernard und Testa di Rutor (nach J. FABRE 1961).

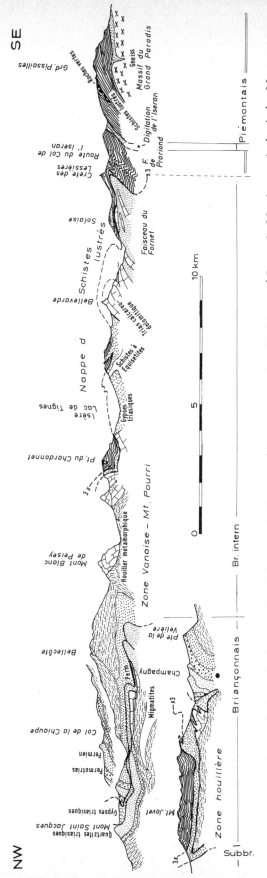

Abb. 281: Querprofil durch das *Briançonnais* zwischen Col de l'Iseran und Tarentaise zwischen Moûtiers und Bourg St. Maurice, sowie durch den Mont Jovet (*Schistes-lustrés-Decke* N des Doron de Bozel) (nach F. ELLENBERGER aus R. BARBIER, J.-P. BLOCH e.a. 1963).

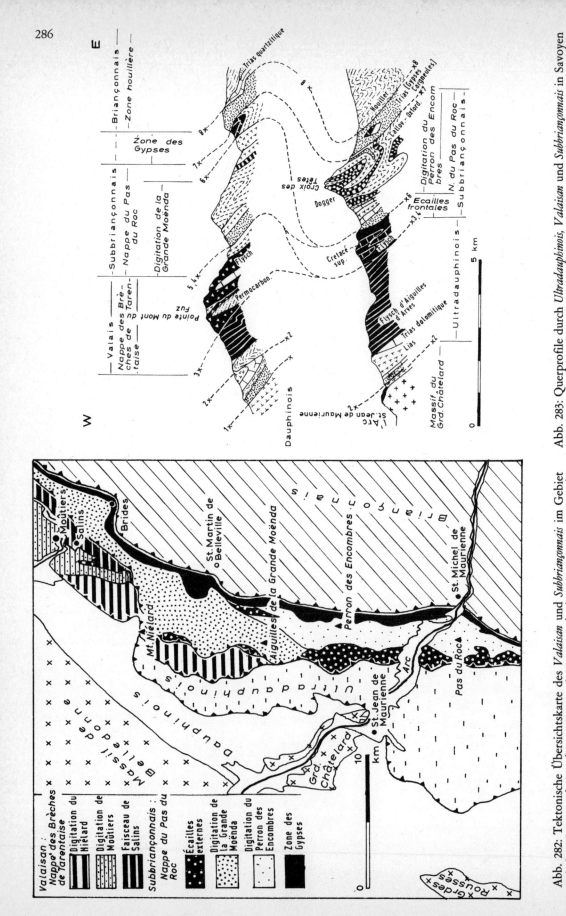

Abb. 282: Tektonische Übersichtskarte des *Valaisan* und *Subbriançonnais* im Gebiet zwischen Isère und Arc (Tarentaise und Maurienne). (Nach R. BARBIER 1948).

Abb. 283: Querprofile durch *Ultradauphinois*, *Valaisan* und *Subbriançonnais* in Savoyen (nach R. BARBIER 1948, R. TRÜMPY 1960).

Penninikum (Wallis)

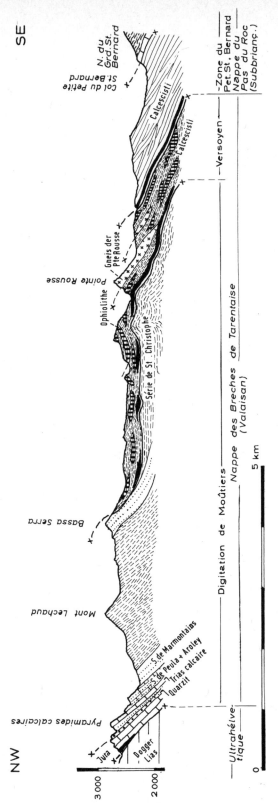

Abb. 284: Querprofil durch das tiefe (externe) Penninikum im Bereich des Col du Petit Saint Bernard (nach R. Zulauf 1963).

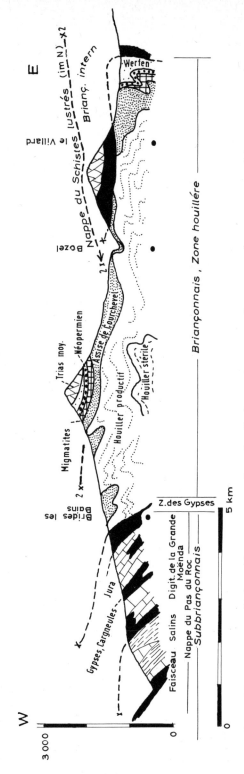

Abb. 285: Querprofil durch das *Briançonnais* (*Zone houillère*) im Tal von Bozel (bei Moûtiers, Haute Tarentaise) (nach Fabre 1961).

Penninische Alpen, Walliser Alpen

Das Penninikum im namengebenden Bereich der Westalpen erscheint auf den Übersichtskarten der Abb. 286–287, 301. Die *Préalpes* als weit auf die *Extern-Zone* überschobener Intern-Komplex sind auf Abb. 364 eingetragen.

Die Verbandsverhältnisse sowie die paläogeographische Ausgangsposition der tektonischen Einheiten ergeben sich aus den Abbildungen 197, 201 (oben) und 206.

Als höchstes tektonisches Element tritt die Dent Blanche-Decke zusammen mit den unten genannten zugeordneten Teil-Decken in Erscheinung. Sie erstreckt sich vom Aosta-Tal bis an die Weißhorn-Gruppe über dem Vispa-Tal (Abb. 286–287).

Wie schon an anderer Stelle beschrieben (S. 249), wird die *Dent Blanche-Decke* von zahlreichen Alpengeologen dem Unterostalpin zugerechnet. Hier wird dafür die neutrale Bezeichnung „suprapenninisch" vorgezogen (vgl. dazu auch J. Cadisch 1953, 343).

Die *Dent Blanche-Decke* wurzelt offensichtlich in der Zone von Sesia-Lanzo, da dort die gleiche Gesteins-Assoziation auftritt.

Diese *Zone von Sesia-Lanzo* taucht bei Lanzo axial aus den *Schistes lustrés* auf (Abb. 287), die im tektonischen Verband auflagern (vgl. S. 277, auch bezüglich der *Schuppenzone von Viù*). Am Innenrand wird die *Sesia-Zone* vom Canavese begleitet, einer schmalen, steilstehenden Serie von voralpidischen und mesozoischen Gesteinen, die alpin-metamorph sind (Abb. 286–287, 301, 40). Möglicherweise handelt es sich um Teile der ursprünglichen Bedeckung der *Sesia-Zone* (vgl. S. 44).

Die *Zone von Sesia-Lanzo* und die *Dent Blanche-Decke* enthalten, wie schon oben erwähnt, einander entsprechende Gesteinsserien.

In der *Sesia-Zone* treten Kinzigit- und ähnliche Gneise vorwiegend in deren Nordostteil zwischen Sesia, Toce und Centovalli auf (Abb. 286–287). Diese Paragesteine waren schon in prae-alpidischer Zeit hochmetamorph, ebenso wie diejenigen der nicht weit entfernten *Ivrea-* und *Kinzigit-Zone* des Südalpins (S. 198). Vielleicht handelt es sich bei den Kinzigit-Gneisen um Restite metatektischer Gesteine.

Dieser Serie entspricht in der *Dent Blanche-Decke* die *Valpelline-Serie*, deren Verbreitung aus Abb. 286 hervorgeht.

Im Gegensatz zu den genannten hochmetamorphen und basischen Serien besteht die *Arolla-Serie* ganz überwiegend aus helleren Orthogesteinen (vgl. Legende zu Abb. 287), überwiegend von granitisch-granodioritischem Chemismus. Dazu kommen am Mt. Collon Diallag-Gabbros und Diorite (Abb. 287, 286). Vermutlich handelt es sich bei der Arolla-Serie um hercynisch intrudierte Magmatite und Palingenite, die alpin meist schwach epimetamorph geworden sind (A. Stutz 1940).

Wie die Abbildungen 289 und 291 zeigen, ist die *Dent Blanche-Decke* aus einer ganzen Anzahl tektonischer Körper zusammengesetzt. Einige dieser Schuppen enthalten auch Permokarbon oder Mesozoikum (vgl. Abb. 56).

Wenn man annimmt, daß die prae-alpidisch hochmetamorphe *Valpelline-Serie* das Dach der hercynischen Intrusiva der *Arolla-Serie* war, wie es auch nach dem Verband im Bereich der *Sesia-Zone* wahrscheinlich ist, dann würden einige Schollen der *Dent Blanche-Decke* invers lagern *(Valpelline-* und *Hérens-Scholle,* vgl. auch A. Stutz & R. Masson 1938).

An der Intern-Seite der *Dent Blanche-Decke* trifft man die *Mont Mary-Decke* an, die durch einen schmalen Zug von *Schistes lustrés* abgetrennt wird (Abb. 286, 288). Nach Abb. 291 gehören diese *Schistes lustrés* zum unterlagernden *Piemontese* („Zone du Grand Combin"). Die *„Nappe du Mont Mary"* wird als eine frontale, von der Hauptmasse der *Dent Blanche-Decke* überfahrene Digitation angesehen. Dasselbe trifft für *Decke des Mont Emilius* südlich des Aosta-Tals zu (Abb. 287, 291), vgl. Abb. 206.

Weitere Deckschollen oder Klippen, die ihrer Stellung nach zum *Dent-Blanche*-Komplex gehören können, findet man am Mt. Rafray und südwestlich davon (Abb. 287), ferner zwischen dem Valtournanche und dem Valle di Ayas. Die Scholle der *Becca di Toss* (Abb. 287), die eine einst weitreichende Verbreitung der *Dent-Blanche-Decke* nach Westen beweisen könnte, ist ihrer tektonischen Stellung nach allerdings nicht sicher. Nach G. V. dal Piaz (1965) handelt es sich hier um eine Rücküberschiebung von Gesteinen des *Briançonnais* aus der Zone des *Mont Ruitor* (vgl. S. 270). Auch dem Gesteinsinhalt nach (Serpentinite, Granat- u. a. Glimmerschiefer, Marmore, Calcescisti) wäre diese Auffassung wahrscheinlich. Dann müßte die Abb. 287 entsprechend revidiert werden.

Im Verbande der *Sesia-Zone* treten die spätalpidischen Intrusiva von *Traversella* (Quarzdiorit) und *Biella* (Syenit) auf (Abb. 287). Deren junges absolutes Alter wurde schon auf S. 122 erwähnt.

Unter dem Komplex von *Dent Blanche-Decke* und *Sesia-Zone* folgen die tektonischen Äquivalente des **Piemontese**. Wie in den südwestlich anschließenden Alpen nehmen sie einen breiten Raum der *Intern-Zone* der Alpen ein und zwar wieder vor allem mit dem Decken-Komplex der *Schistes lustrés* samt deren Ophiolith-Vorkommen.

Im Gebiet zwischen dem Aosta-Tal und dem Saas-Tal können die *Schistes lustrés*-Massen *("Nappe des Schistes lustrés" = "Zone du (Grand) Combin")* nordwestlich der *Dent Blanche-Decke* in eine ganze Anzahl tektonisch differenzierter Teil-Decken zerlegt werden, die teilweise weite Verbreitung zeigen (Abb. 288, 197, 206, 201 oben).

Tektonisch zutiefst tritt die **Monte Rosa-Decke** auf (Abb. 286, 291, 288, 290, 206, 201, 346). Sie besitzt einen Kern, der überwiegend aus nur wenig alpin-metamorphem Granit besteht. Sein radiometrisches Alter wurde mit 362 Millionen Jahren ermittelt (Pb-total). Das praehercynische, migmatitische und Paragneis-Dach ist vor allem im Südwesten, in der Monte Rosa-Gruppe selbst erhalten. Diese Gesteine sind jetzt polymetamorph.

Das *Monte Rosa-Kristallin* trägt noch stellenweise seine ursprüngliche mesozoische Hülle in relativ autochthonem Verband. Die Gesteine dieser *Gornergrat-Zone* sind aber stark verwalzt (Abb. 290, 288, 206, 201 oben).

Darüber folgen dann die schon erwähnten lamellenartigen Körper des *Schistes lustrés*-Decken-Komplexes, die also nicht die ursprüngliche Sedimenthülle des *Monte Rosa*-Kristallins, oder jedenfalls nur Teile davon, darstellen können. Zuunterst liegt die *(Ophiolith-)Zone von Zermatt-Saas Fee*. Darüber folgt die *Hörnli-Zone* und die *Zone von Zinal* und endlich die *Hühnerknubel-Decke = Schuppenzone von Zermatt (-Roisan)*. Diese letztere kann nach den Abb. 288 und 286 bis in die steilstehende Wurzelzone südlich des Monte-Rosa-Kristallins verfolgt werden. Diese **Wurzelzone** wird als *"Zone von Alagna"* bezeichnet und streicht zwischen Alagna, Valle Anzasca aus und setzt sich auf Abb. 301 in die *Zone von Antrona* fort.

Stratigraphischer Inhalt und synonyme Bezeichnungen gehen aus Abb. 56 hervor. (Wegen der Stellung der dort angeführten *Barrhorn-Zone* vgl. unten, S. 290). Die stratigraphische Fortsetzung dieser Profile des internen Penninikums *(Piemontese)* darf man wohl im *Simmen-Flysch* suchen, der aber weit auf die *Extern-Zone* der Alpen verfrachtet wurde (vgl. Abb. 258, S. 49, 264, 300).

Auch im Wallis ist das *Piémontais* häufig vom internen Briançonnais, hier also der *Bernhard-Decke* rücküberschoben. Bekannt ist die *"Mischabel-Rückfalte"*, die auf den Abbildungen 293 und 290 erscheint (vgl. S. 270).

Die rückwärtigen Teile der *Schistes lustrés*-Decken enthalten sehr viel, die frontalen Teile in der Regel weniger oder keine Ophiolithe. Auf Abb. 286–287 wird dies generell zum Ausdruck gebracht. Dies gilt aber nicht nur in diesem Querschnitt der Alpen, sondern auch weiter südlich (S. 277), ferner im Engadin (S. 315) und endlich in den Hohen Tauern (S. 330), dazuhin auch stellenweise im *Valais*, z. B. in der *Adula-Decke* (S. 314).

Es ist nicht auszuschließen, daß die frontalen Deckenteile von ursprünglich seichteren, die rückwärtigen von tieferen Krustenteilen gebildet werden. Dies trifft ja auch für die kristallinen Kerne einiger penninischer Decken möglicherweise zu (vgl. S. 305). So würden also in den Decken heute Gesteine nebeneinander liegen, die früher übereinander lagen. Die rückwärtigen Teile würden tieferen Inhalt der Geosynklinale repräsentieren, wären also dort besonders intensiv von Ophiolithen durchtränkt worden, teils intrusiv, teils effusiv.

Ein eigentlicher kristalliner, sialischer Sockel der großen Ophiolith-Komplexe tritt bezeichnenderweise nirgends eindeutig in Erscheinung. Es hat sich, wie schon mehrfach erwähnt, ergeben, daß die Intern-Massive der *Dora-Maira,* des *Gran Paradiso* und des *Monte Rosa* nicht, oder höchstens teilweise diesen Sockel darstellen.

So kann man den Eindruck gewinnen, daß der ophiolithführende Piemontese-Geosynklinaltrog dadurch entstand, daß die Sial-Kruste stellenweise soweit gezerrt wurde, daß die Sedimentation der *Schistes lustrés* unmittelbar auf der basischen Unterkruste erfolgte bzw. daß auf breiten, sich erweiternden Spalten basisches Magma aufdrang.

Französische Geologen pflegen den *Piémontais*-Trog ohnehin als eine ursprüngliche Grabenstruktur darzustellen, wie auch das extern anschließende *Briançonnais* als Horst, also jeweils von Brüchen – Dehnungsstrukturen der Kruste – begrenzt. Auch aus anderen Geosynklinal-Räumen wurde schon der Eindruck gewonnen, daß solche Strukturen ursprünglich als bruchtektonisch umgrenzte Räume in Erscheinung traten (H. GÜNZLER-SEIFFERT 1941, R. SCHÖNENBERG 1956). Selbstverständlich unterscheidet sich die Geschichte alpiner und anderer Geosynklinalen sonst wesentlich von bekannten Grabenstrukturen.

Das mittlere Penninikum wird im Wallis und den penninischen Alpen von der Bernhard-Decke (Nappe du Grand Saint Bernard) repräsentiert. Diese Decke besteht ganz überwiegend aus Kristallin und Permokarbon. Die mesozoische Hülle dieser Serien ist weitgehend abgeschert und findet sich in der Klippen-Decke der *Préalpes* (Abb. 197, 206, 201 oben, 1).

Die Verbreitung der *Bernhard-Decke* ist den Abbildungen 286–287, sowie 294 und 288 zu entnehmen. Sie stellt die Fortsetzung des *Briançonnais* nach Nordosten und Osten dar. Die Achsen steigen in dieser Richtung auf, deshalb hebt die Decke am Simplon nach Osten über tiefpenninischen Einheiten in die Luft aus. Nur in der Wurzelzone setzen sich ihre mutmaßlichen Äquivalente weiter nach Westen in den Tessin fort (Abb. 301).

Die frontale Partie der *Bernhard-Decke* besteht aus der auch in Frankreich so genannten „Zone houillère" (Interne Kohlenzone im Gegensatz zu der Externen Kohlenzone im Bereich der *Extern-Massive,* S. 103). Diese *Zone houillère* enthält permokarbonische Sedimente (Arkosen, Sandsteine, sericitische Phyllite und Anthrazitkohle, daneben auch Quarzporphyre. Darüber folgt ältere Trias, die bei der Abscherung der *Préalpes médianes* zurückblieb *(Zonen von Chippis und Pontis,* Abb. 77, 288, 346, 294).

Diese Serien sind alpin-metamorph. Die Breite der *Zone houillère* nimmt nach Osten zu mit ihrem axialen Aufsteigen ab.

Der internere, rückwärtige Teil der *Bernhard-Decke* besteht hauptsächlich aus „*Casanna-Schiefern*", die als Sammelbegriff für phyllitische, epizonal metamorphe Gesteine zu verstehen sind. Das Alter dieser voralpidischen Gesteine ist sehr verschieden und noch nicht im einzelnen gesichert.

Ein jüngerer Komplex von *Casanna-Schiefern* dürfte dem Permokarbon des internen *Briançonnais* entsprechen (vgl. Abb. 75–76). In den Kernbereichen der *Bernhard-Decke* treten dann aber polymetamorphe Serien auf: Glimmerschiefer und Paragneise mit Granat, Chlorit und Muskowit, Amphibolite, Prasinite. Im Gebiet von Saas Fee kommen auch anatektische Augengneise und metatektische Aplite vor, das Alter dieser Umwandlung ist vermutlich jungherzynisch.

Geringmächtiges Mesozoikum kommt auch stellenweise auf dem Rücken der *Bernhard-Decke* vor oder ist in diese eingeschuppt (Abb. 288). Die *Barma-Zone* und die *Barrhorn-Decke* gehören dazu (Abb. 51). Die *Barrhorn-Decke* ist abgeschert und im Zuge der schon genannten Rückfaltung in die *Schistes lustrés-Decken* bei Zermatt eingespießt worden (Abb. 206, 201 oben). Eingeschupptes Alt-Mesozoikum macht die fächerartige Stellung *(„Bagnes-Fächer"* im Val de Bagnes, aber auch sonst) des internen Bernhard-Kristallins deutlich. Diese Fächerstruktur ist also für das *Briançonnais* weithin typisch (vgl. S. 270) (E. GÖKSU 1947, A. de SZEPESSY SCHAUREK 1949).

Bernhard-Decke wird im *Fenster von Dix* unter der *Zone du Grand Combin* sichtbar (Abb. 288, 286). Profile durch die *Bernhard*-Decke finden sich auf den Abbildungen 346, 295, 293.

Unter dem östlichen Erosionsrand der *Bernhard-Decke* kommen tiefere Komplexe zum Vorschein: *Camughera-Moncucco-Komplex* und *Berisal-(Teil-)Decke* (Abb. 301). Nach Abb. 293 und 313 handelt es sich bei diesen Körpern um basale Teil-Decken der *Bernhard-Decke,* wofür auch ähnliche Gesteinszusammensetzung spricht. Auf Abb. 286 sind beide Komplexe allerdings zu den tektonisch tieferen „*Simplon-Decken*" gestellt.

Auch der *Moncucco-Komplex* steigt axial nach Osten auf. Auf Profil 293 ist er noch unter Tage verborgen, er erscheint dann nördlich der *Synklinale von Antrona* und setzt sich nach Osten verbreiternd über Domodossola bis ins Centovalli fort (Abb. 301). Der *Berisal-Komplex* liegt in einer Deckenmulde der aus Orthogesteinen bestehenden unterlagernden *Monte Leone-Decke* und hebt ebenfalls dem allgemeinen Achsen-Anstieg entsprechend nach Osten aus.

Das *Subbriançonnais* setzt sich aus den grajischen Alpen her unter der frontalen Aufschiebung der *Bernhard-Decke* (deren *Zone houillère)* fort und kann bis an das Aosta-Tal verfolgt werden (Abb. 294). Weiter nordöstlich sind entsprechende tektonische Einheiten nicht bekannt. Die Faziesgrenze im Mesozoikum zwischen *Briançonnais* und *Subbriançonnais* ging jedoch ursprünglich weiter, und zwar muß sie mitten über die *Bernhard-Decke* verlaufen sein, wobei sie die Bereiche der externen *Préalpes plastiques (Subbriançonnais)* von den internen *Préalpes rigides (Briançonnais)* trennte (Abb. 183–185), vgl. S.299).

Das externe Penninikum *(Valais)* kann dagegen aus der Tarentaise über Kleinen und Großen St. Bernhard durch die beiden Täler von Ferret bis ins Rhônetal verfolgt werden (Abb. 286–287, 294). Dieser Bereich wird summarisch als „Zone von Ferret – Sion" bezeichnet und entspricht tektonisch wie paläogeographisch der *Zone des Brèches de Tarentaise.* Diese tiefpenninische Zone ist in eine Anzahl von wenig mächtigen lamellenartigen Schuppen zerlegt, die zum Teil über größere Entfernung verfolgt werden können, sich aber auch teilweise im Streichen ablösen (Abb. 294). Kristallin tritt nirgends in Erscheinung, Trias nur in den basalen Schuppen. Sonst bestehen die Serien aus bündnerschiefer- und flyschähnlichen Gesteinen (Abb. 85–88). Im Rhône-Tal ist das Tiefpenninikum zum Teil tektonisch unterdrückt oder von Alluvionen bedeckt (Abb. 286, 288).

Nach außen ist das *Valais* auf *Ultradauphinois* bzw. *Ultrahelvetikum* meist steil überschoben.

Profile aus dem *Valais* finden sich auf den Abbildungen 292, 296, 346, 295.

Die Digitation des *Versoyen* wurde schon auf S.279 erwähnt. Wegen ihres Gehalts an *Calcescisti* wurde sie auch schon als *Piemontese* betrachtet, das frontal unter die tiefere *Bernhard-Decke* eingewickelt worden sei.

Ein Teil der tiefpenninischen Serien ist abgeschert und tritt als *Niesen-Decke* im Komplex der *Préalpes romandes* in Erscheinung (vgl. S. 299, Abb. 206, 201 oben).

Literatur (vgl. auch Angaben im betreffenden Kapitel über Stratigraphie): H. Ahrendt 1970; A. Amstutz 1951, 1962; P. Antoine 1966, 1966, 1968; E. ARGAND 1934, H. Badoux 1967; P. Bearth 1952, 1953, 1956, 1956, 1957, 1960/1963, 1967; N. D. Chatterjee 1962; G. V. Dal Piaz 1964, 1965, 1965; G. V. Dal Piaz & M. Govi 1965; P. Elter 1954, 1960; P. E. Fricker 1960; R. Gaby 1968; A. Güller 1948; A. Gunthert 1956, 1957; W. B. Iten 1948; R. Jäckli 1950; R. Levèfre 1968; R. Staub 1958; R. Trümpy 1955; J. M. Vallet 1950; E. Wegmann 1923, 1930; W. Wenk 1955; E. Witzig 1948; R. Zulauf 1963.

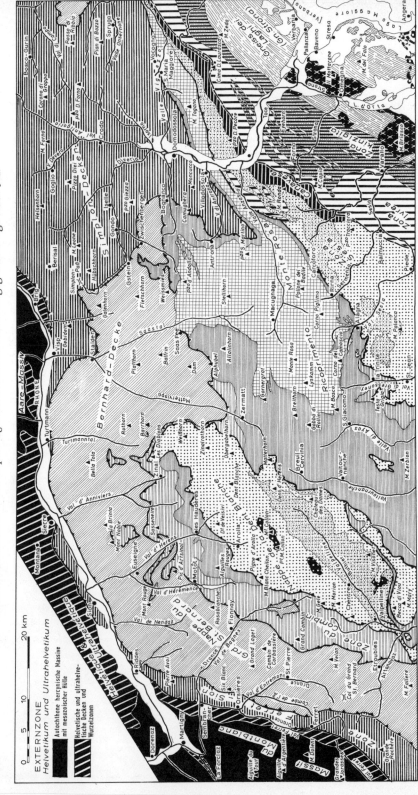

Abb. 286 und 287: Übersichtskarte über die Intern-Zone und die Südalpen zwischen Lago Maggiore, *Montblanc-Massiv* und *Dora-Maira-Massiv* (unter Berücksichtigung von H. PORADA 1966, V. NOVARESE 1929, J. CADISCH 1953, G. BARTOLAMI, F. CARRARO & R. SACCHI 1965, P. WALTER 1950). Das tiefe Penninikum der *Tessin-Simplon-Region* ist hier nicht weiter aufgegliedert. Vgl. Abb. 301.

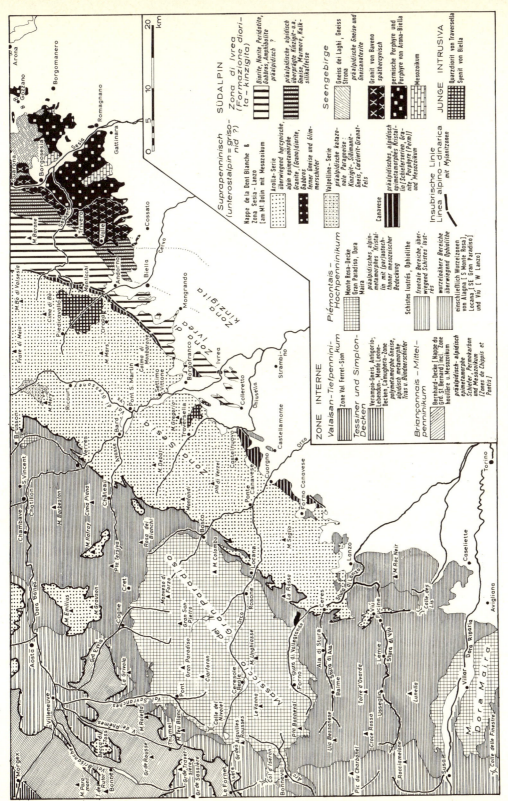

Abb. 287: Vgl. Abb. 286.

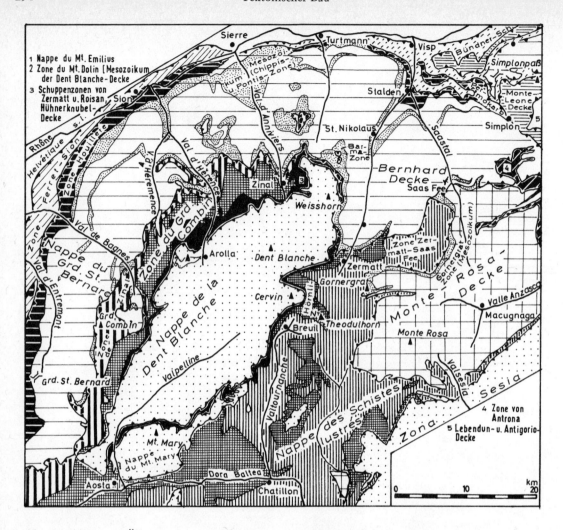

Abb. 288: Tektonische Übersichtskarte über das Walliser Penninikum und die *Dent-Blanchedecke*. Nach P. BEARTH in P. BEARTH und A. LOMBARD 1964.

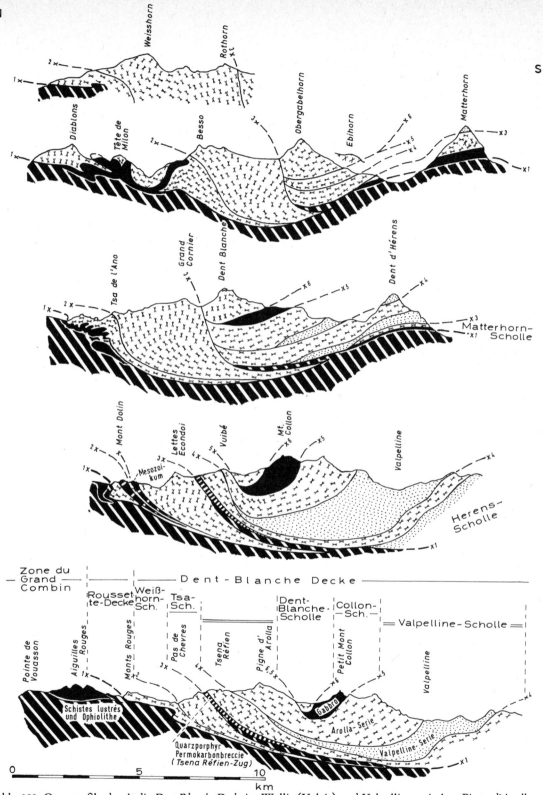

Abb. 289: Querprofile durch die *Dent-Blanche-Decke* im Wallis (Valais) und Valpelline zwischen Pigne d'Arolla, Mont Collon, Dent Blanche, Matterhorn (Cervino) und Weißhorn (nach T. Hagen 1948). Die Unterlage der *Dent-Blanche-Decke* ist tektonisch nicht weiter gegliedert.

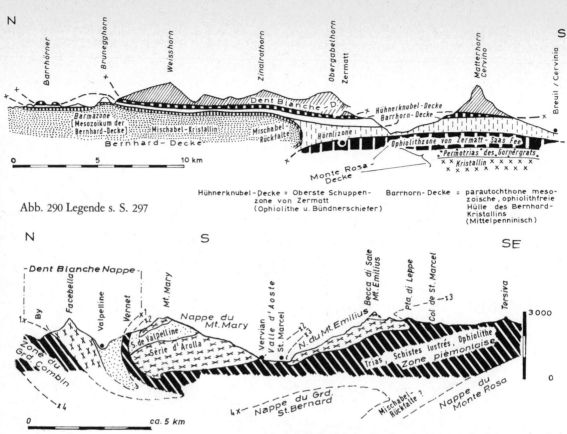

Abb. 290 Legende s. S. 297

Hühnerknubel-Decke = Oberste Schuppenzone von Zermatt (Ophiolithe u. Bündnerschiefer)

Barrhorn-Decke = parautochthone mesozoische, ophiolithfreie Hülle des Bernhard-Kristallins (Mittelpenninisch)

Abb. 291: Übersichtsprofil durch die *Dent-Blanche-*, *Mont Mary-* und *Mt. Emilius-Decke* im Valle d'Aoste (nach E. ARGAND verändert).

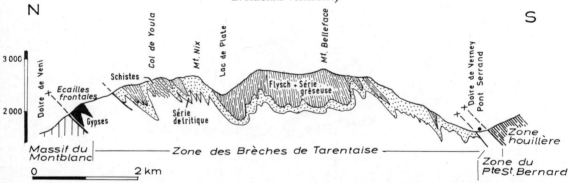

Abb. 292: Querprofil durch die *Zone des Brèches de Tarentaise* (Valaisan, Tiefpenninikum) im Gebiet des oberen Valle d'Aoste zwischen Val Veni und La Thuile (P. ANTOINE 1966).

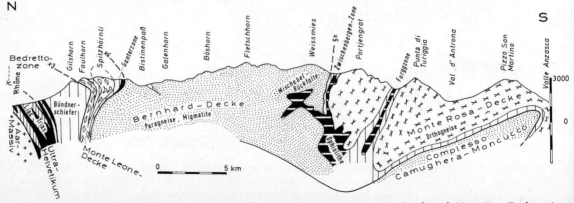

Abb. 293: Querprofil zwischen *Aare-Massiv*, tiefpenninischer Stirnregion, *Bernhard-* und *Monte-Rosa-Decke* zwischen Simplonpaß und Saastal (Weissmies-Gruppe). (Nach P. BEARTH 1950).

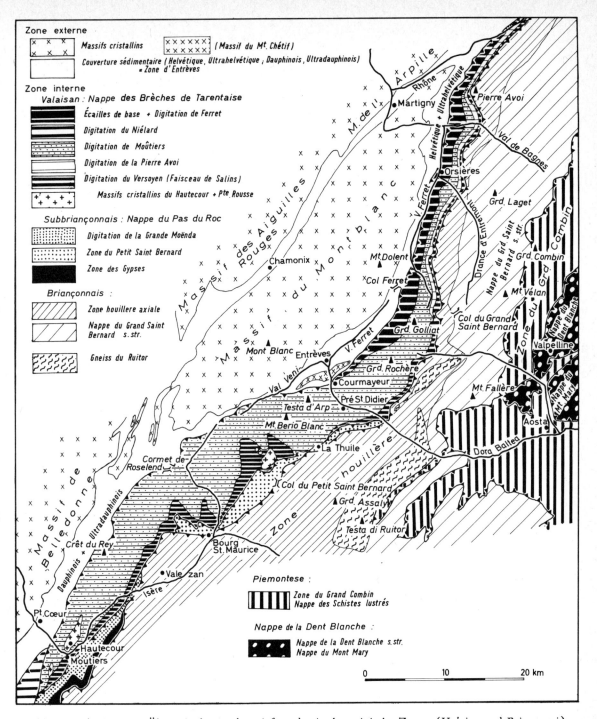

Abb. 294: Geologische Übersichtskarte über tief- und mittelpenninische Zonen (*Valaisan* und *Briançonnais*) zwischen Tarentaise und Rhônetal (nach R. ZULAUF 1963, unter Berücksichtigung von R. BARBIER 1951, G. ELTER 1960, R. TRÜMPY 1954).

Abb. 290: Querprofil durch *Bernhard-Decke, Monte-Rosa-Decke* und die *Sediment-Ophiolith-Zone von Zermatt*, sowie die *Dent-Blanche-Decke* zwischen Barrhorn, Weißhorn, Matterhorn und Cervinia/Breuil (Vispatal – oberes Val Tournanche). Nach J. CADISCH 1953. Stratigraphie der einzelnen Zonen vgl. Abb. 56, Detailtektonik der *Dent-Blanche-Decke* vgl. Abb. 289.

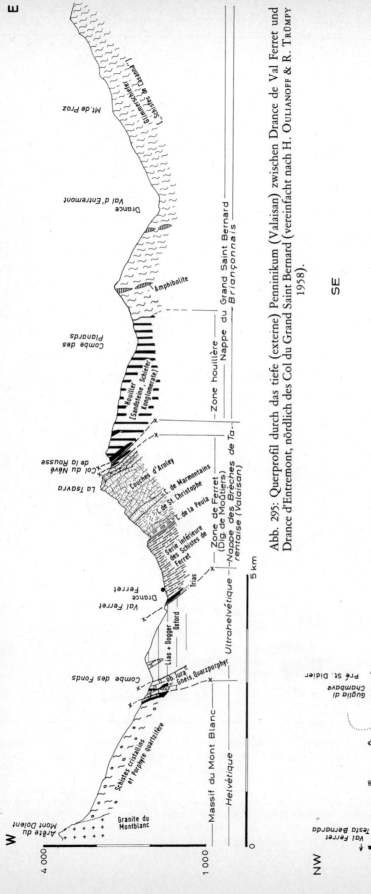

Abb. 295: Querprofil durch das tiefe (externe) Penninikum (Valaisan) zwischen Drance de Val Ferret und Drance d'Entremont, nördlich des Col du Grand Saint Bernard (vereinfacht nach H. OULIANOFF & R. TRÜMPY 1958).

Abb. 296: Querprofil durch das tiefe (externe) Penninikum (Valaisan) nördlich des oberen Valle d'Aoste (nach R. ZULAUF 1963).

Préalpes

Im Chablais und in den *Préalpes romandes* ist ein weit über die Gesteinsserien der helvetischen Extern-Zone und der Molasse überschobener Decken-Komplex anzutreffen, der als *"Préalpes"* bezeichnet wird und sich von unten nach oben aus ultrahelvetischen, nord-, mittel- und südpenninischen tektonischen Elementen zusammensetzt. Deren Verband geht aus den Abbildungen 1, 197, 206, 201, 297 und 364 hervor.

Dieser Teil der Alpen zeigt damit Analogien zum Gebiet des Embrunais, wo ebenfalls die *Intern-Zone* weit auf die *Extern-Zone* überschoben ist (vgl. S. 271). Wie dort schon erwähnt, trifft man die Préalpes auch gerade dort an, wo die Achsen des unterlagernden Helvetikums eine Depression (*"Rawil-Depression"*, Abb. 371) zeigen. Es wurde auch schon darauf hingewiesen, daß das Vorkommen dieser extern situierten Schubmassen vor allem eine Folge ihrer Erhaltung in tektonisch tiefer Position sei. Das ergibt sich auch daraus, daß die *Préalpes* des Chablais und Faucigny gerade vor dem *Aiguilles-Rouges-Massiv* vorkommen, also ursprünglich nicht nur im Bereich der *Rawil-Depression* verbreitet waren. Dasselbe Zeugnis legen die *Klippen* der Zentral-Schweiz ab (vgl. S. 313).

Das *Ultrahelvetikum*, das die *Préalpes inférieurs* bildet, wird später beschrieben (S. 386). Die darüber folgende *Niesen-Decke* ist nur am Südrand der *Préalpes* zwischen Chamossaire und dem namengebenden Niesen am Thuner See verbreitet. Nach Zusammensetzung der Schichtfolge und Position im Deckengebäude ist sie wohl tiefpenninischer Abkunft (Abb. 93, 197, 201). An ihrer Intern-Seite ruht die *Niesen-Decke* auf der ultrahelvetischen *"Zone des Cols"* (Synonyme auf Abb. 297) (Abb. 297 bis 299). Man trifft von unten nach oben an: die *Digitation der Chamossaire* (Abb. 298, auf Abb. 206 noch zum *Ultrahelvetikum* gestellt), ferner die *Digitationen* von *Chaussy* und *de la Palette* (vgl. Abb. 93).

Die *Niesen-Decke*, die ganz überwiegend aus Flysch besteht, taucht gewissermaßen in das tektonisch tieferliegende *Ultrahelvetikum* ein und ist deshalb im Norden nicht von der tektonisch überlagernden *Klippen-Decke* überdeckt, sondern grenzt dort wieder an aufgeschupptes *Ultrahelvetikum* (Abb. 297 oben, 364, 298). Die *Niesen-Decke* stammt aus dem tiefen Penninikum.

Wie erwähnt, folgt über der *Niesen-Decke* die „Nappe des Préalpes médianes" = Klippen-Decke. Wo die *Niesen-Decke* fehlt, ruht *Klippen-Decke* unmittelbar auf *Ultrahelvetikum*, wie im Chablais (Abb. 297, 197, 206). An ihrem Nordrand ist die *Klippen-Decke* auf subalpinem Flysch der *"Préalpes externes"* (Synonyme auf Abb. 297) aufgeschoben, der meist ultrahelvetischer Abkunft ist.

Der externere Bereich der *Klippen-Decke* besteht aus mehreren Faltenzügen mit ab- und aufsteigenden Achsen, die gelegentlich durch Querstörungen versetzt sind. Diese Zone mit vergleichsweise regelmäßigem Faltungsstil wird als *"Préalpes plastiques"* bezeichnet, weil die hier vorhandenen Gesteine des Lias und Dogger entsprechend reagierten. Die Trias ist geringmächtig, germanotyp und fehlt häufig, weil sie tektonisch zurückblieb. Dieser Teil der *Klippen-Decke* gehört zum *Subbriançonnais*.

Im Gegensatz dazu zeigt die *Klippen-Decke* in ihren interneren Teilen, soweit diese sichtbar sind, einen Schuppen- und Schollenbau, der auf die dort mächtig entwickelte carbonatische *Briançonnais*-Trias zurückzuführen ist. Lias und Dogger fehlen oder sind geringmächtig (*"Préalpes rigides"*).

Im Gebiet westlich der Rhône, im Chablais und Faucigny herrscht im nördlichen Teil der *Klippen-Decke* der erwähnte steilschenklige, regelmäßige Faltenbau. Der Flysch der *Klippen-Decke* nimmt im Südteil ihrer Verbreitung einen sehr breiten Ausstrich ein, der nur durch Aufwölbungen von Sätteln von *Couches rouges* der Oberkreide unterbrochen wird. Die Falten biegen sowohl gegen das Faucigny wie gegen den Genfer See zurück. Dieser Komplex westlich der Rhône gibt sich damit als tektonisch eigenständiger Körper zu erkennen.

In den *Préalpes* westlich der Rhône kann man folgende Intern-Strukturen der *Klippen-Decke* beobachten: Am Nordrand verläuft eine Schuppen-Zone mit Trias und Lias, die auf den Abb. 300 und 298 im Profil erscheint. Daran schließt sich eine in sich weiter verfaltete Muldenzone mit Kreide und z. T. Eozän in den tiefsten Positionen an, die von Chillon am Genfer See über das Tal der Sarine (Gruyère) zunächst bis südlich des Schwarzsees verfolgt werden kann (Abb. 298, 299 (2. Profil von unten)). Diese Mulde erscheint wieder in der *Gantrisch-Zone* (Abb. 300).

Eine ziemlich regelmäßig gebaute Antiklinale mit Trias im Kern und Flanken mit Jura verläuft vom Südende des Genfer Sees über den Vanil Noir nach Jaun. Dort ist dieser Sattel durch eine Nord-Süd-Störung verschoben. Er setzt sich nach Osten in die *Talmatten-Zone* am Stockhorn fort, wo allerdings schon mehr der Schollenbau der *Préalpes rigides* herrscht.

Südlich schließt sich eine Mulde zwischen Château d'Oex – Weißenburg (Abb. 300) an. Sie enthält Kreide, zum Teil aber auch Reste der *Simmen-Decke* (Abb. 364, 298 (2. Profil von unten)).

Südlich davon kommt eine Antiklinale, zu der der Tour d'Ai (Abb. 298 unten) gehört.

Die *Gastlosen-Zone* erstreckt sich als auf Flysch der *Simmen-Decke* aufgeschobene Antiklinale südwestlich und nordöstlich Château d'Oex (Abb. 364). Ihr entspricht die *Heiti-Zone* auf Abb. 300.

Schließlich kommt dann im Süden davon eine große Decken-Mulde zwischen Rougemont an der Saane bis Diemtigen, in der auf der Klippen-Decke große Flysch-Massen der *Simmen-Decke* erhalten geblieben sind (vgl. Abb. 364, 300, 299).

Eine isolierte Klippe auf *Ultrahelvetikum* bildet schließlich der Mont d'Or (Abb. 298, 2. Profil von unten).

Schließlich ragen aus der *Breccien-Decke* die steilstehenden Ketten mit Jura und Trias der Gummfluh, Rocher du Midi und Le Rubli auf. Ihre Fortsetzung bildet das Gebirge zwischen Diemtigtal im Süden und dem Niedersimmental im Norden, das auf Abb. 299 Blocktektonik erkennen läßt.

Im Gebiet südlich der Arve finden sich zwei isolierte Klippen exotischer Gesteine auf dem *Helvetikum (= Dauphinois)* (Abb. 258, 337, 1). Sie bestehen aus mehreren übereinanderfolgenden tektonisch umgrenzten Serien (Abb. 19, 70–71). Auf Abb. 364 sind diese *Klippen* von *les Annes* und *Sulens* zwar summarisch als „*Ultrahelvetikum*" zusammengefaßt. Man nimmt jedoch an, daß der unterste Komplex dieser Deckschollen jeweils zum *Ultrahelvetikum* (Abb. 122), der oberste zur *Nappe des Préalpes médianes* gehört und zwar zu deren äußerem Teil, der dem *Subbriançonnais* zuzurechnen ist (Abb. 342, 71). Der mittlere Komplex wurde schon als der tiefpenninischen *Niesen-Decke* entsprechend aufgefaßt (Abb. 258, 70). Inwieweit dies zutrifft, sei dahingestellt (vgl. S. 372).

Über der *Nappe des Préalpes médianes* folgt die Breccien-Decke („Nappe de la Brèche"), die allerdings stellenweise wieder unmittelbar dem *Ultrahelvetikum* aufsitzt, wobei also die *Klippen-Decke* fehlt (Abb. 297, 364, 362, 298).

Die *Breccien-Decke* nimmt den ganzen südlichen Raum der *Préalpes* im Faucigny und Chablais ein (Abb. 364, 297, 362). Auf dem Flysch der *Breccien-Decke* findet man auf dem Plateau von *les Gets* eine Flysch-Serie mit Ophiolithen und Schürflingen und Blöcken von Granit, Porphyr, Diabas usw. (Abb. 63). Vermutlich handelt es sich dabei um ein ungefähres Äquivalent der weiter östlich in Erscheinung tretenden *Simmen-Decke*.

Östlich der Rhône trifft man die *Breccien-Decke* in einer Decken-Synklinale der Klippen-Decke zwischen den Pays d'Enhaut und dem Obersimmental, dabei zum Teil auf die eigentlich höhere *Simmen-Decke* überschoben (Abb. 299). Auf den Profilen der Abb. 297 und 298, jeweils oben, erscheinen Reste der *Breccien-Decke* mit frontalen Tauchfalten.

Die *Breccien-Decke* ist südlich der *Klippen-Decke* beheimatet, vermutlich am steilen Innenrand der *Briançonnais*-Schwelle (vgl. S. 110), Abb. 63, 134, 184–186).

Als höchste tektonische Einheit der *Préalpes* tritt die *Simmen-Decke* auf, die nur östlich der Rhône abgetrennt wird (Abb. 364, 297–299). Diese Decke besteht überwiegend aus Oberkreide-Flysch (Abb. 55). Seines Alters wegen dürfte dieser Flysch aus dem internen Penninikum stammen (S. 49). Dafür sprechen auch basische Eruptiva und Radiolarite, die der Flysch auf seinem Transport an seiner Basis mitgebracht hat (Abb. 206). Schon mehrfach wurde darauf hingewiesen, daß der *Simmen-Flysch* ein tektonisches und paläogeographisches Äquivalent des *Embrunais-Ubaye-Flyschs* und des *Ligurischen Flyschs* darstellen dürfte.

Über die Fortsetzung der *Préalpes* nach Osten in den *Klippen* der Zentral-Schweiz siehe S. 313.

Die Platznahme der Decken der *Préalpes* – wie der *Klippen*-Decken der Zentral-Schweiz – erfolgte in verschiedenen Stadien, die sich auch aus den stratigraphischen Umfang der überschobenen Komplexe ablesen läßt.

Am frühesten endete die Sedimentation im Bereich der südpenninischen *Simmen-Decke* schon in der Oberkreide. Die Schichtfolge von *Breccien-* und *Klippen-Decke* reicht dagegen bis ins Paläozän bzw. ältere Eozän (Abb. 63, 78). Die Heraushebung über Sedimentations-Niveau erfolgte also von innen (S) nach außen (N) fortschreitend, der orogenen Einsenkungswelle der Flyschtröge folgend (vgl. S. 163, Abb. 184).

Dabei ist im Eozän wohl die *Simmen-Decke* zunächst auf den Komplex der *Klippen-* und *Breccien-Decke* aufgeglitten, die damals noch in ihrem Wurzelbereich des *Briançonnais* (*Bernhard*-Decken-Kristallin) lagen.

Während des Oligozäns wurde dann die *Klippen-Decke,* zusammen mit der tiefpenninischen *Niesen-Decke* und den rittlings aufsitzenden Einheiten der *Breccien-Decke* und *Simmen-Decke* auf die *Extern-Zone* verfrachtet. Die Sedimentation erstreckt sich im Helvetikum, jedenfalls in seinen externen Teilen bis ins ältere Oligozän (Abb. 184). Erst danach war es möglich, daß die gesamten *Préalpes* mit und über *Helvetikum* und *Ultrahelvetikum* noch weiter nach außen transportiert wurden, wobei die subalpine Molasse weit überschoben und am Ende auch noch die obermiozäne Vorlandsmolasse tektonisch mit aufgerichtet wurde.

Literatur (vgl. auch Angaben im betreffenden Kapitel über Stratigraphie):
H. BADOUX 1960/1963, 1967; C. CARON 1966; C. CARON & M. WEIDMANN 1967; D. DONDEY 1961, 1961; E. GAGNEBIN 1924; M. GISIGER 1967; R. JAFFE 1955; A. JEANNET in A. HEIM 1921/1922; A. LOMBARD 1940; J. ROSSET 1968; W.-J. SCHROEDER 1939; R. STAUB 1958; R. TRÜMPY 1955.

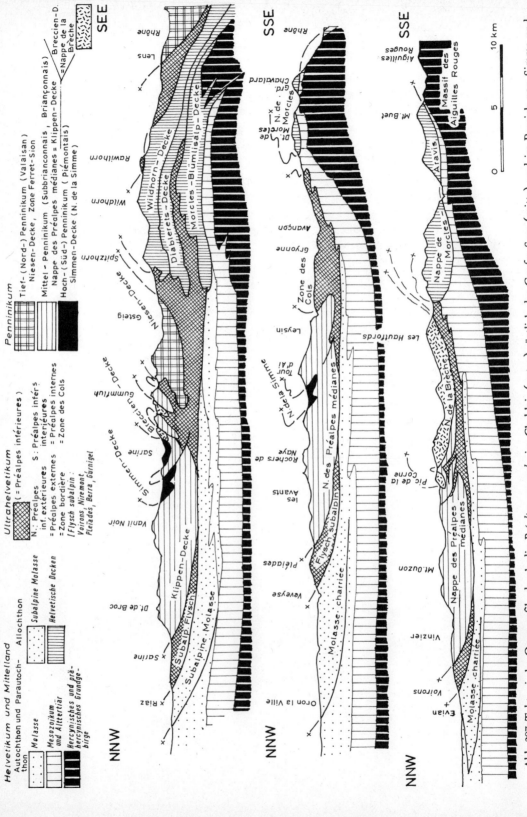

Abb. 297: Tektonische Querprofile durch die *Préalpes romandes* im Chablais (unten), östlich des Genfer Sees (mitte) und im Bereich von Simme und Sarine (oben). Nach L. W. COLLET 1955, P. BEARTH & A. LOMBARD 1964.

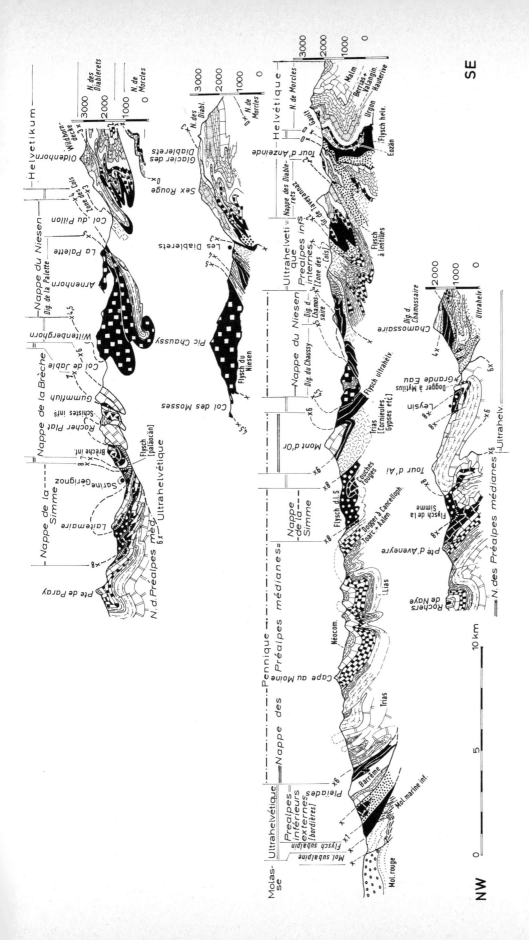

Abb. 298: Querprofile durch die *Préalpes romandes* zwischen Genfer See (unten) und Col du Pillon (oben) (nach R. TRÜMPY 1960 und E. GAGNEBIN 1949). Vgl. tektonische Übersicht auf Abb. 364, und Übersichtsprofil bei Abb. 297.

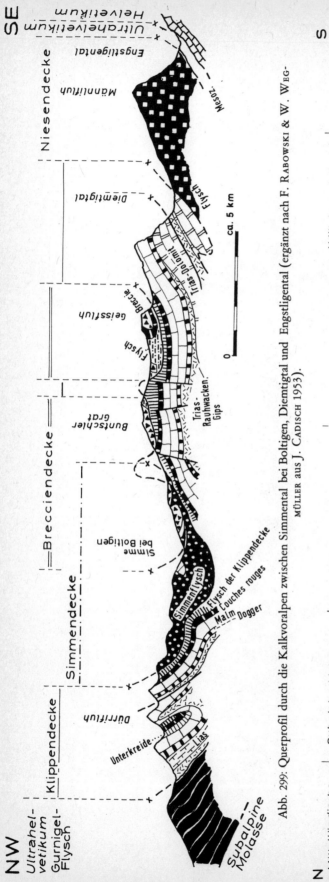

Abb. 299: Querprofil durch die Kalkvoralpen zwischen Simmental bei Boltigen, Diemtigtal und Engstligental (ergänzt nach F. RABOWSKI & W. WEGMÜLLER aus J. CADISCH 1953).

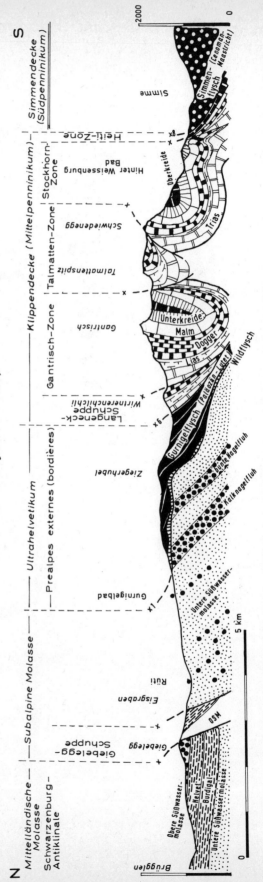

Abb. 300: Querprofil durch die *subalpine Molasse*, *subalpinen Flysch* („*Gurnigelflysch*", Ultrahelvetikum), *Klippen-Decke* und *Simmen-Decke* zwischen Gurnigel und Simmental bei Weissenburg (nach E. GERBER 1950 und R. F. RUTSCH 1967).

Lepontinische Alpen (Alpi lepontine)

Im Bereich zwischen Simplon und Tessin steigen die Achsen des Penninikums zu einer Kulmination an – entsprechend den nördlich davon situierten *Extern-Massiven*. Dadurch erscheinen in diesem Gebiet vor allem tiefpenninische Decken mit ihren kristallinen Kernen auf breiter Ausstrichsfläche.

Die Sedimentbedeckung dieser Decken-Kerne ist in Gestalt mächtiger *Bündnerschiefer*-Massen an der Front des Penninikum angehäuft *("Bedretto-Zone",* Abb. 313, 293, bzw. *„Zone der Lugnezer Schiefer"* und *Piz Terri-Serie* auf Abb. 301). Diese frontalen *Bündnerschiefer* wurden bei der Deckenbildung gewissermaßen von ihrer kristallinen Basis abgestülpt und sind oft schwer einem bestimmten Decken-Kern zuzuordnen (Abb. 195–196). Die tiefpenninischen Decken werden auch als Tessiner und Simplon-Decken bezeichnet (Abb. 286). Auch der Name „Lepontinische (Gneis-) Decken(-Region)" ist üblich (Abb. 301, 304).

An der Front ist das Tiefpenninikum auf das *Gotthard-Massiv,* oder wo dieses axial tiefliegt, an das *Aare-Massiv* aufgeschoben.

Die kristallinen Deckenkerne werden durch dünn ausgewalzte Lamellen von mesozoischen Paragesteinen voneinander getrennt. Dabei wurden die *Bündnerschiefer* in Kalkglimmerschiefer, die Carbonate der Trias in Marmore umgewandelt. Auch Quarzite der basalen Trias kommen vor. Diese deckenscheidenden Zonen zeigen oft noch den ursprünglichen Muldenbau. Sie sind dann symmetrisch, d. h. der Gneis der über- und unterlagernden Decken wird von Trias- Marmor usw. begleitet, also im quasi stratigraphischen Verband, der freilich durch die starke Auslängung der Gesteine sehr strapaziert ist. Die Deckenscheider können in manchen Fällen weit wurzelwärts verfolgt werden. Sie zeigen, daß die Deckenkerne oft liegende Falten bilden. Sie sind auch intern so struiert, daß sie eine Hülle von Paragesteinen, einen Kern von Orthogneisen haben (vgl. z. B. Abb. 313, 304, 306).

Bei den Paragneisen handelt es sich um praevariscische Gneise, bei den Orthogesteinen generell um variszische Intrusiva. Jedoch sind diese Unterschiede gerade in der lepontinischen Gneisregion sehr stark verwischt, weil hier in alpidischer Zeit eine überaus starke Migmatisierung stattgefunden hat, wobei also das Gestein gewissermaßen „reaktiviert" wurde (vgl. E. WENK 1963, W. K. NABHOLZ 1953).

Die bereits praealpidisch metamorphen Gesteine sind also sämtlich polymetamorph, während variszische Intrusiva und mesozoische Sedimente nur alpin-metamorph sind.

Die Verbreitung der penninischen Decken zwischen Simplon und Tessin zeigt Abb. 301, das Schema der Lagerungsbeziehungen gibt Abb. 207 und z. T. auch 208.

Ein Längsprofil durch dieses Gebiet zeigt, daß die oben erwähnte Achsen-Kulmination komplex gebaut ist. Sie erfährt eine Zweiteilung durch die Quereinmuldung der *„Maggia-Querwurzel"* (Abb. 305, 215). Westlich davon erhebt sich die *Toce-Kulmination* mit dem Zentrum im Valle Antigorio bei Verampio, östlich die *Tessiner Kulmination* beiderseits des Valle Leventina.

Im Kern dieser beiden kuppenförmigen Aufwölbungen kommen die tiefsten Einheiten des Penninikums zum Vorschein: der *Verampio-Granit* (-Gneis) im Valle Antigorio und die *Leventina-Masse* im Tessin. Mutmaßlich sind diese beiden Komplexe relativ autochthon und stehen im Untergrund in Verbindung mit dem *Gotthard-Massiv* (Abb. 304–305, 313).

Über dem *Verampio-Gneis* folgt die *Antigorio-Decke* als liegender Faltenkörper (Abb. 304, 313, 207, 201 oben). Sie taucht wurzelwärts am Südfuß des Simplon unter höhere Einheiten ein und ist fast durchgehend von einer mesozoischen Hülle umgeben. Diese Hüllserie wird als *Teggiolo-Zone* bezeichnet, die auch den Namen „Mulde" verdient.

Eine merkwürdige und deshalb umstrittene Stellung nimmt die *Lebendun-Decke* ein. Sie besteht aus einer nur dünnen Lamelle von Paragneisen, die aber über sehr weite Entfernung verfolgt werden kann. Möglicherweise wurzelt sie gar nicht zwischen *Antigorio-* und *Monte Leone-Decke,* wie etwa nach Abb. 313 anzunehmen wäre, sondern ist aus dem Hangenden eingefaltet, aus der ebenfalls aus Paragneisen bestehenden *Bernhard-Decke.* Sie nähme dann etwa eine Stellung wie der *Vergeletto-Lappen* der *Maggia-Decke* ein, die etwa ihrer Stellung nach der *Bernhard-Decke* entspricht (Abb. 304 unten, 215). Man hat aber auch schon vermutet, daß es sich um eine Flysch-Mulde handelt, die besonders tief zwischen die Gneis-Kerne der tiefpenninischen Decken samt deren *Bündnerschiefer*-Hülle eingefaltet wäre. Auch dieser Verband wäre nach Detail-Bildern, etwa Abb. 313, möglich. Dagegen spricht, daß auch der Lebendun-Gneis stellenweise auf beiden Seiten von Trias begleitet wird. Unter den Paragesteinen der *Lebendun-Decke* findet man Konglomerat-Gneise. Nach der zuletzt angeführten Deutung würden sie in eine Flysch-Serie gehören, sonst hält man sie für Perm bzw. Permokarbon, wie entsprechende Gesteine der unten erwähnten *Soja-Decke* (vgl. M. G. Joos 1967, O. Grütter 1929, J. Rodgers & P. Bearth 1960).

Die Trias und die *Bündnerschiefer,* die über der *Lebendun-Decke* auftreten, werden der *Veglia-Zone* (-Mulde) zugerechnet (Abb. 215, 313). Auch diese Zone zeigt oft symmetrischen Muldenbau.

Darüber folgt die ausgedehnte und mächtige Masse der *Monte Leone-Decke,* die überwiegend aus Augengneisen besteht. Amphibolite kommen ebenfalls in linsen- und gangförmigen Körpern vor. Diese Decke bildet an ihrem Nordrand eine steil aufsteigende Stirn, die unter der Bernhard-Decke nach Westen bis in den Bergkomplex des Gebidem verfolgt werden kann (Abb. 301, Position etwa wie im Profil auf Abb. 293 am Spitzhörnli). Stellenweise ist der Gneis aufgespalten und gibt damit Gelegenheit zu differenzierter Benennung (Abb. 313).

In einer südlich folgenden Decken-Mulde, die axial nach NE aufsteigt, findet man den schon auf S. 291 erwähnten tektonisch höheren *Berisal*-Komplex (Abb. 313). Der nördliche Lappen der *Monte Leone-Decke* selbst hebt am Ofenhorn nach Nordosten aus. Um die Aufwölbung von Verampio zieht die *Monte-Leone-Decke* östlich des Simplon herum und fällt dann in ihrem Südteil unter die höheren Decken wurzelwärts ein. In der Wurzelzone glaubt man die Decke bis Bellinzona verfolgen zu können (vgl. aber unten).

Über der *Monte Leone-Decke* folgt die *Bernhard-Decke,* die schon im vorigen Kapitel (S. 290) beschrieben wurde und die sich schon wegen ihrer weniger metamorphen Paragesteine abhebt.

Mit dem Abtauchen gegen die *Querdepression der Maggia* folgen auch im Osten über der *Monte Leone-Decke* tektonisch höhere Einheiten (Abb. 305, 301).

Außer den auf diesen Abbildungen vorgenommenen tektonischen Gliederungen gibt es übrigens, wie in der Legende erwähnt, noch weitere, deren Vor- und Nachteile an dieser Stelle nicht diskutiert werden können.

Im Bereich der *Maggia-Querwurzel,* östlich des Valle Maggia ist von Süden nach Norden die *Maggia-Decke* zu verfolgen, die sich an ihrer Front in tiefer Lage zum *Sambuco-Lappen („Lembo di Sambuco")* verbreitert (Abb. 304, 301). Der ganze Komplex wird auch als *„Maggia-Lappen"* bezeichnet. Der tektonischen Stellung nach entspricht die *Maggia-Decke* etwa der *Bernhard-Decke,* den Gesteinen nach nicht so sehr. Man sollte deshalb nicht annehmen, daß beide Decken zusammen als einheitlicher Körper entstanden wären.

Im Bereich der *Maggia-Querwurzel* führte die alpidische Anatexis bis zur palingenen Platznahme des Cocco-Granodiorits.

Östlich der *Maggia-Querwurzel* kommt es zu einer zweiten Achsenkulmination im Valle Leventina *(„Tessiner Kulmination").* Der Deckenbau ist hier im Prinzip derselbe, jedoch fällt es schwer, die Deckenkörper nach Westen zu parallelisieren (Abb. 215).

Auch daraus geht hervor, daß sich diese wie andere Decken der Alpen im Streichen ablösen oder auch überlappen. Eine strenge Parallelisierung und völlige Gleichsetzung ist daher nicht statthaft (und wird als „Cylindrismus" angeprangert). Eine lose Parallelisierung aber, unter Kenntnis dieser genannten Vorbehalte ist notwendig, wenn man für die Alpen ein Einteilungsprinzip behalten will.

Die Abgrenzung von tief-, mittel- und hochpenninisch ist aus den erwähnten Gründen deshalb auf Abb. 215 nicht einheitlich durchzuführen und nicht ratsam. Die Unterscheidung dieser Bereiche erfolgt ja hauptsächlich nach faziellen Merkmalen der mesozoischen Schichtfolge, die hier nur zum Teil erhalten ist.

Die tiefste Einheit im Tessin ist die *Leventina-Masse* (Abb. 301, 304–306, 207–208, 215). Die Paragesteinshülle dieses aus Orthogneisen bestehenden Komplexes ist vermutlich abgeschert und finden sich in Teil-Decken wie *Lucomagno-Decke* und *Nara-Lappen.*

Auch die darüber folgende *Simano-Decke* kann in verschiedene Teil-Decken gegliedert werden, deren Verband aus den schon genannten Abbildungen sichtbar wird. Man hat auch schon angenommen, daß z. B. die *Campo-Tencia-Masse* von höheren Decken frontal eingewickelt sei.

Nach Westen sinkt die *Simano-Decke* unter die *Maggia-Decke* ab. Im Osten folgt über der *Simano-Decke* im oberen Val Blenio die *Soja-Decke* (Abb. 306, 301 e. a.). Wie die *Lebendun-Decke* ist sie scheinbar wurzellos und besteht im Kern aus Permokarbon-Paragneisen.

Die Hauptmasse der tiefpenninischen *Bündnerschiefer* ist auch hier abgeschert und wird frontal angestaut in der „*Zone der Lugnezer Schiefer*" (Abb. 301, 306, 208) die sich, aufgeschoben auf das *Gotthard-Massiv* bis ans Vorderrheintal bei Bonaduz verfolgen läßt (Abb. 307–308).

Die Bündnerschiefer-Hülle der *Soja-Decke* wird als *Piz Terri-Serie* bezeichnet (Abb. 322, 301, 308, 208, 219). Gesonderte stratigraphische Profile wurden für diese tiefpenninischen *Bündnerschiefer*-Serien nicht gezeichnet, sie bestehen jeweils aus basaler Trias (Marmore, Rauhwacken, Quarzite, Phyllite (den Quarten-Schiefern entsprechend)) und jurassischen Bündnerschiefern. Nur für die *Adula-Decke* wird eine Gliederung gegeben, weil dort die geologische Erforschung schon entsprechend fortgeschritten ist (Abb. 89).

Über der *Simano-Decke* und der *Soja-Decke* folgt der kristalline Kern der weiter nach Norden übergreifenden *Adula-Decke.* Er besteht innen aus Orthogneisen, umgeben von Paragesteinen (Abb. 306). Die hauptsächlich in der Stirn-Partie, sowie auf dem östlichen Rücken auftretenden Trias-Bündnerschiefer- und Flysch-Serien dieser *Adula-Decke* werden unten beschrieben (S. 314).

Der Verlauf der tektonischen Achsen, gemessen in der Lineation der Gneise zeigt Umlaufen um die schon erwähnten Aufwölbungen (E. WENK 1955). Dies zeigt, daß die Decken-Komplexe östlich und westlich der *Maggia-Querzone* wohl als selbständige Körper entstanden sind.

Die überaus intensive anatektische Umwandlung der Gesteine während der alpidischen Gebirgsbildung zeigt, daß dieser tiefpenninische Bereich der Alpen tief versenkt war. Dabei wurde das praealpidische Kristallin reaktiviert und quasi plastisch, das eingefaltete Mesozoikum feldspatisiert. Im Wurzelbereich verschwimmen die Decken-Grenzen, die deckentrennenden mesozoischen Gesteine sind entweder aufgezehrt oder z. B. die Marmore in Schollen aufgelöst. Die Wurzelzone steht allgemein sehr steil oder ist überkippt. Dies ist die Folge einer späten Aufrichtung entlang der *insubrischen Linie* im Pliozän.

Die Wurzeln der höheren penninischen Decken werden am Südrand der Wurzelzone ausgeschieden. Die *Monte-Rosa-Decke* setzt sich in der *Zone von Locarno* bis nach Locarno fort (Abb. 301). *Sesia-Zone* und *Canavese* können, wie die südalpine *Ivrea-* und *Kinzigit-Zone* ebenfalls nach Osten bis an den Lago Maggiore verfolgt werden. Nördlich des Val Morobbia und des Passo San Iorio erstreckt sich ein langgezogener schmaler Intrusivkörper, der dem spätalpidischen Bergeller Pluton entspricht (vgl. S. 317).

Die oben erwähnte Anatexis des tiefen Penninikums *(„Tessiner Kristallisation")* wird als postkinematisch betrachtet, weil sie die Deckenkörper durchsetzt, ebenso wie das Gneisgefüge. Diese junge Umwandlung drückt sich auch bei der radiometrischen Bestimmung des absoluten Alters aus. Infolge erst sehr später Abkühlung und Auskristallisation wird an Glimmern ein Alter von etwa 16–20 Millionen Jahre (Jungtertiär) gemessen, z. B. an *Verzasca-Granitgneis* u. a. Gesteinen. Der *Verampio-Granitgneis* ergab ein Pb-Total-Alter von 270 Millionen Jahren. In der *Camughera-Moncucco-Masse* (S. 219) wurden Mischalter gemessen. Sein Ausgangsgestein ist also ein junghercynischer Granit (vgl. E. WENK 1963, A. BUCHS e. a. 1962).

Im Bereich der lepontinischen Alpen trifft man im Penninikum keinen Flysch an, wie etwa weiter westlich in der *Zone Ferret-Sion* bzw. der *Niesen-Decke* oder weiter östlich in Gestalt des *Prätigau-Flyschs.* Damit erhebt sich die Frage, ob dieses Fehlen primär bedingt ist, oder ob der Flysch infolge der hohen axialen Exposition dieses Gebiets bereits der Abtragung zum Opfer gefallen ist. (Vgl. Abb. 207).

Auch nördlich von *Aare-* und *Gotthard-Massiv* findet man keinen penninischen Flysch, mit Ausnahme von Flysch-Komplexen des Wäggitales, der Amdener und Wildhauser Mulde sowie der Fähnern am Nordrand der Alpen (Abb. 208, 365, 378, 380).

Literatur: E. Argand 1934; J. Cadisch 1953; A. Gansser & E. Dal Vesco 1962; H. Guilleaume 1955; A. Gunthert 1956; P. Knup 1958; R. Mittelholzer 1936; W. K. Nabholz 1953, 1954; P. Niggli 1950; P. Niggli & H. Preiswerk e. a. 1936; H. Preiswerk 1931; E. Wenk 1955, 1956, 1956, 1963.

Abb. 301: Übersichtskarte über die *Intern-Zone* und Teile der Südalpen zwischen Valais, Tessin und dem westlichen Graubünden (*Toce-* und *Tessiner Kulmination*). Nach H. Badoux 1967, P. Bearth in P. Bearth & A. Lombard 1964, H. Porada 1966, R. Staub 1958. Die ausführliche Legende für die Einheiten der Südalpen findet sich bei Abb. 287. Gliederung der *Adula-Decke* vgl. Abb. 307. Andere Deckengliederung u. a. bei R. Staub 1958, S. Casasopra 1957. Fortsetzung der Legende auf Abb. 302.

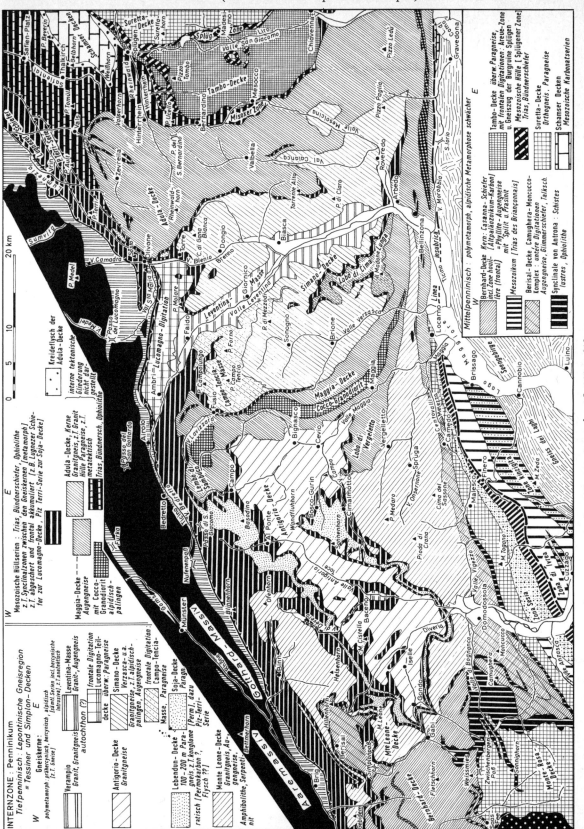

Abb. 301: Legende s. S. 308 u. 310

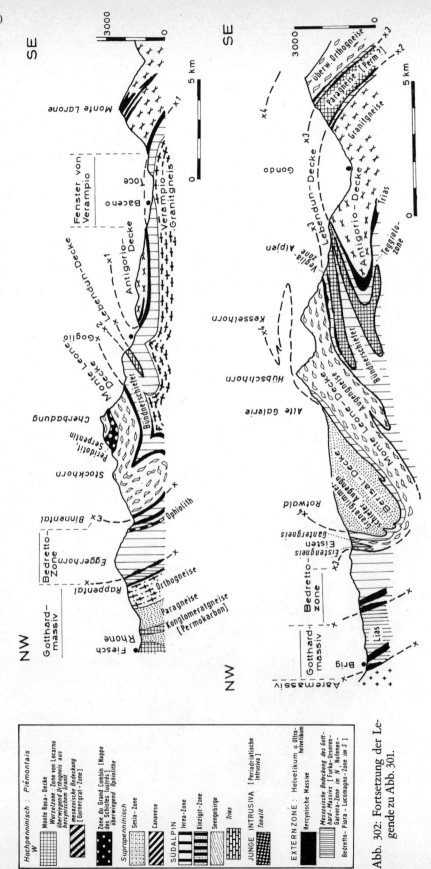

Abb. 303: Querprofile zwischen *Gotthard-Massiv* und den tiefpenninischen Decken der *Simplon-Region*. Profil Brig – Simplonpaß (unten) nach C. SCHMIDT & H. PREISWERK, P. BEARTH in P. BEARTH, W. K. NABHOLZ, A. STRECKEISEN & E. WENK 1967. – Profil Fiesch-Binnental-Tocetal (oben) nach C. SCHMIDT & H. PREISWERK, P. MEIER & W. K. NABHOLZ, W. OBERHOLZER, H. BADER & S. GRAESER in E. NIGGLI 1967. – Die mesozoischen *Bündnerschiefer* zeigen von N nach S zunehmende Metamorphose und geben damit den Maßstab für die alpidische Metamorphose auch der polymetamorphen Gneiskerne der penninischen („*lepontinischen*") Decken.

Abb. 302: Fortsetzung der Legende zu Abb. 301.

311

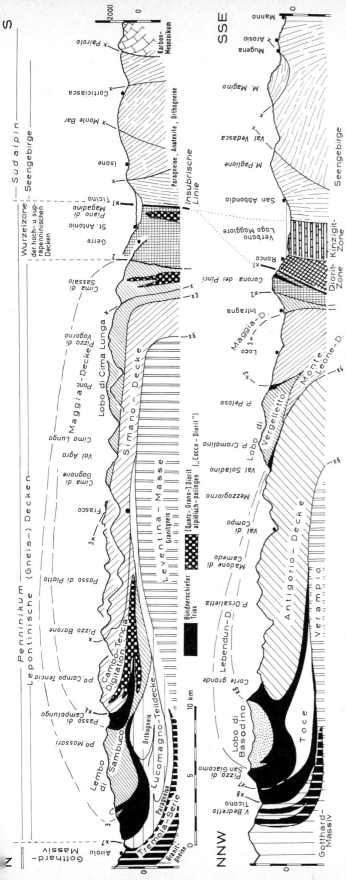

Abb. 304: Querprofile durch die penninischen Decken der lepontinischen Gneisregion zwischen Gotthard-Massiv und Seengebirge. Nach S. CASASOPRA 1957, verändert im Sinne der Übersichtskarte auf Abb. 301. Weitere Deutungen der Profile bei S. CASASOPRA 1957, R. STAUB 1958.

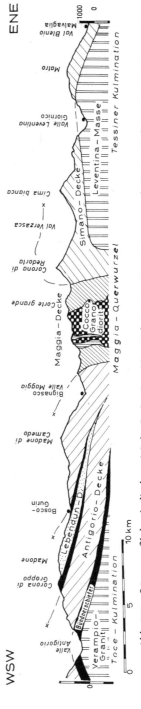

Abb. 305: Längsprofil durch die lepontinische Gneisregion: Toce-Kulmination, Maggia-Querwurzel, Tessiner Kulmination. Nach S. CASASOPRA 1957, verändert im Sinne der Übersichtskarte auf Abb. 301. Nach der Darstellung von S. CASASOPRA 1957 (nach CASASOPRA 1945) aufgrund von E. KÜNDIG 1934 gehört das über der Lebendun-Decke liegende Kristallin zur Monte-Leone-Decke.

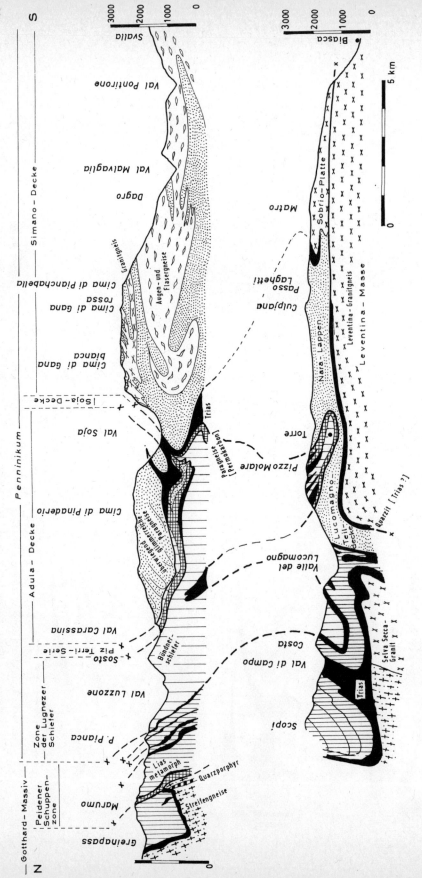

Abb. 306: Querprofile durch das südliche *Gotthard-Massiv* und das südlich anschließende Tiefpenninikum (Gneiskerne der *Leventina-Masse, Lucomagno-Decke, Soja-Decke, Simano-Decke, Adula-Decke*) sowie der frontalen Bündnerschiefermassen (Zone der *Lugnezer Schiefer* = Hülle der Lucomagno-Decke, Piz-Terri-Serie = Hülle der *Soja-Decke*) an der Ostseite des Val Blenio (oben) und zwischen Lucomagno-Paß und dem Gebirge zwischen Val Blenio und Valle Leventina (unten). Nach A. BAUMER, L. BOSSARD, F. FREY, O. GRÜTTER, H. JENNY, W. LEUPOLD, W. NABHOLZ, R. WEGMANN, E. WENK, R. U. WINTERHALTER, E. DAL VESCO aus W. K. NABHOLZ, E. NIGGLI & E. WENK 1967.

Klippen der Zentral- und Ost-Schweiz

Isolierte Reste der *Klippen-Decke („Nappe des Préalpes médianes")* finden sich im genannten Geist an zahlreichen Stellen, wenn auch jeweils von recht geringen räumlichen Dimensionen. Wie die *Klippen-Decke* der *Préalpes* ruhen sie sämtlich auf *Ultrahelvetikum* (Flysch), das seinerseits auf Helvetischen Decken aufsitzt. (Abb. 1, 258, 207–208, 201, 195–196, 364, 365, 79–80).

Zu nennen sind von West nach Ost: *Giswiler Klippen* in Obwalden (Abb. 364), *Stanserhorn* (Abb. 374), *Buochserhorn* (Abb. 375), *Mythen* und *Rothenfluh* (Abb. 376), die *Klippen von Iberg* und *Einsiedeln* (Abb. 377) und schließlich die *Klippe von Grabs* (Abb. 383).

Die Mehrzahl dieser Klippen zeigt die Fazies der *Klippen-Decke* (Abb. 79–80). Externe Partien sind in *Subbriançonnais*-Fazies entwickelt. Sie enthalten Keuper, Lias und Dogger. Mehr interne Herkunft zeigen die Serien ohne tieferen Jura, aber mit mächtiger carbonatischer Trias und transgressiver Oberkreide *(Briançonnais)*.

Die Klippen dürften die Erosionsrelikte der ursprünglich wohl flächenhaft bis in diese Bereiche verbreiteten *Klippen-Decke* darstellen. Deren Abtragung wird durch den Reichtum an entsprechenden Kalkgeröllen in der subalpinen Molasse, neben Flysch-Komponenten und Gesteinen der *Simmen-Decke* belegt. *Helvetikum* wird als Geröll-Komponente erst im Obermiozän der Oberen Süßwassermolasse allmählich sichtbar, wurde also sehr spät über Erosionsniveau gehoben bzw. freigelegt.

Wie schon bei S. 301 beschrieben und auch auf Abb. 366 schematisch dargestellt, ist die *Klippen-Decke* auf *Helvetikum* und *Ultrahelvetikum* aufgeschoben worden bzw. aufgeglitten, als diese Komplexe noch südlicher lagerten. Erst mit den helvetischen Decken ist das Mittelpenninikum der *Klippen* „rittlings" in seine jetzige Position gekommen, wahrscheinlich schon in einzelne *Klippen* aufgelöst.

Das Vorkommen der Klippen ist hier vor allem deshalb von Bedeutung, weil es beweist, daß auch in diesem Querschnitt der Alpen ein mittleres Penninikum (also *Briançonnais*) entwickelt war, obwohl man jetzt im Raum der lepontinischen Alpen nichts davon erkennen kann. Wie schon dargelegt, stammt die *Klippen-Decke* im Westen von *Bernhard-Kristallin* ab (vgl. S. 303, Abb. 215, 201). Möglicherweise stellt die *Maggia-Decke* den entsprechenden Sockel-Teil dar. In Graubünden dürfte die „*Klippen-Decke*" samt *Falknis-Sulzfluh-Decken* und *Schamser Decken* von der *Tambo-* oder *Margna-Decke* abgeschert sein.

In den *Klippen von Iberg-Einsiedeln* kommen tektonisch höhere Elemente vor. Die „*Ophiolith-Decke*" zeigt eine Schichtfolge, die eine Parallelisierung mit der hochpenninischen *Aroser Zone,* oder entsprechend mit der piemontesischen *Simmen-Decke* im Westen erlaubt (Abb. 79). Dieser Komplex wurde früher als „*Rhätische Decke*" bezeichnet. Ostalpin ist schließlich die Gipfelscholle des *Roggenstocks* (Abb. 79), vgl. S. 213. Die Lagerungsbeziehungen gehen aus Abb. 201, 208, 365 und 377 hervor.

Literatur (vgl. auch Angaben beim betreffenden Kapitel über Stratigraphie):
H. Badoux 1967; J. Cadisch 1953; E. Gagnebin 1934; A. Heim 1921/1922; H. P. Mohler 1966; R. Staub 1958.

Graubünden

In Graubünden zeigt das Penninikum eine besonders wechselvolle strukturelle wie fazielle Vielfalt. Hier taucht dieser Gebirgskomplex axial unter dem überlagernden Ostalpin unter, das schon oben beschrieben wurde (S. 212, 249). Diese Beschreibung an getrennten Stellen bedeutet eigentlich einen künstlichen Eingriff in natürliche Gegebenheiten.

Die tektonischen Einheiten werden aus Gründen der Zweckmäßigkeit hier von u n t e n nach o b e n beschrieben, im Gegensatz zu vorigen Kapiteln. Das Gebiet erscheint auf den Übersichtsdarstellungen der Abbildungen 301, 307–309, 236, ferner 194–195. Die Lagerungsbeziehungen der einzelnen tektonischen Einheiten gehen aus den Abbildungen 208–209, 215 und 201 hervor.

Entsprechend einem verhältnismäßig steilen Achsenfallen von 20–30° nach ENE trifft man die tektonischen Einheiten von Penninikum und Ostalpin nach- und übereinander an, wenn man sich im Streichen von der *Tessiner Kulmination* her gegen die *Silvretta-Decke* im Osten bewegt. Man erkennt dabei, daß der penninisch-ostalpine Deckenstapel eine Mächtigkeit von einigen tausend Meter aufweist. Schon oben wurde beschrieben, daß zwar die ostalpinen Decken (mit Ausnahme unterostalpiner Äquivalente?) nicht bis über die *Tessiner Achsenkulmination* weg nach Westen entwickelt waren, andererseits ist durch das Vorkommen der *Klippen-Decke* nördlich außerhalb des *Aare-Massivs* sicher erwiesen, daß wenigstens mittelpenninische Decken sich durchgehend von West nach Ost erstreckten (wenngleich nicht als tektonisch identische Körper, wie auch aus Abb. 215 hervorgeht).

Die tieferen Einheiten *(Leventina-Masse, Simano-* und *Soja-Decke* und die zugeordneten *Bündnerschiefer*-Komplexe) wurden schon auf S. 307 erwähnt.

Wie die Abbildungen 301 und 306 zeigen, greift der kristalline Kern der *Adula-Decke* weiter nach Norden vor als die *Simano-Decke*. Dieser Fall tritt im Penninikum von Graubünden nach mehrfach ein. Das hat zur Folge, daß in frontalen Bereichen des Deckengebäudes die Abfolge der Decken unvollständig ist.

Die Intern-Struktur der Adula-Decke wurde schon auf S. 307 erwähnt. Es bleibt nachzutragen, daß der kristalline Deckenkern an der Front mit basalem Mesozoikum (Trias) verschuppt ist, was die Möglichkeit zur Abgliederung einzelner Teil-Komplexe gibt (vgl. Abb. 307).

Die Sedimenthülle des *Adula*-Kristallins besteht neben der basalen Trias aus zum Teil sehr mächtigen *Bündnerschiefer*-Serien (Abb. 89). Die Sediment-Serien finden sich vor allem vor der Front des kristallinen Decken-Kerns, wobei sich die Schichtfolge mehrfach infolge Verschuppung wiederholt. Die einzelnen so bestehenden tektonischen Untereinheiten haben zum Teil beträchtliche Verbreitung (Abb. 307–309).

Die von unten nach oben übereinanderfolgenden *Valser Schuppenzone, Ault-Serie, Grava-Serie* und *Tomül-Serie* wurzeln in der Misoxer Zone (vgl. auch Abb. 208, 301). Diese *Misoxer Zone* ist als Deckenscheider gegen die hangende *Tambo-Decke* weit nach Südosten bis an den *Bergeller Pluton* zu verfolgen. Sie ist nicht wie einige Sediment-Zonen am Simplon (vgl. S. 306) symmetrisch als Mulde gebaut, verdient also diese schon gebrauchte Bezeichnung nicht. In der *Misoxer Zone* sind die Sedimentserien zwischen den Deckenkernen stark ausgewalzt und verschuppt (Abb. 90). Ophiolithe werden besonders in den südlichen, wurzelnahen Bereichen häufig. Das hat schon zur Annahme geführt, daß diese bei ersten deckenbildenden Bewegungen („Embryotektonik") aufgedrungen seien, entlang von Bewegungsflächen.

Die deckentrennenden Sedimentzonen treten auch morphologisch in Erscheinung, indem sich Quertäler und zum Teil Querpässe in ihrem Bereich gebildet haben (Avers, Splügen-Paß, San Bernardino-Paß). Der Grad der Metamorphose nimmt in den genannten Zonen wurzelwärts zu.

Über den *Bündnerschiefern* des *Tomül-Lappens* folgt, offenbar im stratigraphischen Verband, der *Prätigau-Flysch* (Abb. 102, 208, 307, 311, vgl. S. 71). Er streicht auf breiter Fläche im *Halbfenster des Prätigau* aus, das von mittelpenninischen *(Falknis-* und *Sulzfluh-Decke)* und höheren Einheiten *(Aroser Zone, Silvretta-Decke)* umrahmt wird (Abb. 227, 207). Profile durch den Prätigau finden sich auf den Abbildungen 312–314. Die auf Abb. 89 und 102 eingezeichneten Schichtfolgen sind teilweise miteinander identisch (jeweils *Bündnerschiefer-* und Flysch-Anteil).

Der Flysch der *Adula-Decke* kann nicht bis in die wurzelnahe *Misoxer Zone* verfolgt werden. Seine älteren Schichtglieder, die auf Abb. 89 eingezeichnet sind, und die nach Nordosten in gleichaltrige, aber anders benannte Schichten des Prätigau (Abb. 102) übergehen (vgl. W. K. NABHOLZ 1967), findet man bis in die Unterlage der Splügener Kalkberge N Splügen.

In der Stätzerhorn-Kette westlich der Lenzerheide greifen aber jüngere Schichtglieder der Prätigau-Serie (Prätigau-Flysch Abb. 92) aber als „*Lenzerheide-Flysch*" auch auf höhere penninische Decken *(Schamser Decken)* nach Süden über (vgl. Abb. 208, Abb. 311, 314, 307–309). Man hat daraus geschlossen, daß dieser Flysch transgressiv über verschiedene Decken hinweggreife.

Eine erste Deckenbildung hätte demnach schon mitten während der Kreidezeit stattfinden müssen, entsprechend der ersten Gebirgsbildung in den Ostalpen. Der Flysch befände sich dann also gewissermaßen in *„neoautochthoner"* Position, indem er wie die *Gosau* der Ostalpen auf ein Deckengebäude übergreift. Noch besteht keine völlige Klarheit.

Über der *Adula-Decke* und der ihr zugerechneten *Misoxer Zone* folgt die Tambo-Decke, die jedoch nicht als geschlossener Körper über das Rheinwald nach Norden hinausreicht. Der Kern der *Tambo-Decke* besteht überwiegend aus Paragneisen. An der Front der Decke finden sich Abspaltungen, die neben Mesozoikum auch Gneis (Granit-Gneis der Burgruine *Splügen*) in dünnen Lamellen enthalten (*Areue-Zone* und *Chnorren-Zone*, Abb. 91, 301, 308). Diese Lamellen lassen sich auch noch unter der Front der *Suretta-Decke* verfolgen, ferner auf weite Erstreckung unter den mittelpenninischen frontalen Teilen der *Gelbhorn-Decke* in den Splügener Kalkbergen als sog. *Bruschghorn-Schuppe* (auf den Abbildungen nicht darstellbar, da die Lamelle nur ganz geringe Mächtigkeit aufweist, vgl. J. NEHER in A. GANSSER, H. JÄCKLI & J. NEHER 1967).

Die frontale Digitation der *Areue-Zone* mit dem *Gneis der Burgruine Splügen* wurde also wohl von den weiter nach Norden verfrachteten *Schamser Decken* (vgl. unten) an deren Basis verschleppt.

Mesozoikum findet sich nicht nur an der Front, sondern auch auf dem Rücken der *Tambo-Decke,* wo diese axial unter der *Suretta-Decke* verschwindet. Dieser Bereich wird als „Splügener Zone" bezeichnet. Diese Zone kann von Splügen über den Splügenpaß, das Madesimo nach Süden und von dort nach Osten in das Val Bregaglia verfolgt werden (Abb. 91, 308, 301, 315). Gesteine der *Splügener Zone* finden sich auch isoliert westlich des Valle San Giacomo, wo sie überdies noch Klippen von *Suretta*-Kristallin tragen.

Teile der *Splügener Zone* zeigen *(Sub-)Briançonnais-Fazies* mit möglicherweise mächtigen Marmoren des Ladin, überlagert von transgressivem Lias. Jedoch ist auch eine andere Deutung der Schichtfolge der *Andossi-Zone* möglich (Abb. 91, rechts). Man hat jedenfalls schon vermutet, daß die *Schamser Decken,* die ja ebenfalls *Briançonnais*-Entwicklung zeigen, auch in der *Splügener Mulde* wurzeln, also vom *Tambo-Kristallin* abgeschert seien (vgl. unten, S. 316). Jedenfalls zeigt sich auch in diesem Fall, daß die Faziesgrenzen in den mesozoischen Serien keineswegs parallel zu den Linien verlaufen, entlang denen sich später die Kristallin-Kerne der Decken individualisierten.

Als nächst höheres Glied im Deckengebäude trennt man die Suretta-Decke ab (Abb. 208, 301, 308, 215). Die Frontpartie ihres kristallinen Kerns besteht aus dem alpin-metamorphen Orthogneis der *Rofna-* *(„Rofla"-) Masse,* die aus einem wohl jungherzynischen Granit entstanden ist. Weiter rückwärts folgen die paragenen *„Timun-Gneise".* Die Sedimenthülle der *Suretta-Decke* trifft man hauptsächlich in dorsaler Position, also nicht an ihrer Stirnregion, an. In den Sedimentkeilen von Ferrera im Averser Rheintal ist die Trias mit *Rofna*-Gneis verschuppt, Trias trennt auch *Rofna-Gneis* und *Timun-Gneise* recht tiefgründig. Die Trias-Lamellen fallen dabei gegen die Deckenfront zu ein, womit ein Bild der Rückfaltung bzw. -Schuppung entsteht, das man im Mittelpenninikum der westlichen Alpen häufig beobachtet (S. 270, 289).

Die Masse der Sedimentbedeckung des *Suretta-Kristallins,* die ophiolithreichen *Bündnerschiefer,* findet sich aber über dem Kern und bildet die *Averser Zone* (Abb. 208, 308).

Die Zurückverfolgung der *Suretta-Decke* in ihre Wurzelzone gelingt nicht mehr völlig, weil diese vom spätalpidischen *Bergell-Pluton* durchschmolzen wurde (Abb. 315). Der Gehalt an Ophiolithen nimmt im Avers von Norden nach Süden deutlich zu. Die gewaltige *Serpentin-Masse des Malenco* zwischen Val Bregaglia und Valtellina darf man wohl als Wurzel der *Averser Zone* ansehen. Auch hier gilt, was bezüglich der Ophiolithe in der *Schistes lustrés-Decke* auf S. 289 schon erwähnt wurde.

Die räumlichen Beziehungen zwischen den höheren Einheiten des Penninikums sind sehr kompliziert und wurden deshalb auch schon auf sehr verschiedene Weise gedeutet (vgl. V. STREIFF 1962).

Im wurzelnahen Bereich folgt über dem *Malenco-Serpentin,* den wir der *Suretta-Decke* beiordnen, die kristalline Margna-Decke (Abb. 308, 315, 310). Das *Margna*-Kristallin selbst kann in zwei Komplexe getrennt werden, die durch ausgewalzte Marmore mesozoischen Alters getrennt werden. Das liegende *Muretto-Kristallin* besteht aus Gabbros, Amphiboliten und Quarziten. Das hangende *Fedoz-Kristallin (= Maloja-Kern)* besteht dagegen aus Granitgneisen (z. B. von Maloggia, Val Fex, Val Fedoz), daneben aus Paragneisen. Altersbestimmungen nach der Pb-total-Methode ergaben recht hohe Alter bis 637 Millionen Jahre, die zeigen, daß im *Margna-Kristallin* sehr alte Krustenteile enthalten sind, gleichzeitig aber die alpidische Metamorphose viel schwächer als etwa im Tessin oder in den Tauern war, wo sie durch Aufschmelzung das alte radioaktive „Gedächtnis" der Gesteine austilgte.

Mit dem erwähnten *Fedoz-Kristallin* sind besonders im Val Fex und an der Tremoggia zum Teil mächtige Marmore verschuppt (Abb. 310, 83).

Der Kalkreichtum der mesozoischen Hülle legt die Vermutung sehr nahe, daß die wurzellosen Komplexe der *Schamser Decken (Gelbhorn-Decke, Gurschus-Kalkberg-Zone)* sowie der *Falknis- und Sulzfluh-Decke* hier einzuwurzeln sind (Abb. 208–209, 201), weil sie ebenfalls aus carbonatischen Schichtfolgen bestehen. (Im Gegensatz zu der auf S. 315 angeführten Deutung, nach der die *Schamser Decken* usw. in der *Splügener Zone* wurzeln sollen.)

Über der zur *Suretta-Decke* gehörenden *Averser Zone* und unter der *Platta-Decke* kann ein dünn ausgewalztes Marmorband im Avers nach Süden verfolgt werden, bis es völlig auskeilt. Es nimmt jedoch damit dieselbe tektonische Position ein wie die *Margna-Decke.* Nach Norden wird dieses Band mächtiger und entwickelt sich im Weißberg zur *Gurschus-Kalkberg-Zone,* einer Teil-Decke der Schamser Decken (Abb. 57).

Noch weiter nach Norden wurde die *Gelbhorn-Decke* mit ihren auf Abb. 57 genannten Teil-Decken verfrachtet. Sie ruht auf Flysch der *Adula-Decke,* wobei sich allerdings die Gneis- und Sedimentlamelle der schon erwähnten *Areue-Zone* bzw. *Bruschghorn-Schuppe* dazwischen einschiebt (S. 315). Die *Schamser Decken* bilden westlich und nördlich des Hinterrheins die Splügener Kalkberge und die Gruppe um den Piz Beverin, wo sie sich mit ihrer „kalkalpinen" Schichtfolge als morphologisch fremd im umgebenden *Bündnerschiefer*-Gebirge abheben. Östlich des Schams erhebt sich der schon erwähnte Weißberg. Die *Schamser Decken* fallen nach Norden ein und kommen nocheinmal im *Halbfenster* von *Tiefenkastel* über der *Adula-Decke* und unter dem *Lenzerheide-Flysch* zum Vorschein.

An der Stirn zeigt die *Gelbhorn-Decke* in der Beverin-Gruppe wie im erwähnten *Halbfenster von Tiefenkastel* eine charakteristische Umbiegung (V. STREIFF 1962). Teile sind also invers gelagert. Den Hangendschenkel dieser großen liegenden Falte glaubt man im Deckenkomplex von *Falknis-* und *Sulzfluh-Decke* zu erkennen.

Diese beiden Decken wurden unter der oberostalpinen Schubmasse und *Aroser Zone* weit nach Norden verschleppt, dabei stark ausgewalzt. Deshalb sind beide Komplexe um das *Prätigau-Halbfenster* herum nicht überall im Zusammenhang zu verfolgen und lösen sich zum Teil seitlich ab (Abb. 208, 307, 311, 308, 231, 313, 314). Auch die Grabser Klippe kann als Rest der *Falknis-Decke* betrachtet werden. Im *Fenster von Gargellen* kommt die *Falknis-Decke* nocheinmal unter *Silvretta-Kristallin* zum Vorschein, wobei die sonst zwischengeschaltete *Aroser Zone* offenbar fehlt (Abb. 307).

Man hat die *Falknis-* und *Sulzfluh-Decke* lange Zeit als frontale und weit abgescherte Teile der unterostalpinen *Err-* und *Bernina-Decken* betrachtet. Diese Auffassung ist schon deshalb fraglich, weil die beiden erstgenannten Decken tektonisch eine „mittelpenninische" Stellung, nämlich unter der *Aroser Zone* einnehmen und im Profil der Lenzerheide damit unter die *Platta-Decke,* also in die *Schamser Decken* zurückzuverfolgen sind. Überdies spricht die carbonatreiche Fazies ebenfalls für Zuordnung zum mittelpenninischen Briançonnais. Die Profile für die *Margna-Decke* (Abb. 83), die *Schamser Decken* (Abb. 57), *Falknis-* und *Sulzfluh-Decke* (Abb. 81, 82), *Grabser Klippe* (Abb. 80) würden also ursprünglich einem Raum entstammenden Gesteinsserien entsprechen. Wenn zwischen den dargestellten Serien Unterschiede in Fazies, Abfolge und Mächtigkeit festzustellen sind, darf dies schon deshalb nicht stören, weil man auch aus dem *Briançonnais,* besonders aber dem *Subbriançonnais* der Westalpen rasch wechselnde Fazies usw. kennt, darüber hinaus aber auch weil die Serien tektonisch sehr zerstückelt oder ausgewalzt oder auch metamorph in Erscheinung treten.

Als höchste penninische Einheit ist der Komplex der Platta-Decke anzuführen. Im wurzelnahen Bereich südlich des Engadin tritt in ihrer Position der schmale Kristallin-Körper der *Sella-Decke* in Erscheinung (Abb. 308, 310). Er enthält polymetamorphe epizonale Phyllite *("Casanna-Schiefer")* und wohl alpidisch metamorphe und Monzonit- und Granitgneise. Über dem *Sella-*Kristallin schalten sich nach Abb. 308, 310 und 315 die mesozoischen Serien der *Platta-Decke* ein (Abb. 57 rechts), die sich nicht bis in die Wurzelzone des Valtellina verfolgen lassen. Kennzeichnend für die *Platta-Decke* ist ihr Reichtum an Ophiolithen und Radiolarit, der sie als Äquivalent des *Piemontese (Nappe des Schistes lustrés)* erscheinen läßt, wenngleich ihre sichtbare Kubatur viel geringer ist.

Nördlich des Engadins, im Oberhalbstein (Julia-Tal) ist das *Bündnerschiefer-*Ophiolith-Stockwerk der *Platta-Decke* mehrfach mit dem Flysch dieser Decke verschuppt. Dabei tritt die *Platta-Decke* s. str. als höchstes tektonisches Element auf, das seine frontalen Abspaltungen überfahren hat (Abb. 208, 215, 311, 57).

Als tiefste und frontale Einheit tritt die *Martegnas-Serie* auf, die südlich der Schyn-Schlucht auf der *Gelbhorn-Decke* (bzw. deren Flysch) ruht. Die ursprüngliche Flysch-Bedeckung dieser Serie ist abgeschert und bildet die tektonisch selbständige „Obere Flysch-Schuppe". Darüber folgt die *Curver-Schuppe,* die ihrerseits den *Arblatsch-Flysch* trägt. Darüber kommt endlich die ophiolithreiche Hauptmasse der *Platta-Decke* s. str.

Im Gegensatz zum *ligurischen Flysch,* dem *Embrunais-Flysch* und dem *Simmen-Flysch* blieb also hier der südpenninische Flysch im engeren Verband mit seiner Unterlage südpenninischer Bündnerschiefer und damit in der *Intern-Zone* zurück. Jedoch findet man in den *Iberger Klippen* (vgl. S. 59, 68, 313) auch Komplexe wie die „Ophiolith-Decke, die sich wie die *Aroser Zone* von der Platta-Decke herleiten (sog. „Rhätische Decke").

Unter den überschobenen Massen des Ostalpins wurden jedoch auch Gesteine aus dem Südpenninikum weit nach Norden verschleppt. Wie Abb. 314 zeigt, tritt im Gebiet der Lenzerheide die Aroser (Schuppen-)Zone in derselben tektonischen Stellung wie die *Platta-Decke* in Erscheinung. Eine ganze Anzahl von Gesteinen dieser Zone (Abb. 58) weist auf ihre Herkunft aus dem Penninikum hin, in erster Linie die Ophiolithe, daneben auch *Bündnerschiefer,* wenngleich diese auch zum Teil als „Allgäu-Schichten" bezeichnet werden und sein dürften. Freilich enthält die *Aroser Zone* auch typisch ostalpine Gesteine (vgl. S. 44), weshalb die Zuordnung noch umstritten ist. Schon an anderer Stelle wurde beschrieben, daß dieser Komplex aus einem bunten Gemenge tektonischer Scherlinge und Schuppen besteht, vor allem der mechanisch widerständigen Gesteine (Carbonate, Gneise, Ophiolithe), während die „weicheren" Schichtglieder wie Rauhwacken, Allgäuschichten bzw. *Bündnerschiefer* oder Flysch wulstartig angehäuft auftreten können. Diese *Aroser (Schuppen-)Zone* kann bis an den Nordrand der Kalkalpen im Allgäu verfolgt werden (Abb. 208, 307, 313, 231, 326, 385, 248 unten). Im Rätikon bricht sie zwischen den Schuppen der *Nördlichen Kalkalpen* mehrfach aus dem Untergrund auf (S. 239).

Die Überschiebung der *Platta-Decke* und der *Aroser Zone* samt dem auflagernden Ostalpin kann erst nach dem Eozän erfolgt sein, da in den tektonisch tieferen Komplexen und im *Oberhalbsteiner Flysch* selbst (Abb. 57) noch alttertiäre Serien enthalten sind.

Im Gebiet zwischen Engadin – Val Bregaglia und Valtellina ist der spätalpidische „Granit"-Pluton des *Bergell* durch die Wurzelzone der penninisch-unterostalpinen Decken durchgeschmolzen. Das Deckengebäude muß also zur Zeit der Intrusion (vgl. S. 122) schon in der jetzigen Gestalt fertig gewesen sein (Abb. 308, 310, 315, 208, 194). Die komplexe interne Zusammensetzung des Plutons zeigt Abb. 316. Der Kontakt des *Bergeller Plutons* zu seinen Nachbargesteinen ist verhältnismäßig scharf. Er erstarrte als (wohl palingener) Intrusivkörper in einem kälteren Nachbargestein seichterer Zonen. Anders entstand der schon erwähnte *Cocco-Granodiorit* der *Maggia-Querzone* (S. 306) inmitten des anatektischen Wärmedomes des Tessins in der Tiefe (E. WENK 1963).

Literatur: s. S. 322

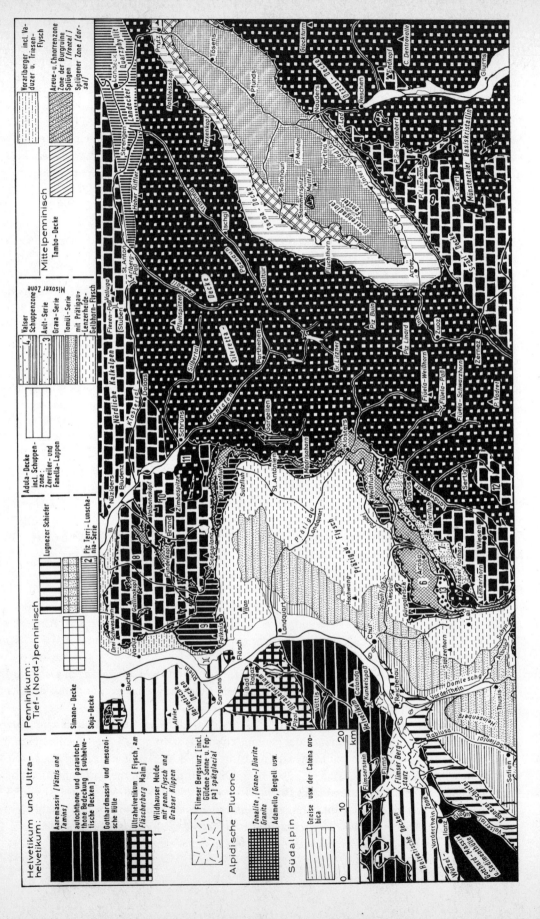

Abb. 307: Vgl. Abb. 308.

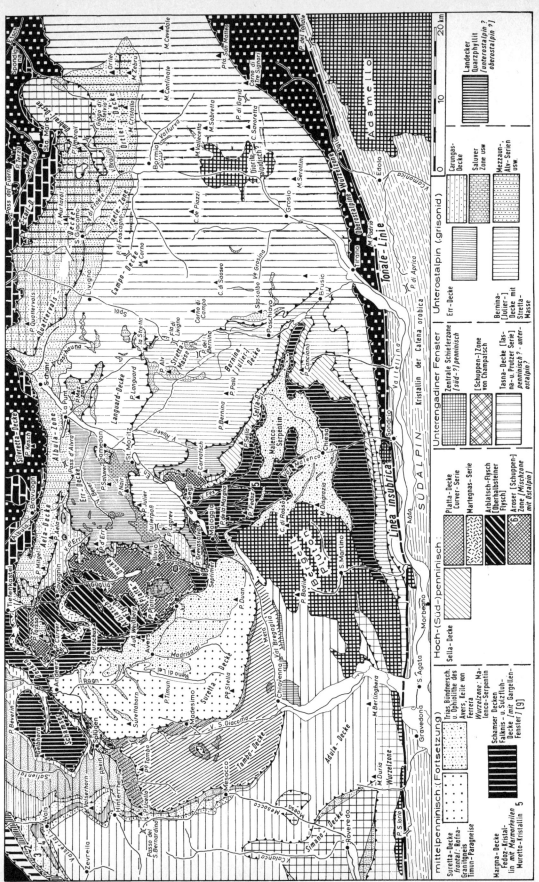

Abb. 307 und 308: Übersichtskarte über penninische und ostalpine Decken von Graubünden. Legende verteilt auf beide Abbildungen und folgende Seite. Auf der Legende stehen links in jeder Spalte die „basement"-Einheiten, rechts die der sedimentären Hülle entstammenden tektonischen Einheiten. Nach R. STAUB 1958, 1960, Berninakarte 1945, R. JÄCKLI 1951, 1952; W. K. NABHOLZ 1967, R. OBERHAUSER, O. REITHOFER & O. SCHMIDEGG 1964. Fortsetzung der Legende auf Abb. 309.

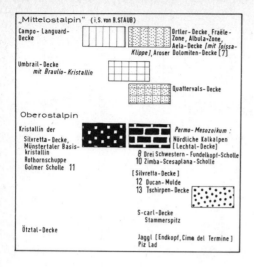

Abb. 309: Fortsetzung der Legende zu Abb. 307 und 308.

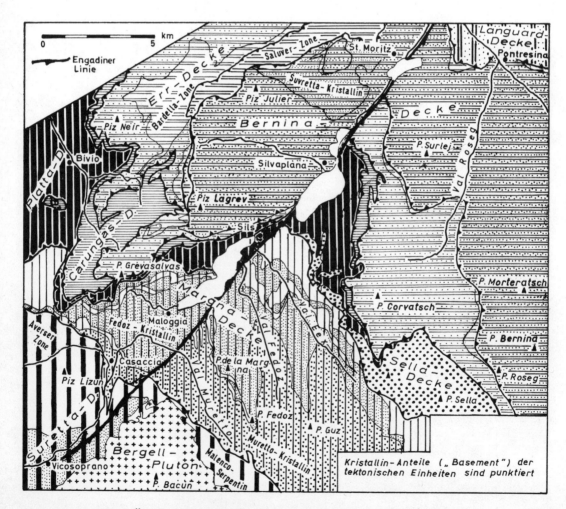

Abb. 310: Tektonische Übersichtskarte über das Obere Engadin. Nach R. STAUB 1946, 1960.

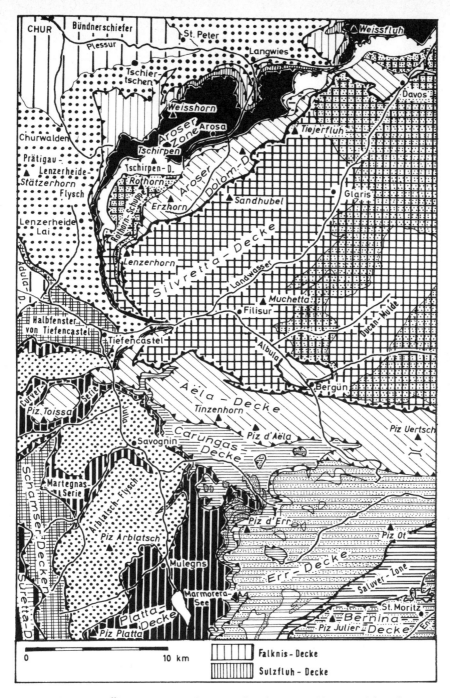

Abb. 311: Tektonische Übersichtskarte über Mittelbünden. Kristallin-Anteil der tektonischen Einheiten ist fein punktiert. Nach J. Cadisch 1921, R. Brauchli 1921, H. Eugster 1923, 1924, E. Ott 1925, F. Frei 1925, H. Jäckli 1951.

Tektonischer Bau

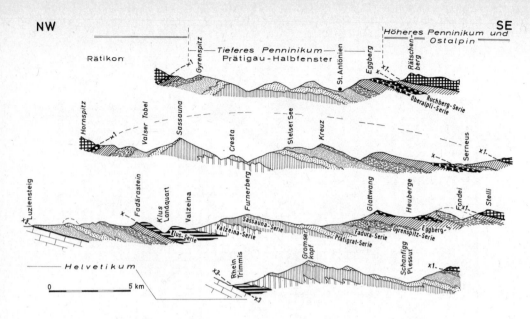

Abb. 312: Querprofile durch das *Prätigau-Halbfenster* (nach P. Nänny 1948).

Literatur (vgl. auch Angaben beim entsprechenden Kapitel über Stratigraphie):
B. L. Blanc 1965; J. Cadisch 1953, 1960; A. Gansser 1937; M. Grünenfelder 1956; H. Grunau 1947; H. Heierli 1974; H. Jäckli 1941, 1944, 1959; H. Jenny, G. Frischknecht & J. Kopp 1923; E. Kündig 1926; W. K. Nabhholz 1945; D. Richter 1957, 1957; R. Staub 1937, 1958, 1964; V. Streiff 1939, 1962; H. Strohbach 1965; R. Trümpy et al. 1970; W. Weber 1966; H. Zurflüh 1961.

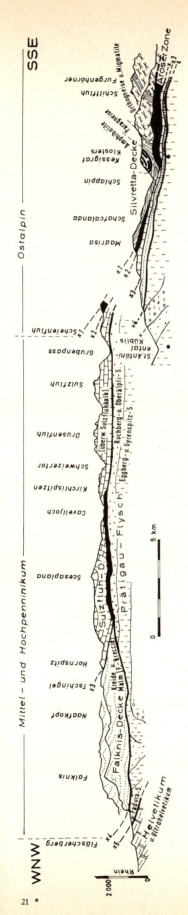

Abb. 313: Profile entlang dem Nordrahmen des *Prätigau-Halbfensters*. Ergänzt nach W. LEUPOLD & F. ZIMMERMANN in W. LEUPOLD 1935. Die Profile verlaufen in WNW-ESE-Richtung, also ziemlich quer zur tektonischen Transportrichtung der penninischen und ostalpinen Deckenkörper. Man erkennt hier sehr gut, wie sich die höheren penninischen Gesteinskörper seitlich ablösen (*Falknis-, Sulzfluh-Decke, Aroser Zone*).

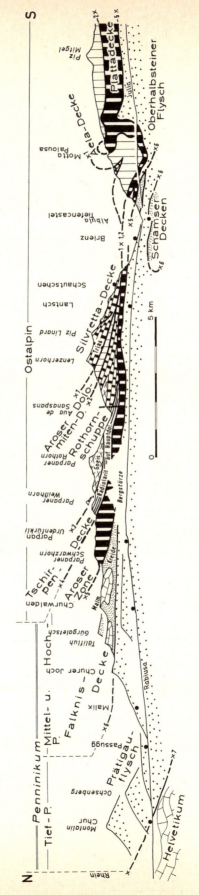

Abb. 314: Profil vom Helvetikum (Parautochthon und Autochthon des *Aare-Massivs*) durch den tiefpenninischen *Prätigau-Flysch*, die *Falknis-Decke, Aroser Zone* bzw. *Platta-Decke* und die ostalpinen Schubmassen (*Tschirpen-Decke, Aroser Dolomiten=Aela-Decke, Silvretta-Decke*) zwischen Chur, Lenzerheide, Albulatal und Oberhalbstein (nach J. CADISCH 1953 und H. ADRIAN in H. JÄCKLI 1952).

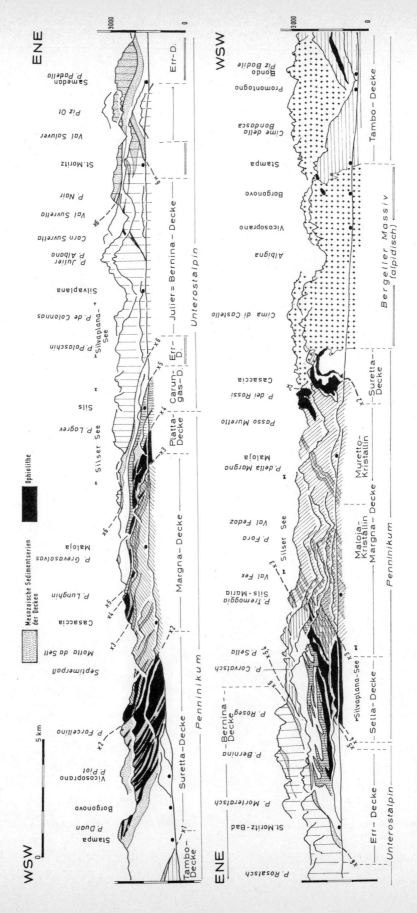

Abb. 315: Längsprofile durch das Penninikum und Unterostalpin, sowie das jungalpine intrusive *Bergeller Massiv* im Engadin und Bergell (Val Bregaglia) nördlich (oben) bzw. südlich (unten) des Mera- bzw. Inntals. Nach R. STAUB 1939. Die Höhenmaßstäbe gelten nur für die jeweils vorderen Kulissen der Profile.

Tektonischer Bau auf der Nord- u. Südseite des Engadins sind nicht ganz spiegelbildlich, da die *Engadiner Linie*, eine Blattverschiebung, den Südteil nach Osten versetzt. Sie kann bis an das Ostende des Unterengadiner Fensters verfolgt werden (vgl. S. 214, 215).

Penninikum (Graubünden)

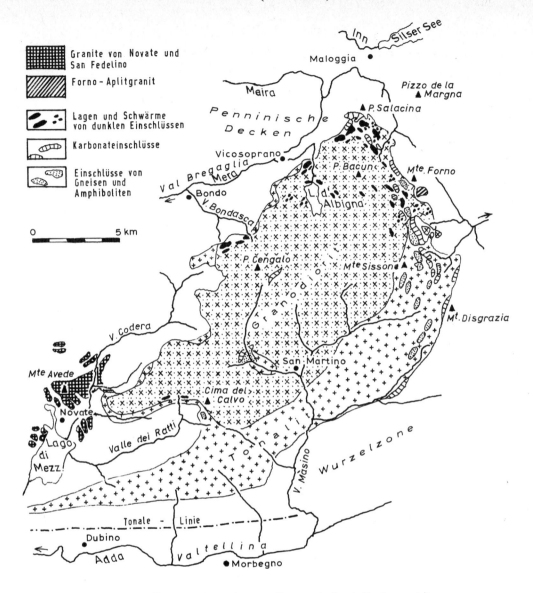

Abb. 316: Übersichtskarte des *Bergeller Massivs* (nach T. Gyr 1967).

Abb. 319 und 320 (auf S. 332 u. 333) Geologische Übersichtskarte des *Tauern-Fensters* (Penninikum und Unterostalpin) nach A. Tollmann 1953 und W. Medwenitsch, W. Schlager & C. Exner 1964. Nur größere tektonische Einheiten sind durch besondere Signatur voneinander abgetrennt. Die tektonischen Kontakte zwischen Gneiskernen und parautochthonen Spänen und Decken der *Unteren Schieferhülle* sind nicht eingetragen. Im *Unterostalpin* der Radstädter Tauern sind nur die wichtigen und größeren Deckeneinheiten dargestellt. Die Zuordnung der *Schwazer Augengneismasse* erfolgt hier zum Unterostalpin. Diese Zuordnung ist fraglich (vgl. Text). – Auf Abb. 320 ist die *Schieferhülle* N des Tauernkammes stratigraphisch unterteilt in Kalkglimmerschiefer und Schwarzphyllite.

Penninikum der Ostalpen

Das Penninikum *("Pennin")* der Ostalpen ist zwar ursprünglich in ähnlicher Breite wie in den Westalpen entwickelt gewesen, aber weithin vom Ostalpin tektonisch überdeckt (Abb. 2, 236, 190–194, 209–215, 202).

Die internen Bereiche des Penninikums kommen in Fenstern zum Vorschein (Abb. 2): *Unterengadiner Fenster, Tauern-Fenster, Wechsel-Fenster.* Externes Penninikum bildet die im Verhältnis zu ihrer Längenerstreckung recht schmale „ostalpine" Flyschzone unter dem Nordrand der *Nördlichen Kalkalpen.* Dieser Flysch ist allerdings auch unter den Kalkalpen verbreitet, wie vor allem einige Fenster zeigen.

Die Beschreibung des Penninikums der Ostalpen erfolgt in der Reihenfolge der oben genannten Vorkommen.

Die Verbreitung des Penninikums unter dem Ostalpin der Zentralalpen, wie sie Abb. 191 zeigt, ist einstweilen völlig hypothetisch und einfach in Analogie zu den seitlich anschließenden Querschnitten der Tauern und des Wechsels gezeichnet (Abb. 192 bzw. 190).

Unterengadiner Fenster

Die tektonische Situation des *Unterengadiner Fensters* ergibt sich aus den Abbildungen 2, 193, 227, 307–309, 317–318. In bezug auf die Umrahmung wird auf die Beschreibung bei S. 214 verwiesen. Da in der Umrahmung durch das Oberostalpin die *Ötztal-Decke* selbst auf die *Silvretta-Decke* überschoben ist, hat B. SANDER dieses Fenster als *„Scheren-Fenster"* bezeichnet (vgl. A. TOLLMANN 1968).

Im zentralen Teil des Fensters kommen die *„Basalen Bündnerschiefer"* zum Vorschein. Für ihr Alter ergaben sich bisher keine sicheren Anhaltspunkte, da vor allem ihre Unterlage nicht bekannt ist. In der axialen Kulmination in der Mitte der Längserstreckung des Fensters zeigen sie die stärkste epizonale Metamorphose.

Die Zuordnung zum Nord- oder Südpenninikum bleibt offen. Auch der Reichtum an Ophiolithen bietet keinen Anhalt, da solche im benachbarten Penninikum der Westalpen in beiden Bereichen häufig sind. So kann auch nicht sicher entschieden werden, ob *Tasna-* bzw. *Prutzer Serie* und die *Schuppen-Zone von Champatsch* unterostalpin oder mittelpenninisch sind (vgl. Abb. 193, 202, 210 und S. 326). Nach seiner Einordnung im alpinen Streichen könnte man das Penninikum des *Unterengadiner Fensters* eher zum *Valais* (nordpenninisch) rechnen. Dafür spräche auch das Vorkommen alttertiärer Schichtglieder (Flysch) in der *Tasna-* bzw. *Prutzer Serie,* die sonst in den Ostalpen nicht im südlichen Penninikum, wohl aber im nördlichen (ostalpine Flyschzone) vorkommen. Andererseits könnte das Vorkommen von Alttertiär aber auch dadurch bedingt sein, daß die Überschiebung durch das Ostalpin und die damit verbundene Beendigung der Sedimentation hier auch im Südpenninikum erst später erfolgte (vgl. S. 119).

Über den *basalen Bündnerschiefern* folgt die *„Schuppenzone von Champatsch",* die tektonisch vermischt Carbonate der Trias, Marmore von Jura und Kreide, Ophiolithe und Flysch enthält. Man hat sie deshalb schon mit der *Aroser Zone* verglichen. Die *Zone von Champatsch* ist nicht überall entwickelt (Abb. 307, 317).

Auch die *Tasna-Decke (= Prutzer Serie)* ist am Südrand des Fensters stellenweise unterdrückt, wohl durch die Engadiner Linie, eine Blattverschiebung. Ihr basales Kristallin (epimetamorpher *Tasna-Granit* (-Gneis) ist nur im Westteil des Fensters anzutreffen. Er zeigt Ähnlichkeit sowohl zu unterostalpinen wie penninischen Granitgneisen des westlicheren Graubünden und des Engadins (vgl. S. 252). So ist auch in dieser Hinsicht die Stellung der *Tasna-Serie* nicht eindeutig.

Die Profile auf Abb. 318 und die Abb. 36 vermitteln den Eindruck, als sei ein Teil der Ophiolithe auf tektonischen Bewegungsbahnen entlang den Deckengrenzen aufgedrungen.

Eine Spezialantiklinale erhebt sich innerhalb des Fensterrahmens in der *Tasna-Serie* bei Tarasp. In diesem Gewölbe entspringen Säuerlinge.

Literatur: J.CADISCH 1951, 1953; R. v. KLEBELSBERG 1935; L. KOBER 1938; W. MEDWENITSCH 1953, 1962; W. PAULCKE 1910; H. de RÖMER 1962; R. TRÜMPY e. a. 1970; E. WENK 1962.

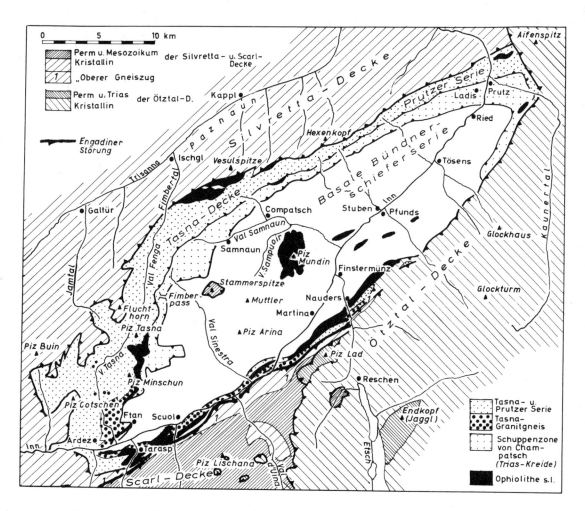

Abb. 317: Übersichtskarte des *Unterengadiner Fensters* (nach J. CADISCH 1953).

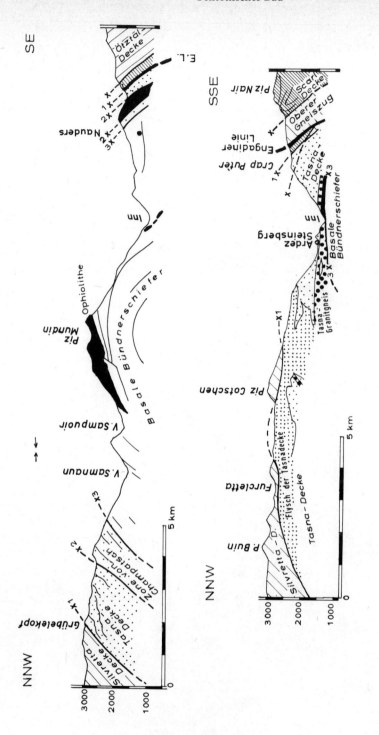

Abb. 318: Querprofile durch das *Unterengadiner Fenster* (nach J. CADISCH 1953).

Tauern-Fenster

Das lange Zeit in seiner Natur bestrittene *Tauern-Fenster* erstreckt sich zwischen dem Sill-Tal im Westen und dem oberen Mur-Tal (Lungau) im Osten (Abb. 2, 236, 227). Seine Umrahmung ist schon beim Oberostalpin und Unterostalpin beschrieben worden (S. 216, 233, 252). Insbesondere die Umrahmung durch *Unterostalpin,* die eigentlich ein doppeltes Fenster schafft, stützt die Auffassung, daß es sich hier um ein Auftauchen von Penninikum unter dem Ostalpin handelt.

Die großtektonische Situation ergibt sich aus den Abbildungen 192, 202, 211 und 212. Eine Übersicht über die Internstruktur des *Tauern-Fensters* geben die Karten auf Abb. 319 und 320. Bei deren Betrachtung ist zu berücksichtigen, daß der Kenntnisstand nicht in allen Teilen des Fensters adäquat ist.

Detailkartierungen liegen vor allem aus dem östlichen Teil vor (C. Exner 1957, 1964, H. P. Cornelius & E. Clar 1939).

Im *Tauern-Fenster* tritt der praealpidische Sockel mehrfach zutage und bezeichnet damit ein Auf- und Absteigen der Achsen im Streichen. In den *„Zentralgneis-Kernen"* kann man verschiedene Gesteinsserien unterscheiden.

Der Sockel bestand vor der Ablagerung der alpidischen Gesteinsserien aus praevariszischen und variszischen Metamorphiten (Gneisen), die von varisischen Intrusiva (Magmatite und Migmatite) durchsetzt waren. Überdies waren stellenweise auch paläozoische Sedimentserien vorhanden, meist tonige oder grauwackenreiche Serien.

Die schon am Ende der variszischen Aera metamorph vorliegenden Serien wurden im Laufe der alpidischen Gebirgsbildung polymetamorph und werden jetzt als *„Altkristallin"* bezeichnet. Die variszischen Intrusiva und Migmatite aber wurden in Orthogneise umgewandelt und wie ein großer Teil von praealpidischen Paragneisen durch die sog. *„Tauern-Kristallisation"* anatektisch verändert (Augengneise und als jüngste Bildungen wieder diatektisch homogenisierte und palingene Tonalite). Die alpidische Metamorphose veränderte auch die paläozoische Schieferhülle (= *Habach-Serie,* Abb. 59; = *„Ältere Schieferhülle",* Abb. 320) ebenso wie die mesozoische (Bündner-)Schieferhülle (= *„Jüngere Schieferhülle",* Abb. 320). Diese Sedimentserien wurden in Phyllite und teilweise in (Kalk-)Glimmerschiefer umgewandelt. In der Nähe der Gneiskerne wurde die Hülle überdies noch von der metablastischen *Tauern-Kristallisation* durchdrungen.

Das Alter der genannten *Tauern-Kristallisation* beläuft sich nach radiometrischen Bestimmungen (K/Ar-Methode) auf 17,5 bis 37 Millionen Jahre (Maximum bei etwa 20 Millionen Jahre). Man darf annehmen, daß es sich bei diesem Alter wie bei dem der *Tessiner Kristallisation* (S. 307) um den Zeitpunkt der Abkühlung unter eine Temperatur handelt, von der ab sich die entsprechenden Minerale stabil verhielten (E. Oxburgh e. a. 1966). Messungen nach der Rb/Sr-Methode ergaben für Zentralgneis ein jungvariszisches Alter von etwa 243 Millionen Jahren (R. S. J. Lambert 1964).

Das radiometrische Alter im ostalpinen Rahmen des *Tauern-Fensters* ist höher und zeigt Streuung von 60–90 Millionen Jahre und läßt damit wahrscheinlich eine Beeinflussung durch die *Tauern-Kristallisation* erkennen, die mit zunehmender Entfernung abnimmt. Es handelt sich also um ein „Mischalter".

Die *Tauern-Kristallisation* ist wie die Tessiner Kristallisation postkinematisch. Sie durchgreift die Decken der *Schieferhülle.* Zudem wurde das Fenster ja schon in der Kreide zugeschoben (S. 118).

Man kann in den Tauern von West nach Osten folgende *Zentralgneis-Kerne* unterscheiden: *Zillertal-Venediger Kern, Granatspitz-Kern, Sonnblick-Kern* und *Hochalm-Ankogel-Massiv.* Wie Abb. 319 und 320 zeigen, ist eine interne Gliederung dieser Kerne möglich.

Zum Teil findet sich unmittelbar auf dem Zentral-Kristallin eine geringmächtige autochthone Bedeckung mit Permomesozoikum, die *„Hochstegen-Zone"* (vgl. Abb. 59 links, Abb. 321 und Abb. 320, wo weitere Namen dort vorkommender Gesteine angeführt sind). Man erkennt, daß der zentrale

Bereich der Tauern während des Mesozoikums eine Schwellenzone bildete, vergleichbar dem internsten *Briançonnais* der Westalpen (Abb. 75, 76, 188, 150–152, S. 113, 270 vgl. A. TOLLMANN 1965).

Es ergibt sich aber ferner daraus, daß die Schieferhülle, die über den *Hochstegen-Kalken* bzw. deren Äquivalenten lagert (Abb. 319 und 320), im tektonischen Verband, also in Form von Decken aufruht.

In der Umrahmung der *Zentralgneis-Kerne* (einschließlich *„Altkristallin")* sind paläozoische Hüllschiefer *(Habach-Serie)* verbreitet, die allerdings nicht überall zuverlässig von der jüngeren Schieferhülle abzutrennen sind (Abb. 319).

Diese *„ältere Schieferhülle"* steht mit den Gneiskernen teils im autochthonen, parautochthonen oder Deckenverband (wo sie auf *Hochstegen-Zone* aufruht). Der häufig parautochthone Verband ergibt sich auch aus der Tatsache, daß in den betreffenden Serien zahlreiche Späne von Gneis auftreten, die von den Zentralkernen abgeschert sind. Als Beispiel kann die Umrandung des *Granatspitz-Kernes* angeführt werden, die aus den parautochthonen *„Riffl-Decken"* besteht. Gneislamellen finden sich auch überall in der Umrahmung der östlichen Gneiskerne. Die Schichtfolge setzt sich über den Gesteinen der *Habach-Serie* fort in den jüngeren Schichtgliedern der *„Unteren Schieferhülle"* (Trias bis Jura, Abb. 287 Mitte).

Der Begriff „Untere Schieferhülle" ist tektonisch zu verstehen. Er umfaßt die bisher beschriebenen Einheiten, die autochthon, parautochthon oder in Form von Decken auf den Gneiskernen ruhen. Diese *Untere Schieferhülle* liegt unter der Decke der *„Oberen Schieferhülle" (= Glockner-Decke)*.

Die *Untere Schieferhülle* ist von den Gneiskernen abgestülpt worden, als diese in Form von walzenartig überliegenden Falten aufstiegen. Im *Hochalm-Ankogel-Massiv* werden durch eingefaltete, teils muldenartig gebaute Sedimentzonen verschiedene kristalline Teil-Komplexe voneinander getrennt (Abb. 320, 324, 323). Der *Mureck-Komplex* ist als Deckenkörper aufzufassen, da er überall von dem mesozoischen *Silbereck*-Marmor unterlagert wird.

Die Internstrukturen der Tauern zeigen in der Südost-Ecke des Fensters ein auffälliges Abweichen vom generellen alpinen Streichen in die WNW-Richtung, weshalb des Querprofil auf Abb. 324 SW-NE verläuft (vgl. auch Abb. 236). *Sonnblick-Kern* und *Hochalm-Ankogel-Massiv* werden durch die *Mallnitzer Mulde* voneinander getrennt, in welcher die Decke der *„Oberen Schieferhülle"* eingefaltet erhalten ist (Abb. 323, 320).

Über der *Unteren Schieferhülle* lagert die allochthone *„Obere Schieferhülle"*, die auch als *Glockner-Decke* bezeichnet wird und südlich der *Zentralgneiskerne* einwurzelt. An der Basis dieser Decke treten nur gelegentliche Scherlinge von geringmächtiger Trias auf. Sie besteht ganz überwiegend aus *Bündnerschiefern* und besonders wieder im südlichen, wurzelnäheren Teil mächtigen Ophiolithen. Im Bereich der *Glockner-Depression* zwischen *Granatspitz-Kern* und den östlichen Gneiskernen, ist die Decke der *Oberen Schieferhülle* über den Kamm des Gebirges hinweg im Zusammenhang erhalten. In der *Glockner-Depression* biegen die tektonischen Achsen in Nord-Süd-Richtung ein.

Im Westteil der Tauern ist eine durchgehende Abtrennung von *Oberer* und *Unterer Schieferhülle* noch nicht möglich (Abb. 319). Ein Detailprofil durch die ebenfalls walzenartig überfahrenen Sulzbach-Zungen als abtauchende Detail-Gneiskerne *(„Krimmler Gneiswalze")* gibt Abb. 321 (vgl. Abb. 322). Jedenfalls erkennt man auf diesem Profil, wie die Schieferhülle selbst als Decke auf dem mit *Hochstegenkalk* bedeckten Zentralgneis aufliegt.

Im Norden grenzt die *Schieferhülle* der Tauern entlang einer steilstehenden, den Nordflügel tief absenkenden Verwerfung *(Pinzgau-* oder *Salzach-Störung)* an die *Nördliche Grauwackenzone* bzw. *Innsbrucker Quarzphyllit*. Das Fenster hat also hier keinen normalen Rahmen, was schon als Gegenargument gegen die Fensternatur überhaupt vorgebracht worden ist (Abb. 320, 245). Diese Art der Begrenzung besteht aber nicht überall am Nordrand des Fensters. Im Gebiet der *Tarntaler Köpfe* (Abb. 253) und östlich der Brenner-Linie (Abb. 230) erkennt man deutlich das

Einfallen der penninischen Schieferhülle nach Norden unter die überlagernden tektonischen Einheiten.

Die Zone der steilstehenden *„Klammkalke"* (Abb. 59 rechts) zieht sich am Nordrand des Fensters zwischen **Bruck** an der Salzach und den Radstädter Tauern entlang (Abb. 320, 323). Die Einwurzelung der *Klammkalk-Zone* ins Unterostalpin oder hohes Penninikum ist schwer zu entscheiden.

Während die *Schieferhülle* der Tauern im Osten axial unter Ostalpin abtaucht (Abb. 239, 238), bricht sie im Westen an der *Silltal-Linie* abrupt ab (vgl. S. 215 und Abb. 319, 233, 230).

Die Grenze gegen die *Matreier Zone* am Südrand des *Tauern-Fensters* ist auf den Abbildungen 237, 324 und 323 im Profil dargestellt.

Der Ablauf der Überschiebung des Ostalpins über das Penninikum der Ostalpen insbesondere der Tauern ist auf S. 119 schon beschrieben worden und auf Abb. 160 schematisch dargestellt.

Literatur: F. ANGEL & R. STABER 1952; F. ANGEL 1954; P. C. BENEDICT 1952; W. BLESER 1954; H. P. CORNELIUS & E. CLAR 1939; W. DEL NEGRO 1949, 1960, 1970; C. EXNER 1954, 1957, 1957, 1960/1963, 1961, 1962, 1964, 1966; W. FRANK 1969; G. FRASL 1953, 1958, 1960; G. FRASL & W. FRANK 1966; W. FRISCH 1974, 1975; H. HAGN 1950, 1954; E. JÄGER, F. KARL & O. SCHMIDEGG 1969; F. KARL 1955, 1959, 1960; E. KUPKA 1953; R. OBERHAUSER 1963, 1964; W. SCHWAN 1965; O. THIELE 1970, 1974; A. THURNER 1958; A. TOLLMANN 1962.

Wechsel-Fenster, Rechnitz

Nahe am Ostrand der Alpen kommt in der Umrahmung des Hochwechsel-Gebiets das Unterostalpin im *Semmering-System* zum Vorschein (S. 253). Dieses *Unterostalpin* umschließt seinerseits ein Fenster, in dem tektonisch tiefere Einheiten auftreten, die ihrer Position und dem Gestein nach zum Penninikum gezählt werden. Die Fenster-Position wird daraus ersichtlich, daß im Unterostalpin Augengneise auftreten, während im Fenster, also darunter, wieder zunächst Phyllite als Schieferhülle und albitmetablastische Gneise erst im Kern des *Wechsel-Fensters* zu finden sind. Diese Wechselserien werden ebenfalls als unterostalpin betrachtet.

Die Situation des *Wechsel-Fensters* ergibt sich aus den Abbildungen 2, 190, 236, 238, 214, 325.

Die Hüll-Serie des Wechselgneises besteht aus Phylliten, die allmählich in Glimmerschiefer und schließlich durch Zunahme der Feldspatblastese in den Kerngneis des Wechsels übergehen. Auch Amphibolite treten auf. Das Alter der Hüllserie wird überwiegend als paläozoisch angesehen und würde damit ungefähr der *Habach-Serie* der Tauern-Schieferhülle entsprechen, die zentraleren Gneise dem dortigen *„Altkristallin"* (vgl. S. 329).

Das fehlende, oder wenigstens nicht sicher nachzuweisende Mesozoikum könnte eine Schwellenregion belegen. Sicher mesozoisch sind dagegen die Schieferserien im Gebiet der Rechnitzer Schiefer-Insel, die südlich des Wechsels aus dem Jungtertiär auftaucht (Abb. 2, 325, 60). Diese Schichtfolge zeigt penninische Züge und könnte etwa der Oberen Schieferhülle der Tauern seitlich entsprechen. Die Rechnitz-Serie kommt in 3 Fenstern zum Vorschein (Möltern, Bernstein und Rechnitz). Zwischen der Grobgneis-Serie im tektonisch Hangenden und der Rechnitz-Serie kommt ein tektonisches Zwischenstockwerk mit Wechsel-Serie-Gesteinen vor, das auf Abb. 325 nicht gesondert ausgeschieden ist (vgl. A. PAHR 1977).

Glimmerschiefer mutmaßlich penninischer Stellung kommen auch weiter östlich im *Fenster von Scheiblingkirchen* unter dem Unterostalpin zum Vorschein (Abb. 255, 2, 325).

Über den Grad der Autochthonie können keine Angaben gemacht werden, da das Liegende des *Wechsel-Systems* nicht sichtbar ist.

Literatur: A. G. ANGEIRAS 1967; A. ERICH 1966; P. FAUPL 1970, 1972; A. PAHR 1960, 1977; W.-J. SCHMIDT 1956.

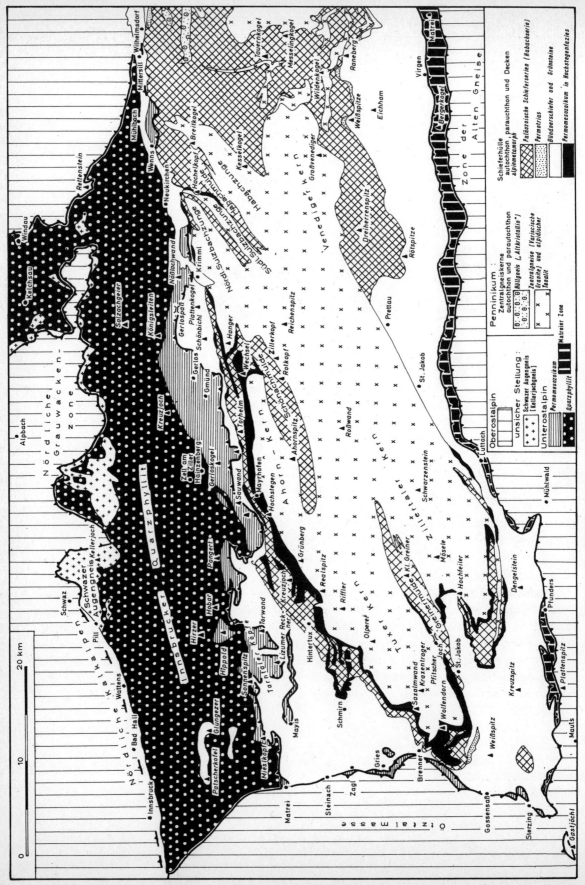

Abb. 319: Tauernfenster, Westteil, Erklärung auf S. 325

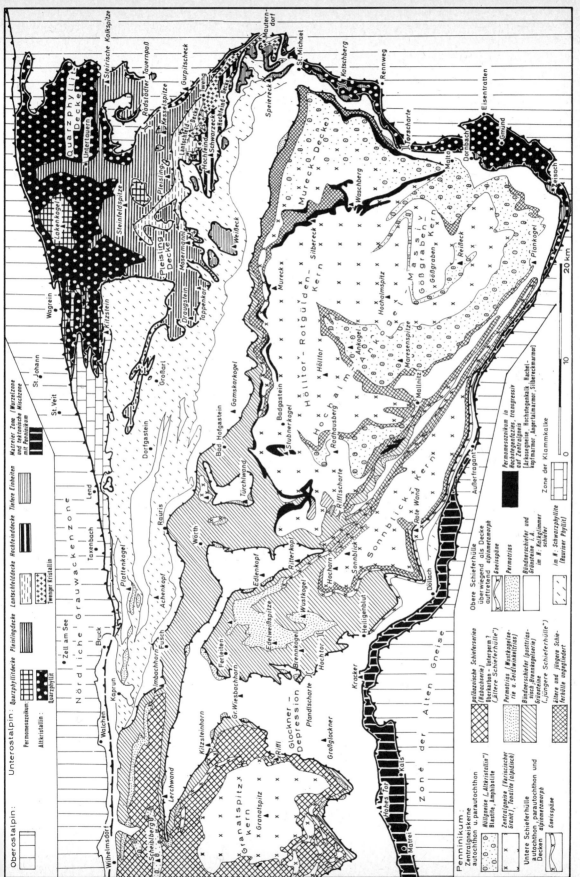

Abb. 320: Tauernfenster, Ostteil, Erklärung auf S. 325

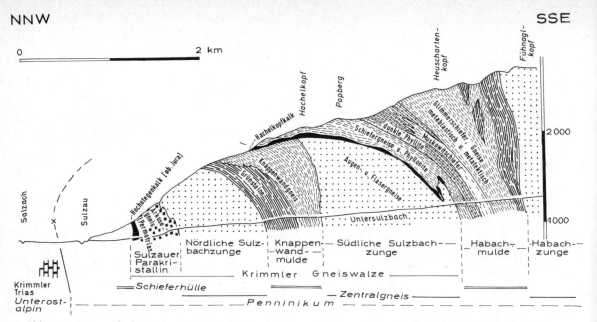

Abb. 321: Querprofil durch den Nordteil des *Tauern-Fensters* im Querschnitt des Untersulzbachtales (SE Sulzau, Pinzgau). Vgl. Abb. 322 (nach G. FRASL 1953).

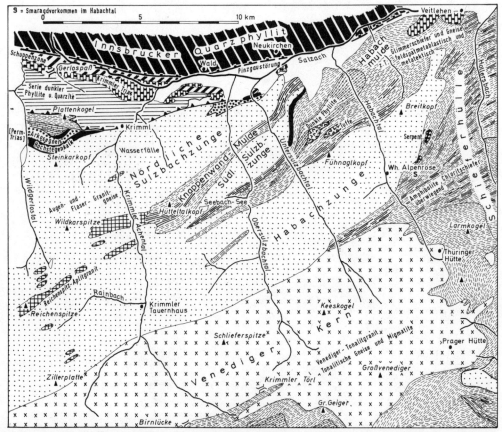

Abb. 322: Geologische Übersichtskarte für das Gebiet der Hohen Tauern zwischen Gerlos-Paß und Großvenediger, (vgl. Abb. 319) (nach O. SCHMIDEGG in F. KARL & O. SCHMIDEGG 1964). Auf dem Keeskogel ruht eine hier nicht dargestellte Decke von Augen- und Flasergneisen mit metablastischen Glimmerschiefern.

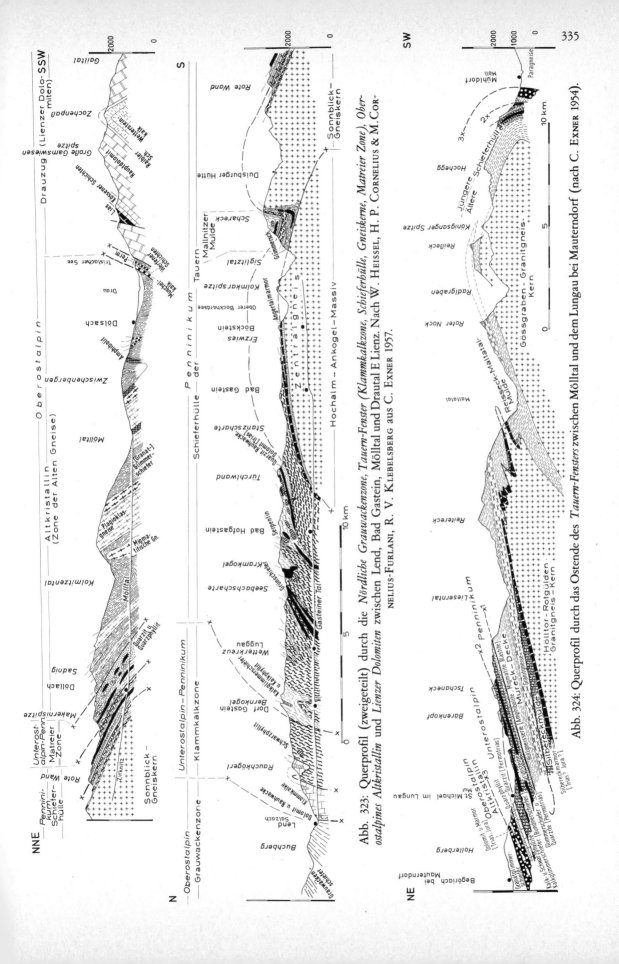

Abb. 323: Querprofil (zweigeteilt) durch die *Nördliche Grauwackenzone, Tauern-Fenster (Klammkalkzone, Schieferhülle, Gneiskerne, Matreier Zone), Oberostalpines Altkristallin* und *Lienzer Dolomiten* zwischen Lend, Bad Gastein, Mölltal und Drautal E Lienz. Nach W. HEISSEL, H. P. CORNELIUS-FURLANI, R. V. KLEBELSBERG aus C. EXNER 1957.

Abb. 324: Querprofil durch das Ostende des *Tauern-Fensters* zwischen Mölltal und dem Lungau bei Mauterndorf (nach C. EXNER 1954).

335

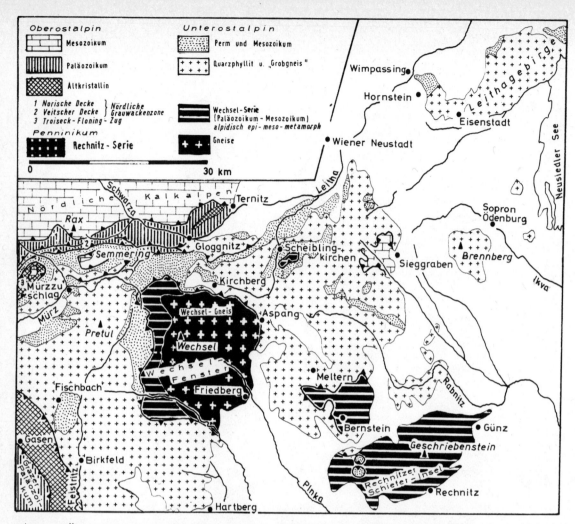

Abb. 325: Übersichtskarte über das Gebiet des Wechsels („*Wechsel-Fenster*", Penninikum), Semmering und Leitha-Gebirge *(Unterostalpin)*. Nach A. TOLLMANN 1959, verändert (ohne Ausscheidung von „Mittelostalpin").

Ostalpine Flyschzone

Vor und unter dem Außenrand der Nördlichen Kalkalpen zieht sich vom Alpenrhein bis an den Wiener Wald die *Ostalpine Flyschzone (= „Rhenodanubische Flyschzone"*, vgl. S. 70) hin (Abb. 2). Sowohl am Westrand wie am Ostrand der Kalkalpen, aber auch in einigen Fenstern erkennt man, daß sich der Flysch auf eine gewisse Erstreckung unter die überschobenen Nördlichen Kalkalpen nach Süden erstreckt.

Der Flysch ist seinerseits als Decke weit nach Norden auf das Helvetikum überschoben. Der Komplex des *Ostalpinen Flyschs* enthält in der Regel nur Gesteine der Kreide und des Alttertiärs (Abb. 97–100). Seine ursprüngliche Unterlage wird nicht sichtbar. Der Stellung im Deckengebäude nach ist der Flysch nördlich der Tauern einzuwurzeln. Seine Stellung zwischen *Helvetikum* einschließlich *Ultrahelvetikum* im Norden und Mittelpenninikum im Süden weist ihn als Nordpenninikum *(Valais)* aus. Südpenninische Anteile können in ihm schon deshalb nicht enthalten sein (im Gegensatz zur Ansicht von M. Richter 1966), weil ja das Südpenninikum der Ostalpen schon an der Wende Unter-/Oberkreide vom Ostalpin überschoben wurde.

Der stratigraphische Umfang der Flysch-Unterlage ist vorerst nicht anzugeben. Es ist aber durchaus möglich, daß er auch in den Ostalpen aus nordpenninischen *Bündnerschiefern* besteht. Im östlichen Teil der Ostalpen wurde ein Teil des Flyschs auf dem Bereich der sog. *pienidischen Schwelle* abgesetzt, die nur bis zum Beginn der Oberkreide bestand (Schichtfolge bei Abb. 101).

Die Position des *Ostalpinen Flyschs* im alpinen Querprofil geht aus den Abbildungen 190–194 hervor. Aus Abb. 194 erkennt man wie aus Abb. 169, daß der *Ostalpine Flysch* südlich des nordpenninischen *Prätigau-Flyschs* einzuwurzeln ist. Der Verlauf der *Ostalpinen Flyschzone* ist auf den Abb. 2, 386 und 327 dargestellt.

Im westlichen Teil streicht der *Ostalpine Flysch* auf breiter Fläche im Allgäu und Vorarlberg aus (Abb. 326, 365, 386 und 245). Durch aufragendes *Helvetikum,* das als Sattel nach ENE gegen das Iller-Tal abtaucht, wird die Flyschzone in einen südlichen *(Vorarlberger)* und nördlichen *(Allgäuer)* Teil zerlegt.

Wie auch weiter im Osten treten im Norden der Flyschzone die gröber klastischen Serien in Erscheinung, während der südliche Teil feinkörnige Sedimente enthält und vor allem pelagische Fazieseinschläge zeigt (Abb. 97–100).

Die Vorarlberger Flyschzone *(Uentschen-Decke)* zeigt Nordfazies, ebenso wie der *Vaduzer Flysch,* der die Fortsetzung dieser Zone in Liechtenstein darstellt (Abb. 98). Die *Uentschen-Decke* kann von Liechtenstein bis Oberstdorf verfolgt werden (Abb. 326). Dort dünnt sie seitlich aus.

Ebenfalls in Nordfazies ist die nördliche Flyschzone entwickelt, die auch als *Sigiswanger Decke* bezeichnet wird. Sie geht nach Osten in den Nordteil der ungeteilten „*Haupt*"*-Flysch-Decke* über. Die *Sigiswanger Decke* wird von M. Richter (1966) südlich der *Uentschen-Decke* beheimatet angesehen.

Als südlichste und tektonisch höchste Flysch-Einheit tritt bei Oberstdorf im Allgäu die *Oberstdorfer Decke* auf (Abb. 326, auf Abb. 365 nicht ausgeschieden). Sie ist in Südfazies entwickelt, die auch als Oberstdorfer Fazies bezeichnet wird. Die *Oberstdorfer Decke* entspricht nach tektonischer Stellung und Fazies dem *Triesner Flysch* in Liechtenstein (Abb. 98).

Östlich der Iller geht die Oberstdorfer Decke in den südlichen Teil der dort ungeteilten *Haupt-Flysch-Decke* über.

Unter den genannten Flysch-Decken des Vorarlberg tritt die von manchen Autoren als nordpenninisch angesehene *Feuerstätter Decke* auf (Abb. 209, 326). Sie wird im Zusammenhang mit dem *Ultrahelvetikum* behandelt werden (S. 398).

Relikte der Ostalpinen Flyschzone treten auch westlich des Alpenrheins auf (Abb. 365). Sämtliche Vorkommen liegen auf *Ultrahelvetikum* (Flysch des *Fähnern*-Gipfels, innere Teile von *Amdener* und *Wildhauser Mulde,* sowie *Wäggitaler Flysch).* Die Lagerungsbeziehungen gehen aus den schematischen Darstellungen auf Abb. 169, 208 und 201, ferner aus den Profilen auf Abb. 378, 380 und

383 hervor. Die Schichtfolgen (Abb. 94—96) zeigen als typische Schichtglieder fazielle Äquivalente des *Reiselsberger* Sandsteins im Turon.

Östlich der Iller ist, wie schon oben erwähnt, nur eine einheitliche „Haupt"-Flysch-Decke entwickelt (Abb. 210—213), wobei Nord- und Südfazies des Flyschs ineinander übergehen. Diese Anordnung kann bis an den Wiener Wald verfolgt werden, wo dann bei breiterem Ausstrich wieder mehrere Teil-Decken sichtbar sind.

Profile durch die Flyschzone geben die Abbildungen 385, 248 unten und Mitte, 389, 390, 329, 391, 328 (mit 334), 330 und 332.

Stellenweise grenzt Flysch unmittelbar an subalpine Molasse, wobei das *Helvetikum* in tiefer axialer Lage tektonisch unterdrückt ist. Andernorts, am Chiemsee ist die *Flysch-Zone* selbst von den weit nach Norden reichenden Kalkalpen verdeckt (Abb. 386).

Im Gebiet von Salzburg an östlich ist das unterlagernde *(Ultra-)Helvetikum* in Gestalt der *Buntmergelzone* und der *Äußeren (Grestener) Klippenzone* mehrfach durch die Flyschzone aufgesattelt oder aufgeschuppt (Abb. 327—330). Zwischen Ybbs, Erlauf und Pielach tritt sogar die unter dem Helvetikum folgende subalpine Molasse in tektonischen Fenstern in Erscheinung (Abb. 327, *Fenster von Rogatsboden* auf Abb. 330).

Im Bereich des Wiener Waldes weicht der Nordrand der Kalkalpen stark zurück (vgl. S. 243) und gibt dabei die unterlagernde Flyschzone auf breiter Fläche frei (Abb. 332). Sie ist dort in drei Teil-Decken zu gliedern. Zwischen diesen Teil-Decken ist dort die *Innere (St. Veiter = pieninische) Klippenzone* aufgeschuppt. Möglicherweise ist damit ein Teil der ursprünglichen Unterlage des ostalpinen Flyschs aufgeschürft (Abb. 214, 202).

Wie schon mehrfach erwähnt, kommt Ostalpiner Flysch auch in einigen Fenstern und Halbfenstern unter den *Nördlichen Kalkalpen* zum Vorschein (S. 243, Abb. 247, 333, 246). Die *Fenster von Strobl* und *Windischgarsten* sind auf den Abb. 332 bzw. 334 im Profil wiedergegeben.

Die Überschiebung der *Nördlichen Kalkalpen* auf die nordpenninische *Ostalpine Flyschzone* erfolgte wohl erst im Laufe des jüngeren Eozäns, da ältere Gesteine dort noch abgelagert wurden. Der Flysch selbst ist auf seine helvetische Unterlage und auf die Molasse in der Zeit zwischen Chatt und Torton aufgeschoben worden. Diese Bewegung schritt im Ostteil der Ostalpen von West nach Ost im Laufe der Zeit fort, kenntlich daran, daß dort im Alter abnehmend jungtertiäre Schichten noch unter die Überschiebung geraten sind (H. KÜPPER 1969).

Literatur (vgl. auch Angaben im betreffenden Kapitel über Stratigraphie):
F. ALLEMANN & J. BLASER 1951; F. BREYER 1960; A. CUSTODIS 1936; A. CUSTODIS & P. SCHMIDT-THOMÉ 1939; W. del NEGRO 1949, 1960, 1970; M. FREIMOSER 1973; R. GRILL 1953; G. HERBST 1958; R. HESSE 1965; R. HUCKRIEDE 1959; W. JANOSCHEK 1961; C. W. KOCKEL, M. RICHTER & H. STEINMANN 1931; H. KÜPPER 1965; J. LIEDHOLZ 1959; G. MÜLLER-DEILE 1940, 1940; R. OBERHAUSER 1965; S. PREY 1958, 1962, 1968; S. PREY, A. RUTTNER & G. WOLETZ 1959; B. PLÖCHINGER & S. PREY 1964, 1968, 1974; R. REICHELT 1960; D. RICHTER 1956, 1956, 1957; M. RICHTER 1955, 1956, 1957, 1960/1963; M. RICHTER & G. MÜLLER-DEILE 1940; P. SCHMIDT-THOMÉ 1956, 1964, 1968; E. THENIUS 1962; F. TRAUTH 1954; H. WIESENEDER 1967; G. WOLETZ 1967.

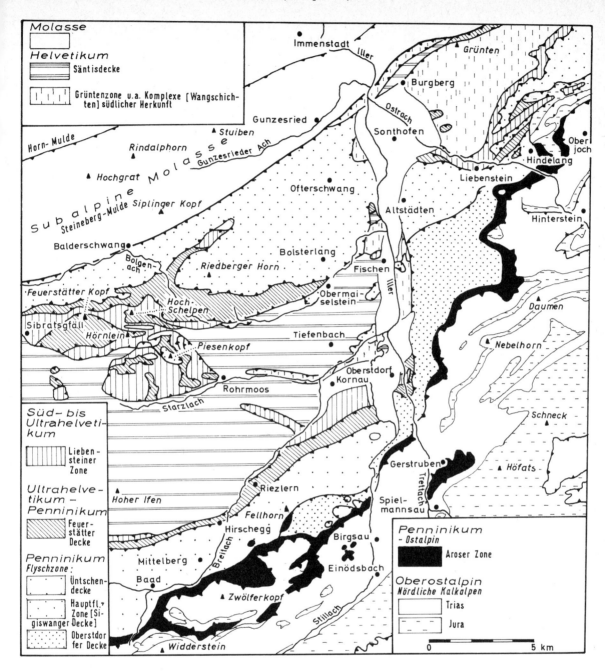

Abb. 326: Geologische Übersichtskarte über *Helvetikum, Flyschzone* und *Ultrahelvetikum* im westlichen Allgäu zwischen Immenstadt, Hohem Ifen, Oberstdorf und Oberjoch. Nach M. RICHTER 1966.

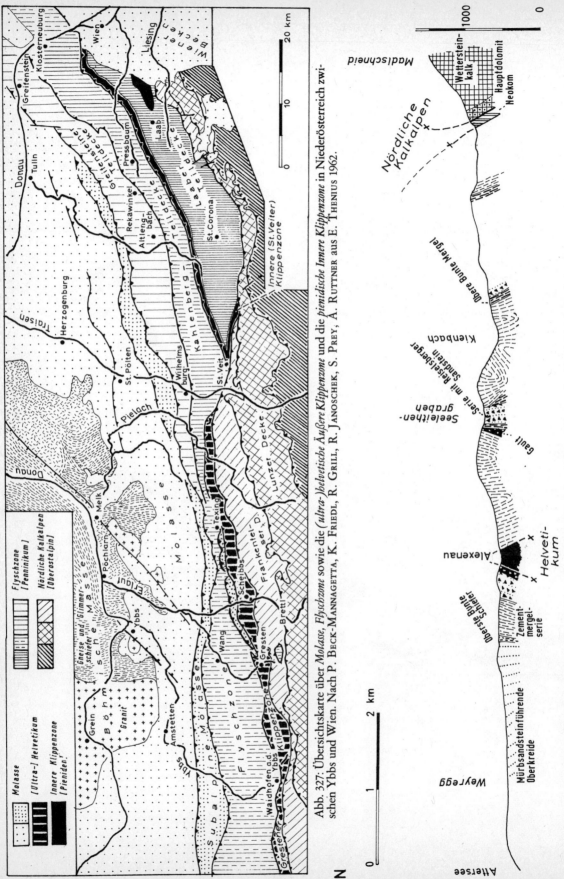

Abb. 327: Übersichtskarte über Molasse, Flyschzone sowie die (ultra-)helvetische Äußere Klippenzone und die pienidische Innere Klippenzone in Niederösterreich zwischen Ybbs und Wien. Nach P. Beck-Mannagetta, K. Friedl, R. Grill, R. Janoschek, S. Prey, A. Ruttner aus E. Thenius 1962.

Abb. 328: Querprofil durch die Flyschzone und das Helvetikum (Ultrahelvetikum) entlang dem Ostufer des Attersees (Oberösterreich). Nach W. Janoschek 1964.

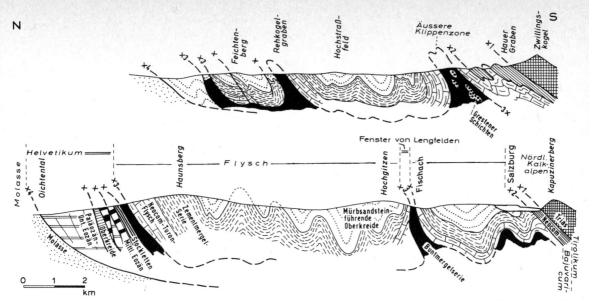

Abb. 329: Querprofile durch *Helvetikum (Ultrahelvetikum)* und *Flyschzone* westlich des Almtales (Oberösterreich) (oben) bzw. durch den Haunsberg N Salzburg (unten). Nach S. PREY 1962.

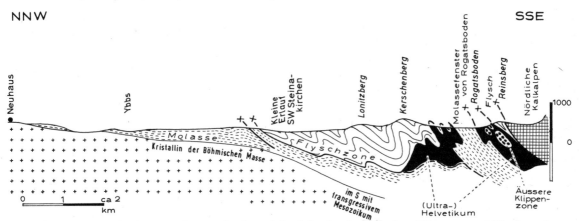

Abb. 330: Querprofil durch *Molasse, Helvetikum (Ultrahelvetikum)* mit *Äußerer Klippenzone* und *Flyschzone* im schmalsten Bereich der aufgeschlossenen Molasse an der Erlauf (Niederösterreich). Nach S. PREY 1958. Molassefenster von Rogatsboden.

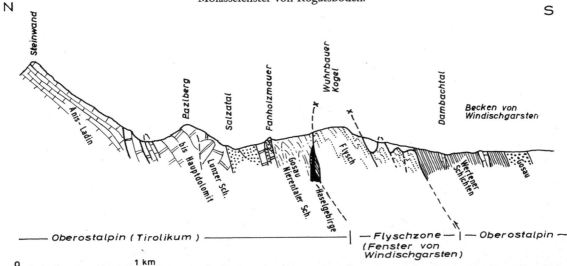

Abb. 331: Querprofil durch das *Flysch-Fenster von Windischgarsten* (nach S. PREY in F. ABERER, R. JANOSCHEK, B. PLÖCHINGER & S. PREY 1964). — Im *Flysch-Fenster von Windischgarsten* sind folgende Schichtglieder bekannt geworden: *Zementmergel-Serie, Bunte Schiefer, Reiselsberger Sandstein, Gault-Flysch.*

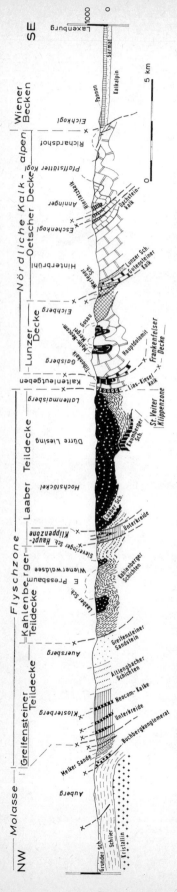

Abb. 332: Querprofil durch Außeralpines Wiener Becken (Molasse-Becken), Flysch- und Klippenzonen, Nördliche Kalkalpen und Randbereich des Inneralpinen Wiener Beckens im Wienerwald. Nach H. KÜPPER, G. GÖTZINGER & R. GRILL 1950 auf Geol. Kt. der Umgebung von Wien 1952. Im dargestellten Querprofil tritt die *St. Veiter* (= innere) Klippenzone nicht in Erscheinung. Ihre Projektion im Streichen ist eingezeichnet.

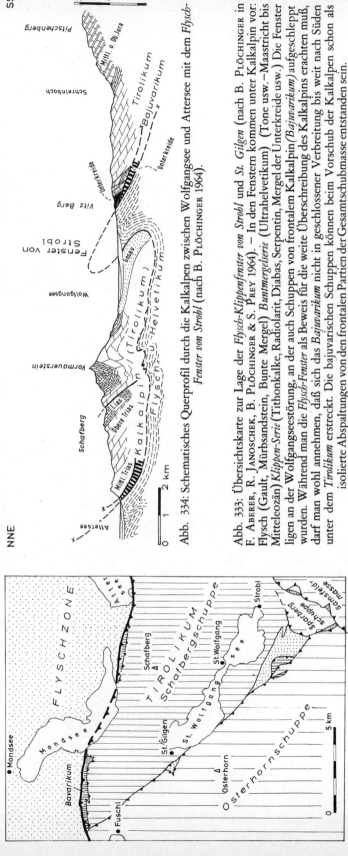

Abb. 334: Schematisches Querprofil durch die Kalkalpen zwischen Wolfgangsee und Attersee mit dem *Flysch-Fenster von Strobl* (nach B. PLÖCHINGER 1964).

Abb. 333: Übersichtskarte zur Lage der *Flysch-Klippenfenster von Strobl* und *St. Gilgen* (nach B. PLÖCHINGER in F. ABERER, R. JANOSCHEK, B. PLÖCHINGER & S. PREY 1964). — In den Fenstern kommen unter Kalkalpin vor: Flysch (Gault, Mürbsandstein, Bunte Mergel) *Buntmergelserie* (Ultrahelvetikum) (Tone usw.–Maastricht bis Mitteleozän) *Klippen-Serie* (Tithonkalke, Radiolarit, Diabas, Serpentin, Mergel der Unterkreide usw.) Die Fenster liegen an der Wolfgangseestörung, an der auch Schuppen von frontalem Kalkalpin (*Bajuvarikum*) aufgeschleppt wurden. Während man die *Flysch-Fenster* als Beweis für die weite Überschiebung des Kalkalpins erachten muß, darf man wohl annehmen, daß sich das *Bajuvarikum* nicht in geschlossener Verbreitung bis weit nach Süden unter dem *Tirolikum* erstreckt. Die bajuvarischen Schuppen können beim Vorschub der Kalkalpen schon als isolierte Abspaltungen von den frontalen Partien der Gesamtschubmasse entstanden sein.

Extern-Zone

Der Unterschied zwischen West- und Ostalpen kommt auch in der jeweiligen oberirdischen Verbreitung der *Extern-Zone* zum Ausdruck. Sie ist in den Westalpen in großer Breite und fazieller wie tektonischer Vielfalt entwickelt. Vor allem taucht dort auch der voralpidische Sockel in den sog. Extern-Massiven („Zentral-Massiven") auf.

In den Ostalpen liegt die *Extern-Zone* axial tiefer und ist weithin vom penninischen Flysch und dem Ostalpin tektonisch überdeckt (Abb. 190–199). Die tektonische Vielfalt dieser Zone wird in den Ostalpen, wenn sie überhaupt entwickelt ist, jedenfalls nicht sichtbar. Ein Teil des helvetischen Faziesraumes bleibt im Osten überhaupt außerhalb des tektonischen Alpengebäudes (S. 116).

Die *Extern-Zone* der Alpen zeigt eine große stratigraphisch-fazielle Differenzierung ihrer Schichtfolgen, wobei manche Schichtglieder allerdings über sehr weite Erstreckung im Streichen verfolgt werden können (vgl. Abb. 181–189).

Der Externbereich befand sich, paläogeographisch gesehen, lange Zeit außerhalb oder nur am Rande der alpidischen Geosynklinale. Gerade diese Randlage führte dazu, daß sich geringfügige tektonische Bewegungen, Verlagerungen des Meeresspiegels, wechselnde Klimaeinflüsse in Transgressionen, Regressionen, Verlagerung von Strömung und Sedimenttransport, in Facieswechseln, Diskordanzen und vielen Schichtlücken ausdrücken. Erst am Ende der Kreidezeit und im Alttertiär erreicht die auswärtswandernde alpine Geosynklinale auch den externen Raum mit Flysch-Fazies.

Durch das Auftreten von mächtigen jüngeren Flysch-Bildungen ist ein interner Teil der *Extern-Zone* besonders ausgezeichnet, vor allem weil diese Flysch-Komplexe häufig als tektonisch selbständige Körper alpenauswärts verfrachtet wurden und unter, zwischen und über helvetischen Decken auftreten können. Ihrer internen Abkunft wegen und ihrer jetzigen tektonischen Stellung nach bezeichnet man diese Komplexe als *„Ultra-Dauphinois"* bzw. *„Ultra-Helvetikum"*. Auch in den östlichen Teilen der Alpen wird die Bezeichnung *„Ultra-Helvetikum"* angewandt, dort allerdings in etwas anderem Sinne vor allem faziesbezogen (vgl. S. 13, 80, 400).

Die Gesteine der *Extern-Zone* sind von alpidischer Metamorphose fast ganz verschont geblieben. Ihre Prägung erhielten sie verhältnismäßig spät bis ins allerjüngste Tertiär, und dazuhin in relativ seichten Regionen der Erdrinde. Ihre Absenkung und Überdeckung während Mesozoikum und Tertiär überstieg meist nicht das Maß außeralpiner Bereiche.

An der Internseite der genannten *Extern-Massive* kam es allerdings zu einer bis mesozonalen Metamorphose, bedingt durch Beanspruchung und Überdeckung durch interne (penninische) Decken-Komplexe. Diese alpidische Metamorphose klingt graduell, aber insgesamt rasch alpenauswärts aus. Sie wird besonders dort sichtbar, wo das Gebirge jetzt axial stark exponiert ist, wo also seine tiefsten Stockwerke aufgeschlossen sind. Ein Beispiel bietet das *Gotthard-Massiv* nördlich der penninischen *Tessiner Kulmination*.

Man darf auch damit rechnen, daß der Bereich der helvetischen Wurzel unter den nördlichen Teilen der Ostalpen ebenfalls bis zu einem gewissen Grad metamorph geworden ist.

Der Bereich der *Extern-Zone* erfährt in den verschiedenen Teilen der Alpen eine unterschiedliche Benennung: Das *„Provençal"* erstreckt sich im Vorland des *Argentera-Mercantour-Massivs,* allerdings der Fazies nach auch bis in außeralpine und hier nicht behandelte Bereiche der Provence. Als *„Dauphinois"* (incl. *„Ultra-Dauphinois"*) bezeichnet man die Umgebung des *Belledonne-Massivs* und seiner Anhängsel, also auch die *„Chaines subalpines"*. In Savoyen geht das *Dauphinois* in das seiner Stellung nach gleichrangige *„Helvetikum"* (mit *„Ultra-Helvetikum")* über. Diese Bezeichnung ist für die *Extern-Zone* bis an das östliche Ende der Alpen üblich.

Extern-Massive

Praealpidische Extern-Massive existieren nur in den Westalpen. Ihre Lage und Benennung ist auf Abb. 1 verzeichnet. Eine Übersicht ergibt sich auch aus den Abbildungen 256–257, 273 und 359. Die *Extern-Massive* liegen fast sämtlich nahe der Innengrenze der *Extern-Zone*. Da, wie schon oben erwähnt, diese Massive meist von alpidischer Metamorphose verschont geblieben sind, entsprechen sie in ihrem Innenbau und ihrer voralpidischen Geschichte weitgehend außeralpinen Grundgebirgs-Massiven, von denen einige auf den Abbildungen 1 und 2 erscheinen. Je nach axialer Position erscheint das externe Kristallin auf den Abbildungen 195–199 an der Oberfläche. In den Ostalpen (Abb. 190–194) bleibt dieses Kristallin im Untergrund verborgen.

Die Massive bestehen aus einem „Gerüst" aus Gneisen, die seit dem Praekambrium und während des Paläozoikums bis zum Karbon im Verlauf einer oder mehrerer Metamorphosen entstanden sind. Die hercynische = variszische Gebirgsbildung ist sicher nachzuweisen, zwar erwiesene ältere Metamorphosen sind aber nur schwer zeitlich einzustufen. In Analogie zu den umgebenden außeralpinen Massiven (Vogesen, Schwarzwald, Böhmische Masse usw.) darf man annehmen, daß eine praehercynische Gebirgsbildung in praekambrischer Zeit *(„assyntisch")* ablief. Kein Nachweis liegt für kaledonische Orogenese vor.

Ein Teil der erwähnten Gneise war also schon praealpidisch polymetamorph. Aus verhältnismäßig eintönigen geosynklinalen Sedimentfolgen mit Tongesteinen, Grauwacken und Quarziten entstanden Paragneise, aus vor- und altpaläozoischen Magmatiten und Migmatiten Orthogneise.

Die Metamorphose im Grundgebirge ist sehr vielfältig, sie reicht bis zur völligen Migmatisation und Palingenese. Seichte Stockwerke der voralpidischen Metamorphosen sind weithin der Abtragung anheimgefallen, ehe die alpidischen Sediment-Serien ab Perm und Trias abgelagert wurden. Phyllitische Gesteine fehlen nämlich weithin in den Extern-Massiven, es finden sich dafür überwiegend katazonale Gneise und Migmatite. Stellenweise treten allerdings Phyllonite als retrograd (diaphthoritisch) metamorphe Umwandlungsprodukte ursprünglich höher metamorpher Serien auf.

Die Intrusiva juveniler oder palingener Natur, die im Verlauf der hercynischen = variszischen Gebirgsbildung, vor allem während deren letzten Stadien im Oberkarbon oder Perm Platz nahmen, sind in der Regel als Massengesteine, also nicht vergneist überliefert (sofern sie nicht der schon erwähnten lokalen alpidischen Metamorphose unterlagen). Damit liegen Verhältnisse wie im Südalpin vor.

Die kräftigen Bewegungen im Grundgebirge, die sich zuletzt in der hohen Heraushebung der Massive äußern und deren Art und Ablauf sich in einer engständigen Gleitbrett-Zerklüftung zeigt, hat aber auch die nicht eigentlich metamorphen hercynischen Intrusiva alpidisch kataklastisch verändert (sog. *„Protogin-Granite")*.

Das Auftreten hercynischer = variszischer, nicht alpidisch metamorpher Intrusiva unterscheidet die Massive der *Extern-Zone* vom Sockel der *Intern-Zone,* der fast überall auch alpidischer Metamorphose und Anatexis unterworfen war.

Die Extern-Massive werden als „Autochthon" bezeichnet. Ihre endgültige Heraushebung ist sehr jung und begann wohl erst im jüngsten Tertiär, wie der Ablauf der Sedimentation zeigt. Wie sich vor allem aus der Beschreibung der alpinen Paläogeographie ergibt, unterlagen die Massive aber auch schon während des Mesozoikums wiederholt einer Hebungstendenz, die sich in Diskordanzen und Schichtlücken äußert.

Verbunden mit der erwähnten jungen Heraushebung war entsprechende Entblößung von der mesozoischen Sedimenthülle, teils durch Abtragung, teils aber auch infolge Abscherung und Abgleiten in Form von Deckfalten und Decken *(Helvetische Decken* der Schweiz und von Savoyen). Dabei haben sich interne Massivteile nach außen verschoben und an externes Kristallin so angelegt, daß Mesozoikum aus der Sedimenthülle des Kristallins steil eingefaltet wurde. Insofern ist also die „Autochthonie" der Massive nur relativ.

Die Massive tragen eine autochthone permomesozoische Sedimenthülle, z. T. auch Oberkarbon. Diese wird jeweils in den Abschnitten über das mesozoische Deckgebirge der *Extern-Zone (Dauphinois* und *Helvetikum)* behandelt.

Oberkarbon und Perm wurden, wie in außeralpinen Bereichen des hercynischen = variszischen Gebirges in zahlreichen größeren und kleineren Innensenken auf dem metamorphen Grundgebirge abgelagert (vgl. S. 103).

Argentera-Mercantour-Massiv

Dieses südlichste alpine Extern-Massiv erhebt sich zwischen Stura und Tinée und ist allseitig von einer permomesozoischen Hülle umgeben (Abb. 1, 357, 256, 257). Internstruktur und Gesteinsaufbau gehen aus Abb. 335 und 336 hervor.

Das Massiv wird durch eine Mylonit-Zone in einen westlichen und östlichen Teil gespalten. Im Bereich dieser Zone sind grobklastische Gesteine des Namur (evtl. Dinant) *("Poudingues des Bresses")* und des Westfal *("Mollièresite")* eingeklemmt. Diese Sedimente zeigen, daß die Gebirgsfuge gegen Ende des Westfal entstand (asturische Gebirgsbildung). In einer weiteren Mylonit-Zone ist ebenfalls grobklastisches und pflanzenführendes Stephan *(Houiller de Montjoya)* abgelagert und eingefaltet worden. Diese Zone entstand also erst später, in der saalischen Phase der hercynischen Gebirgsbildung.

Eine andere Mylonit-Zone (= „*Zone d'Écrasement")* verläuft durch die Zone orientale *("Zone de Fremamorta").*

Das Gebirge beiderseits der genannten Mylonitzonen ist älter als diese: Die westliche Zone *(Complex de la Tinée)* ist hercynisch metamorph bzw. überwiegend anatektisch, ihre sedimentären Ausgangsgesteine werden als Unterkarbon oder älter angesehen.

Die „*Zone orientale"* ist auf Abb. 336 nur im französischen Bereich untergliedert, für das italienische Gebiet fanden sich keine entsprechenden Kartenunterlagen. Die Gesteinszusammensetzung ist dort nach neueren italienischen Arbeiten jedoch entsprechend.

Ein älterer Komplex wird als „*Complex de Chastillon-Valmasque (-Fenestre)* bezeichnet. Er ist polymetamorph, wobei die hercynische Metamorphose diaphthoritischen Charakter hat. Die Serie enthält den diatektischen Granit von Valmasque.

Der „*Complex de Malinvern-Argentera"* ist durch hercynische Anatexis und Intrusion gekennzeichnet. Er entspricht altersmäßig dem „*Complex de la Tinée".* Der Granit der Argentera durchbricht diese Gesteine und den Komplex von Chastillon-Valmasque intrusiv, ist also jünger als Unterkarbon.

Auch im Bereich des *Argentera-Massivs* entstanden gegen Ende der hercynischen Aera permische Sedimentationströge, die mit grobklastischen, meist rotgefärbten terrestrischen Sedimenten gefüllt wurde. Dazu kam porphyrische Eruptionstätigkeit (Abb. 335, 103).

(Teil-)Profile durch das *Argentera-Mercantour-Massiv* finden sich auf den Abb. 357, 263, 264. Außerhalb des Massivs findet sich eine Aufwölbung, in der das Perm (aber kein kristallines Grundgebirge) erneut an die Oberfläche tritt: der „*Dôme de Barrot"* (Abb. 335, 356–358)).

Literatur: P. BORDET 1950; R. CAMPREDON, M. BOUCART et al. 1975; A. FAURE-MURET 1955; M. LANTEAUME 1968; R. MALARODA & G. SCHLAVINATO 1957, 1958, 1960; J. VERNET 1963, 1967.

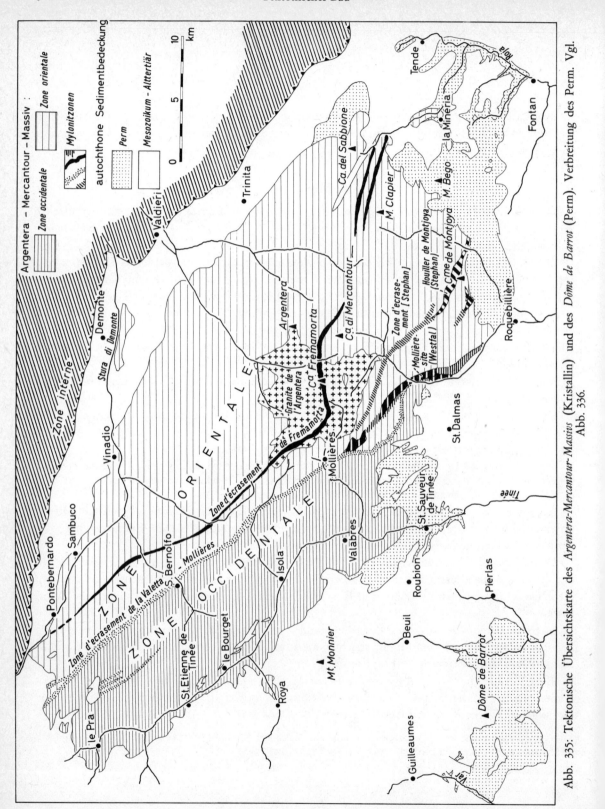

Abb. 335: Tektonische Übersichtskarte des *Argentera-Mercantour-Massivs* (Kristallin) und des *Dôme de Barrot* (Perm). Verbreitung des Perm. Vgl. Abb. 336.

Extern-Massive

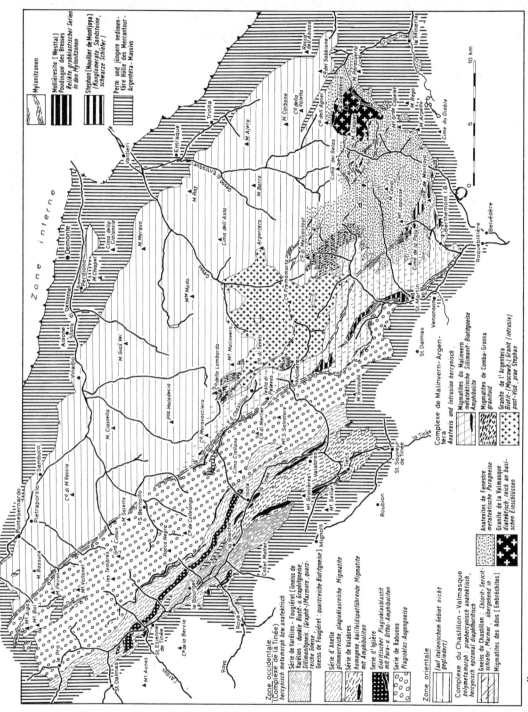

Abb. 336: Übersichtskarte des *Argentera-Mercantour-Massivs (Alpes Maritimes, Alpi maritime)*. — Der französische Anteil ist detailliert (nach A. FAURE-MURET 1955), der italienische generell dargestellt (nach *Carta geologica d'Italia* 1 : 100 000, *Foglio* 78 e 79 Dronero-Argentera, S. FRANCHI & E. STELLA 1930; Foglio Demonte, S. FRANCHI & V. NOVARESE 1933). Tektonische Gliederung vgl. Abb. 335.

Massive der Dauphiné

In der Depression zwischen *Argentera-Mercantour-Massiv* und dem *Pelvoux-Massiv* erhebt sich an der Durance die Aufsattelung des „Dôme de Remollon", wo Paragneise in einer kleinen Kuppel zutage treten (Abb. 1, 256, 259, 268).

In den Alpen der Dauphiné und von Savoyen erhebt sich ein Massiv-Komplex, der in eine ganze Anzahl von Teilmassiven aufgegliedert wird, die durch mesozoische Sediment- (Mulden-) Zonen voneinander getrennt werden (Abb. 1, 256, 259). Abb. 337 zeigt die strukturelle Gliederung, Abb. 338 die Gesteinszusammensetzung. Man unterscheidet das externe *Belledonne-Massiv,* das eine beträchtliche streichende Erstreckung hat. In seiner Verlängerung nach SSW taucht der isolierte „*Dôme de la Mure*" auf, wo produktives Oberkarbon weit verbreitet ist.

Nach NNE setzt sich das Belledonne-Massiv nur in Teile des *Aiguilles-Rouges-Montblanc-Massivs* fort. Daraus läßt sich erkennen, daß die hercynische Innenstruktur der Extern-Massive nicht überall mit den jetzigen äußeren Umrissen und dem alpinen Streichen übereinstimmt.

Auf der Internseite des Belledonne-Massivs zeigen sich weitere Aufragungen des Sockels im länglichen Grandes Rousses-Massiv. Dazu kommt das rundliche Massiv des Grand Châtelard (Abb. 282) in der Maurienne. Besonders großen Umfang zeigt die Kuppel des Pelvoux-Massivs. Die Benennung der Muldenzonen mit mesozoischen Sedimenten zwischen den genannten Massiven geht aus Abb. 337 hervor.

Auf der Internseite ist der Massiv-Komplex von auflagernder mesozoischer Sedimenthülle bedeckt, die in den inneren Bereichen, wie über dem *Pelvoux-Massiv* schon zum *Ultradauphinois* gezählt wird.

Die genannten Massive der Dauphiné zeigen eine ähnliche Gesteinszusammensetzung wie der Sockel der außeralpinen Nachbarschaft. Eine gleichrangige Gliederung liegt gegenwärtig allerdings nicht für alle Teilbereiche vor (Abb. 338).

Als älteste Serie des *Belledonne-Massivs* wird die „*Série verte*" angesehen. Sie besteht aus Glimmerschiefern und Gneisen (die hier als „*Ectinite*" im Gegensatz zu Migmatiten und Magmatiten bezeichnet werden), die reichlich vulkanogene Anteile (Grünstein) enthalten. Man vermutet ein devonisches Alter der geosynklinalen Ausgangsgesteine. Sie sind demnach hercynisch metamorph. Diese Umwandlung ging bis zur Anatexis. Auch treten wohl palingene hercynische Granite im Verband der „*Serie verte*" auf.

Jünger ist das Ausgangsalter der „*Série satinée*", so benannt wegen ihrer sericitischen und Glimmerschiefer. Man vermutet, daß sie aus flyschartigen Serien des Unterkarbons („*Kulm*"-Fazies) entstanden sei. An der Basis gegen die „*grüne Serie*" tritt stellenweise ein Konglomerat auf, das als Zeugnis der bretonischen Phase an der Wende Oberdevon/Unterkarbon gewertet wird.

Auch diese Serie ist im Oberkarbon von der hercynischen Metamorphose und Anatexis in allen Stadien betroffen worden (vgl. Legende zu Abb. 338). Die einzelnen Granitmassive sind auf Abb. 337 benannt.

Für die Massive des *Grand Châtelard* und des *Mont Pelvoux* ist auf Abb. 338 nur eine vorläufige Gliederung in Gneise (die den obengenannten Serien entsprechen) und hercynische Granite gegeben.

Sedimente der *Westfal*-Stufe sind aus dem Massiv-Komplex nicht bekannt. Das produktive Karbon von La Mure gehört ins Stephan. Oberkarbonisch sind auch die grünen porphyrischen Vulkanite des *Grandes Rousses-Massivs.* Permische Klastika finden sich als „*Grès d'Allevard*".

Die Synklinal-Zonen, die das Belledonne-Massiv in einen inneren und äußeren Teil *(„Rameau interne*" bzw. „*Rameau externe*") gliedern, sind alpidischen Alters, da an ihnen Trias und Lias eingeklemmt wurde. Sie entsprechen ähnlichen Fugen in den weiter nordöstlich und östlich folgenden Massiven (S. 354, 357). Die Mittelfuge *(Synclinal médian)* im *Belledonne-Massiv* stellt die Wurzel der Decke der *Collines liasiques,* einem Äquivalent der *Morcles-Decke* dar (vgl. S. 371).

(Teil-)Profile durch die Massive der Dauphiné finden sich auf den Abbildungen 198, 271, 283, 360, 340, 339, 342, 342 und 361.

Literatur: C. Alsac 1961; P. Bellair 1948; J. M. Bertrand 1968; C. Bordet 1961; P. Bordet & C. Bordet 1960/1963; J.-M. Buffière 1964; O. Gariel 1961, 1963; M. Gignoux & L. Moret 1951; J. Lameyre 1958; J. Sarrot-Reynauld 1961, 1965, 1966; N. Vatin-Perignon 1966; J. Vernet 1964, 1964, 1964, 1965, 1966.

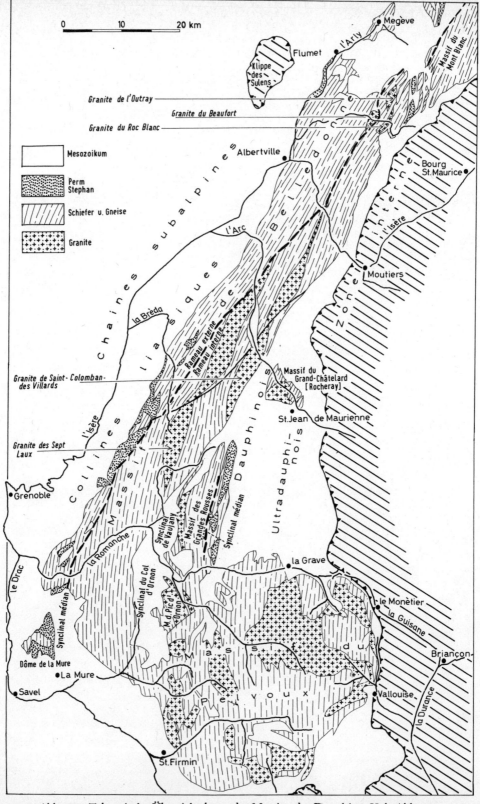

Abb. 337: Tektonische Übersichtskarte der Massive der Dauphiné. Vgl. Abb. 338.

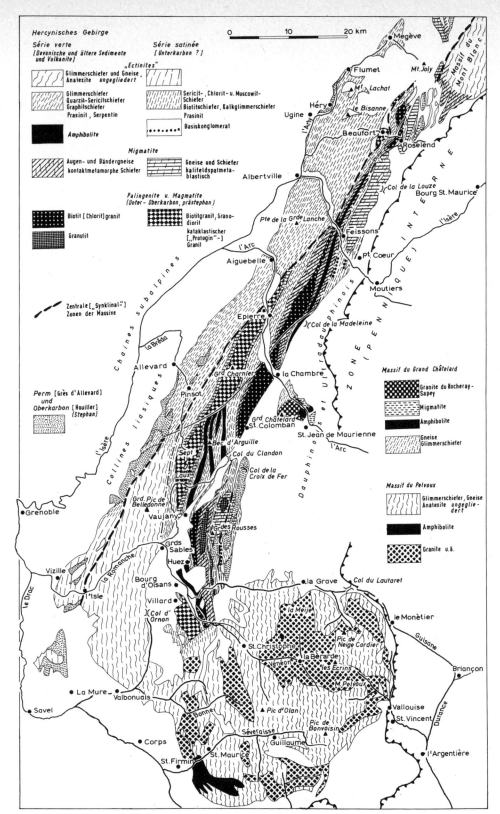

Abb. 338: Übersichtskarte des *Belledonne-Pelvoux-Massivs* (nach C. BORDET 1961, N. VATIN-PÉRIGNON 1966 (für *Grand Châtelard*) und Carte géologique de France 1 : 320 000, feuille Avignon (Pelvoux)). Der nördliche Teil des *Belledonne-Massivs* sowie das Massiv der *Grandes Rousses* ist detailliert dargestellt, im übrigen Teil ist nur das Gneis- und Granitgebirge unterschieden. Die Umgrenzung von Granit und metamorphen Serien ist auf einer Karte von P. BELLAIR (1948) abweichend dargestellt. – Tektonische Gliederung vgl. Abb. 337.

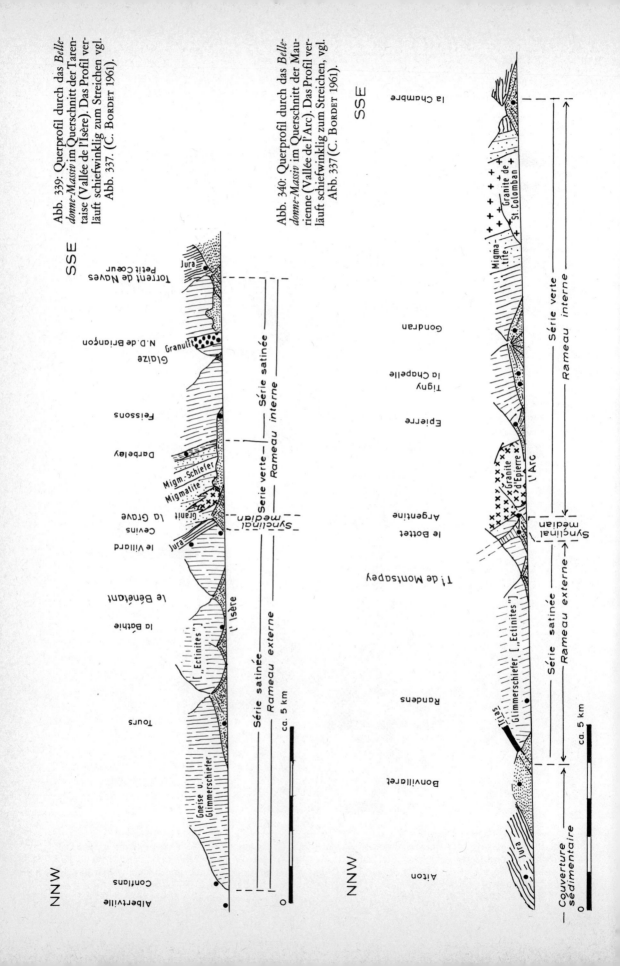

Abb. 339: Querprofil durch das *Belledonne-Massiv* im Querschnitt der Tarentaise (Vallée de l'Isère). Das Profil verläuft schiefwinklig zum Streichen vgl. Abb. 337. (C. BORDET 1961).

Abb. 340: Querprofil durch das *Belledonne-Massiv* im Querschnitt der Maurienne (Vallée de l'Arc). Das Profil verläuft schiefwinklig zum Streichen, vgl. Abb. 337. (C. BORDET 1961).

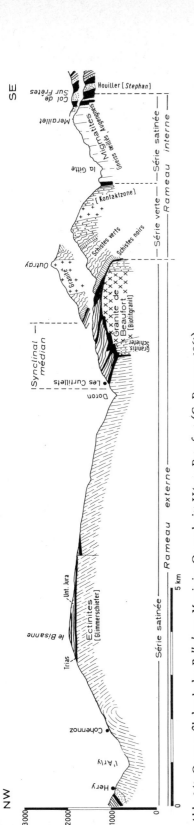

Abb. 341: Querprofil durch das *Belledonne-Massiv* im Querschnitt Héry–Beaufort (C. BORDET 1961).

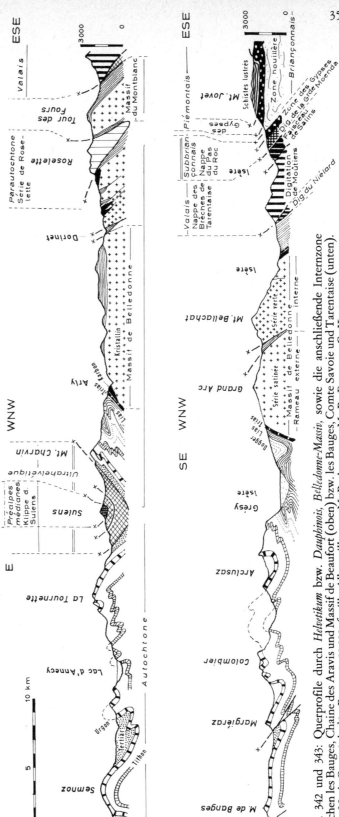

Abb. 342 und 343: Querprofile durch *Helvetikum* bzw. *Dauphinois*, *Belledonne-Massiv*, sowie die anschließende Internzone zwischen les Bauges, Chaine des Aravis und Massif de Beaufort (oben) bzw. les Bauges, Comté Savoie und Tarentaise (unten). Nach Cte. géol. dét. France 1 : 80 000, feuille Albertville, par M. P. ANTOINE, M. R. BARBIER, C. KERCKHOVE.

23 Gwinner, Geologie d. Alpen

Aiguilles Rouges – Montblanc-Massiv

Als weitere Massiv-Gruppe erhebt sich das *Aiguilles-Rouges-* und das *Montblanc-Massiv* (Abb. 1, 359, 364). Die Übersicht auf Abb. 344 zeigt, daß beide Komplexe durch die *Zone von Chamonix* mit eingeschlossenen mesozoischen und alttertiären Sedimenten getrennt werden (Abb. 345).

Innerhalb des *Aiguilles Rouges-Massivs* verläuft eine ältere Synklinal-Zone, die über das Rhône-Tal hinweg bis unter die Dent de Morcles verfolgt werden kann: die *Mulde von Dorenaz-Salvan*. Sie enthält eine jungpaläozoische Sedimentfüllung (Abb. 107 unten rechts). Ihre Existenz erlaubt die Abtrennung des *Massivs Arpille-Fully*.

Schließlich ist noch das auf der Internseite in Erscheinung tretende kleine kristalline *Massiv vom Mont Chétif* zu erwähnen, das sich beiderseits des oberen Aosta-Tals erhebt. Man stellt es in den ultrahelvetischen Bereich (Abb. 249 u. S. 372).

Wie schon erwähnt wurde, streichen die Innenstrukturen der Massive nicht ihrem äußeren Umriß parallel. Dies wird besonders aus Abb. 294 deutlich, die zeigt, daß das *Montblanc-Massiv* in bezug auf alpidischen Bau eine internere Stellung einnimmt als das *Belledonne-Massiv*.

Aiguilles Rouges (mit *Arpille-*)*Massiv* und *Montblanc-Massiv* bestehen jeweils aus vielfach anatektischen Gneisen hohen Alters, die zuletzt bei der hercynischen Gebirgsbildung geprägt wurden, also meist polymetamorph sind.

In diesen Rahmen sind die hercynischen Intrusiva eingedrungen. Sie bestehen überwiegend aus Graniten, randlich auch aus strukturell oder chemisch abweichenden Gesteinen (vgl. Abb. 344). Für solche Granite usw. wurden nach verschiedenen Methoden radiometrische Alter zwischen 225–460 Millionen Jahren gemessen (A. Buchs e. a. 1962). Sie zeigen in jedem Falle ein paläozoisches Alter an (Karbon). Höheres Alter ergab sich für den *Granit von Fully*.

Die Biotite des *Montblanc-Granites* sind allerdings sehr jung (18–35 Millionen Jahre, P. Baggio e. a. 1967) und zeugen damit von partieller alpidischer Gesteinsumwandlung.

Die Intrusiva sind nach geologischem Befund älter als Westfal D, da sie im *Vallorcine-Konglomerat* (Abb. 167) bereits als Grobgeröll-Komponente auftreten.

Auch in diesem Massiv-Komplex, besonders im *Montblanc-Massiv* verlaufen alte Mylonit-Zonen, an denen das Gebirge offensichtlich um beträchtliche Beträge verworfen wurde. So wird z. B. der Montblanc-Granit nach außen durch eine derartige Mylonitzone scharf begrenzt.

Ein Profil durch die Massive gibt Abb. 346, Teile davon auch die Abbildungen 345, 363, 297 unten und Mitte, sowie 292 und 295.

Das axiale Abtauchen des Kristallins gegen ENE zur *Rawil-Depression* zeigt das Längsprofil auf Abb. 371 schematisch.

Literatur: H. Badoux 1967; J. Cadisch 1953; N. Oulianoff 1924, 1934, 1960/1963; E. Paréjas 1922.

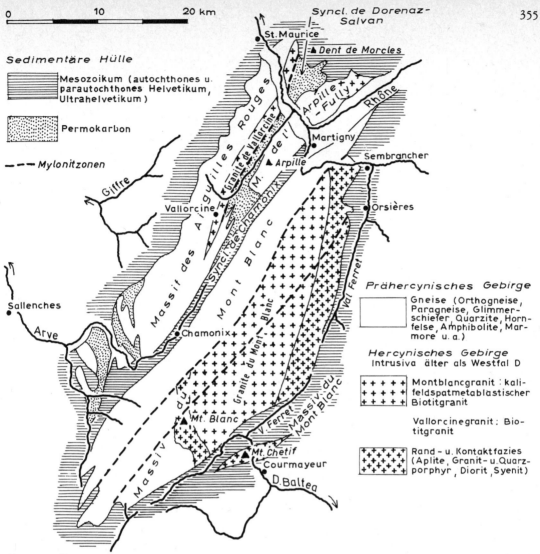

Abb. 344: Übersichtskarte des *Aiguilles Rouges – Arpille–Fully-* und *Montblanc-Massiv* (H. BADOUX 1967).

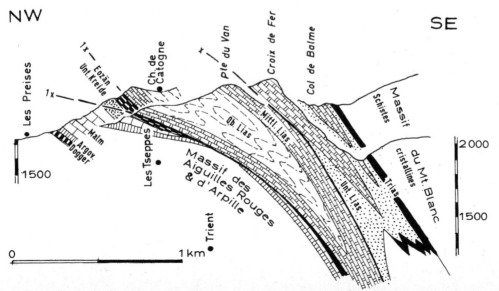

Abb. 345: Querprofil durch die *Zone von Chamonix* zwischen *Aiguilles-Rouges-Massiv* und *Montblanc-Massiv* (nach E. PARÉJAS aus L. W. COLLET 1927).

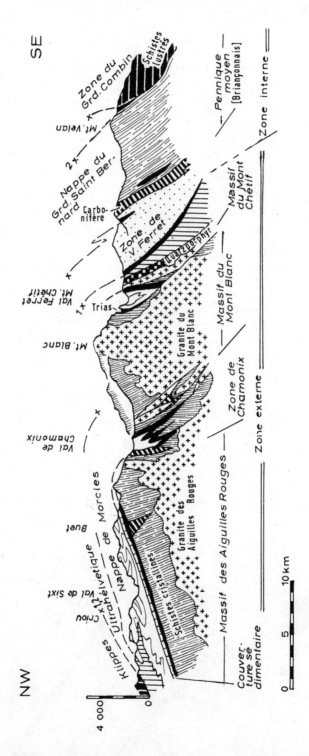

Abb. 346: Querprofil durch Aiguilles Rouges-, Montblanc-, und Mt. Chétif-Massiv sowie intern anschließende Zonen im Querschnitt Val de Sixt – Mt. Velan (nach L. W. COLLET 1927). In diesem Bereich tritt das Massif d'Arpille an der Oberfläche nicht in Erscheinung, vgl. Karte Abb. 344.

Aare-Gotthard-Massiv

Als östlichster Massiv-Komplex des externen Sockels erscheint diese Massiv-Gruppe, zu der auch das zwischen beiden genannten Körpern auftretende *Tavetscher* bzw. *Gomser Zwischen-Massiv* zu rechnen ist (Abb. 1, 364–365).

Auch in diesen Massiven verläuft die voralpidische Internstruktur nicht völlig parallel mit den alpidischen Umrissen.

Das Aare-Massiv taucht im Bereich des Rhônetals aus seiner mesozoischen Hülle und aus der Bedeckung durch Penninikum empor und erstreckt sich geschlossen nach ENE bis über den Tödi hinaus. Das nach Osten zu axial abtauchende Kristallin wird auch noch in Fenstern unter seiner Sedimenthülle sichtbar: *Fenster vom Limmernboden* südlich des *Linth-Tals, Fenster von Vättis* (Abb. 1, 365, 382) und nördlich des Rheins zwischen Flims und Chur bei Tamins (Abb. 347, 364–365, 371).

Das *Aare-Massiv* besteht aus Gneisen verschiedenen Metamorphose-Grades, die vor Intrusion hercynischer Granite schon metamorph waren (= praehercynisches Gebirge). Die Metamorphose und teilweise Anatexis dieses praehercynischen Gebirges ist teils sehr alt (vgl. S. 344), teils hercynisch.

Am Nordrand des Massivs, jedoch nur in seinen mittleren Teilen sichtbar, verläuft die *Erstfelder Gneiszone*, die überwiegend aus Orthogneisen besteht. Diese Gneise sind aus vorhercynischen Graniten, palingener oder juveniler Herkunft, entstanden. Daß die Metamorphose auf jeden Fall voralpidisch ist, zeigt sich daran, daß das im ungestörten Verband auflagernde Mesozoikum nicht metamorph ist (bekannter Aufschluß am Scheidnössli bei Erstfeld, A. HEIM 1921).

Überwiegend aus Paragneisen besteht dagegen die *Nördliche Schieferhülle* des Zentralen Aaregranits, die in der „*Zone Lötschental-Fernigen-Maderanertal*" ausstreicht und das Dach darstellt, in welches der *Zentrale Aaregranit* intrudierte. An Gesteinen sind aus der Nördlichen Schieferhülle anzuführen: Chloritische Glimmerschiefer, Biotit- und Hornblende-Gneise, durchsetzt von metatektischen Apliten. Ferner treten auf Amphibolite und Meta-Peridotite, Diorite usw. Man nimmt an, es handle sich um silurisch-devonische Sedimentserien mit basischen Vulkaniten, die hercynisch metamorph wurden.

Die *Südliche Schieferhülle* des Zentralen Aaregranits, am Südrande des Massivs verlaufend, zeigt höheren Metamorphose-Grad, auch alpidischen Anteils (vgl. unten). Der Anteil an anatektischen Gesteinen ist höher. Auch hier kommen Linsen von basischen und ultrabasischen Gesteinen vor.

Hercynische Intrusiva finden sich am Nordrand des Aare-Massivs in Gestalt des *Gastern-Granits* und in der Kammlinie als *Zentraler Aare-Granit*. Der *Gastern-Granit* geht nach Osten in die *Innertkirchener Gneis-Zone* über. Er enthält zahlreiche Schollen von Silikatmarmoren.

Der *Zentrale Aare-Granit* zeigt einige Differentiate, die auf Abb. 347 verzeichnet sind. An den beiderseitigen Enden des Massivs spaltet er in mehrere, durch steilstehende Flächen begrenzte Körper auf, die dann z. B. auf Abb. 348 namentlich unterschieden werden können. In seinen südlichen Bereichen zeigt der Aare-Granit eine deutliche, in alpidischer Zeit entstandene Gneis-Struktur wie die Granitgneise des *Gotthard-Massivs*. Bis hierher reichte also die äußerlich sichtbare alpidische Metamorphose (die ja auch an den mesozoischen Sedimenten der *Urseren-Zone* (vgl. unten) erkenntlich wird. Im Nordteil des *Zentralen Aare-Granits* beschränkt sich die alpidische Einwirkung auf Kataklase.

Das radiometrische Alter der Granite des *Aare-Massivs* liegt bei 270–310 Millionen Jahren (jüngeres Karbon). Die Glimmer sind allerdings jünger, wie auch im *Montblanc-Massiv* (vgl. S. 354).

Die Glimmer des *Erstfelder Gneis* sind dagegen 290–305 Millionen Jahre alt (Rb/Sr-Methode) und zeigen, daß die letzte Metamorphose dieses Gesteins hercynisch war. Dasselbe Alter zeigen Pegmatite aus der *Nördlichen Schieferhülle* (Daten nach E. JÄGER & H. FAUL 1959, H. WÜTHRICH 1965).

Der auf Abb. 347 ausgeschiedene porphyrische *Tödi-Granit* hat übrigens Sedimente des Westfal D kontaktmetamorph verändert, ist also jünger.

Im Bereich der in Synklinalposition zwischen den Granitkernen auftretenden *Nördlichen Schieferhülle* findet man Oberkarbon (Abb. 349) und permokarbonische Eruptiva und Tuffe. Oberkarbon tritt auch in der Nahtzone zwischen *Erstfelder Gneis* und *Innertkirchener Granitgneis* auf *(Zone Schreckhorn-Wendenjoch,* Abb. 347, 349).

Das *Aare-Massiv* hat bei seinem Aufstieg eine differenzielle Bewegung in einzelnen Gleitbrettern erfahren. Sie stehen steil und legen sich in externen Bereichen nach der Extern-Seite über (z. B. Abb. 383, 351, 352). Die Querprofile durch das *Aare-Massiv* auf den Abbildungen 348–350 und 353 (z. T.) zeigen, daß die Grenzen der einzelnen Teilkomplexe deshalb ebenfalls meist sehr steil stehen.

Während die Einklemmung des jüngeren Paläozoikums möglicherweise noch zu dieser Zeit erfolgte, entstanden im Verlaufe der alpidischen Bewegungen auch Sedimentkeile mit mesozoischen Gesteinen. Solche Keile sind auf Abb. 347 am Südwestrand des Massivs eingezeichnet (vgl. Profil auf Abb. 348). Im Querschnitt des Aare-Tals im Oberhasli finden sie sich u. a. am Pfaffenkopf (Abb. 349). Ferner ist anzuführen der *Kalkkeil von Fernigen* (Färnigen), der das Meiental quert (Abb. 365, 347). Bekannt ist der „*Jungfrau-Keil*" am Außenrand des Massivs (Abb. 351). Auch die Überschiebung des *Mittelhorn-Kristallins* auf Abb. 352 zeigt eine gewisse Ähnlichkeit mit der Struktur der Gneiswalzen der Tauern-Kerne (z. B. Abb. 321–322, vgl. S. 330).

Nach Süden wird das *Aare-Massiv* durch Sediment-Zonen, die steilstehen, von den südlich anschließenden Massiven getrennt. Zwischen Disentis und der Landschaft Surselva bei Ilanz verläuft die **Disentiser Zone** als Trennung vom *Tavetscher Zwischen-Massiv (= Somvixer Zwischen-Massiv).* Westlich Disentis, bis zum Oberalppaß, hebt die *Disentiser Zone* axial so hoch aus, daß *Aare-Massiv* und *Tavetscher Zwischen-Massiv* lediglich durch eine Fuge im Kristallin geschieden werden. Weiter im Westen folgt südlich des Aare-Massivs die **Furka-Urseren-(Garvera-)Zone** als Trennung vom dort intern anschließenden *Gotthard-Massiv* (Abb. 195, 349, 350, 354, 355).

Wo das *Gotthard-Massiv* axial tief liegt, also am Südwestrand des Massiv-Komplexes, grenzt Nordpenninikum unmittelbar an das *Aare-Massiv* (Abb. 364, 293), ebenso am Ostende zwischen Flims und Chur (Abb. 365 und 377).

Zwischen Oberalp-Paß und Ilanz erstreckt sich das **Tavetscher (= Somvixer) Zwischen-Massiv** (Abb. 353, 355). Im Vergleich mit den beiderseits anschließenden Kristallin-Massiven sind die voroberkarbonischen Gesteine des *Tavetscher Zwischen-Massivs* weniger metamorph. Es besteht aus epizonalen Phylliten und diaphthoritischen Phylloniten, daneben Paragneisen und Amphiboliten. Serpentinite sind zu Talk verwittert. Hier ist also ein seichteres Metamorphose-Stockwerk erhalten geblieben, das Massiv befindet sich daher in einer relativen Muldenlage gegenüber dem umgebenden Kristallin. Im Osten verschwindet es unter dem stratigraphisch aufruhenden *Ilanzer Verrucano*. Dieser bildet seinerseits die Wurzel der *Glarner Schubmasse,* also des wesentlichen Teils der helvetischen Decken der Ost-Schweiz (vgl. Abb. 195, 201, 381 und S. 378, 393).

In Goms tritt ein kleines Pendant zum *Tavetscher Zwischen-Massiv,* das „**Gomser Zwischen-Massiv**" in Erscheinung (Abb. 353).

Als interner Massivkörper folgt das **Gotthard-Massiv**. Durch die bereits erwähnte *Furka-Urseren-Garvera-Zone* wird es von den externeren Massiven getrennt. Diese karbonisch-permisch-mesozoische Sedimentzone (Abb. 113) ist ihrer jetzigen Lagerung nach als ursprüngliche Hülle des *Gotthard*-Kristallins anzusehen, weil zu diesem Massiv der nähere stratigraphische Verband besteht (Abb. 196, 353, 364–365, 350, 354, 355).

Der interne Bau des *Gotthard-Massivs* ergibt sich aus Abb. 353 und den Profilen auf Abb. 354, 355 und 306. Das *Gotthard-Massiv* zeigt geringere Längserstreckung als das Aare-Massiv (Abb. 364–365).

Wo es axial abtaucht, schaltet sich nur noch seine (ultrahelvetische) Sedimenthülle zwischen *Aare-Massiv* und Penninikum (dessen frontale *„Bedretto-Zone"*) ein (Abb. 293, 313).

Am Aufbau des *Gotthard-Massivs* sind Paragesteine relativ mehr beteiligt als etwa im *Aare-Massiv*. Die hercynischen Intrusiva schauen aus ihrem Gneis-Dach nur mit den höheren kuppelförmigen Partien heraus und nicht in einem durchgehenden Streifen wie der *Zentrale Aare-Granit*. Insgesamt ist also im *Gotthard-Massiv* ein seichteres Stockwerk des Sockels angeschnitten. Dies bezieht sich jedoch nur auf seinen Zustand vor der alpidischen Gebirgsbildung. Diese letztere hat nämlich durchweg zu einer Vergneisung und Anatexis geführt. In dieser Hinsicht ist also das *Gotthard-Massiv* tiefer angeschnitten als das *Aare-Massiv*.

Das praehercynisch und hercynisch metamorphe Gneisgebirge ist jetzt durch die alpidische Beanspruchung in jedem Falle polymetamorph (mit Ausnahme der *Tremola-Serie*, vgl. unten). Einen großen Anteil nehmen die Paragneise ein. Wo wie im Querschnitt des Gotthard-Passes das Gebirge durch Granitgneis-Körper gegliedert werden kann, sind die dazwischenliegenden Paragneis-Zonen benannt (Abb. 353, 354).

Die Gneise der *Gurschenzone,* die auch sonst weit verbreitet sind, sind z. T. metatektische Biotit-Plagioklasgneise, entstanden aus wohl praekambrischen Sedimenten. Ihre alpidische Metamorphose ist diaphthoritisch-phyllonitisch. In diesem Bereich kommen auch Amphibolite und Serpentin-Stöcke aus umgewandelten ultrabasischen Magmatiten vor.

Entsprechende Gneise treten auch in der *Guspis-Zone* auf.

In den zentraleren sattelartigen Bereichen sind die praehercynisch metamorphen und in höherem Maße metatektischen *„Streifen-Gneise"* vertreten (Migmatite, z. T. mit praehercynischen palingenen Magmatiten als Orthogesteinsanteil). Ihr absolutes Alter wurde an Zirkon mit 485–560 Millionen Jahre bestimmt.

Im südlichen Teil des Massivs stellt die *Giubine-Zone* ein ungefähres Äquivalent der *Gurschenzone* dar. Sie enthält (Granat-)Glimmerschiefer, Quarzite und Augengneise.

Der anatektische *Sorescia-Gneis* enthält Plagioklas-Augengneise. Die *Prato-Serie* ist voralpidisch diatektisch („ultrametamorph") und alpidisch diaphthoritisch zu Biotitgneisen und -Schiefern und Alkalifeldspatgneisen verschiefert.

Nur alpidisch metamorph ist die *Tremola-Serie* (s. str.) am Südrand des *Gotthard-Massivs* (Abb. 304, 353, 354). Sie ist jünger als die erwähnte *Prato-Serie,* aber älter als Trias, die südlich stratigraphisch auflagert. Vermutlich handelt es sich um ursprünglich paläozoische Ton-Mergel-Sandstein-Serien, die wegen seichter Position von der hercynischen Metamorphose verschont blieben. Jetzt enthält die Tremola-Serie Hornblendegarben-Schiefer, (Granat-)Glimmerschiefer, Amphibolite und Quarzite als Ergebnis alpidischer Metamorphose, die auch in der mesozoischen Hülle am Südrand des *Gotthard-Massivs* dieselben Metamorphite entstehen ließ (vgl. S. 376).

Innerhalb der *Tremola*-Serie ergibt sich eine altersmäßige Gliederung von Norden nach Süden von der *„Zone Motto di dentro"* (Hornblendegneise) über eine Serie mit Granat-Chloritschiefern in der Mitte und der *„Nelva-Zone"* im Süden mit überwiegenden Glimmerschiefern (Abb. 354).

Der *Gamsboden-Granitgneis* wird wie der *Fibbia-Granitgneis* als frühhercynischer Intrusionskörper betrachtet, der durch alpidische Vergneisung und Feldspatblastese verändert wurde. Sein absolutes Alter wird mit 275–390 Millionen Jahren angegeben.

Die für das *Gotthard-Massiv* genannten Zahlen absoluten Alters sind aus U/Pb und Pb-total Bestimmungen gewonnen (M. GRÜNENFELDER 1962). Das Rb/Sr-Alter der in entsprechenden Gesteinen enthaltenen Glimmer ist mit 15–30 Millionen Jahren erheblich geringer und läßt die alpidische Umbildung erkennen.

Im Westteil des *Gotthard-Massivs* findet sich der Intrusivkörper des *Rotondo-Granits*. Dieser setzt sich in den *Lucendro-, Tremola-* und endlich östlich des Gotthard-Passes in den *Prosa-Granit* fort. Diese Granite sind massig-gleichkörnig ausgebildet, also nicht vergneist. Da alle umgebenden Gesteine – wie erwähnt – alpidische Metamorphose zeigen, liegt es nahe, die genannten Granite als alpidisch, zumindest alpidisch regeneriert, anzusehen. Nach M. GRÜNENFELDER beträgt das absolute (Pb-) Alter um 140 Millionen Jahre (ältere Kreide). Ob es sich dabei um ein Mischalter handelt, ist nicht sicher.

Der *Lucendro-Granit* hat den *Fibbia-Granitgneis* kontaktmetamorph verändert.

Weiter im Osten erscheint im Querschnitt des Passo di Lucomagno (Val Medel) und im Val Cristallina ein weiterer Pluton. Seine Hülle besteht aus dem älteren (palingenen) *Cristallina-Granodiorit*. Im Kern tritt mit scharfer Grenze der porphyroblastische *Medelser Granit* auf, der reich an Lamprophyren ist. Das U/Pb-Alter dieser Granite ist hercynisch. Die zu beobachtende Kataklase ist alpidisch.

Dem *Medelser Granit* entsprechende Gesteine kommen in der isolierten Kristallin-Aufwölbung der *Selva Secca* südlich des Lukmanier-Passes nocheinmal aus der mesozoischen Hülle des Massivs zum Vorschein (Abb. 279, 306). Dieser Granit der *Selva Secca* zeigt stärkere alpidische Feldspatblastese.

Literatur:
Aare-Massiv: M. GYSIN 1954; H. HEIERLI 1963; W. HUBER 1948; T. HÜGI 1941, 1956; E. HUGI 1934; T. LABHART 1965, 1966, 1977; F. MÜLLER 1938; A. STECK 1966, 1968; W. STAUB 1911; P. ZBINDEN 1949.
Tavetscher Massiv: E. NIGGLI 1944.
Gotthard-Massiv: E. AMBÜHL 1929, 1951; R. EICHENBERGER 1924; A. FEHR 1956; S. HAFNER 1958; H. HEIERLI 1963; H. M. HUBER 1943; A. KVALE 1957; T. LABHART 1977; P. F. MAISSEN 1948; E. NIGGLI 1948; W. OBERHOLZER 1935; W. PLESSMANN 1957, 1958; R. H. STEIGER 1962; R. U. WINTERHALTER 1930; H.-G. WUNDERLICH 1957, 1958.

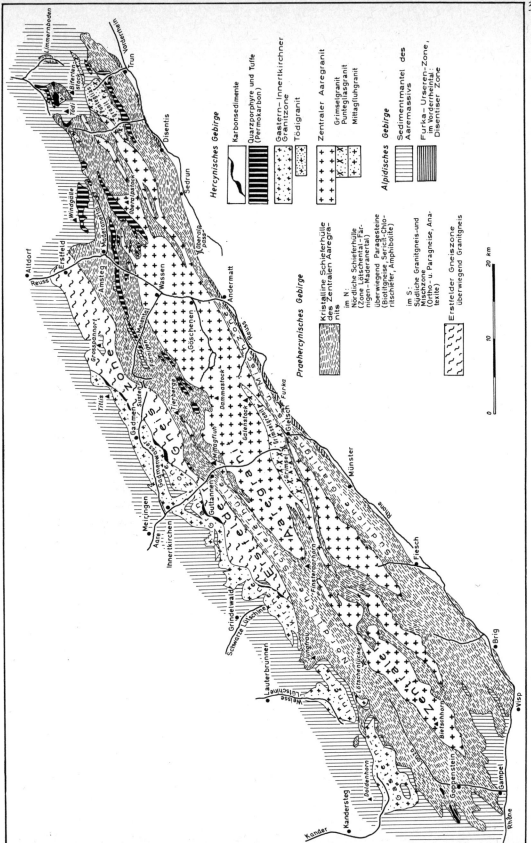

Abb. 347: Übersichtskarte des *Aare-Massivs* (T. Hügi 1956).

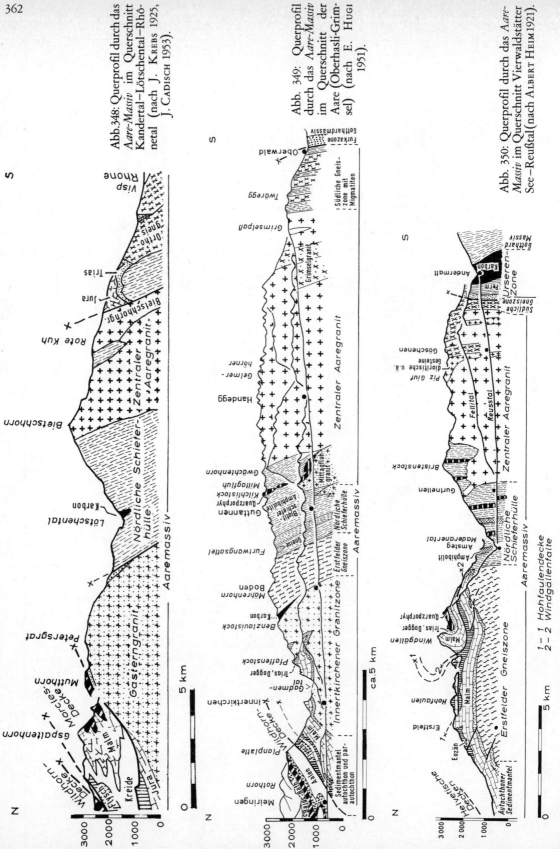

Abb. 348: Querprofil durch das Aare-Massiv im Querschnitt Kandertal–Lötschental–Rhônetal (nach J. Krebs 1925, J. Cadisch 1953).

Abb. 349: Querprofil durch das Aare-Massiv im Querschnitt der Aare (Oberhasli–Grimsel) (nach E. Hugi 1951).

Abb. 350: Querprofil durch das Aare-Massiv im Querschnitt Vierwaldstätter See–Reußtal (nach Albert Heim 1921).

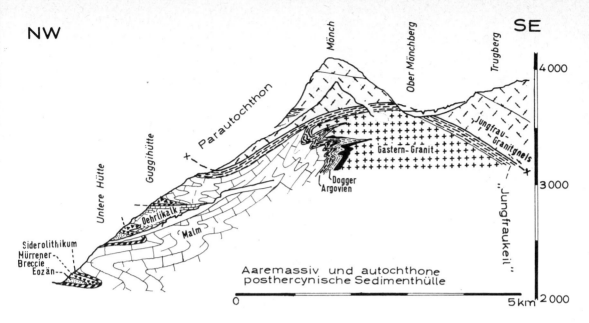

Abb. 351: Profil durch den Mönch (Berner Oberland). Überschiebung des parautochthonen *Jungfrau-Granits* über den *Gastern-Granit* und dessen nördliche mesozoische Sedimenthülle (nach L. W. Collet & E. Parejas 1931).

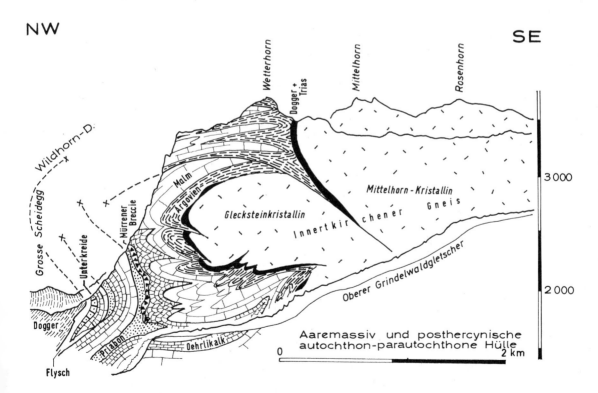

Abb. 352: Profil Wetterhorn – Große Scheidegg (Berner Oberland). Differentialtektonik des *Aare-Massivs* und seiner sedimentären Hülle (nach W. Scabell 1926).

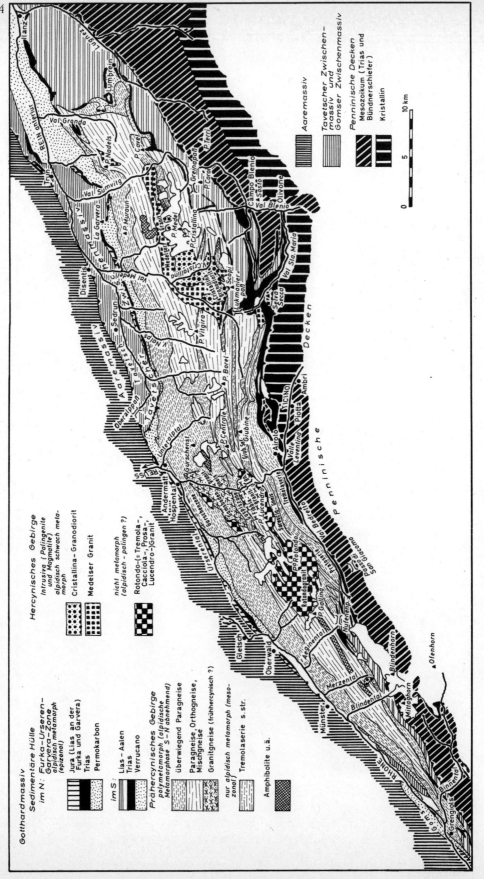

Abb. 353: Übersichtskarte des *Gotthard-Massivs* (nach R. U. W INTERHALTER 1930, mit Veränderungen nach neuerer Literatur, vgl. Literaturangaben bei *Gotthard-Massiv*).

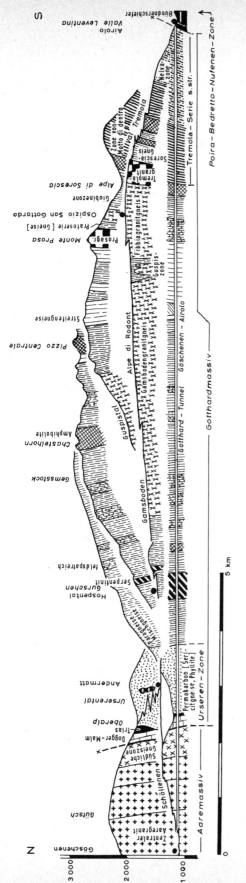

Abb. 354: Querprofil durch den Südteil des *Aare-Massivs* (vgl. auch Abb. 350) und des *Gotthard-Massivs* im Querschnitt des Gotthard-Passes sowie des Gotthard-Tunnels Göschenen-Airolo (nach F. DE QUERVAIN 1967).

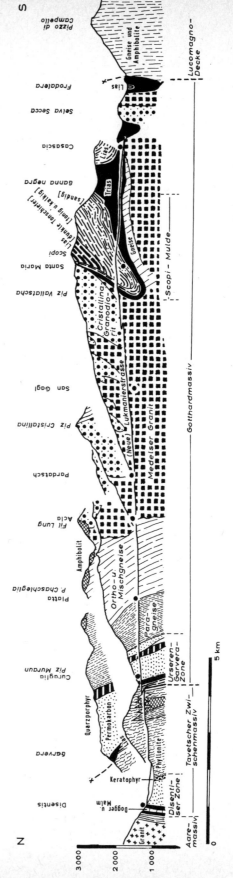

Abb. 355: Querprofil durch das *Tavetscher Zwischen-Massiv* und das *Gotthard-Massiv* im Querschnitt Medelser Rheintal – Lukmanierpaß (Passo di Lucomagno) (nach E. NIGGLI & W. K. NABHOLZ 1967).

Deckgebirge der Extern-Zone

Die Verbreitung dieser Gebirgs-Komplexe ist den Abbildungen 1 und 2 und den Profilen auf Abb. 190–199 zu entnehmen. Die Beschreibung erfolgt in einzelnen Regionen, die sich jeweils im tektonischen Baustil im Verlauf des alpinen Streichens ändern. Diese Wandlung im tektonischen Bau erfolgt allerdings nicht abrupt entlang scharfer Grenzen. Sie ist teilweise auf die Änderung der sich dann mechanisch verschieden verhaltenden Schichtfolge zurückzuführen, teilweise aber auch auf die unterschiedliche Heraushebung der *Extern-Zone* und die damit verbundene tektonische Umgestaltung.

Die in alpidischer Zeit entstandenen Gesteinskomplexe der *Extern-Zone* ruhen teils im autochthonen und parautochthonen, teils in Gestalt von Decken und Deckfalten (also allochthon) auf ihrem Sockel auf. Die autochthone Hülle der kristallinen *Extern-Massive* wird häufig zu diesen letzteren gezählt, wurde auch schon auf S. 345 in deren Zusammenhang erwähnt, wird aber zusammen mit dem übrigen Deck- und Decken-Gebirge behandelt.

Die stratigraphische und petrographische Vielfalt, vor allem der Reichtum an Kalken, prägt die vielfach disharmonische Tektonik der *Extern-Zone*.

Meeralpen, Provence

Die Sedimentbedeckung des *Argentera-Mercantour-Massivs* bildet die Gebirgsbögen in dem provençalischen Anteil der Alpen, den *Bögen („arcs") von Digne, Castellane und Nice (Nizza)* (Abb. 1, 356, 359, 256–257, 262). Der Gebirgszug von Nizza taucht nach Osten axial unter den *Ligurischen Flysch* unter. In der Umrandung des *Argentera-Mercantour-Massivs* herrscht relativ autochthone Lagerung auf dem Sockel, sowohl auf den Innen- wie auf den Außenseiten, soweit dies bei der starken Heraushebung des Kristallins überhaupt möglich ist (Abb. 203, 200, 335, 336, 357). Detailprofile zeigen dann auch eine Abscherung der Sedimenthülle entlang der Trias-Rauhwacken (Abb. 264). Stellenweise ist die Bedeckung auch tektonisch unterdrückt (Abb. 263) oder die *Zone du Col de Tende* als diese anzusehen (vgl. S. 265). Auf der Übersichtskarte (Abb. 365) und den Querprofilen (Abb. 357–358) erkennt man, daß das externe Vorland des Massivs in zahlreiche Faltenzüge gelegt wurde, wobei die Sättel als Überschiebungen mit Extern-Vergenz ausgebildet sind. Als Abscherungshorizont ist in den Darstellungen ebenfalls die Trias angenommen, im Sockel Schuppenstruktur eingezeichnet. Diapirische Anhäufung salinarer Trias-Gesteine mögen als Pufferhorizont für den Ausgleich der Disharmonie im tektonischen Stockwerksbau dienen.

Je seichter das Grundgebirge des außeralpinen Vorlands zum *Esterel-Massiv* aufsteigt, um so mehr klingt die Faltung ab und die Aufschiebungstektonik zu. Auf Abb. 356 ist deutlich eine engere Scharung der Überschiebungslinien in einiger Entfernung vom *Argentera-Mercantour-Massiv* und dem Dôme de Barrot zu erkennen. Aus Abb. 359 ergibt sich, daß im externen Westalpenbogen zwei größere Faltungszeiträume unterschieden werden können. Eine erste Verstellung des Gebirges erfolgte entlang etwa West-Ost-verlaufenden Achsen in der Oberkreide (im Devoluy, vgl. S. 371) und im frühen Eozän in der Provence. Entsprechende diskordante Auflagerung von Eozän wird auf Abb. 358 stellenweise sichtbar (Profil unten), auf der Abb. 356 erkennt man im *Bogen von Digne* ebenfalls diskordante Lagerung von Eozän auf älterer Kreide.

Die jungtertiäre Faltung mit ihren in bezug auf die Alpen extern vergenten Auf- und Überschiebungen hat dieses ältere Faltengebäude schiefwinklig zerschnitten und eigentlich damit erst dem Alpengebäude angegliedert. Das junge pontische Alter dieser Gebirgsbildung gibt sich am Außenrand durch Überschiebung auf miozäne Molasse des Rhône-Beckens zu erkennen, wobei auch diese Molasse noch verstellt ist (Abb. 358 oben, 356).

Literatur (vgl. auch Angaben im entsprechenden Kapitel über Stratigraphie):
J. Aubouin & G. Menessier 1960/1963; P. Bordet 1951; B. Gèze 1960/1963; L. Ginsburg 1960; J. Goguel 1963, 1953; E. Haug 1912; A. F. de Lapparent 1938; R. Malaroda 1963; J. Plan 1964, 1968; G. Richter (-Bernburg) 1939.

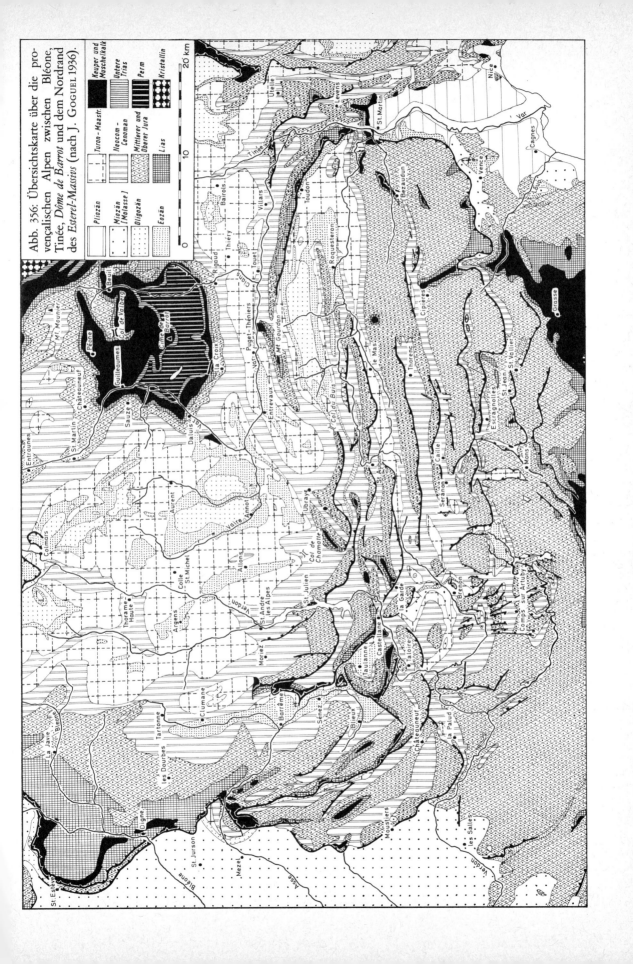

Abb. 356: Übersichtskarte über die provençalischen Alpen zwischen Bléone, Tinée, Dôme de Barrot und dem Nordrand des Esterel-Massivs (nach J. Goguel 1936).

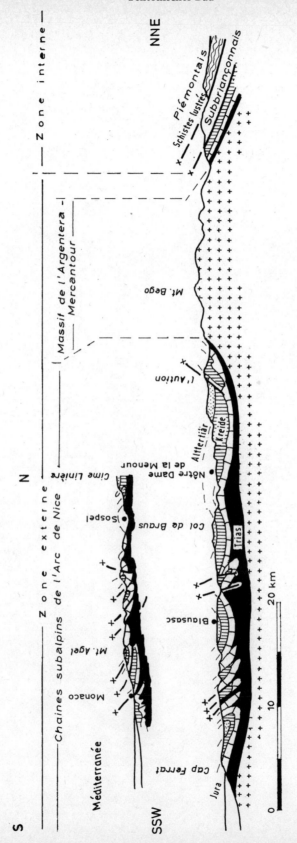

Abb. 357: Querprofile durch *Argentera-Massiv* und *Extern-Zone* (*Chaînes subalpines*) des Niçois. Nach B. Géze 1960/1963.

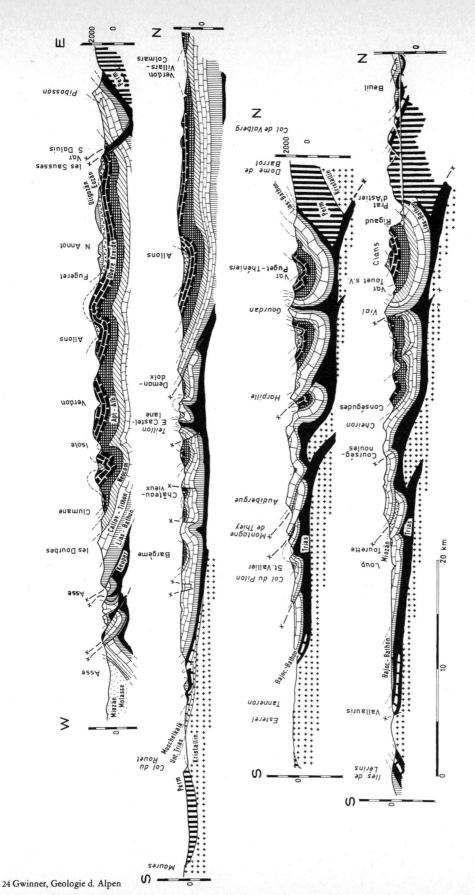

Abb. 358: Querprofile durch die provençalischen Alpen (nach J. Goguel 1936, 1953). Die beiden oberen Profile schneiden sich bei Allons. – Lias keilt in den beiden unteren Profilen zwischen *Esterel-Massiv* und Var im Untergrund nach S aus.

Dauphiné

In der Depression zwischen *Argentera-Mercantour-Massiv* und *Pelvoux-Massiv* springt die überschobene *Intern-Zone* weit nach Südwesten vor (vgl. S. 271). Gleichzeitig erstreckt sich das Jungtertiär über Oligozän in einem Becken an der unteren Durance weit ins Alpenvorland hinein *(Bassin de Forcalquier-Valensole)*. Dadurch werden die eigentlichen „Chaines subalpines" von den provençalischen Alpenbögen abgetrennt. Die „Chaines subalpines" sind im Streichen der Faltenzüge angeordnet und bilden die Landschaften des Devoluy, des Vercors und der Chartreuse etc.

Im Bereich des Embrunais und der Ubaye kann die Extern-Zone als „Dauphinois" und „Ultradauphinois" unter den überschobenen Decken von *Subbriançonnais, Briançonnais* und als Hauptkomplex der piemontesischen *Helminthoiden-Flysch-Decke* in Halbfenstern weit alpeneinwärts verfolgt werden (vgl. S. 271, Abb. 1, 199, 256, 204, 266, 268).

In den auf diesen Profilen dargestellten Gebieten kann man beobachten, wie sich in internen Bereichen der *Extern-Zone* über älterem Mesozoikum transgressives Tertiär (ab Eozän bis zu oligozänen Flysch-Sandsteinen = *Grès du Champsaur, Grès d'Annot)* einstellt (Abb. 268, 266, 105). Diese internere Zone, wo mächtiges älteres Tertiär auftritt, greift als „Ultradauphinois" vor allem in den oben erwähnten provençalischen Alpen weiter extern aus, und zwar mit dem *Grès d'Annot* und dem *Peira-Cava-Flysch* (N Nice), (Abb. 103, 358). Das *Ultradauphinois* ist in den südlichen Teilen der Westalpen also in erster Linie paläogeographisch definiert. Es weicht damit in gewisser Hinsicht vom *Ultradauphinois* weiter nördlich ab, vor allen Dingen aber vom *Ultrahelvetikum*. Die Abgrenzung des *Ultradauphinois* auf Abb. 256 erfolgt nach den geschilderten Gesichtspunkten.

Die Transgression des Eozäns bezeugt früh- und voreozäne Bewegungen im externen Bereich, die von J. Debelmas (1963) als „Phase arvinche" bezeichnet werden. Derartige Bewegungen gehen auch für das intern anschließende *Subbriançonnais* aus Abb. 66–68 hervor, vgl. S. 122.

Weiter nördlich ist das *Ultradauphinois* nur an der Intern-Seite der Massive der Dauphiné verbreitet (Abb. 256, 274, 205, 198). Auch hier ist es durch eine charakteristische Schichtfolge ausgezeichnet (Abb. 119), wobei wieder eozäne bis oligozäne Flysch-Bildungen transgressiv auf Kristallin, Trias und Jura ruhen. Dazu kommt aber in diesem Bereich auch eine tektonische Selbständigkeit des *Ultradauphinois*.

Als deckenartiger oder Schuppen-Komplex ist es auf das eigentliche *Dauphinois* steil aufgeschoben (Abb. 204–205, 282). Der Hauptteil dieser tektonischen Einheit besteht aus dem erwähnten alttertiären Flysch *(„Flysch des Aiguilles d'Arves")*. An der Basis findet sich Trias, die mit ihren Gipsen und Rauhwacken den Hauptabscherungshorizont darstellt (Abb. 274, 269, 270–272, 283).

Das *Pelvoux-Massiv*, vor allem seine internen Teile dürften als Sockel des *Ultradauphinois* angesehen werden (Abb. 205, 200, 256, 271, 272). Sonst tritt kristalliner Untergrund nur in einigen Aufschuppungen lokal in Erscheinung (Abb. 269, 270).

Die Sedimentbedeckung der Massive der Dauphiné *(Belledonne, Grandes Rousses, Grand Châtelard)* besteht an deren Innenseite ganz überwiegend nur aus Trias und älterem Jura der auf Abb. 104 dargestellten Schichtfolge. Die Verbreitung geht aus den Abb. 256, 282, 273, 338 und 337 hervor. Lias fehlte im *Grand Châtelard-Massiv* primär.

Die jüngeren Schichtglieder sind, soweit sie einst vorhanden waren, vor dem Eozän abgetragen worden, wie die Verhältnisse auch im *Ultradauphinois* zeigen.

Der Verband dieser Schichten mit dem Sockel ist parautochthon, abgeschert entlang der meist geringmächtigen Trias. Die mächtigen tonigen Serien des älteren Jura sind intensiv spezialgefaltet, besonders in den tief eingesenkten Muldenzonen zwischen den Massiven, deren Benennung auf Abb. 337 und Abb. 205 erscheint.

Aus der parautochthonen Hülle taucht das kleine *Massiv des Grand Châtelard* auf (Abb. 283).

Im Bereich des *Belledonne-Massivs* sind Trias und Lias in der schmalen „Synclinal médian" eingekeilt worden und geben damit einen Anhalt über die ehemalige Sedimentbedeckung dieses Gebiets.

Wo diese Zone hoch axial herausgehoben ist, verläuft an der jetzigen Oberfläche nur eine Naht im Grundgebirge als Grenze zwischen „*Rameau externe*" bzw. „*interne*" des *Belledonne-Massivs* (vgl. S. 348, Abb. 337—338, 198, 205).

Profile durch diese nach außen vergente Zone, die den Namen „Mulde" nicht durchweg verdient, sind auf den Abb. 339—340, 385, 341 und 342 zu finden. Sie stellt die Wurzelzone einer parautochthonen Decke oder liegenden Deckfalte dar, die an der Außenfront des nördlichen Belledonne-Massivs in den „Collines liasiques" auftritt (Abb. 385 oben, 342 oben). Diese parautochthone Deckfalte ist auch an der Außenseite des *Aiguilles-Rouges-Massivs* als „*Nappe de Morcles-Aravis*" zu verfolgen (vgl. S. 372).

Im Vorland der Massive zeigt das Deckgebirge eng gescharte Faltenstränge, die durch Querstörungen verschiedentlich versetzt werden. Eine Übersicht über ihren Verlauf auf Abb. 359 ergibt, daß sich die *Chaines subalpines* in Bögen anordnen und daß sie sich gegen Norden verzweigen. Ein Teil setzt sich in den Falten des Juragebirges fort, der andere streicht im Alpenvorland weiter und verschwindet unter den *Préalpes* axial. Die Fortsetzung dieses Zuges wird vom Mesozoikum im Untergrund des *Schweizer Mittellandes* gebildet, das unter der mächtigen Molasse allerdings keine Faltung erlitten hat.

Die Abbildungen 359 und 360 zeigen einige Teilprofile durch die französischen Kalkvoralpen. Auch hier sind die Sättel vielfach in Überschiebungen weitergebildet worden. Mit Ausnahme der nächsten Nachbarschaft der Kristallin-Massive bleibt die Trias in den *Chaines subalpines* unter Tage. Da der Faltenspiegel nach der Extern-Seite gegen das Rhônebecken zu absinkt, ist Jura im Kern der alpennäheren Antiklinalen noch anzutreffen, während weiter extern fast nur noch Kreide-Gesteine an der Oberfläche verbreitet sind.

In den Muldenkernen ist limnisch-terrestrisches Oligozän und auch Miozän bis weit in das Gebirge hinein anzutreffen. Das gilt vor allen Dingen für das geschlossen erhaltene Becken am Unterlauf der Durance, das schon oben erwähnt wurde (S. 370). Dort setzt sich die Schichtfolge bis ins Miozän fort.

Die weite Verbreitung von jüngerem Tertiär im Bereich der *Chaines subalpines* zeigt, daß ihre Faltung jünger als obermiozän (pontisch) ist (J. Debelmas 1963).

Die Überschiebung der *Intern-Zone* auf das *Dauphinois* im Embrunais und an der Innenseite der kristallinen Massive erfolgte im jüngeren Oligozän.

Die intrakretazische *Devoluy-Faltung* wurde schon bei S. 78 und 119 erwähnt (vgl. Abb. 359).

Literatur (vgl. auch Angaben beim betreffenden Kapitel über Stratigraphie):
H. Arnaud 1966, 1966; R. Barbier 1960/1963; J. Bocquet 1966; J. Debelmas 1965, 1966; M. Gidon 1964, 1965, 1966; M. Gignoux & L. Moret 1934; J. Goguel 1960/1963; C. Kerckhove & P. Antoine 1964; M. Richter 1971; G. Richter (-Bernburg) 1939.

Savoyen

Die *Extern-Zone* der Alpen setzt sich von der Dauphiné nach Savoyen (einschl. Hoch-Savoyen) fort. Geologisch wird dieser Bereich teils dem *Dauphinois*, teils dem *Helvetikum* zugezählt, wobei eine scharfe Abgrenzung nicht möglich ist.

Ein wesentlicher Unterschied tritt gegenüber den seither beschriebenen Extern-Bereichen in Erscheinung, indem nun auch das *Ultradauphinois (= Ultrahelvetikum)* in Form von Decken-Körpern auftritt, die mehr oder weniger weit in Extern-Richtung verschoben wurden.

Das *Ultrahelvetikum* zieht sich als tektonisch selbständiger, steil aufgeschobener, aber schmaler Körper am Innenrand der *Extern-Zone* hin, teilweise vom überschobenen Penninikum tektonisch unterdrückt (Abb. 364, 295, 296, 284, 292, auf den Abb. 337—338, 294 ist das *Ultrahelvetikum* nicht gesondert dargestellt worden). Als ultrahelvetisches Kristallin wird das kleine *Massiv des Mont Chétif* im oberen Aosta-Tal angesehen (Abb. 1, 206, 364, 294, 344, 346, vgl. S. 354).

Das *Ultrahelvetikum* tritt außerhalb der Extern-Massive in Form von Deckenresten (Klippen) in Erscheinung. Sie ruhen auf helvetischem Untergrund. Ein unterer Komplex der *Klippen von Annes* und *Sulens* wird als *ultrahelvetisch* betrachtet, ferner Teile des tertiären Flyschs oberhalb des Vallée du Borne (Abb. 364, 361, 337, 342, 122, vgl. S. 300).

Weiter östlich, im Faucigny und Chablais bildet das *Ultrahelvetikum* in noch größeren zusammenhängenden Massen die tektonische Unterlage der *Préalpes* (Abb. 364, 297, 362). Die weit nach der Externseite verfrachteten Anteile des Ultrahelvetikums (*Préalpes externes* als externer Teil der *Préalpes inférieurs*, vgl. Abb. 297) bestehen hauptsächlich aus Flysch (Abb. 121), während die Mesozoischen Schichtglieder in den *Préalpes internes* oder in der Wurzelzone zurückgeblieben sind (Abb. 120). Erst östlich der Rhône nimmt das ultrahelvetische Mesozoikum einen größeren Anteil der *Préalpes inférieurs* ein (vgl. S. 386).

Der ultrahelvetische Flysch baut an der Front der *Préalpes* im Chablais die Gebirgskette der *Voirons* auf (Abb. 364, 297, 121). Er ist dort unmittelbar auf subalpine Molasse überschoben, also weiter extern verfrachtet als das Helvetikum. Die Überschiebungsweite wird aus Abb. 364 und 297 sichtbar.

Am Innerrand des *Montblanc-Massivs* ist autochthone Bedeckung des Kristallins nur in einem schmalen Streifen zu verfolgen, der durch die starke Heraushebung der Massive sehr steil gestellt ist und gelegentlich nach der Intern-Seite überkippte Lagerung zeigt.

Die Schichtfolge ist hier, wie an der Innenseite der Massive der Dauphiné unvollständig und reicht nur bis in den Jura. Jüngere Schichtglieder wurden durch Abtragung vor der Überschiebung durch Ultrahelvetikum und Penninikum im Oligozän erosiv entfernt.

Zwischen *Montblanc-Massiv* und *Aiguilles Rouges* − *Arpille-Massiv* verläuft die schon auf S. 354 erwähnte *Zone von Chamonix* (Abb. 364, 294, 346, 345, 206). Man betrachtet sie, oder wenigstens ihre südlichen inversen, dem *Montblanc-Massiv* stratigraphisch anliegenden Teile als Wurzelzone der *Decke* bzw. *Deckfalte* von *Aravis-Morcles* (vgl. unten).

An der Nordseite des *Aiguilles Rouges-Massives* verläuft ein schmaler Streifen seiner autochthonen Sediment-Bedeckung (Abb. 364, 297 unten), die sich von der autochthonen Hülle des *Belledonne-Massivs* her fortsetzt und auch im *Fenster von Mégève* sichtbar wird (Abb. 364, 337−338, 361). Dieses Autochthon wird gegen das Rhône-Tal zu im Val d'Illiez auf breiterer Erstreckung sichtbar, weil die überlagernde *Nappe de Morcles* dort in die Luft ausstreicht. Die Schichtfolge des Autochthon reicht im Val d'Illiez bis zur chattischen Oligozän-Molasse, die im stratigraphischen Verband dem helvetischen Flysch aufruht (Abb. 107, 206, 364, 363, vgl. auch S. 402).

Daraus ergibt sich auch, daß alle über das Autochthon überschobenen tektonischen Einheiten (Helvetische, Ultrahelvetische und Penninische Decken der *Préalpes*) erst nach dem Oligozän in ihre externe Position gelangt sein können.

Die Flysch-Massen des Autochthon dürften, wie es sich aus den Abb. 362 und 363 ergibt, nicht mehr im ungestörten stratigraphischen Verband mit ihrer mesozoischen Unterlage befinden. Sie sind in sich stark verfaltet und, wie es scheint, durch Sackung am Außenrand des Extern-Massivs angehäuft.

Über dem Autochthon folgt die *Decke* bzw. *Deckfalte der Morcles-Decke*, die in Savoyen auch als *Aravis-Decke* bezeichnet wird. Wie erwähnt, wurzelt sie zum Teil in der *Zone von Chamonix* (Abb. 206). Sie ist in Form einer liegenden Falte entwickelt, von der nur der liegende Schenkel mit inverser Lagerung erhalten ist, vor allem in axial hoher Position. Auf Abb. 361 sind nur im Südteil des Profils im tieferen Jura solche Falten vorhanden, eine Grenze Autochthon/Decke ist hier schwer zu ziehen.

In axial tiefer Lage wie entlang der Arve ist dagegen auch der Hangendschenkel der *Morcles-Deckfalte* zu erkennen. Auch hier ist freilich die Außengrenze der Decke nur willkürlich zu ziehen.

Das relativ autochthone mesozoische Vorland der Extern-Massive verschwindet, wie schon erwähnt, axial unter den *Préalpes* des Chablais nach Osten, kommt noch einmal im Bereich des Val d'Illiez zum Vorschein und ist dann in der Schweiz durchweg unter der Molasse, den Helvetischen Decken und höheren tektonischen Einheiten verborgen.

Das anschließend beschriebene Gebiet östlich der Rhône zeigt also einen grundsätzlichen Unterschied zu den bisher beschriebenen Extern-Bereichen: Gefaltetes oder nicht gefaltetes Autochthon wird nur noch in der engsten Umrandung der Kristallinen *Extern-Massive* sichtbar und – wo diese dann in den Ostalpen fehlen – überhaupt nicht mehr.

Literatur: L. W. Collet 1943; J. Debelmas & J. P. Uselle 1966; A. Lombard 1932, 1940; L. Moret 1934; M. Richter 1971; J. Rosset 1957, 1968.

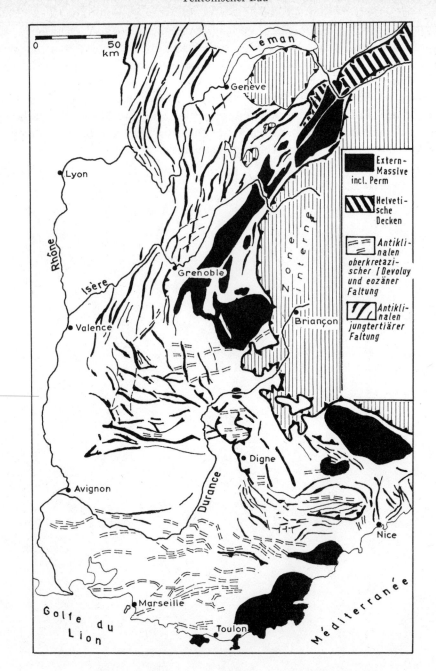

Abb. 359: Übersicht über die Faltenzüge der französischen Kalkvoralpen *(Chaines subalpines)*, des südlichen Faltenjura und der provençalischen Ketten. Nach J. Goguel 1960/1963.

Extern-Zone (Dauphiné) 375

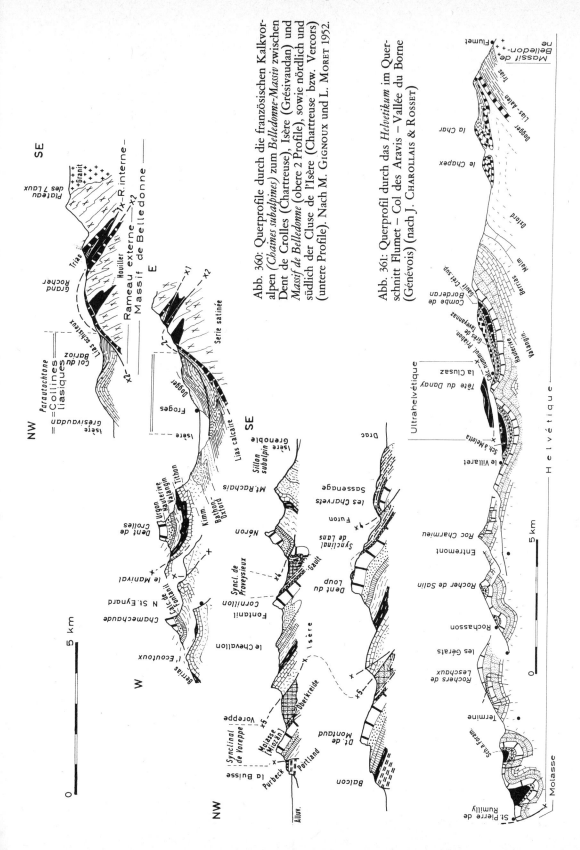

Abb. 360: Querprofile durch die französischen Kalkvoralpen (Chaînes subalpines) zum Belledonne-Massiv zwischen Dent de Crolles (Chartreuse), Isère (Grésivaudan) und Massif de Belledonne (obere 2 Profile), sowie nördlich und südlich der Cluse de l'Isère (Chartreuse bzw. Vercors) (untere Profile). Nach M. GIGNOUX und L. MORET 1952.

Abb. 361: Querprofil durch das Helvetikum im Querschnitt Flumet – Col des Aravis – Vallée du Borne (Génévois) (nach J. CHAROLLAIS & ROSSET)

Schweiz und Vorarlberg

In der Schweiz erreicht der Bau der *Extern-Zone* seine größte tektonische Vielfalt. Wie schon vorher erwähnt, sind große Teile der Sedimenthülle hier von ihrer Grundgebirgs-Unterlage abgeschert und in Form von Decken *("Helvetische Decken")* in Extern-Richtung bewegt worden, wohl meist in Gleitbewegungen unter Antrieb der Schwerkraft, ausgelöst durch die Heraushebung des Sockels. Auch das Ultrahelvetikum ist hier tektonisch besonders differenziert entwickelt (Abb. 194–197, 206–208).

Literatur: P. ARBENZ 1934; H. BADOUX 1967; J. CADISCH 1953, A. HEIM 1921/1922.

Autochthon und Parautochthon

Autochthones Permomesozoikum und Alttertiär wird nur in der Umrandung der voralpidischen *Extern-Massive* sichtbar. Ein Teil dieser ursprünglichen Sediment-Bedeckung ist überdies nur noch im parautochthonen Verband mit seiner Unterlage (Abb. 364–365). Bedingt durch die starke Heraushebung des Sockels bis in jüngste Zeit der Erdgeschichte ist nämlich dessen Sedimenthülle fast überall mechanisch losgelöst worden.

Die Schichtfolge im autochthonen und parautochthonen Bereich in der Umgebung der *Extern-Massive* zeigt eine lückenhafte Schichtfolge (Abb. 107, 113, 114, 184–186, 168–169). In den äußeren Massiv-Bereichen befindet man sich paläogeographisch gesehen im nördlichen, externen Helvetikum, wo die Schichtlücken weitgehend primär entstanden. In den inneren Massiv-Bereichen ist die Unvollständigkeit der mesozoischen Hülle durch deren teilweise Abscherung in Form der helvetischen Decken zu erklären. Aus diesem Bereich stammen die Schichtfolgen, die auf den Abb. 108–110 aufgetragen sind.

Am Innenrand des *Gotthard-Massivs* kann fast durchgehend eine Sedimentzone verfolgt werden (Abb. 195–196, 364–365, 353). Sie verläuft über den Nufenen-Paß.

Die Gesteine dieser Zone zeigen Ähnlichkeit mit denen im südlich anschließenden frontalen Penninikum *("Bedretto-Zone")*. A. HEIM hat sie deshalb als *"gotthardmassivische Bündnerschiefer"* bezeichnet. In der Tat wurden diese Serien auch in unmittelbarer Nachbarschaft des Nordpenninikums abgesetzt (vgl. S. 13 und 111).

Da beide erwähnten Bereiche nicht überall mit Sicherheit zu trennen sind, werden sie z. B. auf Abb. 354 als *"Nufenen-Bedretto-Piora-Zone"* zusammengefaßt. Diese wurde auch schon gelegentlich nicht zutreffend als *"... -Mulde"* bezeichnet.

Die Schichtfolge, die an der Intern-Seite des *Gotthard-Massivs* entwickelt ist, erscheint auf Abb. 114. Aus dieser Abbildung ist auch zu entnehmen, daß die Zone in sich häufig gefaltet und verschuppt ist, wobei Schichtwiederholungen auftreten. Insgesamt sind nur Gesteine aus Trias und Jura vorhanden. Die jüngeren Schichtglieder dürften abgeschert sein und sich in Form der höchsten helvetischen und ultrahelvetischen Decken jetzt im Norden der *Extern-Massive* finden (Abb. 207–208, 202).

Die Sedimenthülle des *Gotthard-Massivs* ist an der Intern-Seite alpidisch bis mesometamorph und zeigt ähnliche Metamorphite wie die auf S. 359 erwähnte paläozoische *Tremola-Serie* des *Gotthard-Massivs.* Die salinaren Rauhwacken und Gipse der gotthardmassivischen Trias haben allerdings die Metamorphose kaum verändert überstanden.

Die Lagerung der Gesteine wechselt im Streichen. Auf den Profilen der Abb. 313 und 293 unten erscheint nur die mehrfach verschuppte steilgestellte Sediment-Hülle des nach WSW abtauchenden Massivs, auf Abb. 313 (oben) tritt dann auch Kristallin hinzu. Abb. 354 und 304 zeigen, daß das gotthardmassivische Mesozoikum stellenweise ganz unterdrückt ist.

Im Bereich des Lukmanier-Passes ist die Sedimenthülle am und südlich des Scopi in großer Mächtigkeit bei südvergenter Faltung entwickelt (Abb. 355, 306 unten). Weiter östlich wird der Bau durch die *Peidener Schuppenzone* kompliziert (Abb. 306 oben).

Mit dem Abtauchen des *Gotthard-Massivs* nach ENE verbreitert sich seine verschuppte und verfaltete Sedimenthülle zusehends, bis sie dann bei Ilanz ihrerseits unter das frontale Penninikum eintaucht (Abb. 365, 307). Weiter östlich grenzt das Penninikum dann unmittelbar an die parautochthone Hülle des *Aare-Massivs* (Abb. 381–382).

Eine weitere Sedimentzone findet sich auch am Nordrand des Gotthard-Massivs in Gestalt der schon auf S. 358 erwähnten Furka-Urseren-Garvera-Zone, auch kurz „*Urseren*"-Zone genannt (Abb. 364, 365 e. a.). Ihre Schichtfolge erscheint auf Abb. 113 und enthält bezeichnenderweise Lias, der im nördlich anschließenden *Aare-Massiv* weithin fehlt (vgl. S. 111, Abb. 146, 107). Die Gesteine der *Urseren-Zone* sind alpidisch epimetamorph und zeigen eine Lineation nach a. Wie schon auf S. 79 erläutert, sind die Gesteine der *Urseren-Zone* als Rest der Sedimenthülle des *Gotthard-Massivs* anzusehen, der in tektonisch tiefer Lage erhalten blieb. Die übrigen Teile der Sedimenthülle sind als helvetische Decken nördlich des *Aare-Massivs* anzutreffen (Abb. 207–208, 201). In der Südfazies der helvetischen Decken fehlen ja ältere Schichtglieder weitgehend, sind also beim Deckentransport in der Wurzelzone zurückgeblieben.

Die *Furka-Urseren-Garvera-Zone* erscheint auf den Profilen der Abbildungen 349, 354, 350.

Das *Tavetscher Zwischen-Massiv* stellt, wie schon auf S. 358 erwähnt, einen Teil der Wurzel der helvetischen Decken der Ostschweiz dar (vgl. auch Abb. 381, 208, 201).

Die Sediment-Keile im *Aare-Massiv* wurden schon auf S. 358 beschrieben.

Die das Kristallin des *Aare-Massiv* umrandenden Sedimente sind nur noch stellenweise um völlig ungestörten Verband mit dem Sockel geblieben, z. B. am *Scheidnössli* bei Erstfeld (vgl. S. 357 und Abb. 350). Sonst sind sie mehr oder weniger parautochthon.

Besonders die nordhelvetischen Flysch-Bildungen des Bereiches nördlich des Aare-Massivs sind wie die auf S. 372 beschriebenen außerhalb des *Aiguilles Rouges-Massivs* ihrerseits von ihrer mesozoischen Unterlage abgeschert, wie es auch auf Abb. 107 angedeutet ist. Man trifft diese Flysch-Komplexe in Faltenhaufen nördlich der genannten Massive zusammengestaucht oder -gesackt an.

Man hat deshalb auch schon vermutet, sie seien möglicherweise südhelvetisch, also völlig allochthon.

Im Westen taucht das *Aare-Massiv* aus der axialen *Depression von Rawil* empor (Abb. 371). Dort ist, genau wie auf dem nach Osten absinkenden *Aiguilles Rouges-Massiv* die parautochthone *Morcles-Decke* als liegende Deckfalte zu finden (Abb. 373, 366, 364). Im Berner Oberland wird eine in der Stellung und strukturell entsprechende Decke auch als *Doldenhorn-Decke* (Abb. 373) oder „*Blümlisalp-Decke*" bezeichnet.

Diese Deckfalte ist vom *Aare-Massiv* abgeschert und legt sich nach Norden auf das eigentliche Autochthon über, das sich also erst am Nordabfall des Massivs einstellt (vgl. auch Abb. 364). Dieser Bauplan gilt auch generell für die Abb. 351–352, 348, 375 (bzw. 349).

Zwischen Aare und Reuß verläuft das Profil auf Abb. 374, wo das Parautochthon keine Decken-Struktur zeigt.

Dafür ist östlich der Reuß zunächst wieder eine parautochthone Deckfalte an der *Windgälle* entwickelt (Abb. 195, 350, 376), die offensichtlich im Bereich der *Nördlichen Schieferhülle* des *Aare-Massivs* wurzelt. Sie nimmt also wieder etwa die Stellung der *Morcles-Decke* ein. Im Kern der Windgällen-Falte findet man junghercynischen Quarzporphyr wie in der *Nördlichen Schieferhülle*.

Im Sediment-Mantel des *Aare-Massivs* nördlich der Windgälle zeigen sich deckenartige Späne wie die parauthochthone *Hohfaulen-Decke,* mit Malmkalk und transgressivem nordhelvetischem Tertiär. Weiter nördlich tritt der Flysch in derselben Position wie schon oben beschrieben auf.

Zwischen Reuß und Linth treten weitere parautochthone Decken von der Art der erwähnten *Hohfaulen-Decke* auf: die *Griesstock-Decke* (Abb. 381), die *Kammlistock-Decke* und die *Glarner Decke (s. str.)* (vgl. Abb. 365). Auch diese Decken sind durch plattige Zerscherung der Sedimenthülle des nördlichen *Aare-Massivs* entstanden, also nicht in der Art der *Morcles-Decke* und deren Äquivalente. Diese letzteren stellen ja Deckfalten dar.

Die parautochthonen Decken wurden zum Teil unter der Last der über sie hinwegbewegten Helvetischen Decken stark mechanisch deformiert, ihre Kalksteine zertrümmert, wie z. B. die *Kammlistock-Decke* (nicht abgebildet).

Andere Teile wurden unter den Helvetischen Decken sogar bis an den Alpenrand nach Norden verschleppt, wo sie auch als *„subhelvetische"* Decken bezeichnet werden. So tritt die *Griesstock-Decke* auf Abb. 379 und 381 in Erscheinung, die *Glarner Decke s. str.* auf Abb. 362 und 378. Die Abkunft dieser Decken aus dem nordhelvetischen, sonst meist parautochthonen Bereich ergibt sich aus typischer Schichtfolge mit Malmkalk und darüber transgredierendem Eozän.

Der Bau von Autochthon und Parautochthon wird besonders dort deutlich sichtbar, wo diese Komplexe größere geschlossene Verbreitung zeigen, wo das Kristallin des *Aare-Massivs* nach Osten abtaucht (Abb. 364). Querprofile durch diesen Bereich (Abb. 381, 382) zeigen, wie die Sedimenthülle von den aus den Bewegungsbahnen des aufsteigenden Kristallins ausgehenden und sich nach außen überlegenden Störungen tektonisch zerlegt wird. Abb. 382 zeigt das parautochthone *„Calanda-System"* über dem *Fenster von Vättis*.

Entlang dem Alpenrhein zwischen Ilanz und Feldkirch taucht das *Helvetikum,* sei es autochthon oder in Form der helvetischen Decken entwickelt unter das Penninikum axial ab (Abb. 365, 307, 314, 312, 313, 381, 382).

Literatur vgl. S. 376.

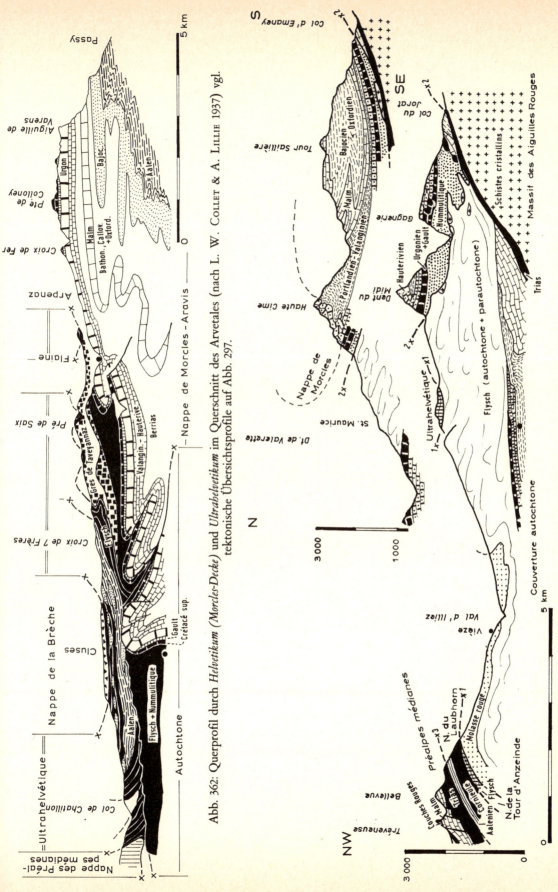

Abb. 362: Querprofil durch *Helvetikum* (Morcles-Decke) und *Ultrahelvetikum* im Querschnitt des Arvetales (nach L. W. COLLET & A. LILLIE 1937) vgl. tektonische Übersichtsprofile auf Abb. 297.

Abb. 363: Querprofile durch *Autochthon*, *Helvetische Decken* (Morcles-Decke), *Ultrahelvetikum* und *Préalpes médianes* zwischen Dent du Midi und Val d'Illiez sowie durch den Tour Saillière (nach F. DE LOYS 1923; L. W. COLLET & E. GAGNEBIN 1933; E. GAGNEBIN 1934).

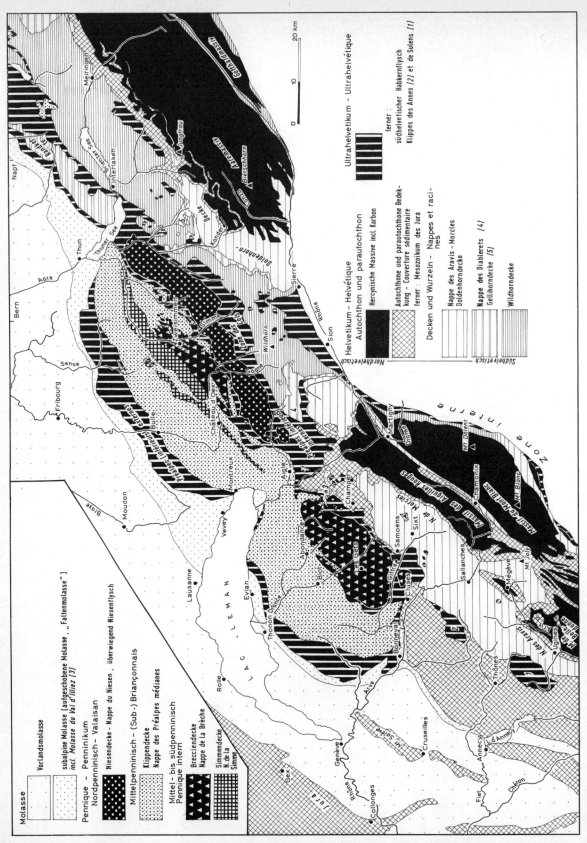

Abb. 364: Tektonische Übersichtskarte der *Extern-Zone* der Alpen (Molasse, Helvetikum, Ultrahelvetikum) und der auflagernden Komplexe interner Abkunft (*Préalpes* etc.) im Gebiet zwischen Savoyen und der Zentralschweiz (vgl. Abb. 365). (Nach L. W. COLLET 1955; P. BEARTH & A. LOMBARD 1964; A. BUXTORF 1951, P. ARBENZ 1934).

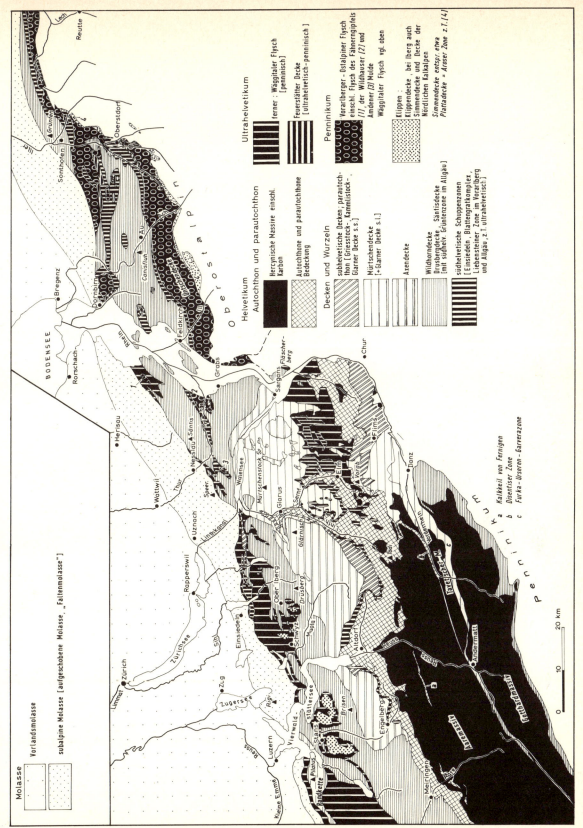

Abb. 365: Tektonische Übersichtskarte der *Extern-Zone* der Alpen (Molasse, Helvetikum und Ultrahelvetikum) und der auflagernden Gesteinskomplexe interner Abkunft (Penninikum) im Gebiet zwischen Zentralschweiz und Allgäu (vgl. Abb. 364). (Nach A. Buxtorf & W. Nabholz 1957; A. Buxtorf 1951; P. Arbenz 1934; M. Richter 1957, 1966). – Für helvetische Deckeneinheiten in der West- und Ostschweiz sowie im Allgäu wurden gleiche Signaturen verwendet. Dies bedeutet nicht, daß die Decken in den einzelnen Gebieten nach stratigraphischem Umfang, Herkunft, Fazies usw. völlig identisch sind.

Helvetische und Ultrahelvetische Decken

Über dem parautochthonen externen Sedimentmantel des *Aare-Massivs* folgen im tektonischen Verband von unten nach oben folgende Decken-Komplexe: Süd- und Ultrahelvetikum, Helvetische Decken, Süd- und Ultrahelvetische Komplexe und endlich penninische Decken (-Reste), die schon in einem gesonderten Kapitel auf S. 299 und 313 beschrieben worden sind.

Die ultrahelvetischen tektonischen Körper nehmen eine sehr verschiedene Stellung ein (Abb. 206–208, 201, 194–197). Sie finden sich sowohl über dem helvetischen Autochthon (also unter den helvetischen Decken), ferner zwischen und über den helvetischen Decken. Die letztgenannte Position hat den Anlaß zur Benennung gegeben.

Die ultrahelvetischen Komplexe bestehen überwiegend aus Flysch oder flyschähnlichen Serien (Abb. 120–125). Nur im Bereich der *Préalpes* und der *Rawil-Depression* ist auch Mesozoikum am Aufbau der Decken beteiligt (vgl. S. 386). Wie schon erwähnt, kommt als Wurzelbereich das *Gotthard-Massiv* bzw. dessen streichende beidseitige Verlängerung unter Tage in Betracht.

Die ultrahelvetischen Komplexe, umfassen sie nur Flysch oder seien sie stratigraphisch umfangreicher, sind von ihrer Wurzelzone auf externere helvetische Unterlage transportiert worden (geglitten), als die Sedimente des Helvetikums noch in relativ wenig gestörtem, paläogeographischem Primärverband nebeneinander lagen. So kamen Gleitmassen, die weit extern verfrachtet wurden, auf den nordhelvetischen und jetzt (par-)autochthonen Bereich, Gleitmassen („Divertikel"), die weniger weit glitten, auf den südhelvetischen. Das Südhelvetikum ist dann später über das autochthon verbliebene Nordhelvetikum hinwegbewegt worden und ist jetzt in Gestalt helvetischer Decken nördlich davon anzutreffen. Auf diese Weise kam die vielfältige tektonische Position des Ultrahelvetikums zustande. Auf den Abbildungen 366 und 367 ist diese schematisch dargestellt und erläutert.

Dabei ist berücksichtigt, daß sich auch die jüngeren Schichtglieder des südhelvetischen Raums tektonisch in ähnlicher Weise selbständig gemacht haben, indem sie über den kalkigen, starren Serien der Kreide abscherten (vgl. Abb. 206–208).

Die einzelnen wurzellosen Komplexe von Ultrahelvetikum und auch jüngerem Anteil von Südhelvetikum sind nicht überall gleich weit transportiert worden. Deshalb trifft man heute faziell gleichartige Serien, die also aus ursprünglich seitlich benachbarten Bereichen stammen, in verschiedenen tektonischen Situationen an, wenn man dem Streichen der Alpen folgt. Der südhelvetische *Habkern-Flysch* (vgl. S. 389) findet sich über den helvetischen Decken, die ebenfalls südhelvetische *Blattengrat-Serie* aber unter diesen (vgl. S. 393).

Am weitesten wurde in Extern-Richtung der Subalpine Flysch transportiert, der am Nordrand der Alpen über der subalpinen Molasse, unter Helvetischen Decken oder Decken der *Préalpes* auf weite Erstreckung verfolgt werden kann (Abb. 195–197, 297–299, 364–365, 374, 376, 378–381, 383–384, 388). Dieser *subalpine Flysch* ist überwiegend ultrahelvetischer Abkunft. Er enthält aber auch stellenweise Flysch-Anteile, die aus dem Helvetikum unter den Helvetischen Decken bis hierher verschleppt wurden (vgl. S. 386 und Abb. 378). An der *Fähnern* enthält er sogar Anteile von nordpenninischem Flysch (S. 394, Abb. 388, 365). Der subalpine Flysch ist also in erster Linie durch seine Position am Alpenrand definiert, seine paläogeographische Abkunft ist verschieden und noch nicht überall restlos geklärt. Auf Abb. 364 und 365 ist er summarisch als *„ultrahelvetisch"* eingezeichnet.

Die helvetischen Decken stammen, wie schon mehrfach erwähnt, aus einem Gebiet, das paläogeographisch den südlichen Teilen des *Aare-Massivs* bzw. des *Aiguilles Rouges-Montblanc*-Massivs und nördlichen Teilen des *Gotthard-Massivs,* bzw. deren streichenden Verlängerungen entspricht.

Bei deren Abscherung und dem Deckentransport nach Norden wurden die auflagernden ultrahelvetischen Komplexe samt Penninikum passiv mittransportiert (Abb. 366 und 367).

Beim Abtransport der Helvetischen Decken ist dieser Gesamtkomplex in mehrere Decken-Einheiten zerschert. Dies erfolgte natürlich nicht in gleicher Weise über die beträchtliche streichende Entfernung hinweg, in der diese Decken in der Schweiz und Vorarlberg, entwickelt sind.

Dabei entwickeln sich manche Decken seitlich aus einzelnen Faltenzügen benachbarter Decken. Eine seitliche Parallelisierung im Sinne einer identischen Gleichsetzung der Decken ist also nicht möglich. Wohl aber pflegt man Decken im Streichen nach ihrer ungefähren Position im Gesamt-Deckengebäude einzureihen und zu vergleichen. So und nicht anders ist die Verwendung von gleichen Signaturen für einzelne Decken auf Abb. 364 und 365 zu verstehen!

Hauptabscherungshorizonte sind Trias, Tone des Doggers und Mergel der Grenzregion Oberer Jura/Kreide. Die Zerscherung folgt diesen Horizonten aber jeweils nur über gewisse querschlägige Erstreckung und greift dann nach außen listrisch in höhere Horizonte über. Auf diese Weise bestehen viele Decken zwar überwiegend aus charakteristischen Haupt-Schichtgliedern, enthalten dagegen meist an ihrer Front auch jüngere Gesteine. Tiefere helvetische Decken umfassen also eher ältere, höhere Decken jüngere Schichtglieder.

Die Zerscherung erfolgte dabei meist in der Weise, daß die höchsten Partien des Gesteinsstapels am weitesten nach der Extern-Seite geglitten sind. So sind also ursprünglich südliche Komplexe jetzt häufig am weitesten im Norden anzutreffen. Innerhalb der Decken blieb natürlich die ursprüngliche Anordnung „Nord-Süd" erhalten. Kristallin wurde höchstens in vereinzelten Schürflingen in die Decken-Körper einbezogen (wie in die parautochthone *Morcles-Decke,* Abb. 366).

Die ursprüngliche Einordnung in den paläogeographischen Verband kann man im Helvetikum an der Schichtfolge erkennen, weil sich die Schichtfolgen der ursprünglich nördlichen und südlichen Faziesbereiche wesentlich unterscheiden (vgl. S. 78, Abb. 107–110, 184–187).

Beim tektonischen Transport und der Platznahme kam es zu einer intensiven internen Faltung und Schuppung der Decken-Komplexe, je nach Gestein, dessen Verschiedenheit im Profil zu einer disharmonischen Tektonik führte.

An ihrem Außenrand sind die helvetischen Decken auf die *Subalpine Molasse* aufgeschoben, die selbst aus oligozänen Schichtgliedern besteht. Bei der Aufschiebung wurde aber auch die miozäne Vorlandsmolasse mit aufgerichtet. Die endgültige Platznahme der Helvetischen Decken erfolgte also bis ans Ende des Miozäns bis ins ältere Pliozän (Pont).

Literatur (vgl. auch Angaben bei den betreffenden Kapiteln über Stratigraphie):
West- und Zentral-Schweiz: F. BENTZ 1948; R. FREI 1963; M. FURRER 1939, 1949; M. GEIGER 1957; W. GIGON 1952; R. GÜNZLER-SEIFERT 1924, 1941; J. KREBS 1925; W. MAYNC 1938; H. SCHAUB 1951; H. P. SCHAUB 1963; P. A. SODER 1949; M. VUAGNAT 1943; M. A. ZIEGLER 1967.
Ost-Schweiz: P. ARBENZ 1905; C. G. AMSTUTZ 1957; W. K. BISIG 1957; W. FISCH 1961; F. FREY 1965; H. FRÖHLICHER 1961; R. HANTKE 1961; A. HEIM 1905, 1922; R. HERB 1962; H. HEIERLI 1974; K. J. HSÜ 1969; R. HUBER 1964; T. KEMPF 1965; J. OBERHOLZER 1933; H. RICHTER 1968; W. H. RÜEFLI 1959; W. RYF 1964; H. SCHIELLY 1964; K. SCHINDLER 1959; R. STAUB 1954, 1961; C. A. STYGER 1961; R. TRÜMPY 1948, 1963, 1969; R. WEGMANN 1960/1961.
Vorarlberg und Allgäu: A. HEIM, E. BAUMBERGER & S. FUSSENEGGER 1933; M. RICHTER 1960, 1966; G. WAGNER 1950; W. ZACHER 1973.

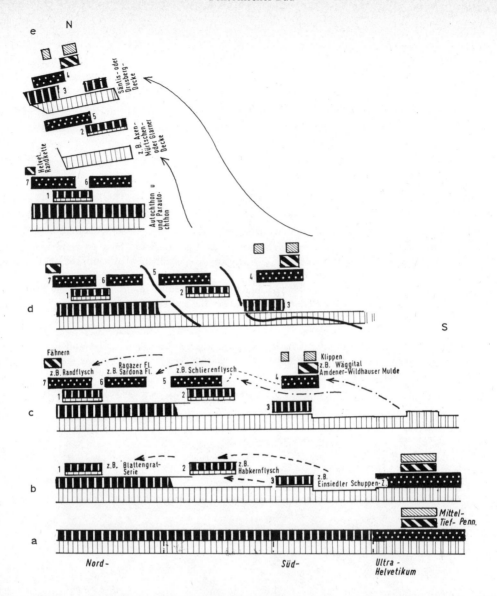

Abb. 366: Sehr schematische Darstellung zur Entstehung des Verbandes von *Helvetikum* und *Ultrahelvetikum* in der zentralen und östlichen Schweiz. Der mesozoische bzw. nicht in *Flysch*-Fazies vorliegende Anteil der Gesteinsserien ist mit hellen, der *Flysch*-Anteil mit dunklen Signaturen gekennzeichnet. – Im Stadium b (postoligozän) gleiten südhelvetische Divertikel auf das Helvetikum auf und zwar sowohl auf den späteren Bereich der helvetischen Decken als auch auf den des Autochthon. Selbstverständlich haben diese Divertikel alle nur eine endliche seitliche Ausdehnung, sind also jeweils nur lokal entwickelt. – Im Stadium c geschieht dasselbe mit ultrahelvetischen Gleitmassen, die ihrerseits bereits passiv transportierte penninische Einheiten mitbringen. d zeigt die Zerscherung des Helvetikums, e das daraus entstehende Deckengebäude. Südhelvetische und ultrahelvetische Gesteinskomplexe treten demnach unter, zwischen und über den helvetischen Decken auf (vgl. entsprechende Profile) und Abb. 200–215. – Es ist an dieser Stelle darauf hinzuweisen, daß
1. die dargestellten Massenbewegungen wohl als Gleitbewegungen, also bergab, der Schwerkraft folgend abgelaufen sind.
2. die dargestellten tektonischen Einheiten im Streichen oft nur auf kürzere Entfernung aushalten, d. h. die einzelnen Divertikel sind an verschiedenen Orten unterschiedlich weit transportiert worden, vermutlich auch zu verschiedener Zeit. Die vorliegende Darstellung ist ein Sammelprofil.
3. die *Flysch*-Bildungen in den südlichen Bereichen älter sind als im Norden, da die *Flysch*-Fazies heterochron nach außen wandert (vgl. S. 163). Der stratigraphische Umfang der einzelnen Einheiten geht aus den entsprechenden Abbildungen im Kapitel über Stratigraphie hervor.

Extern-Zone (Schweiz u. Vorarlberg) (Helvetische Decken)

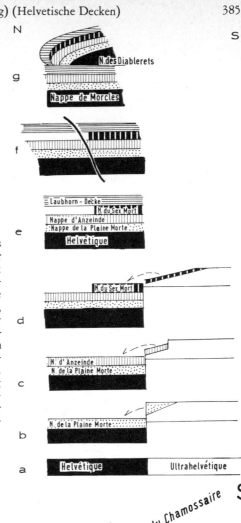

Abb. 367: Sehr schematische Darstellung zur Enstehung des Verbandes von *Helvetikum* und *Ultrahelvetikum* im Bereich der *Préalpes inférieurs (Zone des Cols)*. Erweitert nach H. BADOUX 1963. Vgl. auch Abb. 368. Im Stadium b gleitet vom *Ultrahelvetikum* ein Divertikel ab und kommt auf helvetische Unterlage zu liegen. Diese Abgleitungen setzen sich fort (c, d, e), so daß einzelne ultrahelvetische „Teil"-Decken in der Reihenfolge ihres Abgleitens übereinander liegen. diese Reihenfolge entspricht nicht der ursprünglichen Lagerung im ultrahelvetischen Ablagerungsgebiet der Gesteine. Die *Sex-Mort-Decke* überdeckt den südlichen helvetischen Bereich. Bei der Zerscherung und Übereinandergleitung bzw. -Faltung der helvetischen Decken (f) wird deren ultrahelvetische Umhüllung passiv („rittlings") mitbewegt. So kommt es zur „*Einwicklung*" der helvetischen Decken in ihre ultrahelvetische Hülle.

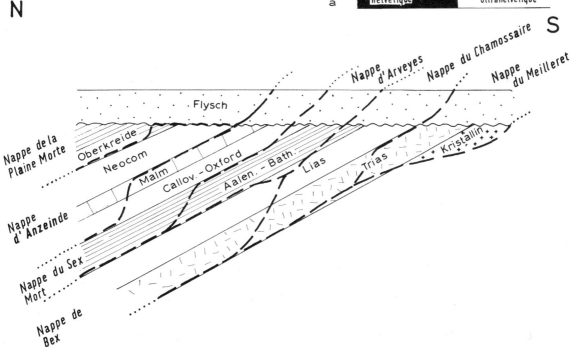

Abb. 368: Schema der Zerscherung der ultrahelvetischen Decken der Westschweiz: Ein Schichtkomplex mit Mesozoikum und transgressivem Flysch zerschert (zergleitet) in verschiedene Divertikel. Nach H. BADOUX 1963.

Préalpes, Rawil-Depression

Die helvetische Decken-Region setzt in voller Entwicklung über dem abtauchenden *Aiguilles Rouges-Massiv* in der Dent de Morcles-Diablerets-Gruppe ein (Abb. 197). Zunächst erscheint östlich der Rhône über dem Kristallin und seiner autochthonen Hülle die parautochthone *Morcles-Decke* wieder als Deckfalte (vgl. S. 372, Abb. 366). Sie ist frontal in *Ultrahelvetikum* eingetaucht (Abb. 298).

Mit dem axialen Absinken des Gebirges wird dann erkennbar, daß über der *Morcles-Decke* zunächst verschiedene ultrahelvetische Einheiten eingefaltet sind. Die Reihenfolge deren Platznahme ergibt sich aus Abb. 367 und deren Legende.

Über diesem eingefalteten, also zwischen die Decken geratenen *Ultrahelvetikum* folgt die helvetische *Diablerets-Decke*, die als untere und frontale Abspaltung der *Wildhorn-Decke* anzusehen ist, also keine eigene Wurzel hat (Abb. 364, 373, 298, 371). Sie enthält die auf Abb. 108 aufgezeichnete Schichtfolge. Auch diese Decke taucht mit ihren nach außen absteigenden Falten in das Ultrahelvetikum der „*Zone des Cols*" ein (vgl. unten).

Über der *Diablerets-Decke* folgt die in zahlreiche Falten gelegte *Wildhorn-Decke* als höchste helvetische Decke, in Südfazies entwickelt (Abb. 109, 364, 371, 367, 373).

Im Querschnitt des Rawil-Passes tauchen die Decken endlich so weit axial ab, daß das über ihnen folgende überschobene Ultrahelvetikum bis auf die Kammlinie des Gebirges erhalten ist (Abb. 364, 373). Die Ultrahelvetischen Decken, die man im Rhônetal unter dem Nordpennnikum wurzeln sieht, enthalten hier überwiegend Mesozoikum, dessen Schichtfolge auf Abb. 120 erscheint. Der Flysch-Anteil ist abgeschert und findet sich weiter extern in den *Préalpes inférieurs* (Abb. 297). Das genannte ultrahelvetische Mesozoikum der Walliser Kalkalpen ist in zahlreiche plattenförmige Teil-Decken zerschert, deren ursprünglicher Verband aus Abb. 368, ihre Platznahme aus Abb. 367 hervorgehen. An keiner Stelle sind alle Teil-Decken gleichzeitig übereinander vorhanden.

Nach Osten zu ist das Ultrahelvetikum nicht über den Rawilpaß und Sierre im Rhônetal hinaus zu verfolgen, wohl aber in der nördlich vorgelagerten Zone des Cols bis an den Thuner See (Abb. 364).

Auf der Extern-Seite der Rawil-Depression bildet das Ultrahelvetikum, das hier sehr weit über die Stirn der helvetischen Decken – zum Teil unter den *Préalpes médianes* – hinausgreift, die erwähnte „*Zone des Cols*". Sie stellt den tiefsten Komplex der *Préalpes* (*Préalpes inférieurs* = *Préalpes internes* usw., vgl. Abb. 297) dar (Abb. 206, 197). In der *Zone des Cols* enthält das Ultrahelvetikum ebenfalls noch Anteile der mesozoischen Teil-Decken, vor allem die an salinarer Trias reiche „*Nappe de Bex*" (vgl. Abb. 120, 367).

An der Außenseite der *Préalpes* kommt das Ultrahelvetikum wieder zum Vorschein in Gestalt der „*Préalpes externes*" oder „*Préalpes bordières*" (als Teilkomplex der „*Préalpes inférieurs*").

An verschiedenen Stellen enthält das Ultrahelvetikum auch hier Mesozoikum, so im Bereich der Pleiaden, (Abb. 298) bei Bulle und Montsalvens und am Gurnigel (vgl. Abb. 121, unterer Teil).

Sonst ist aber in dieser externen Zone überwiegend ultrahelvetischer Flysch verbreitet: Niremont, Veveyse, Berra, Gurnigel. Er trägt zwar sehr verschiedene Namen (Abb. 122, 116 unterer Teil), weist sich aber dem Alter nach als aus einem Ablagerungsgebiet stammend aus. Profile finden sich auf den Abbildungen 299, 300, sowie 297).

Der genannte Flysch entspricht tektonisch und paläogeographisch auch dem auf S. 121 erwähnten Flysch der Voirons im Chablais.

Der Flysch der *Préalpes externes* entspricht überdies dem oben (S. 382) angeführten „*Subalpinen Flysch*" und setzt sich in den subalpinen Flysch der zentralen und östlichen Schweizer Alpen fort.

Auch im Bereich der *Préalpes* enthält er am Gurnigel nordhelvetische Komplexe, die also offenbar mitgeschleppt wurden (Abb. 116, oberer Teil). Schon deren junges Alter zeigt, daß sie aus einem externen Flyschtrog stammen müssen (vgl. Abb. 168).

Extern-Zone (Schweiz und Vorarlberg) (Helvetische Decken)

Literatur vgl. S. 383.

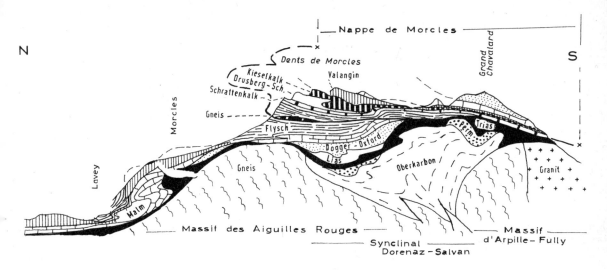

Abb. 369: Querprofil durch das helvetische Autochthon *(Aiguilles-Rouges-Massiv,* Permokarbon-Mulde von Dorenaz-Salvan und *Arpille-Fully-Massiv)* und die parautochthone *Morcles-Decke* entlang der Ostseite des Rhônetales. Nach M. Lugeon aus J. Cadisch 1953. Nummulitenkalke an der Basis des Tertiärs (Flysch) sind nicht eingezeichnet.

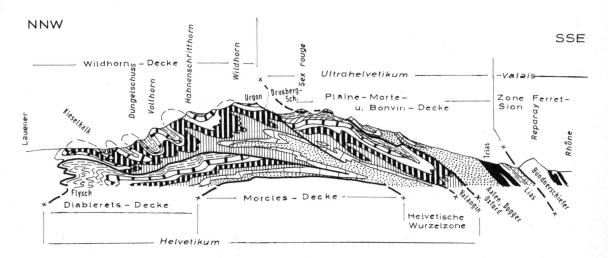

Abb. 370: Querprofil durch die Wildhorn-Region. Helvetische und ultrahelvetische Decken, Valais. Nach M. Lugeon aus J. Cadisch 1953. Obere Kreide und alttertiäre Nummulitenkalke nicht eingetragen.

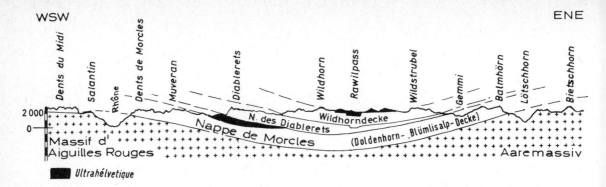

Abb. 371: Schematisches Längsprofil entlang der Kammlinie der helvetischen Kalkhochalpen *(Hautes alpes Calcaires)* im Bereich der *Rawil-Achsen-Depression* zwischen *Aiguilles Rouges-* und *Aare-Massiv* (nach A. Heim 1921).

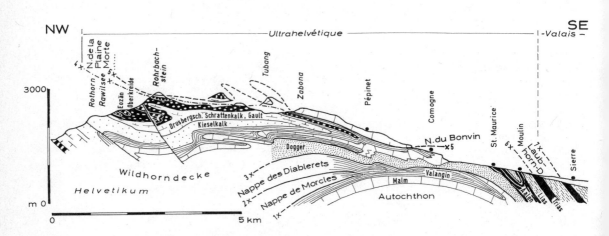

Abb. 372: Querprofil durch die helvetischen und ultrahelvetischen Decken im Bereich des Rawilpasses zwischen Iffigen und Sierre (nach M. Lugeon 1934).

Zentral-Schweiz

Wo das *Aare-Massiv* sich aus der *Rawil-Depression* erhebt, kommen unter der *Wildhorn-Decke* wieder tiefere Decken zum Vorschein (Abb. 371, 364). Über dem Massiv folgt zunächst die parautochthone *Doldenhorn-Decke* (vgl. S. 377, Abb. 373).

Darüber kommt dann als obere Abspaltung die *Gellihorn-Decke* (Abb. 373). Sie ist also kein seitliches Äquivalent der *Diablerets-Decke*. *Doldenhorn-* und *Gellihorn-Decke* tauchen beide frontal in Ultrahelvetikum ein. Über diesen Komplexen folgt die *Wildhorn-Decke*.

Gellihorn-Decke und die parautochthone *Doldenhorn-Decke* sind nach Osten nur bis in die Region der Jungfrau zu verfolgen, von dort nach Osten folgt über parautochthonen Falten (Abb. 351–352) unmittelbar die Wildhorn-Decke (Abb. 352, 364), gelegentlich unter Zwischenschaltung von ultrahelvetischem Flysch.

Diese helvetische Hauptdecke ist dann östlich von Engelberg bis zur Linth zweigeteilt in die tiefere *Axen-* und die darüber folgende *Drusberg-Decke*. Die *Axen-Decke* enthält mehr ältere, sowie ursprünglich nördlich, die *Drusberg-Decke* eher jüngere und südlicher beheimatete Schichtglieder (Abb. 108–110). Abscherungshorizont zwischen beiden Decken ist sehr oft die Grenzregion Oberer Jura/Unterkreide (Abb. 374–379).

Frontale Teile der *Axen-Decke* wurden unter der *Drusberg-Decke* bis an den Alpenrand verschleppt und erheben sich dort über dem *subalpinen Flysch* als „Helvetische Randkette" (Abb. 364–365, 374, 376). Die *Randkette* besteht allerdings aus sich seitlich, im Streichen ablösenden Decken-Teilen. Auch in der Ostschweiz tritt die *Randkette* noch einmal in Erscheinung (Abb. 380).

Aus der unten noch zu beschreibenden „Habkern-Schlieren-Mulde" erhebt sich zwischen Sarner See und Vierwaldstätter See nach NE axial aufsteigend eine vordere Digitation der *Drusberg-Decke*, die *„Bürgenstock-Teildecke"*, die sich dann am Vierwaldstätter See an die Randkette schart und deren südlichen Teil bildet. Damit besteht dort die *Randkette* aus Anteilen verschiedener Decken (Abb. 374–377, 365).

Südhelvetische Schuppenzonen treten in der mittleren Schweiz zwischen dem *Autochthon* und der *Axen-Decke* auf (Abb. 365, 374), ferner in Gestalt des *Habkern-Flyschs* in einer zum Teil tiefen und breiten Mulde zwischen Drusberg-Decke und Randkette (Abb. 364–365, 196). Diese „*Habkern-Schlieren-Mulde*" enthält über dem südhelvetischen *Habkern-Flysch* (der also eine Art parautochthone Stellung zur unterlagernden *Drusberg-Decke* hat) der ultrahelvetische *Schlierenflysch* (Abb. 123). Beide Flyschkomplexe sind auf Abb. 374 vereinigt dargestellt. Über dem Ultrahelvetikum folgen die *Klippen von Giswil* (Obwalden) (Abb. 196, 364).

Östlich von Sarnen, in Nidwalden südlich des Vierwaldstätter Sees, setzt sich die *Habkern-Schlieren-Mulde* fort. Sie enthält auch dort eine südhelvetische Schuppenzone, darüber tektonisch den südhelvetischen *Habkern-Flysch*, ultrahelvetischen *Schlierenflysch* und endlich die mittelpenninischen Klippen von *Stanserhorn* und *Buochserhorn* (Abb. 374–375).

Auch im Querschnitt der Reuß (Abb. 365, 376 und 377) findet sich wieder eine ähnliche aber komplexe Mulde mit südhelvetischer, ultrahelvetischer, penninischer Füllung *(Wäggitaler Flysch,* Mythen und *Klippen von Iberg)* (Abb. 195, 376–377, 365).

Zwischen Reuß und Linth entwickelt sich die *Axen-Decke* zu großer Breite. An ihrer Basis treten rückwärtig die schon erwähnten parautochthonen Decken in Erscheinung (Abb. 376–377, 365).

Im Verband des subalpinen Flyschs treten auf Abb. 378 auch wieder nordhelvetische Anteile auf.

Literatur vgl. S. 383.

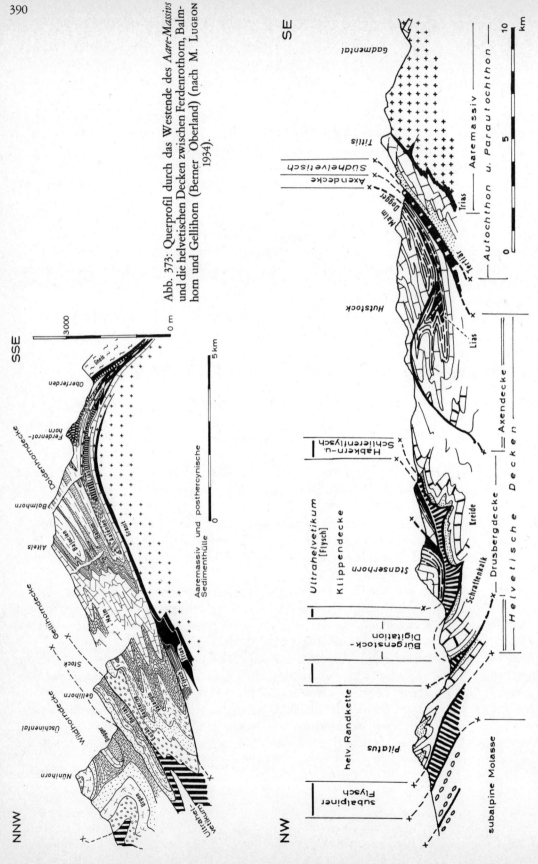

Abb. 373: Querprofil durch das Westende des *Aare-Massivs* und die helvetischen Decken zwischen Ferdenrothorn, Balmhorn und Gellihorn (Berner Oberland) (nach M. LUGEON 1934).

Abb. 374: Querprofil durch *Helvetikum*, *Ultrahelvetikum* und *Klippen-Decke* zwischen Pilatus, Stanserhorn und Titlis (nach P. ARBENZ 1934).

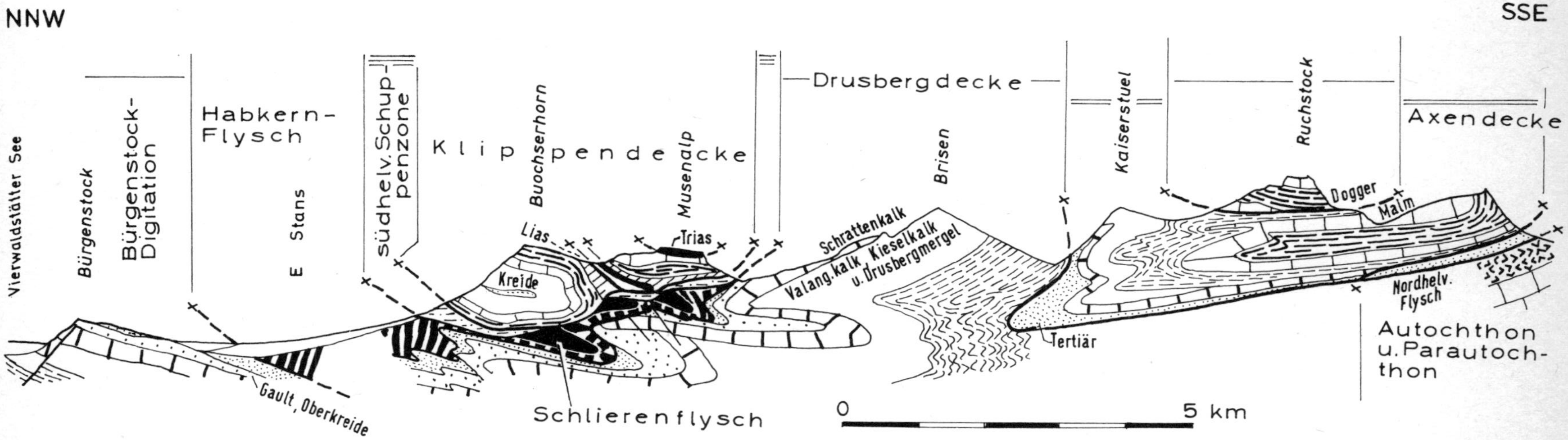

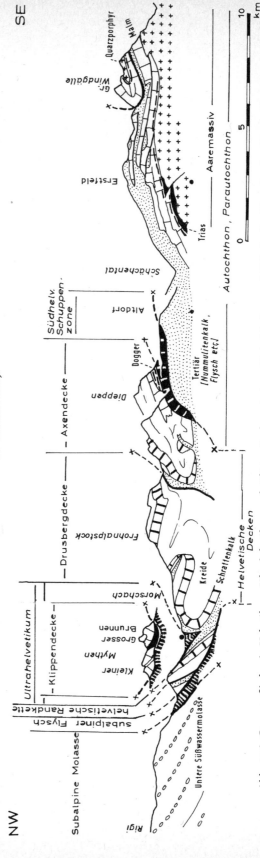

Abb. 375: Querprofil durch *Helvetische Decken*, *Ultrahelvetikum* und *Klippen-Decke* zwischen Bürgenstock, Buochserhorn, Brisen und Titliskette (nach R. Hantke 1961).

Abb. 376: Querprofil durch *Helvetikum*, *Ultrahelvetikum* und *Klippen-Decke* zwischen Rigi, Mythen und Windgälle (Ostufer des Vierwaldstätter Sees, Urner See) (nach P. Arbenz 1934).

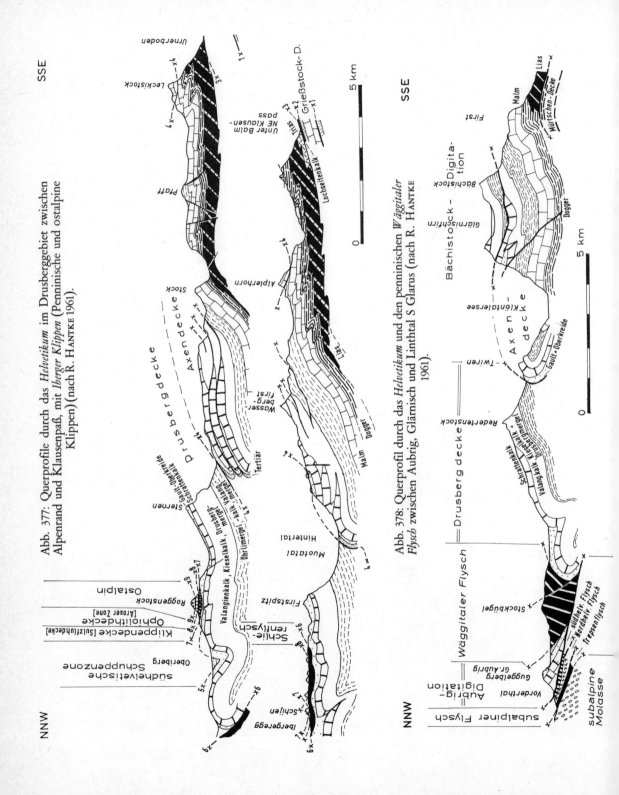

Abb. 377: Querprofile durch das *Helvetikum* im Drusberggebiet zwischen Alpenrand und Klausenpaß, mit *Iberger Klippen* (Penninische und ostalpine Klippen) (nach R. HANTKE 1961).

Abb. 378: Querprofil durch das *Helvetikum* und den penninischen *Wäggitaler Flysch* zwischen Aubrig, Glärnisch und Linthal S Glarus (nach R. HANTKE 1961).

Ost-Schweiz

Östlich der Linth ändert sich der helvetische Gebirgsbau. Wesentlicher Anlaß dazu ist der im Verband der Decken auftretende mächtige *Glarner Verrucano* (Abb. 109). Auf dessen Rücken ist die ganze Serie der jüngeren Sedimente aus der Wurzelzone im Vorderrheingebiet (vgl. S. 358) über das Autochthon hinwegtransportiert worden und dabei nach der Extern-Seite in eine Anzahl von (Teil-)Decken auseinandergeglitten. Der gesamte Komplex wird als „Glarner Schubmasse", die Überschiebung als „Glarner Hauptüberschiebung" bezeichnet (auch wenn die Überschiebung wahrscheinlich in Form einer Gleitbewegung ablief).

Unter der *Glarner Schubmasse* und über dem *(Par-)Autochthon* finden sich weitere allochthone Gesteinskomplexe (Abb. 208).

Über dem (Par-)Autochthon folgen zunächst südhelvetische Gleitmassen (Abb. 364). Sie sind hauptsächlich im Bereich von Linth-Tal und Sernftal verbreitet. Zu ihnen gehört die *Blattengrat-Serie,* die wohl ursprünglich den oberen Teil des südhelvetischen Schichtstapels darstellte und abglitt, ehe sich die helvetischen Decken selbst in Bewegung setzten, dieser also vorauseilten. (Abb. 366, 169, 170, 118).

Darüber kommt ultrahelvetischer Flysch. Im Glarner Bereich handelt es sich um den *Sardona-Flysch,* im St. Galler Oberland um den *Ragazer Flysch* (Abb. 365, 124, 125). Die Verbandsverhältnisse zeigen die Abb. 381 und 382.

Unmittelbar unter der *Glarner Schubmasse* tritt weithin als besonders charakteristischer Komplex der „Lochseitenkalk" auf (Abb. 381, 201). Es handelt sich dabei um einen intensiv verwalzten und laminierten Kalk, der auch mit dem tektonisch unterlagernden Flysch verschuppt ist. Der *Lochseitenkalk* entstand gewissermaßen als „Rollenlager" auf dem die mächtige *Glarner Schubmasse* bewegt wurde. Diese Schubmasse wurde bei ihrem Transport – wie erwähnt – über das Autochthon hinwegbewegt. Dort aufragenden Malmkalk, z. T. auch Kreidekalke – schleppte sie an ihrer Basis mit, wobei es zu dessen typischer Deformation kam. Im *Lochseitenkalk* verläuft außerdem eine messerscharf ausgebildete Scherfläche, entlang der ebenfalls ein Teilbetrag der Überschiebung vor sich ging.

Die Benennung der einzelnen (Teil-)Decken innerhalb der *Glarner Schubmasse* wird in der Literatur nicht überall einheitlich gehandhabt. Der Verrucano kann fast geschlossen bis in seine Wurzelzone des *Ilanzer Verrucano* zurückverfolgt werden (Abb. 365, 381, 382).

In der Wurzelzone ist er epimetamorph, seine grobklastischen Komponenten lassen an ihrer Deformation eine starke Längung des Gesteins erkennen. Metamorphose und Deformation nehmen gegen frontale Position am Walensee völlig ab.

Als *Glarner Decke s. l.* bezeichnet man den basalen Komplex, der hauptsächlich Verrucano umfaßt. Die *Mürtschen-Decke* ist davon abgeschert und umfaßt neben Verrucano auch Trias, Jura und auch Kreide in nördlicher Entwicklung (Abb. 381, 382, 109).

Ein nächst höheres und weiter extern verfrachtetes Deckenstockwerk besteht aus den seitlichen Äquivalenten der *Axen-* und *Drusberg-Decke.* Dabei werden jetzt die rückwärtigeren Teile, die Lias enthalten, als *Axen-Decke* bezeichnet, ein nördlicher Deckenkörper als *Säntis-Decke* abgetrennt, der teilweise noch oberen Jura, sonst aber nur Kreide umfaßt (Abb. 383, 365, 110). Diese *Säntis-Decke* geht seitlich aus frontalen Falten der *Drusberg-Decke* hervor.

Die Säntis-Decke besteht an ihrer rückwärtigen Erosionswand über der Walensee-Furche aus einem Halbsattel, der die Kette der Churfirsten aufbaut. Im südlichsten Teil am *Fläscherberg,* östlich des Alpenrheins beobachtet man im Malm einen Übergang zu einer ultrahelvetischen Mergel-Fazies (Abb. 364, 208, 313).

Nördlich der Churfirsten-Alvier-Kette verläuft eine Muldenzone *(Amdener Mulde* im Westen und *Wildhauser Mulde* im Osten). Diese Mulden enthalten eine komplexe Füllung mit südhelvetischen und ultrahelvetischen Flyschmassen, ferner penninischem Flysch und den *Grabser Klippen* (Abb. 208, 380–384, 364, 365, vgl. S. 313).

Der frontale Teil der *Säntis-Decke* entwickelt sich nach Osten zu großer Breite und zeigt intensive nordvergente Faltung und Schuppung (Abb. 383). Bekannt ist die Querstörung des *Sax-Schwende-Bruches,* an der die Faltenzüge versetzt werden.

Der Flysch-Komplex der *Fähnern* in subalpiner Position wurde schon auf S. 70 u. S. 382 erwähnt. Die ebenfalls schon genannte subhelvetische *Griesstock-Decke* erscheint auch in diesem Teil der helvetischen Alpen auf Abb. 379 und 381.

Literatur vgl. S. 383.

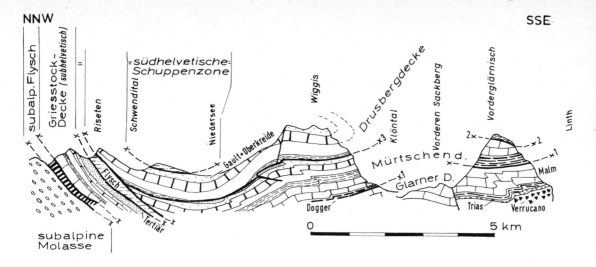

Abb. 379: Querprofil durch das *Helvetikum* zwischen Linthtal, Vorderglärnisch und dem Alpenrand (nach R. HANTKE 1961).

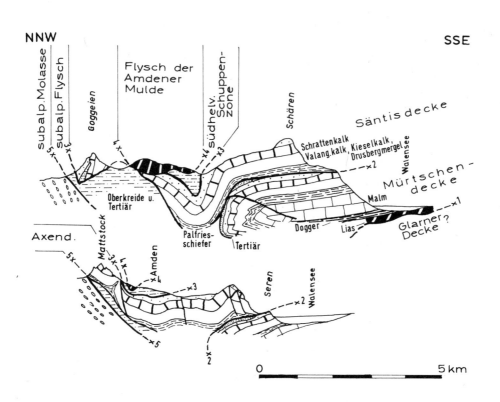

Abb. 380: Querprofile durch die *Amdener Mulde* (nach R. HANTKE 1961).

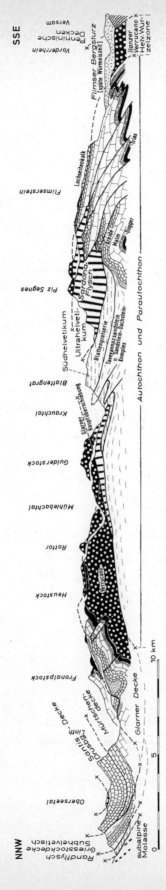

Abb. 381: Querprofil durch *Helvetikum* (Autochthon und Helvetische Decken) und *Ultrahelvetikum* zwischen Linth und Vorderrhein bei Versam (nach J. OBERHOLZER 1933).

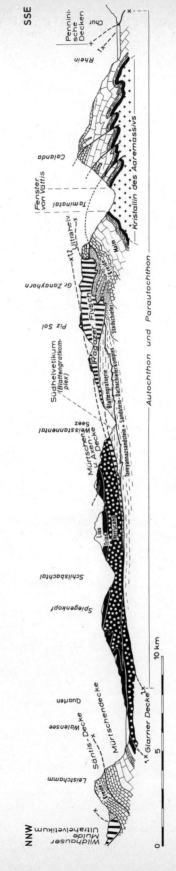

Abb. 382: Querprofil durch *Helvetikum* (Autochthon und Helvetische Decken) und *Ultrahelvetikum* zwischen dem Walensee bei Quarten und Chur (nach J. OBERHOLZER 1933).

Extern-Zone (Schweiz und Vorarlberg) (Helvetische Decken)

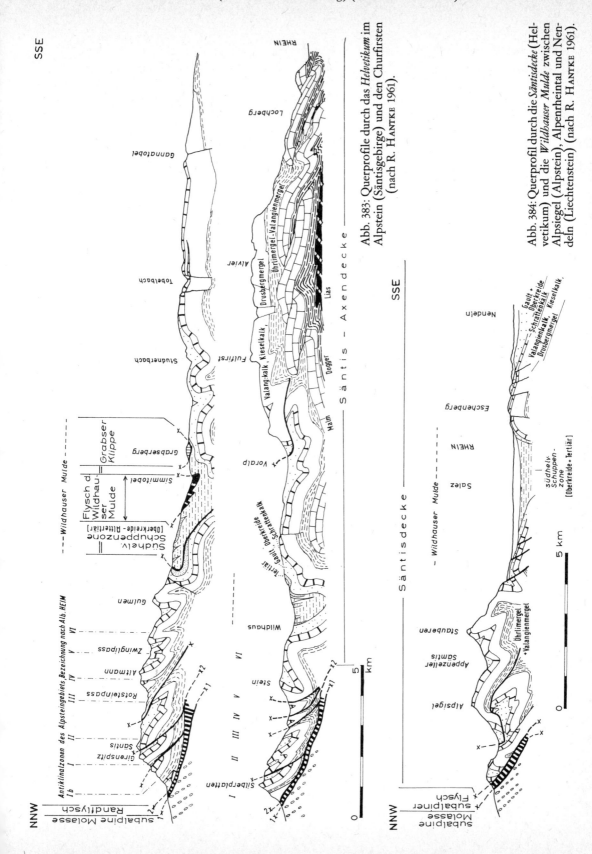

Abb. 383: Querprofile durch das *Helvetikum* im Alpstein (Säntisgebirge) und den Churfirsten (nach R. HANTKE 1961).

Abb. 384: Querprofil durch die *Säntisdecke* (Helvetikum) und die *Wildhauser Mulde* zwischen Alpsiegel (Alpstein), Alpenrheintal und Nendeln (Liechtenstein) (nach R. HANTKE 1961).

Vorarlberg und westliches Allgäu

Die *Säntis-Decke* ist über die Querfurche des Alpenrheintals hinweg zu verfolgen. Sie sinkt in dieser Richtung generell axial ab, bis sie an der Iller unter den penninischen Flysch *(Ostalpine Flyschzone)* verschwindet (Abb. 194, 365, 384, 326, 334, 386, 2, 209).

In einer Sattelzone und Querkulmination kommt dabei an der Canisfluh Oberer Jura zum Vorschein (Abb. 385 unten). Sonst zeigt das als Antiklinorium gebaute Helvetikum nur noch Kreide-Gesteine und Alttertiär (Abb. 111, 385 oben, 248 unten).

Über dem Helvetikum tritt auch hier eine abgescherte Zone in Erscheinung, die vorwiegend aus jüngerem Mesozoikum und Alttertiär mit *„Wildflysch"* besteht und als *Liebensteiner Decke* bzw. *Zone* bezeichnet wird. Auf Abb. 209 und 385 ist sie als *„Ultrahelvetikum"* eingetragen, auf Abb. 365 als *südhelvetische Schuppenzone*.

Man kann diese Serie auch tatsächlich nach letzterer Benennung als ursprüngliche stratigraphische Fortsetzung eines Teils des Südhelvetikums in Vorarlberg ansehen, das vielfach nur bis in die ältere Oberkreide reicht. Sie würde damit den südhelvetischen Schuppenzonen der Schweiz etwa seitlich entsprechen.

In Wirklichkeit ist eine scharfe Trennung in „ultra"- und „süd"-helvetisch ohnehin sehr fragwürdig und sicher nicht überall nach gleichen Gesichtspunkten durchzuführen (Abb. 326).

Über diesen Serien tritt die *„Feuerstätter Decke"* auf (Abb. 326, auf Abb. 365 wegen ihrer oft geringen Mächtigkeit nicht vollständig eingetragen, Abb. 209). Dieser Komplex mit orogenen Sedimenten (Abb. 126) dürfte aus dem penninisch-helvetischen Grenzbereich stammen (vgl. S. 121). Eine Diskussion um seine Zuordnung zu Penninikum und Ultrahelvetikum (wie z. B. auf Abb. 209 und 326) ist nicht notwendig, solange man sich über die grundsätzliche Stellung im paläogeographischen Verband klar ist. Die Feuerstätter Decke erscheint auf den Profilen der Abb. 127 und 248 unten.

Literatur vgl. S. 383.

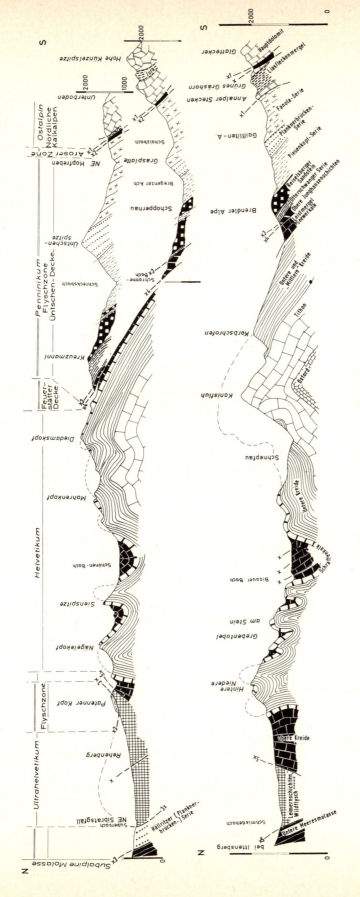

Abb. 385: Querprofile durch *Helvetikum*, *Ultrahelvetikum*, *Flyschzone* und *Kalkalpennordrand* in Vorarlberg, W und E der Bregenzer Ache. Nach K. ALEXANDER, P. BLOCH, W. SIGL & W. ZACHER 1965, H.-B. KALLIES 1961, ARNOLD HEIM, E. BAUMBERGER & S. FUSSENEGGER 1933, G. WAGNER 1950.

Ostalpen

Im vorigen Kapitel wurde gezeigt, daß sich wenigstens das an der Oberfläche sichtbare Helvetikum ohne wesentliche Änderung über den Alpenrhein hinweg von den West- in die Ostalpen fortsetzt.

An der Iller taucht die *Säntis-Decke* unter überlagerndes penninisches und ostalpines Gebirge unter. Von dort aus wird Helvetikum in den Ostalpen nur noch gelegentlich an deren Nordrand in mehr oder weniger schmalen Streifen sichtbar und ist sonst häufig tektonisch unterdrückt. Übersichtskarten finden sich auf den Abbildungen 2, 245, 386, 327 und 236, generelle Querprofile auf Abb. 190–194.

Das *Helvetikum* ist auf die unterlagernde subalpine Molasse meist steil aufgeschoben, soweit der tektonische Kontakt sichtbar ist. Einige Profile lassen aber die weite Überschiebung erkennen (vgl. unten). Bei der Überschiebung auf die Molasse wurde zuletzt auch noch die obermiozäne Vorlandsmolasse mit aufgerichtet, die Bewegungen erstreckten sich also auch hier bis ins Pliozän.

Das in den Ostalpen anstehende Helvetikum besteht also nur aus vom Sockel abgescherten Komplexen. Ihrer tektonischen Stellung nach und auch der Fazies sind sie eher südhelvetisch, im östlichen Teil sogar ultrahelvetisch. Im Allgäu, in Oberbayern und in Salzburg ist noch eine einigermaßen „helvetische" Schichtfolge anzutreffen, wie man sie aus den Schweizer Alpen kennt (Abb. 111, 112). Weiter im Osten gesellen sich dazu und vertreten schließlich allein Schichtfolgen mit pelagischen *Buntmergeln* das Helvetikum. Solche *Buntmergel*-Gesteine findet man in Vorarlberg im Ultrahelvetikum und kann daher auch den östlichen Bereich des Helvetikums als *„Ultrahelvetikum"* bezeichnen. Dieses hat freilich wenig gemeinsam mit dem Ultrahelvetikum der Schweiz.

Der helvetisch-ultrahelvetische Sockel und seine autochthone Bedeckung bleibt weithin im Untergrund verborgen, teils unter den Alpen, teils auch unter dem Molassebecken in Oberbayern (Abb. 190–194, 209–214, 202).

Die Schichtfolgen des sichtbaren Helvetikums s. l. reichen bis ins Eozän und ins unterste Oligozän (Abb. 111, 112, 127). Die Überschiebung durch das Penninikum der ostalpinen Flyschzone und die Kalkalpen ist demnach meist unteroligozän (vgl. Abb. 160).

Das (Ultra-)Helvetikum der Ostalpen erscheint auf den Abbildungen 389, 248, 390–391 (mit 329 unten zusammen), 328–330 im Profil. Im Gebiet östlich von Salzburg kommt es auch in Fenstern der ostalpinen Flyschzone zum Vorschein (vgl. S. 338) und zwar in Gestalt der ultrahelvetischen *Buntmergel*-Serie.

Diese *Buntmergel*-Serie bildet die Äußere (= Grestener) Klippenzone, die unmittelbar nördlich des Kalkalpenrandes aufbricht. Dort erscheinen in dieser Serie Schürflinge ihrer mutmaßlichen stratigraphischen Unterlage (Abb. 127, 202).

In einem Doppelfenster wird bei Rogatsboden (Abb. 330) sogar unter Flysch und Helvetikum die subalpine Molasse noch einmal sichtbar, die sich ja nach den Ergebnissen der Bohrung *Urmannsau* (vgl. S. 243) bis unter die Kalkalpen zurückverfolgen läßt.

Am Ostrand der Alpen ist das Helvetikum, sofern es im Untergrund überhaupt in nennenswerter Breite oder Fazies entwickelt ist, an der Oberfläche jedenfalls nicht sichtbar (Abb. 332, Wiener Wald).

Literatur: K. Birkenmajer 1961; W. del Negro 1949, 1960; M. Freimoser 1973; W. Janoschek 1964; S. Prey 1953; P. Schmidt-Thomé 1964, 1968; E. Thenius 1962; F. Traub 1938, 1953; F. Trauth 1954.

Molasse

Die Molasse ist in mehr oder minder breitem Becken fast am ganzen Außenrand der Alpen zu verfolgen. Dieser Raum wurde erst zuletzt, im Laufe des Oligozäns in den Bereich alpinen Geschehens einbezogen. Das alpine Hinterland hob sich in einem Maße, das die Anlieferung klastischer Massen in Gang setzte, die sich im nun stark absenkenden Molasse-Becken ablagerten. Zeitweilig griff die Molasse-Sedimentation auch auf tiefliegende Bereiche der Alpen selbst über.

Der paläogeographische Werdegang der Molasse ist im übrigen auf S. 123–125 beschrieben.

In der vorliegenden Abhandlung soll die Molasse indes nur insoweit behandelt werden, als sie in den tektonischen Bau des Alpengebirges einbezogen wurde. Dies trifft auf ihre Bereiche am und unter dem Alpenrand zu. Dort wurde die Molasse selbst überschoben und zum Teil selbst gefaltet oder verschuppt *(Subalpine Molasse = Faltenmolasse = Molasse charrié)*.

Der außerhalb liegende Bereich wird als Vorland-Molasse bezeichnet. Ein kleinerer interner Anteil dieser Vorland-Molasse wurde häufig im Grenzbereich zur subalpinen Molasse selbst aufgerichtet.

Der tektonische Bau der übrigen Vorland-Molasse bleibt hier außer Betrachtung, wenngleich daran erinnert werden muß, daß die Sedimente auch dieses Bereichs den Werdegang des Alpengebirges zur Zeit des jüngeren Tertiärs widerspiegeln. Auch hier wird auf die paläogeographische Beschreibung der Molasse hingewiesen.

Die außeralpine Molasse tritt heute in zwei getrennten Komplexen in Erscheinung. Das Rhône-Becken *(Bassin rhodanien)* (Abb. 1) ist vom übrigen Molasse-Becken nördlich der Alpen in Savoyen getrennt. Diese Trennung ist zuletzt auf axiale Heraushebung des Beckens seit Ende des Miozäns zurückzuführen. Während des Miozäns, ab Burdigal und Helvet war hier eine durchgehende Verbindung der Molasse vorhanden, wobei der Sediment-Transport z. B. während des Tortons von Osten nach Westen und dann nach Süden verlief (vgl. S. 125, Abb. 177). Die entsprechenden Schichtfolgen im Rhône-Becken und in Savoyen sind auf Abb. 105 und 106 zu finden.

Die Molasse im Rhône-Becken und seinen Anhängseln ist am Alpenrand aufgerichtet und vom Mesozoikum der frontalen *Chaines subalpines* überschoben (vgl. S. 371, Abb. 199, 200, 356, 358). Östlich von Castellane biegt der alpine Außenrand allerdings vom *Teriär-Becken von Forcalquier – Valensole* ab und verläuft im provençalischen Mesozoikum (Abb. 358 untere Profile, Abb. 359).

Am Nordrand der Alpen wird die subalpine Molasse fast überall vom Helvetikum überschoben. In den Ostalpen kommt der dort über dem Helvetikum folgende penninische Flysch oft in unmittelbaren tektonischen Kontakt mit der Molasse, bei tektonischer Unterdrückung des Helvetikums. Bei der Überschiebung der alpinen Decken-Körper wurden südliche Teile der Molasse von ihrer Unterlage abgerissen, verschuppt und verfaltet und damit zur subalpinen Molasse, die also unter den Alpen wurzelt (Abb. 207–214, 201–202, 190–197). Der Verlauf der subalpinen Molasse-Zone geht aus den Abbildungen 364–365, 386, 327 sowie 245 hervor.

Die Schichtfolgen dieser Bereiche sind im Auszug auf Abb. 128 verzeichnet. Da es sich in Nähe des Alpenrandes um den Teil der Molasse handelt, dessen Schichtfolge durch die wechselvollen Ereignisse im Liefergebiet besonders beeinflußt wurden, wechseln natürlich Fazies und Gesteinsabfolge und auch die Namen sehr rasch von Ort zu Ort. Am Südrand der Molasse finden sich vor allem die grobklastischen Sedimentkomponenten in großer Mächtigkeit dort angehäuft, wo die sedimentbringenden Flüsse aus dem Liefergebiet in das Molasse-Becken austraten.

Im Bereich der *Faltenmolasse* endet die Sedimentation früher als in der *Vorlands-Molasse*. Sie reicht kaum über das Oligozän hinaus (Abb. 128). Im Gegensatz dazu enthält die Vorlandsmolasse jüngere Schichtglieder (Abb. 129), die sich, wie erwähnt auch ins Rhône-Becken verfolgen lassen.

Die tektonische Struktur der subalpinen Molasse ist am Alpenrand zwischen Savoyen und dem östlichen Oberbayern im Prinzip relativ einheitlich. Die besteht aus Schuppen, die nach außen mehr oder weniger steil überschoben sind. Oft zeigen diese Schuppen in sich eine Mulden-Struktur teils von regelmäßiger Form, teils auch mit sehr ausgeprägtem südfallenden Nordflügel und kurzem, steilstehendem, oft unterdrücktem Südschenkel. Die *subalpine Molasse* ist wohl meist entlang den tonigen Gesteinen des Rupel (vgl. Abb. 128) von ihrem Untergrund abgeschert, der meist aus Malm, in der Schweiz und in Oberbayern auch aus (Unter-)Kreide besteht.

Die einzelnen Schuppen und Mulden lösen sich im Streichen seitlich ab, steigen axial auf und ab, verändern Anzahl und Namen. Die Profile auf den Abbildungen 297, 300, 388–391, 329–330 vermögen nur eine kleine Auswahl anzubieten.

In Savoyen setzt die subalpine Molasse als eigentliches tektonisches Element nach Osten zu erst dort ein, wo alpine Decken *(Préalpes)* auf sie geglitten sind und ihre Ablösung vom Untergrund veranlaßten. Im Profil auf Abb. 361 westlich des genannten Bereiches besteht die Grenze Molasse/Alpen nämlich nur in einer Aufschiebung der letzteren, eine intensive Schuppung der Molasse ist nicht vorhanden. Damit gleicht die Struktur derjenigen im Rhône-Becken (vgl. oben).

Ältere Schichtglieder des Tertiärs liegen hier wie in den *Chaines subalpines* westlich des Rhône-Beckens noch im stratigraphischen Verband mit älteren Gesteinen innerhalb der *Chaines subalpines*.

Im Val d'Illiez ist die Molasse überdies bis nahe an den Südrand ihrer ursprünglichen Verbreitung zu verfolgen und wird unter der Hinterfront der *Préalpes*-Decken (Ultrahelvetikum und Penninikum) sichtbar (vgl. S. 97, S. 372 und Abb. 363).

Aus dieser weiten Verbreitung alpeneinwärts darf man schließen, daß auch in anderen, nicht entsprechend tief aufgeschlossenen Bereichen die Molasse bis weit nach Süden unter die helvetischen Decken und evtl. höhere Decken reicht.

In der Schweiz ist die Falten-Molasse meist in Schuppen-Struktur entwickelt. Als Härtlinge ragen die jetzt südfallenden Konglomerat-Komplexe z. B. am Rigi, am Speer und östlich des Genfer Sees auch morphologisch heraus.

Die *subalpine Molasse* der Schweiz erscheint auch zum Teil auf den Profilen auf Abb. 374, 376, 378, 379, 381, 383, 384.

Profile durch die subalpine Molasse und die aufgerichtete Vorlandsmolasse in Bayern zeigen die Abbildungen 389, 390 (zum Teil auch 248). Die Erstreckung und Benennung der einzelnen Mulden geht aus Abb. 386 hervor.

Die Profile lassen das Auswärtswandern der grobklastischen Fazies im Laufe der Molasse-Ablagerung gut erkennen! Die Konglomerate jeweils jüngerer Zeitabschnitte liegen auch jeweils alpenrandferner. Zur Zeit ihrer Schüttung hatten sich rückwärtige Teile der großen Schotterkegel bereits über das Sedimentations-Niveau gehoben.

In Salzburg tritt die subalpine Molasse eigentlich nur unter Tage in Erscheinung, was erst im Zuge lebhafter Bohrtätigkeit nach Erdöl bekannt wurde. In der „*Schuppenzone von Perwang*" ist älteres Tertiär zusammen mit Oberkreide mehrfach verschuppt. Darüber transgrediert Aquitan. Die Überschiebung von Helvetikum und Flysch erfolgte erst posthelvetisch, da auch das Helvet noch aufgerichtet wurde.

Die auf Abb. 327 eingezeichnete subalpine Molasse in Nieder- und Oberösterreich umfaßt den Bereich, in welchem die Molasse an der Oberfläche aufgerichtet und stellenweise überschoben wurde, wie auf Abb. 330 und 332 dargestellt.

Im Untergrund dürfte auch hier die Molasse eine Verschuppung wie bei Perwang zeigen. Dafür spricht auch der Aufbruch von Molasse im *Fenster von Rogatsboden* (Abb. 330).

Über das Alter der Überschiebungen am Alpenrand vgl. S. 338.

Das *inneralpine Wiener Becken* scheidet die Alpen von den Karpathen (Abb. 2, 392). Es wird hier nur am Rande erwähnt. Die Schichtfolge (Abb. 132) zeigt, daß dieser Raum etwa gleichzeitig mit dem *Außeralpinen Wiener Becken (= Molasse-Becken)* in die Sedimentation einbezogen wurde, daß diese aber länger dauerte als in der Molasse.

Die Transgression von Burdigal und Helvet fixiert den damaligen Entwicklungszustand des alpinen Untergrunds, der aus ostalpiner Flyschzone und Kalkalpin besteht (Abb. 393 und 394).

Die Ostalpine Flyschzone setzt sich übertage über die Donau hinweg nach Nordosten fort. In der außerhalb liegenden Waschberg-Zone erscheinen Klippen der Äußeren Klippenzone (vgl. S. 400) an Störungen im Burdigal und Helvet aufgeschuppt (Abb. 392, 394).

Die vergleichsweise einfach gebauten Tertiär-Becken im Südosten der Alpen *(Steirisches Becken, Eisenstadter Becken),* sowie die inneralpinen Tertiär-Becken der Ostalpen wurden schon früher im Zusammenhang mit der Paläogeographie erwähnt (S. 125, S. 221).

Literatur (vgl. auch Angaben im betreffenden Kapitel über Stratigraphie):
F. ABERER 1958, 1962; E. BAUMBERGER 1934; M. BEHRENS, K. FRANK, K. HÖLLEIN, W. V. SPAETH & P. WURSTER 1970; R. V. BLAU 1966; F. BREYER 1960; W. FISCHER 1960; H. FÜCHTBAUER 1958; O. GANSS & P. SCHMIDT-THOMÉ 1955; U. GASSER 1968; K. HABICHT 1945, 1945, 1954; H. HAGN 1960, 1972; H. HAUS 1937; A. HOLLIGER 1955; H. KIDERLEN 1931; K. LEMCKE 1973; L. MORNOD 1949; F. MUHEIM 1934; R. OCHSNER 1935; N. PAVONI 1961; S. PREY 1958; F. SAXER 1938; S. SCHIEMENZ 1960; W. SCHMIDT-THOMÉ 1960/1963, 1962, 1968; J. W. SCHROEDER & C. DUCLOZ 1955; H. SCHUPPLI 1952; W. STEPHAN 1964; H. TANNER 1944; F. TRAUB 1948.

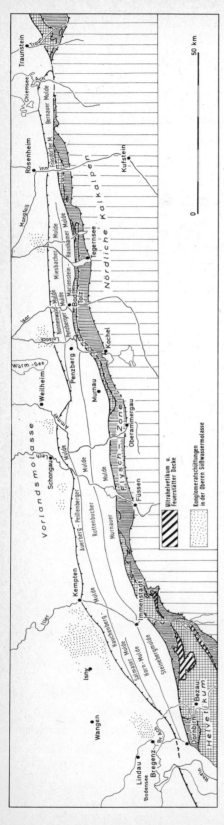

Abb. 386: Tektonische Übersichtskarte des nördlichen Alpenrandes zwischen Rhein und Traun: *Vorlandmolasse*, „Mulden"-Zonen der subalpinen Molasse (= *Faltenmolasse*), Flysch, Helvetikum und Kalkalpennordrand. Nach Übersichtskarte der süddeutschen Molasse 1955, ergänzt.

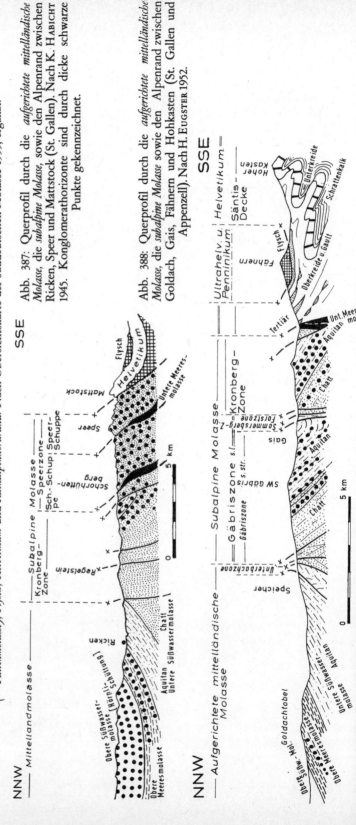

Abb. 387: Querprofil durch die *aufgerichtete mittelländische Molasse*, die *subalpine Molasse*, sowie den Alpenrand zwischen Ricken, Speer und Mattstock (St. Gallen). Nach K. Habicht 1945. Konglomerathorizonte sind durch dicke schwarze Punkte gekennzeichnet.

Abb. 388: Querprofil durch die *aufgerichtete mittelländische Molasse*, die *subalpine Molasse* sowie den Alpenrand zwischen Goldach, Gais, Fähnern und Hohkasten (St. Gallen und Appenzell). Nach H. Eugster 1952.

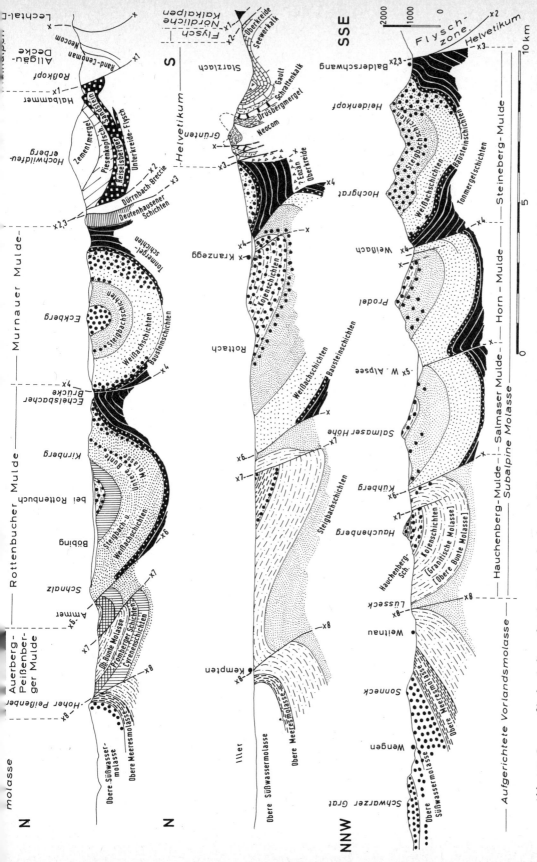

Abb. 389: Querprofile durch die *aufgerichtete Vorlandsmolasse* und die *subalpine Molasse*, sowie z. T. durch *Helvetikum* und die *Flyschzone* im Bereich des Ammertales (oben), des Illertales und des Grüntens (Mitte) und durch die Allgäuer Berge zwischen Schwarzem Grat, Hauchenberg und Hochgrat (unten). Nach P. SCHMIDT-THOMÉ 1955. Konglomerathorizonte sind durch dicke schwarze Punkte gekennzeichnet.

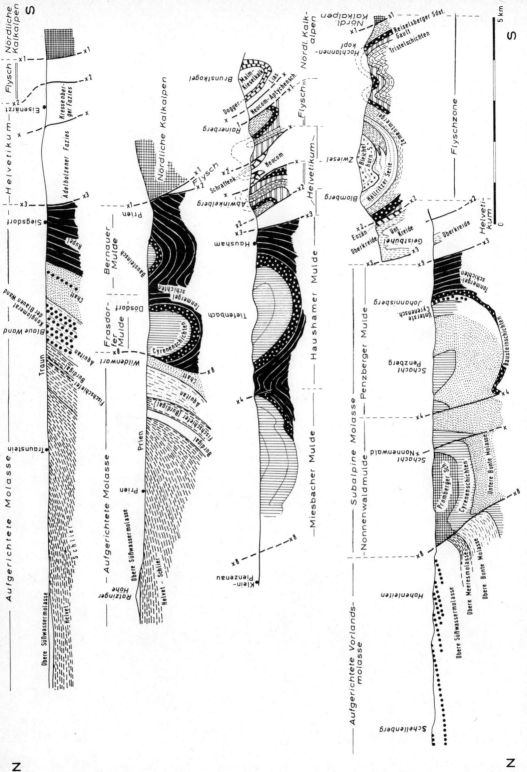

Abb. 390: Querprofile durch die *aufgerichtete Vorlandsmolasse*, die *subalpine Molasse*, das *Helvetikum*, die *Flyschzone* und den Kalkalpenrand entlang des Trauntales (ganz oben), des Prientales (Mitte oben), bei Hausham und Schliersee (Mitte unten), sowie durch den Zwiesel und Penzberg W Bad Tölz (ganz unten). Nach P. Schmidt-Thomé 1955, 1962; O. Ganss 1955). Vgl. Abb. 389. Entsprechende Überschiebungen tragen gleiche Numerierung.

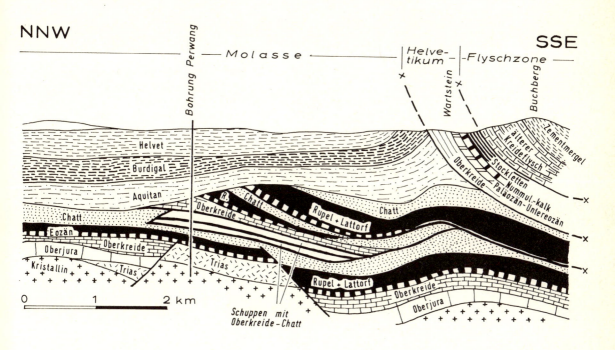

Abb. 391: Querprofil durch *Molasse* und angrenzendes *Helvetikum* sowie *Flyschzone* östlich Salzburg. *Schuppenzone von Perwang*. Nach F. Aberer und S. Prey in W. del Negro 1960.

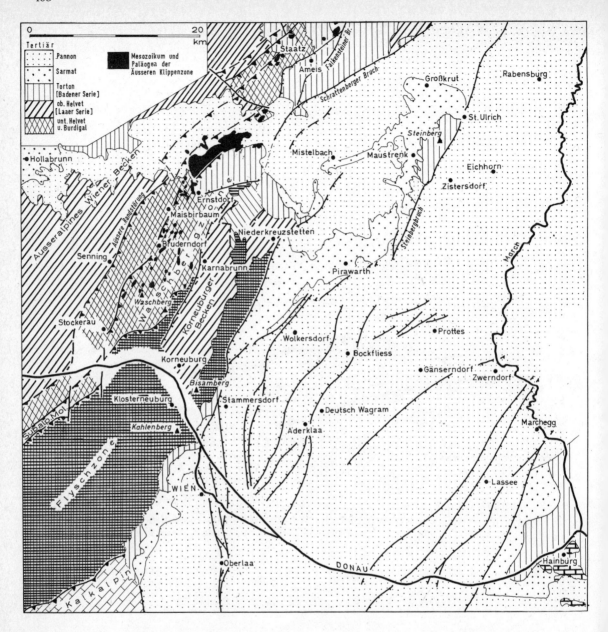

Abb. 392: Geologische Übersichtskarte des *außer- und inneralpinen Wiener Beckens* und der *Waschbergzone* (Quartär abgedeckt) (nach R. Grill in R. Grill & J. Kapounek 1964).

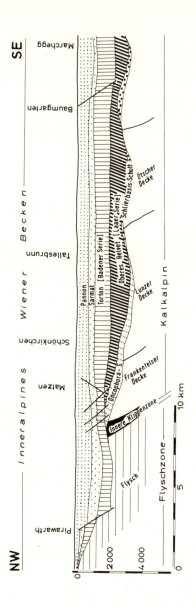

Abb. 393: Querprofil durch das *inneralpine Wiener Becken* (vereinfacht nach J. KAPOUNEK, vgl. Abb. 394). Das Profil weist einige Knicke auf.

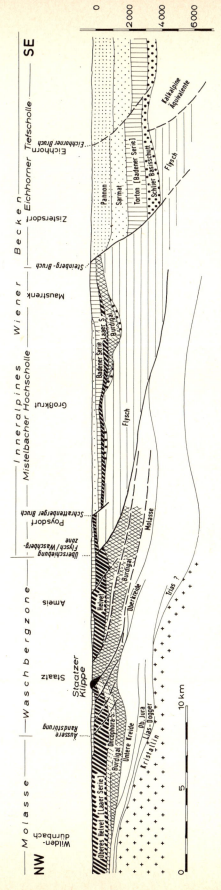

Abb. 394: Querprofil durch das *außeralpine Wiener Becken* (Molasse), die *Waschbergzone* und das *inneralpine Wiener Becken* (vereinfacht nach J. KAPOUNEK & A. KRÖLL in R. GRILL & J. KAPOUNEK 1964). Das Profil weist einige Knicke auf.

Literaturverzeichnis

Hinweis: In der 2. Auflage nachgetragene Literatur ist in einem Anhang am Ende (S. 437) dieses Verzeichnisses aufgeführt. Es wird gebeten, dort nachzuschlagen, wenn ein Titel im Literaturverzeichnis nicht zu finden ist.

ABELE, G., FUCHS, B. & STEPHAN, W.: Die westliche bayerische Vorlandmolasse. - Erl. geol. Übersichtskt. süddt. Molasse, München 1955.
ABERER, F.: Die Molassezone im westlichen Oberösterreich und in Salzburg. - Mitt. geol. Ges. Wien 50, Wien 1958.
— Bau der Molassezone östlich der Salzach. - Z. dt. geol. Ges. 113, Hannover 1962.
ABERER, F. & BRAUMÜLLER, E.: Über Helvetikum und Flysch im Raume nördlich Salzburg. - Mitt. geol. Ges. Wien 49, Wien 1958.
ABERER, F., JANOSCHEK, R., PLÖCHINGER, B. & PREY, S.: Erdöl Oberösterreichs, Flyschfenster der Nördlichen Kalkalpen. - Mitt. geol. Ges. Wien 57, Wien 1964.
ACCORDI, B.: Nuove richerche sui corrugamenti di vetta (Gipfelfaltungen) delle Dolomiti occidentali. - Boll. Soc. geol. Ital. 76, Roma 1957.
AGTERBERG, F. P.: Tectonics of the crystalline basement of the Dolomites in North Italy. - Geol. ultraiectina 8, Utrecht 1961.
ALESINA, A., CAMPANINO, F. & ZAPPI, L.: La "Zona dei Flysch" compresa tra l'alta Val Vermenagna e la Valle die Roaschia (Alpi Marittime - Cuneo). - Boll. Soc. geol. Ital. 83, Roma 1964.
ALEXANDER, P., BLOCH, P., SIGL, W. & ZACHER, W.: Helvetikum und "Ultrahelvetikum" zwischen Bregenzer Ache und Subersach (Vorarlberg) - Z. dt. geol. Ges. 116, Hannover 1965 - Verh. geol. Bundesanst. Sonderh. G, Wien 1965.
ALLEMANN, F.: Geologie des Fürstentums Liechtenstein. III. Teil. - Vaduz 1956.
ALLEMANN, F. & BLASER, R.: Vorläufige Mitteilungen über die Flyschbildungen im Fürstentum Liechtenstein. - Eclog. geol. Helvet. 43, Basel 1951.
ALLEMANN, F., BLASER, R. & NÄNNY, P.: Neuere Untersuchungen in der Vorarlberger Flyschzone. - Eclog. geol. Helvet. 44, Basel 1951.
ALSAC, C.: Contribution à l'Etude des albitophyres et orthoalbitophyres du Dôme de Remollon (Hautes-Alpes). - Trav. Lab. Géol. Grenoble 37, Grenoble 1961.
d'AMBROSI, C.: Sviluppo e caratteristiche della serie stratigrafica del Carso triestino. - Boll. Soc. Adria Sci. 51, Trieste 1960.
AMPFERER, O.: Geologische Untersuchungen über die exotischen Gerölle und die Tektonik niederösterreichischer Gosauablagerungen. - Dt. Akad. Wiss., math.-naturwiss. Kl. 96, Wien 1918.
— Erläuterungen zu den geologischen Karten der Lechtaler Alpen. - Wien 1932.
— Geologischer Führer für das Kaisergebirge. - Wien 1933.
— Geologischer Führer für die Gesäuseberge. - Wien 1935.
— Probleme der Arosazone im Rätikon-Gebirge. - Mitt. geol. Ges. Wien 33, Wien 1940.
AMSTUTZ, A.: Sur la zone dite des racines dans les Alpes occidentales. - Arch. Sci. 4, Genève 1951.
— Notice pur une carte géologique de la vallée de Cogne et de quelque autres espaces au sud d'Aoste. - Arch. Sci. 15, Genève 1962.
AMSTUTZ, C. G.: Kleintektonische und stratigraphische Beobachtungen im Verrucano des Glarner Freiberges. - Eclog. geol. Helvet. 50, Basel 1957.
ANDEREGG, H.: Geologie des Isentals (Kanton Uri). - Beitr. geol. Kt. Schweiz N. F. 77, Bern 1940.
ANDERLE, N.: Zur Schichtfolge und Tektonik des Dobratsch und seine Beziehung zur alpin-dinarischen Grenze. - Jb. geol. Bundesanst. 94, Wien 1951.
ANDERLE, N., BECK-MANNAGETTA, P., STOWASSER, H., THURNER, A. & ZIRKL, E.: Murau-Gurktal-Villach (Altkristallin, Paläozoikum, Mesozoikum). - Mitt. geol. Ges. Wien 57, Wien 1964.
ANDREATTA, C.: Aufeinanderfolge der magmatischen Tätigkeiten im größten permisch-vulkanischen Schild der Alpen. - Geol. Rdsch. 48, Stuttgart 1959.
ANGEIRAS, A. G.: Geology of Kirchberg am Wechsel and Molz Valley Areas (Semmering Window). Lower Austria. - Jb. geol. Bundesanst. 110, Wien 1967.
ANGEL, F.: Unser Erzberg. - Mitt. naturwiss. Verein. Steiermark 75, Graz 1939.
— Mineralfazies und Mineralzonen in den Ostalpen. - Jb. Univ. Graz 1, Graz 1940.
— Petrochemie der Hochalm - Ankogel-Gesteine. - Jb. geol. Bundesanst. 97, Wien 1954.
ANGEL, F. & STABER, R.: Gesteinswelt und Bau der Hochalm-Ankogel-Gruppe. - Wiss. Alpenver. H. 13, Innsbruck 1952.
ANGERMEIER, H.-O., PÖSCHL, A. & SCHNEIDER, H.-J.: Die Gliederung der Raibler Schichten und die Ausbildung ihrer Liegendgrenze in der "Tirolischen Einheit" der östlichen Chiemgauer Alpen. - Mitt. bayer. Staatssamml. Paläont. hist. Geol. 3, München 1963.
ARBENZ, P.: Geologische Untersuchung des Frohnalpstockgebietes (Kanton Schwyz). - Beitr. geol. Kt. Schweiz N. F. 18, Bern 1905.
— Zur Kenntnis der Bohnerzformation in den Schweizeralpen. - Beitr. geol. Kt. Schweiz N. F. 24 I, Bern 1910.
— Die helvetische Region. - Geol. Führer Schweiz, 2, Basel 1934.

ARGAND, E.: La zone pennique. - Guide géol. Suisse 3, Bâle 1934.
ARNAUD, H.: Contribution à l'étude géologique des plateaux du Vercors méridional. - Trav. Lab. Géol. Grenoble 42, Grenoble 1966.
— Contribution à l'étude du Diois nord-oriental. - Trav. Lab. Géol. Grenoble 42, Grenoble 1966.
ARNI, P.: Foraminiferen des Senons und Untereocäns im Prätigauflysch. - Beitr. geol. Kt. Schweiz N. F. 65, Bern 1933.
— Der Ruchbergsandstein - Eclog. geol. Helvet. 26, Basel 1933.
ARNOLD, A. & JÄGER, E.: Sb-Sr-Altersbestimmungen an Glimmern im Grenzbereich zwischen voralpinen Alterswerten und alpiner Verjüngung der Biotite. Messungen an Gesteinen des Gotthardmassivs und des Tavetscher Massivs. ... - Eclog. geol. Helvet. 58, Basel 1965.
AUBERT De la Rue, E. & WEIDMANN, M.: Nouvelles découvertes d'ammonites dans la couverture sédimentaire du Massif du Gotthard - Eclog. geol. Helvet. 59, Bâle 1966.
AUBOUIN, J.: Essai sur la paléogéographie post-triasique et l'évolution secondaire et tertiaire du versant sud des Alpes orientales (Alpes méridionales Lombardie et Vénétie, Italie; Slovénie occidentale, Yougoslavie). - Bull. Soc. géol. France 7e sér. 5, Paris 1963.
— Réflexions sur le faciès "Ammonitico rosso" - Bull. Soc. géol. France 7e sér. 6, Paris 1964.
AUBOUIN, J., BOSSELINI, A. & COUSIN, M.: Sur la paléogéographie de la Vénétie au Jurassique. - Mem. geopaleont. Univ. Ferrara 1, Ferrara 1965.
AUBOUIN, J. & MENESSIER, G.: Essai sur la structure de la Provence - Livre mém. P. FALLOT 2, Paris 1960/1963.
ANTOINE, P.: Les écailles frontales de la zone des Breches de Tarentaise entre les Chapieux et le haut Val Veni (Savoie - Pays d'Aoste). - Trav. Lab. Géol. Grenoble 41, Grenoble 1965.
— Sur la tectonique de la zone des Brèches de Tarentaise au Niveau du glacier de Miage (Val Veni, Italie). - Trav. Lab. Géol. Grenoble 42, Grenoble 1966.
— Nouvelles donnée sur la structure du Flysch de Tarentaise, entre Doire de Veni et Doire de Verney (Val d'Aoste). - Trav. Lab. Géol. Grenoble 42, Grenoble 1966.
— Sur la position structurale de la "Zone du Versoyen" (Nappe des Brèches de Tarentaise sur les confines franco-italiens). - Géol. alpine 44, Grenoble 1968.
BADOUX, H.: La géologie de la Zone des Cols entre la Sarine et le Hahnenmoos. - Mat. cte. géol. Suisse N. S. 84, Berne 1945.
— L'Ultra-Helvétique au Nord du Rhône valaisan. - Mat. cte. géol. Suisse N. S. 85, Berne 1946.
— A propos des Préalpes du Chablais. - Livre Mém. P. FALLOT 2, Paris 1960/1963.
— Géologie des Préalpes valaisannes (Rive gauche du Rhône). - Mat. cte. géol. Suisse N. S. 113, Berne 1962.
— Les Unités ultrahelvétiques de la Zone des Cols. - Eclog. geol. Helvet. 56, Bâle 1963.
— Trias des Préalpes. - Mém. Bur. Rech. géol. min. 15, Paris 1963.
— Les relations de l'Ultrahelvétique et des Préalpes médianes dans la vallée de la Grande Eau. - Eclog. geol. Helvet. 58, Bâle 1965.
— Description géologique des Mines et Salines de Bex et de leurs environs. - Mat. géol. Suisse, Sér. géotechn. 41, Berne 1966.
— Géologie abrégée de la Suisse - Guide géol. Suisse, 2e éd. 1, Bâle 1967.
— De quelques phénomènes sédimentaires et gravifiques liés aux orogenèses. - Eclog. geol. Helvet. 60, Bâle 1967.
BADOUX, H. & GYGON, Y.: Présence du Flysch cénomaien de la Simme dans les Préalpes valaisannes. - Eclog. geol. Helvet. 51, Bâle 1958.
BADOUX, H. & MERCANTON, C.-H.: Essai sur l'évolution tectonique des Préalpes médianes du Chablais. - Eclog. geol. Helvet. 55, Bâle 1962.
BADOUX, H. & WEIDMANN, M.: Sur l'âge du Flysch à Helminthoides des Préalpes romandes et chablaisiennes. - Eclog. geol. Helvet. 56, Bâle 1963.
— Sur l'âge de la série salifère de Bex (Ultrahelvétique). - Bull. Lab. Géol. Min. etc. Univ. Lausanne 148, Lausanne 1964.
BAGGIO, P., FERRARA, G. & MALARODA, R.: Results of some Sb/Sr-Age Determinations of the Rocks of the Mont Blanc Tunnel. - Boll. Soc. Geol. It. 86, Roma 1967.
BARBIER, R.: Les zones ultradauphinoise et subbriançonnaise entre l'Arc et l'Isère.
— Mém. cte. géol. France, Paris 1948.
— Réflexions sur la zone dauphinoise orientale et la zone ultradauphinoise. - Livre Mém. P. FALLOT, 2, Paris 1960/1963.
— Reliefs "vindéliciens" et la transgression liasique dans la zone dauphinoise. Apercu paléogéographique de cette zone au Lias. - Mém. Bur. Rech. géol. min. 4, Paris 1961.
— La tectonique de la zone ultradauphinoise au NE du Pelvoux - Trav. Lab. Géol. Grenoble 39, Grenoble 1963.
— Quelques réflexions sur le Trias des zones externes des Alpes francaises. - Mém. Bur. Rech. géol. min. 15, Paris 1963.
— La zone subbriançonnaise dans la région du col du Galibier. - Trav. Lab. Géol. Grenoble 39, Grenoble 1963.
BARBIER, R., BLOCH, J.-P., DEBELMAS, J. et al.: Problèmes paléogéographiques et structuraux dans les zones internes des Alpes occidentales entre Savoie et Méditerranée. - Livre Mém. P. FALLOT, 2, Paris 1960/1963.
BARBIER, R. & DEBELMAS, J.: Réflexions et vues nouvelles sur la zone subbriançonnaise au N du Pelvoux. - Trav. Lab. Géol. Grenoble 42, Grenoble 1966.
BARBIER, R. & TRÜMPY, R.: Sur l'âge du Flysch de la zone des Brèches de Tarentaise.
— Bull. Soc. géol. France, 5e sér. 5, Paris 1955.
BARTHEL, K.: Le Crétacé inférieur de la région Est du bassin à Molasse. - Mém. Bur. Rech. géol. min. 34, Paris 1965.
BEARTH, P.: Geologie - in Simplonstraße Brig-Gondo-Iselle-Domodossola. - Schweiz. Alpenposten, Bern 1950.

BEARTH, P.: Geologie und Petrographie des Monte Rosa. - Beitr. geol. Kt. Schweiz N. F. 96, Bern 1953.
— Blatt 535 Zermatt. - Geol. Atlas Schweiz, Erl. Bern 1953.
— Geologische Beobachtungen im Grenzgebiet der lepontinischen und penninischen Alpen. - Eclg. geol. Helvet. 49, Basel 1956.
— Zur Geologie der Wurzelzone östlich des Ossolatales. - Eclog. geol. Helvet. 49, Basel 1956.
— Die Umbiegung von Vanzone (Valle Anzasca). - Eclog. geol. Helvet. 50, Basel 1957.
— Contribution à la subdivision tectonique et stratigraphique du Cristallin de la nappe du Grand-Saint-Bernard dans le Valais (Suisse). - Livre Mém. P. FALLOT 2, Paris 1960/1963.
— Versuch einer Gliederung alpinmetamorpher Serien der Westalpen. - Schweiz. miner. petrogr. Mitt. 42, Zürich 1962.
BEARTH, P. & LOMBARD, A.: Sion. - Not. expl. cte. géol. gén. Suisse 6, Berne 1964.
BEARTH, P., NABHOLZ, W. K., STRECKEISEN, A. & WENK, E.: Exkursion Nr. 20 - Simplonpaß: Brig-Domodossola. - Geol. Führer Schweiz, 2. Aufl. 5, Basel 1967.
BECK-MANNAGETTA, P.: Zur Geologie und Paläontologie des Tertiärs des unteren Lavanttales. - Jb. geol. Bundesanst. 95, Wien 1952.
— Der Bau der östlichen St. Pauler Berge. - Jb. geol. Bundesanst. 98, Wien 1955.
— Übersicht über die östlichen Gurktaler Alpen. - Jb. geol. Bundesanst. 102, Wien 1959.
— Zum Bau des Beckens des unteren Lavanttales - Verh. geol. Bundesanst. 1959, Wien 1959.
— Die Stellung der Gurktaler Alpen im Kärntner Kristallin. - Internat. Geol. Congr. Rep. 21st. Sess. Norden 13, Copenhagen 1960.
— Zur Kenntnis der Trias der Griffener Berge. - Skizzen zum Antlitz der Erde, Wien 1953.
— Beiträge zur Gosau des Lavanttales (Ostkärnten). - Mitt. naturwiss. Verein. Steiermark 94, Graz 1964.
— Das Auerling-Fenster im Koralmkristallin. - Anz. math.-naturwiss. Kl. österr. Akad. Wiss. 1966, Wien 1966.
— Die "venoide" Entstehung der Koralpengneise. - Joanneum 1967, Graz 1967.
BEDERKE, E. & WUNDERLICH, H.-G.: Atlas zur Geologie. - Mannheim 1968.
BELLAIR, P.: Pétrographie et tectonique des Massifs centraux dauphinois. I. le haut Massiv. - Mém. cte. géol. France, Paris 1948.
BELLINI, A.: Petrogenesi e significate stratigrafico dei porfiroidi - cosidetti Besimauditi - dell' areale savonese delle Alpi Liguri. - Atti Ist. geol. Univ. Genova 1, Genova 1964.
BEMMELEN, R. W. van: Beitrag zur Geologie der westlichen Gailtaler Alpen (Kärnten, Österreich) (Erster Teil). - Jb. geol. Bundesanst. 100, Wien 1957.
— (Zweiter Teil). - Jb. geol. Bundesanst. 104, Wien 1961.
BEMMELEN, R. W. van & MEULENKAMP, J. E.: Beiträge zur Geologie des Drauzuges (Kärnten, Österreich) (Dritter Teil). Die Lienzer Dolomiten und ihre geodynamische Bedeutung für die Ostalpen. - Jb. geol. Bundesanst. 108, Wien 1965.
BENEDICT, P. C.: Zur Tektonik der südlichen Granatspitzgruppe (Hohe Tauern). - Diss. Zürich 1952.
BENTZ, F.: Geologie des Sarnersee-Gebietes (Kt. Obwalden). - Eclog. geol. Helvet. 41, Basel 1948.
BERNARD, J.: Die Mitterberger Kupferkieslagerstätte, Erzführung und Tektonik. - Jb. geol. Bundesanst. 109, Wien 1966.
BERNOULLI, D.: Die Auflagerung der Radiolaritgruppe im Südtessin. - Eclog. geol. Helvet. 53, Basel 1960.
— Zur Geologie des Monte Generoso. Ein Beitrag zur Kenntnis der südalpinen Sedimente. - Beitr. geol. Kt. Schweiz N. F. 118, Bern 1964.
BESLER, W.: Die Jura-Fleckenmergel des Tannheimer Tales (Außerfern-Tirol). - Jb. geol. Bundesanst. 102, Wien 1959.
BETTENSTAEDT, F.: Zur stratigraphischen und tektonischen Gliederung von Helvetikum und Flysch in den Bayerischen und Vorarlberger Alpen auf Grund mikropaläontologischer Untersuchungen. - Z. dt. geol. Ges. 109, Hannover 1958.
BEUF, S., BIJU-DUVAL, B. & GUBLER, Y.: Les formations volcano-détriques du Tertiaire de Thônes (Savoie), du Champsaur (Hautes-Alpes) et de Clumane (Basses-Alpes). - Trav. Lab. Géol. Grenoble 37, Grenoble 1961.
BIRKENMAJER, K.: Remarks on the Geology of the Grestener Klippenzone, Voralpen (Austria). - Bull. Acad. Poln. Sci., Sér. géol. géogr. 9, Warszawa 1961.
BISIG, W. K.: Blattengratflysch und Sardonaflysch im Sernftal nördlich der Linie Richetlipaß-Elm-Ramintal-Große Scheibe. - Diss. ETH Zürich 1957.
BLANC, B. L.: Zur Geologie zwischen Madesimo und Chiavenna (Provinz Sondrio, Italien). - Diss. ETH Zürich 1965.
BLASER, R.: Geologie des Fürstentums Liechtenstein, 2. Teil. Geologie des nördlichen Gebietes. Schellenberg, Drei-Schwestern-Gruppe und Umgebung von Vaduz. Mit Anhang: Fläscherberg. - Hist. Verein. Fürstentum Liechtenstein, Vaduz 1952.
BLAU, R. V.: Molasse und Flysch im östlichen Gurnigelgebiet (Kt. Bern). - Beitr. geol. Kt. Schweiz N. F. 125, Bern 1966.
BLESER, R.: Geologische Studien am Westende der Hohen Tauern östlich der Brennerlinie. - Bull. Inst. Grand-Duc. Luxembourg, Luxembourg 1934.
BLOCH, J.-P.: Apercu général sur le Trias du "domaine briançonnais" ligure. - Mém. Bur. rech. géol. min. 15, Paris 1963.
BOCQUET, J.: Le delta miocène de Voreppe (étude des faciès conglomératiques du Miocène des environs de Grenoble). - Trav. Lab. Géol. Grenoble 42, Grenoble 1966.
BODEN, K.: Die Geröllführung der miozänen und oligozänen Molasseablagerungen im südbayer. Alpenvorland zwischen Lech und Inn und ihre Bedeutung für die Gebirgsbildung. - Mitt. geogr. Ges. München 18, München 1926.

BOESCH, H. H.: Geologie der zentralen Unterengadiner Dolomiten zwischen Ofenpaßhöhe und Val Laschadura (Graubünden) (Stratigraphie, Tektonik, Morphologie). - Diss. Univ. Zürich 1937.
BOESCH, H., CADISCH, J. & WENK, E.: Blatt 424 Zernez. - Geol. Atlas Schweiz, Erl. Bern 1953.
BOESCH, H. & LEUPOLD, W.: Geologie - in Ofenpaß. - Schweiz. Alpenposten, Bern 1955.
BOLLER, K.: Stratigraphische und mikropaläontologische Untersuchungen im Neocom der Klippendecke. - Eclog. geol. Helvet. 56, Basel 1963.
BONI, A.: La ligne judicarienne et la limite nord-ouest de l' Apennin septentrional. - Geol. Rdsch. 53, Stuttgart 1963.
BORDET, C.: Recherches géologiques sur la partie septentrionale du Massif de Belledonne (Alpes francaises). - Mém. cte. géol. France, Paris 1961.
BORDET, P.: Le dôme permien du Barrot (A.-M.) et son auréole de terrains secondaires. - Bull. cte. géol. France 53, Paris 1950.
BORDET, P. & BORDET, C.: Belledonne-Grandes rousses et Aiguilles Rouges-Mont-Blanc. Quelques données nouvelles sur leurs rapports structuraux. - Livre Mém. P. FALLOT 2, Paris 1960/1963.
BORNHAUSER, M.: Geologische Untersuchung der Niesenkette. - Mitt. nat. wiss. Ges. Bern, Bern 1929.
BORNHORST, A. K.: Geologie des Kalkalpenbereiches zwischen Vilser Alpen, Thaneller und dem Plan-See in Tirol. - Diss. TH München 1958.
BORNUAT, M.: Etude de couverture sédimentaire de la bordure Ouest du Massif des Grandes Rousses au Nord de Bourg d' Oisans (Isère). - Trav. Lab. Géol. Grenoble 38, Grenoble 1962.
— Trias du synclinal de Vaujany (près de Bourg d' Oisans, Isère). - Mém. Bur. Rech. géol. min. 15, Paris 1963.
BORTOLAMI, G.: Il porfido granitico di Monte Locolà nel Biellese. - Atti Soc. Ital. Sci. Naturali 103, Milano 1964.
— Rapporti cronologico-genetici fra graniti e vulcaniti permiane del Biellese. - Atti Soc. ital. Sci. Naturali 104, Milano 1965.
BORTOLAMI, G., CARRARO, F. & SACCI, R.: Le migmatiti della Zona Diorito-kinzigita nel Biellese ed il lore inquadramente geotettonico. Nota preliminare. - Boll. Soc. geol. ital. 84, Roma 1965.
BOTTERON, G.: Etude géologique de la région du Mont d' Or (Préalpes romandes). - Eclog. geol. Helvet. 64, Bâle 1961.
BOUMA, A. H.: Sedimentology of some Flysch deposits. A graphic approach to facies interpretation. - Amsterdam/New York 1962.
BRAUCHLI, R.: Geologie von Mittelbünden. Geologie der Lenzerhorngruppe. - Beitr. geol. Kt. Schweiz N. F. 49 II, Bern 1921.
BREYER, F.: Die orogenen Phasen der Gefalteten Molasse, des Helvetikums und des Flysches im westlichen Bayern und in Vorarlberg. - Abh. dt. Akad. Wiss. Berlin, Kl. III 1960, Berlin 1960.
BRINKMANN, R.: Zur Schichtfolge und Lagerung der Gosau in den nördlichen Ostalpen. - Sitz.-Ber. preuß. Akad. Wiss. 27, Berlin 1934.
— Bericht über vergleichende Untersuchungen in den Gosau-Becken der östlichen Nordalpen. - Sitz.-Ber. Akad. Wiss. Wien, math.-naturwiss. Kl. I, 114, Wien 1935.
— Die Ammoniten der Gosau und der Flysch in den nördlichen Ostalpen. - Mitt. geol. Staatinst. Hamburg 15, Hamburg 1935.
BRUECKNER, W.: Stratigraphie des autochthonen Sedimentmantels und der Griesstockdecke im oberen Schächental (Kanton Uri) und eine Studie zur nordhelvetischen Schichtfolge. - Verh. naturforsch. Ges. Basel 48, Basel 1937.
— Tektonik des oberen Schächentals (Kanton Uri). - Beitr. geol. Kt. Schweiz N. F. 80, Bern 1943.
— Lithologische Studien und zyklische Sedimentation in der helvetischen Zone der Schweizeralpen. - Geol. Rdsch. 39, Stuttgart 1951.
— Globigerinenmergel und Flysch, ein Beitrag zur Geologie der jüngsten helvetisch-ultrahelvetischen Ablagerungen der Schweizeralpen. - Verh. naturforsch. Ges. Basel 63, Basel 1952.
BRUGGMANN, H. O.: Geologie und Petrographie des südlichen Misox (Val Grono, Val Leggia, Val Cama). - Mitt. geol. Inst. ETH u. Univ. Zürich N. F. 45, Zürich 1965.
BRUNNSCHWEILER, R. O.: Beiträge zur Kenntnis der helvetischen Trias östlich des Klausenpasses. - Diss. ETH Zürich 1948.
BUCHS, A., CHESSEX, R., KRUMMACHER, D. & VUAGNAT, M.: Ages "plomb total" déterminés par fluorescence X sur les zircons des quelques roches des Alpes. - Bull. suisse minér. pétrogr. 42, Zürich 1962.
BÜCHI, U.: Zur Geologie und Paläogeographie der südlichen mittelländischen Molasse zwischen Toggenburg und Rheintal. - Diss. Univ. Zürich, St. Gallen 1950.
— Zur Geologie der Oberen Meeresmolasse von St. Gallen. Mikropaläontogischer Beitrag von H. C. G. KNIPSCHEER. - Eclog. geol. Helvet. 48, Basel 1955.
— Zur Gliederung des Burdigalien im Kanton Aargau. - Bull. Ver. Schweizer. Petrol. - Geol. u. Ing. 23, Basel 1957.
— Zur Geologie der Oberen Süsswassermolasse (OSM) zwischen Töss- und Glattal. - Eclog. geol. Helvet. 51, Basel 1958.
— Zur Geologie der Molasse zwischen Reuss- und Seetal (Baldegger-/Hallwilersee/Aabach). - Eclog. geol. Helvet. 51, Basel 1958.
— Zur Stratigraphie der Oberen Süßwassermolasse (OSM) der Ostschweiz. - Eclog. geol. Helvet. 52, Basel 1960.

BÜCHI, U. P., LEMCKE, K., WIENER, G. & ZIMDARS, J.: Geologische Ergebnisse der Erdölexploration auf das Mesozoikum im Untergrund des schweizerischen Molassebeckens. - Bull. Ver. Schweizer. Petrol.-Geol. u. Ing. 32, Basel 1965.
BUFFIERE, J.-M.: Les formations cristallins et cristallophylliennes du massif du Rochail (secteur Nord-Ouest du massif du Pelvoux, Isère). - Trav. Lab. Géol. Grenoble 40, Grenoble 1964.
BUFFIERE, J.-M. & TANE, J.-L.: Trias de la couverture nord-ouest du massif du Pelvoux. - Mém. Bur. Rech. géol. min. 15, Paris 1963.
BURKARD, G.: Geologische Beschreibung der Piz S-chalambert-Gruppe (Unterengadiner Dolomiten. - Diss. Univ. Bern 1953.
BURRI, M.: La Zone de Sion-Courmayeur au Nord du Rhône. - Mat. cte. géol. Suisse N. S. 105, Berne 1958.
— Prologation de la zone de Sion dans le Haut-Valais. - Eclog. geol. Helvet. 60, Bâle 1967.
BUXTORF, A.: Über die geologischen Verhältnisse des Furkapasses und des Furkatunnels. - Eclog. geol. Helvet. 12, Basel 1912.
— Blatt 2 Basel-Bern. - Erl. Geol. General-Kt. Schweiz, Bern 1951.
BUXTORF, A., KOPP, J. & BENDEL, L.: Stratigraphie und Tektonik der aufgeschobenen subalpinen Molasse zwischen Horw und Eigenthal bei Luzern. - Eclog. geol. Helvet. 34, Basel 1934.
BUXTORF, A. & NABHOLZ, W.: Blatt 3 Zürich-Glarus. - Erl. Geol. General-Kt. Schweiz, Bern 1957.
CADISCH, J.: Geologie der Weißfluhgruppe (zwischen Klosters und Langwies). - Beitr. geol. Kt. Schweiz N. F. 49 I, Bern 1921.
— Zur Geologie des zentralen Plessurgebirges. - Eclog. geol. Helvet. 17, Basel 1923.
— Prätigauer Halbfenster und Unterengadiner Fenster, ein Vergleich. - Eclog. geol. Helvet. 43, Basel 1951.
— Geologie der Schweizer Alpen, 2. Aufl. - Basel 1953.
— Geologie - in Unterengadin-Samnaun. - Schweizer. Alpenposten, Bern 1953.
CADISCH, J., BEARTH, P. & SPAENHAUER, F.: Blatt 420 Ardez. - Geol. Atlas Schweiz, Erl., Bern 1941.
CADISCH, J. & EPPRECHT, W.: Bericht über die Exkursion der Schweizerischen Geologischen Gesellschaft in das Fürstentum Liechtenstein, mit Besuch des Eisenbergwerkes Gonzen. - Eclog. geol. Helvet. 51, Basel 1958.
CADISCH, J. & NIGGLI, E. s. CADISCH, J. 1953 (Geologie der Schweizer Alpen).
CAMPANA, B.: Géologie des nappes préalpines au Nordest de Château d'Oex. - Mat. cte. géol. Suisse N. S. 82, Berne 1943.
— Sur le faciès et l'âge du Flysch des Préalpes médianes. - Eclog. geol. Helvet. 42, Bâle 1949.
CARRARO, F.: Tettonica del Complesso Brianzonese nella regione sulla sinestra della Val Stura di Demonte fra Pontebernardo e Sambuco. - Acc. naz. Lincei, R. C. cl. sci. fis. mat. e naturali, fasc. 1, ser. 8, 32, Roma 1962.
— Condizioni tettoniche del complesso Subbrianzonese nelle regione sulla sinestra della Val Stura di Demonte fra Pontebernardo e Sambuco. - Acc. naz. Lincei, R. C. cl. sci. fis. mat. e naturali, 31, Roma 1962.
CARON, C.: Sédimentation et tectonique dans les Préalpes: "flysch à lentilles" et autres complexes chaotiques. - Eclog. geol. Helvet. 59, Bâle 1966.
CARON, C. & WEIDMANN, M.: Sur les flysch de la région des Gets (Haute-Savoie). - Eclog. geol. Helvet. 60, Bâle 1967.
CASASOPRA, S.: Geologie - in Locarno und seine Täler. - Schweizer. Alpenposten, Bern 1947.
CHAIX, A.: Géologie des Brasses (Haute Savoie). - Eclog. geol. Helvet. 12, Bâle 1913.
— La Géologie du massif d'Hiemente (Haute Savoie). - Eclog. geol. Helvet. 35, Bâle 1942.
CHARRIER, G., FERNANDEZ, D. & MALARODA, R.: La Formazione di Pianfolco (Bacino Oligocene-Ligure-Piemontese). - Atti Acc. Naz. Lincei, Mem. Ser. 8, 7, Roma 1964.
CHATTERJEE, N. D.: The alpine metamorphism in the Simplon-Area, Switzerland and Italy. - Geol. Rdsch. 51, Stuttgart 1962.
— Zur Tektonik der penninischen Zone in der weiteren Umrahmung des nördlichen Dora-Maira-Massivs, italienische Westalpen. - Geol. Rdsch. 53, Stuttgart 1964.
CHATTON, M.: Géologie des Préalpes médianes entre Gruyères et Charney. - Mém. soc. fribourg. Sci. natur. 13, Fribourg 1947.
CHESSEX, R.: La géologie de la haute vallée d'Abondance, Haute Savoie (France). - Eclog. geol. Helvet. 52, Bâle 1959.
— Détermination d'âge des quelques roches des Alpes du Sud et des Apenins par le méthode des "dommages dus à la radioactivité". - Bull. Suisse minér. pétrogr. 42, Zürich 1962.
CHESSEX, R., MONTMOLLIN, F. de, FERRARA, G. & LONGINELLI, A.: Measurements of the age of the Vallorcine Granite (Switzerland). - Nature 193, London 1962.
CHRIST, P.: Geologische Beschreibung des Klippengebietes Stanserhorn-Arvigrat am Vierwaldstättersee. - Beitr. geol. Kt. Schweiz N. F. 12, Bern 1920.
CITA, M. B.: Sintesi stratigrafica della Gonfolite. - Riv. Ital. Palaeont. Stratigr. 63, Milano 1957.
— Trias des Alpes occidentales italiennes. - Mém. Bur. Rech. géol. min. 15, Paris 1963.
— Jurassic, Cretaceous and Tertiary Microfacies from the Southern Alps (Northern Italy) - Internat Sediment. petrogr. Ser. 8, Leiden 1965.
CITA, M. B. & PICCOLI, G.: Les stratotypes du Paléogène d'Italie. - Mém. Bur. Rech. géol. min. 28, Paris 1965.
CLAR, E.: Über Schichtfolge und Bau der südlichen Radstädter Tauern (Hochfeindgebiet). - Sitz-Ber. Akad. Wiss. Wien, math.-naturwiss. Kl. I, 146, Wien 1937.
— Von der Tarntaler Breccie (Lizum). - Sitz.-Ber. Akad. Wiss. Wien, math.-naturwiss. Kl. I, 149, Wien 1940.

CLAR, E.: Metamorphes Paläozoikum im Raume Hüttenberg. - Der Karinthin 22, Hüttenberg 1953.
— Zum Bewegungsbild des Gebirgsbaues der Ostalpen. - Z. dt. geol. Ges. 116, Hannover 1965. - Verh. geol. Bundesanst., Sonderh. G, Wien 1965.
CLAR, E., FRITSCH, W., MEIXNER, H., PILGER, A. & SCHÖNENBERG, R.: Die geologische Neuaufnahme des Saualpen-Kristallins (Kärnten), IV. - Carinthia II 73, Klagenfurt 1963.
CLAR, E. & KAHLER, F.: Begleitworte zur Geologischen Übersichtskarte von Kärnten 1:500 000. - Carinthia II 143, Klagenfurt 1953.
COLLET, L. W.: The Structure of the Alps. - London 1927.
— Les Ammonites du Lias dans le Ferdenrothorn (Nappe de Morcles, Lötschental). - Eclog. geol. Helvet. 40, Bâle 1948.
— Feuille 5 Genève-Lausanne. - Not. explic. cte. géol. gén. Suisse, Berne 1955.
COLLET, L.W. & GAGNEBIN, E.: Lentilles de mylonite cristalline à la base de l'écaille parautochtone du Col du Jorat, prés Salanfe (Valais). - Eclog. geol. Helvet. 26, Bâle 1933.
COLLET, L. W. & LILLIE, A.: Le Nummulitique de la nappe de Morcles entre Arve et Rhône - Eclog. geol. Helvet. 31, Bâle 1931.
COLLET, L. W. & PAREJAS, E.: Géologie de la Chaine de la Jungfrau. - Mat. cte. géol. Suisse N. S. 63, Berne 1931.
COLLIGNON, M., MICHAUD, A. & TANE, J.-L.: Le Lias du massif de la Table (Savoie). - Mém. Bur. Rech. géol. min. 4, Paris 1961.
COLLIGNON, M. & SARROT-REYNAULD, J.: Succession des zones d'Ammonites du Lias dans le Dôme de la Mure et ses bordures. - Mém. Bur. Rech. géol. min. 4, Paris 1961.
CONTI, S.: Studi geologici sulle Alpi occidentali. 1 : Stratigrafia della "formazione dei calcescisti" nelle Alpi marittime e cozie. - Boll. Serv. geol. Ital. 75, Roma 1953.
— Studi geologici sulle Alpi occidentali. 2 : La formazione dei calcescisti nei sui rapporti stratigrafici e tettonici con i complessi basali e marginali delle Alpi liguri, marittime e cozie. - Boll. Serv. geol. Ital. 77, Roma 1955.
CORMINBOEUF, P.: Sur les couches de Cucloz-Villarvolard en Suisse occidentale. - Eclog. geol. Helvet. 52, Bâle 1959.
CORNELIUS, H.-P.: Geologische Karte der Err-Julier-Gruppe 1:25 000. - Geol. Spez. Kt. Schweiz 115 A und B, Bern 1932.
— Geologie der Err-Julier-Gruppe. I. Teil: Das Baumaterial (Stratigraphie und Petrographie, excl. Quartär). - Beitr. geol. Kt. Schweiz. N. F. 70, I, Bern 1935.
— Die Vorkommen altkristalliner Gesteine im Ostabschnitt der nordalpinen Grauwackenzone (Zwischen Ternitz und Turnau). - Mitt. Reichsamt Bodenforsch. Zweigst. Wien 2, Wien 1941.
— Geologie der Err-Julier-Gruppe. II. Teil: Gebirgsbau. - Beitr. geol. Kt. Schweiz N. F. 70 II, Bern 1950.
— Geologie der Err-Julier-Gruppe. III. Teil: Quartär und Oberflächengestaltung. Hydrologie. Anhang: Nutzbare Mineralien und Gesteine. - Beitr. geol. Kt. Schweiz N. F. 70, III, Bern 1951.
— Gesteine und Tektonik im Ostabschnitt der nordalpinen Grauwackenzone, vom Alpenostrand bis zum Aflenzer Becken - Mitt. geol. Ges. Wien 41/42, Wien 1952.
CORNELIUS, H. P. & CLAR, E.: Geologie des Großglocknergebietes (I. Teil). - Abh. Zweigst. Wien Rechsstelle Bodenforsch. 25, Wien 1939.
CORNELIUS, H. P. & PLÖCHINGER, B.: Der Tennengebirgs-N-Rand mit seinen Manganerzen und die Berge im Bereich des Lammertales. - Jb. geol. Bundesanst. 95, Wien 1952.
CORNELIUS-FURLANI, M.: Beiträge zur Kenntnis der Schichtfolge und Tektonik der Lienzer Dolomiten. - Sitz.-Ber. österr. Akad. Wiss. math.-naturwiss. Kl. Abt. 1 162, Wien 1953.
CRETTAZ, P.: Geologische Untersuchungen an der Alpen-Apenningrenze in Ligurien (Italien). - Mitt. geol. Inst. ETH u. Univ. Zürich Ser. C 61, Zürich 1955.
CROS, M. P.: Hypothèse sur la genèse des brèches triasiques dans les dolomites Italiennes. - C.R. séanc. Acad. Sci. Paris, sér. D 264, Paris 1967.
CUSTODIS, A.: Geologie des Alpenrandes zwischen Hindelang und der Wertach im Allgäu. - Diss. Bonn, Würzburg 1936.
CUSTODIS, A. & SCHMIDT-THOMÉ, P.: Geologie der bayerischen Berge zwischen Hindelang und Pfronten im Allgäu. - N. Jb. Miner. Geol. Paläont. Beil.-Bd. 80 B, Stuttgart 1939.
DAL PIAZ, G.: Le Alpi Feltrine. - Mem. R. Ist. Veneto 27, Venezia 1907.
— Il confine alpino-dinarico dall'Adamello al Massiccio di Monte Croce nell'Alto Adige. - Atti Acad. Sci. Veneto-Trantino-Istriana 17, Venezia 1926.
— Studi geologici sull'Alto Adige occidentale e regioni limitrofe. - Mem. Ist. geol. Univ. Padova 10, Padova 1934.
DAL PIAZ, G. V.: Il cristallino antico del versante meridionale del Monte Rosa paraderivati a prevalente metamorfismo alpino. - R. C. A. Soc. Miner. Ital. 20, Pavia 1964.
— Il lembo di ricoprimento della Becca di Toss: strutture retroflessa della zone di Gran San Bernardo. - Mem. Acc. Patavina, Cl. Sci. Mat. e nat. 77, Padova 1965.
— La formazione mesozoica del calcescisti con pietre verdi fra la Valsesia e la Valtournanche ed i sui rapporti strutturali con il ricoprimento Monte Rosa e con la Zona Sesia-Lanzo. - Boll. Soc. geol. ital. 84, Roma 1965.
DAL PIAZ, G. V. & GOVI, M.: Osservazioni geologiche sulla "Zona del Gran San Bernardo" nell' alta Valle d'Aosta. - Boll. Soc. geol. ital. 84, Roma 1965.
DEBELMAS, J.: Les Zones subbriançonnaise et briançonnaise occidental entre Vallouise et Guillestre (Hautes-Alpes). - Mém. cte. géol. France, Paris 1955.
— Essai sur le Déroulement du paroxysme alpin dans les Alpes franco-italiennes.-Geol. Rdsch. 53, Stuttgart 1963.
— Plissement paroxysmal et surrection des Alpes franco-italiennes. - Trav. Lab. Géol. Grenoble 39, Grenoble 1963.
DEBELMAS, J. & LEMOINE, M.: Calcschistes piémontais et terrains à faciès briançonnais dans les hautes Vallées de la Maira et de la Varaita (Alpes cottiennes, Italie). -C. R. Soc. géol. France 1957, Paris 1957.

DEBELMAS, J. & LEMOINE, M. : Remarques sur la structure de la zone briançonnaise dans le massif de Peyre-Haute entre Briançon et la vallée du Guil (Hautes Alpes). - Trav. Lab. Géol. Grenoble 38, Grenoble 1962.
— Etat actuel de nos connaissances sur la stratigraphie du Trias dans le Briançonnais sensu stricto. - Mém. Bur. Rech. géol. min. 15, Paris 1963.
— La structure tectonique et l'évolution paléogéographique de la chaîne alpine d'après les travaux récents. - Inform. sci. 1964, Paris 1964.
— Le Crétacé inférieur dans les zones internes des Alpes occidentales franco-italiennes. - Mém. Bur. Rech. géol. min. 34, Paris 1965.
— Feuille Guillestre. - Cte. géol. detaillée France, XXXV-37, Paris 1966.
DEBELMAS, J. & USELLE, J.-P. : La fin de la nappe de Morcles dans le massif du Haut-Giffre. - Bull. Soc. géol. France, 7e sés 8, Paris 1966.
DELANEY, F. : Observations sur les Couches rouges et le Flysch dans plusieurs régions des Préalpes médianes. - Eclog. geol. Helvet. 41, Bâle 1948.
DEL NEGRO, W. : Geologie von Salzburg. - Innsbruck 1949 (o. J.), 2. Aufl. 1960.
— Geologische Forschung in Salzburg 1949-1956. - Mitt. geol. Ges. Wien 49, Wien 1958.
— Salzburg. - Verh. geol. Bundesanst., Bundesländerser. Wien 1960.
DESIO, A. : La constituzione geologica delle Alpi Giulie occidentali. - Atti Soc. ital. Sci. Nat. 64, Pavia 1925.
DOEGLAS, D. J. & DE SITTER, L. U. : Beitrag zur Geologie des Luganer Porphyr-Gebietes: Monte San Giorgio und Val Mara. - Leidse geol. Meded., Leiden 1930.
DOLLFUS, S. : Über den helvetischen Dogger zwischen Linth und Rhein. - Eclog. geol. Helvet. 58, Basel 1965.
DONDEY, D. : Description tectonique de la région d'Aufferand (Klippe préalpine des Annes, Haute-Savoie). - Trav. Lab. Géol. Grenoble 37, Grenoble 1961.
— Description tectonique de la région de Nantbellet (Klippe préalpine de Sulens, Haute Savoie). - Trav. Lab. Géol. Grenoble 37, Grenoble 1961.
— Trias du massif des Sept-Laux (partie méridionale du massif de Belledonne). - Mém. Bur. Rech. géol. min. 15, Paris 1963.
DONOVAN, D. T. : The Ammonite Zones of the Toarcian (Ammonitico Rosso Facies) of Switzerland and Italy. - Eclog. geol. Helvet. 51, Basel 1958.
DOUSSE, B. : Géologie des Roches de Château-d'Oex (Partie orientale). - Mat. cte. géol. Suisse N. S. 119, Berne 1965.
DRONG, H. J. : Das Migmatitgebiet des "Winnebachgranits" (Ötztal-Tirol) als Beispiel einer petrotektonischen Analyse. - Tschermaks miner. petrogr. Mitt. 3. F. 7, Wien 1959.
EICHENBERGER, R. : Geologisch-petrographische Untersuchungen am Südwestrand des Gotthardmassivs (Nufenenpaß). - Eclog. geol. Helvet. 18, Basel 1924.
ELLENBERGER, F. : Sur l'âge du métamorphisme dans la Vanoise. - C. R. Soc. géol. France 1952, Paris 1952.
— Etude géologique du pays de Vanoise. - Mém. cte. géol. France, Paris 1958.
— La Vanoise, un géanticlinal métamorphique. - Livre Mém. P. FALLOT 2, Paris 1960/1963.
— Trias à faciès briançonnais de la Vanoise et des Alpes occidentales. - Mém. Bur. Rech. géol. min. 15, Paris 1963.
ELTER, G. : La zona pennidica dell'alta e media Valle d'Aosta e le unità limitrofe. - Mem. Ist. Geol. Miner. Univ. Padova 22, Padova 1960.
ELTER, G. & ELTER, P. : Sull'esistenza, nei dintorni del Piccolo San Bernardo, di un elemento tettonico riferibile al ricoprimento del Pas du Roc. - Accad. Naz. Lincei, cl. mat. e. natur. rendic. ser. 8, 22 Roma 1957.
ELTER, G., ELTER, P., STURANI, C. & WEIDMANN, M. : Sur la prolongation du domaine ligure de l'Apennin dans le Monferrat et les Alpes et sur l'origine de la Nappe de la Simme s.l. des Préalpes romandes et chablaisiennes. - Bull. Lab. géol. Univ. Lausanne 167, Lausanne 1966.
ELTER, P. : Etudes géologiques dans le Val Veni et le Vallon du Breuil (Petit St. Bernard). - Univ. Genève, Thèse 1200, Genève 1954.
ENGELS, B. : Ergebnisse kleintektonischer Untersuchungen in den nördlichen Kalkalpen. I. Hasenfluh- und Hornbachgebiet (Lechtaler bzw. SE-Allgäuer Alpen). - Z. dt. geol. Ges. 112, Hannover 1960.
ENZENBERG, M. : Die Geologie der Tarntaler Berge (Wattener Lizum), Tirol.-Mitt. Ges. Geol.u. Bergbaustud. Wien 17, Wien 1967.
EPPRECHT, W. : Die Eisen- und Manganerze des Gonzen. - Beitr. Geol. Schweiz, geotechn. Ser. 24, Bern 1946.
ERICH, A. : Die Grauwackenzone von Bernstein (Burgenland - Niederösterreich). - Mitt. geol. Ges. Wien 53, Wien 1960.
EUGSTER, H. : Geologie der Ducangruppe (Gebirge zwischen Albula und Landwasser). - Beitr. geol. Kt. Schweiz N. F. 49 III, Bern 1923.
— Die westliche Piz Uertsch-Gruppe (Preda-Albula-Paß). - Beitr. geol. Kt. Schweiz N. F. 49, IV, Bern 1924.
— Bergün-Ducanpaß-Sertig oder Monstein. - Geol. Führer Schweiz 13, Basel 1934.
— Geologie - in Appenzellerland. - Schweizer Alpenposten, Bern 1952.
— Beitrag zur Tektonik der Engadiner Dolomiten. - Eclog. geol. Helvet. 52, Basel 1960.
EXNER, C. : Die Südostecke des Tauernfensters bei Spittal an der Drau. - Jb. geol. Bundesanst. 97, Wien 1954.
— Erläuterungen zur geologischen Karte der Umgebung von Gastein 1:50 000 (Ausgabe 1956). - Wien 1957.
— Geologisches Panorama vom Zitterauer Tisch SW vom Stubnerkogel bei Badgastein, Salzburg, Österreich. - Wien 1957.

EXNER, C.: Der Adamello-Pluton und seine Kontakte im Lichte der neueren italienischen Forschungen. - Mitt. geol. Ges. Wien 54, Wien 1961.
— Der Granodiorit von Wöllatratten (Mölltal) und die hydrothermale Veränderung der diskordanten Ganggesteine der Kreuzeckgruppe. - Carinthia II 71, Klagenfurt 1961.
— Sonnblicklamelle und Mölltallinie. - Jb. geol. Bundesanst. 105, Wien 1962.
— Serpentin und Ophicalcit vom Steinbruch "Tommach" bei Gstadt (Klippenzone bei Waidhofen a. d. Ybbs). - Verh. geol. Bundesanst. 1962, Wien 1962.
— Die Perm-Trias-Mulde des Gödnachgrabens an der Störungslinie von Zwischenbergen (Kreuzeckgruppe, östlich Lienz). - Verh. geol. Bundesanst. 1962, Wien 1962.
— Structures anciennes et récentes dans les Gneiss polymétamorphiques de la zone pennique des Hohe Tauern. - Livre Mém. P. FALLOT 2, Paris 1960/1963.
— Sonnblickgruppe (östl. Hohe Tauern), Petrographie und Tektonik im Tauernfenster. - Mitt. geol. Ges. Wien 57, Wien 1964.
— Geologie von Österreich. - Erl. geol. u. Lagerstätten-Kt. Österreich, Wien 1966.
— Tauern-Westalpen. Ein Vergleich. - Mitt. geol. Ges. Wien 58, Wien 1966.
EXNER, C. & PREY, S.: Erläuterungen zur Geologischen Karte der Sonnblickgruppe 1:50 000. - Wien 1964.
FABRE, J.: Contribution à l'étude de la zone houillère en Maurienne et en Tarentaise (Alpes de Savoie). - Mém. Bur. Rech. géol. min. 2, Paris 1961.
FABRE, J., FEYS, R. & GREBER, C.: Stratigraphie du bassin houiller brianconnais, Zone interne des Alpes francaises. - C. R. IVe Congr. stratigr. géol. Carbonifère Heerlen, 1960.
FABRICIUS, F.: Faziesentwicklung an der Trias/Jura-Wende in den mittleren Nördlichen Kalkalpen. - Z. dt. geol. Ges. 113, Hannover 1962.
— Beckensedimentation und Riffbildung an der Wende Trias/Jura in den Bayerisch-Tiroler Kalkalpen. - Internat. Sediment. petrogr. Ser. 9, Leiden 1966.
— Die Rät- und Lias-Oolithe der nordwestlichen Kalkalpen. - Geol. Rdsch. 56, Stuttgart 1967.
FALLOT, P. & LANTEAUME, M.: Sur la géologie du Col de Tende et de ses abords. - C. R. Acad. Sci. Paris 1956.
FALLOT, P., LANTEAUME, M. & CONTI, S.: Sur l'âge des calcaires à Helminthoides (Alberese) de la région génoise. - C. R. Acad. Sci. 247, Paris 1958.
FAURE-MURET, A.: Etudes géologiques sur le Massif de l'Argentera-Mercantour et ses enveloppes sédimentaires. - Mém. cte. géol. France, Paris 1955.
FEHR, A.: Petrographie und Geologie des Gebietes zwischen Val Zaoragia - Piz Cavel und Obersaxen - Lumbrein (Gotthardmassiv-Ostende). - Schweiz. miner. petrogr. Mitt. 36, Zürich 1956.
FEHR, W.: Geologische Karte der Urserenzone, 3:100 000. - Geol. Spez. Kt. Schweiz 110, Bern 1926.
FELLERER, R.: Zur Geologie des Südrandes der nördlichen Kalkalpen zwischen Schwann und Arlberg (Lechtaler Alpen). - Z. dt. geol. Ges. 116, Hannover 1967.
— Geologische und lagerstättenkundliche Untersuchungen zwischen Passo Cereda und Forcella Aurine. - Diss. Univ. München, München 1968.
FENNINGER, A.: Riffentwicklung im oberostalpinen Malm. - Geol. Rdsch. 56, Stuttgart 1967.
FERRARA, G.: Primi resultati e considerazioni sulla datazione assoluta delle rocce intrusive del massiccio dell'Adamello. - Atti Soc. Tosc. Sci. Nat. A 2, Pisa 1962.
FERRARA, G., HIRT, S., JÄGER, E. & NIGGLI, E.: Sb-Sr- and U-Pb-Age Determinations on the Pegmatite of I Mondei (Penninic Camughera-Moncucco-Complex, Italian Alps) and some Gneisses from the neighborhood. - Eclog. geol. Helvet. 55, Basel 1962.
FERRARA, G., HIRT, B., LEONARDI, P. & LONGINELLI, A.: Datazione assoluta di alcune rocce del massiccio intrusivo di Cima d'Asta. - Atti Soc. Tosc. Sci. Nat. A 2, Pisa 1962.
FERRARA, G., LEDENT, D. & STAUFFER, H.: L'età mineralizzazioni uranifere nelle Alpi Occidentali. - Studi rich. Div. Geominer. 1, Roma 1958.
FERRARA, G., STAUFFER, H. & TONGIORI, E.: Analisi isotopica del piombo in sedimenti uraniferi nelle Alpi Orientali. - Studi rich. Div. Geominer. 2, Roma 1959.
FEYS, R.: Etude géologique du Carbonifère Briançonnais (Hautes-Alpes). - Mém. Bur. Rech. géol. min. 6, Paris 1963.
FICHTER, H.: Geologie der Bauen-Brisen-Kette am Vierwaldstättersee und die zyklische Gliederung der Kreide und des Malms der helvetischen Decken. - Beitr. geol. Kt. Schweiz N. F. 69, Bern 1934.
FISCH, W. P.: Der Verrucano auf der Nordostseite des Sernftales (Kt. Glarus). - Mitt. naturforsch. Ges. Kt. Glarus 11, Glarus 1961.
FISCHER, A. G.: The Lofer Cyclothems of the Alpine Triassic. - Kansas Geol. Surv. Bull. 169, 1964.
FISCHER, P.: Geologisch-mikropaläontologische Untersuchungen in der Unteren Gosau von Brandenberg in Tirol. - Mitt. Bayer. Staatssamml. Paläont. hist. Geol. 4, München 1964.
FISCHER, W.: Stratigraphische und tektonische Beobachtungen im Gebiet der Murnauer Mulde und Steineberg-Mulde (Oberbayern, Allgäu und Vorarlberg). - Bull. Ver. Schweiz. Petrol.-Geol. u. Ing. 27, Basel 1960.
FLAJS, G.: Zum Alter des Blasseneck-Porphyroids bei Eisenerz (Steiermark, Österreich). - N. Jb. Geol. Paläont. Mh. 1964, Stuttgart 1964.
FLÜGEL, E.: Zur Mikrofazies der alpinen Trias. - Jb. geol. Bundesanst. 106, Wien 1963.
FLÜGEL, H.: Die tektonische Stellung des "Alt-Kristallins" östlich der Hohen Tauern. - N. Jb. Geol. Paläont. Mh. 1960, Stuttgart 1960.
— Die Geologie des Grazer Berglandes. - Mitt. Mus. Bergbau Geol. Techn. 23, Graz 1961.
— Das Steirische Randgebirge. - Samml. geol. Führer 42, Berlin 1963.
— Das Paläozoikum in Österreich. - Mitt. geol. Ges. Wien 56, Wien 1964.
— Der geologische Bau der Ostalpen. - Forsch. u. Fortschr. 38, Berlin 1964.
— Versuch einer geologischen Interpretation einiger absoluter Altersbestimmungen aus dem ostalpinen Kristallin. - N. Jb. Geol. Paläont. Mh. 1964, Stuttgart 1964.

FLÜGEL, H. & FENNINGER, A.: Die Lithogenese der Oberalmer Schichten und mikritischen Plassen-Kalke (Tithonium, Nördliche Kalkalpen). - N. Jb. Geol. Paläont. Abh. 123, Stuttgart 1966.
FLÜGEL, H. & HERITSCH, H.: Das steirische Tertiär-Becken, 2.Aufl. - Samml. geol. Führer 47, Berlin-Stuttgart 1968.
FLÜGEL, H., HERITSCH, H., HÖLLER, H. & KOLLMANN, K.: Grazer Bergland, Oststeirisches Tertiär- und Vulkangebiet. - Mitt. geol. Ges. Wien 57, Wien 1964.
FLÜGEL, H. & PÖLSLER, P.: Lithogenetische Analyse der Barmstein-Kalkbank B 2 nordwestlich von St. Koloman bei Hallein (Tithonium, Salzburg). - N. Jb. Geol. Paläont. Mh. 1965, Stuttgart 1965.
FÖRSTER, H.: Kristallisation und Tektonik des Schneeberger Gesteinszuges. - Geol. Rdsch. 56, Stuttgart 1967.
FORMANEK, H. P., KOLLMANN, H. & MEDWENITSCH, W.: Beitrag zur Geologie der Schladminger Tauern im Bereich von Untertal und Obertal (Steiermark, Österreich). - Mitt. geol. Ges. 54, Wien 1961.
FORRER, M.: Zur Geologie der östlichen Wildhauser Mulde. - Jb. St. Galler. naturwiss. Ges. 73, St. Gallen 1949.
FRANCESCHETTI, B.: Osservationi e considerazioni sulle intercalazioni di brecce calcareo-dolomitiche della formazione dei calcescisti nelle Alpe Cozie meridionali (Val Grana e Bassa Valle Stura di Demonte). - Boll. Soc. geol. ital. 80, Roma 1962.
FRANCHI, S.: Il Retico quale zone di transizione fra la Dolomia principale ed il Lias a "facies" piemontese. - Boll. Serv. geol. Ital. 42, Roma 1910.
— Sulla tettonica delle Alpi cozie franco-italiens. - Mem. descr. carta geol. Ital. 22, Roma 1929.
FRANK, M.: Beiträge zur vergleichenden Stratigraphie und Bildungsgeschichte der Trias-Lias-Sedimente im alpin-germanischen Grenzgebiet der Schweiz. - N. Jb. Miner. Geol. Paläont. Beil.-Bd. 64 B, Stuttgart 1930.
— Zur Bildungsgeschichte der oberen Trias am Nordrand der Kalkalpen zwischen Oberstdorf und Schliersee. - Geol. Rdsch. 25, Stuttgart 1934.
— Zur Fazies und Bildung der Trias in den nördlichen Kalkalpen zwischen Rhein und Salzach. - N. Jb. Miner. Geol. Paläont. Beil.-Bd. 74 B, Stuttgart 1935.
— Der Faziescharakter der Schichtgrenzen der süddeutschen und kalkalpinen Trias. - Zbl. Mineral. Geol. Paläont. 1936 B, Stuttgart 1936.
FRANKS, D.: The development of the limnic Upper Carboniferous of the Eastern Aar Massif. - Eclog. geol. Helvet. 59, Basel 1966.
FRANKS, G. D.: A study of Upper Paleozoic Sediments and Volcanics in the Northern part of the Eastern Aar Massif. - Eclog. geol. Helvet. 61, Basel 1968.
FRASL, G.: Die beiden Sulzbachzungen (Oberpinzgau, Salzburg). - Jb. geol. Bundesanst. 96, Wien 1953.
— Zur Seriengliederung der Schieferhülle in den mittleren Hohen Tauern. - Jb. geol. Bundesanst. 101, Wien 1958.
— Zum Stoffhaushalt im epi- bis mesozonalen Pennin der mittleren Hohen Tauern während der alpidischen Metamorphose. - Geol. Rdsch. 50, Stuttgart 1960.
FRASL, G. & FRANK, W.: Mittlere Hohe Tauern (Epi- bis mesozonales Kristallin aus Altkristallin bis Mesozoikum, Petrogenese, Seriengliederung und Tektonik). - Mitt. geol. Ges. Wien 57, Wien 1964.
FRAUENFELDER, A.: Beiträge zur Geologie der Tessiner Kalkalpen. - Eclog. geol. Helvet. 14, Basel 1916.
FRANZ, U.: A propos du Berriasien des Alpes calcaires orientales. - Mém. Bur. Rech. géol. min. 34, Paris 1965.
FREI, R.: Geologie der östlichen Bergünerstöcke (Piz d'Aela und Tinzenhorn) Graubünden. - Beitr. geol. Kt. Schweiz N. F. 49, IV, Bern 1925.
FREI, R.: Die Flyschbildungen in der Unterlage von Iberger Klippen und Mythen. - Mitt. geol. Inst. ETH u. Univ. Zürich N. F. 14, Zürich 1963.
FREY, F.: Geologie der östlichen Claridenkette. - Vj. schr. naturforsch. Ges. Zürich 110, Zürich 1965.
FREY, M.: Quartenschiefer, Equisetenschiefer und germanischer Keuper, ein lihtostratigraphischer Vergleich. - Eclog. geol. Helvet. 61, Basel 1968.
FRICKER, P.: Geologie der Gebirge zwischen Val Ferret und Combe de l'A (Wallis). - Eclog.geol. Helvet. 53, Basel 1960.
FRITSCH, W.: Die Gumpeneckmarmore. Die Grenze zwischen den Ennstaler Phylliten und den Wölzer Glimmerschiefern. - Mitt. Mus. Bergbau. Geol. Techn. Graz 10, Graz 1953.
— Von der "Anchi"- zur Katazone im kristallinen Grundgebirge Ostkärntens. - Geol. Rdsch. 52, Stuttgart 1962.
— Mittelkärnten, Kristallin der Saualpe und die Oberkreide (Eozän) des Krappfeldes. - Mitt. geol. Ges. Wien 1964.
FRITSCH, W., MEIXNER, H., PILGER, A. & SCHÖNENBERG, R.: Die geologische Neuaufnahme des Saualpen-Kristallins (Kärnten) I. - Carinthia II 70, Klagenfurt 1960.
FRÖHLICHER, H.: Nachweis von Fischschiefern mit Meletta in der subalpinen Molasse des Entlebuchs (Kt. Luzern). - Eclog. geol. Helvet. 24, Basel 1924.
— Geologische Beschreibung der Gegend von Escholzmatt im Entlebuch (Kanton Luzern). - Beitr. geol. Kt. Schweiz, N. F. 67, Bern 1933.
— Zur Stratigraphie und Tektonik der Unterkreide der Hohkastenfalte (St. Galler Rheintal). - Eclog. geol. Helvet. 53, Basel 1961.
FÜCHTBAUER, H.: Die Schüttungen im Chatt und Aquitan der deutschen Alpenvorlandsmolasse. - Eclog. geol. Helvet. 51, Basel 1958.

FÜCHTBAUER, H.: Sedimentpetrographische Untersuchungen in der älteren Molasse nördlich der Alpen. - Eclog. geol. Helvet. 57, Basel 1964.
— Die Sandsteine in der Molasse nördlich der Alpen. - Geol. Rdsch. 56, Stuttgart 1967.
FURRER, H.: Geologische Untersuchungen in der Wildstrubelgruppe, Berner Oberland. - Mitt. naturwiss. Ges. Bern 1938, Bern 1939.
— Die Geologie des Mont Bonvin nördlich Sierre, Wallis. - Eclog. geol. Helvet. 42, Basel 1949.
FURRER, M.: Der subalpine Flysch nördlich der Schrattenfluh (Entlebuch, Kt. Luzern). - Eclog. geol. Helvet. 41, Basel 1949.
GAAL, G.: Geologie des Roßkogelgebietes W Mürzzuschlag (Steiermark). - Mitt. Ges. Geol.- u. Bergbaustud. Wien 16, Wien 1966.
GABY, R.: Etude géologique du bord interne de la zone briançonnaise et de la bordure des Schistes lustrés entre Modane et la Vallée Etroite (Savoie, haut Val de Suse). - Trav. Lab. Géol. Grenoble, 40, Grenoble 1964.
— Contribution à l'étude structurale des Alpes occidentales: subdivisions stratigraphiques et structure de la zone du Grand-Saint-Bernard dans le partie Sud du Val d'Aoste (Italie). - Geol. alpine 44, Grenoble 1968.
GAERTNER, H. R. von: Geologie der Zentralkarnischen Alpen. - Denkschr. Akad. Wiss. Wien, math.-naturwiss. Kl. 102, Wien 1931.
— Die Eingliederung des ostalpinen Paläozoikums. - Z. dt. geol. Ges. 86, Berlin 1934.
GAGNEBIN, E.: Description géologique des Préalpes bordières entre Montreux et Semsales. - Mém. Soc. vaud. Sci. nat. 1, Lausanne 1924.
— Les Préalpes et les "Klippes". - Guide géol. Suisse 2, Bâle 1934.
— Excursion No. 14. Monthey-Champéry-Morgins. - Guide géol. Suisse 6, Bâle 1934.
— Géologie - in Col du Pillon-Col des Mosses. - Postes alpestre Suisses, Berne 1949.
GANSS, O.: Geologie des Blattes Bergen. - Geol. Bavar. 26, München 1956.
— Sedimentation und Tektonik in den Kalkalpen zwischen Schliersee und dem Inntal. - Z. dt. geol. Ges. 102, Hannover 1951.
GANSS, O., KEMEL, B. & SPENGLER, E.: Erläuterungen zur geologischen Karte der Dachsteingruppe. - Wiss. Alpenver. h. 1954, Innsbruck 1954.
GANSS, O. & SCHMIDT-THOME, P.: Die gefaltete Molasse am Alpenrand zwischen Bodensee und Salzach. - Z. dt. geol. Ges. 105, Hannover 1955.
— Die Subalpine Molasse zwischen Bodensee und Salzach. - Erl. geol. Übers. Kt. der süddeutschen Molasse, München 1955.
— Geol. Übersichtskarte der süddeutschen Molasse. - München 1955.
GANSSER, A.: Ein Carbonvorkommen an der Basis der Tambodecke (Graubünden). - Eclog. geol. Helvet. 29, Basel 1936.
— Der Nordrand der Tambodecke. - Schweizer. miner. petrogr. Mitt. 17, Zürich 1937.
GANSSER, A., JÄCKLI, H. & NEHER, J.: Reichenau-Thusis-Schams-Splügen-San Bernardino-Misox-Castione. - Geol. Führer Schweiz, 2.Aufl., 8, Basel 1967.
GANSSER, A. & DAL VESCO, E.: Beitrag zur Kenntnis der Metamorphose der alpinen Wurzelzone. - Schweiz. miner. petrogr. Mitt. 42, Zürich 1962.
GARIEL, O.: Le Lias du Dôme de Remollon (Hautes-Alpes). - Mém. Bur. Rech. géol. min. 4, Paris 1961.
— Trias du Dôme de Remollon (Hautes-Alpes). - Mém. Bur. Rech. géol. min. 15, Paris 1963.
GASSER, U.: Sedimentologische Untersuchungen in der äusseren Zone der subalpinen Molasse des Entlebuchs (Kt. Luzern). - Eclog. geol. Helvet. 59, Basel 1968.
— Erste Resultate über die Verteilung von Schwermineralien in verschiedenen Flyschkomplexen der Schweiz. - Geol. Rdsch. 56, Stuttgart 1967.
— Die innere Zone der subalpinen Molasse des Entlebuchs (Kt. Luzern): Geologie und Sedimentologie. - Eclog. geol. Helvet. 61, Basel 1968.
GAY, M.: Premiers resultats de l'étude géologique du massif d'Ambin (Alpes franco-italiennes). - 1965.
GEIGER, M.: Die Unterlage der zentralschweizerischen Klippengruppe Stanserhorn-Arvigrat, Buochserhorn-Musenalp und Klewenalp. - Eclog. geol. Helvet. 49, Basel 1957.
GENGE, E.: Ein Beitrag zur Stratigraphie der südlichen Klippendecke im Gebiet Spillgerten-Seehorn (Berner Oberland). - Eclog. geol. Helvet. 51, Basel 1958.
GERBER, E.: Bodengestaltung und Geologie - in Längenberg-Gurnigel-Gantriach, Schwarzenburgerland. - Schweiz. Alpenposten, Bern 1948.
GESSNER, D.: Gliederung der Reiflinger Kalke an der Typlokalität Großreifling a. d. Enns (Nördliche Kalkalpen). - Z. dt. geol. Ges. 116, Hannover 1967.
GEZE, B.: Caractères structuraux de l'arc de Nice (Alpes maritimes). - Livre Mém. P. FALLOT 2, Paris 1960/1963.
GIDON, M.: La zone briançonnaise en Haute-Ubaye (Basses Alpes) et son prolongement au Sud-Est. - Mém. cte. geol. France, Paris 1962.
— Nouvelle contribution à l'étude du massif de la Grande-Chartreuse et de ses relations avec les régions avoisinantes. - Trav. Lab. Géol. Grenoble 40, Grenoble 1964.
— Sur l'interprétation des accidents de la bordure méridionale de massif du Pelvoux. - Trav. Lab. Géol. Grenoble 41, Grenoble 1965.
— Sur la tectonique de l'élément oriental au Sud-Est de Saint-Pierre-de-Chartreuse. - Trav. Lab. Géol. Grenoble 42, Grenoble 1966.
GIGNOUX, M.: Géologie stratigraphique, 4e. éd - Paris 1950.
GIGNOUX, M. & MORET, L.: Géologie dauphinoise. Initiation à la Géologie par l'étude des environs de Grenoble, 2e éd. - Paris 1952.

GIGON, W.: Geologie des Habkerntales und des Quellgebietes der Grossen Emme. - Verh. naturforsch. Ges. Basel 63, Basel 1952.
GINSBURG, L.: Etude géologique de la bordure subalpine à l'ouest de la basse Vallée du Var. - Bull. Serv. géol. France 57, Paris et Liège 1960.
GISIGER, M.: Géologie de la région Lac Noir - Kaiseregg - Schafberg (Préalpes médianes plastiques fribourgeoises et bernoises). - Eclog. geol. Helvet. 60, Bâle 1967.
GOGUEL, J.: Description tectonique de la bordure des Alpes de la Bléone au Var. - Mém. cte. géol. France, Paris 1936.
— Les Alpes de Provence. - Géol. Régionale de la France, 8, Paris 1953.
— Précisions nouvelles sur les écailles de la couverture du massif d'Ambin. - Bull. Soc. géol. France, 6e sér. 5, Paris 1955.
— Les problèmes des Chaînes subalpines. - Livre Mém. P. FALLOT 2, Paris 1960/1963.
GOGUEL, J. & LAFITTE, P.: Observations préliminaires sur le massif d'Ambin. - Bull. Soc. géol. France, 6e sér. 2, Paris 1952.
GOHRBANDT, K.: Aperçu sur la subdivision du Paléocène et de l'Eocène le plus inférieur dans l'Helvétikum au nord de Salzburg (Autriche) basé sur des Foraminifères planctoniques. - Mém. Bur. Rech. géol. min. 28, Paris 1962.
GÖKSU, E.: Geologische Untersuchungen zwischen Val d'Anniviers und Turtmanntal. - Diss. ETH Zürich 1947.
GÖRLER, K.: Stratigraphie und Tektonik des südlichen und mittleren Abschnitts der Zone Sestri-Voltaggio einschließlich der angrenzenden Gebiete (Prov. Alessandria und Genua). - Diss. Univ. Berlin 1962.
GÖRLER, K. & IBBEKEN, H.: Die Bedeutung der Zone Sestri-Voltaggio als Grenze zwischen Alpen und Apennin. - Geol. Rdsch. 53, Stuttgart 1963.
GÖTZINGER, G. & EXNER, C.: Kristallingerölle und -scherlinge des Wienerwaldflyschs und der Molasse südlich der Donau. - Skizzen zum Antlitz der Erde, Wien 1963.
GÖTZINGER, G., GRILL, G., KÜPPER, H., LICHTENBERGER, E. & ROSENBERG, G.: Erläuterungen zur geologischen Karte der Umgebung von Wien 1:75 000. - Wien 1952.
GRASMÜCK, K.: Die helvetischen Sedimente am Nordostrand des Mont-Blanc-Massivs (Zwischen Sembrancher und dem Col Ferret). - Eclog. geol. Helvet. 54, Basel 1961.
GRASMÜCK-PFLÜGER, M.: Mikrofazielle Beobachtungen an den Öhrlischichten (Berriasian) der Typuslokalität. - Eclog. geol. Helvet. 55, Basel 1962.
GRAUERT, B.: Rb-Sr-Age Determinations on Orthogneisses of the Silvretta (Switzerland) - Earth and planetary sci. lett. 1, 1966.
GRILL, R.: Flysch, die Waschbergzone und das Jungtertiär um Ernstbrunn (Niederösterreich). - Jb. geol. Bundesanst. 96, Wien 1953.
GRILL, R. & KAPUONEK, J.: Waschbergzone und Erdölfelder. Der Aussenrand des alpinkarpatischen Gebirges bei Wien. - Mitt. geol. Ges. Wien 57, Wien 1964.
GROSS, A.: Contribution à l'étude du Jurassique moyen et supérieure des Préalpes médianes vaudoises. - Eclog. geol Helvet. 58, Bâle 1965.
GRÜNENFELDER, M.: Petrographie des Roffnakristallins in Mittelbünden und seine Eisenvererzung. - Beitr. geol. Schweiz, geotechn. Ser. 35, Bern 1956.
— Mineralalter von Gesteinen aus dem Gotthardmassiv. - Schweiz. miner. petrogr. Mitt. 42, Zürich 1962.
GRÜTTER, O.: Petrographische und geologische Untersuchungen in der Region von Bosco (Valle Maggia, Tessin). - Verh. naturforsch. Ges. Basel 40, Basel 1929.
GRUNAU, H.: Geologie von Arosa (Graubünden) mit besonderer Berücksichtigung des Radiolaritproblems. - Diss. Univ. Bern 1947.
— Mikrofazies und Schichtung ausgewählter, jungmesozoischer, Radiolarit-führender Sedimentserien der Zentral-Alpen. - Internat. sediment. petrogr. Ser. 4, Leiden 1959.
GUBLER, Y.: L'Eocène subbriançonnais au NE du massif de l'Argentera. - C. R. Soc. géol. France 1955, Paris 1955.
GUBLER, Y., ROSSET, J. & SIGAL, J.: L'âge drétacé supérieur des "Barricate" et de la série dell'Andelplan (couverture sédimentaire du Mercantour) dans le Haute Stura (Italie). - Trav. Lab. Géol. Grenoble 37, Grenoble 1961.
GÜLLER, A.: Zur Geologie der südlichen Mischabel- und der Monte-Rosa.-Gruppe. Mit Einschluß des Zmutt-Tales westlich Zermatt. - Eclog. geol. Helvet. 40, Basel 1947.
GÜNTHERT, A.: Über den Zusammenhang der Antigorio- und Monte-Leone-Decke im Tessin - Eclog. geol. Helvet. 49, Basel 1956.
— Über das alpine Alter der penninischen Deckengesteine des Tessin und der angrenzenden Simplon-Region. - Geol. Rdsch. 45, Stuttgart 1957.
GÜNZLER-SEIFFERT, R.: Der geologische Bau der östlichen Faulhorn-Gruppe im Berner Oberland. - Eclog. geol. Helvet. 19, Basel 1924.
— Persistente Brüche im Jura der Wildhorn-Decke des Berner Oberlandes. - Eclog. geol. Helvet. 34, Basel 1941.
— Alte Brüche im Kreide/Tertiär-Anteil der Wildhorndecke zwischen Rhone und Rhein. - Geol. Rdsch. 40, Stuttgart 1952.
GUERNIC, J. le: La zone du Roure: Contribution à l'étude du Briançonnais interne et du Piémontais en haute Ubaye. - Trav. Lab. Géol. Grenoble 43, Grenoble 1967.
GUILLEAUME, H.: Observations sur le Flysch de la Nappe de la Simme. - Eclog. geol. Helvet. 48, Bâle 1955.
GWINNER, M. P.: Über alpine Tröge und Schwellen. - HERMANN ALDINGER-Festschrift, Stuttgart 1962.
GYR, T.: Geologische und petrographische Untersuchungen am Ostrande des Bergeller Massivs. - Mitt. Geol. Inst. ETH u. Univ. Zürich N. F. 66, Zürich 1967.

GYSIN, M.: Contribution à l'étude du Cristallin du massif de la Jungfrau. - Mat. Cte. géol. Suisse N. S. 98, Berne 1954.
HABERFELNER, E.: Das Paläozoikum von Althofen am Krappfeld in Kärnten. - Zbl. Miner. Geol. Paläont. 1936 B, Stuttgart 1936.
HABICHT, K.: Neuere Beobachtungen in der subalpinen Molasse zwischen Zugersee und dem St.-gallischen Rheintal. - Eclog. geol. Helvet. 38, Basel 1945.
— Geologische Untersuchungen im südlichen sanktgallisch-appenzellischen Molassegebiet. - Beitr. geol. Kt. Schweiz N. F. 83, Bern 1945.
HAFNER, S.: Petrographie des südwestlichen Gotthardmassivs (zwischen St.-Gotthardpass und Nufenenpass). - Schweiz. miner. petrogr. Mitt. 38, Zürich 1958.
HAGEN, T.: Geologie des Mont Dolin und des Nordrandes der Dent Blanche-Decke zwischen Montblanc de Cheilon und Ferpècle (Wallis). - Beitr. geol. Kt. Schweiz N. F. 90, Bern 1948.
HAGN, H.: Zur Paläogeographie und Mikropaläontologie des oberbayrischen Paläozänflysches. - Z. dt. geol. Ges. 101, Hannover 1950.
— Geologisch-paläontologische Untersuchungen im Helvetikum und Flysch des Gebietes von Neubeuern am Inn (Oberbayern). - Geol. bavar. 22, München 1954.
— Geologische und paläontologische Untersuchungen im Tertiär des Monte Brione und seiner Umgebung (Gardasee, Ober-Italien). - Palaeontographica 107 A, Stuttgart 1956.
— Die stratigraphischen und paläogeographischen Beziehungen zwischen Molasse und Helvet im östlichen Oberbayern. - Erdöl u. Kohle 10, Hamburg 1957.
— Die stratigraphischen, paläogeographischen und tektonischen Beziehungen zwischen Molasse und Helvetikum im östlichen Oberbayern. - Geol. bavar. 44, München 1960.
— Das Alttertiär der Bayerischen Alpen und ihres Vorlandes. - Mitt. Bayer. Staatssamml. Paläont. hist. Geol. 7, München 1967.
HAGN, H. & HÖLZL, O.: Geologisch-paläontologische Untersuchungen der subalpinen Molasse des östlichen Oberbayerns zwischen Prien und Sur mit Berücksichtigung des im Süden anschließenden Helvetikums. - Geol. bavar. 10, München 1952.
HAHN, L.: Zur Stratigraphie, Struktur und Stellung des Drauzugs, Lienzer Dolomiten, westliche und Zentrale Gailtaler Alpen. - Diss. Erlangen 1966.
HAMANN, P.J. & KOCKEL, C.W.: Luitpoldzone, Bärgündele und das Ende der Lechtaldecke. - Geol. Rdsch. 45, Stuttgart 1957.
HANTKE, R.: Tektonik der helvetischen Kalkalpen zwischen Obwalden und dem St. Galler Rheintal. - Vjschr. naturforsch. Ges. Zürich 106, Zürich 1961.
HANTKE, R. & TRÜMPY, R.: Bericht über die Exkursion A der Schweizerischen Geologischen Gesellschaft in die Schwyzer Alpen. - Eclog. geol. Helvet. 57, Basel 1964.
HAUDOUR, J. & SARROT-REYNAULD, J.: Stratigraphie du Lias du dôme de la Mure. Vaiétés de faciès entre de Dôme et ses bordures. - Mém. Bur. Rech. géol. min. 4, Paris 1961.
HAUG, E.: Traité de Géologie, 2. - Paris 1912.
HAUS, H.: Geologie der Gegend von Schangnau im oberen Emmental. Beiträge zur Stratigraphie und Tektonik der subalpinen Molasse und des Alpenrandes. - Beitr. geol. Kt. Schweiz N. F. 75, Bern 1937.
HEIERLI, H.: Geologische Untersuchungen in der Albulazone zwischen Crap Alv und Cinuos-chel (Graubünden). - Beitr. geol. Kt. Schweiz N. F. 101, Bern 1955.
HEIM, Albert: Das Säntisgebirge. - Beitr. geol. Kt. Schweiz N. F. 16, Bern 1905.
— Geologie der Schweiz, 2. Die Schweizer Alpen. - Leipzig 1921/1922.
— Die Mythen. - Neujahrsbl. naturforsch. Ges. Zürich, Zürich 1922.
HEIM, Arnold: Der westliche Teil des Säntisgebirges. - Beitr. geol. Kt. Schweiz N. F. 16, Bern 1905.
— Über die Stratigraphie der autochthonen Kreide und des Eocäns am Kistenpass. - Beitr. geol. Kt. Schweiz N. F. 24 III, Bern 1910.
HEIM, A., BAUMBERGER, E.& FUSSENEGGER, S.: Jura und Unterkreide in den helvetischen Alpen beiderseits des Rheins (Vorarlberg und Ostschweiz). - Denkschr. schweiz. naturforsch. Ges. 68, 2, Zürich 1933.
HEISSEL, W.: Beiträge zur Tertiär-Stratigraphie und Quartärgeologie des Unterinntales. - Jb. geol. Bundesanst. 94, Wien 1951.
— Die "Hochalpenüberschiebung" und die Brauneisenerzlagerstätte von Werfen-Bischofshofen (Salzburg). - Jb. geol. Bundesanst. 98, Wien 1955.
— Zur Tektonik der Nordtiroler Kalkalpen. - Mitt. geol. Ges. Wien 50, Wien 1958.
— Das Kaisergebirge und sein geologischer Bau. - Jb. österr. Alpenver. 86, Innsbruck 1961.
HEISSEL, W. & LADURNER, J.: Geologie des Gebietes von Villnöß-Gröden-Schlern-Rosengarten. - Jb. geol. Bundesanst. 86, Wien 1936.
HERB, R.: Geologie von Amden mit besonderer Berücksichtigung der Flyschbildungen. - Beitr. geol. Kt. Schweiz N. F. 114, Bern 1962.
— Über Vorkommen von Amdener Schichten im mittleren Säntisgebirge. - Eclog. geol. Helvet. 56, Basel 1963.
HERBST, G.: Zur Geologie der bayerischen Flyschzone. - Abh. preuß. geol. Landesanst. N. F. 187, Berlin 1938.
HERITSCH, F.: Faunen aus dem Silur der Ostalpen. - Abh. geol. Bundesanst. 23, Wien 1929.
— Versteinerungen aus dem Karbon der Karawanken und Karnischen Alpen. - Abh. geol. Bundesanst. 23, Wien 1931.
— Die karnischen Alpen. Monographie einer Gebirgsgruppe mit variszischem und alpidischem Bau. - Graz 1936.
HERM, D.: Die Schichten der Oberkreide (Untere, Mittlere und Obere Gosau) im Becken von Reichenhall (Bayerische/Salzburger Alpen). - Z. dt. geol. Ges. 113, Hannover 1962.

HESS, P.: Zur Stratigraphie des Doggers und der Dogger-Malmgrenze von Engelberg. - Diss. Univ. Bern 1940.
HESS, W.: Beiträge zur Geologie der südöstlichen Engadiner Dolomiten zwischen dem oberen Münstertal und der Valle di Fraéle (Graubünden). - Eclog. geol. Helvet. 46, Basel 1953.
— Über den Jaggl (Cima del Termine) am Reschenpaß (Passo di Resia), Südtirol und seine Deutung. - Eclog. geol. Helvet. 55, Basel 1962.
HESSE, R.: Das Flyschgebiet des Zwiesel westlich von Bad Tölz. - Z. dt. geol. Ges. 113, Hannover 1962.
— Herkunft und Transport der Sedimente im bayerischen Flyschtrog. - Z. dt. geol. Ges. 116, Hannover 1965. - Verh. geol. Bundesanst., Sonderh. G, Wien 1965.
HILLEBRANDT, A. v.: Das Alttertiär im Becken von Reichenhall und Salzburg (Nördliche Kalkalpen). - Z. dt. geol. Ges. 113, Hannover 1962.
— Das Paläozän und seine Foraminiferenfauna im Becken von Reichenhall und Salzburg. - Abh. bayer. Akad. Wiss., math.-naturwiss. Kl. N.F. 108, München 1962.
HIRSCH, F.: Etude stratigraphique du Trias moyen de la région de l'Arlberg (Alpes du Lechtal, Autriche). - Mitt. geol. Inst. ETH u. Univ. Zürich N. F. 80, Zürich 1966.
HÖCK, V. & SCHLAGER, W.: Einsedimentierte Großschollen in den jurassischen Strubbergbreccien des Tennengebirges (Salzburg). - Anz. math.-naturwiss. Kl. österr. Akad. Wiss. 1964, Wien 1964.
HÖPFNER, B.: Bemerkungen zur Paläogeographie und Tektonik des Helvetikum zwischen Iller und Lech. - Jber. Mitt. oberrh. geol. Ver. N.F. 44, Stuttgart 1962.
HÖTZL, H.: Zur Kenntnis der Tressensteinkalke (Ober-Jura, Nördliche Kalkalpen). - N. Jb. Geol. Paläont. Abh. 123, Stuttgart 1966.
HOFMANN, F.: Zur Stratigraphie und Tektonik des st. gallisch-thurgauischen Miozäns (Obere Süßwassermolasse) und zur Bodenseegeologie. - Ber. Tätigkeit St. Galler naturwiss. Ges. 74, St. Gallen 1951.
— Beitrag zur Kenntnis der Glimmersandsedimentation in der oberen Süßwassermolasse der Nord- und Nordostschweiz. - Eclog. geol. Helvet. 53, Basel 1960.
HOLLIGER, A.: Geologische Untersuchungen der subalpinen Molasse und des Alpenrandes in der Gegend von Flühli (Entlebuch, Kt. Luzern). - Eclog. geol. Helvet. 48, Basel 1955.
HOLLMANN, R.: Über Subsolution und die "Knollenkalke" des Calcare Ammonitico rosso superiore am Monte Baldo (Malm, Norditalien). - N. Jb. Geol. Paläont. Mh. 1962, Stuttgart 1962.
HOUTEN, J. V. van: Geologie der Kalkalpen am Ostufer des Lago Maggiore. - Eclog. geol. Helvet. 22, Basel 1929.
— Geologie des Pelmo-Gebietes in den Dolomiten von Cadore. - Jb. geol. Bundesanst. 80, Wien 1938.
HUBER, H.M.: Physiographie und Genesis der Gesteine im südöstlichen Gotthardmassiv. - Schweiz. miner. petrogr. Mitt. 23, Zürich 1943.
HUBER, K.: Geologie der Sattelzone bei Adelboden. - Mitt. naturwiss. Ges. Bern 1953.
HUBER, R.: Etude géologique du massif du Gufelstock avec stratigraphie du Verrucano. - Mitt. geol. Inst. ETH u. Univ. Zürich N. F. 23, Zürich 1964.
HUBER, W.: Petrographisch-mineralogische Untersuchungen im südöstlichen Aarmassiv. - Schweiz. miner. petrogr. Mitt. 28, Zürich 1948.
HUCKRIEDE, R.: Die Kreideschiefer bei Kaisers und Holzgau in den Lechtaler Alpen. - Verh. geol. Bundesanst. 1958, Wien 1958.
— Das sogenannte Klesenzafenster in den Vorarlberger Kalkalpen. - Notizbl. hess. Landesamt Bodenforsch. 87, Wiesbaden 1959.
— Die Eisenspitze am Kalkalpensüdrand (Lechtaler Alpen, Tirol). - Z. dt. geol. Ges. 111, Hannover 1959.
HÜCKEL, B. & JACOBSHAGEN, V.: Geopetale Sedimentgefüge im Hauptdolomit und ihre Bedeutung für die tektonische Analyse der Nördlichen Kalkalpen. - Z. dt. geol. Ges. 113, Hannover 1962.
HÜGI, T.: Zur Petrographie des östlichen Aarmassivs (Bifertengletscher, Limmernboden, Vättis) und des Kristallins von Tamins. - Schweiz. miner. petrogr. Mitt. 21, Zürich 1941.
— Vergleichende petrographische und geochemische Untersuchungen an Graniten des Aarmassivs. - Beitr. geol. Kt. Schweiz N. F. 94, Bern 1956.
HUGI, E.: Geologie und Mineralogie - in Grimselstraße Meiringen-Gletsch. - Schweiz. Alpenposten, Bern 1951.
IBBEKEN, H.: Stratigraphie und Tektonik des nördlichen Abschnitts der Zone Sestri-Voltaggio und des angrenzenden Gebietes bis zum oberen Scriviotal (Prov. Alessandria und Genua). - Diss. Freie Univ. Berlin, Berlin 1962.
INHELDER, H.W.: Zur Geologie der südöstlichen unterengadiner Dolomiten zwischen S-charl, Ofenpaßhöhe, Sta. Maria und Müstair (Graubünden). - Diss. Univ. Zürich 1952.
ITEN, W. B.: Zur Stratigraphie und Tektonik der Zone du Combin zwischen Mettelhorn und Turtmanntal (Wallis). - Eclog. geol. Helvet. 41, Basel 1948.
JACOBSHAGEN, V.: Der Bau der südöstlichen Allgäuer Alpen. - N. Jb. Geol. Paläont. Abh. 113, Stuttgart 1961.
— Lias und Dogger im West-Abschnitt der nördlichen Kalkalpen. - Geol. Romana 3, Roma 1964.
— Die Allgäu-Schichten (Jura-Fleckenmergel) zwischen Wettersteingebirge und Rhein. - Jb. geol. Bundesanst. 108, Wien 1965.
JACOBSHAGEN, V. & KOCKEL, C. W.: Überprüfung des "Benna-Deckensattels" in den Hohenschwangauer Alpen. - N. Jb. Geol. Paläont. Mh. 1960, Stuttgart 1960.
JACOBSHAGEN, V. & OTTE, O.: Zur Stellung der Arosa-Zone im Allgäu und im Bregenzer Wald (Ostalpen). - Geologica et Palaeontologica 2, Marburg 1968.
JÄCKLI, H.: Geologische Untersuchungen im nördlichen Westschams. - Eclog. geol. Helvet. 34, Basel 1941.

JÄCKLI, H.: Zur Geologie der Stätzerhornkette. - Eclog. geol. Helvet. 37, Basel 1944.
— Geologie - in San Bernardino-Straße. - Schweiz. Alpenposten, Bern 1951.
— Geologie - in Lenzerheide-Julier-Straße - Schweiz. Alpenposten, Bern 1952.
JÄCKLI, R.: Geologische Untersuchungen in der Stirnzone der Mischabeldecke zwischen Réchy, Val d'Anniviers und Visp (Wallis). - Eclog. geol. Helvet. 43, Basel 1950.
JÄGER, E.: Altersbestimmungen an einigen Schweizer Graniten und dem Granit von Baveno. - Schweiz. miner. petrogr. Mitt. 40, Zürich 1960.
— Rb-Sr Age determinations on Micas and total Rocks from the Alps. - J. geophys. Res. 67, Washington 1962.
JÄGER, E. & FAUL, H.: Age measurements on some granites and gneisses from the Alps. - Bull. Geol. Soc. Amer. 70, New York 1959.
JAFFE, F. C.: Les ophiolithes et les roches connexes de la région du Col des Gets (Chablais, Haute Savoie). - Thèse Univ. Genève 1955.
JANOSCHEK, R.: Das Tertiär in Österreich. - Mitt. geol. Ges. Wien 56, Wien 1964.
JANOSCHEK, W.: Geologie der Flyschzone und der helvetischen Zone zwischen Attersee und Traunsee. - Jb. geol. Bundesanst. 107, Wien 1964.
JANOSCHEK, R., KÜPPER, H. & ZIRKL, J. E.: Beiträge zur Geologie des Klippenbereiches bei Wien. - Mitt. geol. Ges. Wien 47, Wien 1956.
JEANNET, A.: Monographie géologique des Tours d'Ai et des régions avoisinantes (Préalpes vaudoises). - Mat. cte. géol. Suisse N.S. 34, Berne 1912/1913.
— Das romanische Deckengebirge, Préalpes und Klippen. - in Albert HEIM 1921/1922.
— Geologie der oberen Sihltaler Alpen (Kanton Schwyz). - Ber. schwyz. naturforsch. Ges. 3, Schwyz 1941.
JENNY, H., FRISCHKNECHT, G. & KOPP, J.: Geologie der Adula. - Beitr. geol. Kt. Schweiz N.F. 51, Bern 1923.
JERZ, H.: Zur Paläogeographie der Raibler Schichten in den westlichen Nordalpen. - Z. dt. geol. Ges. 116, Hannover 1965.
JUNG, W.: Die mesozoischen Sedimente am Südostrand des Gotthardmassivs (zwischen Plaun la Greina und Versam). - Eclog. geol. Helvet. 56, Basel 1963.
KAHLER, F.: Der Bau der Karawanken und des Klagenfurter Beckens. - Carinthia II 16, Klagenfurt 1953.
— Sedimentation und Vulkanismus im Perm Kärnten und seiner Nachbarräume. - Geol. Rdsch. 48, Stuttgart 1959.
— Fortschritte in der Stratigraphie des Jungpaläozoikums Südosteuropas. - Mitt. geol. Ges. Wien 51, Wien 1960.
— Stratigraphische Vergleiche im Karbon und Perm mit Hilfe der Fusuliniden. - Mitt. geol. Ges. Wien 54, Wien 1961.
KAHLER, F. & PREY, S.: Erläuterungen zur geologischen Karte des Naßfeld-Gartnerkofel-Gebietes in den Karnischen Alpen. - Wien 1963.
KALLIES, H.-B.: Geologie des Bregenzer Waldes beiderseits der Bregenzer Ache in der Umgebung von Schoppernau. - Geol. Jb. 78, Hannover 1961.
KARAGOUNIS, K.: Zur Geologie der Berge zwischen Ofenpaß, Spöltal und Val del Gallo im Schweizerischen Nationalpark (Graubünden). - Ergebn. wiss. Forsch. Schweiz. Nationalpark B 7, 48, Liestal 1962.
KARAGOUNIS, K. & SOMM, A.: Geologische Probleme aus den südlichen Engadiner Dolomiten. - Eclog. geol. Helvet. 55, Basel 1962.
KARL, F.: Die Komponenten des oberkarbonen Nößlach-Konglomerates (Tirol). - Mitt. geol. Ges. Wien 48, Wien 1955.
— Der derzeitige Stand B-achsialer Gefügeanalysen in den Ostalpen. - Jb. geol. Bundesanst. 97, Wien 1954.
— Vergleichende petrographische Studien an den Tonalitgraniten der Hohen Tauern und den Tonalit-Graniten einiger periadriatischer Intrusivmassive. - Jb. geol. Bundesanst. 102, Wien 1959.
— Über das Alter der Granite in den Hohen Tauern. - Geol. Rdsch. 50, Stuttgart 1960.
KARL, F. & SCHMIDEGG, O.: Hohe Tauern, Großvenedigerbereich (Stoffbestand, Alter und Tektonik der zentralen Granite und der Schieferhüllgesteine im weiteren Bereich des Großvenedigers). - Mitt. geol. Ges. Wien 57, Wien 1964.
KAUMANNS, M.: Zur Stratigraphie und Tektonik der Gosauschichten. II. Die Gosauschichten des Kainachbeckens. - Sitz.- Ber. österr. Akad. Wiss. math.-naturwiss. Kl. Abt. I 171, Wien 1962.
KELLERHALS, P.: Einige neue Beobachtungen zur Geologie der Ortlergruppe des Vintschgaus und südöstlichen Engadinerdolomiten. - Eclog. geol. Helvet. 58, Basel 1965.
— Geologie der nordöstlichen Engadinerdolomiten zwischen Piz San Jon, S-charl und Piz Sesvenna. - Beitr. geol. Kt. Schweiz. N. F. 126, Bern 1966.
KEMPF, T. A.: Geologie des westlichen Säntisgebirges. - Beitr. geol. Kt. Schweiz N. F. 128, Bern 1966.
KERCKHOVE, C.: Schéma structural de la nappe du Flysch à Helminthoides de l'Embrunais-Ubaye. - Trav. Lab. Géol. Grenoble 39, Grenoble 1963.
— Mise en évidence d'un série à caractère "d'olisthostrome" au sommet des Grès d'Annot (Nummulitique autochtone) sur le pourtour des nappes de l'Ubaye (Alpes franco-italiennes: Basses Alpes, Alpes Maritimes, Province de Cuneo). - C. R. Acad. Sci. 259, Paris 1964.
— Structure du massif du Pelat et ses environs d'Allos. Problèmes de paléogéographie subbriançonnaise au Sud de l'Ubaye (Nappes de l'Ubaye, Basses-Alpes). - Trav. Lab. Géol. Grenoble 41, Grenoble 1965.
KERCKHOVE, C. & ANTOINE, P.: Sur l'existence de failles de décrochement dans le massif des Bauges (zone subalpine, Savoie). - Trav. Lab. Géol. Grenoble 40, Grenoble 1964.
KEREZ, C.: Zur Geologie des Savonese (Ligurien - Italien). - Diss. Zürich 1955.

KIDERLEN, H.: Beiträge zur Stratigraphie und Paläogeographie des süddeutschen Tertiärs. - N. Jb. Miner. Geol. Paläont. Beil.-Bd. 66 B, Stuttgart 1931.
KLÄY, L.: Geologie der Stammerspitze. - Eclog. geol. Helvet. 50, Basel 1957.
KLAUS, W.: Über die Sporendiagnose des deutschen Zechsteinsalzes und des alpinen Salzgebirges. - Z. dt. geol. Ges. 105, Hannover 1955.
— Sporen aus dem südalpinen Perm (Vergleichstudie für die Gliederung nordalpiner Serien). - Jb. geol. Bundesanst. 106, Wien 1963.
— Zur Einstufung alpiner Salztone mittels Sporen. - Z. dt. geol. Ges. 116, Hannover 1965.
KLEBELSBERG, R. von: Geologie von Tirol. - Berlin 1935.
KNUP, P.: Geologie und Petrographie des Gebietes zwischen Centovalli-Valle Vigezzo und Onsernone. - Schweiz. miner. petrogr. Mitt. 38, Zürich 1958.
KOBER, L.: Der geologische Aufbau Österreichs. - Wien 1938.
— Bau und Entstehung der Alpen 2. Aufl. - Wien 1955.
KOCH, K. E.: Zur Tektonik der Krabachmasse und ihrer Umgebung (Lechtaler Alpen). - z. dt. geol. Ges. 116, Hannover 1967.
KOCKEL, C. W.: Beobachtungen am Hornbachfenster (Lechtaler Alpen). - N. Jb. Geol. Paläont. Abh. 96, Stuttgart 1953.
— Der Umbau der nördlichen Kalkalpen und seine Schwierigkeiten. - Verh. geol. Bundesanst. 1956, Wien 1956.
— Der Zusammenbruch des kalkalpinen Deckenbaues. - Z. dt. geol. Ges. 108, Hannover 1957.
— Vom Sattel zur Klippe. - Abh. dt. Akad. Wiss. Berlin Kl. III, H. 1., Berlin 1960.
KOCKEL, C., RICHTER, M. & STEINMANN, H.: Geologie der Bayrischen Berge zwischen Lech und Loisach. - Wiss. Veröff. dt.-österr. Alpenver. 10, Innsbruck 1931.
KOENIG, M. A.: Zur Geologie des oberen Veltlins. - Eclog. geol. Helvet. 60, Basel 1967.
— Kleine Geologie der Schweiz. Einführung in Bau und Werden der Schweizer Alpen. - Thun und München 1967.
KOLLMANN, H.: Stratigraphie und Tektonik des Gosaubeckens von Gams (Steiermark, Österreich). - Jb. geol. Bundesanst. 107, Wien 1964.
— Jungtertiär im Steirischen Becken. - Mitt. geol. Ges. Wien 57, Wien 1965.
KRAUS, E.: Die Alpen als Doppelorogen. - Geol. Rdsch. 22, Berlin 1931.
— Die Baugeschichte der Alpen, 2 Bde. - Berlin 1951.
KREBS, J.: Geologische Beschreibung der Blümlisalp-Gruppe. - Beitr. geol. Kt. Schweiz N. F. 54 III, Bern 1925.
KRISTAN, E. & TOLLMANN, A.: Zur Geologie des Semmering-Mesozoikums. - Mitt. Ges. Geol.-u. Bergbaustud. Wien 8, Wien 1957.
KRISTAN-TOLLMANN, E. & TOLLMANN, A.: Die Mürzalpendecke - eine neue hochalpine Großeinheit der östlichen Kalkalpen. - Sitz.-Ber. österr. Akad. Wiss. math.-naturwiss. Kl. Abt. I, 171, Wien 1962.
KRÖLL, A. & WESSELY, G.: Neue Erkenntnisse über Molasse, Flysch und Kalkalpen auf Grund der Ergebnisse der Bohrung Urmannsau I. - Erdöl-Erdgas Z. 83, Wien u. Hamburg 1967.
KÜBLER, H. & MÜLLER, W.-E.: Die Geologie des Brenner-Mesozoikums zwischen Stubai- und Pflerschtal (Tirol). - Jb. geol. Bundesanst. 105, Wien 1962.
KÜHN, O.: Rudistenhorizonte als ökologische und stratigraphische Indikatoren. - Geol. Rdsch. 56, Stuttgart 1967.
KÜNDIG, E.: Beiträge zur Geologie und Petrographie der Gebirgskette zwischen Val Calanca und Misox. - Schweiz. miner. petrogr. Mitt. 6, Zürich 1926.
KÜHNEL, J.: Geologie des Berchtesgadener Salzberges. - N. Jb. Miner. Geol. Paläont. Beil.-Bd. 61 B, Stuttgart 1929.
KUENEN, P. H.: Turbidity currents a major factor in flysch deposition. - Eclog. geol. Helvet. 51, Basel 1958.
KÜPPER, H.: Ergebnisse aus dem Ostalpenorogen mit Ausblicken auf östlich anschliessende Räume. - Geol. Rdsch. 50, Stuttgart 1960.
— Geologie von Wien. - Wien u. Berlin 1965.
— Die Ergebnisse der Bohrung Urmannsau als Beitrag zur Alpengeologie. - Mitt. geol. Ges. Wien 60, Wien 1968.
KUPKA, E.: Zur geologischen Stellung des Ahornkernes in den westlichen Hohen Tauern. - Skizzen zum Antlitz der Erde, Wien 1953.
— Zur Geologie der Umgebung von Mayrhofen im Zillertal. - Mitt. geol. Ges. Wien 47, Wien 1956.
KVALE, A.: Gefügestudien im Gotthardmassiv und den angrenzenden Gebieten. - Schweiz. miner. petrogr. Mitt. 37, Zürich 1957.
LABHART, T.: Petrotektonische Untersuchungen am Südrand des Aarmassivs. - Beitr. geol. Kt. Schweiz N. F. 124, Bern 1965.
— Mehrphasige alpine Tektonik am Nordrand des Aarmassivs. Beobachtungen im Druckstollen Trift-Speicherberg (Gadmental) der Kraftwerke Oberhasli AG. - Eclog. geol. Helvet. 59, Basel 1966.
LAMBERT, R. St. J.: Isotopic Age Determinations on Gneises from the Tauernfenster, Austria - Absolute Altersbestimmungen an Gneisen aus dem Tauernfenster. - Verh. geol. Bundesanst. 1964, Wien 1964.
LAMEYRE, J.: La partie nord du massif des Grandes Rousses. - Trav. Lab. Géol. Grenoble 34, Grenoble 1958.
LANGE, P. R.: Die Vorarlberger Flyschzone am Südrand des helvetischen Halbfensters zwischen Hoher Ifen und Widderstein im Kleinen Walsertal. - Geologie 5, Berlin 1956.
LANTERNO, E.: Etude géologique des Environs de Champéry (Val d'Illies, Valais, Suisse). - Thèse Univ. Genève 1954.
LANTEAUME, M.: Nouvelles données sur le Flysch à Helminthoides de la Ligurie occidentale (Italie). - Bull Soc. géol. France, 8e sér. 6, Paris 1957.

LANTEAUME, M.: Schéma structural des Alpes maritimes franco-italiennes. - Bull. Soc. géol. France, 8e sér. 7, Paris 1958.
— Considérations paléogéographiques sur la partie supposée des nappes de Flysch à Helminthoides des Alpes et des Apennins. - Bull. Soc. géol. France 7e sér. 4, Paris 1962.
LATREILLE, M.: Les nappes de l'Embrunais entre Durance et Haut-Drac. - Mém. cte. géol. France, Paris 1961.
LAURENT, R. & CHESSEX, R.: Considérations sur le Paléozoique dans les Alpes occidentales. - Eclog. geol. Helvet. 61, Bâle 1968.
LEMCKE, K.: Ein jungpaläozoischer Trog unter dem Süddeutschen Molassebecken. - Z. dt. geol. Ges. 113, Hannover 1961.
LEMCKE, K., ENGELHARDT, W. von & FÜCHTBAUER, H.: Geologische und sedimentpetrographische Untersuchungen im Westteil der ungefalteten Molasse des süddeutschen Alpenvorlandes. - Beih. geol. Jb. 11, Hannover 1953.
LEMOINE, M.: Observations nouvelles sur la stratigraphie de la Zone Piémontaise (Schistes lustrés du Queras). - Bull. cte. géol. France 52, Paris 1954.
— Remarques à propos de quelques faits et hypothèses concernant l'âge des Schistes lustrés piémontais dans les Alpes cottiennes et briançonnaises. - Bull. Soc. géol. France 7e sér. 1, Paris 1959.
— Sur les caractères stratigraphiques et l'ordre du succession des unités à la marge interne de la zone briançonnaise. - C. R. Soc. géol. France 1960, Paris 1960.
— Le Briançonnais interne et le bord de la zone des Schistes lustrés dans le vallée du Guil et de l'Ubaye (Haute et Basses-Alpes) (Schéma structural). - Trav. Lab. Géol. Grenoble 37, Grenoble 1961.
— Le problème des relations des Schistes lustrés piémontais avec la zone briançonnaise dans les Alpes cottiennes. - Geol. Rdsch. 53, Stuttgart 1963.
— Brèches sédimentaires marines à la frontière entre les domaines briançonnais et piémontais dans les Alpes occidentales. - Geol. Rdsch. 56, Stuttgart 1967.
LEONARDI, P.: Breve sintese geologica delle Dolomiti occidentale. - Boll. Soc. geol. Ital. 74, Roma 1966.
— Tectonics and tectogenesis of the Dolomites. - Eclog. geol. Helvet. 58, Basel 1965.
— Le Dolomiti - Geologia dei Monti tra Isarco e Piave, 2 vol. - Trento 1967.
LEUPOLD, W.: Davos und der Flüelapaß. Geologische Übersicht - in Flüelapaß. - Schweiz. Alpenposten, Bern 1935.
— Zur Stratigraphie der Flyschbildungen zwischen Linth und Rhein. - Eclog. geol. Helvet. 30, Basel 1937.
— Die Flyschregion von Ragaz. - Eclog. geol. Helvet. 31, Basel 1938.
— Neue Beobachtungen zur Gliederung der Flyschbildungen der Alpen zwischen Reuß und Rhein. - Eclog. geol. Helvet. 35, Basel 1942.
LEUPOLD, W., EUGSTER, H., BEARTH, P., SPAENHAUER, F. & STRECKEISEN, A.: Blatt 423 Scaletta. - Geol. Atlas Schweiz, Erl., Bern 1935.
LEVEFRE, R.: La structure et le style tectonique de la bande d'Acceglio en Val Maira (Alpes cottiennes italiennes). - Geol. alpine 44, Grenoble 1968.
LIECHT, H.: Geologische Untersuchungen der Molassenagelfluhregion zwischen Emme und Ilfis (Kt. Bern). - Beitr. geol. Kt. Schweiz N. F. 61, Bern 1928.
LIEDHOLZ, J.: Geologie der Berge nördlich von Rohrmoos im Allgäu. - Diss. F. Univ. Berlin 1959.
LIENERT, O.: Neue geologische Untersuchungen am Grossen Mythen unter spezieller Berücksichtigung der Couches Rouges-Mikrofauna. - Eclog. geol. Helvet. 51, Basel 1958.
LIENERT, O. G.: Stratigraphie der Drusbergschichten und des Schrattenkalks im Säntisgebirge unter besonderer Berücksichtigung der Orbitolinen. - Mitt. geol. Inst. ETH u. Univ. Zürich N. F. 56, Zürich 1965.
LILLIE, A.: Les préalpes internes entre Arve et Giffre. - Rev. Géogr. phys. et Géol. dynam. 9, Paris 1937.
— Sur la Nappe du Laubhorn et le Flysch entre le Col de Conx et Morgins. - Eclog. geol. Helvet. 32, Bâle 1939.
LISZKAY-NAGY, M.: Geologie der Sedimentbedeckung des südwestlichen Gotthardmassivs im Oberwallis. - Eclog. geol. Helvet. 58, Basel 1965.
LOCHER, T.: Zur Geologie der Gruppe von Voltri (Ligurien, Italien). - Diss. Univ. Zürich 1957.
LOMBARD, André: Les Préalpes médianes entre le Risse et Somman (Vallée du Giffre, Haute Savoie). - Eclog. geol. Helvet. 33, Bâle 1940.
LOMBARD, Augustin: Géologie de la région du Fer à Cheval (Sixt, Haute Savoie). - Eclog. geol. Helvet. 25, Bâle 1932.
— Géologie des Voirons. - Mém. Soc. helv. Sci. nat. 74, Zürich 1940.
— Observations sur la nappe du Niesen dans le territoire de la feuille Wildstrubel-Est de la Carte nationale de la Suisse 1:50 000. - Eclog. geol. Helvet. 35, Bâle 1942.
— Sédimentologie du flysch. - Eclog. geol. Helvet. 51, Bâle 1958.
— Stratinomie des séries du Flysch. - Eclog. geol. Helvet. 56, Bâle 1963.
— Paléosédimentation des bassins du type miogéosynclinal helvétique-dauphinois. - Rev. Géogr. phys. et Géol. dynam. 9, Paris 1967.
LONFAT, F.: Géologie de la partie centrale des Rochers de 'Château-d'Oex (Rübli-Gummfluh). - Mat. cte. géol. Suisse N. S. 120, Berne 1965.
LOYS, F. de: Monographie géologique de la Dent du Midi. - Mat. cte. géol. Suisse N. S. 58, Berne 1928.
LÜTHY, H.-J.: Geologie der gotthardmassivischen Sedimentbedeckung und der penninischen Bündnerschiefer im Blinnental, Rappental und Binntal (Oberwallis). - Diss. Univ. Bern 1965.
LUGEON, M.: Lenk-Rawyl-Plaine Morte-Sierre. - Guide géol. Suisse 6, Bâle 1934.
— Kandersteg-Lötschenpaß-Goppenstein. - Geol. Führer Schweiz 6, Basel 1934.

LUTYJ-LUTENKO, A.: Bau und Strukturen der Lechtal-Decke im Gebiete der Jachenau zwischen Walchen-See und Isar-Tal. - Geol. Bav. 8, München 1951.
MAISSEN, P. F.: Geologie - in Lukmanierstrasse Disentis/Mustér-Olivone-Acquacalda. - Schweiz. Alpenposten, Bern 1948.
MALARODA, R.: Studi geologici sulla dorsale montuosa compresa tra le basse Valli della Stura di demonte e del Gesso (Alpi marittime). - Mem. Ist. geol. miner. Univ. Padova 1957, Padova 1957.
— Gli hard-grounds al limite tra Cretaceo ed Eocene nei Lessini occidentali. - Mem. Soc. geol. Ital. 3, Pavia 1962.
— Les faciés à composante détritique dans le Crétacé autochtone des Alpes-maritimes italiennes. - Geol. Rdsch. 53, Stuttgart 1963.
— Mylonites et paléomylonites dans le Massif de l'Argentera (Alpes-Maritimes). - Accad. Naz. Lincei, fasc. 3-4, ser. 7 41, Roma 1966.
MALARODA, R. & SCHIAVINATO, G.: Osservationi preliminari sui fenomeni de anatessi nel settore italiano del Massiccio dell'Argentera. - Boll. Soc. geol. Ital. 76, Roma 1957.
— Le Anatessiti dell'Argentera. - R. C. Soc. Miner. Ital. 14, Pavia 1958.
— Agmatiti e migmatiti anfiboilche omogene nel settore meridionale del Massiccio dell'Argentera. - R. C. Soc. miner. Ital. 16, Pavia 1960.
MARTINIS, B.: Ricerche geologiche e paleontologiche sulla regione compresa tra il T. Iudrio ed il F. Timavo (Friuli Orientale). - Riv. ital. Paleont. Stratigr. Mem. 8, Milano 1962.
MAUCHER, A.: Der permische Vulkanismus in Südtirol und das Problem der Ignimbrite. - Geol. Rdsch. 49, Stuttgart 1960.
MANYC, W.: Die Grenzschichten von Jura und Kreide in der Titliskette. - Eclog. geol. Helvet. 31, Basel 1938.
McCONELL, R. B.: La nappe du Niesen et ses abords entre les Ormonts et la Sarine. - Mat. cte. géol. Suisse N. S. 95, Berne 1951.
MEDWENITSCH, W.: Beitrag zur Geschichte des Unterengadiner Fensters (Tirol), im besonderen westlich des Inns von Prutz bis zum Peidkamm. - Skizzen zum Antlitz der Erde, Wien 1953.
— Die Geologie der Salzlagerstätten Bad Ischl und Alt-Aussee (Salzkammergut). - Mitt. geol. Ges. Wien 50, Wien 1958.
— Zur Geologie des Halleiner Salzberges. Die Profile des Jakobberg- und Wolfdietrichstollens. - Mitt. geol. Ges. Wien 51, Wien 1960.
— Zur Geologie des Unterengadiner Fensters (österreichischer Teil). - Eclog. geol. Helvet. 55, Basel 1962.
— Die Bedeutung der Grubenaufschlüsse des Halleiner Salzberges für die Geologie des Ostrandes der Berchtesgadener Schubmasse. - Z. dt. geol. Ges. 113, Hannover 1962.
MEDWENITSCH, W., SCHLAGER, W. & EXNER, C.: Ostalpenübersichtsexkursion. - Mitt. geol. Ges. Wien 57, Wien 1964.
MEIER, P. & NABHOLZ, W. K.: Die mesozoische Hülle des westlichen Gotthard-Massivs im Wallis. - Eclog. geol. Helvet. 42, Basel 1949.
MERCANTON, C. H.: La bordière ultra-helvétique du massif des Diablerets. - Mat. cte. géol. Suisse N. S. 116, Berne 1963.
METZ, K.: Die Geologie der Grauwackenzone von Mautern bis Trüben. - Mitt. Reichsstelle Bodenforsch. Wien N. F. 1, Wien 1940.
— Die stratigraphische und tektonische Baugeschichte der steirischen Grauwackenzone. - Mitt. geol. Ges. Wien 44, Wien 1953.
— Gedanken zu baugeschichtlichen Fragen der steirisch-kärntnerischen Zentralalpen. - Mitt. geol. Ges. Wien 50, Wien 1958.
— Les montagnes à l'Est des Hohe Tauern et leur place dans la cadre structural des Alpes orientales. - Livre Mém. P. FALLOT 2, Paris 1960/1963.
— Das ostalpine Kristallin der Niederen Tauern im Bauplan der NE-Alpen. - Geol. Rdsch. 52, Stuttgart 1963.
METZ, K. et al.: Beiträge zur Geologie der Rottenmauer und östlichen Wölzer Tauern. - Verh. geol. Bundesanst. 1964, Wien 1964.
MICHARD, A.: Contribution à l'étude géologique de la zone d'Acceglio-Longet dans la haute Varaita (Alpes cottiennes, Italie). - Bull. Soc. géol. France 7e sér. 1, Paris 1959.
— Sur quelques aspects de la zonéographie alpine dans les Alpes cottiennes méridionales. - Bull. Soc. géol. France, 7e sér. 4, Paris 1962.
— Etudes géologiques dans les Zones internes des Alpes cottiennes. - Ed. Centre mat. Rech. Sci. Paris 1967.
MICHARD, A. & VIALON, P.: Gneiss, marbres, prasinites en coussins et polymétamorphisme dans la partie sud-ouest de massif Dora-Maira (Alpes cottiennes piémontaises). - C. R. Soc. géol. France 1961, Paris 1961.
MICHEL, R.: Les schistes cristallines des massifs du Grand Paradis et de Sesia-Lanzo (Alpes franco-italiennes). - Sci. de la Terre 1, 3-4, Nancy 1953.
— Contributions à l'étude zonéographique des schistes cristallins de la zone du Piémont. Paléozonéographie des massifs cristallins internes. - Trav. Lab. Géol. Grenoble 32, Grenoble 1956.
— Premiers résultats de l'étude pétrographique des Schistes cristallins du massif d'Ambin (Alpes franco-italiennes). - C. R. Soc. géol. France 1956, Paris 1956.
— Età assoluta degli gneiss del Gran Paradiso. - Boll. Serv. geol. Ital. 78, Roma 1956.
MILLER, H.: Die tektonischen Beziehungen zwischen Wetterstein- und Mieminger Gebirge (Nördliche Kalkalpen). - N. Jb. Geol. Paläont. Abh. 118, Stuttgart 1963.
MILLER, D. S., JÄGER, E. & SCHMIDT, K.: Rb-Sr Altersbestimmungen an Biotiten der Raibler Schichten des Brenner-Mesozoikums und am Muscowitgranitgneis von Vent (Oetztaler Alpen). - Eclog. geol. Helvet. 60, Basel 1967.

MITTELHOLZER, A. E.: Beitrag zur Kenntnis der Metamorphose in der Tessiner Wurzelzone mit besonderer Berücksichtigung des Castionezuges. - Schweiz. miner. petrogr. Mitt. 16, Zürich 1936.
MOHLER, H. P.: Stratigraphische Untersuchungen in den Giswiler Klippen (Préalpes Médianes) und ihrer helvetisch-ultrahelvetischen Unterlage. - Beitr. geol. Kt. Schweiz N. F. 129, Bern 1966.
MORET, L.: Géologie du Massif des Bornes et des Klippes préalpines des Annes et de Sulens. - Mém. Soc. géol. France 22, Paris 1934.
MORNOD, L.: Extension et position de la Série de Cucloz à la base du Niremont et des Pléiades. - Eclog. geol. Helvet. 39, Bâle 1946.
— Géologie de la région du Bulle (Basse - Gruyère). Molasse et bord alpin. - Mat. cte. géol. Suisse. N. S. 91, Berne 1949.
MOSTLER, H.: Das Silur im Westabschnitt der Nördlichen Grauwackenzone (Tirol und Salzburg). - Mitt. Ges. Geol. - und Bergbaustud. Wien 18, Wien 1968.
MUHEIM, F.: Subalpine Molassezone im östlichen Vorarlberg. - Eclog. geol. Helvet. 27, Basel 1934.
MÜLLER, F.: Geologie der Engelhörner, der Aareschlucht und der Kalkkeile bei Innertkirchen (Berner Oberland). - Beitr. geol. Kt. Schweiz N. F. 74, Bern 1938.
MÜLLER-DEILE, G.: Geologie der Alpenrandzone beiderseits vom Kochel-See in Oberbayern. - Mitt. Reichsst. Bodenforsch. Zweigst. München 34, München 1940.
— Flyschbreccien in den Ostalpen und ihre paläogeographische Auswertung. - N. Jb. Miner. Geol. Paläont., Beil.-Bd. B 84, Stuttgart 1940.
MUTSCHLECHNER, G.: Geologie der St. Vigiler Dolomiten. - Jb. geol. Bundesanst. 82, Wien 1932.
— Geologie der Peitlerkofelgruppe (Südtiroler Dolomiten). - Jb. geol. Bundesanst. 83, Wien 1933.
— Geologie des Gebietes zwischen St. Cassian und Buchenstein. - Jb. geol. Bundesanst. 83, Wien 1933.
NABHOLZ, W. K.: Geologie der Bündnerschiefergebirge zwischen Rheinwald, Valser- und Safiental. - Eclog. geol. Helvet. 38, Basel 1945.
— Das Ostende der mesozoischen Schieferhülle des Gotthard-Massivs im Vorderrheintal. - Eclog. geol. Helvet. 41, Basel 1949.
— Beziehungen zwischen Fazies und Zeit. - Eclog. geol. Helvet. 44, Basel 1951.
— Das mechanische Verhalten der granitischen Kernkörner der tieferen penninischen Decken bei der alpinen Orogenese. - Congr. géol. internat., C.R. 19 sess. Alger 1952, Sect. III, Alger 1953.
— Chur-Reichenau-Ilanz-Vals-Zervreila. - Geol. Führer Schweiz, 2. Aufl., Basel 1967.
NABHOLZ, W. K., NIGGLI, E. & WENK, E.: Lukmanier-Pass: Disentis-Biasca. - Geol. Führer Schweiz, 2. Aufl., Basel 1967.
NÄNNY, P.: Zur Geologie der Prätigauschiefer zwischen Rhätikon und Plessur. - Diss. Zürich 1948.
NIGGLI, E.: Das westliche Tavetscher Zwischenmassiv und der angrenzende Nordrand des Gotthardmassivs. Petrographisch-geologische Untersuchungen. - Schweiz. miner. petrogr. Mitt. 24, Zürich 1944.
— Zur zeitlichen Abfolge der magmatischen und metamorphosierenden Vorgänge im Gotthardmassiv. - Schweiz. miner. petrogr. Mitt. 28, Zürich 1948.
— Mineral-Zonen der Alpinen Metamorphose in den Schweizer Alpen. - Internat. geol. Congr., Rep. 21st. Sess. Norden 13, Copenhagen 1960.
— Brig-Gletsch-Furkapass-Andermatt-Oberalppass-Disentis. - Geol. Führer Schweiz, 2. Aufl., Basel 1967.
NIGGLI, E. & NABHOLZ, W. K., siehe NABHOLZ, W. K. et al. 1967.
NIGGLI, E. & NIGGLI, C. R.: Karten der Verbreitung einiger Mineralien der alpidischen Metamorphose in den Schweizeralpen (Stilpnomelan, Alkali-Amphibol, Chloritoid, Staurolith, Disthen, Sillimanit). - Eclog. geol. Helvet. 58, Basel 1965.
NIGGLI, P., PREISWERK, H., GRÜTTNER, O., BOSSARD, L. & KÜNDIG, E.: Geologische Beschreibung der Tessiner Alpen zwischen Maggia- und Blenio tal. - Beitr. geol. Kt. Schweiz N. F. 71, Bern 1936.
NIGGLI, P. & STAUB, W.: Neue Beobachtungen aus dem Grenzgebiet zwischen Gotthard- und Aarmassiv. - Beitr. geol. Kt. Schweiz N. F. 45, III, Bern 1914.
NÖTH, L.: Geologie des mittleren Cordevole-Gebietes zwischen Valazza und Cencenighe (Dolomiten). - Jb. geol. Bundesanst. 79, Wien 1929.
NOVARESE, V.: La Zona del Canavese e le formazioni adiacenti. - Mem. descr. cta. geol. Ital. 22, Roma 1929.
— La formazione diorito-kinzigita in Italia. - Boll. R. Uff. Geol. Ital. 56, Roma 1931.
OBERHAUSER, R.: Neue Beiträge zur Geologie und Mikropaläontologie von Helvetikum und Flysch im Gebiet der Hohen Kugel (Vorarlberg). - Verh. geol. Bundesanst. 1958, Wien 1958.
— Die Kreide im Ostalpenraum Österreichs in mikropaläontologischer Sicht. - Jb. geol. Bundesanst. 106, Wien 1963.
— Zur Geologie der West-Ostalpen-Grenzzone in Vorarlberg im Prätigau unter besonderer Berücksichtigung der tektonischen Lagebeziehungen. - Z. dt. geol. Ges. 116, Hannover 1965. - Verh. geol. Bundesanstalt, Sonderh. G, Wien 1965.
— Beiträge zur Kenntnis der Tektonik und der Paläogeographie während der Oberkreide und dem Paläogen im Ostalpenraum. - Jb. geol. Bundesanst. 111, Wien 1968.
OBERHAUSER, R., REITHOFER, O. & SCHMIDEGG, O.: Rätikon. - Mitt. geol. Ges. Wien 57, Wien 1964.
OBERHOLZER, J.: Geologie der Glarneralpen. - Beitr. geol. Kt. Schweiz N. F. 28, Bern 1933.
OBERHOLZER, W.: Geologie und Petrographie des westlichen Gotthardmassivs. - Schweiz. miner. petrogr. Mitt. 35, Zürich 1955.

OCHSNER, A.: Über die subalpine Molasse zwischen Wäggital und Speer. - Eclog. geol. Helvet. 28, Basel 1935.
OGILVIE-GORDON, M.: Das Grödener-, Fassa- und Enneberggebiet in den Südtiroler Dolomiten. - Abh. geol. Bundesanst. 24, Wien 1927.
— Geologisches Wanderbuch der westlichen Dolomiten. - Wien 1928.
— Geologie des Gebietes von Pieve (Buchenstein), St. Cassian und Cortina d'Ampezzo. - Jb. geol. Bundesanst. 74, Wien 1928.
— Geologie von Cortina d'Ampezzo und Cadore. - Jb. geol. Bundesanst. 84, Wien 1934.
OGILVIE-GORDON, M. & PIA, J.: Zur Geologie der Langkofelgruppe in den Südtiroler Dolomiten. - Mitt. alpenländ. geol. Ver. (Geol. Ges. Wien) 32, Wien 1940.
OSCHMANN, F.: Stratigraphie, Paläogeographie und Fazies in der ostbayerischen Molasse und deren oberkretazischem Untergrund. - Erdöl u. Kohle 10, Hamburg 1957.
OTT, E.: Geologie der westlichen Bergünerstöcke (Piz Michel und Piz Toissa, Graubünden). - Beitr. geol. Kt. Schweiz N. F. 49 V, Bern 1925.
OULIANOFF, N.: Le Massif de l'Arpille et ses abords. - Mat. cte. géol. Suisse N.S. 54 II, Berne 1924.
— Massifs hercyniens du Mont Blanc et des Aiguilles Rouges. - Guide géol. Suisse 2, Basel 1934.
— Morphologie du massif du Mont Blanc dans ses rapports avec les tectoniques superposés de cette région. - Livre Mém. P. FALLOT 2, Paris 1960/1963.
OULIANOFF, N. & TRÜMPY, R.: Feuille Grand Saint Bernard. - Atlas géol. Suisse, Explic., Berne 1958.
OXBURGH, E. R., LAMBERT, R. S. J., BAADSGAARD, H. B. & SIMONS, J. G.: Potassium-Argon Age studies across the southeastern margin of the Tauern Window, the Eastern Alps. - Verh. geol. Bundesanst. 1966, Wien 1966.
PAHR, A.: Ein Beitrag zur Geologie des nordöstlichen Sporns der Zentralalpen. - Verh. geol. Bundesanst. 1960, Wien 1960.
PAIRIS, J.-L.: La demi-fenêtre d'Embrun (Hautes-Alpes et Basses-Alpes). - Trav. Lab. Géol. Grenoble, Grenoble 1965.
PAPP, A.: Das Pannon des Wiener Beckens. - Mitt. geol. Ges. Wien 39-41, Wien 1951.
— Fazies und Gliederung des Sarmats im Wiener Becken. - Mitt. geol. Ges. Wien 47, Wien 1956.
— Tertiär, I. Teil. Grundzüge regionaler Stratigraphie. - Handb. stratigr. Geol. Stuttgart 1959.
— Die biostratigraphische Gliederung des Neogens im Wiener Becken. - Mitt. geol. Ges. Wien 56, Wien 1963.
PARÉJAS, E.: Géologie de la Zone de Chamonix. - Mém. Soc. Phys. et d'Hist. nat. Genève 39, 7, 1922.
PAULCKE, A.: Beitrag zur Geologie des "Unterengadiner Fensters" - Verh. naturwiss. Verein. Karlsruhe 23, Karlsruhe 1910.
PAVONI, N.: Geologie der Zürcher Molasse zwischen Albiskamm und Pfannenstiel. - Mitt. geol. Inst. ETH u. Univ. Zürich Ser. B 12, Zürich 1957.
— Zur Gliederung der Oberen Süßwassermolasse (OSM) im Bereich des Hörnlischuttfächers. - Eclog. geol. Helvet. 52, Basel 1960.
PFLAUMANN, U.: Zur Ökologie des bayerischen Flysches auf Grund der Mikrofossilführung. - Geol. Rdsch. 56, Stuttgart 1967.
PFLUGSHAUPT, P.: Beiträge zur Petrographie des östlichen Aarmassives. - Petrographisch-geologische Untersuchungen im Gebiet des Bristenstockes. - Schweiz. miner. petrogr. Mitt. 7, Zürich 1927.
PIA, J.: Stratigraphie und Tektonik der Pragser Dolomiten in Südtirol. - Wien 1937.
PICCOLI, G.: Metamatismo e migmatiti nelle rocce verdi de Novate Mezzola (Sondrio, Alpi Lombarde). - R. C. Soc. miner. Ital. 17, Pavia 1961.
PICHLER, H.: Neue Ergebnisse zur Gliederung der unterpermischen Eruptivfolge der Bozener Porphyr-Platte. - Geol. Rdsch. 48, Stuttgart 1959.
— Beiträge zur Tektonik der Südteile der Bozener Porphyrplatte im Raum um Trient (Ober-Italien). - Mitt. geol. Ges. Wien 55, Wien 1962.
— Geologische Untersuchungen im Gebiet zwischen Roßfeld und Markt Schellenberg im Berchtesgadener Land. - Beih. geol. Jb. 48, Hannover 1963.
PILGER, A. & SCHÖNENBERG, R.: Der erste Fund mitteltriadischer Tuffe in den Gailtaler Alpen (Kärnten). - Z. dt. geol. Ges. 110, Hannover 1958.
PILGER, A. & WEISSENBACH, N.: Tektonische Probleme bei der Gliederung des Altkristallins der östlichen Zentralalpen. - Z. dt. geol. Ges. 116, Hannover 1965.
PIRKL, H.: Geologie des Trias-Streifens und des Schwazer Dolomits südlich des Inns zwischen Schwaz und Wörgl (Tirol). - Jb. geol. Bundesanst. 104, Wien 1961.
PLAN, J.: Essai d'interprétation de la fenêtre de Barcelonnette (B.-A.). - Trav. Lab. Géol. Grenoble 40, Grenoble 1964.
PLESSMANN, W.: Zur Tektonik und Metamorphose der Bündner Schiefer am SW-Rand des Gotthardmassivs. - Nachr. Akad. Wiss. Göttingen, math.-phys. Kl. 1957, Göttingen 1957.
— Tektonische Untersuchungen an Randteilen des Gotthard- und Montblanc-Massivs sowie an der Grenze Penninikum-Helvetikum. - Nachr. Akad. Wiss. Göttingen, math.-phys. Kl. 1958, Göttingen 1958.
— Strömungsmarken in klastischen Sedimenten und ihre geologische Auswertung. Untersuchungsergebnisse im Oberharzer Kulm und im westalpinen Flyschbecken von San Remo. - Geol. Jb. 78, Hannover 1961.
PLESSMANN, W. & WUNDERLICH, H.-G.: Eine Achsenkarte des inneren Westalpenbogens. - N. Jb. Geol. Paläont. Mh. 1961, Stuttgart 1961.
PLÖCHINGER, B.: Erläuterung zur geologischen Neuaufnahme des Draukristallinabschnittes westlich von Villach. - Skizzen z. Antlitz der Erde, Wien 1953.

PLÖCHINGER, B.: Der Bau der südlichen Osterhorngruppe und die Tithon-Neokomtransgression. - Jb. geol. Bundesanst. 96, Wien 1953.
— Zur Geologie des Kalkalpenabschnittes vom Torrener Joch zum Ostfuß des Untersbergs; die Göllmasse und die Halleiner Hallstätter Zone. - Jb. geol. Bundesanst. 98, Wien 1955.
PLÖCHINGER, B. et al.: Die tektonischen Fenster von St. Gilgen und Strobl am Wolfgangsee (Salzburg, Österreich). - Jb. geol. Bundesanst. 107, Wien 1964.
PLÖCHINGER, B., BARDOSSY, G., OBERHAUSER, R. & PAPP, A.: Die Gosaumulde von Grünbach und der Neuen Welt (Niederösterreich). - Jb. geol. Bundesanst. 104, Wien 1961.
PLÖCHINGER, B. & OBERHAUSER, R.: Die Nierentaler Schichten am Untersberg bei Salzburg. - Jb. geol. Bundesanst. 100, Wien 1957.
PLÖCHINGER, B. & PREY, S.: Wienerwald, Flysch, Kalkalpen, Gosau. - Mitt. geol. Ges. Wien 57, Wien 1964.
POLL, K.: Die Diskussion des Deckenbaues in den Nördlichen Kalkalpen, I und II. - Zbl. Geol. Paläont. I 1967, Stuttgart 1967.
POLLINI, A. & CASSINIS, G.: Evolution structurale et sédimentaire du bassin triassique de la Lombardie. - Mém. Bur. Rech. géol. min. 15, Paris 1963.
PORADA, H.: Zur Tektonik und Metamorphose der penninischen Zone zwischen Dora-Maira- und Mercantour-Massiv. - N. Jb. Geol. Paläont. Abh. 124, Stuttgart 1966.
— Zur Tektonik der Ivrea-Zone. - Nachr. Akad. Wiss. Göttingen II., math.-phys. Kl. 1966, Göttingen 1966.
POZZI, R.: La Geologia della bassa valle di Fraele (Alpi Retiche). - Eclog. geol. Helvet. 50, Basel 1957.
— Studio stratigrafico del Mesozoico dell'alta Valtellina (Livigno-Passo dello Stelvio). - Riv. ital. paleont. stratigr. 65, 1959.
— Rapporti tettonici fra le falde di Quatervals Umbrail ed Ortles dalla Saliente alla val Forcola (Alta Valtellina). - R. C. Ist. lombardo A 94, Pavia 1960.
— Schema tettonico dell'alta Valtellina da Livigno al gruppo dell'Ortles. - Eclog. geol. Helvet. 58, Basel 1965.
POZZI, R. & GIORCELLI, A.: Memoria illustrativa della carta geologica della regione comoresa fra Livigno ed il Passo dello Stelvio (Alpi Retiche). - Boll. Serv. geol. Ital. 81, Roma 1960.
PREISWERK, H.: Der Quarzdiorit des Coccomassivs (zentrale Tessineralpen) und seine Beziehungen zum Verzascagneis. - Schweiz. miner. petrogr. Mitt. 11, Zürich 1931.
PREY, S.: Zur Geologie der Nordwestabdachung des Leithagebirges zwischen Hof und Kaisersteinbruch. - Verh. geol. Bundesanst. 1946, Wien 1946.
— Geologie der Flyschzone im Gebiet des Pernecker Kogels westlich von Kirchdorf an der Krems (Oberösterreich). - Jb. geol. Bundesanst. 94, Wien 1951.
— Zur Stratigraphie von Flysch und Helvetikum im Gebiete zwischen Traun- und Kremstal in Oberösterreich. - Verh. geol. Bundesanst. 1949, Wien 1949.
— Flysch, Klippenzone und Kalkalpenrand im Almtal bei Scharnstein und Grünau (OÖ). - Jb. geol. Bundesanst. 96, Wien 1953.
— Tertiär im Nordteil der Alpen und im Alpenvorland Österreichs. - Z. dt. geol. Ges. 109, Hannover 1958.
— Flysch und Helvetikum in Salzburg und Oberösterreich. - Z. dt. geol. Ges. 113, Hannover 1962.
— Die Matreier Zone in der Sadniggruppe (siehe EXNER, C. & PREY, S. 1964)
PUGIN, L.: Les Préalpes médianes entre le Moléson et Gruyères (Préalpes fribourgoises). - Eclog. geol. Helvet. 44, Bâle 1952.
PURTSCHELLER, F.: Sedimentpetrographische Untersuchungen am Hauptdolomit der Brentagruppe. - Tschermaks miner. petrogr. Abh. 8, Wien 1962.
QUERVAIN, F. de: Petrographie und Geologie der Taveyannaz-Gesteine. - Schweiz. miner. petrogr. Mitt. 8, Zürich 1928.
QUERVAIN, F. de & STEIGER, R.: Gotthardpaß: Erstfeld-Airolo. - Geol. Führer Schweiz, 2. Aufl. 5, Basel 1967.
RAAF, M. de: La Géologie de la Nappe du Niesen entre la Sarine et la Simme. - Mat. cte. géol. Suisse N. S. 68, Berne 1934.
RAATZ, D.: Stratigraphie und Tektonik der Flyschzone nördlich des Colle di Tenda Provinz Cuneo, Piemonte, Italien. - Diss. F. U. Berlin 1963.
RABOWSKI, F.: Les Préalpes entre le Simmental et le Diemtigtal. - Mat. cte. géol. Suisse, N.S. 35 I, Berne 1920.
RAGUIN, E.: Haute Tarentaise et Haute Maurienne (Alpes de Savoie). - Mém. cte. géol. France, Paris 1930.
REBOUL, J.: Etude stratigraphique et tectonique des formations sédimentaires du massif du Grand-Renaud - Pic d'Ornon, près Bourg-d'Oisans (Isère). - Trav. Lab. Géol. Grenoble 38, Grenoble 38.
— Trias des bordures du synclinal de Bourg d'Oisans. - Mém. Bur. Rech. géol. min. 15, Paris 1963.
REICHELT, R.: Die bayerische Flyschzone im Ammergau. - Geol. Bavar. 41, München 1960.
REITHOFER, O.: Geologie der Sellagruppe (Südtiroler Dolomiten). - Jb. geol. Bundesanst. 78, Wien 1928.
RENZ, H. H.: Zur Stratigraphie und Paläontologie der Mytilusschichten im östlichen Teil der Préalpes romandes. - Eclog. geol. Helvet. 28, Basel 1935.
— Pflanzenführender Keuper in der Breccien-Decke des Simmentals. - Eclog. geol. Helvet. 29, Basel 1936.
— Die subalpine Molasse zwischen Aare und Rhein. - Eclog. geol. Helvet. 30, Basel 1937.
REUM, H.: Zur tektonischen Stellung des Falkensteinzuges am Nordrand der östlichen Allgäuer Alpen. - Z. dt. geol. Ges. 113, Hannover 1962.

REUTTER, K.-J.: Zur Stratigraphie des Flysch im Ligurischen Apennin. - N. Jb. Geol. Paläont. Mh. 1961, Stuttgart 1961.
RICHTER, D.: Neue Untersuchungen in der Randzone von Flysch und Ostalpin im Gebiet des Großen Walsertales (Vorarlberg). - N. Jb. Geol. Paläont. Abh. 103, Stuttgart 1956.
— Gesteine und Vorkommen der Arosa-Zone zwischen Arosa und Hindelang im Allgäu. - Geol. Rdsch. 46, Stuttgart 1957.
— Geologischer Bau und tektonische Stellung des Hintersteiner Fensters in den Allgäuer Alpen. - Z. dt. geol. Ges. 113, Hannover.1961.
— Geologie der Allgäuer Alpen südlich von Hindelang. - Beih. geol. Jb. 48, Hannover 1963.
RICHTER, H.: Die Geologie der Guschagruppe im St. Galler Oberland. - Mitt. geol. Inst. ETH u. Univ. Zürich N. F. 99, Zürich 1968.
RICHTER, M.: Neue Ergebnisse der Flyschforschung in den nördlichen Kalkalpen. - Z. dt. geol. Ges. 105, Hannover 1955.
— Über den Bau der Vorarlberger Alpen zwischen oberem Lech, Flexenpaß und Ill. - Geotekt. Sympos. H. STILLE, Stuttgart 1956.
— Die Allgäu-Vorarlberger Flyschzone und ihre Fortsetzung nach Osten und Westen. - Z. dt. geol. Ges. 108, Hannover 1957.
— Über den Bau der nördlichen Kalkalpen im Rhätikon. - Z. dt. geol. Ges. 110, Hannover 1958.
— Über den Bau der Ligurischen Alpen 2. Der Flysch des Gebietes San-Remo - Alassio. - N. Jb. Geol. Paläont. Abh. 110, Stuttgart 1960.
— Beziehungen zwischen Ligurischen Alpen und Nordapennin. - Geol. Rdsch. 50, Stuttgart 1960.
— Ergebnisse neuer Untersuchungen im Helveticum des Vorarlberg und Allgäu. - Abh. Akad. Wiss. Berlin, Kl. III, 1, Berlin 1960.
— Problèmes posés par le Flysch des Alpes orientales. - Livre Mém. P.FALLOT 2, Paris 1960/1963.
— Über den Bau der Ligurischen Alpen. 3. Tektonik und Stellung der Flyschzone. - Z. dt. geol. Ges. 113, Hannover 1961.
— Allgäuer Alpen. - Samml. geol. Führer 45, Berlin 1966.
RICHTER, M., CUSTODIS, A., NIEDERMAYER, J. & SCHMIDT-THOME, P.: Geologie des Alpenrandzone zwischen Isar und Leitzach in Oberbayern. - Z. dt. geol. Ges. 91, Berlin 1939.
RICHTER, M. & MÜLLER-DEILE, G.: Zur Geologie der östlichen Flyschzone zwischen Bergen (Obb.) und der Enns (Oberdonau). - Z. dt. geol. Ges. 92, Berlin 1940.
RICHTER, M. & SCHÖNENBERG, R.: Uber den Bau der Lechtaler Alpen. - Z. dt. geol. Ges. 105, Hannover 1954.
RICOUR, J.: Esquisse paléogéographique de la France aux temps triassiques. - Mém. Bur. Rech. géol. min. 15, Paris 1963.
RIEBER, H.: Über die Grenze Anis-Ladin in den Südalpen. - Eclog. geol. Helvet. 60, Basel 1967.
RIGASSI, D.: Le Tertiaire de la région genèvoise et savoisienne. - Bull. Assoc. suisse géol. et ing. pétrole 23, Bâle 1957.
RODE, K. P.: The geology of the Morcote Peninsula and the petrochemistry of the porphyry magma of Lugano. - Schweiz. miner. petrogr. Mitt. 21, Zürich 1941.
RODGERS, J. & BEARTH, P.: Zum Problem der Lebendundecke. - Eclog. geol. Helvet. 53, Basel 1960.
RÖMER, H. de: Kurze Erläuterung zur Tektonik der Bündnerschiefer in der Umgebung von Nauders, Tirol. - Eclog. geol. Helvet. 55, Basel 1962.
ROESLI, F.: Fazielle und tektonische Zusammenhänge zwischen Oberengadin und Mittelbünden. - Eclog. geol. Helvet. 37, Basel 1945.
— Sedimentäre Zone von Samaden. - Eclog. geol. Helvet. 38, Basel 1946.
ROHR, K.: Stratigraphische und tektonische Untersuchung der Zwischenbildungen am Nordrande des Aarmassivs (zwischen Wendenjoch und Wetterhorn). - Beitr. geol. Kt. Schweiz N. F. 57 I, Bern 1926.
ROSENBERG, G.: Zur Kenntnis der Kreidebildungen des Allgäu-Ternberg-Frankenfelser Deckensystems. - Skizzen zum Antlitz der Erde, Wien 1953.
— Geleitworte zu den Tabellen der Nord- und Südalpinen Trias der Ostalpen. - Jb. geol. Bundesanst. 102, Wien 1959.
— (mit Beiträgen von W. KLAUS & R. OBERHAUSER): Geleitworte zu den Tabellen des nord- und südalpinen Jura der Ostalpen. - Jb. geol. Bundesanst. 109, Wien 1966.
ROSSET, J.: Déscription géologique de la chaine des Aravis. - Bull. Serv. cte. géol. France 53, Paris 1957.
ROSSI, D. & SEMENZA, E.: Recenti studi sull' Oligocene dei Colli Berici. - Mem. Soc. geol. Ital. 3, Roma 1962.
ROVERETO, G.: La serie di Montenotte come elemento costituente delle Alpi occidentale e dell'Apennino. - R. C. R. Accad. Naz. Lincei 6. ser. 21, Roma 1935.
— Liguria Geologica. - Mem. Soc. geol. ital. 2, Roma 1939.
RÜEFLI, W. H.: Stratigraphie und Tektonik des eingeschlossenen Glarner Flysches im Weißtannental. - Mitt. geol. Inst. ETH u. Univ. Zürich Ser. C 75, Zürich 1959.
RUTSCH, R. F.: Biel-Bern-Thun. - Geol. Führer Schweiz, 2.Aufl. 4, Basel 1967.
RYF, W.: Zur Stratigraphie des Glarner Verrucano im Murgtal. - Eclog. geol. Helvet. 57, Basel 1964.
— Geologische Untersuchungen im Murgtal (St. Galler Oberland). - Mitt. geol. Inst. ETH u. Univ. Zürich N. F. 50, Zürich 1965.
SAINT-MARC, P.: Etude géologique de la région de Barcis (Alpes méridionales, province d'Udine, Italie). - Bull. Soc. géol. France, 7e sér. 5, Paris 1963.
SARNTHEIN, M.: Beiträge zur Tektonik der Berge zwischen Memminger und Württemberger Hütte (Lechtaler Alpen). - Jb. geol. Bundesanst. 105, Wien 1962.
— Sedimentologische Profilreihen aus den mitteltriadischen Karbonatgesteinen der Kalkalpen nördlich und südlich von Innsbruck. - Verh. geol. Bundesanst. 1965, Wien 1965.

SARNTHEIN, M.: Sedimentologische Profilreihen aus den mitteltriadischen Karbonatgesteinen der Kalkalpen nördlich und südlich von Innsbruck. - Ber. naturwiss.-med. Verein. Innsbruck 54, Innsbruck 1966.
— Versuch einer Rekonstruktion der mitteltriadischen Paläogeographie um Innsbruck, Österreich. - Geol. Rdsch. 56, Stuttgart 1967.
SARROT-REYNAULD, J.: Le Lias dauphinois et le Lias du dôme de la Mure. - Mém. Bur. Rech. géol. min. 4, Paris 1961.
— Trias du dôme de la Mure et des régions annexes. - Mém. Bur. Rech. géol. min. 15, Paris 1963.
— Trias des zones externes des Alpes françaises. - Mém. Bur. Rech. géol. min. 15, Paris 1963.
— Style tectonique et morphologie de la bordure occidentale de la chaîne de Belledonne au Sud d' Allevard. - Trav. Lab. Géol. Grenoble 41, Grenoble 1965.
— Structure de Chaîne de Belledonne entre le lac Crozet et la vallée de la Romanche. - Trav. Lab. Géol. Grenoble 42, Grenoble 1966.
SAXER, F.: Die Molasse am Alpenrand zwischen der Sitter und dem Rheintal. - Eclog. geol. Helvet. 31, Basel 1938.
SCHÄDLER, J.: Nördliche Kalkalpen (zwischen Traun und Salzach). - Verh. geol. Bundesanst. Sonderh. A, Wien 1951.
SCHAETTI, H.: Geologie des Fürstentums Liechtenstein. I. Teil: Geologie des östlichen Gebietes, Samina-, Malbun- und Vallorsch-Tal. - Histor. Verein. Liechtenstein, Vaduz 1962.
SCHAFFER, F. X. (ed.): Geologie von Österreich. - Wien 1951.
SCHAUB, H.: Stratigraphie und Paläontologie des Schlierenflysches. Die paläocänen und untereocänen Nummuliten und Assilinen. - Schweiz. paläont. Abh. 68, Basel 1951.
— Contribution à la stratigraphie du Nummulitique de Veronais et du Vicentin. - Mem. Soc. geol. ital. 3, Pavia 1962.
SCHAUBERGER, O.: Zur Genese des alpinen Haselgebirges. - Z. dt. geol. Ges. 105, Hannover 1955.
— Über Bau und Bildung der alpinen Salzlagerstätten. - Z. dt. geol. Ges. 109, Hannover 1958.
SCHIAVINATO, G.: La provincia magmatica del Veneto sud-occidentale. - Mem. Ist. geol. miner. Univ. Padova 17, Padova 1950.
SCHIDLOWSKI, M.: Zur Revision des ostalpinen Deckenbaus im Allgäu-Vorarlberger Grenzraum. Z. dt. geol. Ges. 113, Hannover 1961.
SCHIELLY, H.: Geologische Untersuchungen im Deckengebiet des westlichen Freiberges (Kanton Glarus). - Mitt. naturforsch. Ges. Glarus 12, Glarus 1964.
SCHIEMENZ, S.: Fazies und Paläogeographie des Subalpinen Molasse zwischen Bodensee und Isar. - Beih. geol. Jb. 38, Hannover 1960.
SCHINDLER, C. M.: Zur Geologie des Glärnisch. - Beitr. geol. Kt. Schweiz N. F. 107, Bern 1959.
SCHMID, F.: Zur Geologie der Umgebung von Tiefenkastel. - Mitt. geol. Inst. ETH u. Univ. Zürich N. F. 41, Zürich 1965.
SCHMIDEGG, O.: Der geologische Bau der Steinacher Decke mit dem Anthrazitkohlenflöz am Nößlachjoch (Brenner-Gebiet). - Veröff. Mus. Ferdinandeum 26, Innsbruck 1949.
— Patscher Kofel bei Innsbruck. - Verh. geol. Bundesanst. Sonderh. A, Wien 1951.
— Die Stellung der Haller Salzlagerstätten im Bau des Karwendelgebirges. - Jb. geol. Bundesanst. 94, Wien 1951.
— Die Ötztaler Schubmasse und ihre Umgebung. - Verh. geol. Bundesanst. 1964, Wien 1964.
SCHMIDT, K.: Zum Bau der südlichen Ötztaler und Stubaier Alpen. - Z. dt. geol. Ges. 116, Hannover 1965.
SCHMIDT, K., JÄGER, E., GRÜNENFELDER, M. & GRÖGLER, N.: Rb-Sr- und U-Pb-Altersbestimmungen an Proben des Oetztalkristallins und des Schneeberger Zuges. - Eclog. geol. Helvet. 60, Basel 1967.
SCHMIDT, W. J.: Die Schieferinseln am Ostrand der Zentralalpen. - Mitt. geol. Ges. Wien 47, Wien 1956.
SCHMIDT-THOMÉ, P.: Le bassin de la Molasse d' Allemagne du Sud, avec considérations particulières sur la Molasse plissée du Bavière. - Livre Mém. P. FALLOT 2, Paris 1960/1963.
— Zur Geologie der Alpenrandzone bei Füssen. - Jber. Mitt. oberrhein. geol. Ver. N. F. 44, Stuttgart 1962.
— Paläogeographie und tektonische Strukturen im Alpenrandbereich Südbayerns. - Z. dt. geol. Ges. 113, Hannover 1962.
— Alpenraum. - in Erl. geol. Kt. Bayern 1:500 000, 2. Aufl. München 1964.
— Flysch, Helvetikum und Molasse am Bayerischen Alpenrand. - XXIII Internat. Geol. Kongr. Prag 1968, Führer zu den Exkursionen A/C 26, deutscher Exkursionsanteil, München 1968.
— Gebirgsbildung. - in: Vom Erdkern zur Magnetosphäre, ed. E. MURAWWKI, Frankfurt a. M. (Umschau-Verlag) 1968.
SCHLAGER, W.: Zur Geologie der östlichen Lienzer Dolomiten. - Mitt. Ges. Geol. u. Bergbaustud. Wien 13, Wien 1963.
— Fazies und Tektonik am Westrand der Dachsteinmasse I. - Verh. geol. Bundesanst. 1966, Wien 1966.
SCHNEEBERGER, W.: Die stratigraphischen Verhältnisse von Kreide und Tertiär der Randkette nördlich des Thunersees. - Mitt. naturforsch. Ges. Bern, Bern 1927.
SCHNEEGANS, D.: La géologie des nappes de l' Ubaye-Embrunais entre la Durance et l' Ubaye. - Mém. cte. géol. France, Paris 1938.
SCHOELLER, H.: La nappe de l' Embrunais au Nord de l' Isère. - Bull. cte. géol. France 33, Paris 1929.
SCHÖNENBERG, R.: Oberdevonische Tektonik und kulmischer Magmatismus im nordöstlichen Dilltrog. - Geol. Jb. 71, Hannover 1956.
— Über das Altpaläozoikum der südlichen Ostalpen (Karawanken-Klagenfurter Becken-Saualpen-Kristallin). - Geol. Rdsch. 56, Stuttgart 1967.

SCHROEDER, W.-J.: La Brèche du Chablais entre Giffre et Drance et les roches éruptives des Gets. - Thèse 1004, Univ. Genève 1939.
SCHROEDER, J.W. & DUCLOZ, C.: Géologie de la Molasse du Val d'Illiez. - Mat. cte. géol. Suisse N. S. 100, Berne 1955.
SCHULER, G.: Lithofazielle, sedimentologische und paläogeographische Untersuchungen in den Raibler Schichten der nördlichen Kalkalpen zwischen Inn und Salzach. - Diss. TH München 1967.
SCHUPPLI, H. M.: Erdölgeologische Untersuchungen in der Schweiz IV. Teil, 9. Abschnitt. Ölgeologische Probleme der subalpinen Molasse der Schweiz; 10. Abschnitt. Ölgeologische Probleme des Mittellandes östlich der Linie Solothurn-Thun. - Beitr. Geol. Schweiz, geotechn. Ser. 26, 4, Bern 1952.
SCHWAN, W.: Leitende Strukturen am Nordostrand der Hohen Tauern. - Z. dt. geol. Ges. 116, Hannover 1965.
SCHWARTZ-CHENEVART, C.: Les nappes des Préalpes médianes et de la Simme dans le région de la Hochmatt (Préalpes fribourgoises). - Mém. Soc. fribourg. Sci. nat. 12, Fribourg 1945.
SCHWEIGHAUSER, J.: Mikropaläontologische und stratigraphische Untersuchungen im Paläeocaen und Eocaen des Vicentin (Norditalien). - Schweiz. paläont. Abh. 70, Basel 1953.
SEIDLITZ, W. v.: Geologische Untersuchungen im östlichen Rätikon. - Ber. naturforsch. Ges. Freiburg i. Br. 16, Freiburg i. Br. 1906.
SEILACHER, A.: Zur ökologischen Charakteristik von Flysch und Molasse. - Eclog. geol. Helvet. 51, Basel 1958.
— Tektonischer, sedimentologischer und biologischer Flysch. - Geol. Rdsch. 56, Stuttgart 1967.
SELLI, R.: La geologia dell'alto bacino dell'Isonzo (stratigrafia e tettonica). - G. Geol. Ser. 2, 19, Bologna 1953.
— Schema geologico delle Alpi Carniche e Giulie Occidentali. - Boll. Soc. geol. ital. 62, Bologna 1963.
SENARCLENS-GRANCY, W.: Zur Grundgebirgs- und Quartärgeologie der Deferegger Alpen und ihrer Umgebung. - Z. dt. geol. Ges. 116, Hannover 1965 - Verh. geol. Bundesanst. Sonderh. G, Wien 1965.
SENN, A.: Beiträge zur Geologie des Alpensüdrandes zwischen Mendrisio und Varese. - Eclog. geol. Helvet. 18, Basel 1924.
SITTER, L. U. de: Les porphyres luganois et leurs enveloppes. L'histoire géologige des Alpes tessinoises entre Lugano et Varese. - Leidse geol. Meded. 11, Leiden 1939.
— A comparison between the Lombardy Alps and the Dolomites. - Geol. en Mijnbouw 18, Leiden 1956.
— La structure des Alpes lombardes. - Livre Mém. P. FALLOT 2, Paris 1960/1963.
SITTER, L. U. de & de SITTER-KOOMANS, C. M.: The Geology of the Bergamasc Alps, Lombardia, Italy. - Leidse geol. Meded. 14 B, Leiden 1949.
SMIT-SIBINGA, G. L.: Die Klippen der Mythen und Rothenfluh. - Diss. ETH Zürich, Amsterdam 1921.
SODEN, P. A.: Geologische Untersuchung der Schrattenfluh und des südlich anschliessenden Teils der Habkernmulde. - Eclog. geol. Helvet. 42, Basel 1949.
SOMM, A.: Zur Geologie der westlichen Quattervals-Gruppe im schweizerischen Nationalpark (Graubünden). - Ergebn. wiss. Unters. schweizer. Nat.-Park 10, Chur 1965.
SPECK, J.: Geröllstudien in der subalpinen Molasse am Zugersee und Versuch einer paläogeographischen Auswertung. - Diss. Zürich 1953.
SPENGLER, E.: Geologischer Führer durch die Salzburger Alpen und das Salzkammergut. - Samm-. lung geol. Führer 26, Berlin 1924.
— Zur Verbreitung und Tektonik der Inntal-Decke. - Z. dt. geol. Ges. 102, Hannover 1951.
— Versuch einer Rekonstruktion des Ablagerungsraums der Decken der Nördlichen Kalkalpen. I. Teil: Der Westabschnitt der Kalkalpen. - Jb. geol. Bundesanst. 96, Wien 1953.
II. Teil: Der Mittelabschnitt der Kalkalpen. - Jb. geol. Bundesanst. 99, Wien 1956.
III. Teil: Der Ostabschnitt der Kalkalpen. - Jb. geol. Bundesanst. 102, Wien 1959.
— Die Rekonstruktion des Ablagerungsraumes des Mesozoikums der Nördlichen Kalkalpen. - Z. dt. geol. Ges. 105, Hannover 1954.
— Les zones de faciès du Trias des Alpes calcaires septentrionales et leurs rapports avec la structure des nappes. - Livre Mém. P. FALLOT 2, Paris 1960/1963.
SPICHER, J.-P.: Géologie des Préalpes Médianes dans le Massif des Bruns, partie occidentale (Préalpes fribourgoises). - Eclog. geol. Helvet. 58, Bâle 1965.
STAUB, R.: Zur Tektonik der südöstlichen Schweizeralpen. - Beitr. geol. Kt. Schweiz N. F. 46 I, Bern 1916.
— Der Bau der Alpen. - Beitr. geol. Kt. Schweiz N. F. 52, Bern 1924.
— Geol. Kt. des Avers (Piz Platta-Duan) 1:50 000 - Geol. Spez. Kt. Schweiz 97, Bern 1926.
— Übersicht über die Geologie Graubündens. - Geol. Führer Schweiz 3, Basel 1934.
— Berninahäuser-Heutal-Fuorcla Chamuera-Val Chamuera-Ponte. - Geol. Führer Schweiz 14, Basel 1934.
— Geologische Probleme um die Gebirge zwischen Engadin und Ortler. - Denkschr. schweiz. naturforsch. Ges. 72, Zürich 1937.
— Geologie - in Maloja-Paßführer. - Schweiz. Alpenposten, Bern 1939.
— Geologische Karte der Bernina-Gruppe und ihrer Umgebung im Oberengadin, Bergell, Val Malenco, Puschlav und Iivigno. Maßstab 1:50 000. - Geol. Spez. Kt. Schweiz 118, Bern 1946.
— Über den Bau der Gebirge zwischen Samaden und Julierpaß und seine Beziehungen zum Falknis- und Bernina-Raum, nebst einigen Bemerkungen zur ostalpin-penninischen Grenzzone im Engadiner Deckensystem. - Beitr. geol. Kt. Schweiz N. F. 93, Bern 1948.
— Betrachtungen über den Bau der Südalpen. - Eclog. geol. Helvet. 42, Basel 1949.
— Der Bau der Glarneralpen und seine prinzipielle Bedeutung für die Alpengeologie. - Glarus 1954.

STAUB, R.: Klippendecke und Zentralalpenbau. Beziehungen und Probleme. - Beitr. geol. Kt. Schweiz N. F. 103, Bern 1958.
— Geologie - in Malojastrasse. - Schweiz. Alpenposten, Bern 1960.
— Neuere Betrachtungen zum glarnerischen Deckenbau. - Vjschr. naturforsch. Ges. Zürich 106, Zürich 1961.
STAUB, W.: Geologische Beschreibung der Gebirge zwischen Schächental und Maderanertal im Kanton Uri. - Beitr. geol. Kt. Schweiz N. F. 32, Bern 1911.
SCABELL, W.: Beiträge zur Geologie der Wetterhorn-Schreckhorn-Gruppe. - Beitr. geol. Kt. Schweiz N. F. 57 III, Bern 1926.
STECK, A.: Petrographische und tektonische Untersuchungen am zentralen Aaregranit und seinen altkristallinen Hüllgesteinen im westlichen Aarmassiv im Gebiet Belalp-Grisighorn. - Beitr. geol. Kt. Schweiz N. F. 130, Bern 1966.
— Die alpidischen Strukturen in den Zentralen Aaregraniten des westlichen Aarmassivs. - Eclog. geol. Helvet. 61, Basel 1968.
STEIGER, R. H.: Petrographie und Geologie des südlichen Gotthardmassivs zwischen St. Gotthard- und Lukmanierpaß. - Schweiz. miner. petrogr. Mitt. 42, Zürich 1962.
STEINHAUSEN, W.: Die Geologie der Ötscher Decke zwischen Unterberg und Furth (N. Ö.). - Mitt. Ges. Geol. - u. Bergbaustud. Wien 10, Wien 1959.
STENGEL-RUTKOWSKI, W.: Zur Geologie der Hasenfluh bei Zürs am Arlberg (Lechtaler Alpen). - Notizbl. hess. Landesamt Bodenforsch. 87, Wiesbaden 1958.
— Der Bau des Gebirges um Lech (Vorarlberg). - Z. dt. geol. Ges. 113, Hannover 1962.
STEPHAN, W.: Tertiär - Molassenbecken. - Erl. geol. Kt. Bayern 1:500 000, 2. Aufl., München 1964.
STOWASSER, H.: Zur Schichtfolge, Verbreitung und Tektonik des Stangalm-Mesozoikums (Gurktaler Alpen). - Jb. geol. Bundesanst. 99, Wien 1956.
STRECKEISEN, A.: Geologie und Petrographie der Flüelagruppe (Graubünden). - Schweiz. miner. petrogr. Mitt. 8, Zürich 1928.
— Der Gabbrozug Klosters-Davos-Arosa. - Schweiz. miner. petrogr. Mitt. 28, Zürich 1948.
STREHL, E.: Die geologische Neuaufnahme des Saualpenkristallins (Kärnten) IV. - Carinthia II 72, Klagenfurt 1962.
STREIFF, P.: Geologie des Finalese (Ligurien, Italien). - Diss. ETH Zürich 1956.
STREIFF, V.: Geologische Untersuchungen im Ostschams (Graubünden). - Diss. Univ. Zürich 1939.
— Zur östlichen Beheimatung der Klippendecken. - Eclog. geol. Helvet. 55, Basel 1962.
STROHBACH, H.: Der mittlere Abschnitt der Tambodecke samt seiner mesozoischen Unterlage und Bedeckung. - Jber. naturforsch. Ges. Graubünden 91, Chur 1965.
STURANI, C.: Osservationi preliminari siu calcescisti fossiliferi dell'alta Valgrana (Alpi Cozie meridionali). - Boll. Soc. geol. ital. 53, Roma 1961.
— Il complesso sedimentario autoctono all'estremo nord-occidentale del Massiccio dell'Argentera (Alpi marittime). - Mem. Ist. geol. miner. Univ. Padova 22, Padova 1962.
— La couverture sédimentaire de l'Argentera-Mercantour dans le secteur compris entre les Barricate et Vinadio (haute vallée de la Stura di Demonte, Italie). - Trav. Lab. Géol. Grenoble 39, Grenoble 1963.
— La successione delle Faune ad Ammoniti nelle formazioni mediogiurassiche delle prealpi veneto occidentale (Regione tra il Lago di Garda e la Valle del Brenta). - Mem. Ist. geol. miner. Univ. Padova 24, Padova 1964.
STURANI, C. & KERCKHOVE, C.: Sur la terminaison sud-orientale de la nappe du Flysch à Helminthoides à proximité du massif de l'Argentera (versant italien du col de Larche ou della Maddalena). - Trav. Lab. Géol. Grenoble 39, Grenoble 1963.
STUTZ, A. H.: Die Gesteine der Arollaserie im Valpelline. - Schweiz. miner. petrogr. Mitt. 20, Zürich 1940.
STUTZ, A. H. & MASSON, R.: Zur Tektonik der Dent Blanche-Decke. - Schweiz. miner. petrogr. Mitt. 18, Zürich 1938.
STYGER, G. A.: Bau und Stratigraphie der nordhelvetischen Tertiärbildungen in der Hausstock- und westlichen Kärpfgruppe. - Mitt. geol. Inst. ETH u. Univ. Zürich Ser. C 77, Zürich 1961.
SUMMESBERGER, H.: Zum Typusprofil des Gutensteiner Kalkes. Stellungnahme zu E. FLÜGEL & M. KIRCHMAYER 1962. - Mitt. Ges. Geol. - u. Bergbaustud. Wien 16, Wien 1966.
— Stellungnahme zu einigen Schichtnamen der nordalpinen Mitteltrias ("Diploporen"-Gesteine). - Mitt. Ges. Geol. - u. Bergbaustud. Wien 16, Wien 1966.
SZEPESSY-SCHAUREK, A. de: Geologische Untersuchungen im Gd. Combin-Gebiet zwischen Dranse de Bagnes und Dranse d'Entremont. - Mitt. geol. Inst. ETH u. Univ. Zürich Ser. C 37, Zürich 1949.
TAHLAWI, M. R. el: Geologie und Petrographie des nordöstlichen Comerseegebietes (Provinz Como, Italien). - Mitt. geol. Inst. ETH u. Univ. Zürich N. F. 27, Zürich 1965.
TANE, J.-L.: Contribution à l'étude des laves d'âge triasique de la zone alpine externe. - Trav. Lab. Géol. Grenoble 37, Grenoble 1961.
TANNER, H.: Geologie der Molasse zwischen Ricken und Hörnli. - Thurgauische naturforsch. Ges., Frauenfeld 1944.
TERCIER, J.: Géologie de la Berra - Mat. cte. géol. Suisse N. S. 60, Berne 1928.
— Problèmes de sédimentation et de tectonique dans les préalpes . - Rev. questions sci. 1962,Louvain 1952.
THENIUS, E.: Niederösterreich. - Verh. geol. Bundesanst. Bundesländerser., Wien 1962.
THIEDIG, F.: Die geologische Neuaufnahme des Saualpenkristallins (Kärnten) III. - Carinthia II 72, Klagenfurt 1962.
— Der südliche Rahmen des Saualpen Kristallins in Kärnten. - Mitt. Ges. Geol. - u. Bergbaustud. Wien 16, Wien 1966.

THURNER, A.: Erläuterungen zur geologischen Karte Stadl-Murau 1:50 000 und zugleich auch Führer durch die Berggruppen um Murau. - Wien 1958.
— Die tektonische Gliederung im Gebiet des oberen Murtales (Lungau bis Niederwölz). - Mitt. geol. Ges. Wien 50, Wien 1958.
— Die Gurktaler Decke (Bemerkungen zu TOLLMANN's Deckengliederung in den Ostalpen). - N. Jb. Geol. Paläont. Mh. 1960, Stuttgart 1960.
— Die Baustile in den tektonischen Einheiten der Nördlichen Kalkalpen. - Z. dt. geol. Ges. 113, Hannover 1962.
TISSOT, B.: Etude géologique des massifs du Grand Galibier et des Cerces (Zone briançonnaise, Hautes Alpes et Savoie). - Trav. Lab. Géol. Grenoble 32, Grenoble 1956.
TOLLMANN, A.: Geologie der Pleisling-Gruppe (Radstädter Tauern). - Verh. geol. Bundesanst. 1956, Wien 1956.
— Die Hallstätter Zone von Mitterndorf, Salzkammergut. - Mitt. geol. Ges. Wien 50, Wien 1957.
— Geologie der Mosermannlgruppe (Radstädter Tauern). - Jb. geol. Bundesanst. 101, Wien 1958.
— Das Stangalm-Mesozoikum. - Mitt. Ges. Geol. - u. Bergbaustud. Wien 9, Wien 1958.
— Semmering und Radstädter Tauern. Ein Vergleich in Schichtfolge und Bau. - Mitt. geol. Ges. Wien 50, Wien 1958.
— Der Deckenbau der Ostalpen auf Grund der Neuuntersuchung des zentralalpinen Mesozoikums. - Mitt. Ges. Geol. - u. Bergbaustud. Wien 10, Wien 1959.
— Die Hallstätterzone des östlichen Salzkammergutes und ihr Rahmen. - Jb. geol. Bundesanst. 103, Wien 1960.
— Der Baustil der tieferen tektonischen Einheiten der Ostalpen im Tauernfenster und in seinem Rahmen. - Geol. Rdsch. 52, Stuttgart 1962.
— Die Frankenfelser Deckschollenklippen der Grestener Klippenzone als Typus tektonischer Deckschollenklippen. - Sitz.-Ber. österr. Akad. Wiss. math.-naturwiss. Kl. Abt. 1, 171, Wien 1962.
— Ostalpen-Synthese. - Wien 1963.
— Tabelle des Paläozoikums der Ostalpen. - Mitt. Ges. Geol. - u. Bergbaustud. Wien 13, Wien 1963.
— Zur Frage der Faziesdecken in den nördlichen Kalkalpen und zur Einwurzelung der Hallstätter Zone (Ostalpen). - Geol. Rdsch. 53, Stuttgart 1963.
— Die Faziesverhältnisse im Mesozoikum des Molasse-Untergrundes der West- und Ostalpen und im Helvetikum der Ostalpen. - Erdöl-Z. 79, Wien-Hamburg 1963.
— Résultats nouveaux sur la position, la subdivision et le style structural des zones Helvétiques, penniques et austro-alpines des Alpes Orientales. - Livre Mém. P.FALLOT 2, Paris 1960/1963.
— Das Westende der Radstädter Tauern (Tappenkarberge). - Mitt. geol. Ges. Wien 55, Wien 1963.
— Radstädter Tauern. - Mitt. geol. Ges. Wien 57, Wien 1964.
— Analyse der Weyerer Bögen und der Reiflinger Scholle. - Mitt. Ges. Geol. - u. Bergbaustud. Wien 14, Wien 1964.
— Das Permoscyth in den Ostalpen sowie Alter und Stellung des Haselgebirges. - N. Jb. Geol. Paläont. Mh. 1964, Stuttgart 1964.
— Semmering-Grauwackenzone. - Mitt. geol. Ges. Wien 57, Wien 1964.
— Die Fortsetzung des Briançonnais in den Ostalpen. - Mitt. geol. Ges. Wien 57, Wien 1965.
— Die alpidischen Gebirgsbildungs-Phasen in den Ostalpen und Westkarpathen. - Geotekt. Forsch. 21, Stuttgart 1966.
— Geologie der Kalkvoralpen im Ötscherland als Beispiel alpiner Deckentektonik. - Mitt. geol. Ges. Wien 58, Wien 1966.
— Tektonische Karte der Nördlichen Kalkalpen. 1. Teil: Der Ostabschnitt. - Mitt. geol. Ges. Wien 59, Wien 1967.
— Potenzierte Faltung in den Ostalpen. - Geotekt. Forsch. 29, Stuttgart 1968.
— Die Grundbegriffe deckentektonischer Nomenklatur. - Geotekt. Forsch. 29, Stuttgart 1968.
TOLLMANN, A. & KRISTAN-TOLLMANN, E.: Das Alter des hochgelegenen "Ennstal-Tertiärs". - Mitt. österr. geogr. Ges. 104, Wien 1962.
TRAUB, F.: Geologische und paläontologische Bearbeitung der Kreide und des Tertiärs im östlichen Rupertiwinkel, nördlich Salzburg. - Palaeontographica A 88, Stuttgart 1938.
— Beitrag zur Kenntnis der miocänen Meeresmolasse unter besonderer Berücksichtigung des Wartberg-Konglomerats. - N. Jb. Mineral.Geol. Paläont. Abt. B. Mh. 1948, Stuttgart 1948.
— Die Schuppenzone im Helvetikum von St. Pankraz am Haunsberg, nördlich von Salzburg. - Geol. Bavar. 15, München 1953.
TRAUTH, F.: Geologie der nördlichen Radstädter Tauern und ihres Vorlandes. - Denkschr. Akad. Wiss. Wien, math.-naturwiss. Kl. 100 u. 101, Wien 1925 u. 1927.
— Über die tektonische Gliederung der östlichen Nordalpen. - Mitt. geol. Ges. Wien 29, Wien 1937.
— Die fazielle Ausbildung und Gliederung des Oberjura in den nördlichen Ostalpen. - Verh. geol. Bundesanst. 1948, Wien 1950.
— Zur Geologie des Voralpengebietes zwischen Waidhofen an der Ybbs und Steinmühl östlich von Waidhofen. - Verh. geol. Bundesanst. 1954, Wien 1954.
TREVISAN, L.: Il Gruppe di Brenta. - Mem. Ist. geol. Univ. Padova 13, Padova 1939.
— La struttura geologica dei dintorni di Trento. - St. Trant. Sci. natur. 22, Trento 1941.
TRÜMPY, D.: Geologische Untersuchungen im westlichen Rhätikon. - Beitr. geol. Kt. Schweiz N. F. 46 II, Bern 1916.
TRÜMPY, E.: Beitrag zur Geologie der Grignagruppe am Comersee (Lombardei). - Eclog. geol. Helvet. 23, Basel 1930.
TRÜMPY, R.: Der Lias der Glarner Alpen. - Denkschr. schweiz. naturforsch. Ges. 79, Zürich 1949.
— La zone de Sion-Courmayeur dans le haut Val Ferret valaisan. - Eclog. geol. Helvet. 47, Bâle 1954.

TRÜMPY, R.: Rémarques sur la corrélation des unités penniques entre la Savoie et la Valais sur l'origin des nappes préalpines. - Bull. Soc. géol. France 6e sér. 5, Paris 1955.
— Notizen zur mesozoischen Fauna der innerschweizerischen Klippen. - Eclog. geol. Helvet. 49, Basel 1956.
— Paleotectonic evolution of the Central and Western Alpes. - Bull. geol. Soc. Amer. 71, New York 1960.
— Hypothesen über die Ausbildung von Trias, Lias und Dogger im Untergrund des schweizerischen Molassebeckens. - Eclog. geol. Helvet. 52, Basel 1960.
— Der Werdegang der Geosynklinale. - Geol. Rdsch. 50, Stuttgart 1960.
— Mesozoischer Untergrund und ältere Meeresmolasse im schweizerischen und oberschwäbischen Molassebecken. - Erdöl-Z., Wien-Hamburg 1962.
— Sur les racines des nappes helvétiques. - Livre Mém. P. FALLOT 2, Paris 1960/1963.
— Considérations générales sur le "Verrucano" des Alpes Suisses. - Atti Symp. Verrucano (Soc. Tosc. Sci. nat.), Pisa 1966.
TRUSHEIM, F.: Die Mittenwalder Karwendelmulde. Beiträge zur Lithogenese und Tektonik der Nördlichen Kalkalpen. - Wiss. Veröff. Dt. u. österr. Alpenver. 7, Innsbruck 1930.
TSCHACHTLI, B. S.: Über Flysch und Couches rouges in den Decken der östlichen Préalpes romandes (Simmental-Saanen). - Diss. Univ. Bern 1941.
VACHÉ, R.: Feinstratigraphische Untersuchungen an den erzführenden Schichten der Lagerstätte von Corno (Bergamasker Alpen). - Diss. Univ. München 1962.
VALLET, J.-M.: Etude géologique et pétrographique de la partie inférieure du Val d'Hérens et du Val d'Hérémence (Valais). - Schweiz. miner. petrogr. Mitt. 30, Zürich 1950.
VATIN-PERIGNON, N.: Géologie du massif cristallin du Grand Châtelard (Savoie). - Trav.Lab. Géol. Grenoble 42, Grenoble 1966.
VECCHIA, O.: Il liassico subalpino lombardo. Studi stratigrafici.
 I. Introduzione. - Riv. ital Paleont. stratigr. 54, Roma 1948.
 II. Regione tra il Sebino e la Val Cavallina. - Riv. ital. Paleont. straigr. 55, Roma 1949.
VENZO, S.: Il Neogeno del Trentino del Veronese e del Bresciano. - Mem. Mus. St. Nat. Venezia Trident. 2, Trento 1934.
— Stratigrafia e tettonica del Flysch (Cretacico - Eocene) del Bergamasco e della Brianza orientale. - Mem. descr. Cta. geol. ital. 31, Roma 1954.
VERNET, J.: Trias de la zone externe des Alpes maritimes. - Mém. Bur. Rech. géol. min. 15, Paris 1963.
— Remarques sur la Permien du Massif de l'Argentera et du Dôme de Barrot. - Trav. Lab. Géol. Grenoble 39, Grenoble 1963.
— Les conglomérats triasico-liasiques du col d'Ornon. - Trav. Lab. Géol. Grenoble 40, Grenoble 1964.
— Le synclinal du col d'Ornans aux bords du col et ses écailles. - Trav. Lab. Géol. Grenoble 40, Grenoble 1964.
— Le région synclinale de Vaujany. - Trav. Lab. Géol. Grenoble 40, Grenoble 1964.
— Les écailles flottentes du socle aux bordures est et nord des Grandes-Rousses. - Trav. Lab. Géol. Grenoble 41, Grenoble 1965.
— Les écailles du socle à la bordure extrème Nord massif du Pelvoux. - Trav. Lab. Géol. Grenoble 41, Grenoble 1965.
— Observations nouvelles sur le synclinal d'Ailefroide et les bordures du massif du Pelvoux en Vallouise. - Trav. Lab. Géol. Grenoble 42, Grenoble 1966.
VERNIORY, R.: La Géologie des collines de Faucigny, Préalpes externes (Haute-Savoie). - Bull. Inst. natur. genèv. 51 A, Genève 1937.
VIALON, P.: Existence de formations détriques dabs les schistes cristallins du massif de la Dora-Maira (Alpes cottiennes piémontaises). - C. R. Acad. Sci. 251, Paris 1960.
— Tectonique et métamorphisme dans le massif de Dora-Maira (Alpes cottiennes). - C. R. Soc. géol. France 1962, Paris 1962.
— Etude géologique du massif cristallin Dora-Maira. Alpes Cottiennes internes-Italie. - Trav. Lab. Géol. Grenoble, Mém. 4, Grenoble 1966.
VOLZ, E. & WAGNER, R.: Die älteste Molasse in einigen Bohrungen Schwabens. - Bull. Ver. Schweiz Petrol.-Geol. u. Ing. 27, Basel 1960.
VONDERSCHMITT, L.: Die Giswilerklippen und ihre Unterlage. - Beitr. geol. Kt. Schweiz N. F. 50 I, Bern 1923.
VORTISCH, W.: Die Geologie der inneren Osterhorngruppe IV. Teil (Hangendgebirge). - N. Jb. Geol. Paläont. Abh. 98, Stuttgart 1953.
VUAGNAT, M.: Les Grès de Taveyannaz du Val d'Illiez et leurs rapports avec les roches éruptives des Gêts. - Bull. Suisse minér. pétrogr. 23, Zürich 1943.
WAGNER, G.: Rund um Hochifen und Gottesackergebiet. - Öhringen 1950.
WALTER, P.: Das Ostende des basischen Gesteinszuges Ivrea-Verbano und die angrenzenden Teile der Tessiner Wurzelzone. - Schweiz. miner. petrogr. Mitt. 30, Zürich 1950.
WEBER, E.: Ein Beitrag zur Kenntnis der Roßfeldschichten und ihrer Fauna. - N. Jb. Miner. Geol. Paläont., Beil.-Bd 86 B, Stuttgart 1942.
WEBER, F.: Geologie in Lugano und Sottoceneri. - Schweiz. Alpenposten, Bern 1955.
WEBER, W.: Zur Geologie zwischen Chiavenna und Mesocco. - Mitt. geol. Inst. ETH u. Univ. Zürich N. F. 57, Zürich 1966.
WEGMANN, E.: Zur Geologie der St. Bernharddecke im Val e'Hérens (Wallis). - Neuchâtel 1923.
— Über die Metamorphosen der Prasinite im Wallis. - Eclog. geol. Helvet. 23, Basel 1930.
WEGMANN, R.: Zur Geologie der Flyschgebiete südlich Elm (Kanton Glarus). - Mitt. geol. Inst. ETH u. Univ. Zürich, Ser. C. 76, Zürich 1961.
WEGMÜLLER, W.: Das Problem des Klippendecken-Flysches im Niederhorn-Kummigalmgebiet (nordöstlich Zweisimmen). - Eclog. geol.Helvet. 40, Basel 1947.

WEID, J. van der: Géologie des Préalpes médianes au SW du Moléson (Préalpes fribourgoises). - Eclog. geol. Helvet. 53, Bâle 1961.
WEISS, H.: Stratigraphie und Mikrofauna des Klippenmalms. - Diss. Univ. Bern, Affoltern 1949.
WENDT, J.: Stratigraphie und Paläogeographie des Roten Jurakalks im Sonnwendgebirge (Tirol, Österreich). - N. Jb. Geol. Paläont. Abh. 132, Stuttgart 1969.
WENK, E.: Eine Strukturkarte der Tessiner Alpen. - Schweiz. miner. petrogr. Mitt. 35, Zürich 1955.
— Die lepontinische Gneisregion und die jungen Granite der Valle della Mera. - Eclog. geol. Helvet. 49, Basel 1956.
— Einige Besonderheiten des unterostalpinen Kristallins im Unterengadin. - Eclog. geol. Helvet. 55, Basel 1962.
— Das reaktivierte Grundgebirge der Zentralalpen. - Geol. Rdsch. 52, Stuttgart 1963.
WENK, E. & GÜNTHERT, A. W.: Über metamorphe Psephite der Lebendun-Serie und der Bündnerschiefer im NW-Tessin und Val d'Antigorio. Ein Diskussionsbeitrag. - Eclog. geol. Helvet. 53, Basel 1960.
WIDMER, H.: Geologie der Tödigruppe. - Diss. Univ. Zürich 1949.
WIEBOLS, J.: Geologie der Brentagruppe. - Jb. geol. Bundesanst. 88, Wien 1938.
WIESENEDER, H.: Zur Petrologie der ostalpinen Flyschzone. - Geol. Rdsch. 56, Stuttgart 1967.
WILHELM, O.: Geologische Karte der Landschaft Schams 1:50 000 mit Profiltafel. - Geol. Spez. Kt. Schweiz 114 A und B, Bern 1929.
— Geologie der Landschaft Schams (Graubünden). - Beitr. geol. Kt. Schweiz N. F. 64, Bern 1933.
WILLE-JANOSCHEK, U.: Stratigraphie und Tektonik der Schichten der Oberkreide und des Alttertiärs im Raume von Gosau und Abtenau (Salzburg). - Jb. geol. Bundesanst. 109, Wien 1966.
WINKLER-HERMADEN, A.: Tertiäre Ablagerungen und junge Landformen im Bereiche des Längstals der Enns. - Sitz-Ber. österr. Akad. Wiss. math.-naturwiss. Kl. I 159, Wien 1950.
— Die jungtertiären Ablagerungen an der Ostabdachung der Zentralalpen und das inneralpine Tertiär. - in SCHAFFER, F. X. 1951.
— Geologisches Kräftespiel und Landformung. - Wien 1957.
WINTERHALTER, R. U.: Petrographie und Geologie des östlichen Gotthard-Massivs. - Schweiz. miner. petrogr. Mitt. 10, Zürich 1930.
WIRZ, A.: Beiträge zur Kenntnis des Ladinikums im Gebiete des Monte San Giorgio. - Schweiz. paläont. Abh. 65, Basel 1945.
WITZIG, E.: Geologische Untersuchungen in der Zone du Combin im Val des Dix (Wallis). - Diss. Univ. Zürich, 1948.
WOLETZ, G.: Charakteristische Abfolgen der Schwermineralgehalte in Kreide- und Alttertiärschichten der nördlichen Ostalpen. - Jb. geol. Bundesanst. 106, Wien 1963.
— Schwermineralvergesellschaftungen aus dem ostalpinen Sedimentationsbecken der Kreidezeit. - Geol. Rdsch. 56, Stuttgart 1967.
WÜTHRICH, H.: Sb-Sr-Altersbestimmungen an Gesteinen aus dem Aarmassiv. - Eclog. geol. Helvet. 56, Basel 1963.
WURSTER, P.: Geologie des Schilfsandstein. - Mitt. geol. Staatsinst. Hamburg 33, Hamburg 1964.
WUNDERLICH, H.-G.: Zur tektonischen Synthese der Ost- und Westalpen nach 60 Jahren ostalpiner Deckentheorie. - Geol. en Mijnbouw 43, Leiden 1964.
— Maß, Ablauf und Ursachen orogener Einengung am Beispiel des Rheinischen Schiefergebirges, Ruhrkarbons und Harzes. - Geol. Rdsch. 54, Stuttgart 1964.
— Wesen und Ursachen der Gebirgsbildung. - Hochschul-Taschenbücher 339, Mannheim 1966.
WYSSLING, L. E.: Zur Geologie der Vorabgruppe. - Diss. Univ. Zürich 1950.
ZACHER, W.: Fazies und Tektonik im Westabschnitt der Nördlichen Kalkalpen. - Jber. Mitt. oberrhein. geol. Ver. N. F. 44, Stuttgart 1962.
— Zur tektonischen Stellung der Vilser Alpen. - Z. dt. geol. Ges. 113, Hannover 1962.
— Die kalkalpinen Kreide-Ablagerungen in der Umgebung des Tannheimer Tales (Nordtirol). - Mitt. bayer. Staatssamml. Paläont. hist. Geol. 6, München 1966.
ZANKL, H.: Die Geologie der Torrener Joch-Zone in den Berchtesgadener Alpen. - Z. dt. geol. Ges. 113, Hannover 1962.
— Zur mikrofaunistischen Charakteristik des Dachsteinkalkes (Nor/Rät) mit Hilfe einer Lösungstechnik. - Z. dt. geol. Ges. 116, Hannover 1965. - Verh. geol. Bundesanst. Sonderh. G., Wien 1965.
— Die Karbonatsedimente der Obertrias in den nördlichen Kalkalpen. - Geol. Rdsch. 56, Stuttgart 1967.
— Der Hohe Göll. Aufbau und Lebensbild eines Dachsteinkalk-Riffes in der Obertrias der nördlichen Kalkalpen. - Abh. Senck. naturforsch. Ges. 519, Frankfurt a. M. 1969.
ZAPFE, H.: Beiträge zur Paläontologie der nordalpinen Riffe. Zur Kenntnis der Megalodontiden des Dachsteinkalkes im Dachsteingebiet und Tennengebirge. - Ann. nat. hist. Mus. Wien 67, Wien 1964.
— Das Mesozoikum in Österreich. - Mitt. geol. Ges. Wien 56, Wien 1964.
ZBINDEN, P.: Geologisch-petrographische Untersuchungen in Bereich der südlichen Gneise des Aarmassivs (Oberwallis). - Schweiz. miner. petrogr. Mitt. 29, Zürich 1949.
ZEIL, W.: Beiträge zur Kenntnis der Deutenhauser Schichten. - Geol. Bavar. 17, München 1953.
— Geologie der Alpenrandzone bei Murnau in Oberbayern. - Geol. bavar. 20, München 1954.
— Die Kreidetransgression in den Bayerischen Kalkalpen zwischen Iller und Traun. - N. Jb. Geol. Paläont. Abh. 101, Stuttgart 1955.
— Untersuchungen in der kalkalpinen Kreide Bayerns. - Z. dt. geol. Ges. 106, Hannover 1956.
— Zur Kenntnis der höheren Unterkreide in den Bayerischen Kalkalpen. - N. Jb. Geol. Paläont. Abh. 103, Stuttgart 1956.
— Fazies-Unterschiede in den kretazischen Teiltrögen der alpinen Geosynklinale Bayerns. - Geol. Rdsch. 45, Stuttgart 1956.

ZEIL, W.: Merkmale des Flysch. - Abh. dt. Akad. Wiss. Berlin Kl. III, Berlin 1960.
— Zur Frage der Faltungszeiten in den deutschen Alpen. - Z. dt. geol. Ges. 113, Hannover 1962.
ZIEGLER, M. A.: A Study of the Lower Cretaceous Facies Developments in the Helvetic Border Chain, North of the Lake of Thun (Switzerland). - Eclog. geol. Helvet. 60, Basel 1967.
ZIEGLER, W. H.: Geologische Studien in den Flyschgebieten des Oberhalbsteins (Graubünden). - Eclog. geol. Helvet. 49, Basel 1956.
ZIMMERMANN, M.: Geologische Untersuchungen in der Zone du Combin im Val de Zinal und Val de Moiry (Les Diablons-Garde de Bordon, Wallis). - Eclog. geol. Helvet. 48, Basel 1955.
ZÖBELEIN, H. K.: Über die Bausteinschichten in der Subalpinen Molasse des westlichen Oberbayern. - Z. dt. geol. Ges. 113, Hannover 1962.
ZÖBELEIN, H. K., GOERLICH, F. & KNIPSCHEER, H. C. G.: Kritische Bemerkungen.... etc. - Abh. hess. Landesamt Bodenforsch. 23, Wiesbaden 1957.
ZULAUF, R.: Zur Geologie der tiefpenninischen Zonen nördlich der Dora Baltea im oberen Val d'Aosta (Italien). - Diss. ETH Zürich 1963.
ZURFLÜH, E.: Zur Geologie des Monte Spluga. - Mitt. geol. Inst. ETH u. Univ. Zürich Ser. C, 83, Zürich 1961.
ZYNDEL, F.: Über den Gebirgsbau Mittelbündens. - Beitr. geol. Kt. Schweiz N. F. 41, I, Bern 1912.

Literatur-Nachtrag zur 2. Auflage
(vgl. Bemerkungen auf S. 410)

AHRENDT, H.: Zur Stratigraphie, Petrographie und zum tektonischen Aufbau der Canavese- Zone und ihrer Lage zur insubrischen Linie. - Göttinger Arb. Geol. Paläont. 11, Göttingen 1970.
ANGENHEISTER, G., BÖGEL, H., GEBRANDE, H., GIESE, P., SCHMIDT-THOMÉ, P. & ZEIL, W.: Recent investigations of superficial and deeper crustal structures of the Eastern and Southern Alps. - Geol. Rdsch. 61, Stuttgart 1972.
ANGENHEISTER, G., BÖGEL, H. & MORTEANI, G.: Die Ostalpen im Bereich einer Geotraverse vom Chiemsee bis Vicenza. - N. Jb. Geol. Paläont. Abh. 148, Stuttgart 1975
ANTOINE, P.: Le domaine pennique externe entre Bourg-St-Maurice (Savoie) et à frontière franco-italienne. - Géol. alpine 48, Grenoble 1972.
BARTH, W.: Die Geologie der Hochkalter-Gruppe in den Berchtesgadener Alpen (Nördliche Kalkalpen). - N. Jb. Geol. Paläont. Abh. 131, Stuttgart 1968.
BAUER, F. K.: Ein Beitrag zur Geologie der Ostkarawanken. - Festschr. HEISSEL, Veröff. Univ. Innsbruck 86, Innsbruck 1973.
BAUMANN, N., HELBIG, P. & SCHMIDT, K.: Die steilachsige Faltung im Bereich des Gurgler und Venter Tales (Ötztaler Alpen). - Jahrb. Geol. Bundesanst. 110, Wien 1967.
BEHRENS, M., FRANK, K., HÖLLEIN, K., SPAETH, W. V. & WURSTER, P.: Geologische Untersuchungen im Ostteil der Murnauer Mulde. - Z. dt. geol. Ges. 121, Hannover 1970.
BERTRAND, I. M.: Etude structurale du versant Ouest du massif du Grand Paradis (Alpes Graies). - Géol. alpine 44, Grenoble 1968.
BÖGEL, H.: Zur Problematik der "Periadriatischen Naht" auf Grund von Literaturstudien. - Verh. geol. Bundesanst. 1975, Wien 1975.
BÖGEL, H. & SCHMIDT, K.: Kleine Geologie der Ostalpen. Allgemeinverständliche Einführung in den Bau der Ostalpen unter Berücksichtigung der angrenzenden Südalpen, - Thun (Ott) 1976.
BLUMENTHAL, M. M.: Das Fenster von Gargellen (Vorarlberg). - Eclog. geol. Helvet. 20, Basel 1926.
CAMPREDON, R. & BOUCARUT, M., avec la collab. de FAURE-MURET, A., IRR, F., KERCKHOVE, C., LANTEAUME, M.: Alpes-Maritimes, Maures, Esterel. - Guides géol. régionaux, Paris (Masson) 1975.
CASTELLARIN, A.: Evoluzione paleotettonica sinsedimentaria del limite tra "Piattaforme Veneta" e "Bacino Lombardo" a Nord di Riva del Garda. - Giorn. Geol. 37, Bologna 1972.
CASTELLARIN, A. & PICCOLI, G.: I vulcani eocenici dei dintorni di Rovereto. - Giorn. Geol. 33, Bologna 1966.
CHAUVE, P. avec la collab. de AUBERT, D., DREYFUSS, M., RINGHEAD, Y., CONTINI, D., ENAY, R., ROLLET, A., THEOBALD, N.: Jura. - Guides géol. regionaux, Paris (Masson) 1975.
CLAR, E.: Bemerkungen zur Rekonstruktion des variscischen Gebirges der Ostalpen. - Z. dt. geol. Ges. 122, Hannover 1971.
CUSTODIS, S. A., JACOBSHAGEN, V., KOCKEL, C. W., SCHMIDT-THOMÉ, P., & ZACHER, W.: Zur Geologie der Allgäuer Alpen zwischen Grünten und Hochvogel. - M. RICHTER-Festschr., Clausthal-Zellerfeld 1965.
DEBELMAS, J.: Contribution à l'études de la zone briançonnaise au Sud de Briançon (H.-Alpes). Les Montagnes entre Guil et Cristallan. - Bull. Serv. géol. Fr. 257, Paris 1959.
- La zone subbriançonnaise entre Vallouise et le Monetier (H.-A.). - Bull. Serv. géol. Fr. 264, Paris 1961.
- Géologie de la France. - Vol. 1 et 2. Paris (Doin) 1974.
- Les Alpes franco-italiennes. - in DEBELMAS, J. (ed.): Géologie de la France, 2, Paris (Doin) 1974.

DEBELMAS, J. avec la collab. de ARNAUD, H., CARON, C., GIDON, M., KERCKHOVE, C., LEMOINE, M. & VIALON, P.: Alpes (Savoie et Dauphiné). - Guides géol. régionaux, Paris (Masson) 1970.
DEBELMAS, J. & LEMOINE, M.: The Western Alps, paleogeography and structure. - Earth Sci. Rev. 6 1970.
DEL NEGRO, W.: Salzburg. - Verh. geol. Bundesanst., Bundesländerserie, Wien 1970.
DE ROSA, E.: Su alcuni caratteri sedimentologici del Flysch turoniano della Bergamasca occidentale.- Rend. Ist. Lombard. Sci. Lett., Cl. Sci. (A) 44, Milano 1965.
ELTER, G.: Contribution à la connaisance du Briançonnais interne et de la bordure piémontaise dans les rapports entre les zones du Briançonnais et des Schistes lustrés. - Mém. Ist. Geol. Univ. Padova 28, Padova 1972.
ERICH, A.: Zur regionaltektonischen Stellung der Rechnitzer Serie (Burgenland, Niederösterreich). - Verh. geol. Bundesanst. 1966, Wien 1966.
EXNER, C.: Geologie der Karawankenplutone östlich Eisenkappel, Kärnten. - Mitt. Geol. Ges. Wien 64, Wien 1972.
EXNER, C. & SCHÖNLAUB, H. P.: Neue Beobachtungen an der Periadriatischen Narbe im Gailtal und im Karbon von Nötsch. - Verh. geol. Bundesanst. 1973, Wien 1973.
FAUPL, P.: Zur Geologie des NW-Abschnittes des Wechselgebietes zwischen Trattenbach (N.-Ö.) und Fröschnitz (Steiermark). - Mitt. Ges. Geol. Bergbaustud. 19, Wien 1970.
- Zur Geologie und Petrographie des südlichen Wechselgebietes. - Mitt. geol. Ges. Wien 63, Wien 1972.
FENNINGER, A. & HOLZER, H. L.: Fazies und Paläogeographie des oberostalpinen Malm. - Mitt. geol. Ges. Wien 53, Wien 1972.
FEYS, R., GREBER, C., DEBELMAS, J., LEMOINE, M., & FABRE, J.: Bassin houiller briançonnais.- C. R. Congr. intern. Stratigr. Géol. Carbonifère 5, Paris 1964.
FLÜGEL, H. W.: Fortschritte in der Stratigraphie des ostalpinen Paläozoikums. - Zbl. Geol. Paläont., Teil I, Stuttgart 1970.
- Das Karbon von Nötsch - Das Paläozoikum von Graz - Das steirische Neogen-Becken. - Exk. Führer 42. Jahresvers. Paläont. Ges. Graz 1972, Graz 1972.
- Erläuterungen zur Geologischen Wanderkarte des Grazer Berglandes. - Wien (Geol. Bundesanst.) 1975.
FLÜGEL, H. W. & SCHÖNLAUB, H. P.: Geleitworte zur stratigraphischen Tabelle des Paläozoikums von Österreich. - Verh. geol. Bundesanst. 1972, Wien 1972.
FRANK, W.: Geologie der Glocknergruppe. - Wiss. Alpenvereinsh. 21, München 1969.
FRASL, G. & FRANK, W.: Einführung in die Geologie und Petrographie des Penninikums im Tauernfenster mit besonderer Berücksichtigung des Mittelabschnittes im Oberpinzgau. - Der Aufschluß, Sonderh. 15 Heidelberg 1966.
FREIMOSER, M.: Zur Stratigraphie, Sedimentpetrographie und Faziesentwicklung der Südbayerischen Flyschzone und des Ultrahelvetikums zwischen Bergen/Obb. und Salzburg. - Geol. Bav. 66, München 1973.
FRISCH, W.: Ein Typ-Profil durch die Schieferhülle des Tauernfensters: Das Profil am Wolfendorn. - Verh. Geol. Bundesanst. 1974, Wien 1974.
- Ein Modell zur alpidischen Evolution und Orogenese des Tauernfensters. - Geol. Rdsch. 65, Stuttgart 1975.
GANSS, O. & GRÜNFELDER, S.: Geologie der Berchtesgadener und Reichenhaller Alpen. Eine Einführung in die Gesteinsbildung, Gebirgsbildung und Landschaftsgeschichte. - Berchtesgaden (Plenk) 1977.
GIDON, M.: Les chaînons briançonnais et subbriançonnais de la rive gauche de la Sture entre Bersezio et la Val d' Arma (province de Cuneo, Italie). - Géol. alpine, 48, Grenoble 1972.
GURTNER, I. (ed.): Sprechende Landschaft. - 1, Forschen und Verstehen, Zürich (Frei) 1960, 2, Sehen und Erkennen, Zürich (Frei) 1960.
HAGN, H.: Über kalkalpine paleozäne und untereozäne Gerölle aus dem bayerischen Alpenvorland. - Mitt. bayer. Staatssamml. Paläont. Hist. Geol. 12, München 1972.
HEIERLI, H.: Geologie und Tektonik der zentral-schweizerischen Kristallinmassive. - Der Aufschluß, Sonderh. 12, Heidelberg 1963.
- Geologische Wanderungen in der Schweiz. - Thun (Ott) 1974.
HERM, D.: Stratigraphische und mikropaläontologische Untersuchungen der Oberkreide im Lattengebirge und Nierental (Gosaubecken von Reichenhall und Salzburg). - Bayer. Akad. Wiss. Math.-naturwiss. Kl. Abh. n. F. 4, München 1962.
HESSE, R.: Flysch-Gault und Falknis-Tasna-Gault (Unterkreide): Kontinuierlicher Übergang von der distalen zur proximalen Flyschfazies auf einer penninischen Trogebene der Alpen. - Geologica et Paläontologica Sonderb. 2, Marburg 1973.
HSÜ, K. J.: A preliminary analysis of the statics and kinetics of the Glarus overthrust. - Eclog. geol. Helvet. 62, Basel 1969.
JACOBSHAGEN, V.: Zur Stratigraphie und Paläogeographie der Jura-Fleckenmergel im südöstlichen Allgäu. - Notizbl. hess. Landesamt Bodenforsch. 87, Wiesbaden 1958.
JÄGER, E.: Die alpine Orogenese im Lichte der radiometrischen Altersbestimmung. - Eclog. geol. Helvet. 66, Basel 1973.
JÄGER, E., KARL, F. & SCHMIDEGG, O.: Rubidium-Strontium-Altersbestimmungen an Biotit-Granitgneisen (Typus Augen- und Flasergneise) aus dem nördlichen Großvenedigerbereich (Hohe Tauern). - Tschermaks Miner. petrogr. Mitt. 13, Wien 1969.
JÄGER, E., NIGGLI, E. & WENK, E.: Rb-Sr-Altersbestimmungen an Glimmern der Zentralalpen. - Beitr. geol. Kt. Schweiz, n. F. 134, Bern 1967.
KAHLER, F.: Die Überlagerung des variszischen Gebirgskörpers der Ost- und Südalpen durch jungpaläozoische Sedimente. - Z. dt. geol. Ges. 122, Hannover 1972.
KERCKHOVE, C.: La "zone du Flysch" dans les nappes de l' Embrunais-Ubaye (Alpes occidentales). - Géol. alpine 45, Grenoble 1969.

KOENIG, M. A. : Kleine Geologie der Schweiz. Einführung in Bau und Werden der Schweizer Alpen. 2. Aufl.-Thun-München (Ott) 1972.
KUPSCH, F. , ROLSER, J. & SCHÖNENBERG, R. : Das Altpaläozoikum der Ostkarawanken. - Z. dt. geol. Ges. 122, Hannover 1971.
LABHART, T. : Aarmassiv und Gotthardmassiv. - Samml. geol. Führer 63, Berlin-Stuttgart (Borntraeger) 1977.
LANTEAUME, M. : Contribution à l'étude géologique des Alpes Maritimes franco-italiennes. - Mém. Serv. carte géol. Fr. , Paris 1968.
LAPPARENT, A. F. de: Etudes géologiques dans les régions provençales et alpines entre le Var et la Durance - Bull. Serv. Carte géol. Fr. 40, no. 198, Paris 1938.
LEBLING, C. , HABER, G. , HOFFMANN, N. , KÜHNEL, J. & WIRTH, E. : Geologische Verhältnisse des Gebirges um den Königs-See. - Abh. geol. Landesunters. Bayer. Oberbergamt, 20, München 1935.
LEMCKE, K. : Zur nachpermischen Geschichte des nördlichen Alpenvorlandes. - Geol. Bav. 69, München 1973.
LEMOINE, M. : La marge externe de la fosse piémontaise dans les Alpes occidentales. - Rév. Géogr. phys. et Géol. dynam. 4, Paris 1961.
- Eugeosynclinal domains of the Alps and the problem of past Oceanic areas. - 24th. Internat. geol. Congr. Montreal, sect. 3, Montreal 1972.
LEONARDI, R. : Die Tektonik der Dolomiten im Rahmen des südalpinen Baues. - Geol. Rdsch. 53, Stuttgart 1964.
MILLER, H. : Der Bau des westlichen Wettersteingebirges. - Z. dt. geol. Ges. 113 , Hannover 1962.
- Gliederung und Altersstellung der jurassischen und unterkretazischen Gesteine am Südrand des Wettersteingebirges ("Jungschichten-Zone") mit einem Beitrag zur geologischen Stellung der Ehrwaldite. - Mitt. bayer. Staatssamml. Paläont. Histor. Geol. 1963, München 1963.
MORTEANI, G. : Gliederung und Metamorphose der Serien zwischen Stilluptal und Schlegeistal (Zillertaler Alpen, Nordtirol). - Verh. geol. Bundesanst. 1971, Wien 1971.
MOSTLER, H. : Struktureller Wandel und Ursachen der Faziesdifferenzierungen der Ordovic/Silur-Grenze in der Nördlichen Grauwackenzone (Österreich). - Festb. Geol. Inst. 300-Jahr-Feier Univ. Innsbruck, Innsbruck 1970.
- Alter und Genese ostalpiner Spatmagnesite unter besonderer Berücksichtigung der Magnesitlagerstätten im Westabschnitt der Nördlichen Grauwackenzone (Tirol, Salzburg) - Festschr. HEISSEL, Veröff. Univ. Innsbruck 86, Innsbruck 1973.
NABHOLZ, W. K. : Gesteinsmaterial und Gebirgsbildung im Alpenquerschnitt Aar-Massiv-Seengebirge.- Geol. Rdsch. 42, Stuttgart 1954.
OBERHAUSER, R. : Die Überkippungs-Erscheinungen des Kalkalpen-Südrandes im Rätikon und im Arlberg-Gebiet. - Verh. geol. Bundesanst. 1970, Wien 1970.
- Stratigraphisch-Paläontologische Hinweise zum Ablauf tektonischer Ereignisse in den Ostalpen während der Kreidezeit. - Geol. Rdsch. 62, Stuttgart 1973.
OTTE, O. : Schichtfolgen, Fazies und Gebirgsbau des Mesozoikums der Vorarlberger Kalkalpen südlich des Großen Walsertales (Österreich). - Diss. Freie Univ. Berlin 1972.
PAHR, A. : Ein neuer Beitrag zur Geologie des Nordostsporns der Zentralalpen. - Verh. geol. Bundesanst. 1977, Wien 1977.
PLAN, J. : La "Fenêtre" de Barcellonette. - Bull. Serv. carte géol. Fr. No. 380, Paris 1968.
PLÖCHINGER, B. : Erläuterungen zur Geologischen Karte des Wolfgangseegebietes 1:25 000. - Wien (Geol. Bundesanst.) 1973.
- Gravitativ transportiertes permisches Haselgebirge in den Oberalmer Schichten (Tithonium, Salzburg).- Verh. geol. Bundesanst. 1974, Wien 1974.
PLÖCHINGER, B. , mit einem Beitrag von K. BADER und H. L. HOLZER: Die Oberalmer Schichten und die Platznahme der Hallstätter Masse in der Zone Hallein-Berchtesgaden. - N. Jb. Geol. Paläont. Abh. 151, Stuttgart 1976.
PLÖCHINGER, B. : Die Untersuchungsbohrung Gutrathsberg B I südlich St. Leonhard im Salzachtal (Salzburg. - mit einem Beitrag von L. HOLZER. - Verh. geol. Bundesanst. 1977, Wien 1977.
PLÖCHINGER, B. & FREY, S. : Profil durch die Windischgarstener Störungszone im Raume Windischgarsten-St. Gallen. - Jahrb. geol. Bundesanst. 111, Wien 1968
PLÖCHINGER, B. & PREY, S. , SCHNABEL, W. : Der Wienerwald. - Samml. geol. Führer, 59, Stuttgart-Berlin (Borntraeger) 1974.
PREY, S. : Probleme im Flysch der Ostalpen. - Jb. geol. Bundesanst. 111, Wien 1968.
PREY, S. , RUTTNER, A. & WOLETZ, G. : Das Flyschfenster von Windischgarsten innerhalb der Kalkalpen Österreichs.- Verh. geol. Bundesanst. 1959, Wien 1959.
PURTSCHELLER, F. : Ötztaler und Stubaier Alpen. - Samml. geol. Führer 53, Berlin-Stuttgart (Borntraeger) 1971 (2. Aufl. 1977).
RICHTER, D. : Beobachtungen im Fenster von Nüziders. - N. Jb. Geol. Paläont. Mh. 1956, Stuttgart 1956.
- Beiträge zur Geologie der Arosa-Zone zwischen Mittelbünden und dem Allgäu. - N. Jb. Geol. Paläont. Abh. 105, Stuttgart 1957.
- Zum geologischen Bau der Berge östlich des oberen Osterachtales (Allgäu). Der synsedimentäre Ursprung einer tektonischen Decke. - Z. dt. geol. Ges. 104, Hannover 1958.
- Der norddinarische Flysch und seine Fortsetzung in die Südalpen. - N. Jb. Geol. Paläont. Mh. 1969, Stuttgart 1969.
- Flysch und Molasse an der Südalpen-Dinariden-Grenze zwischen Brenta und Isonzo. - Geol. Mitt. 9, Aachen 1970.
- Grundriß der Geologie der Alpen. - Berlin-New York (de Gruyter) 1974.
RICHTER, M. : Beginn und Ende der Flysch-Sedimentation. - N. Jb. Geol. Paläont. Mh. 1970, Stuttgart 1970.
- Die Aroser Decke (Arosa-Zone) in Vorarlberg und im Allgäu und ihre Fortsetzung am bayerischen Alpenrand. - N. Jb. Geol. Paläont. Mh. 1970, Stuttgart 1970.

- Die Fortsetzung des Faltenjura nach Süden und der Rand der Westalpen. - Z. dt. geol. Ges. 122, Hannover 1971.
RICHTER-BERNBURG, G. : Das Grenzgebiet Alpen-Pyrenäen. Tektonische Einheiten des südostfranzösischen Raumes. - Abh. Ges. Wiss. Göttingen, math.-phys. Kl., F. 3, H. 19, Berlin 1939.
- Die Grenze Westalpen-Ostalpen im tektonischen Bilde Europas. - Z. dt geol. Ges. 102, Hannover 1951.
RIEHL-HERWISCH, G. : Vorstellungen zur Paläogeographie - Verrucano. - Mitt. Ges. Geol. Bergbaustudenten 20, Wien 1972.
ROLSER, J. & TESSENSON, F. : Alpidische Tektonik im Variszikum der Karawanken und ihre Beziehungen zum periadriatischen Lineament. - Geol. Jb. A 25, Hannover 1974.
ROSSET, J. : Points de vue nouveaux sur la structure des klippes de Savoie.-Géol. alpine 44, Grenoble 1968.
SAXER, F. : Quer durch die Alpen. - Thun (Ott) 1968.
SCHLAGER, M. : Zur Geologie des Untersbergs bei Salzburg. - Verh. geol. Bundesanst. 1930, Wien 1930.
SCHLAGER, W. & SCHLAGER, M. : Clastic sediments associated with radiolarites (Tauglboden-Schichten, Upper Jurassic, Eastern Alps). - Sedimentology 20, Amsterdam 1973.
SCHÖNENBERG, R. : Das variszische Orogen im Raume der Südost-Alpen. - Geotekton. Forsch. 35, Stuttgart 1970.
SCHÖNLAUB, H. P. : Das Paläozoikum zwischen Bischofsalm und Hohem Trieb (zentrale karnische Alpen). - Jb. geol. Bundesanst. 112, Wien 1969.
- Schwamm-Spiculae aus dem Rechnitzer Schiefergebirge und ihr stratigraphischer Wert. - Jb. Geol. Bundesanst. 116, Wien 1973.
STANLEY, D. J. : Etudes sédimentologiques des Grés d' Annot et de leurs équivalents latéraux. - Rév. Inst. franç. Pétrole 16, Paris 1961.
STAUB, R. : Neue Wege zum Verständnis des Ostalpen-Baues. Aus dem Nachlaß herausgegeben von W. HEISSEL. - Veröff. Univ. Innsbruck 48, Innsbruck 1971.
SUTER, H. & HOFMANN, F. : Sehen und Erkennen. - Sprechende Landschaft 2, Zürich (Frei) 1960.
THENIUS, E. : Niederösterreich. - Verh. geol. Bundesanst., Bundesländerserie. 2. Aufl. Wien 1974.
THIELE, Ü. : Zur Stratigraphie und Tektonik der Schieferhülle der westlichen Hohen Tauern. - Verh. geol. Bundesanst. 1970, Wien 1970.
- Tektonische Gliederung der Tauernschieferhülle zwischen Krimml und Mayrhofen. - Jb. geol. Bundesanst. 117, Wien 1974.
TOLLMANN, A. : Bemerkungen zu faziellen und tektonischen Problemen des Alpen-Karpathen-Orogens.- Mitt. Ges. Geol. Bergbaustudenten 18, Wien 1968.
- Die tektonische Gliederung des Alpen-Karpathen-Bogens. - Geologie 18, Berlin 1969.
- Tektonische Karte der Nördlichen Kalkalpen, 2. Teil. - Mitt. geol. Ges. Wien 61, Wien 1969.
- Der Deckenbau der westlichen Nord-Kalkalpen. - N. Jb. Geol. Paläont. Abh. 136, Stuttgart 1970.
- Tektonische Karte der Nördlichen Kalkalpen. 3. Teil. - Mitt. geol. Ges. Wien, 62, Wien 1970.
- Die Neuergebnisse über die Trias-Stratigraphie der Ostalpen. - Mitt. Ges Geol. Bergbaustudenten 21, Innsbruck 1972.
- Grundprinzipien der Alpinen Deckentektonik. - Monogr. der Nördlichen Kalkalpen 1, Wien (Deuticke) 1973.
- Analyse des klassischen nordalpinen Mesozoikums. - Monogr. der Nördlichen Kalkalpen 2, Wien (Deuticke) 1976.
TRÜMPY, R. : Ein Kristallinvorkommen an der Basis der Mürtschendecke oberhalb Luchsingen (Kanton Glarus). - Eclog. geol. Helvet. 40, Basel 1948.
- Die helvetischen Decken der Ostschweiz: Versuch einer palinspastischen Korrelation und Ansätze zu einer kinematischen Analyse. - Eclog. geol. Helvet. 62, Basel 1969.
- Stratigraphy in mountain belts. - Quart. J. geol. Soc. London 126, London 1971.
- Über die Geschwindigkeit der Krustenverkürzung in den Zentralalpen. - Geol. Rdsch. 61, Stuttgart 1972.
TRÜMPY, R., FUMASOLL, M., HÄNNY, R., KLEMENZ, W., NEHRER, J. & STREIFF, V. : Aperçu général sur la Géologie des Grisons. - C. R. somm. séanc. Soc. géol. Fr. 9, Paris 1970.
VERNET, J. : Contribution à l' étude du Pliocène Niçois. - Trav. Lab. Géol. Grenoble 38, Grenoble 1962.
- Le Massif de l' Argentera. Données récentes sur la tectonique du Massif de l' Argentera. - Trav. Lab. Géol. Grenoble 43, Grenoble 1967.
VIALON, P. : Etude géologique du massif cristallin Dora-Maira (Alpes cotiennes internes, Italie). - Thèse Lab. Géol. Grenoble, Grenoble 1967.
WIESENEDER, H. : Studien über die Metamorphose im Altkristallin des Alpenostrandes. - Miner. petrogr. Mitt. 1932, Wien 1932.
- Gesteinsserien und Metamorphose im Ostabschnitt der österreichischen Zentralalpen. - Verh. geol. Bundesanst. 1971, Wien 1971.
ZACHER, W. : Das Helvetikum zwischen Rhein und Iller (Allgäu-Vorarlberg). - Geotekton. Forsch. 44, Stuttgart 1973.

Register

Vorbemerkungen

Um das vorliegende Buch auch bis zu einem gewissen Grade als Nachschlagewerk benutzen zu können, wurde ein umfangreiches Register angelegt. Da darin viele Begriffe in verschiedenen Sprachen erscheinen, wurde versucht, durch häufige Querverweise auch den Weg zu demselben Stichwort in den anderen Sprachen zu zeigen. Indes war es nicht möglich, absolute Vollständigkeit zu erreichen. Wie schon im Vorwort erwähnt, war auch nicht für alle Begriffe eine einheitliche Schreibweise zu erzielen, was natürlich auch für das Register gilt. Insbesondere erscheinen zusammengesetzte Worte gelegentlich zusammengeschrieben oder auch durch Bindestrich getrennt.

Bei der Anlage des Sachregisters wurde mehr auf Vollständigkeit geachtet als beim Ortsregister. Das letztere dient gewissermaßen als Ergänzung des ersteren. Lokalitäten, die auf den vielen Karten- und Profildarstellungen verzeichnet sind, wurden nur insoweit aufgenommen, als der Verfasser annehmen konnte, daß ihre Bedeutung – sowohl lokal als auch für die Alpengeologie – groß genug sei.

Bei Wiederholung eines Stichwortes wurden die darunter folgenden Begriffe eingerückt. Wenn ein Stichwort in Einzahl und Mehrzahl erscheint, wurde die Mehrzahl in Klammer neben dem Hauptstichwort angedeutet.

Unterstrichene Seitenzahlen weisen auf die Hauptbehandlung eines Stichwortes hin.

Sachregister

Aalénien 112
Aalénienschiefer 85, 86, 91, 138
Aare-Gotthard-Massiv 357
Aare-Massiv 3, 79, 85, 107, 111, 127, 138, 170, 171, 180, 183, 188, 189, 272, 292, 296, 305, 308-310, 314, 318, 323, 357, 358, 359, 361-365, 377, 378, 380-382, 388, 385, 390
Abscherungshorizont(e) 107
absolute Altersbestimmung 14
Abwicklung (von Decken usw.) 102
Acanthicuskalk 33
Acanthicus-Schichten 22, 37
Actaeonellenkalk 42
Adamello (-Massiv) 4, 122, 199, 205, 222, 318, 319
 -Batholith 205
 -Pluton 18, 179, 192, 199, 208
 -Tonalit 199
Adelegg-Nagelfluh 99
Adelholzener Fazies 194, 406
 Schichten 89, 173
Adelholzer Fazies (Adelholzener Fazies)
Aderklaer Konglomerat 100
Adlitz-Schuppe 255
Admonter Schuppenzone 242, 245
Admont-Werfener Schuppenzone 195 (s.a. Werfener Schuppenzone)
Adneter Fazies 110
 Kalk(e) 34-37, 173, 174

Adula-Decke 54, 70, 71, 73, 112, 127, 138, 180, 183, 190, 191, 197, 289, 307, 309, 312, 314, 315, 318, 319, 321
 -Kristallin 73, 314
Aela-Aroser-Dolomiten-Decke (s.a. Aela-Decke, Aroser Dolomiten-Decke) 239
Aela-Decke 29, 43, 127, 180, 190, 191, 197, 213, 223, 250, 251, 319-321, 323
Aela-Ortler-Decke 183
Ältere Schieferhülle (der Tauern) 239, 330, 333, 335
Äußere Klippen 196
 Klippenzone 80, 96, 127, 338, 340, 341, 400, 403, 408
 Randstörung 408, 409
Aflenzer Becken 125, 136
 Fazies 127, 241
 Kalke 28, 37, 135
Ahorn-Kern 332
Aiguilles rouges-Arpille-(Fully-)Massiv 3, 355
Aiguilles rouges-Massiv (s.a. Massif des Aiguilles rouges) 78, 79, 85, 111, 188, 299, 354-356, 371, 372, 377, 386-388
Aiguilles rouges-Montblanc-Massiv 169, 348, 354, 382
Alassio-Serie 52, 267
Alb 114, 147
Albenga-Serie 60, 264
Alberese 111
Albitquarzit 138
Albristserie 74, 140

Albsteinschwelle 160
Albula-Zone 43, 319, 320
Alemannisches Land 111, 138
Allgäu-Decke 44, 108, 127, 192-195, 239, 240, 247, 405
 -Schichten (Allgäu-Schiefer) 27, 33-36, 38, 43, 44, 46, 55, 108, 110, 112, 136, 138, 171-173, 223, 251, 317
Almhaus-Serie 218
Alpenvorland 10
Alpes cottiennes 270
Alpi Bergamasche 127 (s.a. Ortsregister)
 Cozie 270 (s.a. Ortsregister)
 Guidicarie 127 (s.a. Ortsregister)
Alpila-Breccie 34
Alpiner Muschelkalk 131
 Verrucano 16, 129
Alpino-dinarische Grenze 217
 Linie 175, 188, 198, 293
Altdorfer Sandstein(e) 85
Alte Gneise 216-217, 226
Altein-Dolomit 34, 223
Alticola-Kalk 19
Altkristallin 9, 14, 27, 28, 55, 56, 161, 175, 184, 194, 212, 217, 218, 220, 227, 228, 232-236, 253, 256, 329-333, 335
 der Zentralalpen 179
Altlengbacher Schichten 76, 176, 342
Altmann-Schichten 86-89
Alt-Mesozoikum 251

Alttertiär 151, 163
-Becken des Inntals 243
inneralpines 41
Alvbreccie 46
Amdener Mergel 156
Mulde 155, 190, 337, 381, 384, 393
Schichten 88, 89, 92, 154, 155, 169-173
Ameringgneis 230
Ammonitico rosso 22, 110, 139, 143-145, 172, 173, 204, 208
rosso inferiore 20, 21, 23, 111, 171
rosso superiore 23
Amphibolite 115
Anageniti 52, 60, 72, 166, 267
Anatexis 259
Anatexites de Fenestre 347
Anchimetamorphe Serien 30
Andésite du Guil 63, 64
Andossi-Zone 315
Andrana-Zone 73
Angerbergschichten 41, 173
Angertalmarmor 333, 335
Anhydrit-Wall 107
Anis 105, 109, 131, 132, 133
-Bänderkalk 47
-Knollenkalke 226
-Ladin-Dolomit 255
-Marmor 255
-Rauhwacke 255
Anisien supérieur 63
Aniskalke 173
Annaberger Fenster 246
Anticlinal des Ayes 282
du Guil 275
du Marinet 271, 274
du St. Martin 282
du Villaret 282
médian 283
Anticlinorium de St.-Jean-St. Jacques 282
Antigorio-Decke 127, 189, 197, 294, 305, 309-311
Antiklinale von Marinet 271, 274
Anzenbachschichten 37
Aonschiefer 37
Apennin 49, 266
Appennino 3, 49, 266
Appenzellergranit 99
Apt 114, 147
Aptychenkalk(e) 33, 34, 38, 43, 46-48, 55, 68, 76, 112, 145, 146, 174
Aptychenmergel 55
Aptychenschichten 35-37, 76, 96, 171-173
Aptychenschiefer 33
Aquitan 124, 159
Aravis-Decke (s. a. Nappe des Aravis) 372
Arblatsch-Flysch 54, 171, 190, 317, 319, 321
-Serie 54
Arc de Castellane 366
Arc de Digne 366
Arc de Nice 366, 368
Arenarie di Annot (s. a. Grès d' Annot) 81, 269
di Val Gardena (s. a. Grödner Sandstein) 23
Areue-Zone 73, 190, 309, 315, 316, 318

Argentera-Massiv (s. a. Massif du Mercantour, Massif de l' Argentera, Massiccio dell' Argentera) 3, 78, 81, 111, 122, 166, 264, 265, 267, 269, 270, 343, 345-348, 366, 368, 370
Argiles rouges 167
rouges (sidérolithiques) 63
Argille scagliose 51, 266
Argilloscisti 51, 266
Argilolites 61, 62, 93, 167, 168
argovische Fazies 144
argovisch-schwäbisch-fränkische Fazies 114
Arkosegneise 333
Arkose-Sandsteine 107
Arkoses cyanobiotitiques 66 d' Etache 66
Arlbergdolomit 34, 223
Arlbergkalk 34, 35, 133, 171, 223, 247
Arlós-Schuppe 54
Arnfelser Konglomerat 101
Arolla-Serie 288, 293
Aroser Dolomiten 127, 323
Dolomiten-Decke 29, 42, 43, 55, 119, 127, 151, 179, 180, 190, 191, 197, 213, 224, 238, 244, 247, 251, 253, 313, 320, 321
(Schuppen-)Zone 42, 44, 55, 119, 127, 151, 179, 180, 183, 190, 191, 197, 224, 238, 244, 247, 251, 253, 313, 314, 316, 317, 319, 321, 323, 339, 381, 392, 399
Arpille-(Fully-)Massiv 79, 85, 188, 354, 387 (s. a. Aiguilles- usw. -M.)
Arzberg-Kalke 96
Assilinengrünsand(e) 85, 86-88, 155, 156, 170, 171, 173
Assilinengrünsandstein 89
Assise bariolée 63
bariolée de Rochachille 282
de Benoite 63, 64
de Brèche polygenique 66
de Courchevel 63, 280, 285, 287
de la Madeleine 63, 64
de Pasquier 63, 64
de la Ponsonnière 63, 64
de Rochachille 63
de Roche Château 282
de Tarentaise 64
assyntisch 344
Asterocyclinen-Sandstein 76
Atzbacher Sande 99
Aubrig-Digitation 392
-(Knollen-)Schichten 89
Auerberg-Peißenberger Mulde 404, 405
Auernig-Schichten 26, 103, 173, 208
Aufarbeitung 13
Aufbruch von Cassarest 231
aufgerichtete (mittelländische) (Vorlands-)Molasse 404-406
aufgeschobene Molasse 380, 381
Augengneise 229, 232, 253, 255
Augensteine 125

Augensteinfläche 125
Augit-Plagioklas-Porphyrite 201
Augit-Porphyrit 23
Aulacopleura-Schichten 19
Ault-Serie 190, 314, 318
außeralpine Kristallin-Massive 102
außeralpines Wiener Becken 99, 125, 174, 403, 408, 409
Austroalpin 10
Autochthon 78, 124, 154, 155, 184, 344, 376-379, 380, 382, 384, 387-391, 393, 396
autochthoner Flysch 154, 155
autochthones Helvetikum 191-193
Auwaldschotter 100
Averser Zone 70, 183, 190, 197, 315, 316, 320
Axen-Decke 91, 107, 127, 138, 189, 190, 381, 384, 389-393, 396, 397

Bacher Gebirge 4
Backreef-Carbonate 27
-Fazies 11
Badener Serie 408, 409
Tegel 100
Bächistock-Digitation 392
Bänderdolomit 56
Bänderkalk(e) 19, 53, 211, 228
Bändermergel 99
Bänderphyllit 231
Bänderschiefer 47
Bärenhornschiefer 73, 138
Bärental-Konglomerat 100
Bagnes-Fächer 290
Bajuvaricum 127, 193-196, 238-242, 244-248, 342, 343
Bajuvarische Randzone 242
Baltringer Schichten 99
Bannalpkonglomerat 86
Bardan-Zone 73
Bardella-Dolomit 46
-Zone 320
Barma-Zone 188, 190, 290, 294, 296
Barrandei-Kalk 31
Barrhorn-Decke 53, 183, 188, 290, 296
-Serie 58
-Zone 289
Barrot (s. a. Dôme de Barrot) 166
Basale Bündnerschiefer 49, 326-328
Bündnerschiefer des Unterengadiner Fensters 184, 252
Gneis-Späne 194
Stgir-Serie 91
Tuffe 20
Basaler Schlierenflysch 95, 154
Basalkonglomerat 21, 34, 36, 206
Basement 9, 177
Basis-Serie 74
Basisarkose 90
Basisbreccie 33, 42, 87
basische Eruptiva 165
Basisgrobsand 101
Basiskalk 35

Basiskonglomerat 34, 42, 99
Basisquarzit 138
Basisrauhwacke 47
Basissandstein 42, 99
Basisschiefer 39
Bassin(s) de Forcalquier (et)
    (-) Valensole 167, 370, 401,
    410
  molassique 169
  rhodanien 83, 401
Batönigrünsandstein 92
Bausteinschichten 78, 98, 99,
    124, 158, 172, 173, 405, 406
Bauxit 173
Becca di Toss 182, 188, 197,
    289
Becken von Feltre-Belluno
    202
  von Gosau 242
  von Reichenhall 241, 248
  von Windischgarsten 341
Bedretto-Zone 296, 303, 310,
    359, 376
Belemnitenkalk 69
Bellaluna-Porphyr 34, 223
Belledonne-Decke (s. a. Massif de Belledonne) 3, 78,
    79, 107, 111, 115, 121, 168,
    343, 348, 352-354, 371, 372
  -Pelvoux-Massiv 351
Bellerophon-Dolomit 208
  -Schichten 21-23, 28, 33,
    129, 172, 173, 201, 209-211,
    217, 228
Bellerophonkalk 40
Bellunese 24, 127
Bellunese(r)-Trog 18, 139
Benna-Decken-Sattel 239
Berchtesgadener Fazies 27,
    36, 127
  Schubmasse 194, 241, 244
Bercla-Schuppe 54
Bergell (s. a. Bregaglia) 3, 4,
    205, 222, 318
Bergeller Granit 122
  Massiv 324-325
Bergell(er)-Pluton 180, 190,
    307, 314-315, 317, 319, 320
Bergsteigkalk 230
Berisal-(Teil-)Decke 291,
    309-310
  -Komplex 189, 291, 306
  -Moncucco-Camughera-Komplex 197, 291, 309
Bernardo-Gneis 204
Bernauer Mulde 404, 406
Bernhard-Decke (s. a. St. Bernhard-Decke, Nappe du Grd.
    St. Bernard) 53, 58, 189, 197,
    289-294, 296, 301, 306, 309
  -Kristallin 66, 290
Bernina-Decke 43, 46, 127, 171,
    180, 183, 190, 197, 250, 251,
    255, 316, 319, 320, 321, 324
  -Granit 46
  -Kristallin 255
  -System 191
Besimaudit (e, i) 60, 104
Betliskalk 89
Bettlerjochbreccie 55
Biancone 22-25, 147, 172, 204,
    208
Biella (Massiv von, Syenit von)
    3, 122
Bifertengrätliserie 85

Biltener Mergel 98
Binnenmolasse 165
Biotit-Granat-Hornfels 201
Bischofalm-Decke 210
Bitumenmergel 41
Blättermergel 99
Blaser Decke 192, 216, 223,
    226
Blaserdolomit 226
Blasseneck-Porphyroid 32,
    229, 236
Blassenstein-Schichten 96
Blattengrat-Flysch 183
  -Komplex (s. a. Blattengrat-Serie) 79, 155, 156, 381,
    396
  -Serie 79, 92, 95, 127, 171,
    190, 382-384, 393, 396
Blattengratsandstein 92, 156
Blattverschiebungen 242
Blegi-Oolith 85, 87
Bleicherhorn-Serie 75, 172
Blockschutt 100
Blümlisalp-Decke 188, 377,
    388
Bockbühel-Schiefer 39
Bögen von Weyer 212, 242
Böhmische Masse 4, 13, 80,
    111, 125, 127, 174, 179, 195,
    196, 340, 341, 344
Böhmisch-Vindelizisches Kristallin 184
Bogen von Castellane 366
  von Digne 366
  von Nice (Nizza) 366
Bohnerzfestland 123, 163
Bohnerzformation (s. a. Siderolithique) 86
Bohrung Perwang 407
  Urmannsau 237, 243, 400
Bolgenkonglomerat 96
Bommerstein-Serie 87
Bonvin-Decke 387
Bordighera-Sandstein 52, 267
Bozener Quarzporphyr 22, 23,
    104, 172, 201, 207, 209
Braulio-Kristallin 191, 320
Braunjura (Brauner Jura) 112,
    172
Breccie der Ruine Weissenburg 53
Breccien 16
  -Decke (s. a. Nappe de la
    Brèche) 49, 50, 57, 110,
    113, 122, 127, 180, 188, 263,
    300-302, 304, 380
Brèche de l'Argentière 141
  de la base 74
  dolomitiche 72
  inférieure 57, 140, 169, 303
  du massif du grand Fond
    71
  monogenique 66
  du Niélard 71, 113, 141, 168
  du Plan des Nettes 66
  supérieure 57, 140, 169
  du Télégraph 61, 62, 113,
    114, 141, 168
Brèches à grandes Nummulites 61, 62, 71
  de la Pierre Avoi 72
Breite der ehemaligen Ablagerungsräume 126
Brennberger Blockstrom 100
Brenner-Linie 223, 330

Brenner-Mesozoikum 215, 226
Brennkog(e)l-Serie 56, 110, 173,
    333
Brettstein-Marmore 229
  -Marmor-Züge 218
Briançonnais 10, 15, 50, 52, 57,
    58, 59, 63, 64, 103, 104, 106,
    107, 109, 110, 112, 113, 115,
    119-122, 127, 140-142, 166-
    168, 181-183, 186-188, 197,
    258-261, 263, 264, 267, 270,
    271, 275, 276, 278, 279-285,
    287, 289-291, 293, 297-302,
    309, 313, 315, 316, 330, 353,
    356, 370, 380
  extern (Zone Briançonnais
    externe) 187, 280
  intern (Zone Briançonnais
    interne) 127, 187, 263, 275,
    280, 285, 287
Brianzonese (s. a. Briançonnais)
    127, 182, 185, 262, 267, 268,
    269
Brisi-Schichten 88
Brisisandstein 89
Brixener Granit 4, 209, 215,
    225
Brocatello 20, 170
Bronteus-Kalk 19
Bruchtektonik 219
Bruschghorn-Schuppe 315, 316
Buchberg-Mariazeller-Linie
    246
Buchbergkonglomerat 99, 342
Buchensteiner Schichten (s. a.
    Strati di Livinallongo) 21,
    23, 133, 201, 206
Bündnerschiefer (s. a. Schistes
    lustrés, Calcescisti) 12,
    13, 28, 54, 56, 69-73, 77, 108-
    115, 137, 138, 143-146, 155,
    162, 165, 170-173, 180, 228,
    251, 256, 259, 260, 296, 305-
    307, 309, 310, 314, 316, 321,
    333, 365
  des Unterengadiner Fensters
    192
  -Trog 258
Bürgenschichten 85, 89, 172
Bürgenstock-Digitation 390,
    391
  -Teildecke 389
Bundschuhgneise 219
Bundschuhgranit 230
Bundschuhmasse 231
Bunte Liasbreccie 33, 46
  Liaskalke 38
  Mergel 149, 155, 172, 173,
    342
  Nagelfluh 98, 99, 170, 304
  Schiefer 76, 174, 341
  Serizitphyllite 87
Bunter Keuper 44, 46, 48, 174
  Malmkalk 75
  Verrucano 129
Buntfärbung 17
Buntmergel 89, 96, 117, 121,
    150, 152, 172, 173, 400
  -Fazies 194
  -Serie 80, 96, 121, 127, 174,
    184, 341, 342
  -Zone 338
Buntsandstein 20, 33, 34, 35, 38,
    46, 55, 85, 104, 105, 130, 165,
    169, 171, 172, 204, 223, 224

Buntschiefer-Serie 52, 267
Buntschieferhorizont 76, 264
Buochserhorn 313
Burdigal 124, 139, 160
Burgberg-Grünsandstein 89

Cacciola-Granit 364
Caker Konglomerat 56
Calanda-System 378
Calcaire(s) arénacés detritiques
   de la Bercia 52
   brèchique 94
   du Briançonnais 63, 168
   à Calpionelles 61, 74, 154
   à Cancellophycus 81
   de Carenc 82
   à ciment 94
   concrétionné 68, 94
   à Diphyoides 93
   dolomitiques 82
   de Echaillon 83
   à Entroques 82
   d'eau douce 83, 84
   feuilleté rosé 66
   de Fontanil 83, 375
   à Globigerines 74, 154
   à grandes Nummulites 62, 84
   à grandes Nummulites et Assilines 85
   grèsomicacé ivoirin 66
   en grumeaux 94
   à Gryphées 81, 82, 91
   inférieurs 57, 169
   jaunes à Panopées 83, 84
   lité 94
   marneux à ciment de Vif 82
   noirs 84
   norduleux 67
   à Nummulites 60, 83
   à Orbitolines 74, 154, 169
   à petites Nummulites 84-86, 93
   en plaquettes 61
   de Roc de la Pèche 66
   roux 84
   schisteux 94
   à Silex 83
   siliceux 93
   sublithographique(s) 84, 93
   urgoniens 83, 168, 169
   de Vallouise 62
   vermiculés 63, 66
Calcare(i) di Arzo 20
   a Bellerophon
   di Contrin 23
   a Grifee 81
   grigi 23, 72
   lastroidi 51
   della Latemar 23
   con letti marnosi 62
   della Marmolada 23
   micacei 51
   oolitici gialli 23
   picchietatti 51
   a Posidonomya alpina 22
   rossi a Cefalopodi 23
   saccaroidi 60
   a selce 51
   selciferi 20, 21, 62, 170
   spatici 62
   a stratelli 51
Calceola-Schichten 31

Calcescisti (s. a. Bündnerschiefer, Schistes lustrés) 12, 13, 51, 72, 109, 143, 166, 167, 182, 259, 262, 264, 270, 273, 289, 291, 298
Calcschistes de Corne Rousse 283
   moyens 71
Calimerokalk 21
Calpionellenkalk(e) 68, 69, 76, 145, 174
Campan 148
Campiler Schichten 23, 33, 38, 39, 130, 172, 173
Campo-Decke 127, 179, 191, 192, 197, 251, 319
   -Kristallin 43, 251
   -Languard-(Teil-)Decke 183, 250, 251, 255, 320
   -Tencia-Digitation 311
   -Tencia-Masse 190, 197, 307, 309
Camughera-Moncucco-Komplex 197, 291, 309
Camughera-Moncucco-Masse 307
Camughera-Zone 293
Canavese (-Zone) 44, 46, 127, 169, 170, 182, 183, 189, 288, 292, 293, 307, 310
Cancellophycus 143
   -Dogger 67, 112, 140
   -Schichten 86
Caradoc-Sandstein 32
Cardinien-Schichten 87, 91, 138
Cardiola-Kalk 19
Cardita-Schichten 36, 37, 226
   -Schiefer 40
Cargneules 52, 61, 62
   inférieurs 65, 81, 166
   supérieurs 81, 166
Carniolas 108
Carniole 62, 72
Carona 21, 171
Carungas-(Teil-)Decke 46, 183, 190, 197, 250, 319-321, 324
Casanna-Schiefer 53, 55, 66, 74, 103, 128, 169, 251, 290, 298, 309, 317
Cassianer Schichten 23, 201, 209
Castellana 167
Castellins-Serie 46
Castello-Tonalit 199
Catena orobica 171, 199, 205, 318, 319 (s. a. Ortsregister)
Cellon-Decke 211
Ceneri-Gneis 204
   -Zone 204
Cenoman 148, 149
   -Mergel 55
Cephalopoden-Knollenkalke 110, 111
Cerithien-Schichten 99
Cetischer Rücken 118
Chaines provençales 3, 127, 182
   subalpines 3, 78, 115, 121, 127, 176, 182, 186, 187, 343, 350, 351, 368, 370, 371, 374, 375, 401, 402
   subalpines de l'Arc de Nice 368

Chatt 124, 158, 159
Chavagl-Schuppe 223
Chippis- u. Pontis-Zone (s. a. Zone de ...) 294
Chnorra-Zone (Chnorren-Zone) 73, 315, 318
Chondriten 117
Choneten-Schiefer 31
Churer Linie 222
Cidariskalk 39
Cima d'Asta-Granit 23, 172
   -Massiv 103, 201
   -Lunga 197
Cocco-(Grano)diorit 306, 309, 311, 317
Col de Tende (s. a. Zone du Col De Tende) 127, 166
Collaps-Tektonik 202
Colle di Tenda 127
Collines liasiques 182, 187, 348, 350, 351, 371, 375
Collio 21, 171, 206
Collon-Scholle 295
Colospongienkalk 37
Complesso Camughera-Moncucco 296 (s. a. Camughera-Komplex)
   effusivo porfirico 23
   porfirico 209
Complex basal 74
   de base 52
   (cristallin) de Chastillon-Fenestre-Valmasque 81, 345, 347
   (cristallin) de la Tinée 81, 345, 347
   (cristallin) du Malinvern (-Argentera) 81, 345, 347
   schisteuse 67
Conchodon-Dolomit 20-22, 206
Congerienschichten 100
Congerienschnäbelhorizont 101
Conglomérat (s. a. Konglomerat)
   des Ayes et du Granon 63
   de base 93
   de la base 71
   d'Etache 66
   du Grand Assaly 63, 64
   de Grd. Châtelet 63
   à grandes Nummulites 62
   en gros bancs 71
   moyen 74
   de Valensole 83
Conglomerati di Monte Parei 23
Conglomerato basale 23
   di Koken 23
   ladinico inferiore 23
   pseudocretaceo 25
   di Richthofen 23, 106
Coniac 148
Cordillère des Séolanes 61
   tarine 71
   tendasque 60
Corna 20-21
Cornubianite 201
Coroi-Serie 90, 91, 138
Corso bianco 21
   rosso 21
Cottische Alpen 270
Couche(s) de l'Aroley 71, 298
   à Cancellophycus 61, 62, 168, 169

Sachregister

Couche de la Case Blanche 63
  à Cérithes 86
  de la Chaffa 98
  du Cialme 52
  à ciment 83, 169
  de Cucloz 154
  de Diablerets 84
  à Diphyoides 169
  à Foraminifères
  de Gérignoz 98
  de Giblaux 99
  glauconieuse 83
  de Kössen 67
  des Marmontains 71, 298
  de Mausson 99
  du Mont Tibert 52, 267
  à Mytilus 67, 169
  de Narbona-
    Castellar 52
  du Niélard 71
  à Orbitolines 83
  à Orbitolines inférieur 84
  de la Peula 71, 298
  rouges 44, 46, 48, 55, 57, 61,
    63, 67-69, 84, 121, 149, 150,
    152, 167, 169-172, 224, 303,
    304, 379
  de St. Christophe 71, 298
  de Valliera 52, 267
  de la Vatse 71, 298
  de Vervine 67
  de Villarvolard 92, 154
  de Wang 93, 154, 169
Couverture du Massif du Mt.
  Pelvoux 182
Cover 177
  nappes 227
Crap-Ner-Schichten 87
Cristallin du Hautecour et
  Pointe Rousse 188
  de la Tête Bernard 298
Cristallina-Granodiorit
  360, 364, 365
Cristallina-Granodiorit
Cryptoceras-Schichten 37
Cunella-Masse 199
Curver-Schuppe 317
  -Serie 54, 190, 319, 321
Cylindrismus 306
Cyrenen-Schichten 98, 99,
  124, 173, 159, 405, 406

Dachberg-Schotter 100
Dachschiefer 57
Dachstein-Decke 194, 195,
  241, 242, 244, 245, 248
  -Dolomit 23, 36, 201, 247,
    248
  -Fazies 27, 127
  -Kalk 23, 26, 34-37, 40,
    108, 135, 136, 173, 247,
    248, 342
  -Riffkalk 35-37, 135, 174,
    248
Dacite de la Ponsonnière 63,
  64
Dan 148
Daonellenschichten 34
Daser Schichten 98
Dauphinois 10, 13, 61, 71, 78,
  79, 80, 82, 83, 93, 114, 122,
  127, 176, 181, 182, 187, 261,
  271, 274, 275, 281, 297, 300,
  353, 345, 350, 351, 370, 371

Dauphinois-Fazies(-Bereich)
  12, 78, 144
Davoser Dorfberg-Decke 191,
  224
  Kristallin-Schuppe 213,
    224, 251
Decke von Aravis-Morcles
  (s. a. Nappe des Aravis)
  372
  vom Col des Gets 50
  der Grande Motte (s. a.
    Nappe du Grde. Motte)
    278
  des Helminthoiden-Flyschs
    (s. a. Nappe du Flysch etc.)
    274, 279
  des Mont Emilius (s. a.
    Nappe du Mt. E.) 288
Decke (allgemein) 237, 238
Deckenkerne 305
Deckenkomplex der Schistes
  lustrés (s. a. Nappe du Sch.
  l.) 49
Deckfalte an der Windgälle
  377
Deckgebirge 9, 14
Deckschichten 99
Deckschollen 195
Degersheimer Kalknagelfluh
  99
Dent-Blanche-Decke (s. a.
  Nappe de la Dent Blanche)
  44, 46, 127, 169, 176, 249,
  288, 289, 294, 295, 296
Dent-Blanche-Scholle 188,
  295
Depression von Rawil 377
Deutenhauser (Deutenhause-
  ner) Schichten 98, 123,
  158, 172, 405
2ᵉ (deuxième) écaille 186,
  276
Devoluy 121, 374
  -Faltung 371
  -Phase 78
Diabas 211
Diabasporphyrit 33
Diablerets-Decke (s. a. Nappe
  de Diablerets) 302, 386,
  387, 389
Diaphthorese 218, 250
Diapire 241
Diatexis 15
Digitation der Chamossaire
  299, 303
  du Chaussy 74, 188, 299,
    303
  de Ferret 188, 297, 298
  de la Grande Moenda 62,
    141, 198, 281, 286, 287,
    297, 353
  de l'Iseran 285
  de Moutiers 71, 72, 127,
    187, 188, 281, 286, 287,
    297, 298, 353
  du Niélard 71, 127, 187,
    281, 286, 297, 353
  de la Palette 74, 188, 299,
    303
  du Perron des Encombres
    62, 127, 141, 187, 286
  de la Pierre Avoi 188,
    297
  de Salins 71, 127

Digitation du Versoyen (s. a.
  Versoyen) 188, 279, 291
Dimon-Decke 210, 211
Dinariden 175, 194
Dinarisches Gebirge 10, 111
Diorit-Zone 198, 199, 311
Diphyoides-Kalk 88, 89
  -Schichten 86
Diploporen 105
Diploporendolomit 40
Diploporenkalk 68
Discocyclinensandstein 89
Disentiser Zone 190, 358, 361,
  365, 381
Dislocationi delle Cime 201
Divertikel 382, 385
Dobratsch 127
Dogger 112, 139, 140, 143
  à Cancellophycus 167, 303
  intermédiaire 67
  à Mytilus (s. a. Mytilus-
    Dogger) 63, 65, 166-168,
    303
  vom (du) Mont Gondran 50
Doldenhorn-Decke 188, 377,
  380, 388-390
Dolomia a Conchodon 21
  a Encrinus 51
  di Esino (s. a. Esino-Dolo-
    mit) 21
  di Mendola (s. a. Mendel-Do-
    lomit) 23
  principale (s. a. Hauptdolo-
    mit) 21-23, 25, 51, 52, 135,
    166-168, 172, 173, 201, 206,
    208, 267
  della Rosetta 23
  dello Sciliar (s. a. Schlern-
    dolomit) 23
  di Serla 23
Dolomie(s) blondes 67
  capucin 82
  inférieur à Encrinus 63
  inférieurs 81
  à Myophoria goldfussi 65
  nankin 82
Dolomit des Gletscherhörnli-
  zuges 87
  -Sandstein-Folge 31
Dolomiten 103, 127, 200-202,
  209, 228
Dolomitische Schiefer 90
  Zwischenschichten 40
Dolomitschlierenkalk 47
Dôme de Barrot 3, 81, 185,
  345, 346, 366, 367
  de la Mure 3, 127, 348, 350
  de Remollon 3, 127, 182,
    186, 275, 348
Dora-Maira (s. a. Massif, Massiccio Dora-Maira) 49, 52,
  293
Dora-Maira-Massiv 49, 103,
  167, 168, 259, 264, 270, 273,
  277, 290, 291, 293
Dornerkogelfolge 31, 232
Dorsale dauphinois 82
Drauzug 11, 27, 28, 40, 173, 179,
  184, 194, 210, 217, 221, 226-
  228, 237, 335
Dreiangel-Serie 89
Drei-Schwestern-Fundelkopf-
  Scholle 191, 320
Drusberg-Decke 189, 190, 381,
  394, 389-393, 395

Drusberg-Mergel 88, 94, 169, 171, 391, 392, 395, 397, 405
- Säntis-Decke 127
- Schichten 70, 85-87, 89, 170-173
Ducan-Mulde 213, 223, 320, 321
Dürrenstein-Dolomit 23
Dürrnbach-Breccie 405
- Schichten 96
Dunkelzug-Schichten 87
Dunkle Dolomite 31
Hornsteinkalke 40
Phyllite 48
Durschlägi-Schichten 88, 89

Ebnater Schichten 98
Ebneralm-Deckscholle 245
Ecaille cristalline du Plan de Phasy 276
Écaille des Aiguilles d'Arves 71
de base 297
externes 62, 187, 281, 286
frontales 286, 296
intermédiaires 57, 187, 276
de Rua Puy 267
Echelsbacher Flöz 98
Echinodermenbreccie 87
Echinodermenkalke 68
Eckwirtschotter 101
Ectinite(s) 348, 352, 353
Eder-Decke 210-211
Eggberg-Serie 77, 155, 322, 323
Eggenburger Serie 99
Eibiswalder Flözgruppe 101
Schichten 101
Eichholztobel-Serie 75
Eichhorner Bruch 409
Tiefscholle 409
Einsiedler Schuppen 156, 384
Schuppenzone 74, 79, 80
Einwicklung 385
Eisendolomit 48
Eisensandstein 86, 87, 171
Eisenstädter Becken 220, 403
Eistengneis 310
Eklogite 115
Elemento Monte Bodoira-Monte Ruisass 269
Piconiera 269
Rocca Peroni 269
Embrunais-Decken 275
- Flysch (s. a. Flysch à Helminthoides, Nappe du Flysch à. H.) 120, 279, 317
- Ubaye-Flysch 300
Embryotektonik 314
Engadiner Dolomiten 27, 33, 179, 191, 225, 237
Fenster (s. a. Unterengadiner Fenster) 127
Engadiner Linie (Störung) 214, 215, 222, 310, 324, 326, 327
Ennetbühlschiefer 98
Enns-Schüttung 160
Ennstaler Quarzphyllit(-Zone) 218, 229, 233, 234, 253
Ensemble de Dronero 273
des Gneiss glanduleux 273
(graphitique) de Pinerolo 273
de Sampeyre 273

Enzesfelder Kalk 37
Eopermien 63-65
Eozän 122, 139, 148, 151, 153
Epimetamorphe Serien 30
Epsilonkalk 38
Equiseten-Sandstein 85
Ercinidi 261, 262
Erlauf-Flysch-Halbfenster 246
Err-Bernina-Decken(-Komplex) 44
Err-Decke 43, 46, 110, 127, 171, 180, 183, 190, 197, 223, 250, 251, 316, 319-321, 324
- Granit 46, 250
- Kristallin 255
- System 191
Erstfelder Gneis (-Zone) 357, 358, 361, 362
Eruptiva 108, 165
Ervilien-Schichten 100
Erzführender Kalk 32, 232, 236
Esino 133, 171, 206
- Dolomit 20, 21
- Kalk 20, 21
Esterel (-Massiv) 127, 182, 185, 366, 367, 369
Eugeosynklinal(e) 109, 112, 162
Exchange de couverture 270
exotische Komponenten 121
Extern-Massiv(e) 3, 80, 102, 103, 106-108, 111, 112, 116, 121, 272, 290, 305, 343, 344, 366, 372, 373, 376
- Zone (s. a. Zone externe) 10, 12, 59, 78, 79, 104, 109, 111, 114, 115, 120-122, 176, 177, 258-260, 264, 270, 271, 279, 288, 289, 292, 299, 310, 343, 344, 345, 366, 368, 371, 376, 380, 381
Externe Kohlenzone 290
externes Penninikum 291

Facies belt 11
Faciès Laffrey 82
littoraux 82
mixte 83, 115
provençal 81, 144
à type mixte 146
Val d'Isère-Mt. Ambin 281
vocontienne 83
Fadura-Serie 77, 155, 322, 323
Fähnern-Flysch 308
Fähnerngipfel 155, 190
Faille de la Durance 271, 275
Faisceau cargneulique 267
du Fornet 285
de Salins 187, 188, 281, 286, 287, 353
du Versoyen 187
du Fornet 285
Falkenstein-Zug 239
Falkensteiner Bruch 408
Falknis-Breccie 69, 224, 323
- Decke 55, 59, 69, 127, 151, 190, 191, 213, 224, 251, 314, 316, 321, 323
- Kalk 69

(Falknis)
- Sulzfluh-Decke(n) 183, 197, 213, 313, 319
Faltenjura 374
Faltenmolasse (s. a. subalpine Molasse, Molasse charrié) 97, 98, 176, 380, 381, 401, 402
Fanella-Lappen 190, 318
Fanglomerate 104
Fanola-Serie 75, 155, 399
Fascia gessosa 269
Fazies 15
von Val d'Isère 278
Fazies-Becken 238
Faziesbereiche 10
Fedoz-Kern 190
- Kristallin 316, 319, 320
Fenêtre de l'Argentière 276
de Barcelonnette (s. a. Fenster von B.) 274
de Lanslevillard 284
Fenster 177
von l'Argentière 271
von Barcelonnette 271, 274
von Dix 290
von Gargellen 213, 316
von l'Argentière 271
von Lengfelden 341
von Limmernboden 357
von Mégève 372
von Rogatsboden 338, 400, 402
von Scheiblingkirchen 253, 257, 331
von Strobl 242, 338, 342
von Urmannsau 246
von Vättis 111, 357, 378, 396
von Verampio 310
von Windischgarsten 227, 233, 242, 245, 338, 341
Fern-Decken 238
Ferrera(-Trias)-Keile 183, 190
Feuerstätter Decke 75, 127, 151, 172, 184, 191, 247, 337, 339, 381, 398, 399, 404
Sandstein 96, 172
Serie 80, 96, 118, 121
Fibbia-Granitgneis 359, 360, 365
Figogna-Zone 266
Filzmooser Konglomerat 32
Finalese 58, 60, 166, 185, 263, 264, 268
Fischbacher Quarzit 31, 232
Fischmergel 98
Fischschiefer 41, 89, 99, 172, 173, 406
Fläscherberg-Malm 183
Flattnitz-Mesozoikum 231
Fleckenkalk 38, 68, 69
Fleckenmergel 33-35, 37, 69, 92, 95, 155, 156
Flimser Bergsturz 318, 396
Flöz von Stammeregg 101
Floning-Troiseck-Zug 234
(s. a. Troiseck-Floning-Zug)
Florianer Schichten 101
Flubrig-Schichten 88, 89
Flysch 12, 20, 21, 24, 25, 44-46, 48, 55, 57, 62, 68-70, 73-75, 75-76, 77, 79, 92-94, 109, 112, 114-118, 119, 121, 123, 124, 138, 139, 146, 147, 149, 150, 152, 154-156, 161-163, 165,

(Flysch)
  167, 169-173, 185, 189, 202, 207, 233, 242, 245, 246, 260, 307, 308, 341, 406
  der Adula-Decke 314
  des Aiguilles d'Arves 93, 141, 182, 187, 286, 370
  der Amdener Mulde 70, 308, 395
  d'Annot (s. a. Grès d'Annot) 185
  des Apennins 266
  der Breccien-Decke 300
  der Breccien- und Simmen-Decke 151
  brun 52
  calcaire 60-62, 93, 166, 169
  à calcaires blancs 74
  à dominante calcaire 52
  à dominante gréseuse 52
  à dominante marneuse 52
  des (vom) Fähnerngipfel(s) 70, 337, 381, 394
  gréseux 63, 93, 274, 276
  gréso-calcaire 74
  gréso-schisteux 74
  à gros bancs de conglomérat 74
  des Gurnigel (s. a. Gurnigel-Flysch) 79
  à Helminthoides (s. a. Helminthoiden-Flysch) 52, 67, 127, 166, 167, 181, 182, 274, 275
  inférieur 74
  der Klippen-Decke 151, 299, 304
  à lentilles 303
  avec lentilles des Couches rouges 57
  ligure (s. a. Ligurischer Flysch) 127, 182, 185, 262
  marnoso-arenaceo 269
  de Meilleret 154
  du Mont Gondran 57, 141
  moyen 74
  des Oberhalbstein (s. a. Oberhalbsteiner Flysch) 197
  ofiolitifere 266
  du Niesen (s. a. Niesen-Flysch) 303
  à Nodosaires 74
  noir 60-63, 65, 122, 166-168, 182, 185, 274, 276, 280
  Peira-Cava (s. a. Peira-Cava-Flysch) 81
  schisteux 93
  schistogréseux 67, 71
  de la Simme (s. a. Simmen-Flysch) 169, 300, 303
  der Simmen-Decke (s. a. Flysch de la Simme, Simmen-Flysch) 300
  subalpin (s. a. subalpiner Flysch) 94, 188, 302, 303
  supérieur 74
  ultrahelvétique (s. a. ultrahelvetischer Flysch) 303
  du Val d'Illiez 154

(Flysch)
  des (der) Voirons (s. a. Voirons) 94, 386
  des Wäggitales (s. a. Wäggitaler Flysch) 308
  der Wildhauser Mulde 69, 70, 308, 397
  -Decke(n) des Embrunais 49, 270
  -Decke von Ligurien 49
  -Decke der Ubaye 49
Flysch-Fazies 116, 163
Flysch-Fenster 237, 245, 246, 341
Flysch-Fenster von Brettl 246
Flysch-Fenster von Strobl 227, 342
Flysch-Fenster von Windischgarsten (s. a. Fenster von Windischgarten) 227, 245, 341
Flysch-Gault 116, 120
Flysch-Halbfenster von Grünau 245
Flysch-Klippenfenster von Strobl und St. Gilgen 342
Flysch-Stockwerk 184
Flysch-Zone 70, 142, 172, 176, 240, 246-248, 338-341, 399, 404, 405, 407, 408
Flyschsandsteine 165
Flyschtröge 13, 119, 121
Folge von Laufnitzdorf 31, 232
Foraminiferenkalk(e) 99, 146
Foraminiferenmergel 34, 43
Formation des Calcaires massifs 67
  des Calcaires plaquetés 67
  calcaréo-argileuse 67
  oolithique 67
  siliceuse 67
  spatique 67
Formatione diorita-kinzigita 293
Forno-Aplitgranit 325
Forst-Zone 404
fossilführende Schichten von Spillerhof 101
Fraele-Zone 191, 251, 319, 320
Frankenfelser Decke 108, 127, 195, 196, 242, 245, 246, 340, 342, 409
französische Kalkvoralpen (s. a. Chaines subalpines) 371, 374, 375
Frasdorfer Mulde 404, 406
Fraxner Grünsand 89
Freschenschichten 96, 172
Freßbauten 117
Freudenbergnagelfluh 99
Freudenbergschiefer 95, 156
Friaul-Schwelle 111, 113, 139
Friuli 127
Frutig-Serie 74
Ftaniti 46
Fucoiden 117
Fugenschichten 89
Furggzone 296
Furka-Urseren-Garvera-Zone 79, 90, 189, 190, 310,

(Furka)
  Urseren-Garvera-Zone 358, 361, 362, 364, 377, 381
Fuscher Phyllit 56

Gablitzer Schichten 76, 174
Gadriolzug 73
Gäbriszone 404
Gailtal-Linie 175, 194, 202, 217
Gailtalkristallin 40, 173, 179, 194, 207, 210, 211, 217, 227, 228
Gamsboden-Granitgneis 359, 365
Gamser Schichten 88, 89
Gamsfeldmasse 227, 342
Ganter-Mulde 197
  -Zone 296
Gantergneis 310
Gantrisch-Zone 299, 304
Gargellen-Fenster (s. a. Fenster von Gargellen) 222, 319
Garvera-Zone (s. a. Furka-Urseren-Garvera-Zone) 90
Gaschló-Serie 75
Gastern-Granit 357, 362, 363
  -Innertkirchener Granitzone 361
  -Massiv 85
Gastlosen-Zone 300
Gastropodenoolith 23
Gault 46, 48, 55, 69, 84, 86, 87, 116, 154, 155, 169-173
Gault-Flysch (s. a. Flysch-Gault) 75, 76, 173, 174, 341
  -Grünsandstein 89
  -Quarzit 69
gebänderte Serie 73
gebundene Tektonik 237, 238
gefaltete Molasse (s. a. subalpine Molasse, Faltenmolasse, Molasse charrié) 98
Geflossene Tonschiefer 33
Geiseggschichten 95
Gelbhorn-Decke 54, 190, 315, 316
  -Dolomit 54
Gellihorn-Decke 188, 380, 389, 390
Gemsmättli-Schichten 86
Gemsmättlibank 88
Genèvois 84
geosynklinaler Vulkanismus 113
Gerhardtsreuter Schichten 89
Gerlos-Serie 184
  -Zone 44, 48, 127, 193
germanische Trias 162
Geröllhorizont 87
Giebelegg-Schuppe 304
Gipfelfaltungen 201
Gipfelscholle des Roggenstocks 313
Gips 68
Gipskeuper 106, 107, 109, 134
Giswiler Klippen (s. a. Klippen von Giswil) 68, 189, 313
Giubine-Zone 359, 365
Giumello-Gneis 204
Glanegger Schichten 41
Glanzschiefer 255
Glarner Fischschiefer 85
  Flysch 122, 183

(Glarner)
  Hauptüberschiebung
    Lias 171
    Liasbecken 138
    Schubmasse 358, 393
    Verrucano 79, 87, 171, 393
Glarner-Decke 127, 190, 378, 381, 384, 395, 396
Glassande 159
Glaukonitbank 88
Glaukonitkalk 87
Glaukonitsandstein von Zistersdorf 76
Glaukonitsandstein-Serie 96, 174
Gleckstein-Kristallin 363
Gleinalm-Gneis 231, 232
  -Granodiorit 318
  -Kristallin 31, 231
  -Kristallisation 219, 232
Gleisdorfer Schichten 101
Gleitbretter 358
Gletscherhörnlischichten 87
Glimmerdolomit 56
Glimmersandstein 95
Glimmerschiefer vom Patscherkofel 217
Glimmerschiefer-Einheit 257
Globigerinen 121
Globigerinen-Schichten 89, 163
  -Schiefer 92, 154
Globigerinenkalk 139
Globigerinenmergel 92, 95, 155, 156, 170
Globotruncanen-Kalke 95, 154
  -Mergel 95, 155, 170, 171
Glockner-(Achsen)depression 50, 330, 333
  -Decke 194, 330
Gnathodus-Kalk 31, 232
Gneis (s. a. Gneiss) 38, 54
  der Arolla-Serie 46
  der Burgruine Splügen 73, 190, 315, 318
  chiaro 38, 199
  der Pointe Rousse 287
  des Seengebirges 183, 199
  von St. Radegund 232
Gneisgranite 219
Gneis- und Tonalitkerne der Tauern 184
Gneiss du Chastillon 347
  chiaro 38, 199, 206
  du Fougiéret 347
  dei Laghi 183, 188, 189, 292, 293, 309
  oeillés 66
  du Ruitor 297
  de Sapey 63
  Strona (s. a. Strona-Gneise) 292, 293
  de Varélios 347
Gneiswalze der Tauernkerne 358
Gneiszug der Burgruine Splügen (s. a. Gneis der Burgruine) 309
Göller Decke 195, 196, 245, 246
Gößeck-Kalke 32
Gößgraben-Granitgneis 194
  -Kern 333, 335
Gössing-Flysch-Fenster 246
Gösting-Scholle 246

Göstlinger Störung 246
Göstritz-Schuppe 255
Goldeggsandstein 92, 154
Golmer Scholle 191, 239, 320
Gomser Zwischenmassiv 127, 189, 357, 358, 364
Gonfolite 20, 24, 171
Gornergrat-Zone 53, 183, 188, 189, 289, 310
Gosau 29, 35-37, 41, 42, 100, 101, 121, 151, 152, 172, 184, 227, 245, 246, 248, 315
  -Becken der Gosau 227
  (-Becken) von Gams 227, 232
  (-Becken) von (der) Kainach 29, 31, 184, 195, 220, 227, 229, 232
  (-Becken) des Krappfeldes 29, 39, 195, 220, 227, 229
  -Schichten 27, 28, 119, 120, 212, 240-242
Gotthard-Massiv 3, 79, 90, 91, 111, 127, 138, 170, 171, 180, 183, 189, 190, 305, 307, 308-312, 318, 343, 357, 358, 362, 364, 365, 376, 377, 380-382
Gotthardmassivische Bündnerschiefer 111, 376
  Trias 376
Grabser Klippe(n) 59, 69, 190, 313, 316, 318, 394, 397
gracilis-Schichten 21, 22, 34
Grajische Alpen 277
Granat-Zirkon-Apatit-Schüttung 152
Granatschiefer-Serie 90
Granatspitz-Kern 194, 329, 330, 333
Grand Châtelard 3, 261, 270, 281
Grande Moenda 127
Grandes-Rousses(-Massiv) (s. a. Massif des Grandes Rousses) 3, 348
Granit von Baveno 198, 293
  des Bergell 122, 317
  von Biella 198
  vom Buchdenkmal 96, 174
  von Caoria 201 (s. a. Granito di Baveno)
  von Cavour 270, 273
  der Cima d'Asta 207
  von Crusch 67
  von Winnebach 215
  von Franzensfeste (Fortezza) 192
  von Fully 354
  von Plattamala 48
  der Selva Secca 360
Granite des Aiguilles Rouges 356
  de l'Argentera 81, 347
  du Beaufort 350, 353
  de Cavour 270, 273
  du Montblanc 298, 355, 356
  von Novate und San Fedelino 325
  de l'Outray 350
  du Plan de Phasy 63
  du Roc Blanc 350
  du Rocheray-Sapey 351
  de Saint Colomban des Villards 350

(Granite)
  des Sept Laux 350
  de Vallorcine 355
  de la Valmasque 347
Granitgneis der Burgruine Splügen (s. a. Gneis der Burgruine) 315
Granitgneise 214, 230
Granitische Molasse 98, 99, 124, 171, 405
Granitmarmor 89
Granito di Baveno 180, 183, 188, 189, 198, 293
Granitztaler Schichten 100
Granodiorit 60
  der Cima d'Asta 201
  der Gleinalm (Gleinalpe) (s. a. Gleinalm - Gr.) 218, 229
Gran Paradiso(-Massiv) (s. a. Massiccio di Gran P.) 49, 167, 168, 277, 281, 290, 293
Granulit 352
Graptolithenschiefer 32
Grasberg-Schuppe 255
Grauer Dolomit 23
  Verrucano 33, 38, 129
Graupensandrinne 160
Grauwacken-Fazies 31
  -Schiefer 236
Grauwackenzone 31, 35, 128, 142, 172-175, 236, 244, 246, 255, 335
Grava-Serie 190, 314, 318
Grazer Paläozoikum 27, 31, 101, 179, 184, 195, 218-220, 227, 229, 232, 233, 234, 236
Grebenzenkalk 230, 231
Greifensteiner (-Teil)Decke 76, 127, 196, 340, 342
  Sandstein 76, 174, 342
Grenzbitumen-Zone 20, 204
Grenzbivalvenbank 20, 22
Grenzlandbänke 26
Grenznummulitenkalk 95, 156
Grès d'Allevard 93, 348, 351
  d'Annot 81, 122, 166, 267, 274, 370
  à Anthrazite 63
  de Base 93
  de la Berra 84
  blanc de la Fauge 83
  de Bonneville 84, 98, 168, 169
  à (des)carrières 78, 85
  des Carrières du Val d'Illiez 98
  du Champsaur 83, 122, 167, 186, 275, 280, 370
  de Clumane 83
  coquiller 132
  du Cucloz 92
  des Déserts 84, 98
  à Equisetum (Equisetes, Equisetites)(s. a. Schilfsandstein) 57, 59, 67, 82, 93, 107, 277
  à grandes Nummulites 71, 84
  à grandes Nummulites et Assilines 86
  en gros bancs 71
  inférieurs 71
  de Massongex 98

Sachregister

(Grès)
  mouchetés du Champsaur, de Clumane, de Thones 83
  de Niremont 94, 154
  plaquetés 99
  de la Pra 63, 64
  à Roseaux 67, 81, 134
  siliceux à patine rousse 91
  siliceux à patine verte ou violacée 91
  de St. Antonin 122
  de Taveyannaz (Taveyanne) (s. a. Taveyannaz-Sandstein) 84-86, 98, 154, 169, 303
  de Thones 168
  du Val d'Illiez 85, 92, 98
  de Vaulruz 98
  des Voirons (s. a. Voirons-Flysch, Flysch des Voirons) 94, 154
Grestener Klippen(-Zone) 3, 80, 96, 112, 127, 195, 196, 338, 400
  Lias 111, 173
  Schichten 76, 96, 174, 341
Griesstock-Decke 190, 378, 381, 394-396
Griffelschiefer 43
Griffen 229
Griffener Schichten 39
Grimsel-Granit 361, 362
Grisch-Schichten 87
Grisiger Mergel 98, 124, 163, 170, 171
grisonid, Grisoniden 4, 10, 127, 222, 249, 250, 293
Grobgneis(e) 232, 253, 336
  von Birkfeld 253
  von Ratten 253
  -Decke 257
  -Serie 196
Grobsandhorizont 101
Grobsandkalke 90, 91
Gröd(e)ner Sandstein (s. a. Arenarie di Val Gardena) 23, 26, 40, 129, 172, 173, 208, 210, 211, 228
  Schichten 39, 228
Großer Muldenzug 240
  St. Bernhard (s. a. Nappe du Grand Saint Bernard) 291
Groupe d'Ambin 66
  de la Clarée 66
Gruber-Sandstein 95
Grüne Schichten mit Tuffiten 40
  Schiefer 46
  Serie 348
  Serizitschiefer 90
Grünhorn-Serie 85
Grünsande 165
Grünsteine (s. a. Ophiolithe) 114
Grünten-Zone 339, 381
Grunder Schichten 99, 342
Grundflözschichten 100
Gruontal-Konglomerat 85
Gruppe von Voltri (s. a. Gruppo di Voltri) 266
Gruppo di Voltri 51, 185, 264, 267
Gryphitenkalk 86
Gumpeneck-Marmore 229

Gurktaler Alpen 27, 230, 231
  Decke 179, 184, 195, 219, 220, 227
  Paläozoikum 28, 215, 219, 220, 229, 233, 234
  Quarzphyllit 30
  Serie 220
Gurnigel-Berra-Flysch 154
  -Flysch 51, 79, 92, 94, 304
  -Sandstein 94
Gurschen-Zone 359
Gurschus-Kalkberg-Zone 190, 316
Gurschus-Zone 54
Guschakalk 87
Guschakopf-Sandstein 95
Guspis-Zone 359-365
Gutensteiner Basis-Schichten 36
  Dolomit 36
  Dolomitbreccie 48
  Kalk(e) 36, 39, 40, 48, 132, 173, 174, 342
  Rauhwacke 37, 174
  Schichten 35, 37
Gypses 61, 62
  et cargneules 71
Gyrendolomit 87
Gyrenspitz-Serie 77, 155, 322, 323

Habach-Serie 56, 173, 329-333
  -Zunge 332, 334
Habachmulde 332, 334
Habkern-Schlieren-Mulde 389
Habkern-Serie 79, 92
Habkernflysch 92, 95, 127, 151, 154, 155-170, 183, 189, 380, 382, 384, 389-391
Habkerngranit 92, 121
Hachauer Grünsandstein 89
  Schichten 89
Hachelkopfkalk 334
Hachelkopfmarmor 333
Hällritzer Serie 75, 172, 399
Häringer Flöz 41
  Schichten 41, 173
Halbfenster des Embrunais 271
  des Prätigau (s. a. -Prätigau-Halbfenster) 314
  von Tiefenkastel 316, 321
Haller Schlier 99
Hallstätter Cephalopodenkalke 108
  Decke(n) 194, 195, 217, 241, 242, 244, 245
  Fazies 27, 36, 37, 127, 136, 173, 238, 241
  Kalke 27, 36, 107, 108, 132, 134, 135, 174
Halobien-Schichten 36, 107
  -Schiefer 37, 39
Halokinese 241
Hangendsande 101
Hangendsandstein 37, 74
Hangendschichten vom Zangtal 101
Hangendserie 101
Hardground 60, 63, 66, 81, 83, 115
Haselgebirge 35-37, 129, 173, 174, 248, 341

Haselbergschichten 37
Hauchenberg-Mulde 404, 405
  -Schichten 98, 405
Haupt-Abscherungshorizonte 383
Hauptbewegungshorizont 253
Hauptdolomit (s. a. Dolomia principale) 20-23, 26, 33-38, 43, 44, 46-48, 54, 55, 68, 108, 110, 120, 135, 136, 170-173, 201, 202, 204, 206, 209, 223, 224, 226, 228, 239, 247, 248, 251, 256, 340, 341, 399
Haupt-Flysch-Decke 337, 338
Hauptflyschsandstein 75
Hauptflyschzone 339
Haupt-Klippenzone 342
Hauptkonglomerat 73
Hauptlithodendronkalk 223
Hauptnummulitenkalk 95, 156
Hauptrogenstein 143
Haushamer Mulde 406
Hausruckschotter 99
Hauterive-Kieselkalk (s. a. Kieselkalk) 146
Hautes Alpes Calcaires 388
Heidenlöcher-Schichten 99
Heimberg-Schichten 98
Heiti-Zone 300, 304
Helle Kalkphyllite 48
Heller Dolomit 68
  Mergelkalk 99
Helminthoiden 117
  -Flysch (s. a. Flysch à Helminthoides) 119, 162, 259, 260, 264, 267, 271
  -Flysch-Decke (s. a. Nappe du Flysch à H.) 370
Helvet 124, 160
Helvetikum (s. a. Helvétique) 4, 13, 74, 75, 76, 78, 79, 80, 85-89, 91, 96, 103-105, 107, 114, 116, 118, 121, 122, 124, 127, 138, 148, 151, 162, 164, 170-174, 176, 179, 180, 183, 184, 191-196, 222, 227, 244, 247, 248, 299, 301-304, 310, 318, 322, 323, 337, 338, 340-342, 345, 371, 375, 378-380, 385, 387, 390, 392, 395-397, 399, 401, 404-407
Helvétique (s. a. Helvetikum) 84, 93, 94, 127, 169, 183, 188, 294, 297, 298, 380, 385
Helvetische Decken (s. a. Nappes helvétiques) 3, 87, 88, 92, 183, 188-190, 238, 302, 313, 344, 362, 373, 376, 377, 379, 382, 388, 390-391, 396
  Fazies 144, 145
  Flyschkomplexe 156
  Massive 180
  Randkette (s. a. Randkette) 189, 384, 389-391
  Teil-Decken 238
  Unterkreide 115
  Wurzelzone 79, 387, 396
helvetischer Faziesbereich 12
  Flysch (s. a. nord-u. südhelvetischer Fl.) 123, 188
Hengst-Fenster 246
Hercynelen-Kalk 19
hercynische Gebirgsbildung (s. a. variszische G.) 14, 344

(hercynische)
  Intrusiva (s. a. variszische
    I.) 198
  Massive (s. a. Massifs hercyniens) 261, 262
  Metamorphose 14
  Orogenese (s. a. variszische
    O.) 14, 344
hercynisches Gebirge (s. a.
  variszisches G.) 103, 165
  Kristallin (s. a. variszisches
    K.) 185
Hérens-Scholle 188, 288, 295
Hierlatz-Fazies 110
  -Kalk(e) 20, 23, 33-37, 55,
    173, 174, 342
Hilfernschichten 98
Himmelberger Quarzit 19
Hinterriß-Schichten 35, 37
Hippold-Decke 256
  -Serie 47
Hippuriten-Riffe 121
Hippuritenkalke 42
Hochalm-Ankogel-Massiv
  329, 330, 333, 335
Hochalpen-Überschiebung 241,
  242
Hochalpschichten 98
Hochbajuvarikum 238
Hochfeind-Decke 194, 252, 256,
  333
  -Fazies 127
  -Serie 47
Hochfläschli-Schichten 98
Hochgebirgskalk 85
Hochgratfächer 98
hochhelvetische Schuppenzonen 155
hochjuvavische Decken 241
Hochkugelschichten 96, 172
Hochlantschfazies 31
Hochlantschkalk 31
Hochpenninikum 127, 258, 259,
  293, 302
hochpenninisch 197
hochpenninische Decken 171
Hochstadel-Scholle 246
Hochstegen-Fazies 332, 333
  -Kalk 59, 113, 173, 255, 330,
    333, 334
Hochstegen-Schwelle 112
  -Zone 48, 49, 56, 59, 106,
    109, 113, 127, 184, 255, 329,
    330
Hochwipfel-Schichten 19, 202,
  210, 211
Höllengebirgs-Decke (s. a.
  Staufen-D.) 194, 195, 240,
  242, 245, 248
Hölltor-Rotgülden(-Granitgneis)-Kern 194, 333, 335
Hörnlein-Serie 96, 172
Hörnli-Nagelfluh 99
  -Schüttung 404
  -Zone 53, 188, 289, 294,
    296
Hoher Peißenberg-Nagelfluh
  99
Hohfaulen-Decke 362, 377,
  378
Hohgantsandstein 86, 88, 154
Hohgantschiefer 86
Hohrone-Fächer 98
  -Schüttung 98

Hollabruner-Mistelbacher
  Schotterkegel 99
Holzgau-Karwendel-Becken
  136
Holzgauer Mulde 240, 244
Honeggnagelfluh 98
Horizon versicolore 63
Hornbach(-Halb)-Fenster 239
Horn-Mulde 339, 404, 405
Hornstein-Breccie(n) 22, 35
  -Dolomit 47
  -Kalke 34, 43
  -Knollen-Kalk 36
  -Plattenkalk 39
Horst 290
Horwer Platten 98, 170, 171
Houiller 93
  de Montjoya 81, 345-347
  productif 63, 283, 287
  sterile 63, 283, 287
Hühnerknubel-Decke 53, 188,
  289, 294, 296
Hüllgneis-Serie 335
Hüllgneise 333
Hüpflinger Deckscholle 245
Hundsberg-Quarzit 232
Hyänenmarmor 54, 69

Iberger Klippen (s. a. Klippen
  von Iberg) 59, 68, 183, 263,
  392
Ilanzer Verrucano 87, 358,
  393, 396
Imperia-Serie 52, 267
Inferno-Serie 90, 138
Infralias 57
  -Sandstein 91, 138
Infraquarzitischer (Wild-)
  Flysch 95
Initialer Vulkanismus 106,
  109
Innen-Molasse 103
inneralpine Tertiär-Becken
  176
inneralpines Alttertiär 29,
  41, 97, 227
  Tertiär 97
  Wiener Becken (s. a. Wiener Becken) 100, 125,
    403, 408, 409
Innere Klippen(-Zone) 70, 76,
  174, 184, 196, 338, 340, 409
inneres Penninikum 122
Innertkirchener (Granit-)
  Gneis 357, 358, 362, 363
Innsbrucker Quarzphyllit
  32, 193, 214-216, 222, 223,
  225, 233, 234, 244, 247, 252-
  255, 330, 332, 334
Inntal-Decke 192, 193, 240,
  244, 247
Inoceramen 121
  -Mergel 42
Insubrische Linie (s. a. Linea
  insubrica) 3, 175, 180, 198,
  199, 205, 213, 249, 293, 307,
  311
Intermediäre Sandsteine 122,
  163
Intern-Massive 49, 259
  -Zone (s. a. Zone interne)
    10, 162, 176, 177, 258, 259,
    270, 272, 289, 292, 299,
    309, 317, 344, 370

Interne Kohlenzone 290
internes Penninikum (s. a. inneres Penninikum) 120, 122
Intrusiva 9, 103
  von Biella 289
  von Traversella 3, 389, 293
Ivrea-Zone 177, 180, 198, 199,
  288, 307, 310

Jaggl 192
Jauken-Dolomit 40
  -Kalk 40
  -Plattendolomit 226
Jordisbodenmergel 92, 154
Judikarien-Linie (s. a. Linea
  giudicaria) 4, 179, 192, 199,
  200, 205, 207, 208, 222
Jüngere Schieferhülle (der Tauern) 329, 333, 335
Jüngerer Kieselkalk 75
Julier-Decke (s. a. Bernina-
  Decke) 46, 190, 250, 319, 324
  -Furche 251
  -Granit 45, 46, 250
Julische Alpen 127
Julischer Trog (s. a. Sillon julienne) 139
Jung-Schichten 240
jungalpidische Intrusiva (s. a.
  periadriatische I.) 185, 310
Jungfrau-Granit (-Gneis) 363
  -Keil 358, 363
Jungtertiär 220
Jura 109, 162
  -Breccie 256
  -Nagelfluh 160
Juvavikum 194-196, 238, 241,
  244-246, 248
juvavisch 27
Juvavische Decken 241

Kärntnerisch-steirisches Altkristallin 217, 252
Kärpf-Serie 87
Kahlenberger Decke 127
  Schichten 76, 174, 342
  Teildecke 76, 196, 340, 342
Kaiser-Decke 244
kalkalpin 42, 409
Kalkberg-Zone 54
Kalke der Hubenalt 31
  von Klein St. Paul 30
Kalkgruppe 75
Kalkkeil von Fernigen 358, 381
Kalkkögel 38, 226
Kalkmarmor 54
Kalkphyllit-Serie 230, 231
Kalksburger Schichten 37
Kalkschieferfolge 31
Kammlistock-Decke 190, 378,
  381
Kammschichten 89
Kanzelkalk 31
Kapfensteiner Schotter 101, 127,
  195
Karawanken 19, 26, 127, 195, 202
Karbon von Manno 20, 204
  von Nötsch 40, 207, 210
  von Veitsch 32
Karbonatische Trias 90
Karlstettener Konglomerat 99
Karn 106, 134

Sachregister

(Karn)
  Nor-Breccien 226
Karnerberg-Schotter 101
Karnische Alpen 19, 26, 127, 173, 202, 210, 211, 228, 234
Karpathen 403
Karwendel-Mulde 240, 244, 247
Kaumberger Schichten 76, 174, 342
Keile von Ferrera 319
Kellerjoch-Gneis (s. a. Schwazer Augengneis usw.) 127, 234, 254, 332
Kellerwand-Cellon-Decke 210
Kellerwand-Decke 211
Kellerwandgneis 193
keltische Fazies 143
Kesselspitz-Decke 194, 256
Keuper 57, 58, 66-68, 106-109, 134, 135, 165-174, 255
Keupermergel 44
Keuperschiefer 46, 48
Kieselkalk(e) 35, 37, 55, 85-87, 96, 110, 111, 115, 136, 137, 146, 152, 169-172, 391, 392, 395, 397
  der Viamala 73
Kieselkalkschiefer 88
Kieselknollen 143
Kieselschiefer 33, 46, 113
Kimmeridge 142
Kinzigit 293
  -Gneise 288
  -Zone (s. a. Zona kinzigita) 198, 288, 307, 310, 311
Kirchberg-Schotter 101
Klagenfurter Becken 100, 125
Klammkalke 56, 173, 331
Klammkalkzone (s. a. Zone der Klammkalke) 56, 127, 184, 194, 331, 335
Klauskalk 35, 37
Kleiner St. Bernhard (s. Zone du Petit St. B., Zona di Piccolo San. B.) 291
Kletzenschichten 89
Klippe(n) 170, 189, 260, 262, 263, 272, 299, 372, 313, 384
  von (les) Annes und Sulens 80, 187, 263, 300, 350, 353, 372, 380
  vom Buochserhorn 389
  von Einsiedeln 271, 313
  von Giswil (s. a. Giswiler Klippen) 389
  von Grabs (s. a. Grabser Klippen) 313
  von Iberg (s. a. Iberger Klippen) 49, 313, 389
  der Stammerspitze (s. a. Stammerspitz(e)) 252
  vom Stanserhorn 389
  de Sulens 80, 350, 353
  der Zentralschweiz 68, 127
Klippen-Decke (s. a. Nappe des Préalpes médianes) 53, 57-59, 67, 68, 124-125, 180, 183, 188-190, 197, 260, 263, 272, 290, 299-302, 304, 313, 314, 380, 381, 390-392
  -Serie 342
Klippenhüllflysch 76
Klippes (s. a. Klippen) 3, 356

Klus-Serie 77, 322
Knappenwandgneis 334
Knappenwandmulde 334
Knollenschichten 86, 88
Knollenschiefer 87
Knorren-Zone (s. a. Chnorra-Zone) 73
Kockellela-Kalk 32
Kössener Becken 136
  Schichten 20-22, 33-40, 43, 46, 47, 55, 68, 76, 108, 136, 169-174, 223, 226, 247, 256
Kohle von Labitschberg 101
  von Oberneuburg 101
  von Tauchen 101
Kohleführende Schiefer 37
Kohleserie 100
Kohlstattkalke 55
Kojenschichten 98, 172, 405
Kokkalk 19
Kondensation 13
Konglomerat der Blauen Wand 99, 406
  von Maltern 56, 174
  von Sirone 24
  von Stiwoll 101
Konglomerate 16 (s. a. Conglomérat)
Konradsheimer Schichten 96
Kontinentalabhang 13, 115
Korallenkalk 31
Korallenriffkalk 36
Koralm-Gneis 232
Korneuburger Becken 408
Krabachjoch-Decke 244, 247
Kreide 139, 151
Kreideflysch der Adula-Decke 309
Kressenberger Fazies 194, 406
Kreuzbergschichten 101
Krimmler Gneiswalze 330, 334
  Serie 184
  Trias 44, 193, 252, 334
  Triaszone 255
Kristallin 9, 56
  des Aare-Massivs (s. a. Aare-Massiv) 396
  von Anger 31
  der Bernhard-Decke 169
  der Böhmischen Masse 341
  der Catena orobica 199, 319
  des Gotthard-Massivs (s. a. Gotthard-Massiv) 90
  des Leitha-Gebirges (s. a. Leitha-Gebirge) 48
  des Seengebirges (s. a. Seengebirge) 20
  von Sieggraben 39
  der Silvretta-Decke (s. a. Silvretta-Decke) 34
Kronberg-Zone 404
Krummerauer-Schichten 98
Kuchler Horizont 100
Kulm 202, 348

Laaber Decke 127
  Schichten 76, 174, 342
  Teildecke 76, 196, 340, 342
Laaer Serie 99, 408, 409
Laaser Serie 215

Ladin 106, 109, 133
Ladinien supérieur à Diplopores 65
Ladiser Quarzit 48
Lammer-Masse 227
Lamprophyre 360
Landecker Quarzphyllit 32, 179, 192, 213-215, 216, 222, 225, 233, 244, 253, 254, 318
Langbath-Scholle 242, 245
  -Zone 195, 248
Langeneck-Schuppe 304
Languard-Campo-Decke 190
Languard-Decke 197, 319, 320
Languard-Teil-Decke 251
Lantschfeld-Decke 194, 252, 256, 333
  -Quarzit 47, 147, 173
Latemar-Kalk 23
Lattorf 122, 148, 157, 158
Laubensteiner Kalk 37
Laubhorn-Decke 188, 385, 388
Lauischiefer 87
Lavanttal 242
Lavanttaler Becken 100, 125
Lebendun-Decke 70, 127, 189, 197, 294, 305-307, 309, 310
  -Gneis 293, 306
Lechtal-Decke 44, 191, 192-194, 238-240, 244, 247, 320, 405
Leibodenmergel 88
Leimernkalk 74
Leimernmergel 96
Leimernschichten 76, 96, 154, 155, 173, 399
Leistmergel 88, 89, 173, 399
  -Fazies 89
Leitfossilien 16
Leitha-Gebirge 44, 48, 196
  Konglomerat 101
Leithakalk 100
Lembo di Sambuco 197, 306, 309, 311
Lenzerheide-Flysch 314, 316, 321
Lepontinische Alpen 305
  Decken 305, 310, 311
  (-Gneis)(-Decken)-Region 305, 309, 311
les Gets 300
Lettenkeuper 107
Lettenkeupersandstein 134
Leutschacher Sande 101
Leventina-(Granit-)Gneis 312
  -Masse 127, 183, 189, 190, 197, 305, 307, 309, 311, 312, 314
Lias 90, 91, 109-111, 137, 139, 264
  von Arzo 110, 204
  calcaire 82
  inférieur 57, 65
  prépiémontais 50, 57, 110, 168, 270, 276, 280, 284
  schisteux 82, 168
  -Serien des Gotthard-Massivs 171
Liasbasisquarzit 90
Liasbreccie 55
Liasfleckenmergel 399
Liaskalke 23, 54, 206
Liaskieselkalk 206
Liasmarmore 38
Liassico 208

Liebensteiner Decke 96, 127, 184, 191, 398
   Kalk 96, 172
   Zone 80, 184, 339, 381, 398
Lienegg-Formation 98
Lienzer Dolomiten (s. a. Drauzug) 28, 194, 207, 210, 217, 226, 227, 228, 335
Liesergneise 230
Ligurischer Flysch (s. a. Flysch ligure) 49, 120, 259, 264, 268, 271, 279, 300, 317, 366
Limnische Serie 99, 101
Linea alpino-dinarica (s. a. alpin-dinarische Linie) 188, 293
   giudicaria (s. a. Judikarien-Linie) 199, 208
   insubrica (s. a. Insubrische Linie) 189, 190, 309, 319
   di Molveno 208
   Pozza Tramontana 208
   Rossata-Clam 208
   della Vedretta dei Camosci 208
Lineation 307
listrische Fläche 177
Lithodendronkalk 20, 22, 33, 34, 40, 67
Lithothamnien-Sandkalk 95
Lithothamnienkalk(e) 20, 24, 85, 88, 89, 99, 125, 170, 173, 174
Lithothamniensande 99
Lobo di Basodino 311
   di Cima Lunga 190, 309, 311
   di Vergelletto 309, 311
Lochseiten-Komplex 190
Lochseitenkalk 87, 393, 396
Lochwald-Fossilbank 89
   -Schichten 88
Lombardische Liaskalke 20
   Kieselkalke 171
lombardischer Trog 139
Lucendro-Granit 359, 360, 364
Lucomagno(-Teil)-Decke 127, 138, 183, 189, 190, 197, 307, 309, 311, 312, 365
   -Digitation 309
Lüner Schichten 34
Luganese 20
Luggauer Decke 210, 211, 228
Lugnezer Schiefer (s. a. Zone der L. Sch.) 183, 190, 197, 307, 308, 318
Luitere-Mergel 88, 89
Luiterezug-Fossilbank 89
   -Fossilschicht 88
Lumachella di Posidonia alpina 23
Lungauriden 10, 194, 252
Lunzer Decke 195, 196, 242, 245, 246, 340, 342, 409
   Fazies 127
   Sandstein 35-37, 107
   Schichten 37, 134, 174, 341, 342
Luzerner Schichten 99
Lutet 151
Lydite 32

Maastricht 121, 148, 151, 152
Macigno 51

Mactra-Schichten 100
Mächtigkeit 15
Mären-Serie 87
Magdalensberg-Serie 30
Magerrai-Schichten 87
Maggia-Decke 190, 197, 306, 307, 309, 311, 313
   -Lappen 306
   -Querdepression (Querwurzel) 197, 305, 306, 311
   -Querzone 307, 317
Magmatite 14, 344
Maiolica 20-22, 145-146, 170-171, 206, 208
Malenco-Serpentin 190, 197, 315, 316, 319, 320
Mallnitzer Mulde 194, 330
Malm 139, 143, 145
   inférieur marneux 81
   supérieur calcaire 81
Maloja-Kern 190, 316
   -Kristallin 324
Malutz-Schuppe 256
Mandelstein-Laven 23
Mandling-Zug 179, 194, 233, 242, 244, 245, 248
Maraner Breccie 55
Marbre(s) bâtard 83, 84
   chloriteux 57, 65, 66, 167, 168
   feuilletés 53
   de Guillestre 61, 63, 166, 168
   en plaquettes 62, 63, 167, 168
   de Saillon 85
Margna-Decke 59, 69, 127, 180, 183, 190, 197, 313, 316, 319, 320, 324
   -Kristallin 69, 316
Marienstein-Haushamer-Mulde 404
Marine Hangendmergel 101
Marmolata-Kalk 23, 209
Marmore 218
   vom Gumpeneck (s. a. Gumpeneck-Marmore) 218
Marmorzone 54
Marmorzüge (Marmorzug)
   vom Kogelhof 31, 232
   von Sölk (s. a. Sölker Marmor) 218, 229
Marnes d' Arzier 84
   bariolées 81
   bleus à Globigerines 83
   de Cabrière 83
   à Foraminifères 85
   de Narbonne 83
   noires 81, 83, 166, 167
   à Posidonomya bronni 84
   à Posidonomyes 82
   de Vaulruz 98
Marno-calcaires à Spatangues 83
Martegnas-Serie 54, 190, 317, 319, 321
Masse de Dronero 267
Massiccio dell' Argentera (s. a. Massif de l' Arg...) 60, 127, 182, 185, 261, 262, 269
   autoctono dell' Argentera (s. a. M. dell' A.., Argentera-Massiv, Massif de l' A...) 60

(Massiccio)
   di Calizzano-Bardinetto 60
   cristallino Savonese 60
   della Dora Maira (s. a. Dora-Maira-Massiv) 52, 181, 182, 185, 187, 261, 262, 293
   del (di) Gran Paradiso (s. a. Gran Paradiso-Massiv, Massif du Gr. P.) 52, 181, 182, 261, 293
   di Valosio 60
Massif des Aiguilles Rouges 183, 297, 302, 355, 356, 379, 380, 387, 388
   des Aiguilles Rouges et d' Arpille 127, 355
   de l' Argentera-Mercantour 368
   d' Arpille 183, 297, 356
   d' Arpille-Fully 354, 355, 387
   autochton de Mercantour (s. a. Massif du Mercantour) 60
   de Belledonne (s. a. Belledonne Massiv) 127, 181, 182, 187, 261, 281, 297, 350, 375, 380
   cristallin du Hautecour 297
   cristallin du Pointe Rousse 297
   Dora-Maira (s. a. Dora-Maira-Massiv, Massiccio della Dora-Maira) 267
   du Grand Châtelard 127, 182, 187, 286, 348, 350, 351, 370
   du Grand Paradis (s. a. Gran Paradiso, Massiccio del Gran Paradiso) 259, 284, 285
   des Grandes Rousses (s. a. Grand-Rousses-Massiv) 127, 182, 187, 350
   de Hautecour 182, 187, 278
   hercyniens (s. a. hercynische M.) 261, 262
   du Mercantour (-Argentera) (s. a. Mercantour-Massiv, Argentera-Massiv, Massiccio dell' Argentera) 127, 182, 185, 261
   du Mont Ambin (s. a. Mont-Ambin-Massiv) 182, 277
   du Mont Chétif 80, 297, 354, 356, 371
   du Mont Pelvoux (s. a. Pelvoux-Massiv, Mont Pelvoux-Massiv) 127, 187, 261, 275, 280, 350, 351
   du Montblanc (s. a. Montblanc-Massiv) 127, 183, 292, 296, 298, 350, 351, 353, 355, 356, 380
   de Morgon 274
   de la Mure 182
   de petite Rousse 182
   du Pic d' Ornon 350
   du Ruitor (Rutor) 63, 182, 187, 281, 285, 261, 278, 289
Massiv Arpille-Fully (s. Massif d' Arpille-F., Massif de l' A.)
   des Gran Paradiso (s. Massif du Grand Paradis, Massiccio del Gran Paradiso)

(Massiv)
  des Grand Châtelard (s. Massif du Grand Ch.)
  des Mont Ambin (s. Massif du Mont Ambin)
  des Mont Chétif (s. Massif du Mont Chétif)
  von Ruitor (s. Massif du Ruitor)
Massive von Chabrières-Piolit 271
  der Dauphiné 348, 350, 370
  von Morgon-Séolanes 271
Matreier Zone 44, 48, 127, 179, 184, 193, 194, 216, 228, 244, 252, 331, 332, 333, 335
Matscher Decke 192, 215, 225
Matter Sandstein 85
  Serie 78, 85
Matterhorn-Scholle 188, 295
Mauls (Trias von Mauls) 38, 192
Mauthener Alm-Decke 210, 211
Medelser Granit 360, 364, 365
Medolo 20-22
Megaere-Schichten 19
Meilener Schichten 99
Meletta-Schichten 98
Melker Sande 342
Melser Sandstein 85, 87, 105, 132, 170, 171
  Serie 87, 90, 171
Mendeldolomit (s.a. Mendola-Dolomit) 22, 23, 132, 172
Mendola-Dolomit 20, 21
Mercantour-Massiv (s.a. Massif du Mercantour, Massif de l' Argentera, Massiccio dell' Argentera, Argentera-Massiv) 3, 78, 81, 264, 265, 267, 269, 270, 345, 346-348, 366, 370
Mergel von Ralligen 98
Mergelband 88
Meride-Kalk 20, 170, 204
Mesozoikum der Stangalm (s.a. Stangalm-Serie usw.) 227
Metadiabas-Serie 30
Metadiabas-(Phyllit)serie 230, 231
Metallifero 21
Metamorphe Serie 38
Metamorpher Kalkkomplex 226
Metamorphite 9, 14, 212
Metamorphose 2, 13, 15, 45, 59, 70, 103, 111, 115, 128, 177, 198, 212, 259, 310
Metatektischer Gneis von St. Radegund 231
Metnitz-Antiklinale 231
  -Komplex 231
Mezzaun-Serie 319
Micaschistes de l' Arpont 284
Microbrecce a Orbitoline 72
Microbrèches à Nummulites 62
Microdiorites du Briançonnais 63
Miesbacher Mulde 404, 406
Migmatite 9, 14, 60, 63, 66, 103, 198, 359

(Migmatite)
  von Sapey-Peisey 187, 280, 281, 283
Migmatites de Comba-Grossa 347
  des Adus 347
  du Malinvern 347
  de Sapey-(Peisey) 187, 280, 281, 283
Migmatisierung 15, 59, 305
Mischabel-Rückfalte 289, 296
Mischzone 44, 79
Misoxer Zone 70, 73, 183, 190, 197, 309, 314, 315, 318
Mistelbacher Hochscholle 409
Mittagfluhgranit 361, 362
Mittel-Ladin 34
Mittelbünden 27, 34
Mittelhorn-Kristallin 358, 363
Mittelländische Molasse (s.a. Vorlandsmolasse) 97, 304
Mittelland-Molasse 99, 404
Mittelostalpin 27, 103, 127, 171, 179, 183, 190, 191, 197, 214, 219, 222, 236, 239, 250, 251, 320, 336
Mittelpenninikum, mittelpennninisch, s. zum Teil auch Briançonnais) 10, 12, 45, 58, 59, 69, 73, 103, 109, 113, 115, 127, 148, 149, 151, 152, 170, 171, 183, 184, 188-190, 193, 194, 197, 259, 260, 293, 302, 304, 313, 337, 380, 384
Mittelpenninische Decken 171
Mittlere Gosau 41
  Inferno-Serie 91
  kalkarme Schichten 26
  Kreide 116, 147
  Rauhwacke 33, 34
Mittlerer Grünsandstein 92
  Jura 112, 113
  Muschelkalk 106, 133
  Plattensandstein 99
  Schlierensandstein 95
mittleres Penninikum (s. Mittelpenninikum)
Mölltal-Störung 227
Mönchalpgranit 224
Mönichkirchener Blockschotter 101
Mörderhornschichten 95
Moldannubische Gneise 173
Moldanubische Granite 173
Molasse 3, 4, 10, 13, 20, 24, 25, 75, 76, 78, 80, 97, 99, 102, 114, 116, 122, 124, 126, 127, 139, 151, 155, 163, 165, 167, 168, 170, 173, 176, 179-181, 183-185, 187-196, 202, 204, 227, 242, 266, 299, 303, 339-342, 366, 381, 401, 407, 409
  charriée (s.a. Falten-Molasse, subalpine Molasse) 92, 94, 98, 188, 302, 401
  conglomératique 99
  d' eau douce 84, 169
  d' eau douce inférieure 98, 99
  d' eau douce supérieure 99
  grise 84, 99
  marin 169
  marin inférieure 84, 98, 303
  marin supérieure 84, 99

(Molasse)
  rhodanien 83, 182
  des Rhônebeckens 83, 97
  rouge 78, 84, 98, 99, 167, 169, 379
  rouge du Val d' Illiez 85
  sableuse 83
  von Savoyen 97
  subalpin (s.a. gefaltete Molasse, Falten-Molasse charrié) 303
  du Val d' Illiez 85, 97, 123, 188, 380
  de Vence 166
  -Becken 104, 107, 123-125, 158, 160, 170-174, 403
  -(Bildungen) des (im) Val d' Illiez 97
  -Fazies 78, 123
  -Fenster von Rogatsboden 227, 341, 402
  -Sedimentation 123
  -Trog 125, 258
Mollasse s. Molasse
Mollièresite 81, 345-347
Molser Serie 87
Moncucco-Komplex (s.a. Camughera-Moncucco-K.) 291, 309
Montoggio-Schiefer 51
Mont Ambin (-Massiv) (s.a. Massif du Mont Ambin) 277, 281
  Chétif (-Massiv) (s.a. Massif du Mont Chétif) 3, 127, 188, 355, 356
  Collon-Scholle 188
  Dolin 188
  Emilius-Decke 188, 296
  Gondran 278
  Mary-Decke 188, 288, 296
  Pelvoux-Massiv (s.a. Massif du Mont Pelvoux) 280
  Rafray 188
Montblanc-Granit (s.a. Granite du Montblanc) 354, 355
  -Massiv (s.a. Massif du Montblanc) 3, 80, 188, 292, 354-357, 372
Monte Leone-Decke 127, 189, 197, 291, 293, 294, 296, 305, 306, 309-311
  Rosa-Decke (Monterosa-Decke) 53, 169, 183, 188, 189, 197, 259, 289, 293, 294, 296, 307, 309, 310
  Rosa-Kristallin 289
  Rosa-Komplex 277
Monte-Caio-Flysch 49
Monte-Cassio-Flysch 49
Monzonite 201
Mooskofel-Decke 210, 211, 228
Morcles-Blümlisalp-Decke 302
Morcles-Decke (s.a. Nappe de Morcles) 91, 348, 362, 377-379, 383
  -Deckfalte 372
Morobbia 3
Muchetta-Kristallin 213
Mühlbergkalk 37
Münstertaler Basiskristallin 183, 191, 214, 318, 320
Mürbsandstein 342

(Mürbsandstein)
-Serie 76
Mürbsandsteinführende Oberkreide 73, 76, 340, 341
Mürrener Breccie 85, 363
Mürtschen-Decke 190, 381, 384, 393, 395, 396
Mürzalpen-Decke 195, 196, 245, 246
Mürztaler Becken 136
  Fazies 241
  Grobgneis 195, 236
  Kalk(e) 28, 37, 134
  Mergel 37
Mugelgneise 218, 231, 232
Mulde von Chamonix (s. a. Synclinal de Ch.) 79
  von Dorenaz-Salvan 354, 387
Muralpen 244
Murauer Kalk 30
  Kalkphyllite 30
Mureck-Decke 194, 333
  -Komplex 330
Muretto-Kern 190
  -Kristallin 316, 319, 320, 324
Murnauer Mulde 240, 404, 405
Muschelkalk 26, 33, 35, 43, 46, 104-106, 109, 168, 170-172, 221, 224, 247, 369
  inférieur 132, 166, 167
  moyen (s. a. Mittlerer Muschelkalk) 133, 166, 167
  supérieur(s. a. Oberer Muschelkalk) 133, 166, 167
  -Dolomit 33, 48, 174
Muschelkalkkonglomerat 22, 23, 26, 106, 132, 208
Muschelsandstein 105, 132
Muttekopf 151
Muttnerhorn-Flysch 54
Mylonit-Zone 345
Mythen 313, 389
Mytilus-Dogger 112, 140, 143

Nagelfluh calcaire (et mixte) 99
Nagelfluhen (der Adelegg) 99
Nairporphyroid 46
Nannoconen-Kalke 146
Napf-Nagelfluh 99
Nappe(s) des Annes et Sulens (s. a. Klippes) 62
  d' Anzeinde 188, 379, 385
  des Aravis-Morcles (s. a. Nappe de Morcles-Aravis) 182, 372
  des Aravis-Morcles-Doldenhorn 127
  d' Arveyes 188, 385
  de Bex 188, 385, 386
  du Bonvin 388
  de la Brèche (s. a. Breccien-Decke) 57, 140, 169, 183, 188, 300, 302, 303, 379, 380
  des Brèches de Tarentaise (s. a. Zone des Brèches d. T.) 62, 71, 72, 141, 182, 187, 188, 261, 278, 280, 281, 286, 287, 353
  du Chamossaire 188, 385
  de Champcella 141, 186, 275, 276

(Nappe)
  du Col des Gets 49, 188
  de la Dent Blanche (s. a. Dent Blanche-Decke) 180, 183, 188, 197, 292-294, 297
  de Diablerets (s. a. Diablerets-Decke) 186, 303, 380, 388
  de l' Embrunais 271, 274-276
  de l' Embrunais-Ubaye 182
  du Flysch de l' Embrunais 274
  du Flysch à Helminthoides 186, 268, 275, 276, 370
  du Grand Saint Bernard (s. a. Bernhard-Decke, St. Bernhard-Decke) 66, 127, 183, 188, 278, 287, 290-294, 296-298, 356
  de la Grande Motte 187, 284
  du Guil 275
  des Gypses 59, 107, 182, 186, 187, 261, 270, 275, 277, 281, 283, 284, 353
  helvétiques (s. a. Helvetische Decken) 188
  inférieure 271
  inférieure des Annes et Sulens 62, 94
  du Meilleret 188, 385
  du Mont Emilius (s. a. Mt. Emilius-Decke) 197, 288, 294, 296
  du Mont Mary (s. a. Mont Mary-Decke) 197, 288, 294, 296, 297
  du Monte Rosa (s. a. Monte Rosa-Decke) 296
  de Morcles (s. a. Morcles-Decke, Nappe des Aravis) 303, 356, 372, 379, 380, 385, 387, 388
  de Morcles-Aravis 187, 188, 302, 371, 379, 380
  du Niesen (s. a. Niesen-Decke) 169, 188, 303, 380
  du Pas du Roc 62, 141, 182, 188, 278, 280, 281, 283, 287, 297, 353
  de Peyre Haute 186, 275, 276
  piémontaise (s. Nappe des Schistes lustrés) 264, 267
  de la Plaine-Morte 188, 385, 388
  des Préalpes médianes (s. a. Préalpes médianes) 57, 140, 188, 263, 299, 300, 302, 303, 313, 379, 380
  de Roche Charnière 141, 186, 275
  des Schistes lustrés (s. a. Schistes lustrés-Decke) 52, 182, 185, 188, 197, 264, 267, 274, 283-285, 287, 289, 294, 297, 310, 317
  du Sex Mort 188, 385
  de la Simme (s. a. Simmen-Decke) 53, 140, 169, 183, 188, 302, 303, 380
  supérieure de l' Ubaye-Embrunais 271

(Nappe)
  de la Tour d' Anzeinde (s. Nappe d' Anzeinde)
  ultrahelvétiques (s. a. Ultrahelvetische Decken) 140
  du Wildhorn (s. a. Wildhorn-Decke) 127
Nara-Lappen 307, 312
Naßfeld-Schichten 26, 210, 211
Nelva-Zone 359-365
neoautochthone Position 315
Neocom 114, 146
  -Aptychenkalke 114
  -Flysch 76, 173, 174
Neokom s. Neocom
Néopermien 65, 66
Neuhauser Schichten 96
Neuhofener Schichten 99
Névache 141
Niçois 106, 368
Nidwaldener Klippen 68
Niederi-Schichten 88, 89
Nierentaler Schichten 41, 42, 121, 152, 173, 341
Niesen-Decke (s. a. Nappe du Niesen) 62, 70, 73, 74, 127, 140, 151, 154, 180, 183, 188, 260, 263, 291, 299, 301, 302, 304, 307, 380
  -Flysch (s. a. Flysch du Niesen) 74, 150, 154, 169, 260, 263, 380
Nisellas-Serie 54
Nivaigl-Serie 54
Nördliche Giswiler Klippen 68
  Grauwackenzone 27, 32, 118, 179, 184, 191-196, 212, 216, 217, 219, 220, 227, 229, 231-237, 242, 245, 247, 248, 254, 330, 332, 333, 335, 336
  Hüllschiefer des Gleinalm-Gneis 232
  Kalkalpen 27, 28, 34-37, 118, 120, 175, 179, 180, 183, 184, 191-195, 212, 216-218, 220, 222, 227, 229, 236, 237, 238-242, 244-248, 259, 317, 318, 332, 336-342, 399, 404-406
  Schieferhülle 357, 358, 361, 362
Schieferhülle des Aare-Massivs 377
Schieferhülle des Gleinalm-Kristallins 231
Sulzbachzunge 332, 334
Nößlacher Decke 215
  Konglomerat 32
Nötscher Karbon 40
Nolla-Kalkschiefer 73
  -Schiefer 112
  -Tonschiefer 73, 138
Nonnenwald-Mulde 404, 406
Nor 107, 135, 136
Nordfazies (des Flyschs) 75
nordhelvetisch 154, 155
nordhelvetischer Flysch 154, 155, 183, 190, 392
Nordpennikum 10, 70, 71, 73, 75, 107, 113, 121, 127, 148, 150, 151, 170, 171, 183, 184, 188, 190, 191, 193, 194, 258, 259, 367, 376
nordpenninisch 12, 111, 115, 154, 155, 197, 326, 380
nordpenninischer Flysch 122, 189

(nordpenninischer)
   Flyschtrog 121, 122
Nord-Südalpen-Grenze (s. a. insubrische Linie) 176, 177
Norische Decke 195, 196, 231, 232, 234-236, 336
   Überschiebung 234, 236
Nufenen-Bedretto-Piora-Zone (s. a. Piora-B.-N.-Z.) 189, 310, 376
   -Granatschiefer-Serie 90
   -Knotenschiefer 90
   -Sandstein 90
   -Zone 90
Nulliporenkalk 100, 101
   von Texing 99
Nulliporensandstein 89
Nummulitenkalke (s. a. Calcaire(s) à Nummulites usw.) 85, 86, 89, 154-156, 170-173, 267, 387, 391
Nummulitico 60
Nummulitique 81, 166-169

Oberälpli-Serie 54, 77, 155, 322, 323
Oberalmer Kalke 36, 144, 173
Oberanis-Kalk 21
Oberconiac-Riff 42
Obere Breccie 57
   Bunte Mergel 75, 76, 340
   Bunte Molasse 98, 247, 405, 406
   Bunte Schiefer 340
   Echinodermen-Breccie 88
   Flysch-Schuppe 54, 190, 317
   Gosau 41
   Graue Dolomite 90
   Grauwacken-Decke 195, 196
   Grenznagelfluh 99
   Hallstätter Decke 248
   Inferno-Serie 91
   Junghansen-Schichten 96, 172, 399
   kalkarme Schichten 26
   kalkreiche Schichten 26
   kohleführende Serie von Weiz 101
   Langenegg-Serie 74
   Meeresmolasse 98, 99, 124, 160, 170-173, 404-406
   Orbitolinenmergel 88
   Plattensandsteine 99
   Raibler Kalke 21
   Schieferhülle 48, 56, 184, 193, 194, 252, 330, 333
   Seelaffe 99
   Stgir-Serie 91
   Süßwassermolasse 124, 125, 160, 170-173, 304, 404-406
   Süßwasserschichten 100
   Tonschiefergruppe 87
   Ucello-Zone 73
Oberer Dolomit 34, 39
   Gneiszug 213, 215, 225, 327, 328
   Grünsandstein 92
   Jura 112, 113, 142
   Kieselkalk 88
   Melker Sand 99

(Oberer)
   Muschelkalk 106, 133
   Oelquarzit 95, 156
   Pseudoschwagerinenkalk 26
   Quintnerkalk 88
   Salvatoredolomit 204
   Schlierensandstein 95
   Schrattenkalk 86-88
   Würmlizug 53
Oberes Santon-Riff 42
Oberhalbsteiner Flysch 49, 183, 317, 319, 323
Oberkarbon von Nötsch 27
Oberkarnischer Sandstein 33
Oberkreide 118, 119, 148, 162
Oberkreideflysch 204
Oberostalpin 4, 10, 28, 68, 103-105, 108-110, 112, 114, 116, 118-121, 127, 148, 151, 162, 163, 164, 171-174, 175, 183, 184, 190-194, 196, 197, 202, 212, 218, 227-229, 231, 232, 235, 236, 239, 247, 249-252, 254-256, 320, 329, 332, 333, 335, 340, 341, 381
oberostalpine Phyllitserien 230
   Schichtfolgen 27
oberostalpiner Faziesbereich 11
   Sockel 213
oberostalpines Altkristallin 218, 229
   Kristallin 218, 219, 229
Oberrätkalk (Oberrhätkalk) 34, 38, 47, 173, 223
Oberrät-Riffkalk 136
Oberstdorfer Decke 70, 191, 337, 339
   Fazies 75, 337
Oberste Bunte Mergel 76
   Schuppenzone von Zermatt 296
Oberster sandsteinreicher Flysch 95
Obristzone 54
Ödenhof-Fenster 246
Oehrlikalk 85-89, 170-171, 363
Oehrlimergel 86-89, 172, 392, 397
Öligraben-Formation 98
Oelquarzit(e) 95, 155
Ölschiefer 35
Ölstein 41
Ötscher Decke 196, 246, 342, 409
Ötztal-Decke 179, 183, 184, 191-193, 214, 215, 216, 222, 251, 252, 254, 318-320, 326-328
   -Kristallin 28, 38, 214, 216, 218, 223, 226
   -Masse 27, 172, 175, 215, 221, 223, 225, 226, 239, 244, 247, 252, 332
   -Mesozoikum 32
Ötztaler Masse 215
Ofterschwanger Schichten 75
   Serie 399
Oligozän 122, 123, 139
Olistholithe 13, 17, 50, 72, 80, 110, 117, 121, 165
Olist(h)ostrom 25

Ollersbacher Konglomerat 99
Oncophora-Schichten 99, 409
Oolithisches Eisentrümmererz 89
Oolithkalk 89
Opalinus-Schiefer 87, 171
Ophicalcite 115
Ophiolith-Decke 49, 59, 68, 392
   -Decke von Zermatt 53
   -Vulkanismus 112, 145, 162
Ophiolithe 12, 44, 45, 50, 53-55, 57, 68, 70, 72, 73, 109, 114, 119, 122, 140, 146, 148, 198, 228-259, 260, 264, 273, 281, 289, 290, 293, 195, 296, 309, 314, 315, 326-328, 330
Ophiolithes 52
Ophiolithzone (von) Zermatt-Saas Fee 188, 289, 296
Opponitzer Kalk 35
   Schichten 37
Orbitoiden-Sandsteine 42
   -Schichten 174
Orbitolina-Mergel 86, 88, 173
   -Schichten 87
Orbitolinen-Mergel 86, 88, 173
   -Schichten 37
Orbitolinenkalk 88
orogene Breccien 13, 110, 113, 115-117, 121, 146, 162, 165
   Sedimente 109, 119
   Welle 163
Orthocerenkalk 32
Orthogesteine 14
Orthogneise 214
Ortler-Aela-Decke 250
Ortler-Decke 29, 43, 127, 179, 191, 197, 224, 250, 251, 319, 320
Osserkalk 31
Ostalpen 122, 315
Ostalpin 10, 44, 108, 111, 113, 127, 175, 177, 190, 237, 258, 314, 317, 322, 323, 392, 399
Ostalpine Decken 197, 319
   Flyschzone (s. a. Rheno-danubische Flyschzone) 179, 180, 184, 191-196, 222, 227, 237, 244, 326, 337, 338, 398, 403
   Klippen 392
   Wurzelzone 194, 205
ostalpiner Flysch 122, 127, 149, 150, 183, 337
ostalpines Altkristallin (s. a. oberostalpines A.) 237
ostalpines Kristallin 242
Osterhorn-Gruppe 342
oststeirisches Becken 101
Oxford 112, 114, 144

Paaler Konglomerat 220, 231
Pachycardientuffe 23
Paläogeographie 102
Paläogeologie 10, 162, 163
Paläozän 53
Paläozoikum von Graz (s. Grazer Paläozoikum)
Palfriesschiefer 395
Palingenese 259, 344
Palingenite 15
Palombino-Kalke 68
Parautochthon 188, 376-378, 380, 384, 390, 391, 393, 396
Partnachkalke 40

Partnachschichten 34, 35, 37, 38, 47, 133, 172, 174, 226, 247
Pattenauer Mergel 89
Pectinitenschiefer 85-88
Pedata-Schichten 36
Peidener Schuppenzone 312, 377
Peira-Cava-Flysch 81, 122, 151, 185, 370
Pelvoux-Massiv (s. a. Massif du Mont Pelvoux) 3, 111, 122, 270, 278, 348, 370
Pendel-Flöz 101
Pennin (s. a. Penninikum) 258, 326
Penninikum (s. a. Pennique) 4, 10, 15, 44, 50, 80, 103, 104, 109, 110, 112, 118, 127, 164, 172-174, 176, 177, 192, 195, 196, 212, 217, 219, 228, 229, 233, 244, 249, 251-253, 255, 256, 258, 264, 298, 305, 309, 311, 312, 314, 324, 334-336, 339, 359, 371, 378, 381, 398, 402, 404
  der Ostalpen 326
  der Tauern 56
  der Westalpen (s. a. Zone interne, Intern-Zone) 259
penninisch 381
Penninische Alpen 288
  Decken 180, 197, 222, 307, 310, 314, 317, 364, 382, 396
  Deckenfront 70
  Flyschdecken 263
penninischer Flysch 343, 394, 398, 401
  Sockel 148
Pennique (s. a. Penninikum) 3, 127, 183, 303, 351
  intern 380
  moyen 356
  septentrional 140
Pentamerus-Kalk 31
Penzberger Mulde 404, 406
Periadriatische Eruptiva (s. a. periadriatische Intrusiva) 228
  Intrusiva (s. a. periadriatische Plutone, jungalpidische I.) 9, 177, 198, 310
  Plutone 3, 4, 122
Perledokalk 21
Perm 104, 109, 129
Perm und Trias von Innervillgraten-Kalkstein 228
Permocarbon intern 261
Permoscyth 173
Permtröge 104
Perron des Encombres (s. a. Digitation du P. d. E.) 127
Pfäfigrat-Serie 77, 155, 322
Pfänder-Nagelfluh 99
Pfannenstiel-Schichten 99
Pfingstbodenschichten 98
Pfriemendolomit 38
Phase arvinche 370
Phengitgneise 73
Phengitquarzit 73
Phosphoritknollen 113
Phosphoritknollenschicht 67
Phyllitbreccien 101
Phyllite 56
  des Semmering-Wechsel-Systems 253

Phyllitflatschen-Horizont 56
Phyllitische Trias 90, 170
Phyllitserien 253
Phyllonitisierung 250
Pianfolco 60
Piano di Breno 24
Piberstein-Flöz 101
Piemont-Faziesbereich 12
Piémontais (s. a. Piemontese) 127, 140, 168, 182, 183, 187, 188, 197, 258, 267, 268, 274, 276, 281, 283, 285, 290, 293, 302, 353, 368
Piemontese (s. a. Piémontais) 10, 49, 50, 52, 59, 108, 110, 113, 120, 127, 140, 162, 166, 167, 181, 182, 186, 198, 258-260, 262-264, 267, 270, 271, 274, 275, 277, 279-281, 283, 285, 288-291, 297, 317
Pienidische Klippenzone 127, 196 (s. a. Pienienische K.)
  Schwelle 337
Pieninische Klippen (-Zone) 70, 76, 338
Pierre Avoi(r) (s. a. Digitation de la P. A.) 72
Piesenkopf-Serie 75, 172, 399
Piesenkopfschichten 405
Pietra da cote 21
  di Moltrasio 21
  piasentina 25
  verde 23, 35, 132
Pinswanger Schichten 89
Pinzgau-Störung (s. a. Tauern-Nordrand-Störung) 233, 330, 334
Pinzgauer Phyllit 32
Piolit 127
Piora-Bedretto-Nufenen-Zone 189, 310, 365, 376
Piz Terri (-Lunschania)-Serie 318, 190, 197, 305, 307, 312
Plänerkalke 121
Plagioklasgneise 87
Plaine Morte-Decke (s. a. Nappe de la Plaine M.) 387
Plankner-Serie 75, 155
Planknerbrücken-Serie 75, 155, 399
Plassenkalk 37, 142, 173, 174
Platform 105, 106
  -Carbonate 12
Platta-Decke 44, 46, 49, 54, 127, 180, 183, 190, 197, 316, 317, 319-321, 323, 324, 381
Plattelquarzit (s. a. Plattlquarzit) 39
Plattendolomit 20, 40, 87
Plattenflysch 53, 67
Plattenkalk 34-37, 39, 40, 43, 135, 172, 173, 247, 248
Plattenkalksandstein 95
Plattenkogeltrias 255
Plattform 105, 106, 108
Plattl-Quarzit 220, 231, 232
Plawenner Granit 38
Pleisling-Decke 194, 252, 256, 333
  -Fazies 127
  -Serie 44, 47
Plenge-Decke 210, 211
  -Serie 19, 211
Pleschaitzkalk 30
Plöckenfazies 19, 211

Pluton von Biella 188
  von Traversella 188
Pölser Mergel 101
Pötschenkalk 36
Polymetamorphose 14
Pont 124, 125, 139, 160
Pontegna-Konglomerat 20
Pontis-Kalke 66, 169
Porfidi quarziferi (s. a. Quarzpophyre) 60
Porphyr-Vulkanismus 104
Porphyrit 20
Posidonien-Schichten 76, 96, 174
Postbasaltische Schotter 101
Poudinge des Bresses 81, 345, 407
  à Microcodium 81
Poudingues du Mont Pélerin 99
Präbasaltische Schotter 101
praehercynische Gebirgsbildung(en) 344
Prätigau-Flysch 127, 151, 155, 171, 180, 183, 190, 191, 224, 260, 307, 314, 318, 323, 337
  -Halbfenster 180, 213, 215, 216, 322, 323
  -Lenzerheide-Gelbhorn-Flysch 318
  -Nord-Schwelle 155
  -Schiefer 77
  -Serie 69, 71, 77, 314
Prättigau-Flysch (s. Prätigau-Flysch)
Pragser Schichten 23
Prasinite 115
Prato-Serie 359, 365
Préalpes (s. a. Klippen-Decke, Nappe des Préalpes médianes) 50, 124, 127, 140, 258, 288, 290, 299, 301, 313, 371-373, 380, 382, 386, 402
  bordières 183, 303, 304, 386
  externes 94, 154, 299, 302, 304, 372, 386
  inférieures 80, 299, 302, 372, 385, 386
  inférieures externes (extérieures) 188, 302, 303, 380
  inférieures internes (intérieures) 188, 302, 303, 380
  internes 93, 154, 302, 372, 386
  médianes (s. a. Nappe des Préalpes m.) 58, 67, 127, 169, 183, 290, 353, 379, 386
  plastiques 58, 67, 112, 291, 299
  rigides 58, 67, 291, 299, 300
  romandes 260, 272, 291, 299, 302, 303
Préalpin 83
Prebichlschichten 36, 37, 129, 173, 174
Prépiémontais 140-142, 187, 261, 270, 276, 284
Priabon 363
Prodkamm-Serie 87, 91, 138
Promberger Schichten 98, 404, 406
Prosa-Granit 359, 364, 365

Sachregister

Prosanto-Schichten 34, 223
Protogin-Granit(e) 344, 351
Provençal 10, 78, 176, 182, 185, 261, 262, 343
-Fazies 78
Provençalische Ketten 374
provençalischer Faziesbereich 12
Prutzer Decke 192
Serie 45, 48, 49, 127, 184, 251, 319, 326, 327
Pseudosaluver-Serie 46
Pseudo-Semmering-Quarzit 39, 220
Puitental-Zone 240, 244, 247
Punteglias-Granit 361
Purbeck 84, 114, 145, 169, 173
Puster(tal)-Linie 4, 175, 193, 202, 207
Pygurus-Schichten 86-88

Quadrigeminum-Kalk 31
Quarten-Serie 90, 171
Quartenschiefer 85, 87, 107, 170, 171, 307
Quarzdiorit von Traversella (s. a. Traversella, Intrusiva von Tr.) 293
Quarzit(e) 104, 171
noir 65
Quarzites argentés 66
blancs 65, 66, 82, 168
feuilletés 53
Quarzithorizont 56
Quarziti 72
Quarzitische Trias 90, 170
Quarzitschiefer 32
Quarzit-Serie 55, 75, 155, 172
Quarzphyllit 47, 48, 103, 128, 172-174, 184, 195, 196, 200, 202, 226, 229, 247, 248, 252, 333
der Radstädter Tauern 253
des Comelico 210
-Decke 194, 252, 256, 333
Quarzporphyr 20, 34, 46, 129, 202, 204
von Bozen s. Bozener Quarzporphyr
von Theis 23
Quarzporphyrbreccie 20
quatrième (4ème) Ecaille 187, 263, 278
Quattervals-Decke 29, 191, 197, 214, 250, 251, 320
Querbiotite 215
Querdepression der Maggia (s. a. Maggia-Querd.) 306
Quintnerkalk 85-87, 98, 114, 145, 169-172

Raasberg-Folge 31, 218, 220, 232
Radiolarienhornstein 33
Radiolarit(e, i) 20, 21, 34-39, 43-47, 51, 53-55, 68, 69, 76, 96, 112, 113, 139, 140, 143, 144, 165, 166, 170-173, 174, 204, 251, 300, 317, 323
Radiolaritbreccie 55
Radiolaritschiefer 46
Radl-Basisschichten 101
-Wildbachschotter 101

Radschiefer 32
Radstädter Decken 194, 248
Quarzit 47
Tauern 44, 47, 127, 252
Radstädter Tauern-Decken 244
Rämsi-Breccie 68
Rät 108, 136
-Korallenkalk 206
-Lias-Colith 136
-Lias-Riffkalk 136
Rätikon (s. a. Rhätikon) 27
Rätkalk 48
Rätoliassischer Riffkalk 35
Rätschiefer 174
Ragazer Flysch 80, 95, 127, 155, 156, 171, 190, 384, 393, 396
Sandstein 95, 156
Raibler Dolomit 33, 36
Rauhwacke(n) 223
Sandsteine 21, 107, 223
Schichten 20, 22, 23, 26, 33-35, 38, 43, 46, 47, 54, 55, 68, 107, 170-173, 204, 206, 209, 214, 224, 226, 228, 239, 247, 248
Raibliano 23, 208
Rameau externe 187, 348, 350, 352, 353, 371, 375
interne 187, 348, 350, 352, 353, 371, 375
Ramsaudolomit 35-37, 133, 173, 241
Randcenoman 35, 119, 120, 239, 405
Randflysch (s. a. Flysch subalpin, subalpiner Flysch) 79, 154, 156, 183, 189, 190, 384, 396, 397
Randkette (s. a. helvetische Randkette) 190, 380, 381, 389
Rannach-Fazies 31
-Konglomerat 39
-Serie 39, 48, 184, 195, 219, 220, 229, 233, 234, 236, 253
Rattendorfer Schichten 26, 273, 208
Rauchkofel-Decke 210, 211
-Fazies 19, 202, 211
Rauhwacke(n) (s. a. Cargneules) 38, 39, 48, 54, 68, 104, 106, 317
Rauhwackenserie 38
Rauriser Phyllit 56, 333
Rawil-(Achsen-)Depression 299, 354, 382, 386, 388, 389
Raxalpe 126
Rechnitz 4, 174, 217, 331
-Schiefer 109, 174, 336
-Serie 50, 56, 127, 196
Reckner-Decke 256
-Serie 47
Recoaro-Dolomit 34
-Kalk 21, 34, 122, 223
Red-bed-Fazies 109
Red-bed-Gesteine 108
Regensburger Kreide 173
Straße 112
Reichenhaller Schichten 35, 247
Reichraminger Decke 195, 242, 244, 245
Reidevener Schotter 100

Reiflinger Kalk(e) 34, 35, 37, 40, 132, 174
Scholle 195, 242, 245
Reingrabener Schiefer 36, 37
Reisalpen-Decke 196, 246
Reischiebe-Serie 87, 171
Reiselsberger Sandstein 75, 76, 155, 172, 173, 337, 340, 341, 399, 405, 406
Reißeck-Maltatal-Mulde 194, 335
Reißkoflkalke 40
Reiteralm-Kalk 36
-Decke 194, 241, 244, 248
Remollon (s. a. Dôme de Remollon) 261
resedimentäre Breccien 16
Ressenschichten 42, 173
Restschotter 125
Retico inferiore 208
Rétrocharriage (s. a. Rücküberschiebung) 186, 188
Rettensteindolomit 32
Rhät s. Rät
Rhätikon (s. a. Rätikon) 34
Rhätische Decke 49, 190, 313
Rheno-danubische Flyschzone (s. a. Ostalpine Flyschzone, ostalpiner Flysch) 237, 337
Rhônebecken 123, 125, 366, 401, 402
Rhyolithe de la Ponsonnière 63, 64
Ricoprimenti (s. Decken, Nappes) delle Calcescisti (s. a. Nappe des Schistes lustrés) 185
Monte Rosa (s. a. Monte Rosa-Decke) 292
Ride frioulane 139
tridentine 139
Riein-Schichten 90, 138
-Serie 91
Riesenbreccie 33
Rieserferner 4
-Komplex 228
-Pluton 193
Riff-Fazies 105
Riffkalk(e) 39, 165
Riffl-Decken 194, 330
Rigi-Fächer 98
Rigi-Roßberg-Nagelfluh 98
Rinderbachschichten 74
Rindermattlischichten 95
Rissoen-Schichten 99, 100
Ritzinger Sande 100
Robulus-Schlier 99
Roc salé 93
Rocs de Boudry 53
Röt 39, 104, 131
Röti-Serie 90, 171
Rötidolomit 85-87, 170, 171
Rötschiefer 48, 255
Rofla-Masse (s. a. Rofna-Masse usw.) 315
Rofna-(Granit-)Gneis 45, 73, 319
-Masse 190, 315
Rohrbacher Konglomerat 100
Rohrer Fazies 127
Rombach-Serie 74
Rosenbacher Kohlenschichten 100
Roßfeld-Schichten 36, 114, 173, 241
Roßkogelporphyroid 39

Rosso ad Aptici 20, 21, 144, 170, 171
rote Cephalopodenkalke 112
   Knollenkalke 143, 144, 145
   Mergel 34
Rote Molasse 98
   Quarzitschiefer 48
   Schichten 16
   Spatkalke
Roter Jurakalk 35
   Kalk 38
   Orthocerenkalk 32
Roteisenerzlager 88
Rotfärbung 17
Rothenfluh 313
Rothorn-Schuppe 213, 251, 320, 321, 323
   -Zone 53
Rotliegendes 129
Rotondo-Granit 359, 364
Rottenbucher Mulde 40, 405
Rousset-Scholle 188
Rousette-Decke 46, 295
Roussilien 84
Ruchberg-Sandstein 54, 77, 155
   -Serie 54, 77, 322, 323
Rudisten 120
Rudistenkalke 150, 152
Rudnal-Serie 54
Rückfaltung (s. a. Rétrocharriage) 183, 189
Rücküberschiebung (s. a. Rétrocharriage) 264, 270, 278
Ruhespuren 117
Ruinas-Sandstein 87
Ruitor (s. a. Gneiss de R., Massif du R.) 64
Rumunischer Rücken 118
Runcalaida-Schichten 90, 138
   -Serie 91
Rupel 158

Saalfelder Rauhwacke 35, 37, 172
Sabbione Diorit 199
Sables à Scutella 83
   verts 83
Saccarello-Serie 52, 267
Säntis-Decke 74, 190, 339, 381, 384, 393-398, 400, 404
Safierbreccie 73
Safierquarzit 73
Sailedolomit 38
Salberg-Konglomerat 32
Salinar-Fazies 104
Salmaser Mulde 404, 405
Saluver Breccie(n) 46, 250
   Gesteine 43
   Sandstein 46
   Schiefer 46
   Serie 171
   Zone 190, 250, 319-321
Salvatore-Dolomit 20, 133, 170
Salzach-Schüttung 160
   -Störung 330
Sambuco-Lappen (s. a. Lembo di Sambuco) 306
Sand-Schotter-Gruppe 99
Sandflaserkalke 40
Sandhubel-Teildecke 213
Sandmergel-Serie 99
Sandschiefer 99

Sandstein von Ralligen 98
Sandstein-Dachschiefer-Komplex (bzw. -Gruppe) 78, 85, 88, 151, 155, 170, 171, 396
Sandsteine des Schwarzleotales 32
Sandsteinflysch 156
St. Bernhard-Decke (s. a. Bernhard-Decke, Nappe du Grand St. Bernard) 263
St. Galler Schichten 99
St. Paul 229
St. Veiter Klippen 70
   Klippenzone 76, 196, 338, 340, 342
Sannois 122, 157
Santon 148
Sardona-Flysch 80, 95, 127, 155, 156, 171, 190, 384, 393, 396
   -Quarzit 95, 155, 156
   -Schwelle 155
Sarl-Dolomit 23
Sarmat 124, 139, 160
Sas della Luna 24
Sassauna-Serie 77, 322
Sattelzone (s. a. Zone des Cols) 80
Sattnitz-Konglomerat 100
Sauberger Kalk 32
Savonese 51, 58, 60, 127, 166, 185, 263, 264, 267, 268
Sax-Schwende-Bruch 394
Scaglia 20-23, 117, 119-121, 147, 149, 150, 152, 170-173, 202, 204, 206, 208
   cinerea 24
   rossa 24, 25
S-carl-Decke 127, 183, 191, 197, 214, 222, 224, 251, 318-320, 327, 328
Schafberg-Schuppe 342
Schafläger-(Sediment)zug 191, 224, 251
Schaflägerkristallin 224, 251
Schamser Decken 54, 59, 113, 127, 183, 197, 309, 313-315, 316, 319, 321, 323
Scharfeneck-Arkose 48
Scheibbsbach-Schichten 96
Schelpen-Serie 96, 172
Scheren-Fenster 326
Schichten von Arnwiesen 101
   von Dobl 101
Schichten mit Ermilia 101
   von Hartberg 101
   von Rein 101
   von Schildberg 101
   von Stegersbach 101
   von Stiwoll 31, 101
Schichtfolgen des Briançonnais 58
   des Dauphinois 78
   der Externzonen 78
   des Helvetikum 78
   des inneralpinen Tertiärs 97
   der Molasse 97
   des Piemontese 49
   des Provençal 78
   des Subbriançonnais 58
   des Ultradauphinois 78
   des Ultrahelvetikum 78
   von Valais 70

Schichtlücken 13, 15, 16, 106, 115, 123, 165
Schiefer von Kher 31
Schieferfolge von Passail 31
Schiefergneise 228
Schieferhüll-Decken (der Tauern) 49, 127
Schieferhülle (der Tauern) 108, 215, 216, 222, 223, 225, 230, 244, 247, 255, 256, 330, 331
Schiefermergel 99
Schiffli-Schichten 86, 88
Schilfsandstein (s. a. Grès à Equisetites) 58, 59, 107, 134
   -Delta 107
Schiltkalke 87
Schiltschichten 85, 86, 87, 89, 144, 169-172
Schiltschiefer 87, 88
Schiste(s) ardoisièrs 57, 169
   argileux 91
   argileux arénacés 91
   de la Bagnaz 71, 93
   blanc 63
   bleus 65, 66
   brillants 74
   à Cancellophycus 93
   de Casanna (s. a. Casanna-Schiefer) 298
   conglomératiques polygéniques 66
   à Crioceras 94
   à Equisetes (Equisetites) (s. a. Grès à E. usw.) 93, 285
   à Foraminifères 84
   à Globigérines 85, 86, 98
   à grandes Nummulites 71
   inférieurs 57, 71, 169, 303
   lustrés (s. a. Bündnerschiefer, Calcescisti) 12, 13, 50, 53, 109, 113, 115, 137, 140, 143, 144, 146, 162, 166-169, 182, 189, 259, 262, 264, 265, 270, 271, 275-277, 279-281, 283, 285, 288, 289, 293, 295, 353, 356
   lustrés-Decke(n) (s. a. Nappe(s) des Schistes lustrés) 49, 277, 283, 289, 290, 315
   lustrés-Trog 110, 258
   marneux 91
   marno-micacés 84, 85, 98
   à Meletta 84, 98, 163, 168, 169
   de Meraviglio 81
   miberaux 65
   mordorés 93
   à Nodules 94
   noirs 57, 61, 66, 82, 84
   noirs graphiteux 53
   à petites Nummulites 93
   à Posidonomya (alpina) 84, 94
   quarzitiques blancs 66
   versicolores 63, 65
   verts 66
Schlern-Dolomit (s. a. Dolomia dello Sciliar) 22, 23, 26, 133, 172, 173, 208, 209, 211, 228
Schlier 99, 100, 124, 125, 173, 174, 342, 406
Schlierbasisschutt 100, 409
Schlieren-Flysch 80, 95, 127, 151, 154, 155, 170, 189, 384,

(Schlieren)
-Flysch 389, 390-392
-Gurnigel-Flysch 154
Schlierensandstein 154
Schlingen-Tektonik 214, 215
Schlinig-Störung (Schlinig-Überschiebung) 214, 215
Schloß-Serie 75
Schneeberg-Decke 196, 246
Schneeberger Kristallisation 15, 212, 215
    Zug 192, 207, 215, 216, 222, 225
Schöckelkalk 31
Schönachmulde 332
Schönbühlschiefer 87
Schöni-Sandstein 95
Schotter von Pinkafeld 101
    der Ries 101
    der Wölch 100
Schrambachschichten 36, 37, 173, 174
Schrattenberger Bruch 408, 409
Schrattenkalk 85-89, 115, 170-173, 247, 390-392, 395, 397, 399, 404-406
Schreyeralm-Kalk 36
Schuppenzone 90
    von Champatsch (s. a. Zone von Ch.) 319, 326, 327
    des Glantals 230
    von Marmoré 190
    von Perwang 194, 402, 407
    von Viù 288, 293
    (n)(von) Zermatt(-Roisan) 188, 289, 294, 296
Schusterbergkalk 36
Schwabbrünnen-Serie 75, 155
schwäbisch-fränkische Fazies 144, 145
schwäbische Fazies 111, 143
Schwamberger Blockschutt 101
Schwamm-Algen-Riffe 114
Schwammnadelmergel 136
Schwarzeck-Breccie 47, 114, 173
    -Schiefer 47, 173
Schwarze Schiefer 46, 95, 156
Schwarzer Jura (s. a. Lias) 172
Schwarzhornschiefer 86
Schwarzkopf-Folge 56
Schwarzphyllit 56
Schwarzwald 344
Schwazer Augengneis (s. a. Schwazer Kristallin, Kellerjoch-Gneis) 193, 217, 234, 244, 254, 332
    Dolomit 32
    Kristallin (s.a. Schwazer Augengneis) 244
Schweizer Jura 176
Schwerkraft 212
Schwermineral-Führung(-Gehalt 123, 148, 151
Schwermineralkomponenten 119
Schwyzer Klippen 68
    (s. a. Mythen)
Schyniges Band 86
Scisti neri 21, 22, 24, 171
    rasati 51
    Scopi-Mulde 365
    -Zone 90

Scyth 104, 105, 130, 131
Scythquarzit 38, 69, 255
Sebastian-Flöz 101
Seckauer Anatexis 219
    Granit 231, 232
    Kristallisation 15, 212, 219, 229, 259
Sedimentary cover 9
Sedimentkeile 79, 377
    der Jungfrau 79
Sedimentschüttungen 161
Seeberg-Schiefer 19
Seehorn-Schuppe 224
Seengebirge 170, 189, 205, 309-311
Seewerähnlicher (seewerartiger) Kalk 95, 155, 156, 170, 171
Seewerkalk 85-89, 150, 154, 156, 169-173, 399, 405
Seewermergel 89, 155, 156, 170, 171
Seewerschiefer 86-88
Seidlwinkl-Trias 56, 173, 252, 333
Seiser Schichten (s. a. Strati di Siusi) 23, 26, 130, 172, 173
Sella-Decke 180, 183, 197, 317, 319, 321, 324
    -Kristallin 190, 317
Selva-Secca 360, 365
Semmering(-Serie) 48
    -System 196, 217, 229, 255, 257, 331
    -Trias 195, 196, 257
    -Wechsel-System 217, 253
Semmeringquarzit 39, 48, 174, 232, 257
Senkele-Konglomerat 98
Séolanes 127
Serie(n), Série(s)
    der Amdener Mulde 73
    der Amlacher Wiesen 40
    dell' Andelplan 81
    d' Anelle 347
    d' Arolla (s. a. Arolla-Serie) 296
    de Bégo 81
    brèchique 63
    calcarea arenacea 72
    calcaereo-conglomeratica basale 72
    des calcaires des Barricate 81
    de Capeirotto 81
    de Carlina 283
    von Champatsch (s. a. Schuppenzone von Champatsch) 184
    conglomératique 72
    der Grabser Klippe 69
    de Gran Scala 283
    de la Grande Motte 51
    de la Grande Motte et du Mont Gondran 281
    gréseuse 81
    von Griffen 28, 39
    von Griffen und St. Paul 220
    grise 61
    d' Iglière 347
    inférieure des Schistes de Ferret 71, 208
    de l' Inferno 81
    de la Manche 53
    de la Mocausa 53

(Serie, Série)
    du Mont Gondran 57, 168
    di Montenotte 51, 185, 264
    der Nufenen-Knoten-Schiefer 91
    der Nufenen-Sandsteine 91
    der Ötztalmasse (s. a. Ötztal-Masse, Ötztal-Decke) 38
    de Rabuons 347
    de Roche Château 63
    de Roselette 353
    du St. Christophe 287
    von St. Paul 28, 39
    satinée 348, 351-353, 375
    schisto-quarzitique 72
    scistoso-quarzitica 72
    vom Semmering (s. a. Semmering-Serie) 44
    von Sieggraben (und Thörl) 39, 196
    der Stammerspitze 38
    der Stangalm (s. a. Stangalm-Serie, St.-Mesozoikum) 28
    de Tarentaise 63
    der Tarntaler Köpfe 44
    terminale 53
    von Thörl 234
    von Tiefenkastel 54
    de Valabres 347
    de Valpelline (s. a. Valpelline-Serie) 296
    de Varélios-Fougiéret 347
    de Vaulruz 98
    verte 348, 351-353
    der Wildhauser Mulde (s. a. Wildhauser Mulde) 73
Serla-Dolomit (s. a. Dolomia di Serla, Sarl-Dolomit) 209
Serles 38
Sernifit 87
    -Schiefer 87
Serpentinite 115
Serpentinitmasse des Malenco (s. a. Malenco-Serpentin) 315
Servino 20, 21, 33, 104, 170, 171, 206
Sesia- (Lanzo-)Zone (s. a. Zona Sesia-Lanzo) 44, 169, 170, 176, 189, 198, 249, 288, 289, 307, 310
Sex Mort-Decke 385
Sexmoor-Serie 87, 91, 138
Siderolites-Komplex 95, 156
Siderolithikum (s. a. Sidérolithique) 85, 87, 99, 123, 363
Sidérolithique (s. a. Siderolithikum) 60, 83, 84, 86, 166, 169
Sieveringer Schichten 174
    Schichten mit Mürbsandstein 76
Sigiswanger Decke 191, 337, 339
    Fazies 75
Sigmoidal-Klüftung 105
Signaturen 15
Silbereck-Marmor 330, 333, 335
    -Mulde 194, 335
Silbersberg-Konglomerat 32
    -Serie 32
Silex 132, 144

Sillon bellunais 139
  Dramonasq 61
  julien 139
  lombard 139
  subalpin 375
Silltal-Linie 215, 331
Silvretta 221
  -Decke 44, 179, 180, 183, 184, 190-192, 197, 213, 215, 216, 222-224, 250, 251, 314, 318-320, 323, 326-328
  -Kristallin 27, 34, 213, 215, 218, 239, 244, 316
  -Masse 171, 172, 175, 213, 225, 247, 254
Simano-Decke 127, 183, 189, 190, 197, 307, 309, 311, 312, 314, 318, 319
Simmen-Decke (s. a. Nappe de la Simme) 49, 53, 67, 120, 122, 127, 180, 188, 190, 197, 263, 271, 300-302, 304, 313, 380, 381
  -Flysch (s. a. Flysch de la Simme) 49, 119, 162, 279, 304, 317
Simmerdorfer Konglomerat 101
Simplon-Decken 183, 189, 197, 291-293, 305, 309
  -Region 310
Sobrio-Platte 312
Sockel 9, 14, 15, 58, 70, 78, 79, 103, 128, 175, 177, 184, 188, 189, 191-196, 198, 212, 249, 259
Socle (s. a. Sockel) 186, 187
Sölker-Marmore (s. a. Marmore von Sölk) 218, 229
Sohlmarken 117
Soja-Decke 70, 127, 138, 183, 190, 197, 306, 307, 309, 312, 314, 318
Soliskalk 54
Solitude-Dreilinden-Nagelfluh 99
Sommersberg-Zone 404
Somvixer Zwischenmassiv (s. a. Tavetscher Zwischenmassiv) 358
Sonnblick(-Gneis)-Kern 194, 329, 330, 333, 335
Sonnwendstein-Mulde 255
Sorescia-Gneis 359, 365
Sparberg-Schuppe 342
Spatkalk(e) 38, 68
Speer-Kronberg-Fächer 98
Speer-Zone 404
Speerschichten 98
Spegnas-Serie 54
Speiereck-Decke 194, 256
Spielfelder Mergel und Sande 101
Spilite 55, 115, 129, 149
Spitzmeilen-Breccie 87
  -Serie 87, 91, 138
Splügener Mulde (s. a. Splügener Zone) 315
  Zone 70, 73, 183, 190, 197, 309, 315, 316, 318
Staatzer Klippe 409
Stabiello-Gneis 204
Stadschiefer 85-89, 154, 155, 156, 163, 170-172, 396
Stahlgraue Schiefer 33

Stallauer Grünsandstein 89
Stammerspitz(e) 192, 320
Stangalm 229
  -Mesozoikum (s. a. Serie der Stangalm, Stangalm-Serie) 215, 219
  -Serie 39, 195
  -Zone 179
Stanserhorn 313
Starhemberg-Schichten 36, 37
Staufen-Decke (s. a. Staufen-Höllengebirgs-Decke, Höllengebirgs-Decke) 240
  -Höllengebirgs-Decke 193, 194, 239-241, 244, 248
Staval-Gneis 216
Steigbach-Schichten 98, 405
Steinacher Decke 32, 192, 215, 222, 223, 225, 226, 244
  Karbon 32
  Phyllit 32
Steinalm-Dolomit 37
  -Kalk 36, 37
Steinberg-Bruch 408, 409
  -Flysch 76, 174
  -Kalk 31
  -Konglomerat 68
Steineberg-Mulde 339, 404, 405
Steinkogelschiefer 32
Steinmühlkalk 37, 142
Steinsalz 107, 133, 134
Steinsberger Kalk 69
  Lias 48, 110, 172
Steirisch-kärntnerisches Altkristallin 195
steirische Grauwackenzone 233, 236
steirischer Schlier 101
Steirisches Becken 101, 174, 196, 220, 227, 229, 403
  Tertiär 179
  Tertiärbecken 227, 229
Steyrling-Flyschfenster 245
Stgir-Serie 90, 138
Stockhorn-Zone 304
Stockletten 89, 173, 341, 407
Stockli-Sandstein 87
Störungszone des Silltals (s. a. Silltal-Linie) 215
  Windischgarsten-Grünau 227
Strati a bilobata 23
  di Campil 23
  de la Valle 23
  di Livinallongo 23, 201
  di San Cassiano 23
  di Siusi (s. a. Seiser Schichten) 23
  a Triasina 23
Streifen-Gneise 359, 365
  -Serie 54
Stretta-Kristallin 255
  -Masse 250, 251, 255, 319
Striatoporenkalk 31
Striatoporenschiefer 31
Strömungsmarken 105, 268
Strona-Gneise (s. a. Gneiss Strona) 199
Strubbergbreccien 36
Strubbergschichten 36
Strukturanalogien 227
Stubai 192
Stubensandsteine 107
Stufenbezeichnungen 16

Stufenkalk 38
Subalpin 148, 182-184
Subalpine Molasse (s. a. Molasse subalpin, Faltenmolasse, Molasse charrié) 79, 92, 97, 98, 123, 176, 183, 184, 188-196, 240, 244, 247, 301, 302, 304, 338-340, 380-383, 390-392, 395-397, 399-402, 404, 405
Subalpiner Flysch 79, 86, 88, 92, 154, 180, 189, 190, 299, 302, 382, 386, 389-392, 395
subaquatische Gleitungserscheinungen 105
Subbriançonnais 10, 52, 58-62, 63, 70, 106, 109, 112, 113, 119, 121, 122, 127, 140, 141, 166-168, 181-183, 186-188, 258-261, 264, 269, 271, 274-277, 279, 280, 281, 283, 285-287, 291, 297, 299, 300, 302, 313, 315, 316, 353, 368, 370, 380
  extern 62
  intern 62, 66
  médian 61, 62
Subbrianzonese 60, 127, 182, 185, 262, 268, 269
Subhelvetische Decken 190, 318, 378
subjurassische Molasse 123
submarine Vulkanite 149
Subsidenz 105
Südalpen 106, 205, 267, 237, 292
Südalpin 3, 4, 10, 11, 104, 108-110, 127, 147, 162, 164, 170-173, 175, 179, 180, 183-184, 188-194, 198, 217, 228, 249, 293, 311, 318, 319, 344
südalpine Molasse 122
  Schichtfolgen 18
südalpiner Faziesbereich 10, 11
  Quarzphyllit 23, 215
  Sockel 103
Südelbach-Serie 79, 92
Südfazies 75
Südhelvetikum 92, 396
südhelvetisch 154, 155, 390
südhelvetische Komplexe 189
  Schwelle 154, 155
  Schuppenzone 190, 381, 389, 391, 392, 395, 397, 398
südhelvetischer Flysch 183, 392
südliche Giswilerstöcke 68
  Gneiszone(des Aare-Massivs) 362, 365
  Granitgneis- und Mischzone (des Aare-Massivs) 361
  Grauwackenzone 220, 230, 234
  Hüllschiefer (Schieferhülle) des Gleinalm-Gneis 231, 232
  Schieferhülle des Aare-Granits 357
  Sulzbachzunge 332, 334
Südpennikum 10, 49, 110, 113, 127, 145, 148, 151, 162, 170, 171, 183, 184, 188, 190-194, 258-260, 304, 317, 326

südpenninisch 12, 49, 113, 114, 119, 197
Südvergenz 175
Süßbrackwasser-Molasse 99
Süßwasserkalk 100
  von Kirchfidisch 101
Süßwassermolasse (s. a. Untere bzw. Obere S., Molasse d'eau douce) 99, 124, 125
Süßwasserschichten von Brennberg 100
Suganer Linie 4, 202, 204, 207, 209
Sulzauer Parakristallin 334
Sulzbach-Decke 195, 242, 245, 246
  -Zungen (s. a. nördliche bzw. südliche S.) 330
Sulzfluh-Decke 55, 59, 69, 127, 190, 191, 224, 251, 314, 316, 321, 323, 392
Sulzfluhkalk 48, 49, 172, 323
Sunneberg-Serie 87
Suprapenninikum 189
suprapenninisch 44, 176, 188, 197, 249, 288, 293
suprapennique 182, 183
Supraquarzitischer Flysch 95, 156
Surcrunas-Zone 54
Suretta-Decke 45, 69, 70, 73, 127, 180, 183, 190, 197, 309, 315, 316, 319-321, 324
  -Kristallin 73, 315
Suspensionsströme 113, 117
Syenite 201
Synclinal (aux)
  de Chamonix (s. a. Mulde von Chamonix) 355
  du Col d'Ornon 187, 350
  (de) Dorenaz-Salvan (s. a. Mulde von D.-S.) 355, 387
  de Lans 375
  médian 79, 348, 350, 353, 370
  occidental 283
  de Proveysieux 375
  de Tampête 282
  triassique du Thabor 282
  de Vaujany 187, 350
  de Voreppe 375
Synklinale von Antrona 291, 309
Synklinorium 240, 244, 247

Tälischiefer 95
Tafelquarzit 53
Talkschiefer 115
Talmatten-Zone 300, 304
Tambo-Decke 70, 73, 103, 127, 180, 183, 190, 197, 309, 313, 314, 315, 318, 324
  -Kristallin 73, 315
Tannheimer Schichten 35, 172
Tarntaler Breccie 47, 256
  Köpfe 330 (s. a. Serie der T. K.)
  Quarzphyllit 47
  Schiefer 47
  Serie 47, 127, 184
  Zone 193, 223, 244, 252
Tarviser Breccie 26
Tasna-Decke 127, 192, 244, 251, 318, 319, 326-328

(Tasna)
  -Granit(-Gneis) 45, 48, 172, 326-328
  -Serie (s. a. Prutzer Serie) 45, 48, 49, 110, 184, 326, 327
Taspinit 54
Tattermann-Schiefer 39, 220
Tauberberg-Nagelfluh 99
Tauchener Schichten 101
Tauern-Fenster 4, 44, 50, 125, 176, 179, 194, 207, 216-218, 223, 227-229, 233, 244, 250, 252, 326, 329, 331, 332, 333, 334, 335
  -Kristallisation 15, 194, 219, 329
  -Nordrand-Störung 233
  -Schieferhülle 110, 173
Tavetscher Massiv (s. a. Tavetscher Zwischen-Massiv) 180, 381
  Zwischen-Massiv 3, 79, 127, 171, 190, 357, 358, 364, 365, 377
Taveyannaz-Sandstein (s. a. Grès de Taveyannaz) 85, 122, 155, 170, 171, 396
Teggiolo-Mulde 197
  -Zone 305, 310
Tektonische Gliederung (der Alpen) 175
Termen-Kalkschiefer 90, 91
  -Tonschiefer 90, 91
Ternberger Decke 195, 242, 245
Terre nere 81
Terres noires 61, 62, 81, 82, 114, 144, 166-168, 274-275
  vom Monte Parei 201
  der Po-Ebene 186
  des steirischen Beckens 229
Tertiär-Becken von Forcalquier-Valensole 401 (s. a. Bassin de F.-V.)
Tessiner Achsenkulmination 314
  Decken 189, 293, 305, 309
  Kristallisation 15, 307, 329
  Kulmination 197, 305, 306, 311, 314, 343
Thierseer-Mulde 240, 244
Thörler Kalke 39
  Quarzit 39
  Serie (s. a. Serie von Sieggraben und Thörl) 229
  Trias 184, 195, 220, 236
Thurntaler Quarzphyllit 216, 220
Tiefbajuvarikum 238, 239
Tiefbohrung Urmannsau (s. a. Bohrung Urmannsau) 237
Tiefpenninikum 127, 189, 258-260, 291, 293, 296, 302, 312, 322, 384
tiefpenninisch 197, 318
Tiefpenninische Bündnerschiefer 183, 189
  Decken 170, 171, 183
Timun-Gneis(e) 73, 315, 319
  -Masse 190
  -Paragneise 319
Tirolikum 127, 193-196, 238, 240-246, 248, 341, 342

tirolisch 27
Tischberg-Nagelfluh 99
Tithon 112, 114, 142, 145
Tithon-Neokom-Kalke 23
Tithonique à Calpionelles 63
Toce-Kulmination 127, 197, 305, 311
Tödigranit 85, 358, 361
Tödigranzdolomit 87
Toissa-Klippe 320
Tomül-Lappen 314
  -Serie 54, 73, 138, 190, 314, 318
Tonale-Linie 4, 175, 179, 191, 192, 200, 205, 207, 216, 222, 319, 325
  -Zone 191, 216
Tonalit 122, 228, 310
Tonalite der Tauern 193
Tonalitstock vom Rieserferner 217
Tonmergel-Schichten 98, 99, 123, 124, 158, 163, 172, 173, 247, 405, 406
Tonschiefer 232
  der Dult 31, 232
  -Fazies 31
Torer Schichten 33
Torrener Joch-Zone 194, 241, 244, 248
Torton 124, 139, 160
Totalpserpentin 224
Totengebirgs-Decke 194, 195, 242, 245, 248
Traidersberg-Folge 231, 232
Traisen-Halbfenster 246
Transgressionen 15
transportierte Strukturen 212
Tratenbachserie 75
Traversella 3
Tremola-Granit 359, 364, 365
  -Serie 311, 239, 264, 265, 376
Trentino 127
Trepsenflysch 392
Tressensteinkalk 32, 37, 142
Trias 109, 162
  calcaréo-dolomitique 52, 62, 65, 168
  dolomitique 57
  von Griffen (s. a. Serie von Gr.) 195
  von Griffen und St. Paul 230
  der Inner-Krems 219
  von St. Paul 195
  von Thörl (s. a. Thörler Trias) 195, 220
  -Jura-Grenzschichten 23
  -Marmore 173
  -Quarzit 256
  (-Serien) von Chippis- und Pontis (s. a. Chippis- bzw. Pontis-Kalke) 58
Triasbasisquarzit 130
Triasbasissandstein 132
Tribulaune 38, 192
Tridentinische Schwelle 24, 111, 113, 121, 139
Triesenflysch (Triesner Flysch) 70, 75, 155, 191, 318, 337
Trinodosus-Schichten 20, 21
Tristel-Breccie 69
  -Kalk 69
  -Serie 55, 75, 155, 172
Tristelschichten 46, 48, 69, 114, 115, 146, 171, 172, 406

Trochiten-Dolomit 34, 38, 47
Trofaiach-Bruch 195, 236
 -Linie 221, 234, 236
Trog von Belluno 111, 139
Trogkofel-Breccie 26
 -Dolomit 26
 -Kalk 129, 173, 208, 210, 211
Troiseck-Floning-Zug (s. a.
 Floning-Troiseck-Zug) 28,
 39, 194, 195, 218, 220, 227,
 235, 236, 253, 336
Troiseck-Kristallin 39, 236
Trosbreccien 86
Troskalk 85-87, 114, 170-171
Troskalkbreccien 85
Tsa-Scholle 188, 295
Tschingelkalk 85, 86
Tschipitkalk 23
Tschirpen(-Teil)-Decke 43,
 190, 191, 251, 320, 321, 323
Tschitta-Zone 223, 250
Tsena-Réfien-Zug 295
Türkenkogelbreccie 47, 173
Tuffagglomerat 20
Tuffit 87
Tufi a Pachycardie 23
Tupfenkalk 87
Turbidity currents 117
Turmalin-Granit von Predaz-
 zo 201
Turon 119, 148, 162
Turracher Karbon 231
Turrilitenschichten 88
Tuxer Kern 193, 332
Twenger Kristallin 47, 173,
 194, 252, 256, 333
Twirren-Schichten 88, 89

Ubaye-Flysch 49, 120
Überschiebung des Oberost-
 alpins 149
Überschiebungszone Sestri-
 Voltaggio 264
Überschiltschichten 87, 89
Überturriliten-Schichten 88
Uentschen(Üntschen-)-Decke
 191, 337, 339, 381, 399
Uerscheli-Nagelfluh 98
Ütlibergschichten 99
Uggowitzer Breccie 26, 132
Uggwa-Serie 19
Ultradauphinois 10, 52, 58, 71,
 78, 80, 93, 122, 127, 141, 167,
 168, 176, 181, 182, 185-187,
 261, 262, 265, 271, 274-276,
 279-281, 286, 291, 297, 343,
 348, 350, 351, 370
Ultrahelvetikum 4, 10, 13, 58,
 68, 74-76, 78, 79, 80, 86-88,
 91, 96, 111, 114, 115, 121,
 127, 140, 148, 151, 164, 170-
 174, 176, 179, 183, 184, 189-
 196, 297, 244, 248, 291, 292,
 299-302, 304, 310, 313, 318,
 323, 337, 339-343, 370-372,
 379-382, 384, 386, 387, 389-
 391, 396, 398-400, 402, 404
Ultrahelvétique 67, 93-94,
 127, 140, 154, 169, 183, 188,
 287, 297, 298, 303, 353, 356,
 375, 379, 380
ultrahelvetisch 111, 138, 154,
 155

ultrahelvetische Decken 382,
 386, 388
 Flyschkomplexe 156
ultrahelvetischer Flysch 190,
 386, 393
Umbraildecke 43, 127, 191,
 197, 214, 224, 250, 251, 319,
 320
Umbrail-Kristallin 43
Unità delle Colle di Tenda 60
Unité Cavoira-Cugino 267
 de Ceillac 186, 275, 276
 du Col de Tende 60, 267
 Montemale-Teje 267
 Pilonet-Narbona 267
 Ribé-Cervasca 267
 de Sampeyre 267
 Sociu-Plum 267
Unterbachzone 404
Unterberg-Decke 195, 196,
 245-246
Untere Brackwassermolasse
 98
 Bunte Mergel 75, 76, 78
 Bunte Molasse 78, 98, 171,
  405, 406
 Flyschschuppe 54
 Gosau 41
 graugrüne Molasse 98
 Grauwacken-Decke 115,
  196, 234, 235
 Hallstätter Decke 248
 Inferno-Serie 91
 Junghansen-Schichten 96,
  172
 kalkarme Schichten 26
 kalkreiche Schichten 26
 kohlenführende Serie von
  Weiz 101
 Kreide 114, 146, 147
 Langenegg-Serie 74
 Meeresmolasse 98, 404
 Plattensandsteine 99
 Rauhwacke 33, 34, 38, 43,
  46, 67, 73, 169, 171, 223
 Rote Molasse 98
 Schiefer 31
 Schieferhülle (der Tauern)
  56, 184, 194, 330, 333
 Seelaffe 99
 Stgir-Serie 91
 Süßwasserschichten 100
 Süßwassermolasse 98, 99
  124, 159, 170-173, 304, 391,
  404
 Tonschiefergruppe 87
 gelbe Dolomite 90
 Trias 104
 Ucello-Zone 73
 Zermatter Schuppen 53
Unterer Dolomit 39, 226
 Grünsandstein 92
 Kieselkalk 88
 Melker Sand 99
 Muschelkalk 23, 105, 132
 Oelquarzit 95, 156
 Pseudoschwagerinenkalk
  26
 Quintnerkalk 88
 Salvatoredolomit 20, 204
 Sandstein 98
 Schlierensandstein 95
 Schrattenkalk 86-88
 Verrucano 38
 Würmlizug 53

Unteres Santon-Riff 42
Unterengadiner Fenster 4, 28,
 45, 48, 49, 110, 118, 172, 176,
 179, 184, 207, 213, 215, 222,
 225, 244, 251, 318, 326-328
Unterkarnische Dolomite 38
Unterkarnische Kalke 21
Unterkreide 114, 146, 147, 162
Unterlias-Oolith 136
Unternogg-Schichten 96
Unterostalpin 4, 10, 28, 29, 59,
 103, 104, 108, 109, 112-114,
 116, 118, 119, 120, 127, 162,
 164, 171-174, 175-176, 183,
 184, 188-197, 212, 215, 217,
 219, 221, 223, 227, 229, 232-
 235, 237, 239, 244, 248, 249,
 251-257, 288, 293, 324, 329,
 331-336
unterostalpine Schichtfolgen 44
unterostalpiner Faziesbereich
 11
 Sockel 148
Untersanton-Mergel 42
Untersberger Marmor 41, 173
Unterste Cyrenenschichten 98
 Plattensandsteine 99
Urgon(ien) 84, 94, 353, 375
 -Fazies 78, 115, 146, 155
Urgonkalk 85
Urler Blockschutt 101
Urmina-Schuppe 223
Urner Flysch 183
Urseren-(Garvera-)Zone (s. a.
 Furka-Urseren-Garvera-
 Zone) 90, 357, 362, 365, 377

Vaduzer Flysch 70, 75, 155,
 191, 318, 337
Val Colla-Zone 204
 Fex 320
Valais (Valaisan) 10, 13, 70,
 71, 72, 109, 111, 115, 119,
 127, 140, 162, 168, 169, 181-
 183, 187, 188, 197, 258-261,
 278, 279, 281, 286, 287, 289,
 291, 293, 296-298, 302, 326,
 337, 380, 387
 -Faziesbereich 12
Valang(in)ienkalk 85-88, 170,
 171, 392, 396, 397
Valang(in)ienmergel 86-89,
 172, 392, 397
Vallorcine-Granit 355
 -Konglomerat 85, 354
Vallouise 127, 141
Valpelline-Scholle 188, 288,
 295
 -Serie 288, 293
Valser Schuppen (-Zone) 190,
 314, 318
Valzeina-Serie 77, 322
Vanoise 58, 65, 127, 168, 182,
 261, 277, 278, 280, 281, 284
 occidentale 278, 284
Varenna-Kalk 21
variszische Metamorphose
 (s. a. hercynische M.) 14
 Gebirgsbildung
 (s. a. hercynische G.) 344
 Intrusiva 128, 198
 Orogenese (s. a. v. Gebirgs-
  bildung) 14

(variszisches)
    Kristallin (s. a. hercynisches Kristallin) 185
    Gebirge (s. a. hercynisches (G.) 103, 165
Veglia-Mulde 197
    -Zone 306, 310
Veitscher Decke 195, 196, 231, 232, 234-236, 336
Venediger Tonalitgranit 334
Venediger-Kern 193, 228, 332, 334
Verampio 311
    -Gneis 293
    -Granit-Gneis 189, 197, 305-307, 310
    -Zone 183
Verband 15
Vergeletto-Lappen 306
Verrucano ("alpiner" Verrucano) 16, 20, 21, 23, 33-35, 38, 39, 43, 46-48, 51, 52, 55, 60, 63, 64, 66, 70, 85, 87, 104, 138, 166, 168, 170-174, 206, 223, 224, 247, 255, 280, 393, 395
    -Fazies 33
Versoyen (s. a. Zone du V., Digitation du V.) 72, 281, 287, 298
Verspalenflysch 55
Vertikalsortierung 115, 117
Verzasca-Granitgneis 307-309
Vilser(e) 35, 37, 96
Vindelizisches Land (Vindelizische Schwelle) 105, 107, 108, 111, 112, 114, 118
Vindobon 125
Vintschgauer Phyllit 207
    Schiefer 192, 216, 222
    Schieferzone 250
Vizan-Breccie 54
Vocontischer Trog 13, 78, 115, 162
Vogesen 344
Voirons (s. a. Grès des V., Flysch d. V.) 372
Vorab-Schichten 87
Vorarlberger Flysch 70, 151, 155, 171, 191, 318
    Flyschzone 71, 222, 337
    -ostalpiner Flysch 381
Vordersdorfer Flöz 101
vorgosauische Gebirgsbildung 11, 28, 119
    Orogenese 114
Vorlandsmolasse (Vorland-Molasse) 97, 99, 116, 301, 380, 381, 401, 402, 404
Vulkanismus 106, 121, 153
Vulkanite 104, 151
    des (im) Ladin 217
Vulkanmassiv von Gleichenberg 101

Wäggitaler Flysch 70, 73, 151, 155, 170, 190, 337, 381, 384, 389, 392
Wärme-Dome 259
Wärmedom des Tessin 317
Walliser Alpen 288
Wamberger Sattel 240, 244, 247
Wandkalke 37

Wang-Grünsandstein 89
wangähnliche Serie 95
Wangschichten 79, 86, 88, 89, 92, 121, 152, 154-156, 170-172, 339
Warscheneck-Decke 242, 245
Waschberg-Zone 403, 408, 409
Wechsel 127, 174
    -Fenster 4, 176, 217, 227, 326, 331, 336
    -Gneis 196, 229, 331, 336
    -Kristallin 174
    -Schiefer 196, 336
    -Semmering-System (s. a. Semmering-Wechsel-System) 179
    -System 331
    -Zone 255
Weggiser Schichten 98
Weidespuren 117
Weißach-Schichten 98, 405
    -Steigbach-Schichten 172
Weißer Jura 172, 173
Weißfluh-Serie 55
Weißhorn-Scholle 188, 295
Wellengebirge 105, 132
Wellenrippeln 105
Wengener Bröckelschiefer 21
    Schichten 21, 23, 206, 209
Werfen 104, 130, 131
Werfener Fazies 130
    Quarzit 264
    Schichten 22, 23, 26, 35-37, 39, 40, 104, 131, 173, 174, 208, 209, 211, 226, 228, 247, 248, 342
    Schuppenzone 194, 196, 240-242, 244, 245, 248
Werfeniano 23
weststeirisches Becken 101
Wettersteindolomit 33, 34, 37-40, 46, 47, 133, 171, 173, 174, 224
Wettersteinkalk 33, 35-37, 39, 40, 133, 171-174, 247, 248, 249, 340
Weyerer Bögen 218, 227, 242
Wiener Becken 100, 174, 176, 196, 220, 227, 242, 246, 340, 342, 403, 409
Wienerwald-Flysch 70, 76, 80, 151, 338, 340, 342
Wieser Flözgruppe 101
Wildflysch 13, 60, 69, 80, 92-94, 96, 117, 118, 121, 152, 154, 172, 304, 389, 399
    à lentilles du Flysch calcaire 61
Wildhauser Flysch (s. a. Flysch der Wildhauser Mulde) 69
    Mulde 155, 156, 190, 318, 337, 381, 384, 393, 396, 397
Wildhorn-Decke 188, 189, 302, 303, 362, 363, 380, 381, 386-390
    -Region 387
Wildschönauer Schiefer 32
Wimitz-Aufbruch 220, 231
Windgällen-Falte 190, 362
Winnebacher Granit 225
    Kalkzug 194, 217, 228
Wintersbergschichten 98
Wördener Sandstein 76
Wohnbauten 117

Wolfpassinger Schichten 76
Wurzeln (tektonische) 185
    der hoch- u. suprapenninischen Decken 311
Wurzelzone 80, 179, 180, 189-192, 198, 213, 249, 317, 319, 325
    von Alagna 183, 188
    des Valtellina 317
Wustkogel-Serie 56, 173, 333

Zangtal-Flözgruppe 101
Zeller Schichten 96
Zementmergel 24, 37, 41, 76, 152, 174, 405, 406, 407
    -Serie 75, 76, 172, 173, 340, 341
Zementsteinschichten 85-89, 170-172
Zentralalpen 138
zentralalpines Altkristallin 236
    Mesozoikum 184, 230
Zentraler Aaregranit 357, 359, 361, 362, 365
Zentralgneis 113, 193, 223, 225, 228-230, 255, 332, 334, 335
    -Kerne (der Tauern) (s. a. Zentralgneis) 194, 244, 329, 330, 332
    -Zone 56
Zentralgranite (der Tauern) 173
Zentralmassive 343
Zevreiler Lappen 190, 318
Zillertal-Venediger-Kern 329
Zillertaler Kern 193, 332
Zillkalk 36
Zimba-Scesaplana-Scholle 191, 320
Zimba-Schuppe 239
Zlambach-Fazies 127
    -Mergel 135
    -Schichten 36, 37
Zöberner Breccien 101
Zona di(del) Colle di Tenda 182, 185, 269
    (d') Ivrea 183, 188, 189, 292, 293, 309
    Ivrea-Verbano 198
    kinzigita (s. a. Kinzigit-Zone) 180, 183, 188, 189, 198, 292, 293, 309
    di Locana 181
    del Piccolo San Bernardo 62
    Sesia (s. a. Zona Sesia-Lanzo) 292-294, 309
    Sesia-Lanzo 127, 182, 183, 293
Zone Acceglio-Longet (-Ambin) (s. a. Zone von Acceglio-L.) 66, 127, 140, 261, 270, 274-276
    d'Acceglio (-Longet) (s. a. Zone Acceglio-L.) 58, 59, 106, 140, 182, 186, 275, 276
    der Adula-Trias 73
    des Aiguilles Rouges (Arolla) 53
    von Alagna (s. a. Wurzelzone von A.) 289, 293

(Zone)
- der Alten Gneise 179, 193, 207, 216, 227, 228, 252, 332, 333, 335
- von Antrona 289, 294
- bordière 188, 302
- delle Breccie di Tarantasia (s. a. Zone des Brèches de Tarentaise) 72
- des Brèches de Tarentaise (s. a. Zone des Brèches de T.) 127, 291, 296-298
- der Burgruine Splügen (s. a. Gneis der Burgruine Spl.) 318
- de Chamonix (s. a. Zone von Ch., Mulde von Ch., Synclinal de Ch.) 188, 356
- von Chamonix (s. a. Zone de Chamonix, Mulde von Ch., Synclinal de Ch.) 79, 354, 355, 372
- von Champatsch (s. a. Schuppenzone von Ch.) 127, 192, 251, 319, 326, 328
- de la Chapelue 275
- de Chippis 127, 188, 189
- von Chippis (s. a. Zone de Chippis) 189
- de Chippis et Pontis 66, 140, 183, 290, 293, 294
- des Col de Tende (Colle di Tenda) (s. a. Zona di Colle di Tenda) 58, 182, 265, 269
- du Col de Tende (s. a. Zona di Colle di Tenda) 182, 269, 366
- des Cols (s. a. Sattelzone) 80, 83, 180, 299, 302, 303, 385, 386
- du Combin (s. a. Zone du Grand Combin)
- von Disentis 79
- d'Ecrasement 345, 346
- d'Ecrasement de Fremamorta 345, 346
- d'Ecrasement de la Valetta-Mollières 346
- d'Entrèves 297
- externe (s. a. Extern-Zone) 127, 180-183, 261, 275, 282, 297, 368

(Zone)
- de Ferret 71, 72, 298, 356
- Ferret-Sion (s. a. Zone de Ferret-Sion, Zone Val Ferret-Sion, Zone de Sion) 188, 260, 278, 291, 294, 302, 307, 387
- de Ferret-Sion (s. a. Zone Ferret-Sion) 140, 183
- de Fremamorta 345, 346
- du Gondran 186, 275, 276
- du (Grand) Combin 46, 49, 53, 180, 183, 188, 197, 288-290, 292, 294-297, 310, 356
- des Gypses 59, 63, 187, 277, 280, 283, 286, 287, 297, 353
- houillère 58, 63, 127, 180-183, 186, 187, 261, 263, 275, 278, 280-285, 287, 290, 291, 293, 294, 296-298, 309, 353
- interne (s. a. Intern-Zone) 3, 127, 180-183, 187, 188, 258, 259, 261, 262, 293, 297, 351, 356, 368, 374, 380
- der Klammkalke (s. a. Klammkalke) 333
- von Locana 277, 293
- von Locarno 189, 307, 310
- Lötschental-Fernigen-Maderanertal (s. a. nördliche Schieferhülle des zentralen Aaregranits) 357, 361
- de Luette 53
- der Lugnezer Schiefer (s. a. Lugnezer Schiefer) 305, 307, 312
- du Mont Dolin 294
- des Mont Gondran (s. a. Zone du G.) 270
- des Mont Ruitor (s. a. Gneis du Ruitor, Massif du Ruitor) 289
- Motto di dentro 359, 365
- occidentale 346, 347
- orientale 345-347
- du Petit Saint Bernard (s. a. Zona di Piccolo San Bernardo) 187, 188, 281, 285, 287, 296, 297
- piémontaise (s. a. Piémontais, Piemontese) 296

(Zone)
- de Pointe de Rasis 186, 275
- de Pontis 127
- prépiémontaise 278, 280
- de retroécaillage 284
- du Roure 274
- des Schistes lustrés (s. a. Nappe des Schistes l.) 181
- Schreckhorn-Wendenjoch 358
- Sesia-Lanzo (s. a. Zona S.-L., Zona di S.-L.) 44, 180, 249, 277, 288
- di Sesia-Lanzo (s. a. Zona Sesia-L.) 127
- Sestri-Voltaggio 49, 51, 264, 266
- siliceuse 61
- de Sion (s. a. Zone Ferret-Sion) 72, 180
- von Termen 90
- de Val Ferret (s. a. Zone de Ferret) 72, 356
- Val Ferret-Sion (s. a. Zone Ferret-Sion usw.) 93, 127
- (von) Val d'Isère - Mont Ambin 58, 60
- Vanoise - Mont Pourri (s. a. Vanoise) 187, 278, 284, 285
- von Viù (s. a. Schuppenzone von V.) 293
- de Vouasson 53
- (von) Zermatt-Saas-Fee 289, 294
- de Zinal 188
- von Zinal 289

Zoophycus-Dogger (s. a. Cancellophycus-Dogger) 67, 68, 170
Zürcher Molasse 99
Zürich-Schichten 99
Zweiersdorfer Schichten 42
Zwieselalm-Schichten 42
Zwischenbergen-Zone 296
Zwischensand 100

Ortsregister

Aare 361, 362, 380, 381
Aare-Massiv 164, 344
Abondance 380
Abwinkelberg 406
Acceglio 66, 141, 181, 261
Ach 404
Achensee 240
Acla 365
Adamello 18, 122, 205
Adda 319, 325
Adelegg 160
Aderklaa 408
Adige 139, 200 (s. a. Etsch)
Adlitzgraben 255
Admont 245
Adula 73
Aeginental 364
Aflenz 125, 229, 236, 246
Aflenzer Staritzen 246
Agordino 200
Ahornspitz 332
Aichfeld 125, 221
Aifenspitz 327 (s. a. Hoher Aifenspitz)
Aigle 380
Aiguebelle 351
Aiguille Grande 274
Aiguille Noire 282
Aiguille de Varens 379
Aiguilles d' Arves 281
Aiguilles de la Grande Moenda 286
Aiguilles Rouges 295, 302
Airolo 309, 311, 364, 365
Aisone 347
Aiton 352
Aix-les-Bains 181
Alagna 180, 292
Alassio 268
Albenga 262, 264, 268
Albertville 281, 350, 351, 352
Albinga 324
Albula 250, 318, 321, 323
Albula-Paß 222, 251, (s. a. Pass d' Alvra)
Albulatal 213, 223, 251
Alexenau 340
Allevard 351
Allgäu 44, 79, 80, 89, 96, 98, 99, 115, 138, 164, 172, 192, 239, 317, 339, 405
Allgäuer Alpen 136
Allhau 101
Allons 367, 369
Alpboglerberg 68
Alpe di Sorescia 365
Alpenrhein 1, 177, 378
Alpenrheintal 397, 398
Alpes cottiennes (s. a. Cottische Alpen, Alpi Cozie) 270

(Alpes)
  maritimes 60, 164, 166, 182, 185, 261, 262, 264, 268, 347 (s. a. Meeralpen, Alpi maritime)
Alphubel 292
Alpi Bergamasche 21, 24, 164 171, 183, 190, 205 (s. a. Bergamasker Alpen)
  Carniche 207 (s. a. Karnische Alpen)
  Cozie 164, 168, 182, 186, 269, 270 (s. a. Cottische Alpen, Alpes cottiennes)
  Guidicarie 22, 24, 192, 205, 207 (s. a. Judikarische Alpen)
  Graie 182, 187 (s. a. Grajische Alpen)
  Lepontine 164, 170 (s. a. Lepontinische Alpen)
  Ligure 182, 262, 264 (s. a. Ligurische Alpen)
  Marittime 60, 185, 347 (s. a. Alpes maritimes, Meeralpen)
  Pennine 164, 169, 183, 188 (s. a. Penninische Alpen)
  Venetiane 23 (s. a. Venetianische Alpen)
Alpjen 310
Alplerhorn 392
Al Ponte 309
Alpsee 405
Alpsiegel 397
Alpstein 397
Altaussee 245
Altdorf 361, 391
Alte Galerie 310
Altels 390
Altenmarkt 245
Altlengbach 340
Altmann 397
Altstädten 339
Alvier 156, 318, 397
Ambri 309, 364
Amden 74, 395
Ameis 408, 409
Ameringkogel 219
Amlacher Wiese 226
Ammer 404, 405
Ammergebirge 240
Ammertal 405
Amsteg 361, 362
Amstetten 125, 340
Andeer 319
Andermatt 361, 362, 364, 365, 381
Anger 101, 232
Angertal 211
Ankogel 333
Annalper Stecken 399
Annecy 380

Anninger 342
Annot 367, 369
Antelao 201
Antoroto 268
Aosta 263, 293, 294, 297
Aosta-Tal 169, 249, 278, 288, 291, 354, 371 (s. a. Valle d' Aoste, Val, Valle Aosta)
Apennin (Appennino) 122, 266
Appenzell 98, 404
Appenzeller Sämtis 397
Aravis 353, 375
Arbedo 309
Arc 59, 64, 93, 187, 261, 280, 281, 283, 286, 350
Arclusaz 353
Ardez 327, 328
Argens 367
Argentera 81, 345-347
Argentine 352
Arlberg 106, 213, 216, 239
Arlberg-Paß 138, 222, 247, 318
Arly 353
Arma di Taggia 268
Arolla 292, 294
Arona 293
Arosa 55, 213, 251, 318, 321
Aroser Dolomiten 43, 318
Arosio 311
Arpenaz 379
Arpille 355
Arzo 204
Aspang 125, 336
Asse 369
Astano 204
Attersee 179, 242, 245, 340, 342
Au 381
Aua de Sanaspans 323
Aubrig 392
Audiberge 369
Auer 201
Auernigg 210
Auersberg 342
Aurent 367
Auronzo 210
Außerfragant 333
Avançon 302
Avers 314, 319
Averser Rheintal 315
Avignon 374
Axenstein 156

Baad 339
Baceno 180, 309, 310
Bad (Orte, die mit "Bad" beginnen, können auch ohne diesen Zusatz an betreffender Stelle im Ortsregister erscheinen, siehe dort!)
Bad Aussee 245

Bad Gastein 333, 335
  Hall 35, 332
  Hofgastein 333, 335
  Ischl 245
Baden 246
Bächistock 392
Bärenkopf 335
Bäuchlen 159
Bairols 367
Bajardo 268
Bakony-(Wald) 235, 243
Balcon 375
Balderschwang 339, 405
Balmhorn 388, 390
Balmuccia 292
Barcelonnette 181, 261
Bard 293
Bardonnecchia 280, 281
Barmstein 142, 248
Barrême 367
Barrhörner 296
Barrhorn 292
Barrot 81 (s. a. Cime de Barrot)
Basodino 309
Bassano 202
Basses Alpes 13
Bauges 181, 353
Baumgarten 409
Baveno 103, 292
Bayern 123, 124, 402
Beaufort 351, 353
Bec d'Arguille 351
Becca di Toss 289, 293
  Grande 269
Becken von Reichenhall 243
Bedale Tibert 267
Bedretto 309
Bella Cresta 298
  Vista 204
Bellecombe 283
Bellecôte 181, 285
Belledonne 82, 164, 168, 370
Bellevue 379
Bellinzona 205, 306, 309
Bellunese 24, 209
Belluno 139, 142, 151
Belvédère 347
Benediktenwand 136, 247
Benzlauistock 362
Berchtesgaden 27, 114, 136, 241, 244
Bergamasker Alpen 18, 103, 111, 171, 175, 199, 200 (s. a. Alpi Bergamasche)
Bergamo 139, 142, 151, 180, 205
Bergell 122, 324 (s. a. Val Bregaglia)
Bergen 247
Bergün 223, 321 (s. a. Bravuogn)
Bergünerstein 223
Berisal 292, 309
Bern 380
Bernardino 309
Berner Oberland 151, 363, 377, 390
Bernina-Paß 222
  -Straße 255
Bernstein 336
Berra 92, 302, 386
Berthemont les Bains 347
Bertrand 268
Beuil 346, 367, 369
Beverin 316

Bezau 404
Bezaudun 367
Biasca 309
Bidigno 204
Biella 198, 289, 293
Bietschhorn 361, 362, 380, 388
Bifertenstock 361
Bignasco 309, 311
Bignone 268
Binn 309
Binnental 310, 364
Biot 380
Birgsau 339
Birkfeld 229, 232, 253, 336
Birkkarspitze 244
Bisamberg 408
Bissanne 353
Bivio 319, 320
Blaser 225
Blattengrat 396
Blaue Wand 406
Blausasc 368
Bleiberg 210
Bleone 367
Blieux 367
Blindenhorn 364
Blindental 364
Blinnenhorn 309
Bludenz 136, 222, 244, 318
Bobbio Pellice 273
Bockbühel 231
Bockfließ 408
Boden 362
Bodensee 99, 60, 381
Boé 202, 209
Böbing 405
Böckstein 335
Böhmische Masse 344
Bolgenach 339
Bolsterlang 339
Boltigen 304
Bolzaneto 266
Bolzano (s. Bozen)
Bonaduz 307
Bondo 324
Bonne 293, 351
Bonnenuit 280
Bonneval 181, 281, 293, 380
Bonvillaret 352
Bordighera 268
Borgo 139
Borgonovo 324
Borgosesia 293
Bormio 251, 319
Bosco-Gurin 292, 309, 311
Bourg d'Oisans 82, 351
Bourg Saint Maurice 64, 263, 281, 285, 297, 350, 351
Botter 352
Bozel 64, 280, 281, 287
Bozen 142, 151, 201
Brand 318
Brandenberg 41, 240
Branzi 206
Braunwaldalp 138
Bravuogn 223, 319 (s. a. Bergün)
Bregenz 244, 381, 404
Bregenzer Ache 399
Breitkogel 332
Breitkopf 334
Brembo 206
Brendler Alpe 399
Brennberg 100
Brenneberg 336

Brenner (Brennero) 215, 216, 222, 223, 225, 226, 332
Brennkogel 333
Brenta(-Gruppe) 208
Brescia 139, 142, 151
Brettl 246, 340
Breuil 292, 294, 296
Briançon 64, 261, 263, 271, 280, 282, 350, 351, 374
Briançonnais 64, 278
Brianza 20
Bric Piagnola 267
Bricherasio 273
Brides les Bains 287
Brienz 323
Brig (Brigue) 268, 309, 310, 361
Brione 309
Brisen 381, 391
Brissago 309
Bristenstock 362
Brossasco 273
Bruck 229, 232, 333
Bruck an der Mur 233
Bruck an der Salzach 331
Bruderndorf 408
Bruneck (Brunico) 194, 202
Brunnen 391
Brunstkogel 406
Brusio 319
Buch-Denkmal 245
Buchberg 335, 407
Buchs 318
Bürgenstock 391
Buet 356
Buggio 268
Bulle 92, 94, 380
Bundschuh 218, 219, 229, 230
Buntschler-Grat 304
Buochserhorn 68, 189, 313, 389, 391
Burgberg 339
Bussoleno 273

Cadenazzo 204
Cagnes 367
Calanda 85, 190, 318, 396
Camedo 309
Campione 204
Campo 309
Campo Blenio 364
Campolongo 201
Camughera 292, 309
Canavese 44, 46
Canisfluh 381, 398 (s. a. Kanisfluh)
Cannobio 205, 309
Cap Ferrat 368
Cape au Moine 303
Capo 199
Caprauna 268
Carcòforo 292
Carona 204
Casaccia 320, 324
Casascia 365
Casse déserté 275
Castellane 78, 367, 369, 401
Castelvecchio 268
Castor 180
Catena di Fiemme 207
Catena orobica 103, 175, 183, 199, 205
Catinaccio 201
Caval Drossa 204

Cavelljoch 323
Cavour 273
Cellon 210
Centovalli 288, 291, 309
Ceresio 199
Ceriale 268
Ceriana 268
Cervin 294
Cervinia 296 (s. a. Breuil)
Cervino 180, 295, 296 (s. a. Matterhorn)
Césio 268
Ceva 262
Cevio 309
Chaberton 280
Chablais 124, 183, 188, 299, 300, 302, 372, 373, 386
Chabrières 271
Chaine des Aravis 353
Chaines subalpines 78, 370
Chambave 293
Chamechaude 375
Chamonix 297, 355, 356, 380
Chamossaire 299, 303
Champagny 64, 285
Champcella 275
Champery 380
Chantsura 224
Chardonnet 64, 263, 277
Chartreuse 370, 375
Chastelhorn 365
Chastillon 345
Château 293
Château d'Oex 300, 380
Château Queyras 276
Château vieux 369
Châteauneuf 367
Chatillon 293, 294
Chavagl grond 223
Chavagl pitschen 223
Cheiron 369
Cherbadung 310
Chiasso 110, 204
Chiavenna 309, 319
Chiemsee 244, 338, 404
Chiesa 319
Chillon 299
Chippis 66
Chur 177, 222, 318, 321, 323, 357, 381, 396
Churer Joch 323
Churfirsten 156, 393, 397
Churfirsten-Alvier-Kette 393
Churwalden 321, 323
Cima del Agnell 347
   d'Asta 200, 347
   bianca 311
   della Bondasca 324
   Brenta 205 (s. a. Brenta)
   Brignola 263
   di Castello 324
   del Cavlo 325
   della Cialancia 347
   Ciallano 347
   Dentrovalle 318
   Fremamorta 347
   di Gagnone 311
   di Gana bianca 312
   di Gana rossa 312
   dei Gelas 347
   della Lombarda 347
   Lunga 311
   di Medeglia 204
   di Menna 206
   di Mercantour 347

(Cima)
   di Merlier 347
   Moravacciera 347
   di Pianchabella 312
   de Piazzi 319
   di Pinaderio 312
   del Sabbione 346, 347
   di Saseo 319
   del Sassone 309
   di (del) Termine 28, 216, 320 (s. a. Jaggl, Endkopf)
Cimalmotto 309
Cime de Barrot 367
   du Diable 347
   Linière 368
   de Montjoya 346, 347
   de la Palu 347
Cismon 200
Civetta 201
Clarée 64, 280
Clumane 367, 369
Cluse de l'Isère 375
Cluses 379
Clusone 205
Coazze 273
Cogne 293
Cohennoz 353
Col d'Allos 261
   des Aravis 375
   de Balme 355
   de Braus 368
   de Chamotte 367
   de Chatillon 379
   de la Croix de Fer 261, 351
   d'Emaney 379
   des Encombres 280
   Ferret 297
   du Galibier 276, 280, 281
   du Glandon 351
   du Grand Saint Bernard 292, 297, 298 (s. a. Großer Sankt Bernhard-Paß)
   d'Iseran 261, 281, 293 (s. a. de l'Iseran)
   de l'Iseran 285 (s. a. Col d'Iseran)
   d'Izoard 261, 275, 280
   de Jable 303
   du Jorat 379
   de Larche 261
   du Lautaret 281, 351
   du Lauzet 275
   du Longet 261
   de la Louze 351
   de la Madeleine 351
   du Mont Cenis 261, 283
   du Mont Montgenèvre 261
   des Mosses 303
   de Nevache 282
   d'Ornon 351
   du Petit Saint Bernard 261, 281, 285, 287, 297 (s. a. Kleiner St. Bernhard-Paß) 303
   du Pilon 369
   de la Pousterle 275, 276
   de Restefonds
   de Rouet 369
   San Bernardo 268
   de Sur Frêtes 353
   de Tende 58 (s. a. Colle di Tenda)
   de Valberg 367
   de Vars 261
Colico 205
Colle 267

(Colle)
   delle Finestre 273
   del Mulo 268
   del Nivolet 293
   di Nava 262, 268
   di San Bernardo 262
   di Tenda 58, 262, 264, 268 (s. a. Col de Tende)
   St. Michel 367
Collet Mattet 347
Collio 199, 205
Collonges 380
Colmars 367
Colombier 353
Combe de Borderan 375
Comeglians 210, 211
Comelico 201, 210
Como 142, 151, 205
Comogne 388
Compatsch 327
Comps sur Artuby 367
Comte Savoie 353
Conflans 352
Cormet de Roselend 297
Corni (o) di tre Signori 216, 222, 319
Corno Alto 199
   bianco 180
   di Campo 319
Corona dei Pinci 311
   di Groppo 311
   di Redorta 311
Corps 351
Corte grande 311
Corticiasca 311
Cortina 201
Corvatsch-Gruppe 250 (s. a. Piz Corvatsch)
Costa 312
   del Gallo 267
   Varengo 267
Cottische Alpen 49, 167, 168, 267, 269, 270 (s. a. Alpes cottiennes, Alpi Cozie)
Courchevel 280
Courmayeur 297, 355
Courségnoules 369
Crap Putér 328
Creppo 268
Cresta 322
Crête de Crousas 275
   de Lauzet 274
   de Roche Colombe 276
Criou 356
Crissolo 273
Croix de Fer 355, 379
Croix des 7 Frères 379
Cruseilles 380
Culpjana 312
Cuneo 262
Cuorgno 293
Curaglia 365
Curon 28, 216 (s. a. Graun)

Dachstein 110, 136, 179, 229, 244, 245, 248
Dagro 312
Dalaas 318
Daluis 367, 369
Dambachtal 341
Dammastock 361
Daumen 339
Dauphiné 12, 13, 108, 111, 162, 164, 168, 182, 187, 348, 349, 370

Davos 213, 224, 250, 251, 318, 321
Davos Dorf 224
Davoser See 224
Defereggen-Gebirge 216, 228
Defereggen Pfannhorn 228
Dellach 210
Demandolx 369
Demonte 346, 347
Dengelstein 332
Dent Blanche 294, 295
   de Crolles 375
   d'Hérens 292, 295
   de Loup 375
   du Midi 85, 379, 388
   de Morcles 85, 302, 355, 386, 387, 388
Deutsch Wagram 408
Deutsch-Griffen 231
Deutschfeistritz 229, 323
Devoluy 121, 366, 370
Diablerets 303, 386, 388
Diano Marina 268
Diedamskopf 399
Diemtigen 300
Diemtigtal 300, 304
Dienten 32
Dieppen 391
Digne 82, 181, 374
Disentis 180, 358, 361, 364, 365
Diveria 309
Dobratsch 40, 210
Döllach 179, 333, 335
Dölsach 335
Dösdorf 406
Doire de Veni 296
Doire de Verney 296
Dolcéaqua 268
Doldenhorn 361
Dolomiten 18, 23, 164, 172, 200, 201, 207, 209 (s. a. Dolomiti)
Dolomiti 23, 193 (s. a. Dolomiten)
Dom 292
Dôme de Barrot 345, 346, 347, 369
Domleschg 318
Domodossola 291, 292, 309
Donau 253, 340
Dongio 309
Dora Baltea 52, 175, 198, 263, 294, 297, 355
   Maira 261, 263, 292
   Riparia 52, 261, 270, 273, 277
   di Valgrisanche 285
Dorfgastein 333, 335
Dornbirn 381, 404
Doron 280, 353
Doron de Bozel 285
Dourbes 367, 369
Drac 350, 351, 375
Drance 292, 298
Drance d'Entremont 297
Dranse 380
Drau 179, 226, 228, 335
Draugstein 333
Drautal 216, 217, 335
Drauzug 28, 40
Dreiherrenspitz 332
Drei Schwestern 318
Dronero 267, 273
Drusberg 156, 381, 392
Drusenfluh 318, 323
Ducan 180, 222

Ducantal 223
Dürre Liesing 246, 342
Dürrenstein 246
Dürrifluh 304
Duisburger Hütte 335
Durance 12, 58, 64, 164, 167, 259, 261, 271, 275, 276, 280, 282, 351, 370, 371, 374

Echelsbacher Brücke 405
Eckberg 405
Edelweißspitze 333
Edlenkopf 333
Edolo 205, 319
Eggberg 322
Eggerhorn 310
Ehrwald 138
Eibenberg 246
Eibiswald 101
Eichberg 342
Eichham 332
Eichhorn 408, 409
Eichkogel 342
Einödsbach 339
Einsiedeln 190, 313, 381
Eisack 18, 200, 215, 216 (s. a. Isarco)
Eisenärzt 406
Eisenerz 229, 245
Eisenstadt 100, 336
Eisentratten 333
Eisten 310
Elferkopf 247
Ellmauer Halt 244
Embrun 261
Embrunais 52, 58, 119, 182, 186, 259, 260, 264, 275, 299, 370, 371
Emme 98, 99, 158
Emmental 180
En 222 (s. a. Inn)
Encombres 64
Endkopf 28, 216, 318, 320, 327 (s. a. Cima di Termine)
Engadin 45, 103, 107, 108, 110, 113, 116, 120, 176, 191, 199, 213, 221, 249, 250, 255, 289, 317, 324, 326
Engadiner Dolomiten 33, 214, 222, 224
Engelberg 381
Engstligental 304
Enns 229, 234, 236, 242
Ennstal 125, 218, 233, 236
Entlebuch 79
Entraque 347
Entraunes 367
Entremont 375
Entrevaux 367
Entrèves 297
Epierre 351, 352
Erlauf 246, 338
Ernstdorf 408
Erstfeld 361, 362, 377, 391
Erzberg 229, 236, 246
Erzhorn 251, 321
Erzkogel 255
Eschenberg 397
Escragnolles 367
Esterel 369
Etsch 18, 200, 215, 222, 225, 327 (s. a. Adige)
Etschtal 216

Euseigne 292
Evian 302, 380
Eychauda 263, 280

Fadärastein 322
Fähnern 308, 382, 384, 404
Färnigen 358, 361 (s. a. Fernigen)
Faido 309
Falknis 318, 323
Farnbichl 255
Faucigny 299, 300, 372
Faulhorn 296
Feichtenberg 341
Feissons 351, 352
Feldkirch 180, 378, 381
Fellhorn 339
Fenestrelle 273
Fensteralpe 231
Ferdenrothorn 390
Ferleiten 333
Fernigen 79, 358 (s. a. Färnigen)
Fernpaß 138
Ferrera 315
Ferret 291
Feuerstätter Kopf 339
Fiera di Primiero 200
Fiesch 310, 361
Filisur 321
Filzstein 255
Fimberpaß 327
Fimbertal 327
Finale 262
Finalese 60
Finero 309
Finsteraarhorn 263, 361
Firstspitz 392
Fischach 341
Fischbach 336
Fischbacher Alpen 218, 253
Fischen 339
Fläsch 318
Fläscherberg 156, 190, 318, 323, 381, 393
Flaine 379
Flattnitz 218, 219
Fletschhorn 296, 309
Flexenpaß 138, 222, 240, 318
Flims 357
Flimserstein 318, 396
Floning 229
Fluchthorn 318
Flüela-Paß 318, 222, 224
   -Schwarzhorn 318
   -Weißhorn 224, 318
Flumet 350, 351, 375
Fondei 224, 322
Fontan 346
Fontanil 375
Foppa 318
Foppas 223
Foppolo 206
Forcalquier 401
Forclaz 292
Forni Avoltri 210
Forno 292
Forno Canavese 293
Fort du Télégraphe 281, 283
Fortezza 224
Fourneaux 283
Frankenfels 246
Frasco 311

Fribourg 99, 380
Friedberg 101, 336
Friaul 18, 114, 119, 120, 173 (s. a. Friuli)
Friuli 25, 164, 173, 207 (s. a. Friaul)
Frodalera 365
Froges 375
Frohnalpstock 391
Fronalpstock 396
Frossasco 273
Ftan 327
Fühnaglkopf 334
Füssen 136, 138, 239, 244, 404
Fugeret 369
Fulfirst 397
Fulpmes 223
Fundelkopf 318
Fuorcla da Tschitta 223
Furcletta 328
Furfande 263, 275, 276
Furgenhörner 323
Furka 309, 361
Furnerberg 322
Furth 246
Furtwangsattel 362
Fusch 333
Fuschl 342
Fusio 309

Gabi 309
Gadmen 361
Gadmental 362, 390
Gäbris 404
Gänserndorf 408
Gagnerie 379
Gail 179
Gailberg-Sattel 207, 226
Gailtal 217, 226, 335
Gailtaler Alpen 40, 217
Gais 404
Gaisberg 342
Gaißliten-Alpe 399
Galenstock 361
Gallinakopf 318
Galtür 318, 327
Gampel-Steg 361
Gams 29, 42, 151, 245
Gamskarkogel 333
Gamskofel 211
Gamsleitenspitze 256
Ganda 216
Ganna Negra 365
Gannatobel 397
Gantrisch 304
Gap 261
Gargellen 213, 318
Garmisch-Partenkirchen 240, 244
Gartnerkofel 26, 179, 208, 210, 211
Garvera 79, 91, 138, 364, 365
Gasen 336
Gastein 179
Gebidem 309
Geiselstein 136
Geissfluh 304
Geistbühel 406
Gelbhorn 309, 319
Gemmi 388
Gemsstock 365
Genève 374, 380
Genèvois 78, 83, 98, 375
Genfer See 159, 169, 299, 300, 302, 303, 402 (s. a. Lac Leman)

(Genfer See) (s. a. Leman)
Genova 263, 266 (s. a. Genua)
Genua 266
Gerlos 332
 -Paß 44, 252, 332, 334
 -Straße 255
 -Tal 255
Gerloskogel 332
Gerre 311
Gerstruben 339
Gesäuse 136, 229
Geschriebenstein 336
Gesso 261, 262
Gets 263
Geyerspitz 256
Giebelegg 304
Gießhübl 246
Giffre 355, 380
Giogo di Stelvio (s. a. Stilfserjoch, Stelvio) 319
Giornico 309, 311
Giswilerstöcke 68, 180
Gitte 353
Giubine 364
Glacier des Diablerets 303
Glärnisch 381, 392 (s. a. Vorderglärnisch)
Glärnischfirn 392
Glan 231
Glaris 321
Glarner Alpen 156, 164, 171
Glarus 381, 392
Glattecker 399
Glattwang 322
Gleinalpe 39, 218, 232
Gletsch 361, 364
Glockhaus 327
Glockturm 318, 327
Gloggnitz 246, 336
Glungezer 215, 223, 225, 254, 332
Glurns 318
Gmünd 332, 333
Gmunden 245
Gobba di Rollin 292
Göll 136
Göller 246
Göschenen 361, 362, 365
Gößgraben 333
Göstling 246
Götzens 223
Goggeien 395
Goglio 310
Goldach 404
Goldachtobel 404
Golfe du Lion 374
Goms 309, 358, 364
Gondo 309, 310
Gondran (s. a. Mont Gondran) 352
Gonzen 88
Gorizia 207
Gornergrat 292, 294
Gorzento 266
Gosau 29, 42, 245
Gossensass 255, 332
Gottesackerwände 247
Gotthard-Massiv 364
 -Paß 359, 365 (s. a. Passo di San Gottardo)
Gourdan 369
Grabs 69, 313, 381
Grabserberg 397

Grajische Alpen 49, 168, 249, 277, 291 (s. a. Alpi Graie)
Gran Paradiso 293
Grana 261, 262
Granatspitz 333
Grand Arc 181, 353
 Assaly 285, 297
 Charnier 351
 Châtelard 82, 286, 348, 351, 370, 387
 Combin 53, 294, 297
 Cornier 295
 Galibier 280
 Pic de Belledonne 351
 Pissailes 285
 Rocher 375
 Roc Noir 284
 Saint Bernard 294
Grande Casse 281, 284
 Eau 303
 Motte 57, 110, 142, 181, 261, 284
 Sassière 187, 261, 263, 277, 281, 293
Grandes Jorasses 292
 Rousses 82, 261, 286, 293, 351, 370
 Sables 351
Grasberg 255
Graubünden 29, 45, 49, 103, 110, 113, 119, 171, 197, 250, 259, 260, 313, 319, 326
Graun 28, 216
Gravedona 309, 319
Graz 101, 229, 232
Grebentobel 399
Grebenzen 230, 231
Greifenstein 340
Greinapaß 312, 364
Grengiols 364
Grenoble 350, 351, 374, 375
Grésivaudan 375
Gresten 96, 246, 340
Grésy 353
Gries 332
Griffen 28, 39, 100
Grigna 21, 183, 205
Grimsel 180, 361, 362
Grimselpaß 362
Grindelwald 361
Gröbming 245
Grödnerjoch 209
Gromserkopf 322
Grosio 319
Großarl 333
Große Gamswiesenspitze 335
 -Sandspitz 226
 Scheidegg 363
Großer Bösenstein 219, 229
 Geiger 334
 Litzner 318
 Mythen 391
 Pyhrgas 245
Großes Wiesbachhorn 333
 Zanayhorn 396
Großglockner 228, 333
Großkrut 408, 409
Großspannort 361
Großraming 245
Großreidling 245
Großvenediger 332, 334
Großweil 75
Grubenpaß 323
Grubenspitze 226
Grübelekopf 328

470 Ortsregister

Grünau 245
Grünberg 332
Grünes Gräshorn 399
Grünten 339, 381, 405
Grundlsee 245
Gruppo di Sella 29
 di Vedretta di Ries 217
  (s. a. Rieserferner)
Gschnitztal 226
Gspaltenhorn 362
Gsteig 302
Guadia Alta 216
Güglia 319
Güldene Sonne 318
Günz 336
Gürgaletsch 318, 323
Gütsch 365
Guffert 244
Guggihütte 363
Guil 64, 271, 275
Guil-Schlucht 271
Guillaumes 346, 351, 367
Guillestre 261, 263, 271, 275, 276
Guisane 64, 276, 280
Gulderstock 396
Gulmen 397
Gummfluh 180, 300, 302, 303
Gumpeneck 218, 229
Gunzesried 339
Gunzesrieder Ach 339
Gurk 230, 231
Gurktaler Alpen 27, 30, 218, 219, 229
Gurnigel 92, 94, 98, 302, 304, 386
Gurpitscheck 333
Gurschen 365
Gurschenstock 364
Gurtnellen 362
Guttannen 361, 362
Gwächtenhorn 362
Gyrenspitz 322

Habachtal 334
Hachelkopf 332, 334
Häring 29, 41
Hagengebirge 136, 248
Hahnenschritthorn 387
Hainburg 408
Halbammer 405
Hall 247
Haller Mauern 229
Hallstätter Salzberg 242
Hallstätter See 248
Hallstatt 142, 244, 245
Hammerspitze 226
Handegg 362
Hanger 332
Hansennock 231
Harpille 369
Hartberg 336
Hasenfluh 240
Hasenohr 216 (s. a. Orecchia)
Hauchenberg 160, 179, 405
Hauer Graben 341
Haunold 228
Haunsberg 341
Hausham 406
Haute Cime 379
 Savoie (s. Hoch-Savoyen)
 Tarentaise 278, 287
 Ubaye 274

Hautecour 71, 297
Hautes Alpes 59
Heidenkopf 405
Heiligenblut 333
Heiligenkreuz 246
Heinzenberg 318
Heistock 396
Helm 210, 211
Helsenhorn 309
Hengstpaß 245
Herisau 381
Héry 351, 353
Herzogenburg 340
Heuberge 322
Heuschartenkopf 334
Hexenkopf 318, 327
Hieflau 245
Hillenhorn 309
Himbeerstein 245
Himmeleck 247
Hindelang 138, 339
Hinterbrühl 342
Hintere Niedere 399
Hinterrhein 309, 319
Hinterstein 339
Hinterstoder 245
Hintertal 392
Hintertux 332
Hippold 332
Hirlatz 245
Hirschegg 339
Hirzer 332
Hobar 332
Hochalmspitz 333
Hochalpe 232
Hochanger 246
Hocharn 333
Hochblaser 245
Hochducan 223
Hocheck 210, 211, 231
Hocheder 247
Hochegg 335
Hochfeiler 332
Hochfeind 333
Hochgitzen 341
Hochglockner 248
Hochgrat 158-160, 339, 405
Hochgründeck 248
Hochkönig 136, 248
Hochlantsch 229, 232
Hochmölbing 245
Hochreichart 229, 236
Hochsavoyen 58, 78, 371
Hochschelpen 339
Hochschober 228
Hochschwab 136, 236, 246
Hochstegen 332
Hochstöckel 342
Hochstraßfeld 341
Hochtannenkopf 406
Hochtor 333
Hochvogel 138, 239, 244
Hochwang 318
Hochwart 216
Hochwechsel 229, 331
Hochwilde 225
Hochwildfeuerberg 405
Hochwipfel 210
Höfats 339
Höllengebirge 245, 248
Hölltor 333
Hörnlein 339
Hörnli 124, 159, 160, 224
Hohe Künzelspitze 399
 Mandling 246

(Hohe)
 Munde 247
 Tauern 164, 173, 289
 Trett 236
 Wand 246
Hohenleiten 406
Hoher Aifenspitz 215, 225, 327
 Göll 248
 Ifen 247, 339
 Kasten 404
 Peißenberg 405
 Thron 248
Hohes Tor 333
Hohfaulen 362
Hohkasten 404
Hohrone 124
Hollabrunn 408
Hollerberg 335
Holzgau 138
Hopfreben 399
Hornspitz 322, 323
Hornstein 336
Hospental 364, 365
Hübschenhorn 310
Huez 351
Hutner 228
Hutstock 390

Iberg 68, 190, 313
Ibergeregg 392
Iberische Halbinsel 108
Iffigen 388
Il Fourn 224
Ilanz 318, 358, 364, 378
Iller 337-339, 398, 400, 404, 405
Imbachhorn 333
Immenstadt 244, 339, 404
Imperia 262, 268
Imst 29, 41, 138, 225, 240
Inn 180, 224, 233, 239, 247, 319, 325, 327, 328, 404 (s. a. En)
Innertkirchen 361, 362
Innervillgraten 216
Innichen 228
Innsbruck 136, 222, 225, 244, 332
Inntal 41, 250, 251, 324
Interlaken 380
Intragna 311
Introbbio 199, 205
Isar 240, 404
Isarco 200, 216 (s. a. Eisack)
Ischgl 318
Ischler Salzberg 248
Isel 228
Iselle 292, 309
Isère 58, 59, 64, 93, 181, 280, 281, 285, 286, 297, 350, 351, 353, 374, 375
Isle 351
Isny 404
Isola 346, 347
Isone 311
Isonzo 139, 207
Isorno 180
Isoverde 266
Ittemsberg 399
Ivrea 293

Jaggl 28, 192, 216, 225, 320, 327 (s. a. Endkopf, Cima di Termine)
Jaufenpaß 222, 225
Jauken 210
Jaun 300
Johannisberg 406
Judenburg 229
Judikarische Alpen 18, 199, 207, 208 (s. a. Alpi giudicarie)
Juf 319
Julia 321, 323
Julia-Tal 317
Julier-Paß 222, 319
Julische Alpen 175, 200, 207
Jungfrau 79, 361, 380, 389

Kärnten 27, 202, 215, 218, 221
Kahlenberg 408
Kainach 27, 29, 31, 120, 151, 220, 232
Kaiserstuel 391
Kalkkögel 28, 38, 316, 225
Kalkstein 216
Kalkvoralpen 13, 304
Kals 228, 333
Kaltenleutgeben 342
Kander 380
Kandersteg 361
Kandertal 362
Kanisfluh 399
Kapfenberg 125
Kappl 327
Kaprun 333
Kapuzinerberg 341
Karawanken 18, 19, 26, 40, 100, 175, 184
Karnische Alpen 11, 18, 19, 26, 103, 164, 173, 175, 194, 200, 202, 207, 208, 210
Karpathen (Karpaten) 125
Kartitsch 211
Kartnock 30
Karwendel 136, 240
Katschberg 230, 252, 333
Kaumberg 246
Kaunertal 225
Keeskogel 334
Kelchsau 332
Kellerjoch 332
Kempten 404, 405
Kendlspitze 228
Kerschenberg 341
Kesselhorn 310
Kesselkogel 332
Kesselspitze 256, 333
Kessigrat 323
Kiefersfelden 240
Kilchlistock 362
Kirchberg 233, 336
Kirchberg am Wechsel 125
Kirchdorf 245
Kirnberg 405
Kitzbühel 32, 233, 244
Kitzstein 333
Kitzsteinhorn 333
Klagenfurt 100, 125, 229, 230
Klausenpaß 107, 138, 392
Klein Pienzenau 406
 Sankt Paul 30
Kleine Erlauf 246, 341

Kleine Karpathen 253
Kleiner Greiner 332
 Mythen 391
Klewenstock 68
Klöntal 395
Klöntalersee 392
Klosterberg 342
Klosterneuburg 340, 408
Klosters 318, 323
Klostertal 318
Klus 322
Kochel 75, 404
Kochelsee 240
Köflach 31, 232
Köflich 101
Königsanger Spitze 335
Königsleiten 332
Kössen 29, 41
Kötschach 210, 226
Kolmitzental 335
Kolmkarspitze 335
Koralpe 100, 218, 229
Korbschrofen 399
Kornau 339
Korneuburg 408
Krabachjoch 240
Krabachspitze 247
Kracker 333
Kramkogel 335
Kranzegg 405
Krappfeld 29, 151, 220
Krauchtal 396
Kreuz 322
Kreuzeck-Gruppe 207, 216
Kreuzjoch 332
Kreuzmannl 399
Kreuzspitz 332
Krieglach 125, 229
Krimml 255, 332, 334
Krimmler Achental 334
 Tauernhaus 334
 Törl 334
Krottenkopf 247
Kühberg 405
Kühweger Köpfl 208
Küpfenfluh 251
Kufstein 240
Kunkelspaß 318

Laab 340
La Berarde 351
la Bleche 347
Lac d'Annecy 263, 380
 Leman 380 (s.a. Genfer See, Leman)
 de Plate 296
 de Tignes 285
la Chapelle 352
la Croix 367
Ladis 327
Längenfeld 225
Lago di Albigna 325
 Ceresio 204, 205
 di Como 18, 199, 205, 309
 di Garda 24, 139, 179, 200, 205, 207
 d'Idro 200, 205
 d'Iseo 139, 200, 205
 di Lecco 205
 di Lugano 180, 199
 Maggiore 18, 103, 183, 198, 199, 204, 205, 292, 307, 309

Lago di Molveno 200, 208
 di S. Croce 139
la Grave 281, 350, 351, 352
Lai 321 (s. a. Lenzerheide)
Laigueglia 268
Laitemaire 303
La Javie 367
Lakenkogel 333
Laliderers pitz 247
la Meije 351
Lamet 283
la Mineria 346, 347
Lammertal 179, 248
La Mure 82, 348, 350
Landeck 136, 138, 214, 244, 318
Landquart 318, 322
Landwasser 318, 321
Landwassertal 213
Langkofel 201
Langwies 321
Lanschitz 256
Lanslebourg 263, 281
Lantsch 323
Lantschfeldtal 256
Lanzo 293
La Palette 303
La Palud 367
La Pra 283
La Punt 255, 319
l'Argentière 62, 261, 275, 276, 280, 351
l'Arly 353
Larmkogel 334
La Salette 82
Lassee 408
Lassing 236
La Thuile 296, 297
Lattengebirge 36
Lauener 387
Lausanne 380
Lauterbrunnen 361
l'Aution 368
Lavant 229, 230, 221, 227
 -Tal 217, 218
Lavey 387
Laxenburg 342
Le Bourget 346
Lecco 205, 206
Lech 240, 381, 404
Le Chapex 375
Le Chevallon 375
Lechta 239, 247
Lechtaler Alpen 136, 240
Leckistock 392
l'Ecoutoux 375
Leidbachhorn 223
Leistchamm 396
Leitha 336
 -Gebirge 44, 48, 176, 184, 249, 253, 336
Leitzach 158
Léman 99, 374, (s. a. Lac L., Genfer See)
Le Mas 367
Le Monétier 350, 351
Lend 333, 335
Lens 302
Lenzerheide 213, 250, 314, 321 (s.a. Lai)
Lenzerhorn 251, 318, 321, 323
Leoben 229, 232
Leoganger Ache 247
Lepontinische Alpen 197 (s. a. Alpi Lepontine)

Le Pra 346, 347
Les Preises 355
Lerchwand 333
Le Rubli 300
Lesach 211, 228
Les Annes 58, 62, 94
les Ecrins 351
Les Gérats 375
Les Gets 300, 380
Les Haudères 292
Les Hautfonds 302
Les Salles 367
Les Sausses 369
Lessinische Alpen 175, 200, 202, 207
Les Tembres 347
Levico 200
Le Villard 287, 352
Leysin 302
Liebenstein 339
Liechtenstein 70, 75, 155, 337, 397
Lienz 226, 228, 335
Lienzer Dolomiten 11, 28, 40, 106
Lieserntal 335
Liesing 236, 340
Liezen 32, 236, 245
Ligure 52
Ligurien 1, 104, 119, 267
Ligurische Alpen 58, 264 (s. a. Alpi Ligure)
Ligurisches Meer 263
Limmat 381
Limmernboden 85, 361
Limone 268
Limonetto 268
Lindau 404
Linth 378, 389, 393, 396
- Tal 357
Linthal 392, 393, 395
Livigno 319
Lizumer Reckner 256, 332
Loano 268
Locana 181, 277
Locarno 198, 199, 204, 205, 307, 309
Lochberg 397
Loco 311
Lötschenlücke 361
Lötschental 362
Lötschhorn 388
Loferer Steinberge 136
Loisach 240, 247, 404
Longet 66, 141
Loveno 179, 205
Luchsingertobel 138
Lucomagno-Paß 312 (s. a. Passo di Lucomagno)
Lüsseck 405
Luganer See 204 (s. a. Lago di Lugano)
Luggau 210, 335
Lugnez 91, 138, 364 (s. a. Lumnezia)
Luino 309
Lukmanier-Paß (s. a. Passo di Lucomagno, Lucomagno-Paß) 360, 364, 365, 377
Lumbrein 364
Lumnezia 309 (s. a. Lugnez)
Lungau 125, 221, 329, 335
Lunz 246
Luserna 273
Luttach 332

Luzern 99, 381

Macugnaga 292, 294
Maderanertal 362
Madesimo 309, 315, 319
Madlschneid 340
Madone di Camedo 311
Madonna di Campiglio 205, 208, 222
Madrisa 323
Madrisahorn 318
Mädelegabel 138
Männlifluh 304
Maggia 309
Maira 262, 267, 273
Maisbirbaum 408
Male 200
Malesco 309
Malga Flavona 208
Malix 323
Mallnitz 333
Maloggia 316, 319, 320 (s. a. Maloja)
Maloja 324 (s. a. Maloggia)
Maltatal 335
Malvaglia 311
Mandling 229, 245
Mangfall 404
Maniago 139
Manno 204, 311
March 408
Marchegg 408, 409
Mare Ligure 267
Maresenspitze 333
Margiéraz 353
Marguareis 262
Maria Schutz 255
Marmarole 201
Marmolada (Marmolata) 201, 209
Marmorera-See 321
Marseille 374
Martello 216
Martigny 292, 297, 355, 380
Martina 179, 318, 327
Martinasse 61
Marugini 208
Marumo 312
Massif de Beaufort 353
Matrei 223, 252, 332, 333
Matro 311, 312
Matterhorn 180, 292, 295, 296 (s. a. Cervin(o))
Mattervispa 292
Mattstock 395, 404
Matzen 409
Mauls 28, 38, 216, 225, 332
Maurienne 64, 141, 260, 278, 283, 286
Maustrenk 408, 409
Mautern 229
Mauterndorf 333, 335
Mauthbrücken 231
Mauthen 210, 211
Mauthener Alm 211
Mavis 332
Mayrhofen 332
Medeglia 204
Medelser Rheintal 365
Méditerranée 368, 374
Meeralpen 166, 264, 366 (s. a. Alpes maritimes)
Megève 350, 351, 380

Meiental 79, 358, 361
Meiringen 180, 361, 362, 380, 381
Melk 246, 340
Menaggio 205
Mendrisio 204, 205
Mendrisiotto 20, 204
Menton(e) 262
Mera 319, 325
Meraillet 353
Meran(o) 201, 222, 225
Meratal 324
Mercantour 81
Mergozzo 180
Merzental 364
Mesocco 309, 319 (s. a. Misox)
Messelingkogel 332
Metnitz 229, 230, 231
Mezel 367
Mezzogiorno 311
Mieslkopf 332
Mignanego 266
Mignols 347
Millstätter See 229, 230
Misox 73 (s. a. Mesocco)
Mistelbach 408
Mittagfluh 361, 362
Mittaghorn 364
Mittagskofel 210
Mittelberg 339
Mittelbünden 34, 55, 213, 321
Mittelhorn 363
Mitterberg 236
Mitterndorf 245
Mittersill 193, 233, 244, 332
Mixnitz 31
Modane 261, 280, 281
Mölbling 30
Möll 335
Mölltal 216, 253, 335
Möltern 336
Mönch 363
Mördergrueb 68, 190
Moesa 180, 319
Mösele 332
Mohrenkopf 399
Mollières 346, 347
Monaco 368
Moncucco 309
Mondolé 268
Mondovi 262
Mondsee 242, 248, 342
Monesi 268
Montafon 214, 222, 318
Montagne de Thiey 369
Montalin 323
Mte. Adamello 199, 205
M. Ajera 347
Mt. Ambin 66, 142, 261, 277, 281
M. Arpett 347
Mt. Bal 347
Mte. Baldo 207
Mte. Bar 311
Mt. Bardon 275
M. Barone 180
M. Bego 346, 347, 368
Mt. Bellachat 353
Mt. Belleface 296
Mt. Belvedère 285
Mti. Berici 202
Mt. Bério Blanc 297
M. Belinghera 319
M. Berro 206
M. Bersaio 269

M. Besimauda 262
Mt. Blanc (Montblanc, Montebianco) 263, 292, 297, 355, 356, 380
Mt. Blanc de Peisey 285
M. Boglia 204
M. Bré 204
Mt. Buet 302
Mt. Carbone 347
M. Caré Alto 199
M. Carmo 268
Mt. Caval 347
M. Ceneri 204
Mt. Cenis (Moncenisio) 281, 283
M. Ceppo 268
M. Cevedale 319
Mt. Chaberton 261, 280
Mt. Chétif 80, 354, 356
Mt. Cialme 267
Mt. Ciampass 267
M. Ciastella 347
Mt. Clapier 346
Mt. Collon 288, 295
M. Confinale 319
M. Cristallo 201
M. Croce 210
M. Croce di Comelico 210
M. Dimon 210
M. Disgrazia 319, 325
Mt. Dolent 297, 298, 380
Mt. Dolin 44, 46, 183, 295
Mont d'Or 300, 303
M. Elmo 211 (s. a. Helm)
Mt. Emilius 288, 293, 296
M. Forno 325
M. Frerone 199, 205
M. Galero 185, 262-164, 268
Montgardin 275
M. Generoso 111, 199, 204, 205
Mt. Gondran 57, 110, 141, 261
Mt. Grande Capelet 347
Mt. Gravières 347
Mt. Joly 351, 380
Mt. Jovet 181, 187, 263, 277, 280, 281, 285, 353
Mt. Jurin 263
Mt. Lapasse 347
M. Larone 310
M. Leone 292, 309
Mti. Lessini 207
Montello 209
M. Magino 311
Montemale 267
Mt. Mary 288, 294, 296
M. Matto 347
M. Merqua 347
Mt. Monnier 346
Mt. Mounier 367
M. Nebius 269
Mt. Niélard 286
Mt. Noble 292
Montenotte 51
M. Omo 269
Mt. Ouzon 302
M. Padrio 319
M. Parei 201
Mt. Peiron 347
Mt. Pélerin 159
M. Pelmo 201
Mt. Pelvoux 263, 280, 348, 351 (s. a. Pelvoux)
Mt. Pourri 281
M. Prosa 365
Mt. Rachais 375

Mt. Rafray 289
M. Ray 347
M. Rosa 292, 294
M. Rosa-Gruppe 289
Mt. Ruan 83
Mt. Salève 380
M. Salle 269
Montsalvens 94
M. San Elena 267
M. San Marino 206
M. San Salvatore 204, 347
Mt. Sellier 347
M. Serottini 319
M. Sissone 325
M. Sobretta 319
Mt. Thabor 280, 282 (s. a. Thabor)
Mt. Tibert 267
M. Vallecetta 319
Mt. Vallonet 347
Mt. Velan 356
M. Vigo 208
M. (Mt.) Viso 181, 261, 263, 270, 273
M. Zebru 319
M. Zeda 309
M. Zoufplan 211
Montreux 380
Monzoni 201
Mooskofel 210
Morbegno 319, 325
Morcles 387
Morcote 204
Morgon 61, 141, 186, 261, 271
Moriez 367
Morschach 391
Mosermannl 333
Motôt 292
Motta Palousa 251, 323
Moudon 380
Moulin 388
Moustiers 367
Moûtiers 261, 280, 285, 286, 287, 297, 350, 351
Muchetta 321
Mühlbach 248, 332
Mühldorf 335
Mühlebachtal 396
Mühlewald 332
Münster 309, 361, 364
Mürtschenstock 381
Mürz 221, 236, 336
Mürzalpen 253 (s. a. Mürztaler Alpen)
Mürzsteg 246
Mürztal 125, 233, 234, 236, 252, 253
Mürztaler Alpen 234
Mürzzuschlag 229, 246, 336
Mugelkuppe 232
Mulegns 321
Muotatal 392
Mur 221, 232, 335
Murau 30, 229, 230
Mureck 333
Murnau 244, 247, 404
Murtal 125, 218, 329
Musental 391
Muttekopf 29, 41, 138, 240
Mutthorn 362
Muttler 327
Muveran 388
Mythen 68, 180, 189, 190, 313, 389

Mythen (s. a. Kleiner bzw. Großer M.)

Naafkopf 323
Nägelekopf 399
Napf 124, 159, 160, 380
Naßfeld 208
Naßfeldjoch 207
Nauders 214, 225, 327, 328
Navis 223
Nebelhorn 339
Nendeln 397
Néron 375
Nesselburg 158, 159
Nesslau 381
Neue Welt 29, 42, 246
Neuhaus 341
Neukirchen 332, 334
Neusiedler See 336
Nice 78, 367, 370, 374
Niçois 106, 368
Nidwalden 389
Niederkreuzstetten 408
Niederösterreich 76, 80, 96, 99, 340, 402
Niedersee 395
Niedersimmental 300
Niesen 74, 299
Niremont 302, 386
Nizza 78 (s. a. Nice)
Nockberge 230
Nördliche Kalkalpen 105, 107, 108, 110, 113, 118, 125, 126, 142, 175, 176, 238, 239
Nößlachwand 332
Nonnenwald 406
Notre Dame de Briançon 352
Notre Dame de la Menour 368
Novate 325
Novazzano 204
Nünihorn 390
Nüziders 318
Nufenen 91, 309, 364, 375

Oberalm 142
Oberalp 365
Oberalppaß 358, 361, 364
Oberalpstock 361
Oberammergau 404
Oberaudorf 29, 41
Oberbayern 13, 75, 76, 79, 89, 98, 99, 115, 121, 125, 164, 173, 193, 194
Oberferden 390
Obergabelhorn 295, 296
Oberhalbstein 317
Oberhasli 362
Ober Iberg 381
Oberjoch 138, 339
Oberlaa 408
Obermaiselstein 339
Ober Mönchberg 363
Oberösterreich 29, 80, 99, 151, 195, 340, 402
Oberseetal 396
Obersimmental 300
Oberstdorf 179, 337, 339, 381
Obersulzbachtal 334
Obertauern 256
Obertilliach 210
Oberwald 362, 364
Oberwallis 91

Oberwölz 229
Obwalden 313, 389
Österreich 123, 125
Ötscher 246
Oetting 226
Ötz 225, 244
Ötztal 222
Ofenhorn 309, 364
Ofenpaß 222, 224
Ofterschwang 339
Oldenhorn 303
Olivone 309, 364
Olperer 223, 332
Opponitz 245
Ora 201
Orecchia 216 (s. a. Hasenohr)
Ormea 268
Oron la Ville 302
Orsières 355
Ortler 43, 179, 222, 319
Ospizio San Gottardo 365
Ossiacher See 229
Ostalpen 4, 7, 8, 59, 104, 107, 109, 111, 114, 115, 121, 122, 125, 126, 162, 177, 184, 250, 258, 259, 343, 373, 400
Osterhorn 342
   -Gruppe 110, 248
Ostkärnten 30
Ostschweiz 78, 87, 88, 91, 183, 190, 260, 313, 358, 377, 389, 393
Outray 353
Ova Spin 224

Paalgraben 231
Pagliero 267
Pairolo 311
Pala-Gruppe 201
Pale di San Martino 209
Pallanza 205, 292
Paltental 234
Paluzza 210
Pangert 332
Panholzmauer 341
Pardatsch 365
Parpan 323
Parpaner Rothorn 323
   Schwarzhorn 323
   Weißhorn 323
Parthenen 318
Pas du Roc 286
Passail 232
Pass d' Alvra 222, 251, 319
   (s. a. Albula-Paß)
   dal Fourn (s. a. Ofenpaß) 224, 319
   Gaicht 138
Passo di Aprica 222, 319
   del Bernina 319
   di Campolungo 311
   di Croce Domini 200, 205
   di Falzarego 201
   di Foscagno 319
   di Gardena 209
   di Gavia 216, 222, 319
   Laghetti 312
   del Lucomagno 309, 360, 365
   di Lucomagno 360, 365
   Muretto 324
   di Piatto 311
   Rotondo 364

(Passo)
   del San Bernardino 309, 319
   di San Giacomo 309, 364
   del San Gottardo 309
   San Iorio 307, 319
   del Tonale 205, 319
Passugg 323
Passy 379
Patenner Kopf 399
Patscherkofel 193, 215, 223, 225, 332, 244, 254
Paularo 210
Pays d' Emhaut 300
Pazlberg 341
Paznaun 318, 327
Peisey 281
Pejo 216
Pellice 273
Pelmo 201
Pelvoux 82 (s. a. Mont Pelvoux)
Penninische Alpen 49, 197, 288 (s. a. Alpi Pennine)
Penserjoch 222
Penzberg 404, 406
Péone 367
Pépinet 388
Perdiona 347
Pernitz 246
Perrero 273
Perron des Encombres 280, 281, 286
Perwang 179, 402, 407
Petersgrat 362
Petit Coeur 181, 297, 351, 352
   Mont Cenis 283
   Mont Collon 292, 295
   Saint Bernard 278
Peyre Eyraute (Peyre Haute) 280, 282
Pfänder 160
Pfaff 392
Pfaffenkopf 79
Pfaffenstock 362
Pfaffstätter Kogel 342
Pfandlscharte 333
Pfannhorn 222
Pfitscher Joch 332
Pflunspitzen 318
Pfunders 332
Pfunds 318, 327
Pian di Magadino 204
Piave 18, 139, 200
Pibossan 369
Pic s. a. Piz, Pizzo
   Bacun 320, 325
   du Bonhomme 275
   Bonvoisin 351
   Chaussy 303
   de la Corne 302
   de Neige Cordier 351
   d' Olan 351
   de Rochebrune 270, 275
   Saint Andre 274
Piccolo San Bernardo 62 (s. a. Petit Saint Bernard)
Piedicavallo 293
Pielach 246, 338, 340
Pierlas 346
Pierre Avoi 292, 297
Pierre Brune 284
Piesenkopf 247, 339
Pietraporzio 347
Pigne d' Arolla 295

Pilatus 381, 390
Pill 332
Pinerolo 261
Pinka 336
Pinkafeld 101
Pinnistal 226
Pinsot 351
Pinzgau 254, 334
Pinzolo 199
Piolit 141, 186, 261, 271
Piotta 364
Pirawarth 408, 409
Pischahorn 224
Pitschenberg 342
Piz s. a. Pizzo, Pic
   d' Aela 43, 223, 321
   Albana 324
   Alv 255, 319
   Arblatsch 321
   Arina 327
   Ault 309
   Badile 319, 324
   Bernina 180, 250, 319, 320, 324
   Beverin 309, 316, 319
   Borel 364
   Buin 222, 318, 327, 328
   Campolungo 309
   Canciano 319
   Cavel 364
   Cengalo 325
   Chantsé 224
   Coroi 364
   Corvatsch 250, 319, 320, 324
   Cotschen 327, 328
   Cramalina 311
   Cristallina 364, 365
   Curver 319
   Duan 319
   d' Err 319, 321
   Fedoz 319, 320
   Fora 324
   Forcellina 324
   Forno 309
   Gallina 364
   Giuf 362
   Grevasalvas 319, 320, 324
   Gurschus 319
   Guz 320
   Julier 319, 320, 321, 324
   Lad 216, 225, 320, 327
   Lagalb 255
   Lagrev 319, 320, 324
   Languard 319
   Linard 318, 323
   Lischana 318, 327
   Lizun 320
   Lucendro 364
   Lunghin 324
   Medel 309, 364
   Mezzaun 251, 255, 319
   Minschun 224, 327
   Mitgel 319, 323
   Morteratsch 250, 320, 324
   Mundin 327, 328
   Muraun 364, 365
   Nadels 364
   Nair 319, 324, 328
   Neir 320
   Orsalietta 311
   Ot 321, 324
   Padella 324
   Palü 319
   Peloso 311
   Platta 319, 321

(Piz)
  Quattervals 319
  Rosatsch 250, 324
  Roseg 320, 324
  Saluver 319
  Segnes 396
  Sol 396
  Sella 319, 324
  Surlej 320
  Tasna 327
  Terri 138, 309, 364
  Timun 319
  Toissa 251, 319, 321
  Tomül 309
  Tremoggia 324
  Uertsch 43, 321
  Umbrail 319
  Vadret 318
  Vallatscha 365
  Vaüglia 255
  Vitgira 364
Pizzo s. a. Piz, Pic
  Barone 311
  di Campello 365
  Campo Tencia 309, 311
  Centrale 364, 365
  di Coca 206
  di Langan 268
  de la Margna 319, 320, 324, 325
  di Mezzodi 309
  Molare 312
  dei Rossi 324
  di San Giacomo 311
  la Stretta 319
  Tambom 309, 319
  Ucello 309, 319
  di Vogorno 311
Plan de Phasy 169
Plankogel 333
Planplatte 362
Plansee 240
Plassen 142, 179
Plate Lombarde 263
Plateau des sept Laux 375
Platta 365
Plattenkogel 255, 333, 334
Plattenspitz 332
Pleiades 94, 302, 303
Pleisling 333
Plenge 211
Plessur 318, 321, 322
Plöckenpaß 207, 210
Po 273
Po-Ebene 175, 270
Pöchlarn 340
Pointe d'Aveneyre 303
  du Chardonnet 285
  de Colloney 379
  du Dard 284
  de la Grande Lanche 351
  de Névache 282
  de Rochachille 282
  Rousse 278, 287
  du Van 355
Polinig 211
Pongau 233
Ponsonnière 64
Pont Serrand 296
Ponte di Legno 216
Pontebba 179, 210
Pontebernardo 346, 347
Pontedecimo 266
Pontis 66
Pontresina 320

Popberg 334
Porze 211
Poschiavo 255, 319
Pottenstein 246
Poysdorf 409
Prachaval 276
Präbichl 229, 246 (s. a. Prebichl)
Prägraten 228
Prätigau 71, 77, 222, 314, 318
Prager Hütte 334
Pralognan 280, 281, 284
Praly 273
Pramker Höhe 230
Prat d'Astier 369
Prato 210
Pré de Saix 379
Pré St. Didier 297, 298
Préalpes 50, 58, 67, 80, 164, 169, 299
Prebichl 32 (s. a. Präbichl)
Predazzo 201
Predil 26
  -Paß 207
Predoi 228
Presanella 179, 199, 205
Pressbaum 340, 342
Prettau 228, 332
Prien 406
Prodel 405
Promontogno 324
Prorel 263, 280
Prottes 408
provençalische Alpen 369
Provence 81, 111, 112, 114, 115, 343, 366
Prutz 225, 318, 327
Puez 209
  -Gruppe 201
Puget-Théniers 367, 369
Punt la Drossa 224
Punta Mezzenlie 181
  San Matteo 319
Pustertal 200, 202, 209, 228
  (s. a. Val Pusteria)

Quarten 396
Queyras 270, 276
Queyrières 280

Raaba 101
Raasberg 232
Rabbies 216
Rabensburg 408
Rabiusa 318, 323
Rabnitz 336
Radenthein 229
Radhausberg 333
Radlgebirge 101
Radlgraben 335
Radstadt 233, 244
Radstädter Tauern 47, 110, 113, 114, 184, 227, 252, 254, 256, 331
Radstädter Tauernpaß 333
Rätikon 213, 238, 317, 322 (s. a. Rhätikon)
Rätschenberg 322
Ragaz 95
Rainerberg 406
Randens 352

Raneberg 332
Rannach 231, 232
Rapperswil 381
Ratten 253
Rattenberg 240
Rattendorf 210
Raucheck 248
Rauchkögerl 335
Rauchkofel 210, 211, 226, 228
Rauris 333
Rawil-Paß 386, 388
  -See 388
Rawilhorn 302
Rax 336
Raxalpe 126
Realspitz 332
Rechnitz 56, 176, 253, 336
Reckner 223
Recoaro 202
Redertenstock 392
Regelstein 404
Rehenberg 399
Reichenau 318
Reichenhall 29, 40
Reichenspitz(e) 332, 334
Reichraming 245
Rein anteriur 364 (s. a. Vorderrhein)
Reinsberg 341
Reißeck 333, 335
Reit im Winkl 29, 41
Reiteralm 36
Reitereck 335
Rekawinkel 340
Remollon 82, 167
Rennfeld 39, 218, 229, 232, 236
Rennweg 333
Réotier 276
Reparay 387
Reppwand 208
Reschen 214, 225, 327
Reschenpaß 222
Resia 214 (s. a. Reschen)
Rettenstein 245, 332
Reuß 361, 364, 378, 381, 389
Reußtal 362
Reutte 138, 239, 244, 318
Rezzo 268
Rhätikon 34, 55, 222, 244 (s. a. Rätikon)
Rhein 70, 80, 177, 318, 322, 323, 396, 404
Rheinwald 138, 309, 315
Rheinwaldhorn 180, 309
Rhône 71, 99, 140, 180, 260, 296, 297, 299, 300, 310, 354, 355, 361, 364, 372, 374, 380, 387, 388
Rhônebecken 78, 104
Rhônetal 70, 291, 357, 362, 386
Riborgo 267
Richardshof 342
Ricken 404
Ried 327
Riedberger Horn 247, 339
Riezlern 339
Riffl 333
Riffler 332
Rifflkopf 248
Rifflscharte 333
Rigaud 367
Rigi 159, 381, 402
Rigolato 211
Rindalphorn 247, 339
Rio del Gallo 267

Riseten 395
Riß 247
Ritterkopf 333
Riva 205
Roc Charmieu 375
Rocca dell' Abisso 347
  Negra 347
Rocchetta 268
Rocciamelone 293 (s. a. Roche-melon)
Rochasson 375
Roche Château 64, 282
Rochemelon 283 (s. a. Roccia-melone)
Rochemotte 282
Rocher du Midi 300
  Plat 303
  de Salin 375
Rochers de Leschaux 375
  de Naye 302, 303
Rötelstein 232
Röthenkopf 226
Rötspitze 228, 332
Rogatsboden 341
Roggenstock 68, 190, 313
Rohrbachstein 388
Rohrmoos 339
Roja 268, 346
Rolle 380
Romanche 350
Ronco 311
Roquebillière 346, 347
Roquesteron 367
Rorschach 381
Rosaliengebirge 257
Roselend 351
Roselette 353
Rosengarten 201
Rosenheim 244, 404
Rosenhorn 363
Rosone 293
Roßberg 180
Roßfeld 241, 248
Roßkofel 211
Roßkogel 246
Roßkopf 405
Roßwand 332
Rotbleiskopf 318
Rote Kuh 362
  Wand 138, 333, 335
Rotenfluh 68, 190, 313
Roter Nock 335
Rothenfluh 313
Rothorn 295, 362, 388
Rotkopf 332
Rotspitz 68
Rotsteinpaß 397
Rottach 405
Rottenbuch 405
Rottenmann 218, 229, 233
Rottenmanner Tauern 218, 219, 233
Rottor 396
Rotwald 310
Rotwand 244
Roubion 346, 347
Rougemont 300
Roveredo 309, 319
Rovereto 139
Rovio 204
Roya 262, 346, 347
Ruchstock 391
Ruhpolding 240
Ruitor 64, 168, 261, 278

Rutor (s. Ruitor)

Saalach 240, 247, 248
Saane 300, 380
Saas Fee 290
Sabbione 199
Sadnig 335
Säntis 156, 381, 397
Säuling 244
Safien 318
  -Platz 309
Safiental 309, 318, 319
Saile 223
Sana 284
St. Andre les Alpes 367
St. Apollinaire 61
St. Auban 367
St. Christophe 351
St. Colomban 351
St. Crépin 275
St. Dalmas 346, 347
St. Etienne de Tinée 346, 347
St. Eynard 375
St. Firmin 350, 351
St. Jean 281, 367
St. Jean de Maurienne 261, 296, 350, 351
St. Julien 367
St. Jurson 367
St. Martin 367
St. Martin de Belleville 286
St. Martin en Vésubie 367
St. Maurice 351, 355, 379, 388
St. Michel de Maurienne 280, 281, 286
St. Pierre de Rumilly 375
St. Sauveur de Tinée 246, 347
St. Vincent 351
Salantin 388
Salez 397
Salins 280, 286
Sallanches 380, 355
Salmaser Höhe 405
Saló 139
Salzach 179, 247, 248, 334
Salzachgeier 332
Salzatal 341
Salzburg 13, 27, 29, 41, 44, 76, 80, 89, 96, 99, 136, 142, 151, 173, 179, 194, 239, 240, 242, 244, 338, 341, 400, 402, 407
Salzburger Hochthron 248
Sambuco 269, 346, 347
Samedan 319, 324
Samnaun 318, 327
Samoens 380
Sampeyre 273
Sana 187, 263, 277, 281
S. Abbondio 311
S. Agata 319
S. Bernardino 314
S. Bernolfo 347
S. Candido 228
S. Damiano 273
San Daniele del Friuli 139
Sandhubel 321
S. Gagl 365
S. Giacomo 319
S. Giorgio 204
S. Gottardo 365 (s. a. Passo di S. G.)
S. Iorio 309 (s. a. Passo S. I.)

St. Aegyd 246
St. Antönien 318, 322
St. Anton 138, 179, 318
St. Antonio 311
St. Corona 340
St. Gallen 98, 99, 245, 404
St. Galler Oberland 156, 393
St. Georgen 245
St. Gilgen 342
St. Jakob 231, 332
St. Jakob in Defereggen 228
St. Johann 333
St. Leonhard 225
St. Martin 347
St. Michael 229, 230, 252, 256, 333
St. Michael im Lungau 335
St. Moritz 251, 319, 320, 321, 324
St. Paul 28, 39, 100
St. Peter 321
St. Pölten 340
St. Radegund 220, 229, 232
St. Ulrich 408
St. Veit 76, 229, 333, 340
St. Wolfgang 244, 342
S. Madonna di Campiglio 205, 208, 222
S. Martino 319, 325
S. Nazaro 204
S. Nicolas 204
S. Pietro 204
S. Remo 262, 268
S. Stefano di Cadore 210
Santa Maria 224, 319, 365
Sappada 210
Sardona 95
Sargans 88, 318, 381
Sarine 299, 302, 303
Sarnen 389
Sarner See 389
Sarntaler Alpen 200
Sassalbo 319
Sassauna 322
Sassenage 375
Sasseneire 180, 292
Sasso Lungo 201
  rosso 208
Saualpe 27, 30, 100, 218, 229, 230
Saulire 64
Saumarkt 231
Sausal 101, 229
Sauwand 332
Sauze 367
Savel 350, 351
Savognin 319, 321
Savoie 63, 164, 169 (s. a. Savoyen)
Savona 259, 262-264
Savonese 60
Savoyen 59, 97, 122, 260, 261, 281, 286, 343, 344, 348, 371, 380, 401 (s. a. Savoie)
S-carl 318
Scesaplana 138, 318, 323
Schächental 180, 391
Schären 395
Schafberg 248, 342
Schafcalanda 323
Schams 54
S-chanf 319
Schanfigg 322
Schareck 335
Scharfreiter 247

Schautschen 323
Scheibbs 246, 340
Scheiblingkirchen 253, 257, 336
Scheidnössli 357, 377
Scheienfluh 323
Schellenberg 406
Schiahorn 224
Schießhorn 251
Schijen 68, 190, 392
Schilpario 205, 206
Schilsbachtal 396
Schladming 218, 229, 245
Schladminger Tauern 217, 218, 219
Schlern 201
Schlieferspitze 334
Schlinig 225
Schmiedebach 399
Schmirn 332
Schnalz 405
Schneck 339
Schneealpe 179
Schneeberg 136, 246
Schneibstein 248
Schnepfau 399
Schobergruppe 216, 228
Schöckel 232
Schönbichl 255, 332
Schönkirchen 409
Schongau 404
Schorhüttenberg 404
Schottwien 255
Schrecksbach 399
Schreinbach 342
Schruns 138, 318
Schwarza 336
Schwarzach 248
Schwarze Wand 256
Schwarzeck 333
Schwarzenstein 332
Schwarzer Grat 405
Schwarzkogel 246
Schwarzsee 299
Schwarzwald 344
Schwaz 193, 233, 332
Schweiz 121-124, 154, 155, 260, 344, 376, 382, 384, 402
Schweizeralpen 13, 78, 386
Schweizer Jura 114
  Mittelland 371
Schweizertor 323
Schwendital 395
Schwiedenegg 304
Schwyz 190, 263, 381
Schyn 318
  -Schlucht 317
Sciliar 201 (s. a. Schlern)
Scopi 91, 138, 312, 364, 365, 377
Scuol 327
Seckau 229
Seckauer Tauern 39, 218, 219, 229
Sedrun 361, 364
Seebach-See 334
Seebachscharte 335
Seebenstein 257
Seekarspitz 256
Seengebirge 103, 104, 111, 175, 183, 189, 198, 199, 205
Seetaler Alpen 218, 229
Seez 396
Segl 319
Sella-Gruppe 201, 209

Sellrain 225
Selva Secca 360, 364, 365
Sembrancher 355
Semmering 44, 48, 108, 164, 174, 176, 184, 196, 229, 233, 234, 246, 249, 253, 336
Semnoz 353
Sengsengebirge 245
Senning 408
Sense 380
Séolanes 61, 141, 186, 261, 271
Septimerpaß 324
Seranon 367
Seren 395
Serles 38, 223, 225, 226
Sernf 381
Sernftal 393
Serre Chevalier 263, 280
Sertig 318
Sesia 199, 288, 293
Sestri 51, 266
Settsass 201
Sex Rouge 303, 387
Sexten 228
Sibratsgfäll 339, 399
Sieding 246
Sieggraben 39, 336
Siegsdorf 406
Sienspitze 399
Sierre 292, 294, 386, 388
Siglitztal 335
Signal des Têtes 276
Silbereck 333
Silberplatten 397
Silbertal 318
Sillian 194, 210
Silltal 215, 217, 223, 252, 329
Sils 320, 324
Silser See 324, 325
Silvaplana 320, 324
Similaun 225
Simme 302, 304
Simmitobel 397
Simplon 249, 259, 260, 294, 305, 314
  -Paß 292, 294, 309, 310
Sion 70, 292, 294
Siplinger Kopf 339
Siriuskogel 245
Sirnitz 231
Sittmoos 211
Sixt 380
Sölden 225
Sölk 218
Soglio 267
Soldatenfriedhof im Valentintal 211
Sondrio 142, 151, 205, 319
Sonnblick 333
Sonneck 405
Sonnenspitz 256, 332
Sonnighorn 309
Sonntagsrinne 256
Sonnwendstein 255
Sonogno 309
Sonthofen 138, 339, 381
Sopron 336
Sorapis 201
Sordière 383
Sospel 368
Sosto 309, 312, 364
Souliers 275
Speckkarspitz 247
Speer 381, 402, 404
Speicher 404

Speiereck 256, 333
Speikogel 229
Spiegenkopf 396
Spielmannsau 339
Spittal 230
Spitzhorn 302
Splügen 73, 309, 314, 315, 319
Splügener Kalkberge 314-316
Splügenpaß 314, 315
Spöltal 214
Spruga 309
Staatz 408, 409
Stabio 204
Stadl 229, 230
Stätzerhorn 318, 321
  -Kette 314
Stalden 292, 294
Stammersdorf 408
Stammerspitz(e) 28, 38, 192, 318, 327
Stampa 324
Stangalm 30, 39, 218, 219
Stans 381, 391
Stanserhorn 68, 189, 389, 390
Stanzscharte 335
Starhemberg 246
Starzlach 339, 405
Stauberen 397
Steiermark 27, 29, 195, 218
Stein 397
"Stein" im Julia-Tal 251
Steinach 225, 332
Steinakirchen 341
Steinberg 408
Steinfeldspitze 333
Steinjoch 223
Steinkarkopf 334
Steinsberg 328
Steinwand 341
Steirische Kalkspitze 333
Steirisches Becken 101
Stelli 224, 322
Stelser See 322
Stelvio 222, 224 (s. a. Passo dello St., Stilfserjoch)
Sternen 392
Sterzing 215, 222, 225, 332
Steyr 245
Steyrling 245
Stillach 339
Stock 392
Stockbügel 392
Stockerau 408
Stockhorn 310
Stoderzinken 125, 245
Strelapaß 224
Strengen 318
Stresa 292
Strobl 342
Strub 247
Stubai 192
Stubaier Alpen 216
Stubaital 222, 223, 226
Stubalpe 218, 219
Stuben 318, 327
Stubnerkogel 333
Student 246
Studnerbach 397
Stuiben 339
Stura 262, 345
  di Ala 293
  di Demonte 269, 346, 347
  di Vallegrande 277, 293
  di Viù 293

Südalpen 103, 104, 106-114,
    116, 119-122, 126, 142, 151,
    175, 177, 198, 207
Süddeutschland 107, 123
Süsom Give 224
Sulens 58, 62, 94
Sulz 246
Sulzau 334
Sulzfluh 318, 323
Sumvitg 309 (s.a. Val Sum-
    vitg)
Surettahorn 309, 319
Surselva 358
Sus 224
Susa 261, 273, 293
Susch 224
Sustenpaß 79
Svalla 312

Taggia 268
Tagliamento 200
Tallesbrunn 409
Talmattenspitz 304
Taloire 367
Taminatal 396
Tamins 357
Tamsweg 230
Tanaro 268
Tanneron 369
Tannheim 138
Tappenkar 333
Tarasp 327
Tarentaise 64, 70, 141, 260,
    277, 278, 285, 291, 353
Tarntaler Berge 256
    Köpfe 44, 110, 256, 332
Tartonne 367
Tarvisio 210
Tassenbach 228
Tauern 48, 56, 59, 106, 108,
    109, 113, 119, 164, 173, 175,
    193, 194, 253, 326
Tauernkogel 332
Taulanne 367
Tauplitz 245
Tavetsch 79, 364
Taxenbach 333
Telfs 247
Tende 262, 346
Tenneck 248
Tennengebirge 136, 248
Termen 91
Termine 375
Ternitz 336
Tersiva 296
Tessin 249, 259, 290, 305, 307
Testa di Bandia 269
    del (di) Rutor 285, 293, 297
Tête Blanche 263
    de Couleau 275
    du Pape 82
    de Vautisse 275
Texel 215, 225
Texing 340
Thabor 281, 282
Thalkirch 309
Thernberg 257
Thörl 39, 229, 236
Thônes 380
Thonon 380
Thorame-Haute 367
Thorenc 367
Thüringer Hütte 334

Thun 380
Thuner See 159, 299, 386
Thur 381
Thusis 318
Ticino 309, 311, 364
Tiefenbach 339
Tiefenkastel 222, 251, 319, 321,
    323
Tiejerfluh 251, 318, 321
Tierberge 361
Tigny 352
Timmelsjoch 222, 225
Tinée 81, 345-347, 367
Tinzenhorn 321
Tione 179
Tirano 205, 216, 251, 319
Tirol 44, 110, 138, 256
Titlis 361, 390
Tobelbach 397
Toce 180, 288, 292, 309, 310
Tocetal 249, 310
Tödi 85, 361
Tölz 244
Tösens 318, 327
Tofanen 201
Tolmino 139
Torhelm 332
Torre 312
    Pellice 273
Torrener Joch 248
Torrenthorn 86, 91
Torscharte 333
Torwand 332
Totes Gebirge 245
Toudon 367
Touet 367, 369
Toulon 374
Tour d'Ai 300, 302, 303
    d'Anzeinde 303
    des Fours 353
    Saillière 379
Tourette 369
Tours 352
Trafoi 224
Traidersberg 231
Traisen 246, 340
Traun 248, 404
Traunsee 242, 245
Traunstein 404, 406
Traversella 289, 293
Tremoggia 316
Trentino 18, 24
Trento 142, 151
Tressenstein 142
Trettach 339
Tréveneuse 379
Treviso 142, 151
Tribulaune 28, 38, 192, 216,
    225
Trient 355
Triesen 75
Trieste 142, 151
Triglav 179
Trimmis 322
Trinita 346, 347
Trins 223
Triora 268
Trisanna 318, 327
Tristacher See 226, 335
Tröpolach (Tröppelach) 210,
    211
Trofaiach 125, 221, 229
Trogkofel 26, 210, 211
Troiseck 229, 236
Trugberg 363

Trun(s) 361, 364
Tschiertschen 321
Tschierv 224
Tschingel 323
Tsena Réfien 295
Tubang 388
Türchlwand 333
Türkensturz 257
Türnitz 246
Tulln 340
Turnau 236, 246
Turrach 229
Turracher Höhe 230
Tuxer Joch 223
Twiren 392

Ubaye 58, 61, 246, 259, 261, 263,
    271, 274, 367, 370
Übelbach 232
Üntschenspitze 399
Üschinental 390
Ugine 351
Ulrichen 180
Umbrail(-Paß) 222, 224
Unserfrau 225
Unter Balm 392
Unteralptal 364
Unterboden 399
Untere Hütte 363
Unterengadin 164, 172, 192
Untersberg 36, 244, 248
Untersulzbachtal 334
Untertauern 333
Upego 268
Urdenfürkli 323
Urmannsau 243, 400
Urnerboden 392
Urserental 354
Usseglio 293
Utelle 367

Vaduz 75, 244, 318
Vättis 85, 127
Val d'Alvra 223
    d'Ambiez 208
    d'Anniviers 294
    Antigorio 292 (s.a. Valle
        Antigorio)
    d'Antrona 296
    (Valle) Aosta 72 (s.a.
        Aosta-Tal)
    de Bagnes 53, 292, 294, 297
    Bedretto 309, 311, 364
    bella 309
    Bever 319
    Blenio 70, 311, 312, 364
    Bondione 206
    Braulio 319
    Bregaglia 315, 317, 319, 324,
        325 (s.a. Bergell)
    Brembana 205
    Calanca 309, 319
    Calda 211
    Camadra 309
    Camonica 199, 205, 206, 222
    di Campo 311, 312
    Carassina 312
    Caschuna 319
    de Chamonix 356
    Chamuera 255
    Chianale 274

(Val)
    Codera 325
    de Cogne 277
    Cristallina 360, 364
    d' Entremont 292, 294, 298
    di Fassa 201
    Fedoz 316, 320, 324
    Fenge 327
    Ferret 71, 72, 85, 93, 297,
        298, 355, 356
    Fex 190, 316, 319, 320, 324
    Fless 224
    di Fraele 201, 319
    Grana 52, 264, 267, 270
    Gronda 364
    d' Hèremence
    d' Hérence 294
    d' Illiez 78, 97, 98, 124, 372,
        373, 379
    d' Isère 66, 142, 278, 281
    Luzzone 312
    Maira 52, 264, 267
    Malenco 319
    Malvaglia 312
    Medel 360, 364
    Meledrio 208
    Morobbia 307, 309
    Müstair 224, 319
    Muretto 320
    Nalps 364
    Parina 206
    Pontebbana 211
    Pontirone 312
    Pusteria 209
    Roseg 319, 320
    Saluver 324
    Samnaun 328
    Sampuoir 328
    Sta. Maria 309, 364
    di Scalve 206
    Secca 206
    Seriana 199, 205
    Sesia 292
    Sinestra 327
    de Sixt 356
    Soja 312
    Soladino 311
    di Sole 200, 222
    Stura 270
    Sugana 200
    Sumvitg 364
    Suvretta 324
    Tasna 327
    Tovel 208
    Trafoi 224
    d' Ultimo 216
    Vedasca 311
    Veni 296, 297
    Vento 228
    Verzasca 309, 311 (s. a.
        Valle Verzasca)
Valabres 346
Valais 197 (s. a. Wallis)
Valbonakopf 318
Valbouais 351
Valbuche 71
Valdieri 346, 347
Valence 374
Valensole 401
Vallauris 369
Valle Antigorio 292, 305, 309,
    311
    Anzasca 292, 294, 296, 309
    d' Aoste 296 (s. a. Aosta-
        Tal)

(Valle)
    di Ayas 289, 292
    di Bino 206
    di Bognanco 309
    Leventina 305, 306, 309,
        311, 312, 364, 365
    del Lucomagno 312
    Maggia 306, 309, 311
    Mesolcina 309
    dei Ratti 325
    San Giacomo 309, 315
    Stura di Demonte 269
    Verzasca 309, 311
    Vigezzo 292, 309
Vallée de l' Arc 253
    du Borne 372, 375
    de l' Isère 352
    de la Tinée 81
Vallone 209
Vallorcine 355
Vallouise 62, 261, 350, 351
Valluga 247, 318
Valpelline 292, 295-297
Vals 309, 319
Valsassina 199, 206
Valser Tobel 322
Valserhorn 309, 319
Valsertal 318, 319
Valtellina 180, 199, 205, 213,
    216, 250, 317, 319, 325
Valtournanche 289, 292, 294
Valzeina 322
Vanil Noir 300, 302
Vanoise 65, 110, 142, 187, 270,
    277, 278, 284
Var 261, 262, 367, 369
Varaita 261, 273
Varese 205
Vaucluse 82
Vaud 99
Vaujany 351
Veitlehen 334
Veitsch 229, 246
Vellach 202
Veltlin 216 (s. a. Valtellina)
Venanson 347
Vence 367
Venetianische (Venetische)
    Alpen 18, 23, 175, 200, 202,
    207, 209
Venezia 142, 151
Ventimiglia 262, 264, 268
Verampio 305, 306
Vercors 370, 375
Verdon 369
Vergeletto 309
Verona 142, 151
Verrès 293
Versam 396
Versoyen 72
Vésubie 262
Vesulspitze 327
Vevey 380
Veveyse 92, 98, 302, 386
Vial 369
Vicentinische Alpen 207
Vicosoprano 320, 324, 325
Vierwaldstätter See 98, 362,
    381, 389
Vièze 379
Vilan 318
Villach 179, 229, 230
Villar 293
Villard 351
Vilaretto 273

Villaret 375
Villars 367
Villars-Colmars 369
Vinadio 346, 347
Vintschgau 216, 222, 225
Virgen 332
Visp 292, 294, 361, 362
Vispa-Tal 288
Vittorio Veneto 202
Vitz Berg 342
Viù 277, 293
Vizille 351
Vodo Ligure 267
Vogesen 344
Voirons 94, 302, 372
Voitsberg 101
Vollhorn 387
Voltaggio 51, 266
Voltri 51
Vorab 87
Voralp 397
Vorarlberg 55, 70, 75, 79, 80,
    89, 98, 115, 138, 155, 191, 337,
    376, 382, 398, 399
Vorderglärnisch 395
Vorderrhein 361, 396
Vorderrheintal 307
Vorderthal 392
Voreppe 375
Vormauerstein 342
Vrin 309

Wäggital 74
Wagrain 125, 333
Waidhofen 245, 340
Walchen 333
Walchensee 240, 381, 393, 395,
    396
Wallis 49, 91, 119, 197, 249, 278,
    294, 295
Walliser Alpen 288
    Kalkalpen 386
Walzkogel 232
Wamberg 247
Wang 340
Wangen 404
Warscheneck 245
Warth 247
Wartstein 407
Waschberg 333, 408
Wassen 361
Wasserbergfirst 392
Wattens 332
Wattwil 381
Waxeneck 246
Wechsel 176, 221, 229, 253, 326,
    336
Weilheim 404
Weißach 405
Weißbriach 210
Weißeck 333
Weißenburg 300, 304
Weißeneck 256
Weißfluh 224, 318, 321
Weißfluhjoch 224
Weißhorn 288, 292, 294, 295,
    296, 309, 321
Weissmies 292, 296, 309
Weißspitz 332
Weißspitze 332
Weisstannental 396
Weitnau 405
Weiz 31, 101, 229, 232

Wendelstein 136, 240
Wengen 405
Wenns 332
Westalpen 3, 5, 6, 103, 105, 106, 109, 113-115, 119, 121, 122, 162, 177, 249, 258-261, 263, 264, 343, 344
Westschweiz 86, 183, 188, 385
Wetterhorn 363
Wetterstein 247
Weyer 245
Weyregg 340
Widderstein 138, 339
Wien 1, 119, 126, 340, 408
Wiener Becken 70, 99, 100, 253, 336, 404
    Wald 70, 76, 151, 164, 174, 196, 238, 243, 338, 400
Wienerwaldsee 342
Wiesen 318
Wiggis 395
Wildendürnbach 409
Wildenkogel 332
Wildenwart 406
Wildfeld 236
Wildgerlostal 334
Wildhaus 74, 397
Wildhorn 180, 302, 380, 387, 388
Wildkarspitze 334
Wildspitze 222
Wildstrubel 388

Wilhelmsburg 340
Wilhelmsdorf 332, 333
Wiltenberghorn 303
Wimpassing 336
Windau 332
Windgällen 85, 180, 361, 362, 377, 391
Windischgarsten 233, 242, 245, 341
Windtal 228
Wölzer Tauern 218, 229, 236
Wörth 333
Wörther See 230
Wolfendorn 332
Wolfgangsee 179, 248, 342
Wolfsberg 229, 230
Wolkersdorf 408
Würflach 246
Wuhrbauer Kogel 341
Wustkogel 333

Ybbs 245, 246, 338, 340, 341
Ybbsitz 246

Zabona 388
Zagl 332
Zeisach 333
Zell am See 333
    am Ziller 332

Zentral-Schweiz 59, 69, 79, 91, 124, 151, 183, 189, 263, 272, 299, 300, 313, 380, 389
Zentralalpen 104, 175, 176, 229, 244, 250, 252
Zermatt 290, 292, 294, 296
Zernez 214, 224, 319
Zevreila 309, 319
Zillerkopf 332
Zillerplatte 334
Zillertal 252
Zimbaspitze 318
Zinal 292, 294
Zinalrothorn 296
Zinken 248
Zirl 225
Zistersdorf 408, 409
Zochenpaß 335
Zuckerhütl 222
Zürich 99, 381
Zürichsee 98, 381
Zugersee 381
Zugspitze 244
Zuoz 318
Zweisimmen 380
Zwerndorf 408
Zwiesel 211, 240
Zwillingskogel 341
Zwinglipaß 397
Zwischenbergen 292, 335
Zwischenbergenpaß 309
Zwölferkopf 339